품질경영기사 필기
과년도 출제문제

정헌석 편저

머리말

품질경영기사 시험은 1차 객관식 필기시험과 2차 필답형 실기시험으로 나누어 실시하고 있다. 품질경영기사 자격증을 취득하기 위해서는 우선 필기시험을 합격하는 것이 중요하다. 왜냐하면 필기시험을 합격하지 못하면 실기시험을 볼 수 있는 자격이 없기 때문이다.

직장인이나 학생의 경우 객관식 필기시험을 준비하는 가장 효율적인 방법은 그 동안 출제 되었던 핵심문제들을 반복해서 보는 것이다. 기출문제를 연도별로 풀어보는 것도 좋지만, 중복문제들로 많은 시간이 요구된다. 따라서 과목별로 정리된 문제집을 보는 것이 더 효율적이다. 이는 각 단원별, 주제별 빈도나 중요도를 쉽게 파악할 수 있어서 시간을 절약할 수 있고, 오답노트를 작성하는 데도 효과적이기 때문이다.

이 책의 특징은 다음과 같다.

1. 지금까지 출제되었던 문제들을 철저히 분석하여 과목별로 분류하고 정리했으며, 과목마다 기본 개념과 문제를 익힐 수 있도록 하였다.
2. 출제기준에 있는 순서를 적용하여 과목별로 문제를 분류함으로써 수험생들이 시험장에서 오는 혼란을 최소화 하였다.
3. 문제마다 출제 연도를 표기해 줌으로써 시대의 흐름과 출제 경향을 파악하고 문제 해결 능력을 기를 수 있도록 하였다.
4. 복잡한 내용 및 방대한 이론은 문제를 통해 쉽게 이해하고, 마인드맵을 통한 암기에 도움이 되도록 가급적 간략화, 도식화, 단순화하여 비교·분석이 쉽도록 하였다.
5. 부록에는 CBT 대비 실전문제를 5회분 수록하여 스스로 점검하고 출제경향을 파악할 수 있도록 하였다.

전공자뿐만 아니라 비전공자까지도 쉽게 이해하고 한 번에 합격할 수 있도록 많은 준비기간과 노력을 기울여 집필하였으나 미흡한 부분이 없지 않을 것이다. 이에 대해서는 항상 수험생의 입장에서 생각하고 연구하여 부족한 부분을 채워갈 것을 약속드리며, 경제발전을 위해 애쓰고 노력하는 현장의 실무담당자들과 여러 교수님들의 애정 어린 지도와 편달을 기대한다.

끝으로 출판의 기회를 주신 도서출판 **일진사** 임직원과 산업공학과 교수님들, 그리고 어렵고 힘든 집필 과정을 정신적으로 도우며 자랑스럽게 지켜봐준 사랑하는 가족들에게 깊은 감사의 마음을 전한다.

저자 씀

품질경영기사 출제기준 (필기)

직무 분야	경영·회계·사무	중직무 분야	생산관리	자격 종목	품질경영기사	적용 기간	2023.1.1. ~ 2026.12.31.

○ 직무내용 : 고객만족을 실현하기 위하여 설계, 생산준비, 제조 및 서비스를 산업 전반에서 전문적인 지식을 가지고 제품의 품질을 확보하고 품질경영시스템의 업무를 수행하여 각 단계에서 발견된 문제점을 지속적으로 개선하고 수행하는 직무이다.

필기검정방법	객관식	문제 수	100	시험시간	2시간 30분

필기과목명	문제 수	주요항목	세부항목	세세항목
실험계획법	20	1. 실험계획 분석 및 최적해 설계	1. 실험계획의 개념	1. 실험계획의 개념 및 원리 2. 실험계획법의 구조 모형과 분류
			2. 요인실험 (요인배치법)	1. 1요인실험 2. 1요인실험의 해석 3. 반복이 없는 2요인실험 4. 반복이 있는 2요인실험 5. 난괴법 6. 다요인실험의 개요
			3. 대비와 직교분해	1. 대비와 직교분해
			4. 계수값 데이터의 분석 및 해석	1. 계수값 데이터의 분석 및 해석 (1요인, 2요인실험)
			5. 분할법	1. 단일분할법 2. 지분실험법
			6. 라틴방격법	1. 라틴방격법 및 그레코 라틴방격법
			7. K^n형 요인실험	1. K^n형 요인실험
			8. 교락법	1. 교락법과 일부실시법
			9. 직교배열표	1. 2수준계 직교배열표 2. 3수준계 직교배열표
			10. 회귀분석	1. 회귀분석
			11. 다구찌 실험계획법	1. 다구찌 실험계획법의 개념 2. 다구찌 실험계획법의 설계
통계적 품질관리	20	1. 품질정보관리	1. 확률과 확률분포	1. 모수와 통계량 2. 확률 3. 확률분포
			2. 검정과 추정	1. 검정과 추정의 기초 이론 2. 단일 모집단의 검정과 추정 3. 두 모집단 차의 검정과 추정 4. 계수값 검정과 추정 5. 적합도 검정 및 동일성 검정
			3. 상관 및 단순회귀	1. 상관 및 단순회귀

필기과목명	문제 수	주요항목	세부항목	세세항목
		2. 품질검사관리	1. 샘플링검사	1. 검사 개요 2. 샘플링방법과 샘플링오차 3. 샘플링검사와 OC 곡선 4. 계량값 샘플링검사 5. 계수값 샘플링검사 6. 축차 샘플링검사
		3. 공정품질관리	1. 관리도	1. 공정 모니터링과 관리도 활용 2. 계량값 관리도 3. 계수값 관리도 4. 관리도의 판정 및 공정해석 5. 관리도의 성능 및 수리
생산시스템	20	1. 생산시스템의 이해와 개선	1. 생산전략과 생산시스템	1. 생산시스템의 개념 2. 생산형태와 설비배치/ 라인밸런싱 3. SCM(공급망 관리) 4. 생산전략과 의사결정론 5. ERP와 생산정보관리
			2. 수요예측과 제품조합	1. 수요예측 2. 제품조합
		2. 자재관리 전략	1. 자재조달과 구매	1. 자재관리와 MRP(자재소요량계획) 2. 적시생산시스템(JIT) 3. 외주 및 구매관리 4. 재고관리
		3. 생산계획수립	1. 일정관리	1. 생산계획 및 통제 2. 작업순위결정방법 3. 프로젝트일정관리 및 PERT/CPM
		4. 표준작업관리	1. 작업관리	1. 공정분석과 작업분석 2. 동작분석 3. 표준시간과 작업측정 4. 생산성관리 및 평가
		5. 설비보전관리	1. 설비보전	1. 설비보전의 종류 2. TPM(종합적 설비관리)
신뢰성 관리	20	1. 신뢰성 설계 및 분석	1. 신뢰성의 개념	1. 신뢰성의 기초 개념 2. 신뢰성 수명분포 3. 신뢰도 함수 4. 신뢰성 척도 계산
			2. 보전성과 가용성	1. 보전성 2. 가용성

필기과목명	문제 수	주요항목	세부항목	세세항목
			3. 신뢰성 시험과 추정	1. 고장률 곡선 2. 신뢰성 데이터분석 3. 신뢰성 척도의 검정과 추정 4. 정상수명시험 5. 확률도(와이블, 정규, 지수 등)를 통한 신뢰성 추정 6. 가속수명시험 7. 신뢰성 샘플링기법 8. 간섭이론과 안전계수
			4. 시스템의 신뢰도	1. 직렬결합 시스템의 신뢰도 2. 병렬결합 시스템의 신뢰도 3. 기타 결합 시스템의 신뢰도
			5. 신뢰성 설계	1. 신뢰성 설계 개념 2. 신뢰성 설계 방법
			6. 고장해석 방법	1. FMEA에 의한 고장해석 2. FTA에 의한 고장해석
			7. 신뢰성 관리	1. 신뢰성 관리
품질경영	20	1. 품질경영의 이해와 활용	1. 품질경영	1. 품질경영의 개념 2. 품질전략과 TQM 3. 고객만족과 품질경영 4. 품질경영시스템(QMS) 5. 협력업체 품질관리 6. 제조물 책임과 품질보증 7. 교육훈련과 모티베이션 8. 서비스 품질경영
			2. 품질비용	1. 품질비용과 COPQ 2. 품질비용 측정 및 분석
			3. 표준화	1. 표준화와 표준화 요소 2. 사내표준화 3. 산업표준화와 국제표준화 4. 품질인증제도(ISO, KS 등)
			4. 6시그마 혁신활동과 공정능력	1. 공차와 공정능력분석 2. 6시그마 혁신활동
			5. 검사설비 운영	1. 검사설비관리 2. MSA(측정시스템 분석)
			6. 품질혁신 활동	1. 혁신활동 2. 개선활동 3. 품질관리기법

차 례

3과목 ╶╴o 생산시스템

1 과목

실험계획법

1. 실험계획의 개념

1. 실험계획법을 연구실 실험에 적용하지 않고 공장실험에 적용할 경우 해당되는 특징은?　　　　　　　　　　　　　[16-4]

① 실험의 랜덤화가 쉽다.

② 요인의 수준 변경이 용이하다.

③ 요인의 수준폭이 커도 좋으며 비교적 간단한 실험계획법이 많이 요구된다.

④ 부적합품 발생 위험부담과 매 실험당 실험시간이 많이 필요하게 되므로 많은 실험을 할 수 없다.

해설 ①, ②, ③은 연구실 실험에 적용되는 특징이다.

2. 실험계획법의 순서가 맞는 것은?　　[21-2]

① 특성치의 선택 → 실험목적의 설정 → 요인과 요인수준의 선택 → 실험의 배치

② 특성치의 선택 → 실험목적의 설정 → 실험의 배치 → 요인과 요인수준의 선택

③ 실험목적의 설정 → 요인과 요인수준의 선택 → 특성치의 선택 → 실험의 배치

④ 실험목적의 설정 → 특성치의 선택 → 요인과 요인수준의 선택 → 실험의 배치

해설 실험계획의 순서

실험목적의 설정 → 특성치의 선택 → 요인과 요인수준의 선택 → 실험의 수행 → 자료의 측정 및 분석 → 데이터 해석

3. 실험계획 설계단계에서 결정하는 것이 아닌 것은?　　　　　　　　　　　　[16-2]

① 요인 선정　　　② 특성치 선정

③ 실험방법 결정　　④ 주효과 분석

해설 주효과 분석은 실험 후 데이터 분석단계에서 실시한다.

4. 실험계획 시 실험에 직접 취급되는 요인은 매우 다양하다. 실험에 직접 취급되는 요인으로 적용하기 어려운 것은?　[10-4, 17-1]

① 실험의 효율을 올리기 위해서 실험 환경을 층별한 요인

② 실험의 목적을 달성하기 위하여 이와 직결된 실험의 반응치

③ 실험용기, 실험시기 등과 같이 다른 요인에 영향을 줄 가능성이 있는 요인

④ 주효과의 해석은 의미가 없지만 제어요인과 교호작용 효과의 해석을 목적으로 하는 요인

해설 실험의 반응치는 결과이다. 이러한 실험의 반응치에 영향을 줄 수 있는 요인이 실험에 직접 취급되는 요인이다.

5. 요인의 수준과 수준수를 택하는 방법으로 틀린 것은?　　　　　[12-1, 15-2, 21-4]

① 현재 사용되고 있는 요인의 수준은 포함시키는 것이 바람직하다.

② 실험자가 생각하고 있는 각 요인의 흥미영역에서만 수준을 잡아준다.

③ 특성치가 명확히 나쁘게 되리라고 예상되는 요인의 수준은 흥미영역에 포함시킨다.

④ 수준수는 보통 2~5 수준이 적절하며 많

아도 6수준이 넘지 않도록 하여야 한다.

해설 특성치가 명확히 좋게 되리라고 예상되는 요인의 수준은 흥미영역(관심영역)에 포함된다.

6. 실험계획의 기본원리 중에서 실험의 환경이 될 수 있는 한 균일한 부분으로 나누어 신뢰도를 높이는 원리는?   [11-4, 19-1]
① 반복의 원리   ② 랜덤화의 원리
③ 직교화의 원리   ④ 블록화의 원리

해설 블록화의 원리는 실험 전체를 시간적 혹은 공간적으로 분할하여 블록으로 만들면 각 블록내에서는 시험의 환경이 균일하게 되어 정도가 좋은 결과를 얻을 수 있다. 이 원리를 이용한 대표적인 실험계획법이 난괴법이다.

7. 실험계획의 기본원리 중 블록화의 원리에 대한 설명으로 틀린 것은?   [18-1]
① 대표적인 실험계획법은 지분실험법이다.
② 블록을 하나의 요인으로 하여 그 효과를 별도로 분리하게 된다.
③ 실험의 환경을 될 수 있는 한 균일한 부분으로 쪼개어 여러 블록으로 만든다.
④ 실험 전체를 시간적 혹은 공간적으로 분할하여 블록을 만들어 주면 어느 정도 좋은 결과를 얻을 수 있다.

해설 대표적인 실험계획법은 하나는 모수요인이고, 다른 하나는 변량요인인 난괴법이다.

8. 다음 중 수준이 기술적인 의미를 갖지 못하며 수준의 선택이 랜덤으로 이루어지는 요인은?   [13-1, 22-1]
① 모수요인   ② 별명요인
③ 변량요인   ④ 보조요인

해설 변량요인은 수준의 선택이 랜덤으로 이루어져서 기술적인 의미를 갖지 못하는 요인이다.

9. 다음 중 실험을 통해 최적의 수준을 선정하는 것을 목적으로 채택되며, 보통 몇 개의 수준이 형성되는 요인을 무엇이라고 하는가?   [06-2, 12-2, 16-1]
① 오차요인   ② 표시요인
③ 블록요인   ④ 제어요인

해설 제어요인은 실험을 통해 최적의 수준 (가장 좋은 수준)을 선정하는 것을 목적으로 채택되며, 보통 몇 개의 수준이 형성되는 요인이다.

10. 실험일, 실험장소 또는 시간적 차이를 두고 실시되는 반복 등과 같은 요인은? [17-1]
① 블록요인   ② 집단요인
③ 표시요인   ④ 제어요인

해설 블록요인은 실험일, 실험장소 또는 시간적 차이를 두고 실시되는 반복 등과 같은 요인이다.

11. 기술적으로 의미가 있는 수준을 가지고 있으나 실험 후 최적수준을 선택하여 해석하는 것이 무의미하며, 제어요인과의 교호작용의 해석을 목적으로 채택하는 요인은 어느 것인가?   [14-4, 20-1]
① 표시요인   ② 집단요인
③ 블록요인   ④ 오차요인

해설 표시요인은 기술적으로 의미가 있는 수준을 가지고 있으나, 실험 후 최적수준을 선택하여 해석하는 것이 무의미하며, 제어요인과의 교호작용의 해석을 목적으로 채택하는 요인이다.

정답 6. ④   7. ①   8. ③   9. ④   10. ①   11. ①

12. 실험의 정도를 올릴 목적으로 실험의 장을 층별하기 위해서 채택한 요인으로 수준의 재현성도 없고, 제어요인과의 교호작용도 의미가 없지만 실험값에는 영향을 주는 요인은 무슨 요인인가? [07-1, 07-2, 13-2]

① 표시요인　　　　② 보조요인
③ 오차요인　　　　④ 블록요인

해설 블록요인은 실험의 정도(precision)를 높이기 위해 끼리끼리 층별하는 것으로 자체의 효과뿐만 아니라 제어요인과의 교호작용도 의미가 없지만 실험값에 영향을 준다고 보는 요인이다.

13. 다음 중 실험계획법에서 사용되는 모형을 요인의 종류에 따라 분류할 때 해당되지 않는 것은? [08-4, 15-4, 16-2]

① 선형모형　　　　② 모수모형
③ 변량모형　　　　④ 혼합모형

해설 요인이 모두 모수요인인 경우 모수모형, 모두 변량요인인 경우 변량모형, 모수요인과 변량요인이 섞여 있는 경우 혼합모형이다.

14. 공장 내의 여러 분석자 중에서 랜덤하게 5명의 분석자를 선택하여 그들의 분석결과로서 공장 내 분석자의 측정산포를 고려하였다면 이 모형은? [13-4, 22-2]

① 모수모형　　　　② 혼합모형
③ 변량모형　　　　④ 구조모형

해설 여러 분석자 중에서 랜덤하게 5명의 분석자를 선택하였으므로 변량모형이다.

15. 화학공정에서 수율을 향상시킬 목적으로 온도를 3수준, 실험일을 3일 선택하여 실험을 실시하려고 한다. 요인의 종류에 따라 분류할 때 실험 계획에서 사용되는 모형은? [15-2]

① 모수모형　　　　② 변량모형
③ 혼합모형　　　　④ 블록모형

해설 온도는 모수요인이고, 실험일은 변량요인이므로 혼합모형이다.

16. 모수요인에 대한 설명으로 가장 올바른 것은? [06-2, 13-2]

┤ 데이터 구조 ├

$$X_{ij} = \mu + a_i + e_{ij},$$
$$i = 1, 2, \cdots, l, \quad j = 1, 2, \cdots, m$$
$$e_{ij} \sim N(0, \sigma_e^2) \text{에 따르고 독립}$$

① 수준이 기술적인 의미를 갖지 못하며 수준의 선택이 랜덤으로 이루어진다.

② $E(a_i) = 0$, $Var(a_i) = \sigma_A^2$

③ $\sum_{i=1}^{l} a_i \neq 0$, $\bar{a} \neq 0$

④ $\sigma_A^2 = \sum_{i=1}^{l} a_i^2 / (l-1)$

해설

모수요인	변량요인
① 수준을 기술적으로 지정 가능하며 실험자에 의하여 미리 정하여진다.	① 수준이 기술적인 의미를 갖지 못하며 수준의 선택이 랜덤으로 이루어진다.
② a_i는 고정된 상수이다. $E(a_i) = a_i$ $Var(a_i) = 0$	② a_i는 랜덤으로 변하는 확률 변수이다. $E(a_i) = 0$ $Var(a_i) = \sigma_A^2$
③ a_i의 합은 0이다. $\sum_{i=1}^{l} a_i = 0$, $\bar{a} = 0$	③ a_i의 합은 0이 아니다. $\sum_{i=1}^{l} a_i \neq 0$, $\bar{a} \neq 0$
④ $\sigma_A^2 = \sum_{i=1}^{l} a_i^2 / (l-1)$	④ $\sigma_A^2 = E\left[\dfrac{1}{l-1}\sum_{i=1}^{l}(a_i - \bar{a})^2\right]$

17. 제품의 강도를 높이기 위하여 열처리 온도를 요인으로 설정하여 300℃, 350℃, 400℃에서 실험을 실시하였다. 다음 설명 중 옳지 않은 것은?　[12-4, 16-1, 19-4]
① 수준수는 3이다.
② 강도는 특성치이다.
③ 열처리 온도는 모수요인이다.
④ 수준의 선택이 랜덤으로 이루어진다.
해설 요인의 수준이 고정된 모수요인이다.

18. 다음 중 모수요인의 특성으로 볼 수 없는 것은? (단, a_i 는 요인 A 의 주효과이다.)　[11-1, 17-4]
① a_i들의 합은 0이다.
② a_i들의 평균은 0이다.
③ a_i들의 기댓값은 0이다.
④ a_i들의 분산($Var(a_i)$)은 0이다.
해설 모수요인이므로 $E(a_i) = a_i$이다.

19. 수준의 선택이 랜덤으로 이루어지고 각 수준이 기술적 의미를 가지고 있지 못하며 주효과 a_i들의 합이 일반적으로 0이 아닌 요인은?　[21-1]
① 변량요인　　　② 보조요인
③ 모수요인　　　④ 혼합요인
해설 변량요인은 수준의 선택이 랜덤으로 이루어지고 각 수준이 기술적 의미를 가지고 있지 못한다.

20. 다음 중 변량요인에 대한 설명으로 틀린 것은 어느 것인가?　[07-4, 11-2, 18-4]
① 주효과의 기댓값은 0이다.
② 주효과는 고정된 상수이다.
③ 수준이 기술적인 의미를 갖지 못한다.

④ 주효과들의 합은 일반적으로 0이 아니다.
해설 변량요인에서 a_i는 랜덤으로 변하는 확률변수이다.

21. 어떤 부품에 대해 다수의 로트(lot)에서 랜덤하게 3로트(A_1, A_2, A_3)를 골라 각 로트에서 또한 랜덤하게 5개씩을 임의 추출하여 치수를 측정하였다. 다음 중 옳지 않은 것은?　[10-1, 21-2]
① $E(a_i) = 0$
② a_i들의 합은 0이다.
③ 로트는 변량요인이다.
④ 수준이 기술적인 의미를 갖지 못한다.
해설 A는 변량요인이므로 a_i 들의 합은 0이 아니다. ($\sum a_i \neq 0$)

22. 변량요인 A에 대한 설명으로 틀린 것은? (단, A요인의 수준수는 l이고, A_i수준이 주는 효과는 a_i이다.)　[20-1]
① a_i들의 합은 일반적으로 0이 아니다.
② a_i는 랜덤으로 변하는 확률변수이다.
③ a_i들간의 산포의 측도로서
$$\sigma_A^2 = \sum_{i=1}^{l} a_i^2 / (l-1)$$을 사용한다.
④ 수준이 기술적인 의미를 갖지 못하며 수준의 선택이 랜덤하게 이루어진다.
해설 A가 변량요인인 경우에는
$$\sigma_A^2 = E\left\{ \frac{1}{l-1} \sum_{i=1}^{l} (a_i - \bar{a})^2 \right\}$$이다.

2. 요인배치법

1요인실험

1. 1요인실험에 대한 설명 중 틀린 것은 어느 것인가? [14-4, 19-2]
① 교호작용의 유·무를 알 수 있다.
② 결측치가 있어도 그대로 해석할 수 있다.
③ 특성치는 랜덤한 순서에 의해 구해야 한다.
④ 반복의 수가 모든 수준에 대하여 같지 않아도 된다.

해설 1요인실험이나 반복없는 2요인실험에서는 교호작용은 검출할 수 없다.

2. 완전랜덤화법(completely randomized design)을 이용하여 l개의 실험조건에서 각각 m번씩 실험하여 얻은 관측치를 분석하기 위하여 다음과 같은 수학적인 모형을 세웠다. 모형의 설명 중 틀린 것은 어느 것인가? [08-1, 17-1]

$$X_{ij} = \mu + a_i + e_{ij}$$
(단, $i = 1, 2, \ldots, l$이고,
$j = 1, 2, \ldots, m$이다.)

① μ는 실험 전체의 모평균을 나타낸다.
② X_{ij}는 i번째 실험조건에서 j번째 관측치를 나타낸다.
③ a_i는 i번째 실험조건의 영향 또는 치우침을 나타낸다.
④ e_{ij}는 오차를 나타내며 상호 종속적인 관계를 가지고 분포한다.

해설 e_{ij}는 오차를 나타내며 상호 독립적인 관계를 가지고 분포한다.

3. 모수모형에서 완전랜덤실험계획(completely randomized design)을 이용하여 정해진 4개의 실험조건에서 각각 5회씩 반복 실험했을 때, 이 측정치를 분석하기 위한 다음 내용 중 맞는 것을 모두 고른 것은 어느 것인가? [13-2, 20-1]

┤ 다음 ├
㉠ 수학적인 모형은 $x_{ij} = \mu + a_i + e_{ij}$이다.
(단, $i = 1, 2, 3, 4$, $j = 1, 2, 3, 4, 5$이다.)
㉡ $\sum_{j=1}^{4} a_i \neq 0$ 이 성립한다.
㉢ 분산분석을 위해서는 F검정을 활용한다.
㉣ 분산분석에서 실험조건에 따른 유의차가 없다는 가설은
$H_0 : a_1 = a_2 = a_3 = a_4 = 0$이다.

① ㉠, ㉢, ㉣   ② ㉢, ㉣
③ ㉠, ㉡, ㉢   ④ ㉠, ㉡, ㉢, ㉣

해설 모수모형이므로 $\sum_{i=1}^{l} a_i = 0$이다.

4. 완전확률화 계획법(completely randomized design)의 장점이 아닌 것은? [13-1, 19-1]
① 처리별 반복수가 다를 경우에도 통계분석이 용이하다.
② 처리(treatment)수나 반복(replication)수

에 제한이 없어 적용범위가 넓다.

③ 실험재료(experimental material)가 이질적(nonhomogeneous)인 경우에도 효과적이다.

④ 일반적으로 다른 실험계획보다 오차 제곱합(error sum of square)에 대응하는 자유도가 크다.

해설 실험재료가 동질적인 경우에 효과적이다.

5. 1요인실험에서 데이터의 구조가 $x_{ij} = \mu + a_i + e_{ij}$로 주어질 때, $\bar{x}_i$. 의 구조는? (단, $i = 1, 2, \cdots, l$ 이며, $j = 1, 2, \cdots, m$ 이다.) [06-1, 17-4, 19-2]

① $\bar{x}_i = \mu$

② $\bar{x}_i = \mu + e$

③ $\bar{x}_i = \mu + a_i + \bar{e}_i$.

④ $\bar{x}_i = \mu + a_i$

해설 1요인실험 데이터 구조식

㉠ $x_{ij} = \mu + a_i + e_{ij}$

㉡ $\bar{x}_i = \mu + a_i + \bar{e}_i$.

㉢ $\bar{\bar{x}} = \mu + \bar{\bar{e}}$ (A 모수)

㉣ $\bar{\bar{x}} = \mu + \bar{a} + \bar{\bar{e}}$ (A 변량)

6. 완전랜덤화배열법(completely randomized designs)의 모수모형(fixed effect model)으로 구조식이 다음과 같을 때 틀린 것은 어느 것인가? [20-4]

┤ 다음 ├

$$x_{ij} = \mu + a_i + e_{ij},$$
$$i = 1, 2, \cdots, l, \quad j = 1, 2, \cdots, m$$

① $E(e_{ij}) = 0$

② $E(a_i) = 0$

③ $Var(e_{ij}) = \sigma_e^2$

④ $a_1 + a_2 + \cdots + a_l = 0$

해설 모수요인이므로 $E(a_i) = a_i$이다.

7. 실험계획법에 의해 얻어진 데이터를 분산분석하여 통계적 해석을 할 때에는 측정치의 오차항에 대해 크게 4가지의 가정을 하는데, 이 가정에 속하지 않는 것은 다음 중 어느 것인가? [14-2, 15-1, 17-2, 18-1, 20-2]

① 독립성　　　　② 정규성

③ 랜덤성　　　　④ 등분산성

해설 오차항의 특성은 정규성, 독립성, 불편성, 등분산성이다.

8. 1요인실험의 분산분석에서 데이터의 구조모형이 $x_{ij} = \mu + a_i + e_{ij}$로 표시될 때, e_{ij}(오차)의 가정이 아닌 것은? [18-2, 21-4]

① 비정규성 : $e_{ij} \sim N(\mu, \sigma_e^2)$에 따르지 않는다.

② 불편성 : 오차 e_{ij}의 기대치는 0이고, 편의는 없다.

③ 독립성 : 임의의 e_{ij}와 $e_{i'j'}$ ($i \neq i'$ 또는 $j \neq j'$)는 서로 독립이다.

④ 등분산성 : 오차 e_{ij}의 분산은 σ_e^2으로 어떤 i, j에 대해서도 일정하다.

해설 정규성 : 오차(e_{ij})의 분포는 정규분포인 $N(0, \sigma_e^2)$을 따른다.

9. 다음 중 오차항 e_{ij}의 가정으로 틀린 것은? [12-2, 22-1]

① $E(e_{ij}) = e_{ij}$

② $Var(e_{ij}) = \sigma_e^2$

③ e_{ij}의 분산 σ_e^2은 $E(e_{ij}^2)$이다.

④ e_{ij}는 랜덤으로 변하는 값이다.

해설 오차는 랜덤하게 변하는 확률변수이며, $E(e_{ij})=0$이다.

10. 반복수가 같은 1요인실험에서 오차항의 자유도는 35, 총자유도는 41일 경우, 수준수 및 반복수는 각각 얼마인가? [12-4, 21-2]

① 수준수 : 6, 반복수 : 7
② 수준수 : 6, 반복수 : 8
③ 수준수 : 7, 반복수 : 6
④ 수준수 : 8, 반복수 : 6

해설 $\nu_A = l-1 = \nu_T - \nu_e = 41-35 = 6 \rightarrow l=7$

$\nu_T = lr-1 \rightarrow 41 = 7 \times r - 1 \rightarrow r=6$

11. 다음의 1요인실험에서 요인 A의 제곱합 S_A의 값은? [16-4]

n＼A	A_1	A_2	A_3	A_4	
1	−1	5	2	6	
2	2	−	3	−	
3	5	6	3	10	
4	4	4	1	−	
계	10	15	9	16	50

① 39.95
② 46.66
③ 55.94
④ 92.00

해설 $S_A = \sum_{i=1}^{4} \frac{T_i^2.}{r_i} - \frac{T^2}{N}$

$= \left(\frac{10^2}{4} + \frac{15^2}{3} + \frac{9^2}{4} + \frac{16^2}{2} \right) - \frac{50^2}{13} = 55.94$

12. 요인의 수준수가 5이고, 각 수준에서 반복수가 5인 1요인실험으로 얻는 관측치를 정리하여 다음과 같은 값을 얻었다. 제곱합 S_A의 값은 얼마인가? [18-4]

┤ 다음 ├

$$\sum_{i=1}^{5} T_i^2. = 4500 \qquad \sum_{i=1}^{5}\sum_{j=1}^{5} x_{ij} = 50$$

① 100
② 500
③ 800
④ 900

해설 $S_A = \sum_i \frac{T_i^2.}{r} - CT$

$= \frac{4,500}{5} - \frac{50^2}{5 \times 5} = 800$

13. 반복이 5회로 같은 1요인실험에서 다음과 같은 데이터를 정리하였다. 이때 오차분산(V_e)은 얼마인가? [10-2, 22-2]

┤ 데이터 ├

A의 수준수 : 2, $S_T = 925$, $S_A = 614$

① 34.556
② 38.875
③ 61.4
④ 311.0

해설 $V_e = \hat{\sigma}_e^2 = \frac{S_e}{\nu_e} = \frac{311}{8} = 38.875$

$S_e = S_T - S_A = 925 - 614 = 311$

$\nu_e = \nu_T - \nu_A = (10-1) - (2-1) = 8$

14. 다음의 1요인 분산분석표에 의하여 구한 검정통계량 F_0의 값은 약 얼마인가? [18-2]

요인	SS	DF
A	3.87	3
e	3.48	
계		15

① 4.45
② 5.45
③ 6.45
④ 7.45

해설 $\nu_e = \nu_T - \nu_A = 15 - 3 = 12$

$F_0 = \frac{V_A}{V_e} = \frac{S_A/\nu_A}{S_e/\nu_e} = \frac{3.87/3}{3.48/12} = 4.45$

15. 1요인실험에 의한 다음 데이터에 대하여 분산분석을 할 때, 분산비(F_0)의 값은 약 얼마인가? [09-1, 21-4]

요인	A_1	A_2	A_3	
실험의 반복	4	5	7	
	8	4	6	
	6	3	5	
	6	5	7	
합계	24	17	25	$T=66$
평균	6	4.25	6.25	$\overline{\overline{x}}=5.5$

① 3.13 ② 3.15
③ 3.17 ④ 3.19

해설

요인	SS	DF	MS	F_0
A	9.5	$l-1=2$	$9.5/2$ $=4.75$	$4.75/1.5$ $=3.1667$
e	13.5	$l(r-1)=9$	$13.5/9$ $=1.5$	
T	23	$lm-1=11$		

$$S_T = \sum\sum(x_{ij}-\overline{\overline{x}})^2$$
$$= \sum_i\sum_j x_{ij}^2 - CT = 386 - \frac{66^2}{12} = 23$$
$$S_A = \sum\sum(\overline{x}_{i\,.}-\overline{\overline{x}})^2$$
$$= \sum\frac{T_{i\,.}^2}{r} - CT$$
$$= \left(\frac{24^2+17^2+25^2}{4}\right) - \frac{66^2}{12} = 9.5$$
$$S_e = \sum\sum(x_{ij}-\overline{x}_{i\,.})^2$$
$$= S_T - S_A = 23 - 9.5 = 13.5$$

16. 요인 A의 분산비 F_0가 20.6, 오차의 평균제곱(V_e)이 2.2, 요인 A의 수준수가 3일 때, 요인 A의 제곱합(S_A)은? [16-1, 22-2]

① 90.64 ② 135.96
③ 175.32 ④ 215.11

해설 $F_0 = \dfrac{V_A}{V_e}$ →

$$V_A = F_0 \times V_e = 20.6 \times 2.2 = 45.32$$
$$V_A = \frac{S_A}{\nu_A} \rightarrow$$
$$S_A = V_A \times \nu_A = V_A \times (l-1)$$
$$= 45.32 \times 2$$
$$= 90.64$$

17. 수준수 $l=4$, 반복수 $m=5$인 1요인실험에서 분산분석 결과 요인 A가 1%로 유의적이었다. $S_T=2.478$, $S_A=1.690$이고, $\overline{x}_{1\,.}=7.72$일 때, $\mu(A_1)$를 $\alpha=0.01$로 구간추정하면 약 얼마인가? (단, $t_{0.99}(16)=2.583$, $t_{0.995}(16)=2.921$이다.)

[15-1, 18-1, 18-4, 22-1]

① $7.396 \leq \mu(A_1) \leq 8.044$
② $7.430 \leq \mu(A_1) \leq 8.010$
③ $7.433 \leq \mu(A_1) \leq 8.007$
④ $7.464 \leq \mu(A_1) \leq 7.976$

해설

요인	SS	DF	MS
A	1.690	$l-1=3$	$1.690/3$ $=0.56333$
E	$2.478-1.690$ $=0.788$	$19-3=16$	$0.788/16$ $=0.04925$
T	2.478	$lr-1=19$	

$$\overline{x}_{1\,.} \pm t_{1-\alpha/2}(\nu_e)\sqrt{\frac{V_e}{m}}$$
$$= 7.72 \pm t_{0.995}(16) \times \sqrt{\frac{0.04925}{5}}$$
$$= (7.430, 8.010)$$

정답 **15.** ③ **16.** ① **17.** ②

18. 반복수가 같은 1요인실험에서 다음의 분산분석표를 얻었다. $\bar{x}_1. = 12.85$라면, A_1 수준에서의 모평균 $\mu(A_1)$의 95% 신뢰구간은 약 얼마인가? (단, $t_{0.975}(4) = 2.776$, $t_{0.975}(15) = 2.131$, $t_{0.975}(19) = 2.093$ 이다.) [16-1, 19-4]

	SS	DF	MS
A	20	4	5.0
e	15	15	1.0
T	35	19	

① 12.85±0.58   ② 12.85±1.07
③ 12.85±2.10   ④ 12.85±4.20

해설 $\bar{x}_1. \pm t_{1-\alpha/2}(\nu_e)\sqrt{\dfrac{V_e}{r}}$

$= 12.85 \pm t_{0.975}(15) \times \sqrt{\dfrac{1.0}{4}} = 12.85 \pm 1.07$

$\nu_A = l-1 \rightarrow l = 5$, $\nu_T = lr-1 \rightarrow r = 4$

19. 수준수가 4, 반복 3회의 1요인실험 결과 $S_T = 2.383$, $S_A = 2.011$이었으며, $\bar{x}_1. = 8.360$, $\bar{x}_2. = 9.70$이었다. $\mu(A_1)$와 $\mu(A_2)$의 평균치 차를 $\alpha = 0.01$로 구간추정하면 약 얼마인가? (단, $t_{0.99}(8) = 2.896$, $t_{0.995}(8) = 3.355$이다.) [14-2, 20-4]

① $-1.931 \leq \mu(A_1) - \mu(A_2) \leq -0.749$
② $-1.850 \leq \mu(A_1) - \mu(A_2) \leq -0.830$
③ $-1.758 \leq \mu(A_1) - \mu(A_2) \leq -0.922$
④ $-1.701 \leq \mu(A_1) - \mu(A_2) \leq -0.979$

해설 $(\bar{x}_i. - \bar{x}_j.) \pm t_{1-\alpha/2}(\nu_e)\sqrt{\dfrac{2V_e}{r}}$

$= (\bar{x}_1. - \bar{x}_2.) \pm t_{1-\alpha/2}(\nu_e) \times \sqrt{\dfrac{2V_e}{r}}$

$= (8.36 - 9.70) \pm t_{0.995}(8) \times \sqrt{\dfrac{2 \times 0.0465}{3}}$

$= (-1.931, -0.749)$

$\nu_e = l(r-1) = 4 \times (3-1) = 8$

$V_e = \dfrac{S_e}{\nu_e} = \dfrac{S_T - S_A}{\nu_e} = \dfrac{2.383 - 2.011}{8} = 0.0465$

20. 실험의 효율을 올리기 위하여 취하는 행동 중 틀린 것은? [05-2, 17-4]
① 오차의 자유도를 최대한 작게 한다.
② 실험의 반복수를 최대한 크게 한다.
③ 오차분산이 최대한 작아지도록 조치한다.
④ 실험의 층별을 실시하여 충분히 관리하도록 한다.

해설 실험의 효율을 올리기 위해서는 F_0를 크게 해야 하므로 오차분산 $V_e = \dfrac{S_e}{\nu_e}$을 작게 해야하므로 오차 자유도 ν_e를 크게 한다.

21. 실험계획법에 관련된 설명으로 맞는 것은? [07-4, 13-2, 20-2]
① 1요인실험의 ANOVA에 대한 가설검정의 귀무가설은 $\sigma_A^2 > 0$이다.
② 오차항에서 가정되는 4가지 특성은 정규성, 독립성, 불편성, 랜덤성이 있다.
③ 자유도는 제곱을 한 편차의 개수에서 편차들의 선형 제약조건의 개수를 뺀 것과 같다.
④ 자유도는 수준 i에서의 모평균 μ_i가 전체의 모평균 μ로부터 어느 정도의 치우침을 가지는가를 나타내는 변수이다.

해설 ① 1요인실험의 ANOVA에 대한 가설검정의 귀무가설은 $\sigma_A^2 = 0$이다.
② 오차항에서 가정되는 4가지 특성은 정규성, 독립성, 불편성, 등분산성이 있다.
④ 요인의 주효과는 수준 i에서의 모평균 μ_i가 전체의 모평균 μ로부터 어느 정도의 치우침을 가지는가를 나타낸다. ($\mu_i - \mu = a_i$)

정답 ● **18.** ② **19.** ① **20.** ① **21.** ③

22. 실험분석결과의 해석과 조치에 대한 설명으로 틀린 것은?　　　　　[18-2]

① 실험결과의 해석은 실험에서 주어진 조건 내에서만 결론을 지어야 한다.
② 실험결과로부터 최적조건이 얻어지면 확인실험을 실시할 필요가 없다.
③ 취급한 요인에 대한 결론은 그 요인수준의 범위 내에서만 얻어지는 결론이다.
④ 실험결과의 해석이 끝나면 작업표준을 개정하는 등 적절한 조치를 취해야 한다.

해설 실험결과로부터 최적조건이 얻어지면 확인실험을 실시할 필요가 있다.

23. 반복수가 다른 1요인실험의 데이터가 다음과 같을 때, 오차항의 변동 (S_e)은 약 얼마인가?　　　　　　[09-2, 13-4, 18-2]

A_1	A_2	A_3
10	14	12
5	18	15
8	15	
12		
계 35	계 47	계 27

① 18.5　　　　　② 20.5
③ 39.92　　　　④ 245.5

해설 $S_e = S_T - S_A = 126.8889 - 86.9722$
$\qquad = 39.9267$

$$S_A = \frac{\sum T_{i\cdot}^2}{r_i} - CT$$
$$= \left(\frac{35^2}{4} + \frac{47^2}{3} + \frac{27^2}{2} \right) - \frac{109^2}{9} = 86.9722$$
$$S_T = \sum\sum x_{ij}^2 - CT$$
$$= \left(10^2 + 5^2 \cdots + 15^2 \right) - \frac{109^2}{9} = 126.8889$$

24. 다음은 반복이 다른 1요인실험 결과에 대한 분산분석표이다. F_0의 (　) 안에 알맞

은 값은 약 얼마인가?　　　　　[15-4, 19-4]

요인	SS	DF	MS	F_0
A	2127	2		(　)
e	4280			
T	6407	29		

① 4.46　　　　　② 4.63
③ 6.71　　　　　④ 6.95

해설 $F_0 = \dfrac{V_A}{V_e} = \dfrac{S_A / \nu_A}{S_e / \nu_e} = \dfrac{2{,}172/2}{4{,}280/27} = 6.71$

25. 다음 표는 1요인실험에 의해 얻어진 특성치이다. F_0값과 F분포의 자유도는 얼마인가?　　　　　[16-4, 20-2]

수준 I	90	82	70	71	81		
수준 II	93	94	80	88	92	80	73
수준 III	55	48	62	43	57	86	

① 10.42, (2, 15)　　② 10.42, (3, 14)
③ 11.52, (14, 2)　　④ 11.52, (15, 3)

해설

요인	SS	DF	MS	F_0	F
A	2,507.883	2	1,253.941	10.42	$F_{1-\alpha}(\nu_A, \nu_e)$
e	1,805.728	15	120.3819		
T	4,313.611	17			

$$S_T = \sum_{i=1}^{3}\sum_{j=1}^{r_i} x_{ij}^2 - \frac{T^2}{N}$$
$$= (90^2 + 82^2 + \ldots + 86^2) - \frac{1{,}345^2}{18} = 4{,}313.611$$

$$S_A = \sum_{i=1}^{3} \frac{T_i^2}{r_i} - \frac{T^2}{N}$$
$$= \left(\frac{394^2}{5} + \frac{600^2}{7} + \frac{351^2}{6} \right) - \frac{1{,}345^2}{18}$$
$$= 2{,}507.883$$

$S_e = S_T - S_A = 4{,}313.6 - 2{,}507.9 = 1{,}805.728$

$\nu_A = l - 1 = 3 - 1 = 2$

$$\nu_e = \nu_T - \nu_A = 17 - 2 = 15$$

$$V_A = \frac{S_A}{\nu_A} = \frac{2,507.883}{2} = 1,253.942$$

$$V_e = \frac{S_e}{\nu_e} = \frac{1,805.728}{15} = 120.382$$

$$F_0 = \frac{V_A}{V_e} = \frac{1,253.942}{120.382} = 10.42$$

26. 어떤 부품에 대해서 다수의 로트에서 랜덤하게 3로트(A_1, A_2, A_3)를 골라, 각 로트에서 또한 랜덤하게 4개씩을 임의 추출하여 그 치수를 측정한 데이터의 분석방법으로 맞는 것은? [20-2]

① 난괴법
② 라틴방격법
③ 1요인실험 변량모형
④ 1요인실험 모수모형

해설 요인은 A 하나이며, 다수의 로트에서 랜덤하게 3개를 골랐으므로 변량모형이다.

27. 요인 A 의 3수준을 택하고, 반복 4회의 1요인실험을 행하였을 때, 변량요인 A 의 평균제곱 V_A 의 기댓값은? (단, $x_{ij} = \mu + a_i + e_{ij}$, $a_i \sim N(0, \sigma_A^2)$, $e_{ij} \sim N(0, \sigma_e^2)$ 이다.) [21-1]

① σ_e^2
② $\sigma_e^2 + 3\sigma_A^2$
③ $\sigma_e^2 + 4\dfrac{\sum\limits_{i=1}^{l} a_i}{3-1}$
④ $\sigma_e^2 + 4\sigma_A^2$

해설 $E(V_A) = \sigma_e^2 + r\sigma_A^2 = \sigma_e^2 + 4\sigma_A^2$

28. 요인 A 가 변량요인일 때, 수준수가 4, 반복수가 6인 1요인실험을 하였더니 $S_T = 2.148$, $S_A = 1.979$였다. 이때 $\widehat{\sigma_A^2}$ 의 값은

약 얼마인가? [09-4, 13-2, 19-2]

① 0.109
② 0.126
③ 0.163
④ 0.241

해설

요인	SS	DF	MS
A	1.979	$l-1$ $=3$	$V_A = S_A/\nu_A$ $= 1.979/3$ $= 0.65967$
e	$2.148 - 1.979$ $= 0.169$	$\nu_T - \nu_A$ $= 20$	$V_e = S_e/\nu_e$ $= 0.169/20$ $= 0.00845$
T	2.148	$lr - 1$ $= 23$	

$$\widehat{\sigma_A^2} = \frac{V_A - V_e}{r}$$

$$= \frac{0.65967 - 0.00845}{6} = 0.109$$

29. A요인을 4수준 취하고, 4회 반복하여 16회 실험을 랜덤한 순서로 행하여 분석한 결과 다음과 같은 분산분석표를 얻었다. 오차분산의 추정치($\widehat{\sigma_e^2}$)를 구하면?[08-1, 14-4, 17-2]

요인	SS	DF	MS
A	162.43	3	54.14
e	21.82	12	1.82
T	184.25		

① 1.35
② 1.82
③ 13.08
④ 21.82

해설 $\widehat{\sigma_e^2} = V_e = \dfrac{S_e}{\nu_e} = \dfrac{21.82}{12} = 1.82$

30. 어떤 화학반응을 실험에서 농도를 4 수준으로 반복수가 일정하지 않은 실험을 하여 다음 표와 같은 결과를 얻었다. 분산분석 결과 $S_e = 2508.8$이었을 때, $\mu(A_3)$의

95% 신뢰구간을 추정하면 약 얼마인가? (단, $t_{0.95}(15)=1.753$, $t_{0.975}(15)=2.131$ 이다.) [13-1, 20-1]

요인	A_1	A_2	A_3	A_4
m_i	5	6	5	3
$\overline{x}_i.$	52	35.33	48.20	64.67

① $37.938 \leq \mu(A_3) \leq 58.472$

② $38.061 \leq \mu(A_3) \leq 58.339$

③ $35.555 \leq \mu(A_3) \leq 60.845$

④ $35.875 \leq \mu(A_3) \leq 60.525$

해설

요인	SS	DF	MS
A		3	
e	2508.8	15	167.2533
T		18	

$\nu_A = l-1 = 3$, $\nu_T = 5+6+5+3-1 = 18$

$\nu_e = 18-3 = 15$

$V_e = \dfrac{2508.8}{15} = 167.2533$

$\mu(A_3)$의 95% 신뢰구간

$\overline{x}_i. \pm t_{1-\alpha/2}(\nu_e)\sqrt{\dfrac{V_e}{m_i}}$

$= \overline{x}_3. \pm t_{0.975}(15)\sqrt{\dfrac{167.2533}{5}}$

$= 48.2 \pm 2.131 \times \sqrt{\dfrac{167.2533}{5}}$

$= (35.875,\ 60.525)$

31. 모수요인을 갖는 1요인실험에서 수준 1에서는 6번, 수준 2에서는 5번, 수준 3에서는 4번의 반복을 통해 특성치를 수집하였다. $\mu_1 - \mu_2$의 95% 양측 신뢰구간 식은? [19-1]

① $(\overline{x}_1. - \overline{x}_2.) \pm t_{0.975}(12)\sqrt{\dfrac{2V_e}{11}}$

② $(\overline{x}_1. - \overline{x}_2.) \pm t_{0.975}(15)\sqrt{V_e\left(\dfrac{1}{6}+\dfrac{1}{5}\right)}$

③ $(\overline{x}_1. - \overline{x}_2.) \pm t_{0.975}(12)\sqrt{V_e\left(\dfrac{1}{6}+\dfrac{1}{5}\right)}$

④ $(\overline{x}_1. - \overline{x}_2.) \pm t_{0.975}(15)\sqrt{V_e\left(\dfrac{1}{5}+\dfrac{1}{4}\right)}$

해설 $\nu_e = \nu_T - \nu_A = 14-2 = 12$

$(\overline{x}_1. - \overline{x}_2.) \pm t_{1-\alpha/2}(\nu_e)\sqrt{V_e\left(\dfrac{1}{r_1}+\dfrac{1}{r_2}\right)}$

$= (\overline{x}_1. - \overline{x}_2.) \pm t_{0.975}(12)\sqrt{V_e\left(\dfrac{1}{6}+\dfrac{1}{5}\right)}$

32. 1요인실험에서 각 수준간의 모평균 차에 대한 95% 신뢰수준의 신뢰구간을 보고 유의한 차이가 있다고 할 수 없는 것은? [21-1]

① $\mu_1 - \mu_3 = -1.39 \sim -0.85$

② $\mu_1 - \mu_2 = -0.6 \sim -0.06$

③ $\mu_2 - \mu_4 = -0.43 \sim 0.11$

④ $\mu_3 - \mu_4 = 0.35 \sim 0.89$

해설 $\mu_i - \mu_j$의 $100(1-\alpha)$% 신뢰구간

$(\overline{x}_i. - \overline{x}_j.) \pm t_{1-\alpha/2}(\nu_e)\sqrt{\dfrac{2V_e}{r}}$ 이 0을 포함하지 않으면 대립가설을 채택한다. 그러나 $\mu_2 - \mu_4 = -0.43 \sim 0.11$은 0을 포함하고 있으므로 유의한 차이가 있다고 할 수 없다.

33. 요인의 수준 $l=4$, 반복수 $m=3$으로 동일한 1요인 실험에서 총제곱합(S_T)은 2.383, 요인 A의 제곱합(S_A)은 2.011 이었다. $\mu(A_i)$와 $\mu(A_{i'})$의 평균치 차를 $\alpha=0.05$로 검정하고 싶다. 평균치 차의 절댓값이 약 얼마보다 클 때 유의하다고 할 수 있는가? (단, $t_{0.95}(8)=1.860$, $t_{0.975}(8)=2.306$ 이다.) [17-1, 21-2]

① 0.284

② 0.352

③ 0.327

④ 0.406

해설 최소 유의차 검정

$|\overline{x}_i . - \overline{x}_{i'} .| > t_{1-\alpha/2}(\nu_e)\sqrt{\dfrac{2V_e}{r}}$ 이면 $\mu(A_i)$ 와 $\mu(A_{i'})$의 평균치 차가 유의하다고 할 수 있다. 따라서 최소 유의차

$$LSD = t_{1-\alpha/2}(\nu_e)\sqrt{\dfrac{2V_e}{r}}$$

$$= 2.306 \times \sqrt{\dfrac{2 \times 0.0465}{3}} = 0.4060 \text{이다.}$$

$$\nu_e = l(m-1) = 4(3-1) = 8$$

$$V_e = \dfrac{S_e}{\nu_e} = \dfrac{0.372}{8} = 0.0465$$

34. 어떤 화학반응 실험에서 농도를 4수준으로 반복수가 일정하지 않은 실험을 하여 다음 표와 같은 결과를 얻었다. 분산분석 결과 오차의 제곱합 $S_e = 2508.8$이었다. $\mu(A_1)$과 $\mu(A_4)$의 평균치 차를 $\alpha = 0.05$로 검정하고자 한다. 평균치의 차가 약 얼마를 초과할 때 평균치의 차가 있다고 할 수 있는가? (단, $t_{0.975}(15) = 2.131$, $t_{0.95}(15) = 1.753$이다.) [09-1, 17-4]

요인	A_1	A_2	A_3	A_4
m_i	5	6	5	3
$\overline{x}_i .$	51.87	56.11	53.24	64.54

① 15.866
② 16.556
③ 19.487
④ 20.127

해설 $|\overline{x}_1 . - \overline{x}_4 .|$

$> t_{1-\alpha/2}(\nu_e)\sqrt{V_e\left(\dfrac{1}{m_1} + \dfrac{1}{m_4}\right)}$ 이면 A_1과 A_4간 차이가 있다고 한다.

최소 유의차

$$LSD = t_{1-\alpha/2}(\nu_e)\sqrt{V_e\left(\dfrac{1}{m_1} + \dfrac{1}{m_4}\right)}$$

$$= t_{0.975}(15)\sqrt{\dfrac{2,508.8}{15}\left(\dfrac{1}{5} + \dfrac{1}{3}\right)}$$

$= 20.127$이다.

$$V_e = \dfrac{S_e}{\nu_e} = \dfrac{S_e}{\nu_T - \nu_A} = \dfrac{2,508.8}{15}$$

$$\nu_T = N - 1 = 19 - 1 = 18$$

$$\nu_A = 4 - 1 = 3$$

2요인실험

35. 반복이 없는 2요인실험에 대한 설명 중 틀린 것은? (단, A의 수준수는 l, B의 수준수는 m이다.) [13-2, 17-2]
① 오차항의 자유도는 $(l-1)(m-1)$이다.
② 분리해 낼 수 있는 제곱합의 종류는 S_A, S_B, $S_{A \times B}$, S_e가 있다.
③ 한 요인은 모수이고, 나머지 요인은 변량인 경우의 실험을 난괴법이라 한다.
④ 모수모형의 경우 결측치가 발생하면 Yates가 제안한 방법으로 결측치를 추정하여 분석할 수 있다.

해설 반복이 없는 경우에는 교호작용($S_{A \times B}$)을 따로 분리해 낼 수 없다.

36. 혼합모형의 반복 없는 2요인실험에서 모두 유의하다면 구할 수 없는 것은 다음 중 어느 것인가? [18-1]
① 오차의 산포
② 모수요인의 효과
③ 변량요인의 산포
④ 교호작용의 효과

해설 1요인실험이나 반복없는 2요인실험에서는 교호작용을 검출할 수 없다.

37. 반복없는 모수모형 2요인실험 분산분석표에서 오차항의 자유도(ν_e)는? [16-2]

요인	SS	DF	MS	F_0
A	480	( )	160	8
B	60	( )	30	1.5
e	120	( )	( )	
T	660			

① 4   ② 6
③ 9   ④ 11

해설 반복없는 2요인실험의 경우

$$\nu_e = \nu_A \times \nu_B = (l-1)(m-1) = 3 \times 2 = 6$$

$$V_A = \frac{S_A}{\nu_A} \rightarrow \nu_A = \frac{S_A}{V_A} = \frac{480}{160} = 3$$

$$V_B = \frac{S_B}{\nu_B} \rightarrow \nu_B = \frac{S_B}{V_B} = \frac{60}{30} = 2$$

38. 제품에 영향을 미치고 있다고 생각되는 요인 A와 요인 B를 랜덤하게 반복 없는 2요인실험을 실시하여 다음과 같은 자료를 얻었다. 이때의 수정항(CT)과 총제곱합(S_T)은 각각 약 얼마인가? [22-2]

	A_1	A_2	A_3	A_4	계
B_1	-34	-11	-20	-42	-107
B_2	-10	3	8	-4	-3
B_3	8	28	40	17	93
계	-36	20	28	-29	-17

① 수정항 : 12.04, 총제곱합 : 317146
② 수정항 : 16.71, 총제곱합 : 506.50
③ 수정항 : 18.57, 총제곱합 : 553.04
④ 수정항 : 24.08, 총제곱합 : 6342.92

해설 수정항

$$CT = \frac{T^2}{N} = \frac{(-17)^2}{12} = 24.08333$$

총제곱합

$$S_T = \sum_i \sum_j x_{ij}^2 - CT = 6{,}367 - \frac{(-17)^2}{12}$$
$$= 6{,}342.91667$$

39. 모수요인 A는 4수준, 모수요인 B는 3수준인 반복이 없는 2요인실험에서 $S_A = 2.22$, $S_B = 3.44$, $S_T = 6.22$일 때, S_e는 얼마인가? [21-2]

① 0.56   ② 2.78   ③ 4.00   ④ 5.66

해설 $S_e = S_T - S_A - S_B = 6.22 - 2.22 - 3.44$
$$= 0.56$$

40. 반복이 없는 2요인실험(모수모형)의 분산분석표에서 ( ) 안에 들어갈 식은 어느 것인가? [14-2, 18-2]

요인	SS	DF	MS	$E(V)$
A	772	4	193.0	$\sigma_e^2 + 4\sigma_A^2$
B	587	3	195.7	( )
e	234	12	19.5	
T	1593	19		

① $\sigma_e^2 + 2\sigma_B^2$ ② $\sigma_e^2 + 3\sigma_B^2$
③ $\sigma_e^2 + 4\sigma_B^2$ ④ $\sigma_e^2 + 5\sigma_B^2$

해설 $E(V_B) = \sigma_e^2 + l\sigma_B^2 = \sigma_e^2 + 5\sigma_B^2$

41. 반복이 없는 2요인실험에서 요인 A의 제곱합 S_A의 기대치를 구하는 식은? (단, A와 B는 모두 모수, A의 수준수는 l, B의 수준수는 m이다.) [20-1]

① $\sigma_e^2 + m\sigma_A^2$

② $(l-1)\sigma_e^2 + m(l-1)\sigma_A^2$

③ $(m-1)\sigma_e^2 + (m-1)\sigma_A^2$

④ $m(l-1)\sigma_e^2 + l(m-1)\sigma_A^2$

해설 $E(V_A) = \sigma_e^2 + m\sigma_A^2$에서

$$V_A = \frac{S_A}{\nu_A} = \frac{S_A}{l-1}$$ 이므로

$$E(S_A) = (l-1)\sigma_e^2 + m(l-1)\sigma_A^2$$ 이다.

42. Y 화학공장에서 제품의 수율에 영향을 미칠 것으로 생각되는 반응온도(A)와 원료(B)를 요인으로 2요인실험을 하였다. 실험은 12회 완전 랜덤화하였고, 2요인 모두 모수이다. 검정 결과로 맞는 것은? (단, $F_{0.99}(3, 6)$ $= 9.78$, $F_{0.95}(3, 6) = 4.76$, $F_{0.99}(2, 6) = 10.9$, $F_{0.95}(2, 6) = 5.14$ 이다.) [07-2, 20-4]

요인	SS	DF	MS
A	2.22	3	0.74
B	3.44	2	1.72
e	0.56	6	0.093
T	6.22	11	

① A는 위험률 1%로 유의하고, B는 위험률 5%로 유의하다.
② A는 위험률 5%로 유의하고, B는 위험률 1%로 유의하다.
③ A는 위험률 1%로 유의하지 않고, B는 위험률 5%로 유의하다.
④ A는 위험률 5%로 유의하지 않고, B는 위험률 1%로 유의하다.

해설

요인	SS	DF	MS	F_0	$F_{0.95}$	$F_{0.99}$
A	2.22	3	0.74	7.96	4.76	9.78
B	3.44	2	1.72	18.49	5.14	10.9
e	0.56	6	0.093			
T	6.22	11				

$F_A = 0.74/0.093 = 7.96$ 로 $F_{0.95}(3, 6) = 4.76$ 보다 크지만 $F_{0.99}(3, 6) = 9.78$보다 작으므로 A는 위험률 5%에서는 유의하지만 1%에서는 유의하지 않다. 또한, $F_B = 1.72/0.093 = 18.49$ 로 $F_{0.95}(2, 6) = 5.14$는 물론 $F_{0.99}(2, 6) = 10.9$ 보다도 크므로 B는 위험률 5%는 물론 1%에서도 유의하다.

43. 데이터분석 시 발생한 결측치의 처리방법으로 틀린 것은? [14-1, 18-4]

① 1요인실험인 경우 결측치를 무시하고 그대로 분석한다.
② 될 수 있으면 한번 더 실험하여 결측치를 메우는 것이 가장 좋다.
③ 반복 없는 2요인실험인 경우 Yates의 방법으로 결측치를 추정하여 대체시킨다.
④ 반복 있는 2요인실험인 경우 결측치가 들어 있는 조합에서는 나머지 데이터들 중 최댓값으로 결측치를 대체시킨다.

해설 반복 있는 2요인실험인 경우 결측치가 들어 있는 조합에서 나머지 데이터들의 평균치로 결측치를 대체시킨다.

44. 요인 A, B가 각각 4수준인 모수모형 반복없는 2요인실험에서 결측치가 1개 발생하였다. 이것을 추정하여 분석했을 때, 오차항의 자유도(ν_e)는? [19-4]

① 4 ② 8 ③ 9 ④ 11

해설 $\nu_e = (l-1)(m-1) - 결측치수$
$= (l-1)(m-1) - 1$
$= (4-1)(4-1) - 1 = 8$

45. A(4수준), B(5수준)요인으로 반복 없는 2요인실험에서 결측치가 2개 생겼을 경우 측정값을 대응하여 분산분석을 하면 오차항의 자유도는? [11-4, 19-2]

① 8 ② 9 ③ 10 ④ 11

해설 $\nu_e = (l-1)(m-1) - 결측치수$
$= (l-1)(m-1) - 2$
$= (4-1)(5-1) - 2 = 10$

46. 2요인실험에서 A_iB_j에 결측치가 있을 경우 Yates의 결측치 $\hat{y}$ 추정공식은 어느 것인가? [06-1, 22-1]

① $\hat{y} = \dfrac{(l-1)\,T'_{i\,.} + m\,T'_{\,.\,j} - T'}{(l-1)+(m-1)}$

② $\hat{y} = \dfrac{l\,T'_{i\,.} + (m-1)\,T'_{\,.\,j} - T'}{(l-1)+(m-1)}$

③ $\hat{y} = \dfrac{(l-1)\,T'_{i\,.} + (m-1)\,T'_{\,.\,j} - T'}{(l-1)(m-1)}$

④ $\hat{y} = \dfrac{l\,T'_{i\,.} + m\,T'_{\,.\,j} - T'}{(l-1)(m-1)}$

해설 $\hat{y} = \dfrac{l\,T'_{i\,.} + m\,T'_{\,.\,j} - T'}{(l-1)(m-1)}$

47. 반복 없는 2요인실험을 행했을 때, A_3B_2 수준조합에서 결측치가 발생하였다. 결측치 ⓨ의 값을 점추정하면? [08-4, 13-4, 21-1]

요인	A_1	A_2	A_3	A_4	A_5	$T_{\,.\,j}$
B_1	13	1	3	-19	-3	-5
B_2	18	13	ⓨ	-11	-1	$19+$ⓨ
B_3	28	22	2	8	-5	55
B_4	13	12	0	-10	5	20
$T_{i\,.}$	72	48	$5+$ⓨ	-32	-4	$89+$ⓨ

① $\dfrac{3}{12}$ 　　② $\dfrac{1}{3}$

③ 1.0　　④ 2.17

해설 반복 없는 2요인실험인 경우 Yates의 방법으로 결측치를 추정한다.

$$\hat{y} = \frac{l\,T_{i\,.}{}' + m\,T_{\,.\,j}' - T'}{(l-1)(m-1)}$$
$$= \frac{l\,T_{3\,.}{}' + m\,T_{\,.\,2}' - T'}{(l-1)(m-1)}$$
$$= \frac{(5\times5)+(4\times19)-(89)}{(5-1)(4-1)} = 1$$

48. 다음 분산분석표로부터 모수요인 A, B 에 대한 유의수준 10%에서의 가설 검정 결

과로 맞는 것은? (단, $F_{0.90}(2, 6) = 3.46$, $F_{0.90}(3, 2) = 9.16$, $\quad F_{0.90}(3, 6) = 3.29$, $F_{0.90}(6, 11) = 2.39$이다.) [13-4, 18-4]

요인	SS	DF	MS	F_0
A	185	3	61.7	3.63
B	54	2	27.0	1.59
e	102	6	17.0	
T	341	11		

① $F_{0.90}(3, 6) = 3.29$이므로 귀무가설 $(\sigma_A^2 = 0)$을 기각한다.

② $F_{0.90}(3, 2) = 9.16$이므로 귀무가설 $(\sigma_B^2 = 0)$을 기각한다.

③ $F_{0.90}(6, 11) = 2.39$이므로 귀무가설 $(\sigma_B^2 = 0)$을 기각한다.

④ $F_{0.90}(2, 6) = 3.46$이므로 귀무가설 $(\sigma_A^2 = 0)$을 기각할 수 없다.

해설 • $F_A = 3.63 > F_{0.9}(3, 6) = 3.29$이 므로 귀무가설을 기각한다.

• $F_B = 1.59 < F_{0.9}(2, 6) = 3.46$이므로 귀무가설을 채택한다.

49. 5수준의 모수요인 A와 4수준의 모수요인 B로 반복없는 2요인실험을 한 결과 주효과 A, B가 모두 유의한 경우 최적조합 조건하에서의 공정평균을 추정할 때 유효반복수 n_e는? [06-2, 18-1, 20-2, 21-4]

① 2.5　　② 2.9

③ 4　　④ 3

해설 유효반복수

$$n_e = \frac{\text{총실험횟수}}{\text{유의한 요인의 자유도의 합}+1}$$
$$= \frac{lm}{\nu_A+\nu_B+1} = \frac{5\times4}{4+3+1} = 2.5$$

50. 다음의 표는 요인 A, B에 대한 반복없는 모수모형 2요인실험의 분산분석표이다. 이 실험의 품질특성은 망대특성이라고 할 때 틀린 것은? [17-1]

수준	A_1	A_2	A_3	A_4
B_1	16	26	30	20
B_2	13	22	20	17
B_3	7	9	19	5

요인	SS	DF	MS	F_0	$F_{0.95}$
A	222	3	74	7.929	4.76
B	344	2	172	18.429	5.14
e	56	6	9.333		
T	622	11			

① 최적해의 점 추정치는 $\hat{\mu}(A_3 B_1) = \overline{x}_3. + \overline{x}._1 - \overline{\overline{x}}$ 이며 점 추정치는 29이다.

② 모평균의 95% 신뢰구간을 위한
$$Var(\overline{x}_3. + \overline{x}._1 - \overline{\overline{x}}) = \frac{lm}{l+m-1}\sigma_e^2$$
이다.

③ $t_{0.975}(6) = 2.447$일 때 최적조건에서의 모평균의 신뢰구간은 약 23.71~34.29 이다.

④ 유의수준 5%로 요인 A, B는 모두 유의하며, 망대특성이므로 최적해는 $\hat{\mu}(A_3 B_1)$ 이다.

해설 ① $\hat{\mu}(A_3 B_1) = \overline{x}_3. + \overline{x}._1 - \overline{\overline{x}}$
$= \frac{69}{3} + \frac{92}{4} - 17 = 29$이다.

② $Var(\overline{x}_3. + \overline{x}._1 - \overline{\overline{x}}) = \frac{\sigma_e^2}{n_e}$
$= \frac{l+m-1}{lm}\sigma_e^2$이다.

③ 최적조건에서의 모평균의 신뢰구간은
$(\overline{x}_3. + \overline{x}._1 - \overline{\overline{x}}) \pm t_{1-\alpha/2}(\nu_e)\sqrt{\frac{V_e}{n_e}}$

$= 29 \pm 2.447\sqrt{\frac{9.333}{2}} = 23.71 \sim 34.29$
이다.

④ 유의수준 5%로 요인 A, B는 모두 유의하며, 망대특성이므로 최적해는 $\hat{\mu}(A_3 B_1)$ 이다.

51. 난괴법(randomized complete block designs)의 특징을 나타낸 것으로 맞는 것은? [18-4]

① 처리별 반복수는 똑같을 필요는 없다.
② 처리수, 블록수에 제한을 많이 받는다.
③ 랜덤화와 블록화의 두 가지 원리에 따른 것이다.
④ 실험구 배치는 난해하나 통계적 분석이 간단하다.

해설 ① 처리별 반복수는 같아야 한다.
② 처리수, 블록수에 제한받지 않는다.
④ 실험은 한 블록씩 블록 내에서 랜덤으로 실시하므로 실험구 배치가 간단하고 통계적 분석이 용이하다.

52. 난괴법에 관한 설명으로 틀린 것은 어느 것인가? [05-4, 12-4, 16-1, 20-2]

① 1요인은 모수이고, 1요인은 변량인 반복이 없는 2요인실험이다.
② 일반적으로 실험배치의 랜덤에 제약이 있는 경우에 몇 단계로 나누어 설계하는 방법이다.
③ 실험설계 시 실험환경을 균일하게 하여 블록간에 차이가 없을 때, 오차항에 풀링하면, 1요인실험과 동일하다.
④ 일반적으로 1요인실험으로 단순반복 실험을 하는 것보다 반복을 블록으로 나누어 2요인실험하는 경우, 층별이 잘되면 정보량이 많아진다.

해설 요인배치법에서 실험순서가 랜덤하게 정해지지 않고, 실험 전체를 몇 단계로 나누어서 단계별로 랜덤화하는 실험계획법은 분할법이다.

53. 난괴법에 관한 설명으로 가장 관계가 먼 내용은? [06-4, 22-1]

① 결측치가 존재해도 쉽게 해석이 용이하다.

② 분산분석 과정은 반복이 없는 2요인실험과 동일하다.

③ 하나는 모수요인이고, 다른 하나는 변량요인이다.

④ $x_{ij} = \mu + a_i + b_j + e_{ij}$ 인 데이터 구조식을 가지며, 여기서 $\sum_{i=1}^{l} a_i = 0$과

$\sum_{j=1}^{m} b_j \neq 0$ 이다.

해설 반복 없는 2요인실험인 경우 결측치가 존재하게 되면 분산분석을 할 수가 없게 되므로 Yates 방법으로 추정하여 대체시켜야 한다.

54. 다음 중 난괴법의 조건이 아닌 것은 어느 것인가? [05-2, 14-4, 21-2]

① 오차항은 $N(\mu, \sigma_e^2)$을 따른다.

② 만일 A요인이 모수요인이라면 $\sum_{i=1}^{l} a_i = 0$이다.

③ 만일 B요인이 변량요인이라면 $N(0, \sigma_B^2)$을 따른다.

④ 하나는 모수요인이고, 다른 하나는 변량요인이다.

해설 오차항은 $N(0, \sigma_e^2)$을 따른다.

55. 난괴법 실험에서 A(모수요인), B(변량요인)인 경우, 모수요인 각 수준 A_i에서 모평균 $\mu(A_i)$의 추정식 $\overline{x}_i.$는? [17-2]

① $\overline{x}_i. = \mu + a_i + \overline{b} + \overline{e}_i.$

② $\overline{x}_i. = \mu + \overline{a} + \overline{b} + \overline{e}_i.$

③ $\overline{x}_i. = \mu + \overline{a} + b_j + \overline{e}_i.$

④ $\overline{x}_i. = \mu + a_i + b_j + \overline{e}_i.$

해설 $\overline{x}_i. = \mu + a_i + \overline{b} + \overline{e}_i.$ $(\sum b_j \neq 0, \ \overline{b} \neq 0)$

56. 다음 중 난괴법이 층별이 잘된 경우에는 반복이 있는 1요인실험보다 더 좋은 이점은 무엇인가? [06-1, 19-4]

① 정보량이 많아지고, 오차분산이 작아진다.

② 실험을 많이 함으로 원하는 모든 정보를 얻을 수 있다.

③ 처리수별에 따른 반복수가 동일하지 않아도 됨으로 결측치가 생겨도 쉽게 해석할 수 있다.

④ 하나는 모수요인이고, 다른 하나는 변량요인이므로 변량요인을 이용함으로 더 쉽게 해석할 수 있다.

해설 난괴법이 층별이 잘된 경우에는 반복이 있는 1요인실험보다 정보량이 많아지고, 오차분산이 작아진다.

57. 1요인실험에서 완전 랜덤화 모형과 2요인실험의 난괴법에 관한 설명으로 틀린 것은 어느 것인가? [17-1, 20-1]

① 난괴법에서 변량요인 B에 대해 모평균을 추정하는 것은 의미가 없다.

② 난괴법은 A요인이 모수요인, B는 변량요인이며 반복이 없는 경우를 지칭한다.

③ k개의 처리를 r회 반복 실험하는 경우에 오차항의 자유도는 1요인실험이 난괴법

보다 $r-1$이 크다.

④ 난괴법에서 변량요인 B를 실험일 또는 실험장소 등인 경우로 선택할 때 집단요인이 된다.

해설 난괴법에서 변량요인 B를 실험일 또는 실험장소 등인 경우로 선택할 때 블록요인이 된다.

58. [표 1]은 모수요인 A와 블록요인 B에 대해 난괴법 실험을 하는 경우이며, [표 2]는 블록요인 B를 반복으로 하는 요인 A의 1요인실험으로 변환시킨 경우이다. 이때 A의 제곱합(S_A)에 관한 설명으로 맞는 것은 다음 중 어느 것인가? [07-4, 12-1, 17-4]

[표 1]

A	B			
	1	2	3	4
1	9.3	9.4	9.6	10.0
2	9.4	9.3	9.8	9.9
3	9.2	9.4	9.5	9.7
4	9.7	9.6	10.0	10.2

[표 2]

A	r			
	1	2	3	4
1	9.3	9.4	9.6	10.0
2	9.4	9.3	9.8	9.9
3	9.2	9.4	9.5	9.7
4	9.7	9.6	10.0	10.2

① 난괴법에서의 A의 제곱합(S_A)보다 1요인실험의 제곱합(S_A)이 더 크다.

② 난괴법에서의 A의 제곱합(S_A)보다 1요인실험의 제곱합(S_A)이 더 작다.

③ 난괴법에서의 A의 제곱합(S_A)과 1요인실험의 제곱합(S_A)은 값이 같다.

④ 난괴법에서의 A의 제곱합(S_A)과 B의 제곱합(S_B)를 합한 것과 1요인실험의 제곱합(S_A)은 값이 같다.

해설

[표 1] 난괴법

요인	SS
A	S_A
B	S_B
e	S_e
T	S_T

[표 2] 1요인실험

요인	SS
A	S_A
e	S_e
T	S_T

59. 다음 중 난괴법에 관한 설명으로 틀린 것은? [21-1]

① 난괴법에서 사용되는 변량요인을 보통 블록요인 혹은 집단요인이라고 부른다.

② 1요인은 모수요인이고 1요인은 변량요인인 반복 없는 2요인실험이다.

③ 요인 B(변량요인)인 경우 수준간의 산포를 구하는 것이 의미가 있고, 모평균 추정은 의미가 없다.

④ A(모수요인), B(블록요인)로 난괴법 실험을 한 경우 층별이 잘 된 경우에 정보량이 적어지는 경향이 있다.

해설 난괴법이 층별이 잘된 경우에는 반복이 있는 1요인실험보다 정보량이 많아지고, 오차분산이 작아진다.

60. 벼 품종 A_1, A_2, A_3의 단위당 수확량을 비교하기 위하여 2개의 블록으로 층별하여 난괴법 실험을 하였다. 각 품종별 단위당 수확량이 다음과 같을 때 블록별(B) 제곱합 S_B는 약 얼마인가? [05-1, 14-2, 19-1]

블록 1			블록 2		
A_1	A_2	A_3	A_1	A_2	A_3
47	43	50	46	44	48

① 0.67
② 0.89
③ 0.97
④ 1.23

해설 $S_B = \sum \dfrac{T_{\cdot j}^2}{l} - CT$

$= \left(\dfrac{(47+43+50)^2}{3} + \dfrac{(46+44+48)^2}{3} \right)$

$- \dfrac{(47+43+50+46+44+48)^2}{3 \times 2} = 0.667$

61. 반복이 없는 2요인실험에서 A는 모수, B는 변량이다. A는 5수준, B는 4수준인 경우, $\widehat{\sigma_B^2}$의 추정값을 구하는 식은?

① $\widehat{\sigma_B^2} = \dfrac{V_B - V_e}{5}$ [14-2, 15-1, 19-1]

② $\widehat{\sigma_B^2} = \dfrac{V_B - V_e}{4}$

③ $\widehat{\sigma_B^2} = \dfrac{V_e - V_B}{5}$

④ $\widehat{\sigma_B^2} = \dfrac{V_e - V_B}{4}$

해설 $\widehat{\sigma_B^2} = \dfrac{V_B - V_e}{l} = \dfrac{V_B - V_e}{5}$

62. 반투명경의 투과율을 측정하기 위하여 측정광원의 파장(A)을 4수준 지정하고 다수의 측정자로부터 랜덤으로 4명(B)을 뽑아 반복이 없는 2요인실험을 행하고, 그 결과를 분산분석한 결과 다음 표를 얻었다. 측정자에 의한 분산성분의 추정치 $\widehat{\sigma_B^2}$의 값은 약 얼마인가? [13-2, 15-4, 20-4]

요인	SS	DF	MS
A	3.690	3	1.230
B	9.430	3	3.143
e	7.698	9	0.855
T	20.818	15	

① 0.322
② 0.507
③ 0.572
④ 0.763

해설 $\widehat{\sigma_B^2} = \dfrac{V_B - V_e}{l} = \dfrac{3.143 - 0.855}{4} = 0.572$

63. 모수요인 A는 3수준, 블록요인 B는 2수준으로 난괴법 실험을 실시하여 분석한 결과 다음의 데이터를 얻었다. 요인 A의 수준 A_1과 수준 A_3간의 모평균 차이의 양측 신뢰구간을 신뢰율 95%로 추정하면 약 얼마인가? (단, $t_{0.975}(2) = 4.303$, $t_{0.975}(5) = 2.571$ 이다.) [06-2, 11-1, 21-4]

┤ 다음 ├

$\bar{x}_{1 \cdot} = 12.54 \qquad \bar{x}_{2 \cdot} = 8.76$

$\bar{x}_{3 \cdot} = 6.54 \qquad V_e = 0.81$

① 6 ± 2.31
② 6 ± 3.28
③ 6 ± 3.87
④ 6 ± 4.24

해설 $\nu_A = l-1 = 2$, $\nu_B = m-1 = 1$,
$\nu_T = lm-1 = 5$, $\nu_e = \nu_T - \nu_A - \nu_B = 2$

$(\bar{x}_{1 \cdot} - \bar{x}_{3 \cdot}) \pm t_{1-\alpha/2}(\nu_e) \sqrt{\dfrac{2V_e}{m}}$

$= (12.54 - 6.54) \pm 4.303 \times \sqrt{\dfrac{2 \times 0.81}{2}}$

$= 6.0 \pm 3.873$

64. 반복이 있는 2요인실험에서 요인 A, B의 수준수와 반복이 각각 $l = 4$, $m = 3$, $r = 2$일 경우 교호작용의 자유도($\nu_{A \times B}$)는? [10-4, 15-4]

① 6 ② 12 ③ 15 ④ 17

해설 $\nu_{A \times B} = \nu_A \times \nu_B = (l-1)(m-1)$
$\qquad = (4-1)(3-1) = 6$

65. 각각 3, 5개의 수준을 갖는 두 개의 요인의 모든 수준조합에서 각각 2회 반복을 하였다. 교호작용이 무시되지 않는 경우, 오차항의 자유도는 얼마인가? [21-1]

① 8 ② 12 ③ 15 ④ 23

해설 $\nu_e = \nu_T - \nu_A - \nu_B - \nu_{A \times B}$
$\qquad = 29 - 2 - 4 - 8 = 15$

66. 다음 표는 수준의 조에 반복(r)이 2회 있는 2요인실험한 결과이다. S_{AB}는 얼마인가? [20-2]

요인	B_1	B_2
A_1	4	8
	7	4
A_2	5	4
	8	6

① 1.58 ② 2.50 ③ 4.25 ④ 5.00

해설 $S_{AB} = \sum_{i=1}^{l} \sum_{j=1}^{m} \dfrac{T_{ij \cdot}^2}{r} - CT$

$\qquad = \dfrac{1}{2}(11^2 + 12^2 + 13^2 + 10^2)$

$\qquad - \dfrac{(11+12+13+10)^2}{2 \times 2 \times 2} = 2.5$

67. 분산분석표에 표기된 오차분산에 관한 사항으로 틀린 것은? [17-2, 21-4]

① 오차분산의 신뢰구간 추정은 χ^2분포를 활용한다.

② 오차의 불편분산이 요인의 불편분산보다 클 수는 없다.

③ 오차분산은 요인으로서 취급하지 않은 다른 모든 분산을 포함하고 있다.

④ 오차분산은 반복 실험을 할 경우 요인의 교호작용을 분리하여 분석할 수 있다.

해설 오차의 불편분산이 요인의 불편분산보다 클 수도 있고, 작을 수도 있고, 같을 수도 있다.

68. 2요인실험에서 A, B 모두 모수요인인 경우 교호작용의 평균제곱의 기대치($E(V_{A \times B})$)로 맞는 것은? (단, A는 5수준, B는 6수준, 반복 2회의 실험이다.) [05-1, 14-2, 21-2]

① $\sigma_e^2 + \sigma_{A \times B}^2$

② $\sigma_e^2 + 2\sigma_{A \times B}^2$

③ $\sigma_e^2 + 20\sigma_{A \times B}^2$

④ $\sigma_e^2 + 2 \times 4 \times 5\sigma_{A \times B}^2$

해설 반복있는 2요인실험(모수모형)
$\qquad E(V_{A \times B}) = \sigma_e^2 + r\sigma_{A \times B}^2 = \sigma_e^2 + 2\sigma_{A \times B}^2$

69. 다음 중 교호작용을 설명한 내용으로 틀린 것은? [16-1]

① 주효과와 오차의 1차 결합을 말한다.

② 1요인실험이나 반복없는 2요인실험에는 나타나지 않는다.

③ 2요인 이상의 특정한 요인수준의 조합에서 일어나는 효과를 말한다.

④ 반복있는 2요인실험에서 교호작용의 자유도는 2요인의 자유도의 곱이다.

해설 요인 A와 B의 교호작용이란 요인조합($A \times B$)에서 일어나는 효과를 말한다.

70. 실험의 목적 중 어떤 요인이 반응에 유의한 영향을 주고 있는가를 파악하는 것은 무엇에 관한 것인가? [19-2]

① 검정의 문제
② 추정의 문제
③ 오차항 추정의 문제
④ 최적반응조건의 결정문제

해설 가설 검정을 통해 어떤 요인이 반응에 유의한 영향을 주고 있는가를 파악할 수 있다.

71. 분산분석표에서 F검정 결과 유의하지 않은 교호작용을 오차항에 넣어서 새로운 오차항으로 만드는 과정을 무엇이라 하는가? [16-4]

① 풀링(pooling)
② 반복(replication)
③ 정의대비(defining contrast)
④ 처리조합(treatment combination)

해설 분산분석표에서 F검정 결과 유의하지 않은 교호작용을 오차항에 넣어서 새로운 오차항으로 만드는 과정을 pooling이라고 한다.

72. 반복이 있는 2요인실험의 분산분석에서 교호작용이 유의하지 않아 오차항에 풀링했을 경우, 요인 B의 F_0(검정통계량)은 약 얼마인가? [15-2, 17-2, 19-2, 20-1]

요인	SS	DF	MS
A	542	3	180.67
B	2426	2	1213.00
$A \times B$	9	6	1.50
e	255	12	21.25
T	3232		

① 53.32　　　　② 57.10
③ 82.70　　　　④ 84.05

해설 $$V_e' = \frac{S_e'}{\nu_e'} = \frac{S_{A \times B} + S_e}{\nu_{A \times B} + \nu_e}$$
$$= \frac{9 + 255}{6 + 12} = 14.6667$$
$$\rightarrow F_0(B) = \frac{V_B}{V_e'} = \frac{1,213}{14.6667} = 82.70$$

73. 반복이 있는 2요인실험에서 교호작용 $A \times B$가 유의하지 못하여 오차항에 풀링되었다. 이때 새로운 오차항을 E라고 할 때, $\mu(A_iB_j)$의 $100(1-\alpha)\%$ 신뢰구간 공식은? (단, 각 수준조합에서의 반복수는 r이고, n_e는 유효반복수이다.) [15-1]

① $\bar{\bar{x}} \pm t_{1-\frac{\alpha}{2}}(\nu_E)\sqrt{\dfrac{V_E}{r}}$

② $\bar{\bar{x}} \pm t_{1-\frac{\alpha}{2}}(\nu_E)\sqrt{\dfrac{V_E}{n_e}}$

③ $(\bar{x}_i.. + \bar{x}_{.j.} - \bar{\bar{x}}) \pm t_{1-\frac{\alpha}{2}}(\nu_E)\sqrt{\dfrac{V_E}{n_e}}$

④ $(\bar{x}_i.. + \bar{x}_{.j.} - \bar{\bar{x}}) \pm t_{1-\frac{\alpha}{2}}(\nu_E)\sqrt{\dfrac{V_E}{r}}$

해설 교호작용이 유의한 경우
$$\hat{\mu}(A_iB_j) = \bar{x}_{ij}. \pm t_{1-\alpha/2}(\nu_E)\sqrt{\frac{V_E}{r}}$$
교호작용이 유의하지 않은 경우
$$\hat{\mu}(A_iB_j) =$$
$$(\bar{x}_i.. + \bar{x}_{.j.} - \bar{\bar{x}}) \pm t_{1-\alpha/2}(\nu_E')\sqrt{\frac{V_E'}{n_e}}$$

74. 요인 A의 수준수는 5, 요인 B의 수준수는 4이며, 모든 수준조합에서 3회씩 반복하여 실험하였다. 분산분석 결과로 교호작용은 무시할 수 있었다. 두 요인의 수준조합에서 분산추정을 위한 유효반복수는 얼마인가? (단, 요인 A와 요인 B는 모수요인이다.)[09-2, 18-2]

① 2.5　② 3　　③ 7.5　　④ 12

해설 $n_e = \dfrac{\text{총 실험회수}}{\text{유의한 요인의 자유도의 합}+1}$

$= \dfrac{lmr}{\nu_A+\nu_B+1} = \dfrac{5\times4\times3}{4+3+1} = 7.5$

요인	SS	DF	MS	F_0	$F_{0.95}$
A	3.3	3	1.1	5.5	3.49
B	1.8	2	0.9	4.5	3.89
$A\times B$	0.6	6	0.1	0.5	3.00
e	2.4	12	0.2		
T	8.1	23			

75. 다음 중 반복 2회인 2요인실험에서 요인 A가 4수준, 요인 B가 3수준이면, 유효반복수는 얼마인가? (단, 교호작용이 유의하다.) [12-4, 22-1]

① 2 ② 3
③ 4 ④ 5

해설 교호작용이 유의한 경우의 유효반복수는 반복수와 동일하다.

76. 다음 중 2요인 교호작용에 관한 설명으로 틀린 것은? (단, 요인 A, B는 모수요인이다.) [06-4, 12-4, 21-4]

① 교호작용이 유의하지 않으면 $\mu(A_i)$와 $\mu(B_j)$의 추정은 의미가 없다.
② 교호작용이 유의하지 않으면, 유의한 요인에 대해 각 수준의 모평균을 추정한다.
③ 교호작용이 유의한 경우, $\mu(A_iB_j)$를 추정하여 이것으로부터 최적조건을 선택한다.
④ 교호작용이 유의한 경우, 요인 A, B가 유의하여도 각각의 모평균을 추정하는 것은 의미가 없다.

해설 교호작용이 유의하지 않으면 $\mu(A_i)$와 $\mu(B_j)$의 추정은 의미가 있다.

77. 다음 표는 요인 A를 4수준, 요인 B를 3수준으로 하여 반복 2회의 2요인실험한 결과이다. 이에 대한 설명으로 틀린 것은 어느 것인가? (단, 요인 A, B는 모두 모수요인이다.) [14-1, 18-4]

① 유의수준 5%로 요인 A와 B는 의미가 있다.
② 모평균의 점추정치는 요인 A, B가 유의하므로 $\hat{\mu}(A_iB_j) = \bar{x}_{i\cdot\cdot} + \bar{x}_{\cdot j\cdot} - \bar{\bar{x}}$로 추정된다.
③ 교호작용 $A\times B$는 유의수준 5%에서 유의하지 않으며, 1보다 작으므로 기술적 풀링을 검토할 수 있다.
④ 교호작용을 오차항과 풀링할 경우 오차분산은 교호작용 $A\times B$와 오차항 e의 분산의 평균, 즉 0.15가 된다.

해설 $V'_e = \dfrac{S'_e}{\nu'_e} = \dfrac{S_e+S_{A\times B}}{\nu_e+\nu_{A\times B}} = \dfrac{2.4+0.6}{12+6}$
$= 0.1667$

78. 혼합모형(A : 모수, B : 변량)일 때 반복 있는 2요인실험의 구조식에서 조건으로 틀린 것은? [07-1, 16-4, 20-4]

┤ 구조식 ├
$x_{ijk} = \mu + a_i + b_i + ab_{ij} + e_{ijk}$
(단, $i=1,2,\cdots,l$, $j=1,2,\cdots,m$, $k=1,2,\cdots,r$이다.)

① $\sum_{i=1}^{l} a_i = 0$ ② $\sum_{i=1}^{l}(ab)_{ij} = 0$
③ $\sum_{j=1}^{m} b_j = 0$ ④ $\sum_{j=1}^{m}(ab)_{ij} \neq 0$

해설 B는 변량요인이므로 $\sum_{j=1}^{m} b_j \neq 0$

79. 반복횟수가 2회인 2요인실험에서 다음과 같은 분산분석표를 얻었다. $V_{A \times B}$의 값은 약 얼마인가? (단, 요인 A는 모수요인, 요인 B는 변량요인이다.)　[07-2, 09-4]

요인	SS	DF
A	60	3
B	26	2
$A \times B$		
e	12	
계	107.6	

① 1.6　② 2.5　③ 3.2　④ 9.6

해설 $V_{A \times B} = \dfrac{S_{A \times B}}{\nu_{A \times B}} = \dfrac{9.6}{6} = 1.6$

$S_{A \times B} = S_T - S_A - S_B - S_e = 9.6$

$\nu_{A \times B} = (l-1)(m-1) = \nu_A \times \nu_B = 6$

80. 모수요인 A를 3수준, 변량요인 B를 4수준으로 하여 반복 2회의 실험을 했을 때, 요인 A의 불편분산 기대치($E(V_A)$)는?　[10-2, 14-4, 15-1, 19-4]

① $\sigma_e^2 + 2\sigma_{A \times B}^2 + 4\sigma_A^2$
② $\sigma_e^2 + 2\sigma_{A \times B}^2 + 8\sigma_A^2$
③ $\sigma_e^2 + 3\sigma_{A \times B}^2 + 8\sigma_A^2$
④ $\sigma_e^2 + 4\sigma_{A \times B}^2 + 6\sigma_A^2$

해설 $E(V_A) = \sigma_e^2 + r\sigma_{A \times B}^2 + mr\sigma_A^2$
$= \sigma_e^2 + 2\sigma_{A \times B}^2 + 4 \times 2\sigma_A^2$
$= \sigma_e^2 + 2\sigma_{A \times B}^2 + 8\sigma_A^2$

81. 모수요인 A는 3수준, 변량요인 B는 3수준으로 택하고 반복 2회의 2요인실험의 분산분석표에서 $E(V_B)$의 값은?　[17-1]

① $\sigma_e^2 + 2\sigma_B^2$
② $\sigma_e^2 + 2\sigma_{A \times B}^2 + 3\sigma_B^2$
③ $\sigma_e^2 + 6\sigma_B^2$
④ $\sigma_e^2 + 2\sigma_{A \times B}^2 + 6\sigma_B^2$

해설 $E(V_B) = \sigma_e^2 + lr\sigma_B^2 = \sigma_e^2 + 6\sigma_B^2$

82. 반복있는 2요인실험에서 요인 A는 모수이고, 요인 B는 대응이 있는 변량일 때의 검정방법으로 맞는 것은?[07-1, 10-4, 18-1]
① A, B, $A \times B$는 모두 오차분산으로 검정한다.
② A와 $A \times B$는 오차분산으로 검정하고, B는 $A \times B$로 검정한다.
③ B와 $A \times B$는 오차분산으로 검정하고, A는 $A \times B$로 검정한다.
④ A와 B는 $A \times B$로 검정하고, $A \times B$는 오차분산으로 검정한다.

해설 반복이 있는 2요인실험에서 A, B가 모두 모수요인일 경우 A, B, $A \times B$ 모두는 e로 검정하고, A가 모수요인, B가 변량요인일 경우의 검정방법은 모수요인 A는 교호작용 $A \times B$로 검정하고 변량요인 B와 교호작용 $A \times B$는 e로 검정한다.

83. 반복이 있는 2요인실험 혼합모형에서 다음과 같은 분산분석표를 구했다. (ⓐ)에 들어갈 값 얼마인가? (단, A는 모수요인, B는 변량요인이다.)　[12-1, 22-2]

요인	SS	DF	MS	F_0
A	30	3	10	(ⓐ)
B	20	2	10	
$A \times B$	6	( )	( )	
e	6	( )	( )	
T	62	23		

① 10　② 15.4　③ 20　④ 30

해설 $F_0(A) = \dfrac{V_A}{V_{A \times B}} = \dfrac{V_A}{S_{A \times B}/\nu_{A \times B}}$

$\qquad = \dfrac{10}{6/(3 \times 2)} = 10$

84. 모수요인 A와 변량요인 B의 수준이 각각 l과 m이고, 반복수가 r일 경우의 모형은 다음과 같다. 분산분석을 통해 A 요인의 수준간 차이가 있는지를 검정하고자 한다. 이를 위해 F 분포를 이용하고자 하는 경우, 분모의 자유도는 얼마인가? [19-1]

┤ 다음 ├

$$x_{ijk} = \mu + a_i + b_j + (ab)_{ij} + e_{ijk}$$
$$i = 1, 2, \cdots, l, \quad j = 1, 2, \cdots, m,$$
$$k = 1, 2, \cdots, r$$

① $lmr - 1$
② $lm(r-1)$
③ $l(m-1)$
④ $(l-1)(m-1)$

해설 A모수, B변량인 혼합모형이므로
$F_A = \dfrac{V_A}{V_{A \times B}} = \dfrac{S_A/\nu_A}{S_{A \times B}/\nu_{A \times B}}$ 이다. 분모의 자유도는 $\nu_{A \times B} = (l-1)(m-1)$ 이다.

다요인실험

85. 다요인실험 계획법에 대한 설명으로 틀린 것은? [07-4, 19-4]
① 실험의 랜덤화가 용이하다.
② 실험횟수가 급격히 증가한다.
③ 실험을 하는 데 비용이 많이 든다.
④ 불필요한 요인이라고 판단되면 요인의 수를 줄여가는 노력이 필요하다.

해설 요인이 많으면 실험의 랜덤화가 용이하지 않다.

86. 반복없는 3요인실험(3요인 모두 모수)에서 $l = 3$, $m = 3$, $n = 2$ 일 때 $\nu_{A \times C}$ 값은 얼마인가? [08-4, 14-4, 15-1, 19-1, 21-1]
① 2
② 4
③ 5
④ 6

해설 $\nu_{A \times C} = (l-1)(n-1)$
$\qquad = (3-1)(2-1) = 2$

87. 요인 A, B 는 모수요인이고, C는 변량요인인 혼합모형의 반복없는 3요인실험에서 $l = 4$, $m = 3$, $n = 3$인 경우 오차항의 자유도(ν_e)는? [16-2]
① 6
② 9
③ 12
④ 24

해설 $\nu_e = (l-1)(m-1)(n-1)$
$\qquad = (4-1)(3-1)(3-1) = 12$

88. 반복이 없는 3요인 A, B, C 의 3요인실험에서 변동 S_{AC}를 바르게 표현한 것은? (단, A, B, C는 모두 모수요인이다.)
① $S_A + S_C$ [07-2, 11-1, 22-2]
② $S_{A \times C} - S_A - S_C$
③ $S_{A \times C} + S_A - S_C$
④ $S_{A \times C} + S_A + S_C$

해설 $S_{A \times C} = S_{AC} - S_A - S_C$이므로
$S_{AC} = S_{A \times C} + S_A + S_C$이다.

89. 요인 A는 3수준, 요인 B는 4수준, 요인 C는 2수준으로 택하고, 수준의 조합에 반복이 없는 3요인실험에서 분산분석표를 작성하여 다음의 데이터를 얻었다. $S_{A \times B}$는 얼마인가? [20-2]

─┤ 다음 ├─

$$S_A = 1267 \qquad S_B = 169 \qquad S_{AB} = 1441$$

① 5   ② 10
③ 15   ④ 20

해설 $S_{A \times B} = S_{AB} - S_A - S_B$
$$= 1441 - 1267 - 169 = 5$$

90. 원료(A)를 3수준, 온도(B)를 2수준, 압력(C)를 2수준으로 실험하여 강도를 조사하여 다음 표와 같은 결과를 구하였다. 요인 A에 대한 변동(S_A)은 얼마인가? [11-2]

		A_1	A_2	A_3
B_1	C_1	45	33	40
	C_2	44	31	38
B_2	C_1	42	46	40
	C_2	43	44	41

① 52.08   ② 54.17
③ 56.25   ④ 123.17

해설 $S_A = \sum \dfrac{T_{i\cdot\cdot}^2}{mn} - CT$
$$= \frac{174^2 + 154^2 + 159^2}{4} - \frac{487^2}{12}$$
$$= 54.167$$

91. 화학공장에서 수율을 높이려고 농도(A), 온도(B), 시간(C) 3요인을 선정하여 반복 없이 실험한 후 분산분석표를 작성하여 유의하지 않은 요인을 풀링하였더니 최종적으로 다음의 분산분석표로 나타났다. 이와 관련된 설명으로 틀린 것은? (단, A, B, C 모두 모수요인이고, $F_{0.95}(2, 20) = 3.49$, $F_{0.99}(2, 20) = 5.85$ 이다.) [14-4, 20-4]

요인	SS	DF	MS	F_0
A	43.05	2		
B	95.48	2		
C	36.22	2		
e		20		
T	184.54	26		

① A, B 요인만 유의하다.
② 반복이 없는 3요인실험이다.
③ 3요인 교호작용이 오차항에 교락되어 있다.
④ 오차항에는 2요인 교호작용이 풀링되어 있다.

해설 A, B, C 모두 매우 유의하다.

요인	SS	DF	MS	F_0	$F_{0.99}$
A	43.05	2	$43.05/2$ $=21.525$	$21.525/0.4895$ $=43.973$	5.85
B	95.48	2	$95.48/2$ $=47.74$	$47.74/0.4895$ $=97.528$	5.85
C	36.22	2	$36.22/2$ $=18.11$	$18.11/0.4895$ $=36.997$	5.85
e	9.79	20	$9.79/20$ $=0.4895$		
T	184.54	26			

$S_e = S_T - (S_A + S_B + S_C)$
$$= 184.54 - (43.05 + 95.48 + 36.22) = 9.79$$

92. 요인수가 3개(A, B, C)인 반복있는 3요인실험에서 요인의 수준수는 각각 l, m, n이고 반복수가 r이다. A, B요인은 모수이고, C 요인은 변량일 때, 평균제곱의 기댓값 $E(V_A)$를 구하는 식으로 맞는 것은?

① $\sigma_e^2 + mnr\sigma_A^2$ [09-2, 18-2, 22-1]
② $\sigma_e^2 + mr\sigma_{A \times C}^2 + mnr\sigma_A^2$
③ $\sigma_e^2 + r\sigma_{A \times B \times C}^2 + mnr\sigma_A^2$
④ $\sigma_e^2 + r\sigma_{A \times B \times C}^2 + mr\sigma_{A \times C}^2 + mnr\sigma_A^2$

해설 $E(V_A) = \sigma_e^2 + mr\sigma_{A \times C}^2 + mnr\sigma_A^2$

정답 ● **90.** ②   **91.** ①   **92.** ②

1 과목

93. 다음과 같은 모수모형 3요인실험의 분산분석에서 유의하지 않은 교호작용을 오차항에 풀링시켜 분산분석표를 새로 작성하면, 요인 C의 분산비(F_0)는 약 얼마인가? (단, $A \times B \times C$는 오차와 교락되어 있다.)   [10-4, 19-2]

요인	SS	DF	MS	F_0
A	1267	2	633.5	182.46**
B	10.889	1	10.889	3.14
C	169	2	84.5	24.34**
$A \times B$	5.444	2	2.772	0.78
$A \times C$	89.04	4	22.26	6.41*
$B \times C$	18.778	2	9.389	2.70
e	13.889	4	3.472	
T	1574.040	17		

① 13.64 ② 17.74 ③ 24.34 ④ 31.04

해설 유의하지 않은 교호작용 $A \times B$와 $B \times C$를 오차항에 풀링(pooling)

$$V_e' = \frac{S_e'}{\nu_e'} = \frac{S_{A \times B} + S_{B \times C} + S_e}{\nu_{A \times B} + \nu_{B \times C} + \nu_e}$$

$$= \frac{5.444 + 18.778 + 13.889}{2 + 2 + 4} = 4.764$$

$$F_C = \frac{V_C}{V_e'} = \frac{84.5}{4.764} = 17.74$$

94. 모수요인으로 반복없는 3요인실험의 분산분석 결과를 풀링하여 다시 정리한 값이 다음과 같을 때, 다음 설명 중 틀린 것은 어느 것인가?   [15-2, 20-1]

요인	SS	DF	MS	F_0	$F_{0.95}$
A	743.6	2	371.8	163.8	6.93
B	753.4	2	376.7	165.9	6.93
C	1380.9	2	690.5	304.1	6.93
$A \times B$	651.9	4	163.0	71.8	5.41
$A \times C$	56.6	4	14.2	6.3	5.41
e	27.2	12	2.27		
T	3613.6	26			

① 풀링 전 오차항의 자유도는 8이었다.
② 교호작용 $B \times C$는 오차항에 풀링되었다.
③ 현재의 자유도로 보아 결측치가 하나 있는 것으로 나타났다.
④ 최적해의 점추정치는 $\hat{\mu}(A_i B_j C_k) = \overline{x}_{ij\,.} + \overline{x}_{i\,.\,k} - \overline{x}_{i\,.\,.}$ 이다.

해설 ① 풀링 전 오차항의 자유도
$$\nu_e = (l-1)(m-1)(n-1)$$
$$= (3-1)(3-1)(3-1) = 8이다.$$
② 교호작용 $B \times C$가 오차항에 풀링되어 새로운 오차항의 자유도가 $8+4 = 12$가 되었다.
③ 결측치가 하나 있었다면 ν_T = (총 실험 횟수-1) $-$ (결측치 수) = $(3 \times 3 \times 3 - 1)$ $-1 = 25$가 되어야 한다.
④ 유의한 요인은 A, B, C, $A \times B$, $A \times C$ 이다. 따라서 각각의 주효과 및 교호작용 효과를 모두 고려하면 $\hat{\mu}(A_i B_j C_k) =$
$$\mu + a_i + b_j + c_k + \widehat{(ab)}_{ij} + \widehat{(ac)}_{jk}$$
$$= \{\mu + a_i + \widehat{b_j + (ab)}_{ij}\} +$$
$$\{\mu + a_i + \widehat{c_k + (ac)}_{ik}\} - \{\widehat{\mu + a_i}\}$$
$$= \overline{x}_{ij\,.} + \overline{x}_{i\,.\,k} - \overline{x}_{i\,.\,.}\ 이다.$$

95. 요인 A, B 는 모수요인, 요인 C 는 변량요인인 반복없는 3요인실험을 하였다. $l = 3$, $m = 3$, $n = 2$이고, $V_e = 4.3$, $V_{A \times C} = 106.7$, $V_{B \times C} = 97.3$, $V_C = 57.4$이였다면, $\widehat{\sigma_C^2}$의 추정값은 약 얼마인가?

① 4.8   ② 5.9   [11-4, 17-4]
③ 6.4   ④ 28.7

해설 $\widehat{\sigma_C^2} = \dfrac{V_C - V_e}{lm} = \dfrac{57.4 - 4.3}{3 \times 3} = 5.9$

96. 반복이 없는 3요인실험에서 A, B, C 가 모두 모수이고, 주효과와 교호작용

$A \times B$, $A \times C$, $B \times C$가 모두 유의할 때 $\hat{\mu}(A_iB_jC_k)$의 값은?　　[14-4, 18-4]

① $\overline{x}_{ij.} + \overline{x}_{i.k} + \overline{x}_{.jk} - \overline{x}_{i..}$
　　$- \overline{x}_{.j.} - \overline{\overline{x}}$

② $\overline{x}_{ij.} + \overline{x}_{i.k} + \overline{x}_{.jk}$
　　$- \overline{x}_{i..} - \overline{x}_{..k} - \overline{\overline{x}}$

③ $\overline{x}_{ij.} + \overline{x}_{i.k} + \overline{x}_{.jk}$
　　$- \overline{x}_{.j.} - \overline{x}_{..k} + \overline{\overline{x}}$

④ $\overline{x}_{ij.} + \overline{x}_{i.k} + \overline{x}_{.jk}$
　　$- \overline{x}_{i..} - \overline{x}_{.j.} - \overline{x}_{..k} + \overline{\overline{x}}$

해설 $\hat{\mu}(A_iB_jC_k) = \mu + a_i + b_j + c_k + (ab)_{ij}$
　　　　　　　　$+ (bc)_{jk} + (ac)_{ik} + e_{ijk}$

$= \overbrace{\mu + a_i + b_j + (ab)_{ij}} + \overbrace{\mu + b_j + c_k + (bc)_{jk}}$
　$+ \overbrace{\mu + a_i + c_k + (ac)_{ik}}$

　　$- \overbrace{\mu + a_i} - \overbrace{\mu + b_j} - \overbrace{\mu + c_k} + \hat{\mu}$

$= \overline{x}_{ij.} + \overline{x}_{i.k} + \overline{x}_{.jk} - \overline{x}_{i..} - \overline{x}_{.j.}$
　　$- \overline{x}_{..k} + \overline{\overline{x}}$

97. 반복이 없는 3요인실험에서 분석결과 교호작용은 모두 유의하지 않았다. $\hat{\mu}(A_iC_k)$의 신뢰구간 추정을 할 때에 사용되는 유효반복수(n_e)의 값은? (단, A, B, C 요인의 수준수는 각각 3, 4, 5이다.)　　[17-1]

① 4.50　　　　② 4.98
③ 8.57　　　　④ 9.00

해설 $n_e = \dfrac{총실험횟수}{유의한 요인의 자유도의 합 + 1}$

$= \dfrac{lmn}{\nu_A + \nu_C + 1} = \dfrac{lmn}{(l-1)+(n-1)+1}$

$= \dfrac{3 \times 4 \times 5}{2 + 4 + 1} = 8.571$

98. 반복이 없는 모수모형의 3요인실험 분산분석 결과 A, B, C 주효과만 유의한 경우, 3요인의 수준조합에서 신뢰구간 추정 시 유효반복수를 구하는 식은? (단, 요인 A, B, C의 수준수는 각각 l, m, n이다.)

① $\dfrac{lmn}{l+m-1}$　　[05-4, 12-2, 18-1]

② $\dfrac{lmn}{l+m+n-1}$

③ $\dfrac{lmn}{l+m-n-1}$

④ $\dfrac{lmn}{l+m+n-2}$

해설 $n_e = \dfrac{총실험횟수}{유의한 요인의 자유도의 합 + 1}$

$= \dfrac{lmn}{\nu_A + \nu_B + \nu_C + 1}$

$= \dfrac{lmn}{(l-1)+(m-1)+(n-1)+1}$

99. 3요인실험(A, B, C)의 각각 3수준 조합에서 4번 반복하여 실험을 했을 때 오차의 자유도는? (단, $A \times B \times C$의 교호작용은 오차항에 풀링하였다.)　　[17-2]

① 64　②54　③ 81　④ 89

해설 $\nu_e + \nu_{A \times B \times C} = lmn(r-1) +$
　　　　　　　　　　　$(l-1)(m-1)(n-1)$
$= 3 \times 3 \times 3 \times (4-1) + (3-1)^3 = 89$

100. 반복이 없는 모수모형 4요인실험에서 A, B, C, D의 수준수가 각각 $l=3$, $m=4$, $n=2$, $q=3$일 때, 교호작용 $A \times B \times C$의 자유도는?　　[21-4]

① 6　②9　③ 12　④ 24

해설 $\nu_{A \times B \times C} = (l-1)(m-1)(n-1)$
　　　　　$= 2 \times 3 \times 1 = 6$

3. 대비와 직교분해

1. 직교분해(orthogonal decomposition)에 대한 설명으로 가장 관계가 먼 내용은 다음 중 어느 것인가? [06-2, 08-1, 13-4, 20-2]
① 어떤 변동을 직교분해하면 어떤 대비의 변동이 큰 부분을 차지하고 있는가를 알 수 있다.
② 두 개 대비의 계수 곱의 합, 즉 $c_1 c_1' + c_2 c_2' + \cdots c_l c_l' = 0$이면, 두 개의 대비는 서로 직교한다.
③ 직교 분해된 변동은 어느 것이나 자유도가 1이 된다.
④ 어떤 요인의 수준수가 l인 경우 이 요인의 변동을 직교 분해하면 l개의 직교하는 대비의 변동을 구해 낼 수 있다.
해설 어떤 요인의 수준수가 l인 경우 이 요인의 변동을 직교분해하면, $l-1$개의 직교하는 대비의 변동을 구할 수 있다.

2. 반복수가 n으로 동일하고 a개의 수준을 갖는 1요인실험에서 처리제곱합(sum of square treatment)은 몇 개의 직교대비로 분해 가능한가? [13-2, 16-1]
① n개 ② a개
③ $a-1$개 ④ $n-1$개
해설 수준수가 a인 처리 A의 변동 S_A는 $a-1$개의 직교대비에 의한 변동으로 분해할 수 있다.

3. n개의 측정치 $y_1, y_2, \cdots, y_n$의 정수계수(定數係數) $c_1, c_2, \cdots, c_n$의 일차식

$L = c_1 y_1 + c_2 y_2 + \cdots + c_n y_n$을 무엇이라 하는가? [05-2, 19-1]
① 직교 ② 단위수
③ 정규방정식 ④ 선형식
해설 $L = c_1 y_1 + c_2 y_2 + \cdots + c_n y_n$을 선형식이라고 한다.

4. 1요인실험에 있어서 각 수준의 합계 $A_1, A_2, \cdots, A_a$가 모두 b개의 측정치 합일 경우, 다음 선형식의 대비가 되기 위한 조건식은 어느 것인가? (단, c_i가 모두 0은 아니다.) [07-1, 11-2, 17-2, 21-4]

┤ 다음 ├
$$L = c_1 A_1 + c_2 A_2 + \cdots + c_a A_a$$

① $c_1 \times c_2 \times \cdots \times c_a = 1$
② $c_1 + c_2 + \cdots + c_a = 1$
③ $c_1 \times c_2 \times \cdots \times c_a = 0$
④ $c_1 + c_2 + \cdots + c_a = 0$
해설 선형식 $L = c_1 A_1 + c_2 A_2 + \cdots + c_a A_a$일 때 $c_1 + c_2 + \cdots + c_a = 0$, 즉 $\sum c_i = 0$이 만족될 때 이 선형식은 대비(contrast)이다.

5. 4개의 처리를 각각 n회씩 반복하여 평균치 $\overline{y}_1, \overline{y}_2, \overline{y}_3, \overline{y}_4$를 얻었을 때, 대비(contrast)가 될 수 없는 것은? [11-1, 12-4, 15-1, 17-1, 18-4, 20-1, 22-1]
① $\overline{y}_1 - \overline{y}_3$

② $\overline{y}_1 + \overline{y}_2 - \overline{y}_3 - \overline{y}_4$

③ $\overline{y}_1 + \overline{y}_2 + \overline{y}_3 - 3\overline{y}_4$

④ $\overline{y}_1 - \overline{y}_2 + \overline{y}_3 + \overline{y}_4$

해설 선형식 $L = c_1 x_1 + c_2 x_2 + \cdots + c_n x_n$ 일 때 $c_1 + c_2 + \cdots + c_n = 0$, 즉 $\sum c_i = 0$이 만족될 때 이 선형식은 대비(contrast)이다.
④는 정수계수의 합$(1-1+1+1=2)$이 0이 되지 않으므로 대비가 아니다.

6. 다음의 두 선형식은 대비의 조건을 만족하고, $c_1 c_1' + c_2 c_2' + \cdots + c_l c_l' = 0$이 성립될 때 L_1, L_2는 서로 무엇을 하고 있다고 할 수 있는가?　　　　[06-4, 13-1, 18-2]

┤ 다음 ├
- $L_1 = c_1 T_1. + c_2 T_2. + \cdots + c_l T_l.$
- $L_2 = c_1' T_1. + c_2' T_2. + \cdots + c_l' T_l.$

① 직교　　　　　② 종속
③ 교락　　　　　④ 교호작용

해설 $L_1 = c_1 T_1. + c_2 T_2. + \cdots + c_l T_l.$, $L_2 = c_1' T_1. + c_2' T_2. + \cdots + c_l' T_l.$ 가 있을 때 두 개 대비의 계수 곱의 합, 즉 $c_1 c_1' + c_2 c_2' + \cdots + c_l c_l' = 0$이면, 두 개의 대비는 서로 직교한다.

7. 3개의 수준에서 반복횟수가 8인 1요인실험에서 각 수준에서의 측정값의 합은 $y_1.$, $y_2.$, $y_3.$ 라고 할 때, 관심을 갖는 대비는 다음과 같은 2개가 있다. 이 두 대비가 서로 직교대비가 되기 위한 k값?
　　　　　　　　　　[07-2, 14-4, 21-1]

┤ 다음 ├
$$c_1 = y_1. - y_2.$$
$$c_2 = \frac{1}{2}y_1. + ky_2. - y_3.$$

① -1　　　　　② $\dfrac{1}{2}$

③ $\dfrac{3}{2}$　　　　　④ 1

해설 직교대비가 되기 위해서는 $c_1 d_1 + c_2 d_2 + \cdots + c_a d_a = 0$이다.
$$1 \times \frac{1}{2} + (-1) \times k + 0 \times (-1) = 0 \rightarrow k = \frac{1}{2}$$

8. 선형식(L)이 다음과 같을 때 이 선형식의 단위수는?　[07-4, 10-4, 14-1, 15-2, 22-2]

┤ 다음 ├
$$L = \frac{x_1 + x_2 + x_3}{3} - \frac{x_4 + x_5 + x_6 + x_7}{4}$$

① $\dfrac{1}{4}$　　　　　② $\dfrac{3}{4}$

③ $\dfrac{5}{12}$　　　　　④ $\dfrac{7}{12}$

해설 $D = c_1^2 + c_2^2 + \cdots + c_a^2$

$$= \left(\frac{1}{3}\right)^2 + \left(\frac{1}{3}\right)^2 + \left(\frac{1}{3}\right)^2 + \left(-\frac{1}{4}\right)^2 + \left(-\frac{1}{4}\right)^2 + \left(-\frac{1}{4}\right)^2$$

$$= \frac{7}{12}$$

9. 선형식 $\displaystyle\sum_{i=1}^{n} c_i x_i$의 제곱합을 표현한 식으로 맞는 것은?　[16-4, 20-4]

① $\dfrac{\displaystyle\sum_{i=1}^{n} c_i^2}{(\displaystyle\sum_{i=1}^{n} c_i x_i)^2}$　　　　② $\dfrac{(\displaystyle\sum_{i=1}^{n} c_i x_i)^2}{(\displaystyle\sum_{i=1}^{n} c_i)^2}$

③ $\dfrac{(\displaystyle\sum_{i=1}^{n} c_i)^2}{(\displaystyle\sum_{i=1}^{n} c_i x_i)^2}$　　　　④ $\dfrac{(\displaystyle\sum_{i=1}^{n} c_i x_i)^2}{\displaystyle\sum_{i=1}^{n} c_i^2}$

정답 ● **6.** ① **7.** ② **8.** ④ **9.** ④

1 과목

해설 선형식 $L = c_1 x_1 + c_2 x_2 + \cdots + c_n x_n$ 일 때 대비의 변동(제곱합)은 $S_L = \dfrac{L^2}{D} = \dfrac{L^2}{\sum\limits_{i=1}^{n} c_i^2}$ 이다.

10. A_1, A_2, A_3에 대한 대비 $L = C_1 A_1 + C_2 A_2 + C_3 A_3$에서 제곱합($S_L$)은 얼마인가? (단, $\sum\limits_{i=1}^{3} C_i = 0$, C_i가 모두 0은 아니며, r은 요인 A의 각 수준에서의 반복수이다.)　　　[05-4, 10-1, 15-4, 18-1]

① $S_L = \dfrac{L^2}{(C_1^{\,2} + C_2^{\,2} + C_3^{\,2}) r^2}$

② $S_L = \dfrac{L^2}{(C_1^{\,2} + C_2^{\,2} + C_3^{\,2}) r}$

③ $S_L = \dfrac{L^2}{r \sqrt{C_1^{\,2} + C_2^{\,2} + C_3^{\,2}}}$

④ $S_L = \dfrac{L^2}{(C_1^{\,2} + C_2^{\,2} + C_3^{\,2}) \sqrt{r}}$

해설 반복이 일정한 경우 선형식의 변동
$S_L = \dfrac{L^2}{D} = \dfrac{L^2}{\left(\sum C_i^2\right) r} = \dfrac{L^2}{(C_1^2 + C_2^2 + C_3^2)\, r}$

11. 4종류의 제품 관계에서 유도한 선형식 (L)이 다음과 같았다. $A_1 = 9$, $A_2 = 41$, $A_3 = 26$, $A_4 = 38$일 때, 이 선형식이 대비라면 L에 대한 제곱합 S_L은 얼마인가?
　　　　　　[06-1, 08-4, 09-1, 10-2, 21-2]

┤ 다음 ├

$$L = \dfrac{A_1}{3} - \dfrac{A_2 + A_3 + A_4}{21}$$

① 10.5　　　　② 11.0
③ 12.6　　　　④ 15.2

해설 $S_L = \dfrac{L^2}{D} = \dfrac{L^2}{\sum\limits_{i=1}^{n} c_i^2}$

$$= \dfrac{\left(\dfrac{9}{3} - \dfrac{41 + 26 + 38}{21}\right)^2}{\left(\dfrac{1}{3}\right)^2 \times 3 + \left(-\dfrac{1}{21}\right)^2 \times 21} = 10.5$$

12. 어떤 작업의 가공순서를 2수준으로 하고 각각 5회씩 실험을 실시하여 다음과 같은 결과를 얻었다. 이때, A_1과 A_2 평균치의 차 $L = \dfrac{T_1 \cdot}{5} - \dfrac{T_2 \cdot}{5}$의 제곱합($S_L$)은 얼마인가?　　　[09-2, 17-4]

┤ 다음 ├

| A_1 : | 20 | 25 | 18 | 22 | 30 |
| A_2 : | 15 | 21 | 20 | 16 | 24 |

① 15.4　　　　② 36.1
③ 40.8　　　　④ 51.7

해설 $S_L = \dfrac{L^2}{D} = \dfrac{\left(\dfrac{T_1 \cdot}{5} - \dfrac{T_2 \cdot}{5}\right)^2}{c_1^2 \times r + c_2^2 \times r}$

$$= \dfrac{\left(\dfrac{115}{5} - \dfrac{96}{5}\right)^2}{\left(\dfrac{1}{5}\right)^2 \times 5 + \left(-\dfrac{1}{5}\right)^2 \times 5} = 36.1$$

4. 계수치 데이터 분석

1. 동일한 제품을 생산하는 3대의 기계가 있다. 이들 간에 부적합품률에 차이가 있는가를 조사하기 위하여 적합품을 0, 부적합품을 1로 하는 계수치 데이터의 분산분석을 실시한 결과 다음과 같은 표를 얻었다. 오차항의 자유도 ν_e를 구하면? [13-2, 18-4]

기계	A_1	A_2	A_3
적합품수	190	170	180
부적합품수	10	30	20

① 2   ② 3
③ 597   ④ 599

해설

	SS	ν
A	S_A	$l - 1 = 2$
e	S_e	$l(r-1) = 597$
T	S_T	$lr - 1 = 599$

2. 동일한 제품을 생산하는 5대의 기계에서 적합 여부의 동일성에 관한 실험을 하였다. 적합품이면 0, 부적합품이면 1의 값을 주기로 하고, 5대의 기계에서 나오는 100개씩의 제품을 만들어 적합 여부를 실험하여 다음과 같은 결과를 얻었다. 총제곱합(S_T)은 약 얼마인가? [15-4, 16-1, 17-2]

기계	A_1	A_2	A_3	A_4	A_5
적합품	78	85	88	92	90
부적합품	22	15	12	8	10
합계	100	100	100	100	100

① 47.04   ② 52.43
③ 58.02   ④ 62.13

해설
$$S_T = \sum\sum x_{ij}^2 - \frac{T^2}{lr}$$
$$= \sum\sum x_{ij} - \frac{T^2}{lr} = T - \frac{T^2}{lr}$$
$$= (22 + 15 + 12 + 8 + 10) -$$
$$\frac{(22 + 15 + 12 + 8 + 10)^2}{5 \times 100} = 58.022$$

3. 3대의 기계를 사용하여 각각 200개씩의 제품을 만든다고 했을 때 제품의 적합 여부를 실험한 결과가 다음 표와 같다. 적합품이면 0, 부적합품이면 1의 값을 주기로 하고, 위의 실험을 1요인실험과 똑같이 바꾸어 보면 요인 A는 수준수가 3인 기계이고, 각 수준에서의 반복은 200이 된다. 이와 같은 1요인실험을 실시했을 때의 기계간의 변동(S_A)은 얼마인가? [10-1, 15-1, 15-2]

기계	A_1	A_2	A_3
적합품	190	180	192
부적합품	10	20	8
합계	200	200	200

① 0.06   ② 0.41
③ 2.41   ④ 2.82

해설
$$S_A = \frac{\sum T_i^2}{r} - CT$$
$$= \frac{(10^2 + 20^2 + 8^2)}{200} - \frac{38^2}{3 \times 200}$$
$$= 0.4133$$

정답 **1.** ③ **2.** ③ **3.** ②

4. 동일한 물건을 생산하는 5대의 기계에서 부적합품 여부의 동일성에 관한 실험을 하였다. 적합품이면 0, 부적합품이면 1의 값을 주기로 하고, 5대의 기계에서 각각 200개씩의 제품을 만들어 부적합품 여부를 실험하여 다음과 같은 분산분석표의 일부자료를 얻었다. 기계간의 부적합품률에 서로 차이가 있는지에 관한 가설검정을 실시했을 때 판정기준으로 맞는 것은? [11-1, 18-2, 19-4]

요인	SS	DF	MS	F_0	$F_{0.95}$	$F_{0.99}$
A	0.596	( )	( )	( )	2.37	3.32
e	( )	995	( )			
T	62.511	999				

① $F_0 < F_{0.99}$ 이므로 1%의 위험률로 기계간의 부적합품률의 차가 있다고 할 수 있다.

② $F_0 > F_{0.95}$ 이므로 5%의 위험률로 기계간의 부적합품률의 차가 있다고 할 수 없다.

③ $F_0 > F_{0.99}$ 이므로 1%의 위험률로 기계간의 부적합품률의 차가 있다고 할 수 없다.

④ $F_0 > F_{0.95}$ 이므로 5%의 위험률로 기계간의 부적합품률의 차가 있다고 할 수 있다.

해설

요인	SS	DF	MS	F_0	$F_{0.95}$	$F_{0.99}$
A	0.596	4	0.149	2.3943*	2.37	3.32
e	61.915	995	0.06223			
T	62.511	999				

$S_A = S_T - S_e = 62.511 - 0.596 = 61.915$

$\nu_A = l - 1 = 5 - 1 = 4$

$V_A = \dfrac{0.596}{4} = 0.149$

$V_e = \dfrac{61.915}{995} = 0.06223$

$F_0 = \dfrac{0.149}{0.06223} = 2.3943$

$F_0 > F_{0.95}$ 이고 $F_0 < F_{0.99}$ 이므로 5%의 위험

률로 기계간의 부적합품률의 차가 있다고 할 수 있으나, 1%의 위험률로 기계간의 부적합품률의 차가 있다고 할 수 없다.

5. 다음과 같이 1요인실험 계수치 데이터를 얻었다. 그리고 적합품을 0, 부적합품을 1로 하여 분산분석한 결과 오차변동 $S_E = 60.4$를 얻었다. 기계 A_2에서의 모부적합품률에 대한 95% 신뢰구간을 구하면 얼마인가?

[06-2, 16-4, 21-2]

기계	A_1	A_2	A_3	A_4
적합품수	190	178	194	170
부적합품수	10	22	6	30

① 0.11±0.0565   ② 0.11±0.0195

③ 0.11±0.0382   ④ 0.11±0.0422

해설

$\dfrac{T_{i\cdot}}{r} \pm u_{1-\alpha/2}\sqrt{\dfrac{V_e}{r}}$

$= \dfrac{22}{200} \pm u_{0.975} \times \sqrt{\dfrac{0.07588}{200}}$

$= 0.11 \pm 0.0382$

$V_e = \dfrac{S_e}{\nu_e} = \dfrac{S_e}{l(r-1)}$

$= \dfrac{60.4}{4 \times (200-1)} = 0.07588$

6. 기계와 열처리 방법에 따라서 부적합률에 차가 있는가를 검정하기 위하여 다음의 실험데이터를 얻었다. 적합품을 0, 부적합품을 1로 하는 계수치 데이터를 만드는 경우에 A요인(기계)의 제곱합(S_A)을 구하면 약 얼마인가?

[05-4, 16-2]

	기계 A_1	기계 A_2	기계 A_3
열처리 B_1	적합품 115 부적합품 5	적합품 108 부적합품 12	적합품 117 부적합품 3
열처리 B_2	적합품 110 부적합품 10	적합품 100 부적합품 20	적합품 112 부적합품 8

① 1.036   ② 2.782
③ 10.362   ④ 27.823

해설 $S_A = \sum \dfrac{T_i^2 \cdot \cdot}{mr} - CT$

$= \left(\dfrac{15^2 + 32^2 + 11^2}{2 \times 120} \right) - \dfrac{(15 + 32 + 11)^2}{3 \times 2 \times 120}$

$= 1.036$

7. 3개의 공정라인(A_1, A_2, A_3)에서 나오는 제품의 부적합품률이 동일한지 검토하기 위하여 샘플링검사를 하였다. 작업시간(B)별로 차이가 있는지도 알아보기 위하여 오전, 오후, 야간 근무조에서 공정라인별로 각각 100개씩 조사하여 다음과 같은 데이터를 얻었다. 이때 S_T는 약 얼마인가? (단, 단위는 100개 중 부적합품수이다.)

[06-4, 10-2, 18-1, 19-1, 20-1]

	공정라인			합계
	A_1	A_2	A_3	
B_1(오전)	5	3	8	16
B_2(오후)	8	5	13	26
B_3(야간)	10	6	15	31
합계	23	14	36	73

① 64.238   ② 67.079
③ 124.889   ④ 711.079

해설 $S_T = \sum\sum x_{ij}^2 - CT = \sum\sum x_{ij} - CT$

$= T - CT = 73 - \dfrac{73^2}{900} = 67.079$

8. 2요인실험의 계수치 데이터에서 $S_T = 7$, $S_{AB} = 5$, $S_A = 3$, $S_B = 1$일 때, S_{e_1}과 S_{e_2}는 각각 얼마인가? [21-1]

① $S_{e_1} = 1$, $S_{e_2} = 2$

② $S_{e_1} = 2$, $S_{e_2} = 3$
③ $S_{e_1} = 3$, $S_{e_2} = 2$
④ $S_{e_1} = 5$, $S_{e_2} = 6$

해설 $S_{e_1} = S_{A \times B} = S_{AB} - S_A - S_B$

$= 5 - 3 - 1 = 1$

$S_{e_2} = S_T - S_{AB} = 7 - 5 = 2$

9. 다음은 A, B 각 수준조건에서 100개의 물건을 만들어 그 중의 불량수를 표시한 계수형 2요인실험의 데이터이다. 오차분산 (V_{e_2})은? [20-4]

요인	A_1	A_2	계
B_1	20	15	35
B_2	10	15	25
계	30	30	60

① 0.125   ② 0.128
③ 0.254   ④ 0.256

해설 $V_{e_2} = \dfrac{S_{e_2}}{lm(r-1)}$

$= \dfrac{50.5}{2 \times 2 \times (100 - 1)} = 0.128$

$S_{e_2} = S_T - S_{AB} = 51 - 0.5 = 50.5$

$S_T = T - CT = 60 - \dfrac{60^2}{100 \times 4} = 51$

$S_{AB} = \sum\sum T_{ij}^2 \cdot /r - CT$

$= \dfrac{20^2 + 10^2 + 15^2 + 15^2}{100} - \dfrac{60^2}{4 \times 100}$

$= 0.5$

10. 계수치 데이터 분석에서 기계(A)를 4수준 열처리(B)는 3수준, 반복 $r = 100$인 반복 있는 2요인실험을 하였다. 실험은 $A_i B_j$의 12개 조합에서 하나의 조합조건을 랜덤 선택하여 100번 실험을 마치고, 다음

으로 나머지 11개의 조합에서 또 하나를 선택하여 100번 실험하는 것으로, 모두 1200번 실험하여 분석하였다. 분산분석표를 보고 ㉠, ㉡에 적합한 값은?

[08-2, 14-1, 20-2]

요인	SS	DF	MS	F_0
A	2.84			㉠
B	4.18			㉡
e_1	1.14			
e_2	84.54			

① ㉠ : 4.983, ㉡ : 11
② ㉠ : 4.983, ㉡ : 29.354
③ ㉠ : 13.301, ㉡ : 11
④ ㉠ : 13.301, ㉡ : 29.354

해설

요인	SS	DF
A	2.84	$\nu_A = l-1 = 3$
B	4.18	$\nu_B = m-1 = 2$
e_1 $(= A \times B)$	1.14	$\nu_{e_1} = (l-1)(m-1)$ $= 6$
e_2	84.54	$\nu_{e_2} = lm(r-1) = 1188$
T	92.7	$lmr-1 = 1199$

요인	MS	F_0
A	$V_A = 2.84/3$ $= 0.9467$	$0.9467/0.19$ $=4.983$
B	$V_B = 4.81/2$ $= 2.09$	$2.09/0.19$ $= 11$
e_1 $(= A \times B)$	$V_{e_1} = 1.14/6$ $= 0.19$	$0.19/0.0712$ $=2.669$
e_2	$V_{e_2} = 84.54/1188$ $= 0.0712$	
T		

11. 4대의 기계(A)와 이들 기계에 의한 제조공정시 열처리온도(B : 2수준)의 조합 A_iB_j에서 각각 n개씩의 제품을 만들어 검사할 때 적합품이면 0, 부적합품이면 1의 값을 주기로 한다. 이때 데이터의 구조는?

① $x_{ij} = \mu + a_i + b_j + e_{ij}$　　　[22-2]

② $x_{ijk} = \mu + a_i + b_j + e_{ijk}$

③ $x_{ijk} = \mu + a_i + b_j + (ab)_{ij} + e_{ijk}$

④ $x_{ijk} = \mu + a_i + b_j + e_{(1)ij} + e_{(2)ijk}$

해설 계수치 2요인실험의 데이터 구조식

$x_{ijk} = \mu + a_i + b_j + e_{(1)ij} + e_{(2)ijk}$

12. 3개의 공정 라인(A)에서 나오는 제품의 부적합품률이 같은지 알아보기 위하여 샘플링검사를 실시하였다. 작업 시간별(B)로 차이가 있는가도 알아보기 위하여 오전, 오후, 야간 근무조건에서 공정 라인별로 각각 100개씩 조사하여 다음과 같은 데이터가 얻어졌다. 이 자료를 이용한 B_3수준의 모 부적합품률 추정치 $\hat{P}(B_3)$의 값은 몇 %인가?

[17-4, 21-4]

(단위 : 100개 중 부적합품개수)

공정라인 / 작업시간	A_1	A_2	A_3	$T_{\cdot j \cdot}$
B_1(오전)	2	3	6	11
B_2(오후)	6	2	6	14
B_3(야간)	10	4	10	24
$T_{i \cdot \cdot}$	18	9	22	49

① 6　　　　　　② 6
③ 7　　　　　　④ 8

해설 $\hat{p}(B_3) = \dfrac{T_{\cdot 3 \cdot}}{mr}$

$= \dfrac{24}{3 \times 100} = 0.08 (= 8\%)$

5. 분할법과 지분실험법

분할법

1. 1요인 또는 2요인실험에서 실험 순서가 랜덤하게 정해지지 않고, 실험 전체를 몇 단계로 나누어서 단계별로 랜덤화하는 실험계획법은?　[08-1, 10-4, 11-1, 15-4, 20-4]
① 교락법　　　② 일부실시법
③ 분할법　　　④ 라틴방격법

해설 분할법은 요인배치법에서 실험 순서가 랜덤하게 정해지지 않고, 실험 전체를 몇 단계로 나누어서 단계별로 랜덤화하는 실험계획법이다.

2. 원래 농사실험에서 고안된 실험법으로 큰 실험구를 주구로 분할한 후 주구내 실험단위를 세구로 등분하여 실험하는 방법은 어느 것인가?　[22-2]
① 분할법
② 직교배열표
③ 교락법
④ K^n형 요인실험

해설 분할법은 원래 농사실험에서 실험지구로 선정된 여러 지구에서 각각의 지구(1차 단위)를 다시 몇 개의 작은 지구(2차 단위)로 분할하여 거기에 다른 요인을 배치하기 위하여 고안된 것이다. 두 요인 중 랜덤화하기 어려운 요인의 수준을 먼저 랜덤하게 정하고(주구), 이 수준하에서 다른 요인의 수준을 랜덤하게 정하며(세구), 이러한 일련의 실험을 몇 회 반복한다.

3. 1차 단위가 1요인실험인 단일분할법의 특징 중 틀린 것은?　[18-2, 20-4]
① 2차 단위 요인이 1차 단위 요인보다 더 정도가 좋게 추정된다.
② A, B 두 요인 중 수준의 변경이 어려운 요인은 1차 단위에 배치한다.
③ 1차 단위 오차는 $l(m-1)(r-1)$이고, 2차 단위 오차는 $(l-1)(r-1)$이다.
④ 1차 단위 요인과 2차 단위 요인의 교호작용은 2차 단위에 속하는 요인이 된다.

해설 1차 단위 오차 $\nu_{e_1} = (l-1)(r-1)$이고, 2차 단위 오차 $\nu_{e_2} = l(m-1)(r-1)$이다.

4. 분할법의 특징으로 틀린 것은?　[22-1]
① 자유도는 1차 단위 오차가 2차 단위 오차보다 작다.
② A, B 두 요인 중 정도가 좋게 추정하고 싶은 요인은 1차 단위에 배치한다.
③ 1차 단위의 요인에 대해서는 다요인실험을 하는 것보다는 일반적으로 소요되는 원료의 양을 줄일 수 있다.
④ 실험을 하는 데 랜덤화가 곤란한 경우 예를 들어 1차 단위의 수준 변경은 곤란하지만 2차 단위 요인 수준 변경이 용이할 때 사용한다.

해설 2차 단위 요인이 1차 단위 요인보다 더 정도가 좋게 추정된다.

5. 다음 중 분할법에서 2차 요인과 3차 요인의 교호작용은 몇 차 단위의 요인이 되는가? [08-1, 15-2, 19-2]

① 1차 단위　　② 2차 단위
③ 3차 단위　　④ 4차 단위

해설 분할법에서 2차 요인과 3차 요인의 교호작용은 3차 단위의 요인이 된다.

6. 그림과 같이 변량요인 R(2수준), 모수요인 A(3수준), 모수요인 B(4수준)인 경우 해당되는 실험계획법은? [05-1, 19-1]

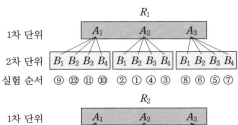

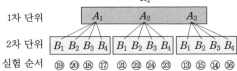

① 이단분할법
② 반복이 있는 난괴법
③ 단일분할법(1차 단위가 2요인실험)
④ 단일분할법(1차 단위가 1요인실험)

해설 1차 단위가 1요인실험인 단일분할법이다.

7. 데이터 구조식이 다음과 같고 $S_A = 238.5$, $S_{AR} = 249.6$, $S_R = 5.4$일 때 1차 단위 오차의 제곱합(S_{e_1})은? [08-2, 16-4]

┤ 구조식 ├
$$x_{ijk} = \mu + a_i + r_k + e_{(1)ik} + b_j + (ab)_{ij} + e_{(2)ijk}$$

① 3.4　　② 4.8

③ 5.7　　④ 6.9

해설 $S_{e_1} = S_{A \times R} = S_{AR} - S_A - S_R$
$= 249.6 - 238.5 - 5.4 = 5.7$

8. 4수준의 1차 요인 A와 2수준의 2차 요인 B, 블록반복 2회의 실험을 1차 단위가 1요인실험인 단일분할법에 의하여 행하였다. 1차 요인 오차의 자유도는 얼마인가? (단, A, B는 모두 모수요이다.) [20-1, 21-2]

① 3　　② 6
③ 7　　④ 8

해설 1차 단위 오차
$\nu_{e_1} = (l-1)(r-1) = 3 \times 1 = 3$

9. 요인 A를 1차 단위로, 요인 B를 2차 단위로 블록반복 2회의 분할법으로 실험을 실시하였다. 1차 단위의 실험오차(e_1)와 2차 단위의 실험오차(e_2)의 자유도는 각각 얼마인가? (단, A는 3수준, B는 4수준이다.)

① 2, 9　　② 2, 12 [09-4, 19-4]
③ 6, 9　　④ 6, 12

해설 $\nu_{e_1} = \nu_{A \times R} = (3-1)(2-1) = 2$
$\nu_{e_2} = l(m-1)(r-1) = 3 \times 3 \times 1 = 9$

10. $x_{ijk} = \mu + a_i + r_k + e_{(1)ik} + b_j + (ab)_{ij} + e_{(2)ijk}$인 구조를 갖는 단일분할법의 계산 방법으로 틀린 것은? [18-4]

① $\nu_{e_1} = (l-1)(r-1)$
② $S_{e_1} = S_{AR} - S_A - S_R$
③ $S_{e_2} = S_{B \times R} + S_{A \times B \times R}$
④ $\nu_{e_2} = (l-1)(m-1)(r-1)$

해설 $\nu_{e_2} = l(m-1)(r-1)$

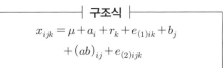
정답　5. ③　6. ④　7. ③　8. ①　9. ①　10. ④

11. 1차 단위 요인 A와 2차 단위 요인 B를 모수요인로 하고 블록반복 R회의 단일분할 실험을 하여 분산분석을 한 결과이다. 다음 중 틀린 것은? [08-4, 12-2, 16-1]

요인	SS	DF	MS
A	85.4	2	42.7
R	1.4	1	1.4
e_1	12.6	2	6.3
B	25.8	2	12.9
$A \times B$	2.8	4	0.7
e_2	11.3	6	1.88
T	139.3	17	

① $F_A = 6.78$ ② $F_B = 6.86$
③ $F_{e_1} = 3.35$ ④ $F_{A \times B} = 0.27$

해설 ① $F_A = \dfrac{V_A}{V_{e_1}} = \dfrac{42.7}{6.3} = 6.78$

② $F_B = \dfrac{V_B}{V_{e_2}} = \dfrac{12.9}{1.88} = 6.86$

③ $F_{e_1} = \dfrac{V_{e_1}}{V_{e_2}} = \dfrac{6.3}{1.88} = 3.35$

④ $F_{A \times B} = \dfrac{V_{A \times B}}{V_{e_2}} = \dfrac{0.7}{1.88} = 0.37$

12. 단일분할법에서 1차 단위가 1요인실험일 때 A, B는 모수요인이고 수준수가 l, m이며 반복 R이고 수준수가 r인 경우 평균제곱의 기댓값으로 가장 올바른 것은 어느 것인가? (단, 요인 A는 1차 단위, 요인 B는 2차단위) [05-2, 21-4]

① $E(V_A) = \sigma_{E_2}^2 + mr\sigma_A^2$

② $E(V_B) = \sigma_{E_2}^2 + lr\sigma_B^2$

③ $E(V_{A \times B}) = \sigma_{E_2}^2 + r\sigma_{E_1}^2 + mr\sigma_{A \times B}^2$

④ $E(V_R) = \sigma_{E_2}^2 + lm\sigma_R^2$

해설 ① $E(V_A) = \sigma_{E_2}^2 + m\sigma_{E_1}^2 + mr\sigma_A^2$

③ $E(V_{A \times B}) = \sigma_{E_2}^2 + r\sigma_{A \times B}^2$

④ $E(V_R) = \sigma_{E_2}^2 + m\sigma_{E_1}^2 + lm\sigma_R^2$

13. 1차 단위가 1요인실험인 단일분할법에서 요인 A, B는 모수요인, 블록반복 R은 변량요인인 경우, 추정치 및 통계량을 구하는 공식이 틀린 것은? (단, A, B의 수준수는 l, m, 블록반복 R의 수준수는 r이다.) [13-2, 16-2]

① $\hat{\sigma}_{e_2}^2 = V_{e_2}$

② $\hat{\sigma}_R^2 = \dfrac{V_R - V_{e_1}}{lm}$

③ $F_{e_1} = \dfrac{V_{e_1}}{V_{e_2}}$

④ $\hat{\sigma}_{e_1}^2 = \dfrac{V_{e_2} - V_{e_1}}{m}$

해설 $\hat{\sigma}_{e_1}^2 = \dfrac{V_{e_1} - V_{e_2}}{m}$

14. A, B, C가 모수요인이고, R이 변량요인이며, A는 어떤 화학용액으로 제조 후의 숙성시간이 일정한 조건을 유지해야 하며, 사용시간의 제한으로 A_1, A_2, A_3를 분할할 수밖에 없고 또한 실험물량을 최소화하기 위해 A, B 요인을 1차 요인으로 하고 수준변화가 용이한 요인 C를 2차 요인으로 하여 실험을 수행할 때, 어떤 실험법이 가장 적절한가? [17-4]

① 단일분할법 ② 지분실험법
③ 요인실험법 ④ 교락법

해설 1차 요인이 A, B이고 2차 요인이 C인 단일분합법이다.

15. 요인 A(원료구입선 : l수준)를 1차 단위로, 요인 B(가공방법 : m수준)를 2차 단위로 하여 블록반복 2회 분할법에 의한 실험을 하는 경우 데이터의 구조식은? (단, $i=1,2,\cdots,l$, $j=1,2,\cdots,m$, $k=1,2,\cdots,r$ 이다.) [21-1]

① $x_{ijk}=\mu+a_i+b_{(i)}+e_{k(ij)}$

② $x_{ijk}=\mu+e_{(i)}+b_j+e_{(2)ijk}$

③ $x_{ijk}=\mu+a_i+r_k+e_{(1)ik}+b_j+(ab)_{ij}+e_{(2)ijk}$

④ $x_{ijk}=\mu+a_i+(ar)_{ik}+e_{(1)ik}+b_j+(ab)_{ij}+e_{(2)ijk}$

해설 1차 단위가 1요인실험인 단일분할법

$$x_{ijk}=\underbrace{\mu+r_k+a_i+e_{(1)ik}}_{\text{1차 단위}}+\underbrace{b_j+(ab)_{ij}+e_{(2)ijk}}_{\text{2차 단위}}$$

16. 요인 A, B, C 가 있는 3요인실험에서 A, B 요인은 랜덤화가 곤란하고, C 요인은 랜덤화가 용이하여, A, B 요인을 1차 단위로, C 요인을 2차 단위로 하여 단일분할법을 적용하였다. 2차 단위의 요인에 해당되지 않는 것은? [17-2]

① $A\times B$　　　② $A\times C$

③ $B\times C$　　　④ C

해설

$$x_{ijk}=\underbrace{\mu+a_i+b_j+e_{(1)ij}}_{\text{1차 단위}}+\underbrace{c_k+(ac)_{ik}+(bc)_{jk}+e_{(2)ijk}}_{\text{2차 단위}}$$

17. 모수요인 A(l 수준), B(m 수준)는 랜덤화가 곤란하고 모수요인 C(n 수준)는 랜덤화가 용이하여 요인 A, B를 1차 단위에 배치하고 요인 C를 2차 단위로 하여 실험하였다. 1차 단위가 2요인실험인 단일분할법에서 자

유도의 계산식으로 틀린 것은? [17-1, 20-2]

① $\nu_{e_1}=(l-1)(m-1)$

② $\nu_{e_2}=l(m-1)(n-1)$

③ $\nu_{A\times C}=(l-1)(n-1)$

④ $\nu_{B\times C}=(m-1)(n-1)$

해설 $\nu_{e_2}=(l-1)(m-1)(n-1)$

18. 다음의 구조를 갖는 단일분할법에서 사용되는 계산으로 틀린 것은? (단, 요인 A, B, C 모두 모수요인이고, 각 수준수는 l, m, n 이다.) [18-1]

$$\boxed{\begin{array}{c}\text{─┤ 다음 ├─}\\ x_{ijk}=\mu+a_i+b_j+e_{(1)ij}+\\ c_k+(ac)_{ik}+(bc)_{jk}+e_{(2)ijk}\end{array}}$$

① $\nu_{e_1}=(l-1)(m-1)$

② $S_{e_1}=S_{AB}-S_A-S_B$

③ $\nu_{e_2}=l(m-1)(n-1)$

④ $S_{e_2}=S_T-(S_A+S_B+S_C+S_{e_1}+S_{A\times C}+S_{B\times C})$

해설 $\nu_{e_2}=(l-1)(m-1)(n-1)$

지분실험법

19. 로트 간 또는 로트 내의 산포, 기계간의 산포, 작업자간의 산포, 측정의 산포 등 여러 가지 샘플링 및 측정의 정도를 추정하여 샘플링 방식을 설계하거나 측정방법을 검토하기 위한 변량요인들에 대한 실험설계 방법으로 가장 적합한 것은?

① 교락법　　　　　[07-4, 14-1, 17-4, 21-2]

② 라틴방격법

③ 요인배치법

④ 지분실험법

해설 지분실험법은 로트 간 또는 로트 내의 산포, 기계간의 산포, 작업자간의 산포, 측정의 산포 등 여러 가지 샘플링 및 측정의 정도를 추정하여 샘플링 방식을 설계하거나 측정방법을 검토하기 위한 변량요인들에 대한 실험설계 방법으로 사용된다.

20. 다음 중 A_1 수준에 속해 있는 B_1과 A_2 수준에 속해 있는 B_1은 동일한 것이 아닌 실험계획법은? [06-1, 18-2, 22-1]
① 지분실험법
② 난괴법
③ 교락법
④ 라틴방격법

해설 지분실험법은 A_1수준에 속해 있는 B_1과 A_2수준에 속해 있는 B_1은 동일한 것이 아니다.

21. 다음 중 지분실험법에 관한 설명으로 틀린 것은? [12-2, 20-2]
① 요인 A와 B는 확률변수이다.
② 요인 A와 B의 교호작용을 검출해 낼 수 있다.
③ 일반적으로 변량요인에 대한 실험계획에 많이 사용된다.
④ 요인 A, B가 변량요인인 지분실험법은 먼저 요인 A의 수준이 정해진 후에 요인 B의 수준이 정해진다.

해설 요인 A와 B의 교호작용을 검출해 낼 수 없다.

22. 일반적으로 변량요인들에 대한 실험계

획으로 많이 사용되며, 다음과 같은 데이터의 구조식을 갖는 실험계획법은? (단, $i = 1, 2, \cdots, l$, $j = 1, 2, \cdots, m$, $k = 1, 2, \cdots, n$, $p = 1, 2, \cdots, r$ 이다.) [10-4, 15-4, 20-1]

┤ 다음 ├
$$x_{ijkp} = \mu + a_i + b_{j(i)} + c_{k(ij)} + e_{p(ijk)}$$

① 단일분할법
② 지분실험법
③ 이단분할법
④ 삼단분할법

해설 지분실험법은 일반적으로 변량요인들에 대한 실험계획으로 많이 사용되며, 데이터구조는 $x_{ijkp} = \mu + a_i + b_{j(i)} + c_{k(ij)} + e_{p(ijk)}$ 이다.

23. 다음 중 지분실험법에 관한 설명으로 틀린 것은? [11-1, 16-1, 19-4]
① 지분실험법의 오차항의 자유도는 (총 데이터 수) − (요인의 수준수의 합)에서 유도하여 만든다.
② 요인이 유의할 경우 모평균의 추정은 별로 의미가 없고, 산포의 정도를 추정하는 것이 효과적이다.
③ 일반적으로 변량요인들에 대한 실험계획법으로 많이 사용되며 완전 랜덤 실험과는 거리가 멀다.
④ 여러 가지 샘플링 및 측정의 정도를 추정하여 샘플링 방식을 설계할 때나 측정방법을 검토할 때에도 사용이 가능하다.

해설 3단 지분실험법의 오차항의 자유도는 $\nu_e = lmn(r-1)$이므로 $\nu_e = lmnr - lmn$이다. 즉 오차항의 자유도는 (총 데이터 수)−(요인의 수준수의 곱)이다.

24. 요인 A, B, C 를 택하여 3회 반복의 지분실험을 하였을 때, 요인 $C(AB)$의 자유도($\nu_{C(AB)}$)와 오차의 자유도(ν_e)는 각각 얼마인가? (단, 요인 A, B, C 는 각각 4수준, 3수준, 2수준이며, 모두 변량요인이다.) [06-2, 08-4, 12-4, 19-1]

① $\nu_{C(AB)} = 12$, $\nu_e = 24$
② $\nu_{C(AB)} = 12$, $\nu_e = 48$
③ $\nu_{C(AB)} = 24$, $\nu_e = 12$
④ $\nu_{C(AB)} = 24$, $\nu_e = 48$

해설 $\nu_{C(AB)} = lm(n-1)$
$= 4 \times 3 \times (2-1) = 12$
$\nu_e = lmn(r-1)$
$= 4 \times 3 \times 2 \times (3-1) = 48$

25. 데이터의 구조식이 다음과 같은 실험에서 S_{ABC}의 값은 얼마인가? (단, $S_A = 675.4$, $S_{B(A)} = 160.3$, $S_{C(AB)} = 88.1$ 이다.) [21-1]

┤ 다음 ├
$$x_{ijkp} = \mu + a_i + b_{j(i)} + c_{k(ij)} + e_{p(ijk)}$$

① 248.4 ② 763.5
③ 923.8 ④ 1011.9

해설 $S_{B(A)} = S_{AB} - S_A \to$
$S_{AB} = 160.3 + 675.4 = 835.7$
$S_{C(AB)} = S_{ABC} - S_{AB} \to$
$S_{ABC} = S_{C(AB)} + S_{AB}$
$= 88.1 + 835.7 = 923.8$

26. 다음은 변량요인 A 와 B 로 이루어진 지분실험법의 분산분석표이다. $E(V_A)$를 나타낸 식으로 맞는 것은? [22-2]

요인	SS	DF	MS	F_0
A	S_A	2	V_A	
$B(A)$	$S_{B(A)}$	3	$V_{B(A)}$	
e	S_e	6	V_e	
T	S_T	11		

① $\sigma_e^2 + 3\sigma_{B(A)}^2$
② $\sigma_e^2 + 2\sigma_{B(A)}^2 + 4\sigma_A^2$
③ $\sigma_e^2 + 3\sigma_{B(A)}^2 + 2\sigma_A^2$
④ $\sigma_e^2 + 3\sigma_{B(A)}^2 + 4\sigma_A^2$

해설 $\nu_A = l-1 = 2 \to l = 3$
$\nu_{B(A)} = l(m-1) = 3 \to m = 2$
$\nu_T = lmr - 1 = 11 \to r = 2$
$E(V_A) = \sigma_e^2 + r\sigma_{B(A)}^2 + mr\sigma_A^2$
$= \sigma_e^2 + 2\sigma_{B(A)}^2 + 4\sigma_A^2$

27. A요인을 4수준, B요인을 2수준, C요인을 2수준, 반복 2회의 지분실험법을 행하고 분산분석표를 작성한 결과 다음과 같았다. 이때 $\widehat{\sigma_A^2}$의 값은? [07-4, 11-4, 16-4, 17-1]

요인	SS	DF	MS
A	1.8950	3	0.63167
$B(A)$	0.7458	4	0.18645
$C(AB)$	0.3409	8	0.042613
e	0.0193	16	0.001206

① 0.0394 ② 0.0557
③ 0.1113 ④ 0.1484

해설 $\widehat{\sigma_A^2} = \dfrac{V_A - V_{B(A)}}{mnr} = \dfrac{0.63167 - 0.18645}{2 \times 2 \times 2}$
$= 0.0557$

28. 다음의 표는 요인 A의 수준 4, 요인 B의 수준 3, 요인 C의 수준 2, 반복 2회의 지분실험을 실시한 분산분석표의 일부이다. $\sigma^2_{B(A)}$의 추정값은? [09-4, 17-2, 21-4]

요인	SS	DF
A	90	
$B(A)$	64	
$C(AB)$	24	
e	12	
T	190	47

① 1
② 1.5
③ 2.5
④ 4

해설

요인	SS	DF
A	90	$l-1=4-1=3$
$B(A)$	64	$l(m-1)=4\times 2=8$
$C(AB)$	24	$lm(n-1)=4\times 3\times 1=12$
e	12	$lmn(r-1)$ $=4\times 3\times 2\times 1=24$
T	190	47

$$\widehat{\sigma^2_{B(A)}}=\frac{V_{B(A)}-V_{C(AB)}}{nr}$$
$$=\frac{S_{B(A)}/\nu_{B(A)}-S_{C(AB)}/\nu_{C(AB)}}{nr}$$
$$=\frac{64/8-24/12}{2\times 2}=1.5$$

29. 다음은 요인 A를 4수준, 요인 B를 2수준, 요인 C를 2수준, 반복 2회의 지분실험법을 실시한 결과를 분산분석표로 나타낸 것이다. 이에 대한 설명으로 틀린 것은 어느 것인가? [13-2, 19-2]

요인	SS	DF	MS	F_0	$F_{0.95}$
A	1.893				6.59
$B(A)$	0.748				3.01
$C(AB)$	0.344				2.59
e	0.032				
T	3.017				

① 요인 A의 자유도는 30이다.
② 오차항의 자유도는 15이다.
③ 요인 $B(A)$의 자유도는 4이다.
④ 요인 $B(A)$의 분산비 검정은 요인 $C(AB)$의 분산으로 검정한다.

해설

요인	SS	DF	MS	F_0	$F_{0.95}$
A	1.893	$l-1=3$	$1.893/3$ $=0.631$	$0.631/0.187$ $=3.374$	6.59
$B(A)$	0.748	$l(m-1)$ $=4$	$0.748/4$ $=0.187$	$0.187/0.043$ $=4.349$	3.01
$C(AB)$	0.344	$lm(n-1)$ $=8$	$0.344/8$ $=0.043$	$0.043/0.002$ $=21.50$	2.59
e	0.032	$lmn(r-1)$ $=16$	$0.032/16$ $=0.002$		
T	3.017	$lmnr-1$ $=31$			

6. 방격법

1. 다음은 실험조건(A, B, C)에서 실험순서 (1, 2, 3)과 날짜(월, 화, 수)를 고려한 라틴방격법이다. ㉠~㉣ 중 라틴방격법에 의한 실험계획을 모두 고른 것은?　[19-2, 19-4]

㉠

순서\날짜	1	2	3
월	A	B	C
화	B	C	A
수	C	A	B

㉡

순서\날짜	1	2	3
월	A	B	C
화	B	C	A
수	C	B	A

㉢

순서\날짜	1	2	3
월	A	C	B
화	B	A	C
수	C	B	A

㉣

순서\날짜	1	2	3
월	B	A	C
화	C	B	A
수	A	C	B

① ㉠
② ㉡, ㉢, ㉣
③ ㉠, ㉡, ㉢, ㉣
④ ㉠, ㉢, ㉣

해설 ㉠, ㉢, ㉣은 어느 행 또는 어느 열이나 A, B, C가 각각 1개씩이다. ㉡은 2열의 경우 B가 2개 나타나므로 라틴방격법이라고 할 수 없다.

2. 다음 중 라틴방격법에 관한 설명으로 맞는 것은?　[06-4, 12-4, 20-1]
① 라틴방격법에서 각 요인의 수준수는 동일해야 한다.
② 3요인실험법의 횟수와 라틴방격법의 실

험횟수는 같다.
③ 4×4 라틴방격법에는 오직 1개의 표준 라틴방격이 존재한다.
④ 라틴방격법에서 수준수를 k라 하면, 총 실험횟수는 k^3이다.

해설 ② 라틴방격법의 실험횟수가 3요인실험의 경우보다 $1/k$배로 적다.
③ 4×4 라틴방격법에는 오직 4개의 표준 라틴방격이 존재한다.
④ 라틴방격법에서 수준수를 k라 하면, 총 실험횟수는 k^2이다

3. 3×3 라틴방격에서 표준 라틴방격(Latin Square)인 것은?　[17-2]

①

1	3	2
2	1	3
3	2	1

②

1	2	3
3	1	2
2	3	1

③

1	2	3
2	3	1
3	1	2

④

2	3	1
1	2	3
3	1	2

해설 첫 번째 행과 첫 번째 열이 1, 2, 3의 순서로 나열된 것이 표준 라틴방격이다.

4. $k \times k$ 라틴방격에서의 가능한 배열방법의 수를 계산하는 식은?　[21-2]
① $k! \times (k-1)!$
② (표준방격의 수)$\times k! \times k!$
③ (표준방격의 수)$\times k! \times (k-1)!$
④ (표준방격의 수)$\times (k-1)! \times (k-1)!$

[해설] $k \times k$ 라틴방격에서 가능한 배치방법은 표준방격수$\times k! \times (k-1)!$이다.

5. 2×2 라틴방격의 총 수는? [13-1]
① 1 ② 2 ③ 3 ④ 4

[해설] 2×2 라틴방격의 표준 라틴방격수는 1이다.
총 방격수=(표준방격의 수)$\times k! \times (k-1)!$
$= 1 \times 2! \times 1! = 2$

6. 다음 중 라틴방격법을 설명한 내용 중 틀린 것은? [17-1]
① 3×3 라틴방격은 9가지의 상이한 배치가 존재한다.
② 라틴방격법에서 각 처리는 모든 행과 열에 꼭 한 번씩 나타나 있다.
③ 제1행, 제1열이 자연수 순서로 나열되어 있는 라틴방격을 표준 라틴방격이라 한다.
④ 라틴방격법은 4각형 속에 라틴문자 A, B, C를 나열하여 4각형을 만들어 사용해서 라틴방격이란 이름이 붙게 되었다.

[해설] 3×3 라틴방격법의 가능한 배열방법의 수
총 방격수=(표준방격의 수)$\times k! \times (k-1)!$
$= 1 \times 3! \times 2! = 12$ 가지이다.

7. 3×3 라틴방격법에 의하여 다음의 실험데이터를 얻었다. 요인 C의 제곱합(S_C)을 구하면 얼마인가? (단, 괄호속의 값은 데이터이다.) [17-4]

	A_1	A_2	A_3
B_1	$C_1(5)$	$C_2(6)$	$C_3(8)$
B_2	$C_2(7)$	$C_3(8)$	$C_1(6)$
B_3	$C_3(7)$	$C_1(3)$	$C_2(4)$

① 14.0 ② 15.8

③ 16.2 ④ 30.3

[해설] $S_C = \sum_{i=1}^{k}\sum_{j=1}^{k}\sum_{l=1}^{k} (\overline{x_{..l}} - \overline{\overline{x}})^2$

$= \dfrac{1}{k}\sum_{l=1}^{k} T_{..l}^2 - CT$

$= \dfrac{14^2 + 17^2 + 23^2}{3} - \dfrac{54^2}{3^2} = 14$

8. 3×3 라틴방격에서 오차항의 자유도(ν_e)는? [15-2, 16-1]
① 2 ② 3
③ 4 ④ 5

[해설] $\nu_e = (k-1)(k-2) = 2 \times 1 = 2$

9. 반복 없는 5×5 라틴방격법에 의하여 실험을 행하고, 분산분석한 후 $A_2B_4C_3$ 조합에 대한 모평균의 구간추정을 하기 위한 유효반복수는? [09-2, 15-4, 16-4, 19-1]
① $\dfrac{16}{15}$ ② $\dfrac{19}{17}$
③ $\dfrac{35}{20}$ ④ $\dfrac{25}{13}$

[해설] $n_e = \dfrac{\text{총실험횟수}}{\text{유의한 인자의 자유도의 합}+1}$

$= \dfrac{k^2}{\nu_A + \nu_B + \nu_C + 1}$

$= \dfrac{k^2}{3(k-1)+1} = \dfrac{k^2}{3k-2} = \dfrac{25}{13}$

10. 다음 A, B, C 3요인 라틴방격 실험에서 분산분석 후의 추정에 관한 설명 중 맞는 것은? [07-2, 18-2]
① $\mu(A_i)$의 $(1-\alpha)$ 신뢰구간은 $\overline{x}_{i..}$
$\pm t_{1-\alpha/2}(\nu_e)\sqrt{\dfrac{V_e}{k}}$ 이다.

② 3요인 수준조합 $A_i B_j C_l$에서의 유효반복수(n_e)는 $\dfrac{k^2}{3k-1}$ 이다.

③ 분산분석표의 F 검정에서 유의한 요인에 대해서는 각 요인 수준에서 특성치의 모평균을 추정하는 것은 의미가 없다.

④ B는 유의하고, A와 C는 유의하지 않을 때 $A_i C_l$의 수준조합에서 $(1-\alpha)$ 신뢰구간은 $(\overline{x}_{i\,.\,.} + \overline{x}_{.\,.\,l} - \overline{\overline{x}}) \pm$

$t_{1-\alpha}(\nu_e) \sqrt{\dfrac{2 V_e}{n_e}}$ 이다.

해설 ① $n_e = \dfrac{k^2}{3k-2}$

③ 유의한 요인에 대해서는 각 요인 수준에서 특성치의 모평균을 추정하는 것은 의미가 있다.

④ B는 유의하지 않고, A와 C는 유의할 때 $A_i C_l$의 수준조합에서 $(1-\alpha)$신뢰구간은 $(\overline{x}_{i\,.\,.} + \overline{x}_{.\,.\,l} - \overline{\overline{x}}) \pm t_{1-\alpha/2}(\nu_e) \sqrt{\dfrac{V_e}{n_e}}$ 이다.

11. 3×3 라틴방격법에서 그림 ㉠ ~ ㉣에 관한 설명으로 틀린 것은? [10-2, 14-1, 20-4]

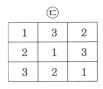

㉠

2	3	1
1	2	3
3	1	2

㉡

3	2	1
2	1	3
1	3	2

㉢

1	3	2
2	1	3
3	2	1

㉣

1	2	3
2	3	1
3	1	2

① ㉠과 ㉡은 직교이다.
② ㉡과 ㉢은 직교이다.
③ ㉠과 ㉢은 직교가 아니다.
④ ㉠과 ㉣은 직교가 아니다.

해설

㉠과 ㉢

21	33	12
12	21	33
33	12	21

㉠과 ㉣

21	32	13
12	23	31
33	11	22

㉠과 ㉢의 경우 한 번 나온 조합이 똑같이 반복되어 나오므로 직교가 아니다. ㉠과 ㉣의 경우 한 번 나온 조합이 똑같이 반복되어 나오지 않으므로 직교이다.

12. 어떤 정유정제공정에서 장치(A)가 4대, 원료(B)가 4종류, 부원료(C)가 4종류, 혼합시간(D)가 4종류인데 이것으로 4×4 그레코라틴방격법 실험을 실시하여 다음 데이터를 얻었다. 총 제곱합 S_T는 얼마인가? [20-2]

요인	A_1	A_2	A_3	A_4
B_1	$C_1 D_1$ 3	$C_2 D_3$ −7	$C_3 D_4$ 3	$C_4 D_2$ −4
B_2	$C_2 D_2$ −5	$C_1 D_4$ 8	$C_4 D_3$ −9	$C_3 D_1$ 9
B_3	$C_3 D_3$ −2	$C_4 D_1$ 3	$C_1 D_2$ 7	$C_2 D_4$ 8
B_4	$C_4 D_4$ −1	$C_3 D_2$ −3	$C_2 D_1$ −1	$C_1 D_3$ −3

① 31.5　　② 271.8
③ 470.0　　④ 477.8

해설 $S_T = \displaystyle\sum_i \sum_j \sum_l \sum_m (x_{ijlm} - \overline{\overline{x}})^2$

$= \displaystyle\sum_i \sum_j \sum_l \sum_m x_{ijlm}^2 - CT$

$S_T = (3^2 + (-7)^2 + \cdots + (-3)^2)$
$- \dfrac{[3+(-7)+...+(-3)]^2}{4 \times 4} = 477.75$

13. 수준이 k인 그레코라틴방격법의 오차의 자유도는? [18-1]

① $(k-1)$ ② $(k-1)(k-2)$
③ $(k-1)(k-3)$ ④ $(k-1)(k-4)$

해설 라틴방격법 $\nu_e = (k-1)(k-2)$
그레코 라틴방격법 $\nu_e = (k-1)(k-3)$
초그레코 라틴방격법 $\nu_e = (k-1)(k-4)$

14. 다음 중 6×6 라틴방격의 오차항의 자유도 (㉠)과 6×6 그레코 라틴방격 오차항의 자유도 (㉡)는 각각 얼마인가?

[09-4, 10-4, 12-2, 21-1]

① ㉠ 15, ㉡ 10 ② ㉠ 20, ㉡ 10
③ ㉠ 20, ㉡ 15 ④ ㉠ 20, ㉡ 20

해설 라틴방격법 : $\nu_e = (k-1)(k-2) = 20$
그레코 라틴방격법 :
$\nu_e = (k-1)(k-3) = 15$

15. 4요인 A, B, C, D를 각각 4수준으로 잡고, 4×4 그레코 라틴방격으로 실험을 행했다. 분산분석표를 작성하고, 최적조건으로 $A_3 B_1 D_1$을 구했다. $A_3 B_1 D_1$에서 모평균의 점추정값은 얼마인가? (단, $\bar{x}_{3\cdots}$ $= 12.50$, $\bar{x}_{\cdot 1 \cdot \cdot} = 11.50$, $\bar{x}_{\cdots 1}$ $= 10.00$, $\bar{\bar{x}} = 15.94$ 이다.) [05-4, 18-4]

① 2.12 ② 3.12
③ 3.14 ④ 5.14

해설 $\hat{\mu}(A_3 B_1 D_1)$
$= \bar{x}_{3\cdots} + \bar{x}_{\cdot 1 \cdot \cdot} + \bar{x}_{\cdots 1} - 2\bar{\bar{x}}$
$= 12.5 + 11.50 + 10.00 - 2 \times 15.94 = 2.12$

16. 다음 중 4×4 그레코 라틴방격에 의한 실험계획에서 분산분석 후 $A_i B_j C_k$에서의 모평균 $\mu(A_i B_j C_k)$의 신뢰구간을 나타내는 것은? (단, A, B, C, D는 모두 모수이다.) [06-1, 16-2]

① $(\bar{x}_{i\cdots} + \bar{x}_{\cdot j \cdot \cdot} + \bar{x}_{\cdots k} - 2\bar{\bar{x}})$
$\pm t_{1-\alpha/2}(\nu_e)\sqrt{\dfrac{V_e}{n_e}}$

② $(\bar{x}_{i\cdots} + \bar{x}_{\cdot j \cdot \cdot} + \bar{x}_{\cdots k} - 2\bar{\bar{x}})$
$\pm t_{1-\alpha/2}(\nu_e)\sqrt{\dfrac{V_e}{k}}$

③ $(\bar{x}_{i\cdots} + \bar{x}_{\cdot j \cdot \cdot} + \bar{x}_{\cdots k} - 2\bar{\bar{x}})$
$\pm t_{1-\alpha/2}(\nu_e)\sqrt{\dfrac{2V_e}{n_e}}$

④ $(\bar{x}_{i\cdots} + \bar{x}_{\cdot j \cdot \cdot} + \bar{x}_{\cdots k} - 2\bar{\bar{x}})$
$\pm t_{1-\alpha/2}(\nu_e)\sqrt{\dfrac{2V_e}{k}}$

해설 $(\bar{x}_{i\cdots} + \bar{x}_{\cdot j \cdot \cdot} + \bar{x}_{\cdots k} - 2\bar{\bar{x}})$
$\pm t_{1-\alpha/2}(\nu_e)\sqrt{\dfrac{V_e}{n_e}}$
$n_e = \dfrac{\text{총실험횟수}}{\text{유의한 인자의 자유도의 합} + 1}$
$= \dfrac{k^2}{\nu_A + \nu_B + \nu_C + 1} = \dfrac{k^2}{3k-2}$

17. 다음 라틴방격법에 대한 설명 중 틀린 것은? [21-4]

① 4×4 라틴방격법에서 오차의 자유도는 6이 된다.
② 라틴방격법은 교호작용이 있는 실험에 적합하다.
③ 라틴방격법은 실험횟수를 절약할 수 있는 일부실시법의 종류이다.
④ 초그레코 라틴방격이란 서로 직교하는 라틴방격을 3개 조합한 것이다.

해설 교호작용을 무시하고, 실험횟수를 감소시키고자 할 경우 사용되는 실험계획법이다.

7. k^n형 요인실험

1. 반복이 없는 2^2형 요인실험에 대한 설명 중 틀린 것은? [19-2]

① 요인의 자유도는 1이다.
② 오차의 자유도는 1이다.
③ 2개의 주효과가 존재한다.
④ 교호작용 $A \times B$를 검출할 수 있다.

해설 반복이 없는 2^2형 요인실험에서는 교호작용($A \times B$)과 오차항을 분리하여 검출할 수 없다.

2. 다음 중 $p^m \times q^n$ 요인실험을 설명한 것으로 틀린 것은? [08-2, 18-1]

① 두 요인 A, B에 수준수가 각각 4와 5라면, $4^1 \times 5^1 = 4 \times 5$의 요인실험이다.
② 3요인 A, B, C의 실험에서 수준수가 각각 2, 2, 4라면 $2^2 \times 4$ 요인실험이라고 한다.
③ $p^m \times q^n$ 요인실험에 필요한 모든 요인수는 $m \times n$이다.
④ k^n 요인실험도 $p^m \times q^n$ 요인실험의 일부이다.

해설 $p^m \times q^n$ 요인실험에 필요한 모든 요인수는 $(m+n)$이다.

3. 반복없는 2^2형 요인실험에서 주효과 A를 구하는 식은? [14-4, 20-1]

① $A = \dfrac{1}{2}(ab + (1) - a - b)$
② $A = \dfrac{1}{2}(ab - a + b - (1))$

③ $A = \dfrac{1}{2}(a + b - ab - (1))$
④ $A = \dfrac{1}{2}(a + ab - b - (1))$

해설 주효과
$$A = \frac{1}{2}(a-1)(b+1) = \frac{1}{2}(ab + a - b - (1))$$

4. 반복이 없는 2^2 요인실험법에 관한 설명으로 틀린 것은? [11-2, 17-2, 22-1]

① B의 주효과는 $\dfrac{1}{2}[b + (1) - ab - a]$이다.
② A의 주효과는 $\dfrac{1}{2}[ab + a - b - (1)]$이다.
③ 교호작용 효과 AB는 $\dfrac{1}{2}[ab + (1) - b - a]$이다.
④ A, B 교호작용 $A \times B$의 자유도는 모두 1이다.

해설 $B = \dfrac{1}{2}(a+1)(b-1)$
$\qquad = \dfrac{1}{2}[ab + b - a - (1)]$

5. 2^2 요인 배치에서 $A \times B$ 교호작용의 효과는? [07-2, 15-4, 18-2]

B \ A	A_0	A_1
B_0	270	320
B_1	150	380

① -90 ② -5
③ 5   ④ 90

해설 $AB = \dfrac{1}{2^{n-1}}[(a-1)(b-1)]$

$= \dfrac{1}{2}[(ab+(1))-(a+b)]$

$= \dfrac{1}{2}[(380+270)-(320+150)] = 90$

6. 다음과 같은 2^2형 요인실험에서 $S_{A \times B}$
는?   [21-4]

요인	A_0	A_1
B_0	1	4
B_1	-2	0

① 0.25   ② 6.25
③ 12.25   ④ 18.25

해설 $S_{A \times B} = \dfrac{1}{4}[(a-1)(b-1)]^2$

$= \dfrac{1}{4}[(ab-a-b+1)]^2$

$= \dfrac{1}{4}(0-4-(-2)+1)^2 = 0.25$

7. 다음의 표는 반복이 2회인 2^2형 요인실험
이다. 요인 A와 B의 교호작용의 효과는
얼마인가?   [15-1, 19-1]

요인	A_0	A_1
B_0	31 45	82 110
B_1	22 21	30 37

① -23 ② -12
③ 10   ④ 28

해설 $AB = \dfrac{1}{4}[(a-1)(b-1)]$

$= \dfrac{1}{4}[ab-a-b+(1)]$

$= \dfrac{1}{4}(67-192-43+76) = -23$

8. 반복이 2회인 2^2요인배치법에서 요인 A
의 효과가 -7.5일 때, 요인 A의 제곱합
(S_A)은 얼마인가?   [16-2]

① 56.5   ② 112.5
③ 168.5   ④ 225.5

해설 주효과 $A = \dfrac{1}{4}(A_1-A_0) = -7.5$

변동 $S_A = \dfrac{1}{8}(A_1-A_0)^2 = r \times (주효과 A)^2$

$= 2 \times (-7.5)^2 = 112.5$

9. K제품의 중합반응에서 흡수속도가 제조시
간에 영향을 미치고 있다. 흡수속도에 대한
큰 요인이라고 생각되는 촉매량(A_i)을 2수
준, 반응속도(B_j)를 2수준으로 하고, 반복
3회인 2^2형 실험을 한 데이터가 다음과 같
을 때, B의 주효과는 얼마인가? (단, T_{ij}.
은 A의 i번째, B의 j번째에서 측정된 특
성치의 합이다.)   [09-1, 18-4]

┤ 다음 ├

$T_{11}. = 274$ $T_{12}. = 292$
$T_{21}. = 307$ $T_{22}. = 331$

① 7   ② 14
③ 21   ④ 147

해설 $B = \dfrac{1}{2^{n-1}r}$ (B요인의 높은 수준 데이

터의 합$-B$요인의 낮은 수준 데이터의 합)

$= \dfrac{1}{2 \times 3}[(T_{12}.+T_{22}.)-(T_{11}.+T_{21}.)]$

$= \dfrac{1}{6}(292+331-274-307) = 7$

10. 2^2형 실험에서 반복 $r = 4$일 때 $T_{11} .$ $= 165$, $T_{12} . = 84$, $T_{21} . = 352$, $T_{22} .$ $= 134$일 때, 교호작용의 제곱합($S_{A \times B}$)의 값은 약 얼마인가? [05-2, 17-1]

① 83.313 ② 126.125
③ 1173.063 ④ 3510.563

해설 $S_{A \times B}$

$= \dfrac{1}{2^n \times r} (T_{22} . + T_{11} . - T_{12} . - T_{21} .)^2$

$= \dfrac{1}{2^2 \times 4} (134 + 165 - 84 - 352)^2 = 1,173.063$

11. 반복없는 2^3요인배치법의 구조모형은 어느 것인가? (단, i, j, $k = 0, 1$, e_{ijk} $\sim N(0, \sigma_e^2)$이고, 서로 독립이다.) [20-4]

① $x_{ijk} = \mu + a_i + b_j + e_i$
② $x_{ijk} = \mu + a_i + b_i + (ab)_{ij} + e_{ijk}$
③ $x_{ijk} = \mu + a_i + b_i + c_k + (abc)_{ijk} + e_{ijk}$
④ $x_{ijk} = \mu + a_i + b_i + c_k + (ab)_{ij}$
$\qquad + (ac)_{ik} + (bc)_{jk} + e_{ijk}$

해설 A, B, C의 3요인실험인 경우 각 요인의 주효과 a, b, c가 있고, 두 요인의 교호작용을 나타내는 ab, ac, bc가 있다. 하지만 반복이 없으므로 3요인의 교호작용(abc)은 검출할 수 없다.

12. 2^3형 요인배치법에서 다음 표와 같이 8회의 실험을 하였을 때, 교호작용 $A \times C$의 효과는 얼마인가? [19-4]

구분	A_0		A_1	
	B_0	B_1	B_0	B_1
C_0	5	4	2	3
C_1	7	9	10	5

① 0.55 ② 0.65 ③ 0.75 ④ 0.85

해설 $A \times C = \dfrac{1}{4}(a-1)(b+1)(c-1)$

$= \dfrac{1}{4}[(abc + ac + b + 1) - (ab + a + bc + c)]$

$= \dfrac{1}{4}[(5 + 10 + 4 + 5) - (3 + 2 + 9 + 7)]$

$= 0.75$

13. 2^3형 요인실험 결과 다음 표와 같은 데이터를 얻었다. 요인 B의 변동(S_B)은 얼마인가? [11-4, 22-2]

구분	B_0		B_1	
	C_0	C_1	C_0	C_1
A_0	12	15	16	19
A_1	20	13	18	23

① 25 ② 28 ③ 32 ④ 40

해설 $S_B = \dfrac{1}{8}(T . _1 . - T . _0 .)^2$

$= \dfrac{1}{8}[(16 + 19 + 18 + 23) - (12 + 15 + 20 + 13)]^2$

$= 32$

14. 2^3형 요인실험에서 수준의 조와 데이터가 다음과 같을 때, 요인 A의 주효과는 얼마인가? [14-1, 21-2]

수준의 조	데이터
(1)	2
a	-5
b	15
ab	13
c	-12
ac	-17
bc	-2
abc	-7

① $-\dfrac{19}{16}$ ② $-\dfrac{19}{4}$

③ $-\dfrac{1}{16}$ ④ $\dfrac{5}{16}$

해설 $A=\dfrac{1}{4}(a-1)(b+1)(c+1)$

$=\dfrac{1}{4}[(abc+ac+ab+a)-(bc+c+b+(1))]$

$=\dfrac{1}{4}[((-7)+(-17)+13+(-5))$

$\qquad -((-2)+(-12)+15+2)]$

$=-\dfrac{19}{4}$

$S_{B\times C}=\dfrac{1}{8}(a+1)(b-1)(c-1)$

$=\dfrac{1}{8}[(abc+bc+a+1)-(ab+ac+b+c)]^2$

$=\dfrac{1}{8}[(63+83+58+72)-(68+53+85+65)]^2$

$=3.125$

16. 3^2형 요인실험을 동일한 환경에서 실험하기 곤란하여 3개의 블록으로 나누어 실험을 한 결과 다음과 같은 데이터를 얻었다. 요인 A의 제곱합(S_A)을 구하면 얼마인가?

[07-4, 12-1, 16-1, 19-2]

블록 Ⅰ	블록 Ⅱ	블록 Ⅲ
$A_1B_1=3$	$A_2B_1=0$	$A_3B_1=-2$
$A_2B_2=3$	$A_3B_2=1$	$A_1B_2=1$
$A_3B_3=3$	$A_1B_3=4$	$A_2B_3=2$

① 6   ② 7
③ 8   ④ 9

해설 $S_A=\sum\dfrac{T_{i\cdot}^2}{m}-CT$

$=\dfrac{(3+4+1)^2+(3+0+2)^2+(3+1+(-2))^2}{3}$

$\quad -\dfrac{15^2}{3\times3}=6$

15. 화공물질을 촉매반응시켜 촉매(A) 2종류, 반응온도(B) 2종류, 원료의 농도(C) 2종류로 하여 2^3요인실험으로 합성률에 미치는 영향을 검토하여 아래의 데이터를 얻었다. $S_{A\times B}$의 값은? [05-1, 09-4, 17-4]

데이터 표현식	데이터
(1)	72
c	65
b	85
bc	83
a	58
ac	53
ab	68
abc	63

① 0.125   ② 3.125
③ 15.125   ④ 45.125

해설 $S_{A\times B}=\dfrac{1}{8}[(a-1)(b-1)(c+1)]^2$

$=\dfrac{1}{8}[(abc+ab+c+(1))-(ac+a+bc+b)]^2$

$=\dfrac{1}{8}[(63+68+65+72)-(53+58+83+85)]^2$

$=15.125$

8. 교락법

1. 실험횟수를 늘리지 않고 실험 전체를 몇 개의 블록으로 나누어 배치시킴으로써 동일 환경 내의 실험횟수를 적게 하도록 고안해 낸 배치법은? [11-1, 12-4, 19-1, 21-1]

① 교락법 ② 라틴방격법
③ 분할법 ④ 다요인실험

해설 교락법은 실험횟수를 늘리지 않고 실험 전체를 몇 개의 블록으로 나누어 배치시킴으로써 동일 환경 내의 실험횟수를 적게 하도록 고안해 낸 배치법이다.

2. 다음 중 교락법에 관한 설명으로 틀린 것은? [06-4, 12-2, 18-2]

① 실험횟수를 늘리지 않는다.
② 실험 전체를 몇 개의 블록으로 나누어 배치한다.
③ 다른 환경 내의 실험횟수는 적게 하도록 고안되었다.
④ 실험으로 실험오차를 적게 할 수 있으므로 실험정도가 향상된다.

해설 교락법은 동일 환경 내의 실험횟수를 적게 하도록 고안해 낸 배치법이다.

3. 교락법에 대한 설명 중 틀린 것은 어느 것인가? [16-4, 20-4]

① 교락법 배치를 위해 직교배열표를 이용할 수 없다.
② 실험오차를 적게 할 수 있으므로 실험의 정확도가 향상된다.

③ 교락법을 이용한 실험배치 방법으로 인수분해식과 합동식을 이용한 방법이 많이 사용된다.
④ 실험횟수를 늘리지 않고 실험 전체를 몇 개의 블록으로 나누어 배치할 수 있게 만드는 배치법이다.

해설 교락법이나 일부 실시법에서 요인의 배치를 위해 직교배열표를 사용할 수 있다.

4. 교락법의 실험을 여러 번 반복하여도 어떤 반복에서나 동일한 요인 효과가 블록 효과와 교락되어 있는 경우의 교락실험 설계 방법은? [07-2, 15-4, 21-2]

① 부분교락 ② 단독교락
③ 이중교락 ④ 완전교락

해설 완전교락은 교락법의 실험을 여러 번 반복하여도 어떤 반복에서나 동일한 요인 효과가 블록 효과와 교락되어 있는 경우이다.

5. 교락법에서 블록 반복을 행하는 경우에 각 반복마다 블록 효과와 교락시키는 요인이 다른 경우를 무엇이라 하는가? [07-1, 08-4, 09-1, 13-2, 19-4]

① 완전교락 ② 단독교락
③ 이중교락 ④ 부분교락

해설 부분교락은 교락법에서 블록 반복을 행하는 경우에 각 반복마다 블록 효과와 교락시키는 요인이 다른 경우이다.

정답 ● 1. ① **2.** ③ **3.** ① **4.** ④ **5.** ④

6. 2^3형의 교락법에서 인수분해식을 이용하여 단독교락을 실시하려 할 때의 설명 중 틀린 것은? [06-2, 17-2, 22-2]

① 블록이 2개로 나누어지는 교락을 의미한다.

② (1)을 포함하지 않는 블록을 주블록이라고 한다.

③ 주효과 A를 블록과 교락시키면, 블록 1은 (1), b, c, bc이고, 블록 2는 a, ab, ac, abc가 된다.

④ 블록과 교락시키기 원하는 효과에 -1을 붙여, 인수분해를 풀어 $+$군과 $-$군으로 나누어 블록을 배치한다.

해설 (1)을 포함하는 블록을 주블록이라고 한다.

7. 2^3형 요인배치법에서 다음과 같이 2개의 블록(block)으로 나누어 실험하고 있다. 블록과 교락하고 있는 교호작용은 어느 것인가? [07-4, 14-4, 20-2]

블록 Ⅰ	블록 Ⅱ
a	(1)
b	ab
ac	c
bc	abc

① $A \times B$

② $A \times C$

③ $B \times C$

④ $A \times B \times C$

해설 $A \times B$ 교호작용 효과

$$= \frac{1}{4}(a-1)(b-1)(c+1)$$

$$= \frac{1}{4}\{(1+ab+c+abc)-(a+b+ac+bc)\}$$

8. 2^3형 요인배치실험 시 교락법을 사용하여 다음과 같이 2개의 블록으로 나누어 실험하려고 한다. 블록과 교락되어 있는 교호작용은? [15-1, 21-4]

블록 1	블록 2
b	bc
c	(1)
ac	a
ab	abc

① $A \times B$

② $A \times C$

③ $A \times B \times C$

④ $B \times C$

해설 $B \times C = \dfrac{1}{2^{3-1}}(a+1)(b-1)(c-1)$

$$= \frac{1}{4}[(abc+a+bc+1)-(b+c+ab+ca)]$$

9. 2^3형 교락법실험에서 $A \times B$ 효과를 블록과 교락시키고 싶은 경우 실험을 어떻게 배치해야 하는가? [14-1, 17-4, 18-1]

① 블록 1 : a, ab, ac, abc
  블록 2 : (1), b, c, bc

② 블록 1 : b, ab, bc, abc
  블록 2 : (1), a, c, ac

③ 블록 1 : (1), ab, ac, bc
  블록 2 : a, b, c, abc

④ 블록 1 : (1), ab, c, abc
  블록 2 : a, b, ac, bc

해설 $AB = \dfrac{1}{4}(a-1)(b-1)(c+1)$

$$= \frac{1}{4}[(abc+c+ab+(1))-(ac+bc+a+b)]$$

9. 일부실시법

1. 필요한 요인에 대해서만 정보를 얻기 위해서 실험의 횟수를 가급적 적게 하고자 할 경우 대단히 편리한 실험이지만, 고차의 교호작용은 거의 존재하지 않는다는 가정을 만족시켜야 하는 실험계획법은?

① 교락법　　　　　　　[12-1, 16-4, 20-2]
② 난괴법
③ 분할법
④ 일부실시법

해설 일부실시법은 실험계획에서 필요한 요인에 대한 정보를 얻기 위하여 2요인 이상의 무의미한 고차의 교호작용의 효과는 희생시켜 실험의 횟수를 적게 하도록 고안된 실험계획법이다.

2. 다음 중 일부실시법(fractional factorial design)에 대한 설명으로 틀린 것은 어느 것인가?　　　　　　[06-4, 10-2, 18-2]

① 요인의 조합 중 일부만을 실시한다.
② 고차의 교호작용이 존재하면 용이해진다.
③ 각 효과의 추정식이 같다면 각 요인은 별명이다.
④ 실험의 크기를 될수록 작게 하고자 할 때 사용한다.

해설 일부실시법은 고차의 교호작용은 존재하지 않는다는 가정이 만족되어야 한다.

3. 4요인(factor) A, B, C, D에 관한 2^4형 요인실험의 일부실시(fractional replication)에서 정의 대비(defining contrast)를

$I = ABCD$로 하였을 때 별명관계(alias relation)로 맞는 것은?　　　[15-1, 21-2]

① $A = BCD$　　　② $B = ABD$
③ $C = ACD$　　　④ $D = ABD$

해설 2수준계이므로 $A^2 = B^2 = C^2 = D^2 = 1$이다.

① $I \times A = ABCD \times A = A^2 BCD = BCD$
② $I \times B = ABCD \times B = AB^2 CD = ACD$
③ $I \times C = ABCD \times C = ABC^2 D = ABD$
④ $I \times D = ABCD \times D = ABCD^2 = ABC$

4. 2^3형 실험계획에서 $A \times B \times C$를 정의 대비(defining contrast)로 정해 1/2 일부실시법을 행했을 때, 요인 A와 별명(alias)관계가 되는 요인은? [09-4, 17-1, 17-4, 20-1]

① B　　　　　　② $A \times B$
③ $A \times C$　　　④ $B \times C$

해설 정의 대비
$I = ABC \rightarrow$
$A \times I = A \times ABC = A^2 BC = BC$

5. 2^5형의 1/4 실시 실험에서 이중교락을 시켜 블록과 $ABCDE$, ABC, DE를 교락시켰다. AD와 별명관계가 아닌 것은 어느 것인가?　　　[08-1, 15-2, 18-4, 22-2]

① AB　　　　　② AE
③ BCE　　　　④ BCD

해설 • $ABCDE \times AD = A^2 BCD^2 E = BCE$
• $ABC \times AD = A^2 BCD = BCD$
• $DE \times AD = AD^2 E = AE$

6. 2^3형 계획에서 교호작용 ABC를 블록과 교락시킨 후 abc가 포함된 블록으로 $\dfrac{1}{2}$ 일부실시법을 행하였을 때, 교호작용 BC와 별명(alias)관계에 있는 주요인의 주효과를 맞게 표현한 것은? [09-2, 11-2, 15-1, 21-1]

① $\dfrac{1}{2}\left[(a+abc)-(b+c)\right]$

② $\dfrac{1}{2}\left[(b+abc)-(a+c)\right]$

③ $\dfrac{1}{2}\left[(c+abc)-(a+b)\right]$

④ $\dfrac{1}{2}\left[(abc+1)-(bc+b)\right]$

해설 2^3형 계획에서 교호작용 ABC를 블록과 교락시키면

$$ABC=\frac{1}{4}(a-1)(b-1)(c-1)$$
$$=\frac{1}{4}\left[(abc+a+b+c)-(ab+bc+ca+1)\right]$$

이며, 여기에서 abc가 포함된 블록은 $(abc+a+b+c)$이다.
BC와 별명관계에 있는 요인은 $ABC\times BC=AB^2C^2=A$이므로, A의 주효과는 a를 포함하는 것(abc, a)과 그렇지 않은 것(b, c)을 구분한다. 따라서 A의 주효과는 $A=\dfrac{1}{2}\left[(a+abc)-(b+c)\right]$이다.

7. 2^3형의 1/2 일부실시법에 의한 실험을 하기 위해 다음과 같이 블록을 설계하여 실험을 실시하였다. 다음 중 실험 결과에 대한 해석으로서 옳지 못한 것은? [13-1, 17-2, 21-4]

데이터
$a=76 \qquad b=79 \qquad c=74 \qquad abc=70$

① 요인 A의 효과는 $A=\dfrac{1}{2}(76-79-74$
$+70)=-3.5$이다.

② 블록에 교락된 교호작용은 $A\times B\times C$이다.

③ 요인 A의 별명은 교호작용 $B\times C$이다.

④ 요인 A의 변동은 요인 C의 변동보다 크다.

해설 ① A의 효과$=\dfrac{1}{2}(a+abc-b-c)$

$=\dfrac{1}{2}(76+70-79-74)=-3.5$

② $ABC=\dfrac{1}{4}(a-1)(b-1)(c-1)$

$=\dfrac{1}{4}(a+b+c+abc-(1)-ab-ac-bc)$이다. 따라서 블록에 교락된 교호작용은 $A\times B\times C$이다.

③ $I=ABC \rightarrow AI=A\times ABC=A^2BC$
$\rightarrow A=BC$

④ $S_A=\dfrac{1}{4}\left[(76+70)-(79+74)\right]^2=12.25$

$S_C=\dfrac{1}{4}\left[(74+70)-(76+79)\right]^2=30.25$

8. 2^3형의 $\dfrac{1}{2}$ 일부실시법에 의한 실험을 하기 위해 다음의 블록을 설정하여 실시하려고 할 때의 설명으로 틀린 것은? [14-4, 18-1]

(1)
ab
c
abc

① 위 블록은 주블록이다.

② 요인 A는 교호작용 $B\times C$와 교락되어 있다.

③ 요인 A의 효과는 $A=\dfrac{1}{2}(-(1)+ab$
$-c+abc)$이다.

④ 주요인이 서로 교락되므로 블록을 재설계하여 실험하는 것이 좋다.

해설 $A \times B = \dfrac{1}{4}(a-1)(b-1)(c+1)$

$= \dfrac{1}{4}[((1)+ab+c+abc)-(a+b+ac+bc)]$이므로 정의대비 $I = AB$이다.

따라서 $A \times I = A \times AB = A^2 B = B$ 이므로 A는 B와 교락되어 있다.

9. 2^3 요인배치법에서 abc, a, b, c의 4개의 처리조합을 일부실시법에 의해 실험하려고 한다. B의 별명(alias)은?   [16-1, 19-1]

① AB ② BC
③ AC ④ ABC

해설 $ABC = \dfrac{1}{4}(a-1)(b-1)(c-1)$

$\qquad = [(abc+a+b+c)-(a+bc+ab+1)]$

이므로 정의대비 $I = ABC$ 이다. 따라서 B의 별명은 $B \times I = B \times ABC = AB^2 C = AC$ 이다.

10. 2^4형 요인배치법에서 2중 교락 설계 시 블록효과와 교락시킨 2개의 요인이 ABC, BCD일 때, 블록효과와 교락되는 다른 하나의 요인은?   [21-1]

① AD ② AC
③ BC ④ BD

해설 2수준계이므로 $A^2 = B^2 = C^2 = D^2 = 1$ 이다.

$ABC \times BCD = AB^2 C^2 D = AD$

11. 3^3형의 1/3 반복에서 $I = ABC^2$을 정의대비로 9회 실험을 하였다. 이에 대한 설명으로 틀린 것은?   [16-2, 19-2, 22-1]

① C의 별명 중 하나는 AB 이다.
② A의 별명 중 하나는 $AB^2 C$ 이다.
③ AB^2의 별명 중 하나는 AB 이다.
④ ABC의 별명 중 하나는 AB 이다.

해설 AB^2의 별명은

$AB^2 \times I = AB^2 \times ABC^2$
$\qquad = A^2 B^3 C^2 = A^2 C^2 = (A^2 C^2)^2$
$\qquad = A^4 C^4 = AC$

$AB^2 \times I^2 = AB^2 \times (ABC^2)^2$
$\qquad = A^3 B^4 C^4 = BC$

12. 3^3형 요인실험에서 9개의 블록을 만들 때, 요인 $AB^2 C^2$와 AC를 정의 대비라고 하면 블록과 교락되는 정의 대비는 어느 것인가?   [11-4, 21-1]

① AB^2 ② AC^2
③ BC ④ BC^2

해설 $AB^2 C^2 \times AC = A^2 B^2 C^3$
$\qquad = (A^2 B^2)^2 = AB$

$AB^2 C^2 \times (AC)^2 = A^3 B^2 C^4$
$\qquad = (B^2 C)^2 = BC^2$

10. 직교배열법

1. 직교배열표 $L_N(P^K)$에 대한 내용으로 잘못된 것은? [04-3, 14-2]
① L : 실험 로트를 나타내는 것
② P : 수준수
③ N : 행의 수(실험횟수)
④ K : 열의 수(요인수)
해설 L : Latin Square(라틴방격법)의 약자

2. $L_8(2^7)$형 직교배열표에 관한 설명 중 틀린 것은? [17-4]
① 8은 행의 수 또는 실험횟수를 나타낸다.
② 각 열의 자유도는 1이고, 총자유도는 8이다.
③ 2수준의 직교표이므로 일반적으로 3수준을 배치시킬 수 없다.
④ 교호작용을 무시하고 전부 요인으로 배치하면 7개의 요인까지 배치가 가능하다.
해설 총실험횟수가 8이므로
총자유도는 $8-1=7$이다.

3. $L_{16}(2^{15})$ 직교배열표를 이용한 실험계획에서 2수준요인 효과를 최대로 몇 개까지 배치할 수 있는가? [14-4, 22-2]
① 7   ② 8
③ 15   ④ 16
해설 $L_{16}(2^{15})$에서 15는 15개의 열을 나타내며, 2수준요인 효과를 최대로 15개까지 배치할 수 있다.

4. 2수준계 직교배열표 $L_{2^m}(2^{2^m-1})$에 관한 설명으로 틀린 것은? [12-1, 16-4]
① 모든 열은 서로 직교를 이루고 있다.
② 가장 작은 직교배열표는 m이 2일 때이다.
③ 직교배열표상에서 총자유도는 행의 수와 같다.
④ 각 열은 (0, 1), (1, 2), (+1, −1) 또는 (+, −)등의 기호나 숫자로 표시되어 있다.
해설 2수준계 직교배열표상에서 총자유도는 열의 수와 같다.

5. 다음은 $L_4(2^3)$의 직교배열표를 나타낸 것으로 이에 대한 설명 중 틀린 것은? [20-2]

실험 번호	열번호		
	1	2	3
1	0	0	0
2	0	1	1
3	1	0	1
4	1	1	0
기본 표시	a	b	c

① 1군은 1열, 2군은 2, 3열을 나타낸다.
② 1열도 하나의 자유도를 갖고, 총자유도의 수는 열의 수와 같다.
③ 기본 표시는 1열과 2열을 곱한 후 modulus 2로 3열이 만들어진다.
④ 각 열은 (0, 1), (1, 2), (−1, 1), (−, +) 등으로 표시하기로 한다.

해설 기본 표시는 1열과 2열을 더한 후 modulus 2로 3열이 만들어진다.

6. 다음 직교배열표에서 A가 3열, B가 5열에 배치되었을 때 A, B간에 교호작용이 있다면 요인 C를 배치할 수 있는 열을 모두 나열한 것은? [09-4, 17-1]

열번호	1	2	3	4	5	6	7
성분	a	b	ab	c	ac	bc	abc

① 1, 2, 6
② 1, 2, 4, 7
③ 1, 2, 7
④ 1, 2, 6, 7

해설 A를 3열, B를 5열에 배치하면 교호작용은 $ab \times ac = a^2bc = bc$(6열)에 나타난다. 따라서 요인 C는 3, 5, 6열을 제외한 1, 2, 4, 7열에 배치 가능하다.

7. $L_8(2^7)$형 직교배열표에서 C와 교락되어 있는 요인은? [07-2, 14-1, 16-1, 21-4, 22-1]

열번호	1	2	3	4	5	6	7
기본 표시	a	b	a b	c	a c	b c	a b c
배치	A	B	C	D	E	e	e

① BC, DE, $ABCDE$
② AC, $ABDE$, CDE
③ $ABCD$, AE, BEC
④ AB, $ACDE$, BDE

해설 C의 기본 표시가 ab이므로, $A \times B = ab$, $A \times C \times D \times E = a \times ab \times c \times ac = a^3bc^2 = ab$, $B \times D \times E = b \times c \times ac = abc^2 = ab$이다.

8. $L_{16}(2^{15})$형 직교배열표를 사용할 때, A 요인을 기본 표시 ab에, B요인을 기본 표시 bcd에 배치하였다. $A \times B$는 어떤 기본 표시를 가진 열에 배치시켜야 하는가?

① ad
② cd
③ acd
④ $abcd$
[21-2]

해설 $A \times B = ab \times bcd = ab^2cd = acd$
2수준계 직교배열표에서 $a^2 = b^2 = c^2 = d^2 = 1$이다.

9. $L_{16}(2^{15})$ 직교배열표에서 요인 A, B, C, D, F, G, H와 교호작용 $A \times B$, $C \times B$를 배치하는 경우 오차항의 자유도는? [19-4]

① 4
② 5
③ 6
④ 7

해설 오차항의 자유도
$\nu_e = \nu_T -$ 요인수 $-$ 교호작용수
$= 15 - 7 - 2 = 6$

10. 두 수준의 요인 A, B, C, D를 $L_8(2^7)$형 직교표의 1, 2, 4, 7열을 택하여 배치하고 실험한 결과 다음 표를 얻었다. 요인 A의 주효과는? [05-4, 06-4, 14-2, 20-1]

실험번호	A 1	B 2	C 4	D 7	데이터
1	1	1	1	1	2
2	1	1	2	2	1
3	1	2	1	2	14
4	1	2	2	1	1
5	2	1	1	2	20
6	2	1	2	1	5
7	2	2	1	1	26
8	2	2	2	2	27
계					96

① 10
② 15
③ 24
④ 48

해설 $A = \frac{1}{4}(2$수준의 합 $- 1$수준의 합$)$
$= \frac{1}{4}[(20+5+26+27)-(2+1+14+1)]$
$= 15$

11. 다음 표는 $L_4(2^3)$형 직교배열표에 A, B 두 요인을 배치하여 실험한 결과이다. 요인 A의 제곱합 S_A는 얼마인가?

[10-1, 10-4, 18-1, 19-2, 20-4]

열 실험	1	2	3	데이터
1	0	0	0	3
2	0	1	1	4
3	1	0	1	4
4	1	1	0	5
배치	A	B		

① 1 ② 2
③ 4 ④ 8

해설 $S_A = \frac{1}{4}[($수준 1의 데이터 합$)$

$\qquad - ($수준 0의 데이터 합$)]^2$

$\qquad = \frac{1}{4}(4+5-3-4)^2 = 1$

12. 다음은 요인 A, B를 2수준(높은 수준 +, 낮은 수준 -)을 취하여 직교배열표에 의한 실험을 한 결과표이다. 교호작용의 제곱합$(S_{A \times B})$의 값은?

[16-2]

No.	1	2	3	데이터
1	+	+	+	9
2	+	-	-	7
3	-	+	-	8
4	-	-	+	4
배치	A	B	$A \times B$	

① 0.5 ② 1.0
③ 1.3 ④ 2.0

해설 $S_{A \times B} = \frac{1}{4}[(9+4)-(7+8)]^2 = 1.0$

13. $L_8(2^7)$ 직교배열표에서 교호작용 $C \times F$의 제곱합$(S_{C \times F})$은 얼마인가? [17-2]

실험 횟수	열번호							데이터 (y)
	1	2	3	4	5	6	7	
1	1	1	1	1	1	1	1	9
2	1	1	1	2	2	2	2	12
3	1	2	2	1	1	2	2	8
4	1	2	2	2	2	1	1	15
5	2	1	2	1	2	1	2	16
6	2	1	2	2	1	2	1	20
7	2	2	1	1	2	2	1	13
8	2	2	1	2	1	1	2	13
기본 배치	a	b	a b	c	a c	b c	a b c	
배치한 요인	A	C		D		B	F	

① 0.75 ② 4.5 ③ 7.5 ④ 45

해설 $C \times F = b \times abc = ab^2c = ac$이므로 5열에 나타난다.

$S_{C \times F} = \frac{1}{8}[($수준 2의 데이터의 합$)$

$\qquad - ($수준 1의 데이터의 합$)]^2$

$\qquad = \frac{1}{8}[(12+15+16+13)-(9+8+20+13)]^2$

$\qquad = 4.5$

14. 요인 A가 4수준이고, 요인 B가 2수준이면 교호작용 $A \times B$는 2수준계 직교배열표에 몇 개의 열에 배치되는가? [11-4, 15-4]

① 1 ② 2 ③ 3 ④ 4

해설 교호작용 $A \times B$의 자유도는 $(l-1)(m-1) = (4-1)(2-1) = 3$이다.
2수준계 직교배열표에서 한 열의 자유도가 1이므로 3개의 열에 배치된다.

15. 2수준계에서 주효과 A, B, C, D 교호작용 $A \times B$, $A \times C$를 배치하고자 할 때 실험횟수를 가장 경제적으로 할 수 있는 직교배열표는? [15-2]

① $L_4(2^3)$ ② $L_8(2^7)$

③ $L_{16}(2^{15})$ ④ $L_9(3^4)$

해설 A, B, C, D, $A \times B$, $A \times C$의 6개 요인을 배치할 수 있어야 한다.
따라서 실험횟수를 가장 경제적으로 할 수 있는 직교배열표는 $L_8(2^7)$이다.

16. $L_{16}(2^{15})$ 직교배열표에서 4수준 요인 A와 2수준 요인 B, C, D, F와 $A \times B$, $B \times C$, $B \times D$를 배치하는 경우, 오차항의 자유도는? [19-1]

① 2   ② 3   ③ 4   ④ 5

해설 4수준 요인 A의 자유도는 3, 2수준 요인 B, C, D, F 각각의 자유도는 1, $A \times B$의 자유도는 3, $B \times C$, $B \times D$의 자유도는 각각 1이다. 오차항의 자유도 $\nu_e = 15 - (3 + 1 + 1 + 1 + 1 + 3 \times 1 + 1 \times 1 + 3 \times 1 + 1 \times 1 + 1 \times 1)$ $= 3$이다.

17. 다음 직교배열표에 대한 설명 중 틀린 것은? [05-4, 16-4, 22-1]

① 3수준계의 가장 작은 직교배열표는 $L_{12}(3^4)$이다.

② 2수준 직교배열표를 이용하여 4수준 요인도 배치 가능하다.

③ 실험의 크기를 확대시키지 않고도 실험에 많은 요인을 짜 넣을 수 있다.

④ 2수준 요인과 3수준의 요인이 존재하는 실험인 경우에는 가수준(dummy level)을 만들어 사용한다.

해설 3수준계 직교배열표는 $L_{3^m}(3^{(3^m - 1)/2})$, $m \geq 2$이다. $m = 2$일 때 $L_9(3^4)$가 된다.

18. 7개의 3수준 요인들의 주효과에만 관심이 있다. 어느 직교배열표를 사용하는 것이 가장 경제적인가? [07-3, 22-2]

① $L_8(2^7)$ ② $L_9(3^4)$

③ $L_{18}(2^1 \times 3^7)$ ④ $L_{27}(3^{13})$

해설 7개의 3수준 요인을 배치해야 한다. 따라서 2수준의 1개열을 가수준으로 잡고 3수준의 7개열을 사용하여 분석하는 것이 가장 경제적이다.

19. $L_9(3^4)$형 직교배열표을 사용해 다음과 같은 결과를 얻었다. 오차항의 자유도는 얼마인가? [19-2]

실험번호	1	2	3	4
기본 표시	a	b	a	a
			b	b^2
배치	B	A	e	C

① 1   ② 2   ③ 3   ④ 4

해설 3수준계 직교배열표(한 열의 자유도는 2)에서 오차항으로 1개의 열이 배정되었으므로 오차항의 자유도는 2이다.

20. 3수준계 직교배열표에서 오차항으로 2개의 열이 배정되었을 경우 오차항의 자유도(ν_e)는? [09-2, 16-2]

① 2   ② 4   ③ 6   ④ 9

해설 3수준계 직교배열표에서 두 개의 열에 오차항을 배치하므로 오차항의 자유도는 2 $\times 2 = 4$이다.

21. $L_{27}(3^{13})$형 직교배열표에서 만일 취하는 요인의 수가 10 이면, 오차에 대한 자유도는 얼마인가? (단, 교호작용을 무시할 경우이다.) [15-2, 17-2, 18-2, 21-2]

① 2   ② 3   ③ 6   ④ 13

해설 직교배열표에서 오차항은 배치되지 않은 열을 의미한다. 10개의 요인이 배치되었으므로 배치되지 않은 열은 $13-10=3$이다. 3수준계 직교배열표에서 1열의 자유도가 2이므로 $\nu_e = 3 \times 2 = 6$이다.

22. $L_{27}(3^{13})$ 직교배열표에서 요인 A, B, C, D와 교호작용 $B \times C$를 배치하는 경우 오차항의 자유도는?[16-1, 09-4, 12-1, 20-2]

① 10   ② 12   ③ 14   ④ 16

해설 오차항의 열의 수＝열의 총 수 13열－[주요인 4개 열＋교호작용 2개 열(BC, BC^2)]＝7개열
따라서 오차항의 자유도는 7개 열×2＝14이다.

23. $L_9(3^4)$형 직교배열표의 4열에 들어가는 기본 표시는? [15-4]

열번호	1	2	3	4
기본 표시	a	b		

① a ② ab ③ ab^2 ④ a^2b^2

해설 3열：ab, 4열：ab^2이다.

24. 3수준 선점도에 대한 설명으로 틀린 것은? [05-4, 17-1]
① 선의 자유도는 2이다.
② 점의 자유도는 2이다.
③ 점은 하나의 열에 대응된다.
④ 선은 점과 점 사이에 교호작용을 나타낸다.

해설 3수준 직교배열표의 경우 점의 자유도는 2이며, 교호작용을 나타내는 선의 자유도는 $2 \times 2 = 4$이다.

25. 다음은 $L_9(3^4)$형 직교배열표를 이용하여 A, B, C 각각 3수준을 배열하여 실험한 결과를 나타낸 것이다. 요인 A의 제곱합 S_A는 약 얼마인가? [15-1, 19-4]

실험번호	열번호				데이터
	1	2	3	4	
1	1	1	1	1	14
2	1	2	2	2	17
3	1	3	3	3	1
4	2	1	2	3	58
5	2	2	3	1	56
6	2	3	1	2	56
7	3	1	3	2	62
8	3	2	1	3	35
9	3	3	2	1	32
배치	A	B		C	

① 38.22   ② 314.89
③ 340.22   ④ 3348.22

해설 $S_A = \dfrac{A_1^2 + A_2^2 + A_3^2}{3} - \dfrac{T^2}{N}$

$= \dfrac{1}{3}[(14+17+1)^2 + (58+56+56)^2 +$

$(62+35+32)^2] - \dfrac{(14+17+\ldots+32)^2}{9}$

$= 3,348.22$

26. 3수준계 선점도에 관한 설명으로 옳지 않은 것은? [12-4, 18-1]
① 3수준계의 선점도는 주요인의 배정을 점에 하는 것이 원칙이며, 선에는 교호작용이 나타나므로 주요인은 배정하지 않는다.
② 가장 할당이 작은 것은 $L_9(3^4)$형 선점도

로 오직 1가지이며, 교호작용을 고려하면 요인은 최대 2개밖에 할당할 수 없다.

③ 선점도를 사용할 때 점에다 주요인을 할당하면 2요인 및 3요인 교호작용의 경우 선점도에 자동으로 할당되므로 큰 문제는 없다.

④ 할당되지 않고 남는 점이나 선은 오차항으로 활용되므로 가급적 불요한 교호작용이나 관련 없는 요인을 억지로 할당하지 않도록 한다.

해설 선점도에서는 3요인의 교호작용은 할당이 불가능하다.

27. $L_{27}(3^{13})$형 선점도에서는 A는 1열, B는 2열, C는 5열에 배치할 경우 $B \times C$ 교호작용은 어느 열에 배치해야 하는가?

[08-1, 14-1, 21-4]

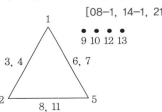

① 3, 4열　　　　② 8, 11열
③ 6, 7열　　　　④ 9, 12열

해설 선점도에서 요인은 점, 교호작용은 선으로 나타낸다. $B \times C$ 교호작용은 5열과 2열을 연결하는 선(8열과 11열)에 배치한다.

28. $L_{27}(3^{13})$형 직교배열표에서 기본 표시가 ab^2으로 나타나는 열에 A 요인, ab^2c^2으로 나타나는 열에 C 요인을 배치하였을 때 A와 C의 교호작용이 나타나는 열의 기본 표시는? [10-1, 19-1, 20-1, 20-4]

① ab^2과 bc　　　② ab과 bc
③ ab^2c와 c　　　④ abc와 bc

해설 $A \times C = ab^2 \times ab^2c^2 = a^2b^4c^2$
$$= a^2bc^2 = (a^2bc^2)^2 = ab^2c$$
$$A \times C^2 = ab^2 \times (ab^2c^2)^2 = a^3b^6c^4 = c$$

29. 다음 중 $L_{27}(3^{13})$형 직교배열표에서 요인 A를 5열, 요인 B를 10열에 배치하였다면, 교호작용 $A \times B$가 배치되는 열 번호는?

[13-4, 17-4, 18-4]

열번호	1	2	3	4	5	6	7	8	9	10	11	12	13
기본 표시	a	b	a b	a b^2	c	a c	a b c	b c^2	a b c	a b^2 c^2	b c^2	a b^2 c	a b c^2
배치					A					B			

① 4열, 7열　　　② 4열, 10열
③ 4열, 12열　　　④ 4열, 13열

해설 교호작용은 성분이 XY인 열과 XY^2인 열에 나타난다.
$$A \times B = c \times ab^2c^2 = ab^2c^3 = ab^2(4열)$$
$$A \times B^2 = c \times (ab^2c^2)^2 = a^2b^4c^5 = a^2bc^2$$
$$= (a^2bc^2)^2 = a^4b^2c^4 = ab^2c(12열)$$

30. 다음과 같은 $L_{27}(3^{13})$형 직교배열표에서 요인 B(2열)의 제곱합(S_B)이 600, 요인 C(5열)의 제곱합(S_C)이 1000일 경우, 교호작용의 제곱평균값($V_{B \times C}$, 8열)은 얼마인가?

[21-1]

열번호	1	2	3	4	5	6	7
배치	A	B	e	e	C	D	e

열번호	8	9	10	11	12	13
배치	$B \times C$	e	e	$B \times C$	F	G

① 200　　　　② 400
③ 800　　　　④ 1600

해설 $V_{B \times C} = \dfrac{S_B + S_C}{\nu_B + \nu_C} = \dfrac{600 + 1000}{2 + 2} = 400$

11. 회귀분석

1. 회귀선에 의하여 설명되지 않는 편차 $y_i - \hat{y}$를 잔차(Residual)라고 한다. 이 잔차(e_i)의 성질을 설명한 내용 중 틀린 것은 어느 것인가? [17-1]

① 잔차들의 합은 0이다. 즉, $\sum e_i = 0$

② 잔차들의 x_i에 의한 가중합은 0이다. 즉, $\sum x_i e_i = 0$

③ 잔차들의 제곱과 $(y_i - \bar{y})$의 가중합은 0이다. 즉, $\sum (y_i - \bar{y}) e_i^2 = 0$

④ 잔차들의 $\hat{y}$(회귀직선추정식)에 의한 가중합은 0이다. 즉, $\sum \hat{y} e_i = 0$

해설 잔차들의 제곱과 $(y_i - \bar{y})$의 가중합은 0이 아니다. 즉, $\sum (y_i - \bar{y}) e_i^2 \neq 0$

2. 다음 그림에서 회귀 제곱합(S_R)을 구할 때 사용되는 것은? [05-4, 20-1]

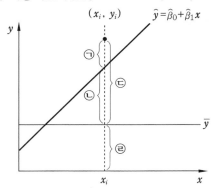

① ㉠   ② ㉡
③ ㉢   ④ ㉣

해설 ㉠ S_{yx} : 회귀로부터의 제곱합,
㉡ S_T : 총제곱합, ㉣ $\bar{y}$

3. 다음 중 $S_{(xx)} = 2217$, $S_{(xy)} = 330.7$, $S_{(yy)} = 53.07$, $n = 20$일 때 회귀직선 $y_i = \beta_0 + \beta_1 x_i + e_i$에서 기울기 ($\beta_1$)은 약 얼마인가? [08-1, 11-4]

① 0.0239   ② 0.149
③ 0.84   ④ 6.23

해설 $\hat{\beta_1} = \dfrac{S_{(xy)}}{S_{(xx)}} = \dfrac{330.7}{2217} = 0.1492$

4. 두 변수 x, y 간에 다음의 데이터가 얻어졌다. 단순회귀식을 적용할 때, 회귀에 의하여 설명되는 제곱합 S_R을 구하면 얼마인가? [13-1, 18-2]

x_i	1	2	3	4	5
y_i	8	7	5	3	2

① 0.4   ② 0.98
③ 25.6   ④ 26.0

해설 $S_R = \dfrac{S_{sy}^2}{S_{xx}} = \dfrac{\left(\sum x_i y_i - \dfrac{\sum x_i \sum y_i}{n} \right)^2}{\sum x_i^2 - \dfrac{(\sum x_i)^2}{n}}$

$= \dfrac{(-16)^2}{10} = 25.6$

5. 결정계수(r^2)에 관한 설명으로 맞는 것은? [21-4]

① 회귀방정식의 정도를 측정하는 방법으로 사용될 수 없다.

② 단순회귀에서 결정계수(r^2)는 상관계수(r)의 제곱과 값이 다르다.

③ 단순회귀분석에서 얻은 r^2으로부터 상관계수를 구하면 $-r$이 된다.

④ $0 \le r^2 \le 1$의 범위에 있고, r^2의 값이 1에 가까울수록 쓸모 있는 회귀방정식이 된다.

해설 ① 두 변수 간의 선형관계 정도가 높으면 결정계수는 1에 가까워진다.

② 단순회귀에서 결정계수(r^2)는 상관계수(r)의 제곱과 값이 같다.

③ 단순회귀 모형에서 상관계수는 $r = \pm \sqrt{r^2}$이 성립한다.

6. 표본자료를 회귀직선에 적합시킨 경우, 적합성의 정도를 판단하는 방법이 아닌 것은? [15-4, 18-4]

① 분산분석을 하여 판단한다.

② 결정계수(r^2)를 구하여 판단한다.

③ 추정 회귀식의 절편을 구하여 판단한다.

④ 오차의 추정치(MS_e)를 구하여 판단한다.

해설 추정 회귀식의 절편은 적합성의 정도와 관련이 없다.

7. 회귀분석에서 회귀에 의한 제곱합 $S_R = 62.0$, 총제곱합 $S_{yy} = 65.5$ 일 때, 결정계수 r^2의 값은 약 얼마인가? [19-1]

① 0.461 ② 0.761
③ 0.841 ④ 0.947

해설 결정계수 $r^2 = \left(\dfrac{S_{xy}}{\sqrt{S_{xx}S_{yy}}} \right)^2$

$= \dfrac{S_R}{S_{yy}} = \dfrac{62.0}{65.5} = 0.947$

8. 두 변수 x, y에 대해 상관관계를 분석한 결과 상관계수(r)가 0.8일 때, 전체 변동에 대한 회귀변동의 결정계수(기여율)는 얼마인가? [11-1, 17-2]

① 0.04 ② 0.20
③ 0.64 ④ 0.89

해설 $r^2 = \dfrac{S_R}{S_{yy}} = 0.8^2 = 0.64$

9. 다음의 분산분석표에서 결정계수(r^2)의 값은 약 얼마인가? [07-2, 16-2]

요인	SS	DF	MS
회귀	10	2	5
잔차	2	14	0.14
계	12	16	

① 0.17 ② 0.20
③ 0.45 ④ 0.83

해설 결정계수 $r^2 = \dfrac{S_R}{S_T} = \dfrac{10}{12} = 0.83$

10. 두 변수 x, y에 대한 데이터로부터 단순회귀분석을 실시하였다. 회귀직선의 기여율은 얼마인가? [09-1, 22-1]

x	2	3	4	5	6
y	4	7	6	8	10

① 0.845 ② 0.887
③ 0.925 ④ 0.957

해설 $n = 5$, $\sum x = 20$, $\bar{x} = 4$, $\sum x^2 = 90$, $\sum y = 35$, $\bar{y} = 7$, $\sum y^2 = 265$, $\sum xy = 153$

$S_{xx} = \sum x^2 - \dfrac{(\sum x)^2}{n} = 10$

$$S_{yy} = \sum y^2 - \frac{\left(\sum y\right)^2}{n} = 20$$

$$S_{xy} = \sum xy - \frac{\sum x \sum y}{n} = 13$$

$$r^2 = \left(\frac{S_{xy}}{\sqrt{S_{xx}S_{yy}}}\right)^2 = \frac{S_{xy}^2}{S_{xx}S_{yy}} = \frac{13^2}{10 \times 20}$$

$$= 0.8450$$

11. 단순회귀식 $\hat{y_i} = \hat{\beta_0} + \hat{\beta_1}x_i$를 다음 데이터에 의해 구할 경우 $\hat{\beta_0}$는? [10-2, 19-2]

x	y	x	y
29	29	51	44
33	31	54	47
38	34	60	51
42	38	68	55
45	40	80	61

① 6.45 ② 7.55
③ 9.28 ④ 10.14

해설 $\bar{x} = \dfrac{\sum x}{n} = \dfrac{500}{10} = 50$

$\bar{y} = \dfrac{\sum y}{n} = \dfrac{430}{10} = 43$

$S_{xx} = \sum x_i^2 - \dfrac{\left(\sum x_i\right)^2}{n} = 2,304$

$S_{xy} = \sum x_i y_i - \dfrac{\left(\sum x_i\right)\left(\sum y_i\right)}{n} = 1,514$

$\hat{\beta_1} = \dfrac{S_{xy}}{S_{xx}} = \dfrac{1,514}{2,304} = 0.6571181$

$\hat{\beta_0} = \bar{y} - \hat{\beta_1}\bar{x} = 43 - 0.6571181 \times 50 = 10.14$

12. 두 변수 x와 y 간의 n개의 데이터 $(x_i,\ y_i),\ i = 1,\ 2,\ \cdots,\ n$에 관한 직선회귀모형은 $y_i = \beta_0 + \beta_1 x_i + e_i$이다. 여기서 β_0, β_1은 미지의 모수이며 $e_i \sim N(0,\ \sigma^2)$는 서로 독립된 오차를 나타내고 있다. 다음 중 미지의 모수 β_0, β_1은 어떻게 추정하는가? [17-4]

① x_i의 평균값을 최소화시켜서(편미분하여) 구한다.

② x_i의 합을 최소화시켜서(편미분하여) 구한다.

③ 오차의 합을 최소화시켜서(편미분하여) 구한다.

④ 오차의 제곱합을 최소화시켜서(편미분하여) 구한다.

해설 미지의 모수 β_0, β_1은 최소제곱법으로 추정한다.

오차(잔차)의 제곱합($\sum e_i^2 = \sum (y_i - \hat{y}_i)^2$)이 최소가 되도록 회귀계수를 추정하는 것이다.

13. 직선회귀에서 데이터가 다음과 같을 때, 단순회귀식으로 맞는 것은? [11-2, 20-4]

다음
$n = 5$　　$\bar{x} = 4$　　$\bar{y} = 6.4$
$S_{xx} = 10$　　$S_{xy} = 14$

① $\hat{y} = 0.7 + 1.3x$

② $\hat{y} = 0.7 - 1.3x$

③ $\hat{y} = 0.8 + 1.4x$

④ $\hat{y} = 0.8 - 1.4x$

해설 $b = S_{xy}/S_{xx} = 14/10 = 1.4$
$a = \bar{y} - b\bar{x} = 6.4 - 1.44 = 0.8 \rightarrow$
$\hat{y} = 0.8 + 1.4x$

14. 1요인실험 단순회귀 분산분석표를 작성하여 $S_T = 35.27$, $S_R = 33.07$, $S_e = 1.98$이라는 결과를 얻었다. 이때 나머지(고차) 회귀의 제곱합 S_r은 얼마인가?

① 0.022 ② 0.22 [10-4, 20-2]
③ 2.2 ④ 2.46

해설 $S_A + S_e = S_T \rightarrow$
$S_A = 35.27 - 1.98 = 33.29$
$S_R + S_r = S_A \rightarrow S_r = 33.29 - 33.07 = 0.22$

15. 선형 회귀분석에서 사용되는 변동에 관한 공식들 중 틀린 것은 어느 것인가? (단, $S_{(yy)}$: 총 변동, $S_{y \cdot x}$: 회귀에 의하여 설명이 안 되는 변동, S_R : 회귀에 의하여 설명되는 변동) [15-2]

① $S_R = \dfrac{\left[S_{(xy)} \right]^2}{S_{(xx)}}$

② $S_R = \sum (\hat{y}_i - \overline{y})^2$

③ $S_{y \cdot x} = \sum (y_i - \hat{y}_i)^2$

④ $S_{yy} = \sum y_i^2 - (\overline{y})^2$

해설 $S_{yy} = \sum (y_i - \overline{y})^2 = \sum y_i^2 - n(\overline{y})^2$

16. 1요인실험 단순 회귀 분산분석표를 작성하여 $S_T = 35.27$, $S_R = 33.07$, $S_e = 1.98$ 이라는 결과를 얻었다. 이때 나머지(고차) 회귀의 제곱합 S_r은 얼마인가? [10-4, 20-2]

① 0.022 ② 0.22

③ 2.2 ④ 2.46

해설 $S_A + S_e = S_T \rightarrow$
$S_A = 35.27 - 1.98 = 33.29$
$S_R + S_r = S_A \rightarrow S_r = 33.29 - 33.07 = 0.22$

17. 4수준, 4반복의 1요인실험을 회귀분석하고자 한다. $S_{xx} = 3.20$, $S_{xy} = 3.40$, $S_{yy} = 4.6981$일 때, 회귀에 기인하는 불편분산(V_R)은 약 얼마인가? [12-2, 18-1, 19-1]

① 1.063 ② 1.806

③ 2.461 ④ 3.613

해설 $V_R = \dfrac{S_R}{\nu_R} = \dfrac{S_{xy}^2 / S_{xx}}{1} = \dfrac{3.40^2 / 3.20}{1}$
$= 3.613$

18. 다음의 단순회귀 1요인실험 분산분석표에서 나머지 변동 S_r값은 얼마인가? [08-4]

요인	SS	DF	MS
직선회귀	33.07	1	33.07
나머지			0.07
A		4	
E	1.98	10	
T	35.26	14	

① 0.147 ② 0.210

③ 0.483 ④ 2.100

해설 $S_A = S_T - S_E = 35.26 - 1.98 = 33.28$
$S_r = S_A - S_R = 33.28 - 33.07$
$= 0.21$

19. 수준수 $l = 5$, 반복수 $m = 3$인 1요인실험 단순회귀분석에서 직선회귀의 자유도(ν_R)와 고차회귀의 자유도(ν_r)는 각각 얼마인가? [16-1, 19-4]

① $\nu_R = 1$, $\nu_r = 3$

② $\nu_R = 1$, $\nu_r = 4$

③ $\nu_R = 2$, $\nu_r = 3$

④ $\nu_R = 2$, $\nu_r = 4$

해설

요인	DF
직선회귀	$\nu_R = 1$
나머지 (고차회귀)	$\nu_r = l - 2 = 5 - 2 = 3$
A	$\nu_A = l - 1 = 5 - 1 = 4$
e	$\nu_e = l(m-1)$
T	$\nu_T = n - 1$

20. 회귀분석 분산분석표에서 나머지 제곱합(S_r)이 유의하지 않았다. 이런 경우 회귀로부터의 제곱합 $S_{y \cdot x}$의 불편분산은 약 얼마인가? [05-2, 21-1]

요인	SS	DF
직선회귀	28.964	1
나머지(고차회귀)	0.036	2
A	29.000	3
e	1.05	12
T	30.05	15

① 0.0638   ② 0.0776
③ 1.0860   ④ 1.2100

해설 고차회귀 r이 유의하지 않으므로 오차항에 풀링한 후 다시 계산한다.

$$V_{y \cdot x} = \frac{S_{y \cdot x}}{\nu_{y \cdot x}} = \frac{1.05 + 0.036}{12 + 2} = 0.07757$$

21. 4수준, 4반복의 1요인실험을 회귀분석하고자 한다. $S_{xx} = 3.20$, $S_{xy} = 3.40$, $S_{yy} = 4.6981$일 때, 회귀에 기인하는 불편분산(V_R)은 약 얼마인가? [12-2, 18-1, 19-1]

① 1.063   ② 1.806
③ 2.461   ④ 3.613

해설 $V_R = \dfrac{S_R}{\nu_R} = \dfrac{S_{xy}^2 / S_{xx}}{1} = \dfrac{3.40^2 / 3.20}{1}$
$= 3.613$

22. 다음 분산분석표를 보고 내린 결론으로 틀린 것은? [06-1, 08-2, 21-2]

요인	SS	DF	MS	F_0	$F_{0.95}$
직선회귀	33.07	1	33.07	167.02	4.96
나머지	0.22	3	0.073	0.37	3.71
A	33.29	4	8.32	42.02	3.48
E	1.98	10	0.198		
T	35.27	14			

① 단순회귀로서 x와 y 간의 관계를 충분히 설명할 수 있다고 할 수 있다.
② 총변동 중 회귀직선에 의해 설명되는 부분은 약 94% 정도이다.
③ 요인 A의 효과는 유의하다.
④ 고차회귀에 의해 설명될 수 있는 변동의 양은 총변동에서 직선회귀에 의한 변동을 뺀 값이다.

해설 ① $F_r = 0.37 < F_{0.95}(3, 10) = 3.71$이므로 고차회귀 r은 유의하지 않다. 따라서 단순회귀로써 x와 y 간의 관계를 충분히 설명할 수 있다고 할 수 있다.
② 총 제곱합 중 회귀직선에 의해 설명되는 부분은 $\dfrac{S_R}{S_T} = \dfrac{33.07}{35.27} = 0.9376(94\%)$ 정도이다.
③ $F_A = 42.02 > F_{0.95}(4, 10) = 3.48$ 이므로 요인 A의 효과는 유의하다.
④ 고차회귀에 의해 설명될 수 있는 변동(S_r)의 양은 A의 변동(S_A)에서 직선회귀에 의한 변동(S_R)을 뺀 값이다.

12. 다구찌 실험계획

1. 제품의 품질특성치가 잡음(noise)에 의한 영향을 받지 않거나 덜 받게 하기 위하여 다구찌 방법을 적용하고자 할 때, 가장 효과적인 단계는? [10-1, 21-2]
① 제조단계 　　② 생산단계
③ 설계단계 　　④ 시장조사단계

해설 설계단계는 제품의 품질특성치가 잡음 (noise)에 의한 영향을 받지 않거나 덜 받게 하기 위한 가장 효과적인 단계이다.

2. 다구찌는 사회지향적인 관점에서 품질의 생산성을 높이기 위하여 다음과 같이 정의하였다. 품질항목에 속하지 않는 것은 어느 것인가? [09-2, 17-1, 22-2]

―――| 다음 |――――
생산성 = 품질(quality) + 비용(cost)

① 사용비용
② 기능산포에 의한 손실
③ 폐해항목에 의한 손실
④ 공해환경에 의한 손실

해설 품질손실에는 기능산포(편차)에 의한 손실, 사용비용에 의한 손실, 폐해항목에 의한 손실로 나눈다.

3. 연구소 등에서 신제품 개발을 위한 라인 외(off line) 품질관리활동에 해당되지 않는 것은? [20-4]
① 품질 설계 　　② 샘플링검사
③ 허용차 설계 　④ 파라미터 설계

해설 라인 외 품질관리(off-line QC)는 설계단계에서 설계나 개발부서의 품질관리 활동을 말하며 이를 위해 실험계획법이 많이 사용된다. 라인 내 품질관리(on-line QC)는 생산부서에서의 품질관리 활동을 말하며, 대표적인 도구로는 관리도, 샘플링검사 등이 있다.

4. 다음 중 다구찌 방법에서 사용되는 제품 설계 또는 공정설계의 3단계로 틀린 것은 어느 것인가? [07-2, 15-2]
① 파라미터 설계 　② 시스템 설계
③ 프로세스 설계 　④ 허용차 설계

해설 다구찌 방법에서 사용되는 제품설계 또는 공정설계의 3단계
㉠ 시스템 설계는 이상적인 조건하에서 고객의 요구를 충족시키는 제품원형을 설계한다.
㉡ 파라미터 설계는 제품의 품질변동이 잡음에 둔감하면서 목표품질을 가질 수 있도록 설계변수들의 최적조건을 구한다.
㉢ 허용차 설계는 파라미터의 설계에 의하여 최적조건을 구하였으나 품질 특성치의 산포가 만족할 만한 상태가 아니었을 때 수행되는 설계이다.

5. 다음 중 잡음에 둔감한 강건 설계의 실현을 위해 다구찌가 제안한 3단계 절차 중 이상적인 조건하에서 고객의 요구를 충족시키는 제품원형을 설계하는 단계를 무엇이라 하는가? [21-2]

① 시스템 설계 ② 파라미터 설계
③ 허용차 설계 ④ 반응표면 설계

해설 시스템 설계는 이상적인 조건하에서 고객의 요구를 충족시키는 제품원형을 설계한다.

6. 다구찌 실험계획법에서 사용되는 파라미터 설계에서 파라미터(parameter)는 무엇을 의미하는가? [07-4, 20-2]

① 변수의 계수(coefficient)를 의미한다.
② 요인이 취할 수 있는 값의 범위(range)를 의미한다.
③ 제어가능한 요인(controllable factor)를 의미한다.
④ 망목, 망대, 망소를 나타내는 특성치를 의미한다.

해설 파라미터(parameter)는 제어가능한 요인(controllable factor)를 의미한다.

7. 다음 중 다구찌 방법의 특징과 관련이 없는 항목은? [08-2, 14-1]

① SN비 ② 샘플링검사
③ 손실함수 ④ 직교배열표

해설 ① SN비 $= \dfrac{\text{신호입력이 산출물에 전달되는 힘}}{\text{잡음이 산출물에 전달되는 힘}}$

$= \dfrac{\text{신호의 힘}}{\text{잡음의 힘}} = \dfrac{\mu^2}{\sigma^2}$

③ 제품특성의 목표치가 m이고 제품의 실질특성치가 y인 경우 손실함수는 $L(y) = k(y-m)^2$으로 정의된다. 좋은 품질의 제품은 이 손실함수의 값을 작게(산포를 최소화)하는 것이다.
④ 파라미터 설계에서 파라미터(parameter)는 제어 가능한 요인을 의미하며 최적수준을 찾기 위해 직교배열표를 사용한다.

8. 다음 중 품질특성을 3가지 형태로 구분할 때 관련 없는 것은? [18-2]

① 망소특성 ② 망중특성
③ 망대특성 ④ 망목특성

해설 품질특성은 망소특성, 망대특성, 망목특성이다.

9. 망소특성을 갖는 제품에 대한 SN비 식으로 맞는 것은? (단, y_i는 품질특성의 측정값, n은 샘플의 크기, $\overline{y}$는 샘플평균, s는 샘플표준편차이다.) [19-1]

① $SN = 10\log\left(\dfrac{\overline{y}}{s^2}\right)$

② $SN = -10\log\left(\dfrac{\sum\limits_{i=1}^{n} y_i^2}{n}\right)$

③ $SN = -10\log\left(\dfrac{1}{n}\sum\limits_{i=1}^{n}\dfrac{1}{y_i^2}\right)$

④ $SN = -10\log\left(n\sum\limits_{i=1}^{n}\dfrac{1}{y_i^2}\right)$

해설 • **망소특성** : $SN = -10\log\left(\dfrac{1}{n}\sum\limits_{i=1}^{n} y_i^2\right)$

• **망대특성** : $SN = -10\log\left(\dfrac{1}{n}\sum\limits_{i=1}^{n}\dfrac{1}{y_i^2}\right)$

• **망목특성** : $SN = 10\log\dfrac{(\overline{y})^2}{s^2}$

10. SN비의 설명 중 맞는 것은? [16-4]

① 망소특성의 경우 SN비는 $-10\log\sum\limits_{i=1}^{n} y_i^2$으로 계산된다.
② 망목특성의 경우 SN비는 $10\log\dfrac{(\overline{y})^2}{s^2}$로 계산된다.
③ SN비는 잡음의 힘을 신호의 힘으로 나눈 개념이다.

④ SN비는 잡음이 산출물에 전달되는 힘을 신호입력이 산출물에 전달하는 힘으로 나눈 개념이다.

해설 ① 망소특성의 경우 SN비

$$=-10\log\left[\frac{1}{n}\sum_{i=1}^{n}y_i^2\right]$$

③ SN비 $=\dfrac{\text{신호의 힘}}{\text{잡음의 힘}}=\dfrac{\mu^2}{\sigma^2}$

④ SN비 $=\dfrac{\text{신호입력이 산출물에 전달된 힘}}{\text{잡음이 산출물에 전달된 힘}}$

11. 망소특성 실험의 경우 다음과 같은 데이터를 얻었다. 이때 SN비(signal-to-noise ratio)는 약 몇 데시벨인가?

[05-2, 08-4, 11-2, 18-1, 18-4]

┤ 다음 ├			
6.80	5.52	2.27	3.75

① -13.80　　② -10.97
③ 7.27　　④ 9.28

해설 망소특성

SN비 $=-10\log\left[\dfrac{1}{n}\sum_{i=1}^{n}y_i^2\right]$

$=-10\log\left[\dfrac{1}{4}(6.80^2+5.52^2+2.27^2+3.75^2)\right]$

$=-13.8$

12. 하나의 실험점에서 30, 40, 38, 49(단위 : dB)의 반복 관측치를 얻었다. 자료가 망대특성이라면 SN비 값은 약 얼마인가?

[13-4, 16-1, 17-2, 17-4, 22-1]

① -31.58db　　② 31.48db
③ -32.48db　　④ 31.38db

해설 망대특성

$SN=-10\log\left[\dfrac{1}{n}\sum_{i=1}^{n}\dfrac{1}{y_i^2}\right]$

$=-10\log\left[\dfrac{1}{4}\left(\dfrac{1}{30^2}+\cdots+\dfrac{1}{49^2}\right)\right]$

$=31.47959\,\mathrm{dB}$

13. 실험의 결과 특성치가 다음과 같다. 이를 망목 특성치로 생각하면 SN비(signal to noise ratio)는 약 얼마인가? [12-4, 19-4]

┤ 다음 ├				
43	47	49	53	61

① 8.685　　② 17.37
③ 20.01　　④ 40.02

해설 SN비 $=10\log\dfrac{(\bar{y})^2}{s^2}$

$=10\log\left(\dfrac{50.6^2}{6.84^2}\right)$

$=17.37$

14. 망소특성을 갖는 제품에 대한 손실함수는? (단, $L(y)$: 손실함수, k : 상수, y : 품질특성치, m : 목표값이다.) [15-4]

① $L(y)=ky^2$
② $L(y)=k(y-m)^2$
③ $L(y)=\dfrac{k}{y^2}$
④ $L(y)=\dfrac{k}{(y-m)^2}$

해설 손실함수

특성치	손실함수 $L(y)$	비례상수 k
망목특성	$L(y)=k(y-m)^2$	$k=\dfrac{A_0}{\Delta^2}$
망소특성	$L(y)=ky^2$	$k=\dfrac{A_0}{\Delta^2}$
망대특성	$L(y)=k\left(\dfrac{1}{y^2}\right)$	$k=A_0\Delta^2$

15. 다음 중 망목특성을 갖는 제품에 대한 손실함수는 어느 것인가? (단, $L(y)$는 손실함수, k는 상수, y는 품질특성치, m은 목표값이다.) [15-4, 16-2, 21-4]

① $L(y) = k(y-m)^2$

② $L(y) = ky^2$

③ $L(y) = \dfrac{k}{(y-m)^2}$

④ $L(y) = \dfrac{k}{y^2}$

해설 망목특성 손실함수
$$L(y) = k(y-m)^2$$

16. 목표 출력전압이 110V인 스테레오 시스템에 사용되는 전력공급의 기기가 출력전압이 $110 \pm 20\text{V}$일 때, 출력허용한계를 벗어나면 고장나서 수선해야 한다. 스테레오 수리비가 50000원이라고 가정할 때, 출력전압이 120V라면 평균손실 비용은? [15-1]

① 1250원

② 12500원

③ 25000원

④ 30000원

해설 손실함수(망목특성)
$$L(y) = k(y-m)^2 = \frac{A_0}{\Delta^2}(y-m)^2$$
$$= \frac{50,000}{20^2}(120-110)^2 = 12,500원$$

17. TV 색상밀도의 기능적 한계가 $m \pm 7$이라고 가정하면 색상밀도가 $m \pm 7$일 때, 소비자의 환경이나 취향의 다양성을 고려하여 소비자의 절반이 TV가 고장이라고 한다. TV의 수리비가 평균 $A = 98000$원이라고 할 때, 색상밀도가 $m+4$인 수상기를 구입한 소비자가 입은 평균손실 $L(m+4)$은 얼마인가? [21-1]

① 8000원

② 16000원

③ 32000원

④ 64000원

해설 망목특성인 경우에 손실함수
$$L(y) = k(y-m)^2 = \frac{A}{\Delta^2}(y-m)^2$$
$$= \frac{98,000}{7^2}(m+4-m)^2 = 32,000원$$

2과목

통계적 품질관리

1. 확률과 확률분포

모수와 통계량

1. 통계량으로부터 모집단을 추정할 때 모집단의 무엇을 추측하는 것인가?[15-4, 20-4]
① 모수
② 정수
③ 통계량
④ 기각치

해설 통계량으로부터 모집단을 추정할 때 모집단의 모수를 추측한다.

2. 다음 중 계량치 데이터가 아닌 것은?[11-1]
① KTX 일일 수입금액
② 냉장고의 평균수명
③ 철강제품의 인장강도
④ 컴퓨터 부품의 부적합품수

해설 계량치 데이터는 연속량으로 셀 수 없는 형태로 측정되는 품질특성치이다. 부적합품수, 부적합수, 사고건수, 흠의 수 등은 계수치에 해당된다.

3. 다음 20개의 데이터(data)의 중위수(median)는 얼마인가?   [17-2, 18-2]

┤ 데이터 ├
140 140 140 140 140 140 140 140 155 155
165 165 180 180 145 150 200 205 205 210

① 152.5
② 155
③ 160
④ 161.75

해설 중위수(median)는 데이터를 크기 순으로 나열했을 때 중앙에 위치하는 값이다. 데이터의 개수가 짝수 개이므로 중위수

$$Me = \frac{150+155}{2} = 152.5$$

4. 이상적인 정규분포에 있어 중앙치, 평균치, 최빈값 간의 관계는?   [10-2, 19-1]
① 모두 같다.
② 모두 다르다.
③ 평균치와 최빈값은 같고, 중앙치는 다르다.
④ 평균치와 중앙치는 같고, 최빈값은 다르다.

해설 이상적인 정규분포에 있어 중앙치, 평균치, 최빈값은 모두 똑같다. 오른쪽으로 기울어진(오른쪽으로 꼬리가 긴) 분포의 경우에는 최빈값<중앙값<평균치이다.

5. 모집단의 분산 σ^2을 추정하는데 다음과 같은 s^2 식을 쓴다. 옳지 않은 것은? (단, $y_i : i = 1 \cdots n$ 는 측정치, $\bar{y}$: 평균치)[14-1]

① $s^2 = \dfrac{1}{n-1} \displaystyle\sum_{i=1}^{n} (y_i - \bar{y})^2$

② $s^2 = \dfrac{1}{n-1} \left[\displaystyle\sum_{i=1}^{n} y_i^2 - \dfrac{\displaystyle\sum_{i=1}^{n} y_i^2}{n} \right]$

③ $s^2 = \dfrac{1}{n-1} \left[\displaystyle\sum_{i=1}^{n} y_i^2 - \dfrac{\left(\displaystyle\sum_{i=1}^{n} y_i\right)^2}{n} \right]$

④ $s^2 = \dfrac{1}{n-1} \left[\displaystyle\sum_{i=1}^{n} y_i^2 - n\bar{y}^2 \right]$

해설 $s^2 = \dfrac{S}{n-1} = \dfrac{1}{n-1} \displaystyle\sum_{i=1}^{n} (y_i - \bar{y})^2$

$$= \frac{1}{n-1}\left[\sum_{i=1}^{n}y_i^2 - \frac{\left(\sum_{i=1}^{n}y_i\right)^2}{n}\right]$$

$$= \frac{1}{n-1}\left[\sum_{i=1}^{n}y_i^2 - n\overline{y}^2\right]$$

6. 측정된 데이터에 대한 산포를 측정하는 데 널리 이용되고 있는 통계량으로 산술평균에서 각 데이터들에 대한 차의 제곱값을 계산하여 합한 후 자유도로 나누고 그 값에 대해 다시 제곱근을 취하여 구한 값은? [14-4]

① 변동   ② 표본분산
③ 표본표준편차   ④ 변동계수

해설 표본표준편차 : $s = \sqrt{\dfrac{\sum(x_i - \overline{x})^2}{n-1}}$

7. 미지의 모집단에서 4번 랜덤 샘플링을 하여 [표]와 같은 값을 얻었다. 이 모집단의 모분산(σ^2)값을 점추정하면 약 얼마인가? (단, 모집단의 산포는 변화가 없다.)

[05-1, 12-2]

샘플번호	샘플크기	분산(s^2)
1	16	4.66
2	25	4.44
3	10	4.84
4	16	4.50

① 3.34   ② 4.56
③ 5.62   ④ 6.74

해설 $\widehat{\sigma}^2 = \dfrac{S}{n-1}$

$$= \frac{(n_1-1)s_1^2 + (n_2-1)s_2^2 + (n_3-1)s_3^2 + (n_4-1)s_4^2}{(n_1-1)+(n_2-1)+(n_3-1)+(n_4-1)}$$

$$= \frac{15\times4.66 + 24\times4.44 + 9\times4.84 + 15\times4.50}{15+24+9+15}$$

$$= 4.56$$

8. 2대의 기계 A, B에서 생산된 제품에서 각각 시료를 뽑아 평균과 표준편차를 구했더니 $\overline{x}_A = 15$, $\overline{x}_B = 50$, $s_A = 5$, $s_B = 5$로 평균치의 차이가 크게 나타났다. 변동계수를 이용하여 기계 A, B로부터 생산된 제품의 산포를 비교한 결과로 맞는 것은 어느 것인가? [12-4, 19-4]

① A와 B의 산포가 같다.
② A가 B보다 산포가 작다.
③ A가 B보다 산포가 크다.
④ 변동계수로는 산포를 비교할 수 없다.

해설 $CV_A = \dfrac{s_A}{\overline{x}_A} \times 100 = \dfrac{5}{15} \times 100 = 33.3\%$

$CV_B = \dfrac{s_B}{\overline{x}_B} \times 100 = \dfrac{5}{50} \times 100 = 10\%$

9. 다음의 표는 $n=30$개의 데이터로부터 구한 최솟값, 1사분위수, 2사분위수, 3사분위수, 최댓값을 순서대로 나타낸 것이다. 설명이 틀린 것은? [16-2]

최솟값	1사분위수	2사분위수	3사분위수	최댓값
1.7	3.5	5.2	8.7	13.5

① 표본의 범위는 11.80이다.
② 표본의 평균치는 5.2보다 크다.
③ 범위의 중간(midrange)은 7.60이다.
④ 표본의 왜도계수는 음의 값이 된다.

해설 ① $R = 13.5 - 1.7 = 11.8$

② 오른쪽으로 기울어진 분포이므로 평균치는 5.2보다 클 것이다.

③ $\dfrac{(1.7+13.5)}{2} = 7.6$

④ 비대칭도(왜도) $k = \dfrac{1}{ns^3}\sum_{i=1}^{k'}(x_i - \overline{x})^3 f_i$로, $k=0$이면 좌우대칭이며, $k>0$이면 오른

쪽으로 기울어지고, $k < 0$이면 왼쪽으로 기울어진다. 따라서 오른쪽으로 기울어진 분포(정점이 왼쪽)이므로 왜도계수는 양의 값이 된다.

10. 도수분포표를 작성할 때 일반적으로 계급의 수를 결정하는 방법이 아닌 것은? (단, N은 로트의 크기이다.) [10-1, 22-2]

① $\sqrt{N}$ ② $N^{1/3}$
③ $1 + 3.3\log N$ ④ 경험적 방법

해설 도수분포표를 작성할 때 계급의 수를 결정하는 방법으로는 $k = 1 + \log_2 n$, $n = 1 + 3.3\log$, $\sqrt{N}$, 경험적 방법 등이 있다.

11. 히스토그램을 작성하기 위하여 도수표를 만들려고 한다. 계급의 폭을 0.5로 잡고 제1계급의 중심치가 7.9일 때, 제3계급의 경계는 얼마인가? [06-4, 10-4, 13-4]

① 8.15~8.65   ② 8.65~9.15
③ 9.15~9.65   ④ 9.65~10.15

해설

계급	계급의 중심	경계
제1계급	7.9	7.65~8.15
제2계급	8.4	8.15~8.65
제3계급	8.9	8.65~9.15

확률 및 확률분포

12. 임의의 두 사상 A, B가 독립사상이 되기 위한 조건은? [08-4, 17-1, 21-2]

① $P(A \cap B) = P(A) \cdot P(B)$
② $P(A \cup B) = P(A) \cdot P(B)$
③ $P(A \cap B) = P(A) + P(B)$
④ $P(A \mid B) = \dfrac{P(A \cap B)}{P(A)}$

해설 두 사상이 독립이면 $P(A \cap B) = P(A) \cdot P(B)$이고 배반사상이면 $P(A \cap B) = 0$이다.

13. A와 B는 독립사상이며, $P(A) = 0.3$, $P(B) = 0.6$이라고 할 때, $P(A^c \cap B^c)$는 얼마인가? [18-4]

① 0.22   ② 0.24
③ 0.28   ④ 0.36

해설 $P(A^c \cap B^c) = P(A^c) \times P(B^c)$
$\qquad\qquad = (1 - 0.3) \times (1 - 0.6)$

14. 컴퓨터 주변기기 제조업자는 인터넷 광고 사이트에 배너광고를 하려고 계획 중이다. 이 사이트에 접속하는 사용자 1000명을 임의 추출하여 사용자 특성을 조사한 결과가 다음 표와 같을 때, 설명으로 틀린 것은 어느 것인가? [06-4, 11-4, 19-1]

구분	30세 미만	30세 이상
남	250	200
여	100	450

① 임의로 선택한 사용자가 30세 미만일 확률은 0.35이다.
② 임의로 선택한 사용자가 30세 이상의 남자일 확률은 0.20이다.
③ 임의로 선택한 사용자가 여자이거나 적어도 30세 이상일 확률은 0.45이다.
④ 임의로 선택한 사용자가 남자라는 조건 하에서 30세 미만일 확률은 약 0.56이다.

해설 ① $p(30세 \text{ 미만}) = \dfrac{250 + 100}{1,000} = 0.35$

② $p(30세 \text{ 이상 남자}) = \dfrac{200}{1,000} = 0.2$

③ $p(여자 \text{ 또는 } 30세 \text{ 이상})$
$\quad = p(여자 \cup 30세 \text{ 이상})$

$$= p(여자) + p(30세\ 이상)$$
$$- p(여자 \cap 30세\ 이상)$$
$$= \frac{100 + 450}{1,000} + \frac{200 + 450}{1,000} - \frac{450}{1,000}$$
$$= 0.75$$

④ $p(30세\ 미만 | 남자)$
$$= \frac{p(30세미만 \cap 남자)}{p(남자)} = \frac{250/1,000}{450/1,000}$$
$$= \frac{250}{450} = 0.56$$

15. 어떤 회사의 사무실 출입은 엘리베이터에 의존하는데 오랫동안 조사해 본 결과, 내려오는 것은 2분에 1회 정도로 균등(uniform)분포를 따랐다. 어떤 사람이 12시에서 12시 10분 사이에 엘리베이터에 도착하여 30초 이내로 타고 내려올 수 있는 확률은? [05-1, 15-4]

① 1%   ② 5%
③ 25%   ④ 50%

해설 2분(120초) 중 30초 이내가 될 확률을 구하는 것과 같다.
$$P(X < 30초) = \frac{30초}{(2분 \times 60초)} = 0.25(25\%)$$
이다.

16. 두 확률변수 X, Y의 분산 $V(X)$와 편차 $D(X)$의 성질에 대한 다음 설명 중 틀린 것은? [17-2]

① a가 상수이면 $V(a) = 0$ 이다.
② $D(aX) = |a|D(X)$ 이다(단, a는 상수).
③ $V(X - Y) = V(X) - V(Y)$ 이다.
④ $V(aX) = a^2 V(X)$ 이다.

해설 $V(X \pm Y) = V(X) + V(Y) \pm 2Cov(X, Y)$

17. 기대치와 분산의 계산식 중 틀린 것은? (단, X, Y는 서로 독립이다.) [18-2]

① $COV(X, Y) = 0$
② $E(X \cdot Y) = E(X) \cdot E(Y)$
③ $V(X) = \sigma^2 = E(X^2) - \mu$
④ $V(X \pm Y) = V(X) + V(Y)$

해설 $V(X) = E(X^2) - \mu^2$

18. 두 확률변수 X, Y에 대한 기대치(E)와 분산(V)의 성질에 대한 설명 중 틀린 것은? [16-4]

① a, b가 상수이면 $E(aX - b) = aE(X)$이다.
② 확률변수 X, Y가 서로 독립일 때 $V(X - Y) = V(X) + V(Y)$이다.
③ a, b가 상수이면 $V(aX - b) = a^2 V(X)$이다.
④ 확률변수 X, Y가 서로 독립일 때 a, b가 상수이면 $E(aX - bY) = aE(X) - bE(Y)$이다.

해설 $E(aX - b) = aE(x) - b$

19. 피스톤의 외경은 X_1, 실린더의 내경을 X_2라 한다. X_1, X_2는 서로 독립된 확률분포를 따르고, 그 표준편차가 각각 0.05, 0.03이라면 실린더와 피스톤 사이의 간격 $X_2 - X_1$의 표준편차는? [16-1, 21-4]

① $0.05^2 - 0.03^2$
② $\sqrt{0.05^2 - 0.03^2}$
③ $0.05^2 + 0.03^2$
④ $\sqrt{0.05^2 + 0.03^2}$

해설 $X_2 - X_1$의 표준편차
$$D(X_2 - X_1) = \sqrt{\sigma_2^2 + \sigma_1^2}$$
$$= \sqrt{0.03^2 + 0.05^2}$$ 이다.

20. 모집단으로부터 4개의 시료를 각각 뽑은 결과의 분포가 $X_1 \sim N(5, 8^2)$, $X_2 \sim N(25, 4^2)$이고, $Y = 3X_1 - 2X_2$일 때, Y의 분포는 어떻게 되겠는가? (단, X_1, X_2는 서로 독립이다.) [11-2, 17-2, 18-1]

① $Y \sim N(-35, (\sqrt{160})^2)$
② $Y \sim N(-35, (\sqrt{224})^2)$
③ $Y \sim N(-35, (\sqrt{512})^2)$
④ $Y \sim N(-35, (\sqrt{640})^2)$

해설
$$E(Y) = E(3X_1 - 2X_2)$$
$$= 3E(X_1) - 2E(X_2)$$
$$= 3 \times 5 - 2 \times 25 = -35$$
$$V(Y) = V(3X_1 - 2X_2)$$
$$= 3^2 V(X_1) + 2^2 V(X_2)$$
$$= 3^2 \times 8^2 + 2^2 \times 4^2 = 640 = (\sqrt{640})^2$$

21. 2개의 변량 x, y의 기대치는 각각 μ_x, μ_y이며, 분산은 모두 σ^2이다. 이때 $\dfrac{x^2 + y^2}{2}$의 기대치는? [13-4, 19-2]

① $\mu_x{}^2 + \mu_y{}^2 + \dfrac{\sigma^2}{2}$

② $\dfrac{1}{2}(\mu_x + \mu_y) + \sigma^2$

③ $\dfrac{1}{2}(\mu_x{}^2 + \mu_y{}^2) + \sigma^2$

④ $\dfrac{1}{2}(\mu_x{}^2 + \mu_y{}^2) + \dfrac{\sigma^2}{4}$

해설
$$V(x) = \sigma_x^2 = E(x^2) - \mu_x^2$$
$$V(y) = \sigma_y^2 = E(y^2) - \mu_y^2$$
$$E\left(\frac{x^2 + y^2}{2}\right) = \frac{1}{2}[E(x^2) + E(y^2)]$$
$$= \frac{1}{2}(\sigma_x^2 + \mu_x^2 + \sigma_y^2 + \mu_y^2)$$
$$= \frac{1}{2}(\mu_x^2 + \mu_y^2) + \sigma^2$$

22. X, Y는 확률변수이다. X와 Y의 공분산이 8, X의 기대치가 2이고, Y의 기대치가 3일 때 XY의 기대치는? [15-2, 19-4]

① 2 ② $\sqrt{58}$ ③ $\sqrt{70}$ ④ 14

해설 공분산: $Cov(X, Y) = E(XY) - \mu_x \mu_y \rightarrow$
$8 = E(XY) - 2 \times 3 \rightarrow E(XY) = 14$

23. 대형 컴퓨터 네트워크를 운영하는 A 씨는 하루 동안의 네트워크 장애건수 X에 대한 확률분포를 다음과 같이 구하였다. X의 기댓값 μ와 표준편차 σ는 약 얼마인가? [07-4, 20-4]

X	0	1	2	3	4	5	6
$P(X)$	0.32	0.35	0.18	0.08	0.04	0.02	0.01

① $\mu = 1.25$, $\sigma = 1.295$
② $\mu = 1.25$, $\sigma = 1.421$
③ $\mu = 1.27$, $\sigma = 1.295$
④ $\mu = 1.27$, $\sigma = 1.421$

해설
$$\mu = E(X) = \sum X \cdot P(X)$$
$$= 0 \times 0.32 + 1 \times 0.35 + \cdots + 6 \times 0.01$$
$$= 1.27$$
$$\sigma^2 = V(X) = E(X^2) - E(X)^2$$
$$= \sum X^2 P(X) - \mu^2$$
$$= (0^2 \times 0.32) + (1^2 \times 0.35) + \cdots$$
$$+ (5^2 \times 0.02) + (6^2 \times 0.01) - 1.27^2$$
$$= 1.6771$$
$$D(X) = \sigma = \sqrt{V(X)} = \sqrt{1.6771} = 1.295$$

24. 확률변수 X가 다음의 분포를 가질 때 Y의 기댓값을 구하면 얼마인가? (단, $Y = (X-1)^2$이다.) [14-1, 21-1]

X	0	1	2	3
$P(x)$	$\dfrac{1}{3}$	$\dfrac{1}{4}$	$\dfrac{1}{4}$	$\dfrac{1}{6}$

정답 ◆ **20.** ④ **21.** ③ **22.** ④ **23.** ③ **24.** ④

① $\dfrac{1}{2}$ ② $\dfrac{3}{5}$ ③ $\dfrac{3}{4}$ ④ $\dfrac{5}{4}$

해설

X	0	1	2	3
Y	1	0	1	4
$P(x)$ 또는 $P(y)$	$\dfrac{1}{3}$	$\dfrac{1}{4}$	$\dfrac{1}{4}$	$\dfrac{1}{6}$

$$E(Y) = \sum Y \cdot p(Y)$$
$$= \left(1 \times \dfrac{1}{3}\right) + \left(0 \times \dfrac{1}{4}\right) + \left(1 \times \dfrac{1}{4}\right) + \left(4 \times \dfrac{1}{6}\right)$$
$$= \dfrac{5}{4}$$

25. 어떤 확률변수 X의 값이 그 모평균 μ 로부터 3σ 이내의 범위에 드는 확률을 체비쉐프(Chebyshev)의 식으로 정의할 때 맞는 것은? [18-1]

① $P_r\{|x - \mu| < 3\sigma\} > \dfrac{1}{3}$

② $P_r\{|x - \mu| < 3\sigma\} > \dfrac{1}{27}$

③ $P_r\{|x - \mu| < 3\sigma\} > 1 - \dfrac{1}{3}$

④ $P_r\{|x - \mu| < 3\sigma\} > 1 - \dfrac{1}{9}$

해설 $P_r(|x - \mu| < k\sigma) > 1 - \dfrac{1}{k^2} \rightarrow$

$\qquad P_r(|x - \mu| < 3\sigma) > 1 - \dfrac{1}{3^2}$

26. 이항분포의 성질로 틀린 것은? [15-2]

① $p = 0.5$일 때 평균에 대해 대칭이다.

② 평균과 분산은 각각 $\mu = np$, $\sigma^2 = np(1-p)$이다.

③ $p \geq 0.1$이고, $n \leq 20$이면 푸아송분포 로 근사시킬 수 있다.

④ $p \leq 0.5$이고, $np \geq 5$이면서 $n(1-p)$

≥ 5이면 정규분포로 근사시킬 수 있다.

해설 이항분포의 성질

㉠ 분포가 이산적인 특징을 취한다.

㉡ $P = 0.5$일 때 평균치(nP)에 대하여 좌우 대칭이다.

㉢ $P \leq 0.5$이고, $nP \geq 5$, $n(1-P) \geq 5$일 때는 정규분포에 근사한다.

㉣ $P \leq 0.1$이고, $nP = 0.1 \sim 10$, $n \geq 50$일 때는 푸아송분포에 근사한다.

27. 이항분포를 따르는 모집단에서 $n = 100$, $p = \dfrac{1}{2}$일 때, 표준편차의 기대치는 얼마인가? [06-1, 16-1]

① 5 ② 10

③ 15 ④ $5\sqrt{3}$

해설 $D(X) = \sqrt{np(1-p)}$

$\qquad = \sqrt{100 \times \dfrac{1}{2} \times (1 - \dfrac{1}{2})} = 5$

28. 임의의 로트(lot)로부터 400개의 제품을 랜덤 추출하여 조사해 보니 240개가 부적합품이었다. 표본 부적합품률의 분산은 얼마인가? [19-4]

① 0.0006 ② 0.004

③ 0.6 ④ 0.4

해설 $\hat{p} = \dfrac{X}{n} = \dfrac{240}{400} = 0.6 \rightarrow$

$\qquad \widehat{V}(\hat{p}) = \dfrac{\hat{p}(1 - \hat{p})}{n}$

$\qquad\qquad = \dfrac{0.6(1 - 0.6)}{400} = 0.0006$

29. 하나의 로트에서 시료를 1번 취할 때 부적합품질이 0.1로 일정할 경우 20개의 표본 중 부적합품이 1개 이하일 확률을 구하는 식으로 옳은 것은? [11-1]

2 과목

① $_{20}C_1 \times 0.1^1 \times 0.9^{19}$

② $_{20}C_1 \times 0.9^1 \times 0.1^{19}$

③ $\sum\limits_{x=0}^{1} \left(_{20}C_x \times 0.1^x \times 0.9^{20-x}\right)$

④ $\sum\limits_{x=0}^{1} \left(_{20}C_x \times 0.9^x \times 0.1^{20-x}\right)$

해설 $p(x \leq 1)$

$$= \sum\limits_{x=0}^{1} \left[_{20}C_x \times 0.1^x (1-0.1)^{20-x}\right]$$

$$= \sum\limits_{x=0}^{1} \left(_{20}C_x \times 0.1^x \times 0.9^{20-x}\right)$$

30. 3개의 주사위를 던질 때 짝수의 눈이 나오는 개수(x)의 기대치 및 분산은? [14-2]

① $E(x) = 1.5$, $V(x) = 0.75$

② $E(x) = 1.5$, $V(x) = 1.5$

③ $E(x) = 0.75$, $V(x) = 1.5$

④ $E(x) = 0.75$, $V(x) = 0.75$

해설

x	$P(x)$
0	$_3C_0\left(\dfrac{1}{2}\right)^0\left(1-\dfrac{1}{2}\right)^3 = \dfrac{1}{8}$
1	$_3C_1\left(\dfrac{1}{2}\right)^1\left(1-\dfrac{1}{2}\right)^2 = \dfrac{3}{8}$
2	$_3C_2\left(\dfrac{1}{2}\right)^2\left(1-\dfrac{1}{2}\right)^1 = \dfrac{3}{8}$
3	$_3C_3\left(\dfrac{1}{2}\right)^3\left(1-\dfrac{1}{2}\right)^0 = \dfrac{1}{8}$

$E(x) = \sum x \cdot p(x)$

$$= 0 \times \frac{1}{8} + 1 \times \frac{3}{8} + 2 \times \frac{3}{8} + 3 \times \frac{1}{8}$$

$$= 1.5$$

$V(x) = E(x^2) - (E(x))^2$

$$= \sum x^2 P(x) - (E(x))^2$$

$$= \left[0^2 \times \frac{1}{8} + 1^2 \times \frac{3}{8} + 2^2 \times \frac{3}{8} + 3^2 \times \frac{1}{8}\right] - 1.5^2$$

$$= 0.75$$

31. 갑, 을 2개의 주사위를 굴렸을 때 적어도 한쪽에 홀수의 눈이 나타날 확률은 얼마인가? [14-4, 20-2]

① $\dfrac{4}{6}$　　　　② $\dfrac{3}{4}$

③ $\dfrac{1}{4}$　　　　④ $\dfrac{1}{2}$

해설 $p(x) = 1 - $(둘 다 짝수일 확률)

$$= 1 - \frac{1}{2} \times \frac{1}{2} = \frac{3}{4} \text{ 또는}$$

$$p(x) = 1 - {_2C_2}\left(\frac{1}{2}\right)^2 \cdot \left(1-\frac{1}{2}\right)^0 = \frac{3}{4}$$

32. 크기가 1000인 로트에서 50개의 시료를 비복원으로 랜덤추출하였다. 로트의 부적합품률은 1%라고 가정하고, 50개의 시료 중 부적합품이 1개 이하이면 해당 로트를 합격시키는 검사법을 적용하고자 한다. 이때 로트의 합격확률을 계산하는 방법으로 가장 적합하지 않은 것은? [10-2, 17-2]

① 정규분포로 근사시켜 계산한다.

② 이항분포로 근사시켜 계산한다.

③ 푸아송분포로 근사시켜 계산한다.

④ 초기하분포를 이용하여 계산한다.

해설 초기하분포를 이용하면 로트의 합격확률을 정확하게 계산할 수 있다. 하지만 $N \to \infty$이고 $n/N \leq 0.1$이므로 초기하분포 대신 이항분포를 이용할 수 있다. 또한 이항분포에서 $nP = 0.1 \sim 10$이고 $P \leq 0.1$인 경우($nP = 50 \times 0.01 = 0.5$이고 $P = 0.01$) 이항분포 대신 푸아송분포를 이용할 수 있다. 그러나 푸아송분포에서 정규분포에 근사조건($m \geq 5$)을 만족하지 못하므로 정규분포를 이용할 수 없다.

33. A 자동차 회사의 신차종 K 자동차는 신차 판매 후 30일 이내에 보증수리를 받을

확률이 5%로 알려져 있다. 신규 판매한 자동차 5대를 추출하여 30일 이내에 보증수리를 받는 차량 수의 확률에 관한 내용으로 틀린 것은? [17-4, 22-2]

① 보증수리를 1대도 받지 않을 확률은 약 0.774이다.
② 적어도 1대가 보증수리를 필요로 할 확률은 약 0.226이다.
③ X를 보증수리를 받는 차량수라 할 때, X의 기댓값은 0.25이다.
④ X를 보증수리를 받는 차량수라 할 때, X의 분산은 약 0.270이다.

해설 $n=5$, $p=0.05$인 이항분포의 확률
$$P_r(x)=\binom{n}{x}p^x(1-p)^{n-x}$$ 이다.
① $P_r(x=0)={}_5C_0\times0.05^0\times(1-0.05)^5$
$=0.774$
② $P_r(x\geq1)=1-P(x=0)=1-0.774$
$=0.226$
③ $E(X)=np=5\times0.05=0.25$
④ $V(X)=np(1-p)=5\times0.05\times0.95$
$=0.2375$

34. 다음 중 빨간 공이 3개, 하얀 공이 5개 들어 있는 주머니에서 임의로 2개의 공을 꺼냈을 때, 2개 모두 하얀 공일 확률은 얼마인가? [07-2, 12-2, 18-4]

① $\frac{3}{14}$ ② $\frac{9}{28}$
③ $\frac{5}{14}$ ④ $\frac{11}{28}$

해설 초기하분포
$$p(x=2)=\frac{\binom{NP}{x}\binom{N-NP}{n-x}}{\binom{N}{n}}=\frac{{}_5C_2\times{}_3C_0}{{}_8C_2}$$
$=\frac{5}{14}$

35. 로트의 부적합품률(P)은 10%, 로트의 크기(N)는 1000, 시료의 크기(n)를 20으로 할 때, 시료 20개 중 부적합품이 2개일 확률은? [20-1]

① $\frac{{}_{900}C_{18}\times{}_{98}C_2}{{}_{1000}C_{20}}$
② $\frac{{}_{900}C_{18}\times{}_{100}C_2}{{}_{1000}C_{20}}$
③ $\frac{{}_{900}C_2\times{}_{100}C_{18}}{{}_{1000}C_{20}}$
④ $\frac{{}_{1000}C_{18}\times{}_{100}C_{18}}{{}_{1000}C_{20}}$

해설 $P(x)=\dfrac{\binom{Np}{x}\binom{N-Np}{n-x}}{\binom{N}{n}}$
$=\dfrac{{}_{100}C_2\times{}_{900}C_{18}}{{}_{1,000}C_{20}}$

36. 다음 중 평균치와 분산이 같은 확률분포는? [13-1, 17-1]
① 정규분포 ② 이항분포
③ 지수분포 ④ 푸아송분포

해설 푸아송분포의 평균($E(X)=m=np$)과 분산($V(X)=m=np$)은 같다.

37. 우리 회사에서 제조하는 자전거에 대한 부적합수는 평균적으로 자전거 한 대당 $m=3$이었다. 최근에 공정을 개선하여 자동차 1대당의 부적합수의 정보를 얻고자 한다. 이때 부적합수에 적용되는 분포는 어느 것인가? [14-4]
① 이항분포 ② 푸아송분포
③ 초기하분포 ④ t분포

해설 • 부적합수(결점수)에 적용되는 분포는 푸아송분포이다.

- 초기하분포는 비복원추출에서 부적합품수, 이항분포는 복원추출에서 부적합품수에 적용된다.

38. 자동화 기계에 의해 제품을 생산하는 공장에서 1개월에 평균 3번 정도 기계가 고장이 발생한다고 한다. 이 공장에서 자동화기계가 1개월에 한번만 고장이 발생할 확률은 얼마인가? [12-4]

① e^{-3} ② $3e^{-3}$

③ $3e^{-1}$ ④ 3×0.1

해설 $m=3$, $x=1$이므로
$$p(x=1) = \frac{e^{-m} \times m^x}{x!} = \frac{e^{-3} \times 3^1}{1!} = 3e^{-3}$$

39. 어떤 제품의 로트(lot)의 크기가 5000, 부적합품률이 0.05일 때 시료의 크기가 50이라면 부적합품수가 1일 확률은 약 얼마인가? (단, 푸아송분포를 이용한다.) [13-1]

① 0.15   ② 0.16

③ 0.17   ④ 0.21

해설 $N=5,000$, $p=0.05$, $n=50$이므로
$m=np=50 \times 0.05 = 2.5$ 이다.
$$p(x=1) = \frac{e^{-m}(m)^x}{x!} = \frac{e^{-2.5} \times 2.5^1}{1!} = 0.21$$

40. $m=2$인 푸아송분포를 따르는 확률변수 x와 $m=3$인 푸아송분포를 따르는 확률변수 y가 있을 때 $V\left(\frac{3x+2y}{6}\right)$의 값은 약 얼마인가? (단, x와 y는 서로 독립이다.) [13-1]

① 0.50   ② 0.83

③ 0.96   ④ 2.00

해설 푸아송분포는 기댓값 $E(x)=m=nP$과 분산 $V(x)=m=nP$이 같다.

$$V\left(\frac{3x+2y}{6}\right) = V\left(\frac{3}{6}x\right) + V\left(\frac{2}{6}y\right)$$
$$= \left(\frac{3}{6}\right)^2 V(x) + \left(\frac{2}{6}\right)^2 V(y)$$
$$= \left(\frac{3}{6}\right)^2 \times 2 + \left(\frac{2}{6}\right)^2 \times 3$$
$$= 0.8333$$

41. 다음 중 확률분포에 대한 설명으로 틀린 것은? [15-1, 17-2]

① 푸아송분포의 평균과 분산은 같다.

② 이항분포의 평균은 np이고, 표준편차는 $\sqrt{np(1-p)}$ 이다.

③ 초기하분포에서 $\frac{N}{n} \geq 10$이면, 이항분포로 근사시킬 수 있다.

④ 평균이 μ이고 표준편차가 σ인 정규모집단에서 샘플링한 데이터의 평균의 분포는 평균이 μ이고, 표준편차가 $\frac{\sigma}{n}$ 이다.

해설 평균이 μ이고 표준편차가 σ인 정규모집단에서 샘플링한 데이터의 평균의 분포는 평균이 μ이고, 표준편차가 $\frac{\sigma}{\sqrt{n}}$ 이다.

42. 평균치가 1, 분산이 4인 정규분포를 하는 무한 모집단에서 9개의 임의 표본을 추출하여 산출되는 평균치를 $\overline{x}$ 라고 할 때 $\overline{x}$의 표준편차는 약 얼마인가? [11-4]

① 0.44   ② 0.67

③ 4   ④ 36

해설 $D(\overline{x}) = \sigma_{\overline{x}} = \frac{\sigma}{\sqrt{n}} = \frac{2}{\sqrt{9}} = 0.667$

43. 표본평균($\overline{x}$)의 표준오차를 원래 값의 $\frac{1}{8}$로 줄이기 위해서는 표본의 크기를 원래보

다 몇 배 늘려야 하는가?

[07-4, 11-4, 16-1, 21-2]

① 8배   ② 16배
③ 64배   ④ 256배

해설 $\bar{x}$의 표준편차 $\sigma_{\bar{x}} = \dfrac{\sigma}{\sqrt{n}}$ 이다. 이를 $\dfrac{1}{8}$로 줄이려면 $\sigma_{\bar{x}} = \left(\dfrac{\sigma}{\sqrt{n}}\right) \times \dfrac{1}{8} = \dfrac{\sigma}{\sqrt{n \times 8^2}}$ 이므로 n을 8^2배 늘려야 한다.

참고 $\dfrac{1}{4}$로 줄이기 위해서는 16배, $\dfrac{1}{16}$로 줄이기 위해서는 256배로 늘린다.

44. 공정의 평균치가 28이고, 모표준편차(σ)가 10으로 알려져 있는 공정이 관리상태일 때 규격상한(U)인 40을 넘는 제품이 나올 확률은 약 얼마인가?

[17-4]

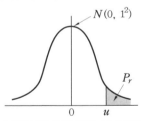

u	0.66	0.82	0.93	1.20
P_r	0.2546	0.2061	0.1762	0.1151

① 0.1151   ② 0.1762
③ 0.2061   ④ 0.2546

해설 $P_r(x > U) = P_r(x > 40)$
$= P_r\left(u > \dfrac{40-28}{10}\right) = P_r(u > 1.2) = 0.1151$
이다.

45. A대학 산업공학과 학생들의 통계학 시험성적을 분석한 결과 성적분포가 $N(70,\ 8^2)$이었다. 72.08점 이상 80.0점 이하인 학생에게 B학점을 주고자 한다. B학점을 받

을 학생의 비율은 몇 %인가? (단, $u_{0.6026} = 0.26$, $u_{0.6915} = 0.5$, $u_{0.9332} = 1.5$, $u_{0.8944} = 1.25$ 이다.)

[21-1]

① 20.2%   ② 24.2%
③ 29.2%   ④ 33.1%

해설 $\mu = 70$, $\sigma = 8$이므로 72.08점 이상 80.0 이하인 확률은
$P(72.08 \leq x \leq 80.0)$
$= P\left(\dfrac{72.08-70}{8} \leq u \leq \dfrac{80.0-70}{8}\right)$
$= P(0.26 \leq u \leq 1.25)$
$= 0.8944 - 0.6026 = 0.2918 (29.2\%)$

46. K사에서 판매하는 커피 자동판매기가 1번에 배출하는 커피의 양은 평균 μ, 표준편차 1.0cm³인 정규분포를 따른다. 배출되는 커피량이 120cm³ 이상이 될 확률이 95% 이상이 되도록 하기 위해서는 평균을 약 몇 cm³로 하여야 하는가? [05-4, 12-2, 20-2]

① 118.355   ② 120.000
③ 121.645   ④ 123.290

해설 커피 자동판매기가 1번에 배출하는 커피의 양을 X라고 하면 $P(X \geq 120) \geq 0.95$이며, 이때 규준화 값이 -1.645가 되어야 한다.
$P(X \geq 120) = P\left(u \geq \dfrac{120-\mu}{\sigma}\right) = 0.95 \rightarrow$
$\dfrac{120-\mu}{\sigma} = -1.645$ 이므로
$\mu = 120 + 1.6451 = 121.645$이다.

47. 어떤 부품공장에서 제조되는 부품의 특성치의 분포가 $\mu = 3.10$mm, $\sigma = 0.02$mm인 정규분포를 따르며, 공정은 안정 상태에 있다. 부품의 규격이 3.10±0.0392mm로 주어졌을 경우, 이 공정에서 발생되는 부적합품의 발생률은?

[13-1, 20-4, 22-2]

정답 **44.** ①   **45.** ③   **46.** ③   **47.** ②

① 2.5% ② 5.0%

③ 95.0% ④ 97.5%

해설 $U = 3.10 + 0.0392 = 3.1392$

$L = 3.10 - 0.0392 = 3.0608$이므로

$P(X < 3.0608) + P(X > 3.1392)$

$= P\left(u < \dfrac{3.0608 - 3.10}{0.02}\right) +$

$\quad P\left(u > \dfrac{3.1392 - 3.10}{0.02}\right)$

$= P(u < -1.96) + P(u > 1.96)$

$= 0.025 + 0.025 = 0.05\,(5\%)$

48. 어떤 공장에서 생산하는 탁구공의 지름은 평균 1.30인치, 표준편차 0.04인치인 정규분포를 따르는 것으로 알려져 있다. 탁구공 4개의 평균이 1.28인치에서 1.30인치 사이일 확률은? (단, $U \sim N(0, 1)$일 때, $P(0 \le U \le 0.5) = 0.1915$, $P(0 \le U \le 1.0) = 0.3413$이다.)　　　[14-2]

① 0.3413 ② 0.1915

③ 0.1498 ④ 0.5328

해설 $P(1.28 \le \bar{x} \le 1.30)$

$= P\left(\dfrac{1.28 - 1.30}{0.04/\sqrt{4}} \le u \le \dfrac{1.30 - 1.30}{0.04/\sqrt{4}}\right)$

$= P(-1 \le u \le 0) = 0.3413$

49. F분포표로부터 $F_{0.95}(1, 8) = 5.32$를 알고 있을 때, $t_{0.975}(8)$의 값은 약 얼마인가?　　　[21-2]

① 1.960 ② 2.306

③ 2.330 ④ 알 수 없다.

해설 $[t_{1-\alpha/2}(\nu)]^2 = F_{1-\alpha}(1, \nu) \longrightarrow$

$t_{0.975}(8) = \sqrt{F_{0.95}(1, 8)} = \sqrt{5.32} = 2.306$

50. 모집단의 표준편차를 모를 때 모집단의 평균치에 관한 검정을 실시하는 데 이용되는 검정 통계량은 다음과 같다. 이 통계량은 어떤 분포를 하는가?　　　[13-1]

$$\frac{(\bar{X} - \mu_0)}{s/\sqrt{n}}$$

① 표준정규분포

② 자유도 n인 F분포

③ 자유도 $(n-1)$인 χ^2분포

④ 자유도 $(n-1)$인 t분포

해설 • 모집단의 표준편차 σ를 알 때

　$u_0 = \dfrac{\bar{x} - \mu}{\sigma/\sqrt{n}}$는 정규분포를 따른다.

• 모집단의 표준편차 σ를 모를 때

　$t_0 = \dfrac{\bar{x} - \mu}{s/\sqrt{n}}$는 자유도 $(n-1)$인 t분포를 따른다.

51. 다음의 설명 중 틀린 것은 어느 것인가?　　　[05-4, 07-1]

① t-확률밀도함수는 대칭함수이다.

② 누적분포함수(또는 확률분포함수)는 증가함수이다.

③ 우측으로부터 연속인 함수는 확률밀도함수이다.

④ 이항분포함수는 이산(Discrete)함수이다.

해설 확률밀도함수는 좌측으로부터 연속인 함수이다.

52. 정규분포 $N(0, 1^2)$을 따르는 확률변수의 제곱은 어떠한 분포를 따르는가? [15-4]

① χ^2분포 ② 감마분포

③ 지수분포 ④ 정규분포

해설 $u_1, u_2, \cdots, u_n$이 표준정규확률변수 $N(0, 1^2)$인 경우, $\chi^2 = u_1^2 + u_2^2 + \cdots + u_n^2$은 자유도가 n인 χ^2분포가 된다.

53. 정규 모집단으로부터 $n=15$의 랜덤샘플을 취하여 $\left(\dfrac{(n-1)s^2}{\chi^2_{0.995}(14)}, \dfrac{(n-1)s^2}{\chi^2_{0.005}(14)}\right)$에 의거, 신뢰구간 (0.0691, 0.531)을 얻었을 때의 설명으로 맞는 것은? [15-1, 18-1, 21-2]

① 모집단의 99%가 이 구간 안에 포함된다.
② 모평균이 이 구간 안에 포함될 신뢰율이 99%이다.
③ 모분산이 이 구간 안에 포함될 신뢰율이 99%이다.
④ 모표준편차가 이 구간 안에 포함될 신뢰율이 99%이다.

해설 σ^2에 대한 $100(1-\alpha)\%$ 신뢰구간은
$$\frac{(n-1)s^2}{\chi^2_{1-\alpha/2}(n-1)} \le \sigma^2 \le \frac{(n-1)s^2}{\chi^2_{\alpha/2}(n-1)}$$이다.
$(s^2 = V)$
$1-\alpha/2 = 0.995$이므로 $\alpha = 0.01$이며, 신뢰율은 99%이다.

54. 다음 중 확률분포에 관한 설명으로 옳은 것은? [08-1, 12-4]

① 푸아송분포는 평균값(m)이 작을 때 대칭에 가까워진다.
② 이산확률분포함수와 연속확률분포함수는 어떤 경우라도 근사할 수 없다.
③ 정규분포, t분포는 서로 같아질 때가 있으며, χ^2분포와 F분포는 서로 같아질 때가 없다.
④ 이항분포는 성공률이 p인 베르누이 시행을 n번 반복 시행되었을 때, 확률변수 X를 "n번 시행에서의 성공횟수"라 하면 이때 X는 이항분포 $B(n, p)$를 따른다.

해설 ① 푸아송분포는 평균값(m)이 클 때 대칭에 가까워진다.
② 이산확률분포함수는 조건에 따라 연속확률분포함수에 근사할 수 있다.

③ 정규분포, t분포는 서로 같아질 때가 있으며($t_{1-\alpha/2}(\infty) = u_{1-\alpha/2}$), χ^2 분포와 F 분포도 서로 같아질 때가 있다.
$(\chi^2_{1-\alpha/2}(1) = 1 \times F_{1-\alpha/2}(1, \infty))$

55. 다음 중 확률변수의 확률분포에 관한 설명으로 틀린 것은? [18-4]

① t분포를 하는 확률변수를 제곱한 확률변수는 F분포를 한다.
② 정규분포를 하는 확률변수를 제곱한 확률변수는 F분포를 한다.
③ 정규분포를 하는 서로 독립된 n개의 확률변수의 합은 정규분포를 한다.
④ 푸아송분포를 하는 서로 독립된 n개의 확률변수의 합은 푸아송분포를 한다.

해설 정규분포를 하는 확률변수를 제곱한 확률변수는 χ^2분포를 한다.
$$u^2_{1-\alpha/2} = \chi^2_{1-\alpha}(1)$$

56. 다음 중 확률분포에 관한 설명으로 틀린 것은 어느 것인가? [10-1, 21-4]

① 불편분산 V의 기대치는 모분산 σ^2보다 크다.
② 자유도 ν인 t분포를 따르는 확률변수 T의 기대값은 0이다.
③ 범위 R을 이용하여 모표준편차를 추정하는 경우 공식으로 $\overline{R} = d_2\sigma$를 사용할 수 있다.
④ 상호독립된 불편분산 V_A와 V_B의 분산비 $\dfrac{V_B}{V_A}$는 자유도 ν_B와 ν_A를 가진 F분포를 따른다.

해설 불편분산 V의 기대치는 모분산 σ^2과 같다.

57. 다음의 설명 중 가장 올바른 것은 어느 것인가? [05-4, 21-4]

① 범위 R을 사용하여 모표준편차를 추정하는 경우의 공식으로 $\overline{R} = d_3 \sigma$를 사용할 수 있다.

② 분산 V의 기대치는 모분산 σ^2과 같다.

③ 분산에 관한 검정은 어느 경우이든 카이제곱(χ^2) 검정에 의하지 않으면 안 된다.

④ 상호독립된 분산 V_A와 V_B의 분산비 $\dfrac{V_B}{V_A}$는 자유도 ν_A와 ν_B을 가진 카이제곱분포를 한다.

해설 ① 범위 R을 사용하여 모표준편차를 추정하는 경우의 공식으로 $\overline{R} = d_2 \sigma$를 사용할 수 있다.

③ 한 개의 모집단의 모분산 검정은 χ^2검정, 두 집단의 모분산비의 검정은 F검정에 의한다.

④ 상호독립된 분산 V_A와 V_B의 분산비 $\dfrac{V_B}{V_A}$는 자유도 ν_B와 ν_A를 가진 F 분포를 한다.

58. F 분포에 대하여 설명한 것으로 잘못된 것은? [18-2]

① $F = \dfrac{V_1}{V_2}$에서 ν_2가 무한대라면 $F = \dfrac{\chi^2}{\nu_2}$으로 된다.

② $F_\alpha(\nu_1, \infty)$의 값은 $\chi_\alpha^2(\nu)$의 값을 ν_1으로 나눈 값과 같다.

③ F의 α값이 수치표에 없을 때에는 F의 값을 $F_\alpha(\nu_1, \nu_2) = \dfrac{1}{F_{1-\alpha}(\nu_2, \nu_1)}$의 관계로부터 해야 한다.

④ $N(\mu, \sigma^2)$에서 샘플 2벌을 독립하게 추출했을 때, $F = \dfrac{V_1}{V_2}$과 같이 표시되는 F 분포를 따른다.

해설 $\chi_{1-\alpha/2}^2(\nu) = \nu \cdot F_{1-\alpha/2}(\nu, \infty)$이므로,

$F = \dfrac{V_1}{V_2}$에서 ν_2가 무한대라면 $F = \dfrac{\chi^2}{\nu_1}$으로 된다.

59. $\chi_{0.95}^2(9) = 16.92$이면 $F_{0.95}(9, \infty)$의 값은? [16-4]

① 0.94

② 1.88

③ 4.11

④ 16.92

해설 $\chi_{1-\alpha/2}^2(\nu) = \nu \cdot F_{1-\alpha/2}(\nu, \infty)$ →

$\chi_{0.95}^2(9) = 9 \times F_{0.95}(9, \infty)$ →

$F_{0.95}(9, \infty) = \dfrac{16.92}{9} = 1.88$

60. 집단이 정규분포일 때, 이것으로부터 n개의 표본을 랜덤하게 뽑고, 불편분산을 구하였을 때 분산에 대해 설명한 것으로 맞는 것은? [19-2]

① $D(s^2) = \sqrt{\dfrac{2}{n} \times \sigma^2}$

② 산포는 n이 커지면 작아진다.

③ n이 커지면 카이제곱분포에 접근한다.

④ n이 커지면 왼쪽 꼬리가 오른쪽 꼬리보다 길어진다.

해설 ① 표준편차 $D(V) = \sqrt{\dfrac{2}{n-1} \times \sigma^2}$

③ n이 커지면 정규분포에 접근한다.

④ n이 커지면 좌우대칭인 분포가 된다.

정답 57. ② 58. ① 59. ② 60. ②

2. 검정과 추정

검정과 추정의 기초이론

1. 제2종 오류를 범할 확률에 해당하는 것은 어느 것인가?   [08-4, 18-1]

① 공정이 관리상태일 때, 관리상태라고 판단할 확률
② 공정이 관리상태가 아닐 때, 관리상태라고 판단할 확률
③ 공정이 관리상태일 때, 관리상태가 아니라고 판단할 확률
④ 공정이 관리상태가 아닐 때, 관리상태가 아니라고 판단할 확률

해설 ① $1-\alpha$ ② 2종의 오류 β
③ 1종의 오류 α ④ 검정력 $1-\beta$

미지의 실제 / 검정결과	귀무가설 (H_0)이 사실인 경우	귀무가설 (H_0)이 거짓인 경우
귀무가설(H_0) 채택	$1-\alpha$ (옳은 결정)	β (제2종오류)
귀무가설(H_0) 기각	α (제1종오류)	$1-\beta$ (검출력)

2. 다음 중 검정이론에 대한 설명으로 틀린 것은?   [08-2, 21-2]

① 제1종 과오란 귀무가설이 진실일 때 귀무가설을 기각하는 과오이다.
② 검출력이란 대립가설이 진실일 때 귀무가설을 기각하는 확률이다.
③ 제2종 과오란 대립가설이 진실일 때 귀무가설을 채택하는 과오이다.
④ 유의수준이란 귀무가설이 진실일 때 귀무가설을 채택하는 확률이다.

해설 유의수준(제1종 과오)이란 귀무가설 (H_0)이 옳은데도(참) 불구하고 옳지 않다고 (거짓) 하는 과오, 즉 귀무가설을 채택해야 함에도 불구하고 귀무가설을 기각(대립가설 (H_1)을 채택)하는 과오이다.

3. 통계적 가설검정에서 유의수준에 대한 설명으로 틀린 것은?   [10-4, 17-1]

① 검정에 앞서 미리 정하여 두는 위험률이다.
② 일반적으로 제2종의 과오를 범하는 확률을 의미한다.
③ 1에서 유의수준을 빼고 100%를 곱하면 신뢰율이 된다.
④ 통계적 가설검정에서 귀무가설이 옳음에도 불구하고 기각할 확률이다.

해설 유의수준은 일반적으로 제1종의 과오를 범하는 확률을 의미한다.

4. 다음 중 유의수준 α에 대한 설명으로 맞는 것은?   [03-1, 19-1]

① 나쁜 로트(lot)가 합격할 확률이다.
② 귀무가설이 옳은데 기각할 확률이다.
③ 공정에 이상이 있는데 없다고 판정할 확률이다.
④ 관리도에서 3σ 한계 대신 2σ 한계를 쓰면, α는 감소한다.

해설 ① 좋은 로트가 불합격할 확률은 α이고, 나쁜 로트가 합격할 확률은 β이다.
③ 공정에 이상이 있는데 없다고 판정할 확률은 제2종 과오(β)이다.
④ 관리도에서 3σ한계 대신 2σ한계를 쓰면 α는 증가하고 β는 감소한다.

5. 통계적 가설 검정에 있어서 검출력의 정의로 맞는 것은? [06-2, 16-4]
① 귀무가설이 거짓일 때, 귀무가설을 기각하는 확률
② 귀무가설이 진실일 때, 귀무가설을 기각하는 확률
③ 귀무가설이 거짓일 때, 귀무가설을 채택하는 확률
④ 귀무가설이 진실일 때, 귀무가설을 채택하는 확률

해설 ① 귀무가설이 거짓일 때, 귀무가설을 기각하는 확률 : 검출력($1-\beta$)
② 귀무가설이 진실일 때, 귀무가설을 기각하는 확률 : α
③ 귀무가설이 거짓일 때, 귀무가설을 채택하는 확률 : β
④ 귀무가설이 진실일 때, 귀무가설을 채택하는 확률 : 옳은 결정

6. 제1종 오류(α)와 제2종 오류(β)에 관한 설명으로 틀린 것은? [21-1]
① α가 커지면 상대적으로 β도 커진다.
② 신뢰구간이 작아지면 β값이 상대적으로 작다.
③ 표본의 크기 n을 일정하게 하고, α를 크게 하면 ($1-\beta$)도 커진다.
④ α를 일정하게 하고, 시료 크기 n을 증가시키면 β는 작아진다.

해설 α가 커지면 상대적으로 β는 작아진다.

7. 다음 중 정규분포를 따르는 모집단의 모평균에 관한 검정의 검출력에 대한 설명 중 맞는 것은? (단, 귀무가설은 $H_0 : \mu = \mu_0$이다.) [07-1, 17-4]
① 다른 조건을 모두 같게 했을 때 모표준편차 σ가 크면 검출력은 커진다.
② 다른 조건을 모두 같게 했을 때 표본의 크기 n을 증가시키면 검출력은 작아진다.
③ 다른 조건을 모두 같게 했을 때 제2종 오류(β)의 값을 작게 하면 검출력은 커진다.
④ 다른 조건을 모두 같게 했을 때 모평균의 값과 기준치와의 차($\mu - \mu_0$)가 크면 검출력은 작아진다.

해설 ① 다른 조건을 모두 같게 했을 때 모표준편차 σ가 작으면 검출력은 커진다.
② 다른 조건을 모두 같게 했을 때 표본의 크기 n을 증가시키면 검출력은 커진다.
④ 다른 조건을 모두 같게 했을 때 모평균의 값과 기준치와의 차($\mu - \mu_0$)가 크면 검출력은 커진다.

8. 통계적 가설검정에 대한 설명으로 맞는 것은? [20-2]
① 기각역이 커질수록 제2종 오류는 증가한다.
② 제1종 오류가 결정되면 기각역을 결정할 수 있다.
③ 표본의 크기가 커지면 제2종 오류는 증가한다.
④ 제1종 오류가 결정되면 표본의 크기를 결정할 수 있다.

해설 ① 기각역(α)이 커질수록 제2종 오류(β)는 감소한다.
③ 표본의 크기가 커지면 제2종 오류(β)는 감소한다.

④ 제1종 오류(α)와 제2종 오류(β)를 결정하면 표본의 크기를 결정할 수 있다.

9. '통계적으로 유의하다'라는 표현에 관한 설명으로 가장 적절한 것은 다음 중 어느 것인가? [07-4, 12-1, 18-4]

① 통계량이 모수와 같은 값임을 의미한다.
② 통계적 해석을 하는 데 있어서 귀무가설이 옳음을 의미한다.
③ 검정에 이용되는 통계량이 기각역에 들어간다는 것을 의미한다.
④ 검정이나 추정을 하는 데 있어서 기초가 되는 데이터의 측정시스템이 매우 신뢰할 수 있음을 의미한다.

해설 검정에 이용되는 통계량이 기각역에 들어간다는 것을 의미한다. 즉, 대립가설(H_1)이 채택된다는 것을 의미한다.

10. 모수 θ의 모든 값에 대하여 $E(\hat{\theta}) = \theta$를 만족하는 추정량 $\hat{\theta}$을 무슨 추정량이라 하는가? [12-2]

① 유효추정량   ② 충분추정량
③ 일치추정량   ④ 불편추정량

해설 통계량의 점추정치에 관한 조건
㉠ 불편성 : 통계량이 모수값을 중심으로 분포한다. ($E(\hat{\theta}) = \theta$)
㉡ 유효성(최소분산성) : 분산이 작아야 한다.
㉢ 일치성 : n이 크면 클수록 모수에 가까워진다.
㉣ 충분성(충족성) : 추정량이 모수에 대하여 모든 정보를 제공한다.

11. 통계량의 점추정치에 관한 조건에 해당하지 않는 것은? [18-1]

① 유효성(efficiency)
② 일치성(consistency)
③ 랜덤성(randomness)
④ 불편성(unbiasedness)

해설 추정량의 성질은 불편성, 유효성(최소분산성), 일치성, 충분성(충족성)이다.

12. 다음 중 추정에 관한 설명으로 틀린 것은? [22-2]

① 통계량 $\bar{x}$의 기대치는 모평균 μ와 일치하는 것으로서 $\bar{x}$를 모평균의 불편 추정량이라 한다.
② 모평균을 구간추정하였을 경우 모평균의 참값이 그 구간 내에 존재하게 되는 확률을 위험률이라 한다.
③ 유한 모집단으로부터 샘플 평균 $\bar{x}$의 표준편차는 무한 모집단인 경우의 $\sqrt{1 - \dfrac{n}{N}}$ 배가 된다.
④ 통계량은 불편성(unbiasedness), 유효성(efficiency), 일치성(consistency)을 갖추고 있어야 한다.

해설 모평균을 구간추정하였을 경우 모평균의 참값이 그 구간 내에 존재하게 되는 확률을 신뢰율이라 한다.

계량치의 검정과 추정

13. 크기 n의 시료에 대한 평균치 $\bar{x}$가 얻어졌다. 모평균 μ가 μ_0라고 할 수 있는가를 알고 싶다. 모집단의 분산이 알려져 있을 때 이용하는 분포는? [19-1]

① t분포   ② χ^2분포
③ F분포   ④ 정규분포

해설 귀무가설 $H_0 : \mu = \mu_0$, 대립가설 $H_1 :$

2 과목

$\mu \neq \mu_0$인 경우이다. 모집단의 표준편차(σ)가 알려져 있는 경우 검정통계량은 $u_0 = \dfrac{\overline{x} - \mu}{\sigma/\sqrt{n}}$이며, 모집단의 표준편차($\sigma$)가 알려져 있지 않은 경우 검정통계량은 $t_0 = \dfrac{\overline{x} - \mu}{s/\sqrt{n}}$이다.

14. M 제조공정에서 제조되는 부품의 특성치는 $u = 40.10\,\text{mm}$, $\sigma = 0.08\,\text{mm}$인 정규분포를 하고 있고, 이 공정에서 25개를 샘플링하여 특성치를 측정한 결과 $\overline{x} = 40.12\,\text{mm}$일 때, 유의수준 5%에서 이 공정의 모평균에 차이가 있는지를 검정한 결과는 어느 것인가? [13-1, 19-2, 20-1]

① 통계량이 1.96보다 크므로 H_0 기각한다.
② 통계량이 1.96보다 크므로 H_0를 기각할 수 없다.
③ 통계량이 1.96보다 작고 -1.96보다 크므로 H_0 기각한다.
④ 통계량이 1.96보다 작고 -1.96보다 크므로 H_0를 기각할 수 없다.

해설 ㉠ 가설 : $H_0 : \mu = 40.10\,\text{mm}$
$\qquad\qquad H_1 : \mu \neq 40.10\,\text{mm}$
㉡ 유의수준 : $\alpha = 0.05$
㉢ 검정통계량
$\quad u_0 = \dfrac{\overline{X} - \mu}{\sigma/\sqrt{n}} = \dfrac{40.12 - 40.10}{0.08/\sqrt{25}} = 1.25$
㉣ 기각역 : $|u_0| \geq u_{1-\alpha/2} = u_{0.975} = 1.96$이면 귀무가설($H_0$)을 기각한다.
㉤ 판정 : $|u_0| \leq 1.96$ 이므로 H_0 채택. 모평균이 달라졌다고 할 수 없다.

15. 타이어 제조회사에서 생산 중인 타이어의 수명시간은 평균이 37000km이고, 표준편차는 5000km인 것으로 알려져 있다. 타이어의 수명을 증가시키는 공정을 개발하고 시제품을 100개 생산하여 조사한 결과 평균 수명이 38000km였다. 타이어 수명시간의 표준편차가 5000km로 유지된다고 할 때, 유의수준 5%로 평균수명이 증가하였는지 검정할 경우의 설명으로 틀린 것은 어느 것인가? [14-4, 18-4]

① 기각치는 1.96이다.
② 검정통계량값은 2.00이다.
③ 대립가설(H_1)은 $\mu > 37000$이다.
④ 검정결과로 귀무가설(H_0)을 기각한다.

해설 ㉠ 가설 : $H_0 : \mu \leq 37,000\,\text{km}$
$\qquad\qquad H_1 : \mu > 37,000\,\text{km}$
㉡ 유의수준 : $\alpha = 0.05$
㉢ 검정통계량 $u_0 = \dfrac{\overline{X} - \mu}{\sigma/\sqrt{n}}$
$\qquad\qquad = \dfrac{38,000 - 37,000}{5,000/\sqrt{100}} = 2$
㉣ 기각치 : $u_0 > u_{1-\alpha} = u_{0.95} = 1.645$이면 귀무가설($H_0$)을 기각한다.
㉤ 판정 : $u_0(=2) > 1.645$ 이므로 귀무가설(H_0)을 기각. 수명이 증가했다고 할 수 있다.

16. A약품 순도의 모표준편차 $\sigma = 0.3\%$인 공정으로부터 $n = 4$의 샘플링을 하여 측정한 결과 다음의 [데이터]가 나왔다. 이 공정의 순도(%)의 모평균에 대한 신뢰구간은? (단, 신뢰율은 95%이다.) [05-1, 08-2, 13-2]

├────── 데이터 ──────┤			
16.1	15.5	15.3	15.5

① 15.01~15.19%   ② 15.31~15.89%
③ 15.35~15.92%   ④ 15.25~15.65%

해설 $\overline{x} \pm u_{1-\alpha/2} \dfrac{\sigma}{\sqrt{n}}$

$= 15.6 \pm 1.96 \times \dfrac{0.3}{\sqrt{4}} = 15.306 \sim 15.894\%$

정답 • **14.** ④ **15.** ① **16.** ②

17. A 업종에 종사하는 종업원의 임금 실태를 조사하기 위하여 표본의 크기 120명을 조사하였더니 평균 98.87만원, 표준편차 8.56만원 이었다. 이들 종업원 전체 평균임금을 유의수준 1%로 추정하면 신뢰구간은 약 얼마인가? (단, $u_{0.99} = 2.33$, $u_{0.995} = 2.58$ 이다.) [12-4, 15-4, 19-1]

① 96.66만원~101.08만원
② 96.85만원~100.89만원
③ 97.19만원~100.55만원
④ 97.45만원~100.28만원

해설 $\bar{x} \pm t_{1-\alpha/2}(\nu)\dfrac{s}{\sqrt{n}}$ 로 계산해야 하나 n 이 큰 경우이므로 $\bar{x} \pm u_{1-\alpha/2}\dfrac{s}{\sqrt{n}}$ 로 계산한다.

$\bar{x} \pm u_{0.995}\dfrac{8.56}{\sqrt{120}} = 98.87 \pm 2.58 \times \dfrac{8.56}{\sqrt{120}}$
$= 98.87 \pm 2.016 = (96.85, 100.89)$

18. 어떤 정규모집단으로부터 $n = 9$의 랜덤 샘플을 추출, $\bar{x}$를 구하여 $H_0 : \mu = 58$, $H_1 : \mu \neq 58$의 가설을 1%의 유의수준으로 검정하려고 한다. 만일 $\sigma = 6$이라면 채택역은? (단, $u_{0.975} = 1.96$, $u_{0.995} = 2.576$, $t_{0.975}(8) = 2.306$, $t_{0.995}(8) = 3.355$ 이다.)

① $51.300 < \bar{x} < 64.700$ [05-2, 18-2]
② $52.848 < \bar{x} < 63.152$
③ $53.388 < \bar{x} < 62.612$
④ $54.080 < \bar{x} < 61.920$

해설 채택역은 $-u_{1-\alpha/2} < \dfrac{\bar{x}-\mu}{\sigma/\sqrt{n}} < u_{1-\alpha/2}$ 이다.
따라서 $-u_{0.995} < \dfrac{\bar{x}-58}{6/\sqrt{9}} < u_{0.995} \rightarrow$
$-2.576 \times 6/\sqrt{9} + 58 < \bar{x} < 2.576 \times 6/\sqrt{9} + 58$

19. 모평균에 대한 추정의 95% 오차한계를 5 이하로 하기를 원할 때, 필요한 최소한 표본의 크기는 얼마인가? (단, 모표준편차는 30이다.) [13-2]

① 11 ② 36 ③ 60 ④ 139

해설 $\beta_{\bar{x}} = \pm u_{1-\alpha/2}\dfrac{\sigma}{\sqrt{n}} \rightarrow 5 = u_{0.975}\dfrac{30}{\sqrt{n}}$
$\rightarrow n = \left(1.96 \times \dfrac{30}{5}\right)^2 \rightarrow n = 138.297 \rightarrow$
$n = 139$

20. $N(\mu, \sigma^2)$을 따르는 모집단에서 크기 n인 시료를 추출하여 시료평균 $\bar{X}$를 구하여 모평균(μ)를 추정할 경우 모평균이 신뢰구간 $\bar{X} - 1.96\sigma/\sqrt{n}$와 $\bar{X} + 1.96\sigma/\sqrt{n}$에 포함될 확률은 얼마인가? [14-4]

① 5% ② 10%
③ 95% ④ 99%

해설 $\bar{X} \pm u_{1-\alpha/2}\dfrac{\sigma}{\sqrt{n}} \rightarrow \bar{X} \pm 1.96\dfrac{\sigma}{\sqrt{n}} \rightarrow$
$u_{1-\alpha/2} = 1.96$ 이므로 신뢰도는 95%이다.

21. 새로운 작업방법으로 시험 제작한 화학약품의 성분 함유량의 모평균이 기준으로 설정된 값과 같은지의 여부를 검정하고자 할 때 검정통계량의 식으로 맞는 것은 어느 것인가? (단, 모표준편차는 모른다고 가정한다.) [14-2, 18-2]

① $u_0 = \dfrac{\bar{x}-\mu}{\sigma/\sqrt{n}}$ ② $u_0 = \dfrac{x-\mu}{\sigma}$

③ $t_0 = \dfrac{\bar{x}-\mu}{s/\sqrt{n}}$ ④ $t_0 = \dfrac{\bar{x}-\mu}{\sqrt{s/n}}$

해설 • σ가 알려진 경우 $u_0 = \dfrac{\bar{x}-\mu}{\sigma/\sqrt{n}}$
• σ가 알려지지 않은 경우 $t_0 = \dfrac{\bar{x}-\mu}{s/\sqrt{n}}$

22. $\mu = 23.30$ 인 모집단에서 $n = 6$개를 추출하여 어떤 값을 측정한 결과는 [자료]와 같다. 모평균의 검정을 위하여 검정통계량 (t_0)을 구하면 약 얼마인가?　[06-1, 15-2]

┤ 자료 ├

$X_i = (x_i - 25) \times 10$으로 수치변환하여

$$\sum X_i = 20, \quad \sum X_i^2 = 2554$$

① 1.23　　　　② 1.32
③ 2.23　　　　④ 4.98

해설 $\bar{x} = \bar{X} \times \dfrac{1}{10} + 25$

$$= \frac{20}{6} \times \frac{1}{10} + 25 = 25.33$$

$V(x) = V(X) \times \dfrac{1}{10^2}$

$$= \frac{\left[\sum X_i^2 - (\sum X_i)^2/n\right]}{n-1} \times \frac{1}{10^2}$$

$$= \frac{[2,554 - 20^2/6]}{5} \times \frac{1}{10^2} = 4.975$$

$$t_0 = \frac{\bar{x} - \mu_0}{\frac{s}{\sqrt{n}}} = \frac{25.33 - 23.30}{\frac{\sqrt{4.975}}{\sqrt{6}}} = 2.229$$

23. 모표준편차를 모르고 있을 때 모평균의 양측 신뢰구간 추정에 사용되는 식으로 맞는 것은?　[11-4, 20-1]

① $\bar{x} \pm u_{1-\alpha/2} \dfrac{s^2}{\sqrt{n}}$

② $\bar{x} \pm t_{1-\alpha/2}(\nu) \dfrac{s^2}{\sqrt{n}}$

③ $\bar{x} \pm u_{1-\alpha/2} \sqrt{\dfrac{s^2}{n}}$

④ $\bar{x} \pm t_{1-\alpha/2}(\nu) \sqrt{\dfrac{s^2}{n}}$

해설 모평균의 양측 신뢰구간 추정(σ미지)

$$\bar{x} \pm t_{1-\alpha/2}(\nu) \sqrt{\frac{V}{n}} = \bar{x} \pm t_{1-\alpha/2}(\nu) \sqrt{\frac{s^2}{n}}$$

$$= \bar{x} \pm t_{1-\alpha/2}(\nu) \frac{s}{\sqrt{n}}$$

24. 다음의 데이터로서 유의수준 5%로 평균치의 신뢰구간을 구하면 약 얼마인가? (단, $t_{0.975}(9) = 2.262$, $t_{0.975}(10) = 2.228$이다.)　[14-4, 17-1, 22-2]

┤ 데이터 ├

7, 9, 5, 4, 10, 8, 6, 9, 7, 5

① 7.0 ± 1.43　　② 7.0 ± 0.41
③ 7.6 ± 1.43　　④ 7.6 ± 0.41

해설 $\bar{x} \pm t_{1-\alpha/2}(\nu) \dfrac{s}{\sqrt{n}}$

$$= 7.0 \pm t_{0.975}(9) \times \frac{2}{\sqrt{10}} = 7.0 \pm 1.43$$

25. 어떤 공작기계로 만든 샤프트 중에서 랜덤하게 13개를 샘플링하여 외경을 측정하였더니 평균은 112.7, 제곱합은 176이었다. 샤프트 외경의 모평균의 95% 신뢰구간은 약 얼마인가? (단, $t_{0.95}(12) = 1.782$, $t_{0.95}(13) = 1.771$, $t_{0.975}(12) = 2.179$, $t_{0.975}(13) = 2.160$이다.)　[09-2, 19-4]

① 112.7 ± 1.89　　② 112.7 ± 2.31
③ 112.7 ± 8.78　　④ 112.7 ± 8.87

해설 샤프트 외경의 모평균 μ에 대한 95% 신뢰구간

$$s = \sqrt{\frac{S}{n-1}} = \sqrt{\frac{176}{12}} = 3.830$$

$$\bar{x} \pm t_{1-\alpha/2}(n-1) \frac{s}{\sqrt{n}}$$

$$= 112.7 \pm t_{0.975}(12) \frac{3.830}{\sqrt{13}} = 112.7 \pm 2.31$$

26. 2개 회사의 제품을 각각 로트로부터 랜덤하게 뽑아 인장강도를 측정하여 다음의 [데이터]를 구했다. 두 회사 제품의 평균치 차에 대한 검정결과로 맞는 것은? (단, $\sigma_S = 3\text{kg}/\text{mm}^2$, $\sigma_Q = 5\text{kg}/\text{mm}^2$, $u_{0.975} = 1.96$, $u_{0.995} = 2.576$ 이다.)

[09-1, 18-4]

┤ 다음 ├
- S사 : 26 27 18 26 25 24
- Q사 : 14 20 16 17 23 21

① 유의수준 1%, 5%에서 모두 두 회사 제품의 평균치에 차이가 없다.
② 유의수준 1%에서 두 회사 제품의 평균치에 차이가 있다고 할 수 있다.
③ 유의수준 5%에서는 두 회사 제품의 평균치에 차이가 없으나, 유의수준 1%에서는 차이가 있다고 할 수 있다.
④ 유의수준 1%에서는 두 회사 제품의 평균치에 차이가 없으나, 유의수준 5%에서는 차이가 있다고 할 수 있다.

해설 ㉠ 가설 : $H_0 : \mu_S = \mu_Q$, $H_1 : \mu_S \neq \mu_Q$
㉡ 유의수준 : $\alpha = 0.01$ 또는 $\alpha = 0.05$
㉢ 검정통계량 : $u_0 = \dfrac{\bar{x}_S - \bar{x}_Q}{\sqrt{\dfrac{\sigma_S^2}{n_S} + \dfrac{\sigma_Q^2}{n_Q}}}$

$$= \dfrac{24.33 - 18.5}{\sqrt{\dfrac{3^2}{6} + \dfrac{5^2}{6}}} = 2.449$$

㉣ 기각치
$\alpha = 0.01$인 경우
$-u_{0.995} = -2.576$, $u_{0.995} = 2.576$
$\alpha = 0.05$인 경우
$-u_{0.975} = -1.96$, $u_{0.975} = 1.96$
㉤ 판정 : $u_0 (= 2.449) > 1.96$이므로 유의수준 5%에서는 두 회사 제품의 평균치에 차

이가 있다. 그러나 $u_0 (= 2.449) \leq 2.576$이므로 유의수준 1%에서는 두 회사 제품의 평균치에 차이가 없다.

27. 다음 중 A회사와 B회사 제품의 로트로부터 각각 12개 및 10개 제품을 추출하여 순도를 측정한 결과, $\sum x_A = 1145.7$, $\sum x_B = 947.2$일 때 두 회사 제품의 모평균의 차에 대한 신뢰구간은 약 얼마인가? (단, $\sigma_A = 0.3$, $\sigma_B = 0.2$이며, 신뢰수준은 95%로 한다.)

[13-4, 20-2]

① 0.54~0.79   ② 0.54~0.97
③ 0.66~0.79   ④ 0.66~0.97

해설 $(\bar{x}_A - \bar{x}_B) \pm u_{0.975} \sqrt{\dfrac{\sigma_A^2}{n_A} + \dfrac{\sigma_B^2}{n_B}}$

$$= \left(\dfrac{1145.7}{12} - \dfrac{947.2}{10} \right) \pm 1.96 \sqrt{\dfrac{0.3^2}{12} + \dfrac{0.2^2}{10}}$$

$= 0.545 \sim 0.965$ 이다.

28. 어느 제조회사의 2개 공정라인이 있는데 평균 생산량의 차이를 추정하고자 10일 동안 생산량을 측정하였더니 다음과 같았다. 2개 라인의 모평균 $\mu_1 - \mu_2$에 대한 95% 신뢰구간을 구하면 약 얼마인가? (단, $t_{0.975}(18) = 2.101$, $t_{0.995}(18) = 2.878$이고, 생산량은 등분산이며, 정규분포를 한다고 가정한다.)

[15-4, 20-4]

라인 1	1.3	1.9	1.4	1.2	2.1
	1.4	1.7	2.0	1.7	2.0
라인 2	1.8	2.3	1.7	1.7	1.6
	1.9	2.2	2.4	1.9	2.1

① $-0.574 \sim 0.006$
② $-0.574 \sim -0.006$
③ $-0.679 \sim 0.099$

2 과목

④ $-0.679 \sim -0.099$

해설 $(\overline{x_1} - \overline{x_2}) \pm t_{1-\alpha/2}(\nu) \sqrt{V\left(\dfrac{1}{n_1} + \dfrac{1}{n_2}\right)}$

$= (1.67 - 1.96) \pm t_{0.975}(18) \sqrt{0.0914\left(\dfrac{1}{10} + \dfrac{1}{10}\right)}$

$= (-0.574, -0.006)$

$\overline{x_1} = 1.67, \quad \overline{x_2} = 1.96,$

$\nu = n_1 + n_2 - 2 = 10 + 10 - 2 = 18,$

$V = \dfrac{(n_1 - 1)V_1 + (n_2 - 1)V_2}{n_1 + n_2 - 2}$

$= \dfrac{(10-1) \times 0.1068 + (10-1) \times 0.076}{10 + 10 - 2}$

$= 0.0914$

29. 두 집단의 모평균 차의 구간추정에 있어서 σ_1^2, σ_2^2를 알고 있고, $\sigma_1^2 = \sigma_2^2 = \sigma^2$, $n_1 = n_2 = n$일 때 $(\overline{x_1} - \overline{x_2})$의 표준편차 $D(\overline{x_1} - \overline{x_2})$는? [17-4, 21-2]

① $\sqrt{\dfrac{2\sigma^2}{n}}$ ② $\sqrt{2\sigma^2}$

③ $\sqrt{\dfrac{1}{n}\sigma^2}$ ④ $\sqrt{\dfrac{\sigma^2}{2n}}$

해설 σ_1^2, σ_2^2 기지일 때 두 모평균차의 $100(1-\alpha)\%$ 양측 신뢰구간은

$(\overline{x_1} - \overline{x_2}) \pm u_{1-\alpha/2} \sqrt{\dfrac{\sigma_1^2}{n_1} + \dfrac{\sigma_2^2}{n_2}}$ 이다.

$V(\overline{x_1} - \overline{x_2}) = \dfrac{\sigma_1^2}{n_1} + \dfrac{\sigma_2^2}{n_2} = \dfrac{2\sigma^2}{n}$ 이며,

$D(\overline{x_1} - \overline{x_2}) = \sqrt{\dfrac{2\sigma^2}{n}}$ 이다.

30. 어떤 사무실에 공기청정기를 설치하기 이전과 설치한 이후의 실내 미세먼지에 대한 자료가 다음과 같다. 공기청정기 설치 전과 후의 평균치 차를 검정하기 위한 검정통계량은 약 얼마인가? (단, $\sigma_1^2 = \sigma_2^2$이다.) [20-4]

설치 전	$\overline{x}_1 = 10.0$	$V_1 = 82.0$	$n_1 = 10$
설치 후	$\overline{x}_2 = 8.0$	$V_2 = 79.0$	$n_2 = 10$

① 0.473 ② 0.498
③ 0.669 ④ 0.705

해설 $t_0 = \dfrac{(\overline{X_1} - \overline{X_2})}{\sqrt{V\left(\dfrac{1}{n_1} + \dfrac{1}{n_2}\right)}}$

$= \dfrac{10.0 - 8.0}{\sqrt{80.5\left(\dfrac{1}{10} + \dfrac{1}{10}\right)}} = 0.498$

$V = s^2 = \dfrac{(n_1 - 1)V_1 + (n_2 - 1)V_2}{n_1 + n_2 - 2}$

$= \dfrac{(10-1) \times 82 + (10-1) \times 79}{10 + 10 - 2} = 80.5$

31. 정규분포를 따르는 두 집단 A, B 각각의 모표준편차가 미지인 경우 신뢰도$(1-\alpha)$로 모평균의 차이가 있는지를 검정할 경우 틀린 것은? (단, s^2은 표본 분산, n은 표본 수, ν는 자유도이다.) [16-2, 22-1]

① 평균치 차의 검정을 하기 전에 등분산성의 검정이 필요하다.

② 등분산일 경우 검정통계량은
$\dfrac{\overline{x}_A - \overline{x}_B}{\sqrt{\dfrac{\nu_A s_A^2 + \nu_B s_B^2}{\nu_A + \nu_B}}}$ 이다.

③ 등분산의 조건에서 평균치 차에 대한 기각역은 $\pm t_{1-\alpha/2}(\nu_A + \nu_B)$이다.

④ 등분산에 관계없이 평균치 차의 검정에 대한 귀무가설은 $H_0 : \mu_A = \mu_B$로 설정한다.

해설 $t_0 = \dfrac{\overline{X}_A - \overline{X}_B}{\sqrt{V\left(\dfrac{1}{n_A} + \dfrac{1}{n_B}\right)}}$

$= \dfrac{\overline{x}_A - \overline{x}_B}{\sqrt{\dfrac{\nu_A s_A^2 + \nu_B s_B^2}{\nu_A + \nu_B}\left(\dfrac{1}{n_A} + \dfrac{1}{n_B}\right)}}$

$V = s^2 = \dfrac{S_A + S_B}{n_A + n_B - 2} = \dfrac{\nu_A s_A^2 + \nu_B s_B^2}{\nu_A + \nu_B}$

32. 임의의 2로트(lot)로부터 각각 크기가 8과 10인 시료를 채취하여 모평균의 차를 검정하려고 한다. 사용되는 검정통계량의 자유도는? (단, 등분산인 경우이다.) [14-1, 21-1]

① 15　　② 16　　③ 17　　④ 18

해설 $\nu = n_1 + n_2 - 2 = 10 + 8 - 2 = 16$

33. A, B 두 사람의 작업자가 동일한 기계 부품의 길이를 측정한 결과 다음과 같은 데이터가 얻어졌다. A 작업자가 측정한 것이 B 작업자의 측정치보다 크다고 할 수 있겠는가? (단, $\alpha = 0.05$, $t_{0.95}(5) = 2.015$이다.) [18-1]

부품 번호	1	2	3	4	5	6
A	89	87	83	80	80	87
B	84	80	70	75	81	75

① 데이터가 7개 미만이므로 위험률 5%로는 검정할 수가 없다.
② A 작업자가 측정한 것이 B 작업자의 측정치보다 크다고 할 수 있다.
③ A 작업자가 측정한 것이 B 작업자의 측정치보다 크다고 할 수 없다.
④ 위의 데이터로는 시료 크기가 7개 이하이므로 귀무가설을 채택하기에 무리가 있다.

해설

부품 번호	1	2	3	4	5	6	
$d_i = A - B$	5	7	13	5	−1	12	$\overline{d} = 6.83333$

㉠ 가설 : $H_0 : \Delta \leq 0$, $H_1 : \Delta > 0$

㉡ 유의수준 : $\alpha = 0.05$

㉢ 검정통계량 : $t_0 = \dfrac{\overline{d} - \Delta_0}{s_d / \sqrt{n}}$

$= \dfrac{6.83333 - 0}{5.15429 / \sqrt{6}} = 3.247$

$S_d = \sum d_i^2 - \dfrac{(\sum d_i)^2}{n} = 132.83333$

$s_d = \sqrt{\dfrac{S_d}{n-1}} = \sqrt{\dfrac{132.83333}{5}} = 5.15429$

㉣ H_0의 기각역 : $t_0 > t_{1-\alpha}(\nu) = t_{0.95}(5)$ $= 2.015$이면 귀무가설(H_0)을 기각한다.

㉤ 판정 : $t_0 (= 3.247) > 2.015$이므로 H_0 기각, 유의수준 5%에서 A 작업자가 측정한 것이 B 작업자의 측정치보다 크다고 할 수 있다.

34. 모분산이 설정된 기준치보다 크다고 할 수 있는가의 검정에서 기각역의 크기를 추정하려면 다음 중 어떠한 전제조건을 만족해야 하는가? [15-2]

① $\chi_0^2 < \chi_{\frac{\alpha}{2}}^2(\nu)$

② $\chi_0^2 > \chi_{1-\frac{\alpha}{2}}^2(\nu)$

③ $\chi_0^2 < \chi_{\alpha}^2(\nu)$

④ $\chi_0^2 > \chi_{1-\alpha}^2(\nu)$

해설 모분산이 설정된 기준치보다 크다고 할 수 있는가의 검정에서 대립가설은 $H_1 : \sigma^2 > \sigma_0^2$이다. 따라서 귀무가설의 기각역은 $\chi_0^2 > \chi_{1-\alpha}^2(\nu)$이다.

35. 어떤 제품의 품질특성치가 데이터와 같다. σ^2에 대한 95% 신뢰구간을 구하였더니 $0.75 \leq \sigma^2 \leq 7.10$이었다. 귀무가설($H_0$) $\sigma^2 = 9$를 대립가설(H_1) $\sigma^2 \neq 9$에 대하여 유의수준 0.05로 검정하였을 때 귀무가설(H_0)은 어떻게 하여야 하는가?

[10-2, 14-1, 16-1, 17-2, 20-1, 20-4]

┤ 데이터 ├

3 4 2 5 1 4 3 2

① 보류한다.
② 채택한다.
③ 기각한다.
④ 기각해도 되고 채택해도 된다.

해설 귀무가설 $H_0 : \sigma^2 = 9$는
신뢰구간 $0.75 \leq \sigma^2 \leq 7.10$에 포함되지 않으므로, 유의수준 0.05로 귀무가설(H_0)을 기각한다.

36. 어떤 제품의 품질 특성치는 평균 μ, 분산 σ^2인 정규분포를 따른다. 20개의 제품을 표본으로 취하여 품질 특성치를 측정한 결과 평균 10, 표준편차 3을 얻었다. 분산 σ^2에 대한 95% 신뢰구간은 약 얼마인가? (단, $\chi^2_{0.975}(19) = 32.852$, $\chi^2_{0.025}(19) = 8.907$ 이다.)

[10-4, 15-4, 19-2, 22-2]

① 5.21~19.20 ② 5.21~20.21
③ 5.48~19.20 ④ 5.48~20.21

해설 $n = 20$, $\overline{x} = 10$, $s(= \sqrt{V}) = 3$,
$S = s^2 \times \nu = 3^2 \times 19 = 171$

$$\frac{S}{\chi^2_{1-\alpha/2}(\nu)} \leq \sigma^2 \leq \frac{S}{\chi^2_{\alpha/2}(\nu)} \rightarrow$$

$$\frac{171}{\chi^2_{0.975}(19)} \leq \sigma^2 \leq \frac{171}{\chi^2_{0.025}(19)} \rightarrow$$

$$\frac{171}{32.852} \leq \sigma^2 \leq \frac{171}{8.907}$$

37. 어떤 공작기계에서 가공된 부품의 치수 데이터는 다음과 같다. 모분산(σ^2)의 95% 양측 신뢰구간을 구하면 약 얼마인가? (단, $\chi^2_{0.95}(8) = 15.51$, $\chi^2_{0.975}(8) = 17.53$, $\chi^2_{0.95}(9) = 16.92$, $\chi^2_{0.975}(9) = 19.02$, $\chi^2_{0.025}(8) = 2.18$, $\chi^2_{0.05}(8) = 2.73$, $\chi^2_{0.025}(9) = 2.70$, $\chi^2_{0.05}(9) = 3.33$이다.)

[06-2, 07-4, 10-1]

┤ 데이터 ├

8.24 8.27 8.22 8.25 8.24 8.25 8.26
8.28 8.24

① $0.000019 < \sigma^2 < 0.000149$
② $0.000148 \leq \sigma^2 \leq 0.001193$
③ $0.000831 \leq \sigma^2 \leq 0.001251$
④ $0.002750 < \sigma^2 < 0.005860$

해설 $n = 9$, $\nu = 9 - 1 = 8$, $\alpha = 0.05$

$$S = \sum x^2 - \frac{(\sum x)^2}{n}$$

$$= 612.5651 - \frac{74.25^2}{9} = 0.0026$$

$$\frac{S}{\chi^2_{1-\alpha/2}(\nu)} \leq \sigma^2 \leq \frac{S}{\chi^2_{\alpha/2}(\nu)} \rightarrow$$

$$\frac{0.0026}{\chi^2_{0.975}(8)} \leq \sigma^2 \leq \frac{0.0026}{\chi^2_{0.025}(8)} \rightarrow$$

$$\frac{0.0026}{17.53} \leq \sigma^2 \leq \frac{0.0026}{2.18} \rightarrow$$

$$0.0001483 \leq \sigma^2 \leq 0.0011927$$

38. 모분산(σ^2)을 추정할 때 자유도가 커짐에 따라 신뢰구간의 폭은 일반적으로 어떻게 변하는가? [15-2, 19-2]

① 일정하다.
② 점점 커진다.
③ 점점 작아진다.
④ 영향을 받지 않는다.

해설 $\dfrac{S}{\chi^2_{1-\alpha/2}(\nu)} \le \hat{\sigma^2} \le \dfrac{S}{\chi^2_{\alpha/2}(\nu)}$ 에서 자유도가 커지면, $\chi^2_{1-\alpha/2}(\nu)$ 및 $\chi^2_{\alpha/2}(\nu)$ 가 커지므로 신뢰구간의 폭은 감소한다.

39. 원료 A와 원료 B에서 만들어지는 제품의 순도를 측정한 결과 다음과 같다. 원료 A로부터 만들어지는 제품의 분산을 σ^2_A 이라 하고, 원료 B로부터 만들어지는 제품의 분산을 σ^2_B 이라 할 때, 유의수준 0.05로 $\sigma^2_A = \sigma^2_B$ 인가를 검정하는 데 필요한 F_0 의 값은 약 얼마인가? [07-1, 13-2, 19-1]

┤ 다음 ├
- 원료 A : 74.9%   75.0%   75.4%
- 원료 B : 75.0%   76.0%   75.5%

① 0.280
② 1.003
③ 1.889
④ 2.571

해설 • $F_0 = \dfrac{V_A}{V_B} = \dfrac{0.07}{0.25} = 0.28$

• $V_A = \dfrac{S_A}{\nu_A} = \dfrac{1}{n_A - 1}\left(\sum x^2_A - \dfrac{(\sum x_A)^2}{n_A}\right)$

$= \dfrac{1}{3-1}$

$\left((74.9^2 + 75.0^2 + 75.4^2) - \dfrac{(74.9 + 75.0 + 75.4)^2}{3}\right)$

$= 0.07$

• $V_B = \dfrac{S_B}{\nu_B} = \dfrac{1}{n_B - 1}\left(\sum x^2_B - \dfrac{(\sum x_B)^2}{n_B}\right)$

$= \dfrac{1}{3-1}$

$\left((75.0^2 + 76.0^2 + 75.5^2) - \dfrac{(75.0 + 76.0 + 75.5)^2}{3}\right)$

$= 0.25$

40. A기계와 B기계의 정도(精度)를 비교하기 위하여 각각의 기계로 15개씩의 제품

을 가공하였더니 $V_A = 0.052\text{mm}^2$, $V_B = 0.178\text{mm}^2$ 가 되었다. 유의수준 5%에서 A기계의 산포가 B기계의 산포보다 더 작다고 할 수 있는지를 검정한 결과로 맞는 것은 어느 것인가? (단, $F_{0.95}(14, 14) = 2.48$ 이다.) [12-1, 16-2, 19-4]

① 주어진 데이터로는 판단하기 어렵다.
② 두 기계의 산포는 같다고 할 수 있다.
③ A기계의 산포가 더 작다고 할 수 없다.
④ A기계의 산포가 더 작다고 할 수 있다.

해설 모분산비의 가설검정
㉠ 가설 : $H_0 : \sigma^2_A \ge \sigma^2_B$, $H_1 : \sigma^2_A < \sigma^2_B$
㉡ 유의수준 : $\alpha = 0.05$
㉢ 검정통계량 : $F_0 = \dfrac{V_B}{V_A} = \dfrac{0.178}{0.052} = 3.42$ 이다.
㉣ 기각역 : $F_0 > F_{1-\alpha}(\nu_B, \nu_A)$
$= F_{0.95}(14, 14) = 2.48$ 이면 귀무가설(H_0)을 기각한다.
㉤ 판정 : $F_0 = 3.42 > F_{0.95}(14, 14) = 2.48$ 이므로 귀무가설(H_0) 기각, 즉 A기계의 산포가 B기계의 산포보다 더 작다고 할 수 있다.

41. 두 개의 모집단 $N(\mu_1, \sigma_1^{\,2})$, $N(\mu_2, \sigma_2^{\,2})$ 에서 $H_0 : \mu_1 = \mu_2$ 를 검정하기 위하여 $n_1 = 10$ 개, $n_2 = 9$ 개의 샘플을 구하여 표본평균과 분산으로 각각 $\bar{x}_1 = 17.2$, $s_1^2 = 1.8$, $\bar{x}_2 = 14.7$, $s_2^2 = 8.7$ 을 얻었다. 유의수준 $\alpha = 0.05$ 로 하여 등분산성의 여부를 검토하려고 할 때, 틀린 것은? (단, $F_{0.975}(9, 8) = 4.36$, $F_{0.025}(9, 8) = 0.2439$ 이다.)

① H_0 기각한다. [17-2, 20-1]
② 검정통계량 $F_0 = 0.357$ 이다.
③ 등분산성은 성립하지 않는다.

④ $H_0 : \sigma_1^2 = \sigma_2^2$, $H_1 : \sigma_1^2 \neq \sigma_2^2$이다.

해설 두 모분산의 등분산성 검정

㉠ 가설 설정 : $H_0 : \sigma_1^2 = \sigma_2^2$, $H_1 : \sigma_1^2 \neq \sigma_2^2$

㉡ 유의수준 : $\alpha = 0.05$

㉢ 검정통계량 : $F_0 = \dfrac{V_1}{V_2} = \dfrac{s_1^2}{s_2^2} = \dfrac{1.8}{8.7}$
$$= 0.207$$

㉣ H_0의 기각역 : $F_0 > F_{1-\alpha/2}(\nu_1, \nu_2)$
$$= F_{0.975}(9, 8) = 4.36$$
또는 $F_0 < F_{\alpha/2}(\nu_1, \nu_2) = F_{0.025}(9, 8)$
$= 0.2439$이면 귀무가설(H_0)을 기각한다.

㉤ 판정 : $F_0 < F_{\alpha/2}(\nu_1, \nu_2) = F_{0.025}(9, 8)$
$= 0.2439$이므로 H_0기각, 등분산은 성립
하지 않는다.

42. 실험의 관리상태를 알아보는 방법으로 오차의 등분산 가정에 관한 검토방법에 속하지 않는 것은?　[17-2, 14-1, 19-1]

① Hartley의 방법

② Bartlett의 방법

③ Satterthwaite의 방법

④ R 관리도에 의한 방법

해설 오차의 등분산성 여부를 보는 방법에는 Hartley의 방법, Bartlett의 방법, R 관리도에 의한 방법(σ관리도), Cochran의 방법 등이 있다.

계수치의 검정과 추정

43. 우리 회사에 부품을 납품하는 협력업체의 품질이 점점 나빠지고 있다. 이 협력업체의 품질을 조사하기 위하여 제조 공정으로부터 $n = 10$의 샘플을 취하였더니 $x = 3$개의 부적합품이 발견되었다. 이때 모부적합품률을 추정하기 위한 $\hat{p}$의 식은 어느 것인가? (단, N은 로트의 크기이다.)　[14-1, 19-1]

① $N - x$　　　② $N - n$

③ $\dfrac{x}{N}$　　　④ $\dfrac{x}{n}$

해설 $n = 10$개 중 $x = 3$개이므로
부적합품률 $\hat{p} = \dfrac{x}{n} = \dfrac{3}{10} = 0.3$이다.

44. 모부적합품률에 대한 검정을 할 때, 검정통계량으로 맞는 것은?　[21-2]

① $u_0 = \dfrac{p - P_0}{\sqrt{P_0(1 - P_0)}}$

② $u_0 = \dfrac{P_0 - p}{\sqrt{P_0(1 + P_0)}}$

③ $u_0 = \dfrac{p - P_0}{\sqrt{\dfrac{P_0(1 - P_0)}{n}}}$

④ $u_0 = \dfrac{P_0 - p}{\sqrt{\dfrac{P_0(1 + P_0)}{n}}}$

해설 모부적합품률에 대한 검정통계량은 n이 큰 경우 중심극한정리에 의해
$$u_0 = \dfrac{\hat{p} - P_0}{\sqrt{\dfrac{P_0(1 - P_0)}{n}}} \sim N(0, 1)$$를 따른다.

p에 대한 $100(1-\alpha)\%$ 양측 신뢰구간은
$\hat{p} \pm u_{1-\alpha/2}\sqrt{\dfrac{\hat{p}(1 - \hat{p})}{n}}$이다.

45. A구장에서 경기를 하게 되면 타 구장과 비교해 홈런을 칠 확률이 높다고 한다. 실제 타 구장과 비교해 홈런을 칠 확률이 50% 보다 큰지를 확인하기 위해 A구장에서 시합한 선수 30명을 조사해 보았더니 홈런을 친 선수가 18명이었다. A구장에서 시

합을 하면 홈런을 칠 확률이 50%보다 높은
지를 검정할 때 검정통계량의 값은? [15-2]

① 0.002　　　② 1.095

③ 1.960　　　④ 2.315

해설 $P_0 = 0.5$, $\hat{p} = 18/30 = 0.6$

$$u_0 = \frac{\hat{p} - P_0}{\sqrt{\dfrac{P_0(1-P_0)}{n}}}$$

$$= \frac{0.6 - 0.5}{\sqrt{\dfrac{0.5 \times (1-0.5)}{30}}} = 1.095$$

46. 다음 중 시료 부적합품률 $\hat{P} = \dfrac{r}{n}$ 로 부터
모부적합품률에 대해 정규분포 근사법을 이
용하여 95%의 신뢰율로 양측 신뢰한계를 구
할 때 사용하여야 할 식은? (단, n은 샘플의
크기, r은 샘플 중 포함되어 있는 부적합품의
수이다.) [13-4, 20-1]

① $\hat{P} \pm 1.96\sqrt{n\hat{P}(1-\hat{P})}$

② $\hat{P} \pm 1.96\sqrt{\hat{P}(1-\hat{P})}$

③ $\hat{P} \pm 1.96\sqrt{\dfrac{\hat{P}(1-\hat{P})}{n}}$

④ $\hat{P} \pm 1.96\sqrt{\dfrac{\hat{P}(1-\hat{P})}{n^2}}$

해설 $\hat{P} \pm u_{1-\alpha/2}\sqrt{\dfrac{\hat{P}(1-\hat{P})}{n}}$

$$= \hat{P} \pm 1.96\sqrt{\dfrac{\hat{P}(1-\hat{P})}{n}}$$

47. 어떤 부품의 제조공정에서 종래 장기간
의 공정평균 부적합품률은 9% 이상으로 집
계되고 있다. 부적합품률을 낮추기 위해 최
근 그 공정의 일부를 개선한 후 그 공정을
조사하였더니 167개의 샘플 중 8개가 부적
합품이었으며, 귀무가설 $H_0 : P \geq P_0$ 는

기각되었다. 공정평균 부적합품률의 95%
위쪽 신뢰한계는 약 얼마인가? [17-4, 22-1]

① 0.045　　　② 0.065

③ 0.075　　　④ 0.085

해설 $\hat{p} = \dfrac{x}{n} = \dfrac{8}{167} = 0.0479$, $u_{0.95} = 1.645$

$$P_u = \hat{p} + u_{1-\alpha}\sqrt{\dfrac{\hat{p}(1-\hat{p})}{n}}$$

$$= 0.0479 + u_{0.95}\sqrt{\dfrac{0.0479(1-0.0479)}{167}}$$

$$= 0.0751$$

48. 1로트 약 5000개에서 100개의 랜덤 시
료 중에 부적합품수가 10개 발견되었다. 이
로트의 모부적합품률의 95% 추정의 정밀도
를 구하면 약 얼마인가? [06-4, 16-4]

① ±0.035　　　② ±0.059

③ ±0.196　　　④ ±0.345

해설 $\hat{p} = \dfrac{x}{n} = \dfrac{10}{100} = 0.1$, $u_{0.975} = 1.96$

$$\beta_p = \pm u_{1-\alpha/2}\sqrt{\dfrac{\hat{p}(1-\hat{p})}{n}}$$

$$= \pm u_{0.975}\sqrt{\dfrac{0.1(1-0.1)}{100}} = \pm 0.0588$$

49. A 자동차는 신차구입 후 5년 이상 자동
차를 보유하는 고객의 비율을 추정하기를
원한다. 신뢰수준 95%에서 오차한계가
±0.05로 하기 위해서 필요한 최소의 표본
크기는 약 얼마인가? [11-2, 17-4, 22-1]

① 373　② 380　③ 382　④ 385

해설 $\beta_p = \pm u_{1-\alpha/2}\sqrt{\dfrac{\hat{p}(1-\hat{p})}{n}}$ →

$\pm 0.05 = \pm u_{0.975}\sqrt{\dfrac{0.5(1-0.5)}{n}}$ →

$n = 384.16$ → 385 개

50. A회사와 B회사의 제품에서 각각 150개, 200개를 추출하여 부적합품수를 찾아보니 각각 30개, 25개이었다. 두 회사 제품의 부적합품률의 차를 검정하기 위한 검정통계량은 약 얼마인가? [08-4, 22-2]

① 1.09 ② 1.63
③ 1.91 ④ 2.10

해설 두 모부적합품률의 차에 대한 검정

$$\hat{p_A} = \frac{x_A}{n_A} = \frac{30}{150} = 0.2$$

$$\hat{p_B} = \frac{x_B}{n_B} = \frac{25}{200} = 0.125$$

$$\hat{p} = \frac{x_A + x_B}{n_A + n_B} = \frac{30 + 25}{150 + 200} = 0.157 \text{ 이므로}$$

검정통계량

$$u_0 = \frac{\hat{p_A} - \hat{p_B}}{\sqrt{\hat{p}(1-\hat{p})\left(\frac{1}{n_A} + \frac{1}{n_B}\right)}}$$

$$= \frac{0.2 - 0.125}{\sqrt{0.157 \times (1 - 0.157)\left(\frac{1}{150} + \frac{1}{200}\right)}}$$

$$= 1.9086$$

51. 결혼 후 두 자녀 이상 갖기를 원하는 부부들의 선호도에 관한 설문을 하기 위해 미혼 남성 200명, 미혼 여성 100명을 대상으로 그 선호도를 조사하였다. 그 결과 미혼 남성 중 50명이, 미혼 여성 중 10명이 두 자녀 이상을 갖기를 원하였다. 두 자녀 이상 갖기를 원하는 남성과 여성의 비율의 차에 대한 90% 신뢰구간에 대한 신뢰상한값은 약 얼마인가? [09-4, 20-2]

① 0.080 ② 0.150
③ 0.205 ④ 0.221

해설 $\hat{p_1} = \dfrac{x_1}{n_1} = \dfrac{50}{200} = 0.25$

$$\hat{p_2} = \frac{x_2}{n_2} = \frac{10}{100} = 0.1$$

$$u_{0.95} = 1.645$$

$$(\hat{p_1} - \hat{p_2}) \pm u_{1-\frac{\alpha}{2}} \sqrt{\frac{\hat{p_1}(1 - \hat{p_2})}{n_1} + \frac{\hat{p_2}(1 - \hat{p_2})}{n_2}}$$

$$= (0.25 - 0.1)$$

$$\pm u_{0.95} \sqrt{\frac{0.25(1 - 0.25)}{200} + \frac{0.1(1 - 0.1)}{100}}$$

$$= (0.079, 0.221)$$

52. 어떤 로트의 모부적합수는 $m = 16.0$ 이었다. 작업내용을 개선한 후에 표본의 부적합수는 $c = 12.0$ 이 되었다. 검정통계량 (u_0)은 얼마인가? [15-4, 19-2]

① -1.00 ② -0.75
③ 0.75 ④ 1.00

해설 $U_0 = \dfrac{c - m}{\sqrt{m}} = \dfrac{12 - 16}{\sqrt{16}} = -1.00$

53. 모부적합수 $m = 25$인 공정에 대해 작업방법을 변경한 후에 확인해 보니 표본부적합수 $c = 20$으로 나타났다. 모부적합수가 달라졌다고 할 수 있는지에 대한 판정으로 옳은 것은 어느 것인가? (단, 유의수준 $\alpha = 0.05$이다.) [07-4, 13-1, 18-2]

① $\mu_0 = -1.0$으로 H_0 채택, 결점수가 달라지지 않았다.
② $\mu_0 = -1.12$으로 H_0 채택, 결점수가 달라지지 않았다.
③ $\mu_0 = -4.8$으로 H_0 기각, 결점수가 달라졌다.
④ $\mu_0 = -5.0$으로 H_0 기각, 결점수가 달라졌다.

해설 ㉠ 가설 : $H_0 : m = 25$, $H_1 : m \neq 25$
㉡ 유의수준 : $\alpha = 0.05$

ⓒ 검정통계량 $u_0 = \dfrac{c-m}{\sqrt{m}} = \dfrac{20-25}{\sqrt{25}} = -1$

ⓓ 기각역 : $|u_0| > u_{1-\alpha/2} = u_{0.975} = 1.96$이면
귀무가설(H_0)을 기각한다.

ⓔ 판정 : $|u_0| < u_{1-\alpha/2} = u_{0.975} = 1.96$이므로
H_0 채택, 모부적합수가 달라졌다고 할
수 없다.

54. 종래 한 로트에서 발견되는 부적합수는
평균 12개이었다. 작업방법을 개선한 후 하나
의 로트를 뽑아서 부적합수를 세어보니 7개
였다. 평균 부적합수가 줄었는지를 유의수준
5%로 검정할 때, 기각역과 검정통계량(u_0)
의 값은 약 얼마인가? [12-1, 21-1]

① 기각역 : $u_0 \leq -1.96$, $u_0 = -1.44$
② 기각역 : $u_0 \leq -1.96$, $u_0 = -1.89$
③ 기각역 : $u_0 \leq -1.645$, $u_0 = -1.44$
④ 기각역 : $u_0 \leq -1.645$, $u_0 = -1.89$

해설 ⓐ 가설설정 :
$H_0 : m \geq 12$, $H_1 : m < 12$

ⓑ 유의수준 : $\alpha = 0.05$

ⓒ 검정통계량 $u_0 = \dfrac{c-m_0}{\sqrt{m_0}} = \dfrac{7-12}{\sqrt{12}}$
$= -1.443$

ⓓ 기 각 역 : $u_0 < -u_{1-\alpha} = -u_{0.95} = -1.645$
이면 귀무가설(H_0)을 기각한다.

ⓔ 판정 : $u_0 = -1.443 > -u_{0.95} = -1.645$ H_0
채택$(H_1$ 기각$)$, 즉 평균 부적합수가 작아
졌다고 할 수 없다.

55. 모부적합수(m)에 대한 신뢰상한값만을
추정하는 식으로 맞는 것은? [20-4]

① $m = x - u_{1-\alpha/2} \sqrt{x}$
② $m = x - u_{1-\alpha} \sqrt{x}$
③ $m = x + u_{1-\alpha/2} \sqrt{x}$
④ $m = x + u_{1-\alpha} \sqrt{x}$

해설 모부적합수(m)에 대한 신뢰상한값만
을 추정하는 식은
$m_U = x + u_{1-\alpha} \sqrt{x}$ 이다.

56. 다음 중 어떤 제품의 부적합수가 16개일
때, 모부적합수의 95% 신뢰한계는 약 얼마
인가? [19-1]

① 9.4~22.6개 ② 8.2~23.8개
③ 12.0~16.0개 ④ 15.2~16.8개

해설 $c = 16$, $u_{0.975} = 1.96$
$c \pm u_{1-\alpha/2} \sqrt{c} = 16 \pm u_{0.975} \times \sqrt{16}$
$= (8.16, 23.84)$

57. 랜덤하게 채취한 도금 제품을 검사하였
더니 핀홀 수가 15개 있었다. 모부적합수의
95% 신뢰구간(confidence interval)의 상
한을 추정하면 약 얼마인가? [16-2]

① 21.371 ② 22.591
③ 24.008 ④ 24.977

해설 신뢰상한
$c + u_{1-\alpha/2} \sqrt{c} = c + u_{0.975} \sqrt{c}$
$= 15 + 1.96 \times \sqrt{15} = 22.591$

58. 다음 중 어떤 농기계를 생산하는 회사에
서 최근 6개월간의 부적합 발생건수가 44
건으로 나타났다. 이 공장의 월평균 발생건
수에 대한 95% 신뢰구간의 추정범위는 약
얼마인가? [11-4, 22-1]

① 2.0 ~ 12.6 ② 5.2 ~ 9.5
③ 5.8 ~ 9.8 ④ 9.2 ~ 14.8

해설 단위당 부적합수
$\hat{u} = \dfrac{x}{n} = \dfrac{44}{6} = 7.333$, $u_{0.975} = 1.96$

$$\hat{u} \pm u_{1-\alpha/2}\sqrt{\frac{\hat{u}}{n}} = 7.333 \pm u_{0.975} \times \sqrt{\frac{7.333}{6}}$$
$$= (5.17, \ 9.50)$$

59. 두 집단의 모부적합수 차에 대한 통계적 가설검정을 정규분포 근사를 활용할 때, 검정통계량의 값(u_0)은 얼마인가? (단, 두 집단 각각의 부적합수 $x_1 = 10$, $x_2 = 6$이다.) [17-4]

① 1   ② 2   ③ 3   ④ 4

해설 $u_0 = \dfrac{x_1 - x_2}{\sqrt{x_1 + x_2}} = \dfrac{10-6}{\sqrt{10+6}} = 1$

60. A, B 두 직조공정을 병행하여 가동하고 있다. A 공정에서는 직물 10000m에 대하여 부적합수가 10개, B 공정에서는 같은 길이의 직물에서 부적합수가 20개 있었다. 유의수준 0.05로 검정하고자 할 때, A공정의 부적합 수는 B공정보다 적다고 할 수 있는가? [10-4, 21-4]

① A공정은 B공정과 같다고 할 수 있다.
② A공정의 부적합수는 B공정보다 적다고 할 수 있다.
③ A공정의 부적합수는 B공정보다 적다고 할 수 없다.
④ A공정과 B공정의 부적합수는 서로 비교할 수 없다.

해설 두 모부적합수 차의 검정
㉠ 가설 : $H_0 : m_A \geq m_B$
   $H_1 : m_A < m_B$
㉡ 유의수준 : $\alpha = 0.05$
㉢ 검정통계량
   $u_0 = \dfrac{c_A - c_B}{\sqrt{c_A + c_B}} = \dfrac{10-20}{\sqrt{10+20}}$
   $= -1.8257$
㉣ 기각역 : $u_0 < -u_{1-\alpha} = -u_{0.95} = -1.645$이

면 귀무가설(H_0)을 기각한다.
㉤ 판정 : $u_0 = -1.8257 < -u_{0.95} = -1.645$이므로 $\alpha = 0.05$에서 H_0를 기각한다. 유의수준 5%에서 A공정의 부적합수는 B공정보다 적다고 할 수 있다.

적합도 검정 및 동일성 검정

61. 다음 적합도 검정에 대한 설명 중 틀린 것은? [15-4, 19-2]

① 관측도수는 실제 조사하여 얻은 것이다.
② 일반적으로 기대도수는 관측도수보다 적다.
③ 기대도수는 귀무가설을 이용하여 구한 것이다.
④ 모집단의 확률분포가 어떤 특정한 분포라고 보아도 좋은가를 조사하고 싶을 때 이용한다.

해설 기대도수는 관측도수보다 클 수도 있고 작을 수도 있다. 기대도수의 전체의 합과 관측도수의 전체의 합은 같다.

62. 다음 중 적합도 검정에 관한 설명으로 틀린 것은? [15-2]

① 기대도수는 계산된 수치이다.
② 적합도 검정은 주로 카이제곱분포를 따른다.
③ 주어진 데이터가 정규분포인지 알아내는 데 사용할 수 있다.
④ 적합도 검정은 확률의 가정된 값이 정해지지 않는 경우 사용할 수 없다.

해설 적합도 검정은 확률값이 정해졌을 때, 확률의 가정된 값이 정해지지 않는 경우 모두 사용할 수 있다.

정답 ▶ **59.** ① **60.** ② **61.** ② **62.** ④

63. 다음 적합도 검정에 대한 설명 중 틀린 것은? [17-1]

① 적합도 검정은 계수형 자료에 주로 사용된다.

② 적합도 검정의 검정통계량은 카이제곱(χ^2)분포를 따른다.

③ 적합도 검정 시 확률 P_i의 가정된 값이 주어진 경우 유의수준 α에서 기각역은 $\chi^2_{1-\alpha/2}(k-1)$이다.

④ 적합도 검정 시 확률 P_i의 가정된 값이 주어지지 않은 경우, 자유도 $\nu = k-p-1$(p는 parameter의 수이다)를 따른다.

해설 적합도 검정 시 확률 P_i의 가정된 값이 주어진 경우 유의수준 α에서 기각역은 $\chi^2_{1-\alpha}(k-1)$이다.

64. 다음 중 전체 학생들의 성적이 정규분포를 따르는지 적합도 검정을 활용하여 검정하고자 할 때, 검정 절차로 가장 거리가 먼 것은? [14-4, 20-2]

① 귀무가설은 정규분포라고 가정한다.

② 검정통계량은 카이제곱분포를 이용한다.

③ 각각의 분류한 급에 대한 기대빈도수는 카이제곱분포로 계산한다.

④ 자유도는 조사한 데이터를 급으로 분류할 때, 급의 수보다 1이 적다.

해설 성적이 정규분포를 따르는지 보는 것이므로 기대빈도수는 정규분포로 계산한다.

65. 대학생들이 학년별로 좋아하는 가수가 바뀌는가를 검정하고자 각 학년별로 랜덤으로 100명씩 선정하여 가수 4명 중에서 좋아하는 가수를 조사하여 표를 만들었다. 가장 적합한 검정방법은? [12-2, 16-1]

① 회귀 검정

② 동일성 검정

③ 평균치 차의 검정

④ 모분산 비 검정

해설 동일성 검정으로 여러 집단(학년별)에 대해 특성(좋아하는 가수의 비율)이 동일한지 검정할 수 있다.

66. 다음 표는 주사위를 60회 던져서 1부터 6까지의 눈이 몇 회 나타나는가를 기록한 것이다. 이 주사위에 관한 적합도 검정을 하고자 할 때, 검정통계량(χ^2_0)은 얼마인가?

눈	1	2	3	4	5	6
관측치	9	12	13	9	11	6

[09-4, 13-1, 18-1]

① 1.9　　② 2.5

③ 3.2　　④ 4.5

해설

눈	1	2	3	4	5	6	계
관측치	9	12	13	9	11	6	60
기대치	$60 \times \frac{1}{6}$ $=10$	$60 \times \frac{1}{6}$ $=10$	$60 \times \frac{1}{6}$ $=10$	$60 \times \frac{1}{6}$ $=10$	$60 \times \frac{1}{6}$ $=10$	$60 \times \frac{1}{6}$ $=10$	60

$$\chi^2_0 = \frac{\sum_i (O_i - E_i)^2}{E_i}$$
$$= \frac{(9-10)^2 + (12-10)^2 + \cdots + (6-10)^2}{10}$$
$$= 3.2$$

67. 남자아이와 여자아이가 태어나는 확률은 같다고 알려졌다. 이를 검정하는 방법으로 옳지 않은 것은? [13-4, 18-2]

① 태어난 아이들의 성별을 조사하여 적합도 검정을 실시한다.

② 적합도 검정 시 남자아이와 여자아이들

의 기대도수는 같다.

③ 자유도는 전체 조사한 아이들의 수에서 1를 뺀 수이다.

④ 귀무가설은 남자아이와 여자아이가 태어날 확률을 각각 0.5로 둔다.

해설 자유도=가짓수-1이고, 가짓수(남자아이, 여자아이)는 2이므로 자유도는 1이 된다.

68. 동전을 200번 던져 앞면이 115번, 뒷면이 85번 나타났다. 앞면이 나올 확률이 0.5이라는 가설을 유의수준 $\alpha = 0.05$로 검정한 결과로 맞는 것은? (단, $\chi^2_{0.95}(1) = 3.84$, $\chi^2_{0.975}(1) = 5.02$) [06-1, 21-4]

① 이 실험결과로는 알 수 없다.

② 앞면이 나올 확률이 $\frac{1}{2}$ 이라 볼 수 있다.

③ 앞면이 나올 확률이 $\frac{1}{2}$ 이 아니라고 볼 수 있다.

④ 앞면이 나올 확률은 $\frac{1}{2}$ 보다 작다고 볼 수 있다.

해설 적합도 검정

구분	앞면	뒷면	계
관측도수 (O_i)	115	85	200
기대도수 (E_i)	$200 \times \frac{1}{2}$ $= 100$	$200 \times \frac{1}{2}$ $= 100$	200

$$\chi^2_0 = \sum_{i=1}^{k} \frac{(O_i - E_i)^2}{E_i}$$
$$= \frac{(115-100)^2}{100} + \frac{(85-100)^2}{100} = 4.5$$

$\chi^2_{1-\alpha}(k-1) = \chi^2_{0.95}(1) = 3.84$이다.

$\chi^2_0 > \chi^2_{0.95}(1)$이므로, $\alpha = 0.05$로 앞면이 나오는 확률은 $\frac{1}{2}$이 아니라 볼 수 있다.

69. 어느 지역 유치원은 남자가 여자보다 1.5배 많다고 알려져 있다. 이 주장을 검정하기 위하여 해당 지역의 유치원을 임의로 방문하여 조사하였더니 남자, 여자의 수가 각각 120명, 100명이었다. 적합도 검정을 할 때, 검정통계량은 약 얼마인가? [09-1, 21-2]

① 2.64 ② 2.73 ③ 2.84 ④ 3.11

해설

구분	남	여	계
관측도수 (O_i)	120	100	220
기대도수 (E_i)	$220 \times \frac{1.5}{2.5}$ $= 132$	$220 \times \frac{1}{2.5}$ $= 88$	2.5 (220)

$$\chi^2_0 = \sum_{i=1}^{k} \frac{(O_i - E_i)^2}{E_i}$$
$$= \frac{(120-132)^2}{132} + \frac{(100-88)^2}{88}$$
$$= 2.727$$

70. 멘델의 유전법칙에 의하면 4종류의 식물이 $9:3:3:1$의 비율로 나오게 되어 있다고 한다. 240그루의 식물을 관찰하였더니 각 부문별로 $120:55:40:25$로 나타났다면, 적합도 검정을 위한 통계량은 약 얼마인가? [07-4, 19-4]

① 9.11 ② 10.98 ③ 11.11 ④ 12.12

해설

식물의 종류	A	B	C	D	계
관측도수 (O_i)	120	55	40	25	240
기대도수 (E_i)	$240 \times \frac{9}{16}$ $= 135$	$240 \times \frac{3}{16}$ $= 45$	$240 \times \frac{3}{16}$ $= 45$	$240 \times \frac{1}{16}$ $= 15$	240

$$\chi_0^2 = \sum_{i=1}^{k} \frac{(O_i - E_i)^2}{E_i}$$

$$= \frac{(120-135)^2}{135} + \frac{(55-45)^2}{45} + \frac{(40-45)^2}{45}$$

$$+ \frac{(25-15)^2}{15} = 11.11$$

71. 적합성 검정에서 기대도수의 설명으로 틀린 것은? [19-1]
① 관측도수의 평균이 기대도수이다.
② 귀무가설을 기준으로 계산한 것이다.
③ 기대도수의 전체의 합과 관측도수의 전체의 합은 같다.
④ 검정 통계량 카이제곱 값은 기대도수와 관측도수로 계산한다.

해설 기대도수는 귀무가설을 이용하여 구한 것이다.

72. 다음 중 동일성 검정에 대한 설명으로 틀린 것은? [17-2]
① 동일성 검정은 계수형 자료에 적합하다.
② 동일성 검정의 검정통계량은 카이제곱분포를 따른다.
③ 기대도수 산출을 위해 사용되는 확률의 합은 1일 필요가 없다.(즉, $p_{11} + \cdots + p_{1c} \neq 1$ 이다.)
④ 동일성 검정통계량의 자유도는 일반적으로 $(r-1)(c-1)$로 표현된다.
(여기서, r은 조사표에서 행의 수, c는 조사표에서 열의 수이다.)

해설 기대도수 산출을 위해 사용되는 확률의 합은 1이다.(즉, $p_{11} + p_{12} + \cdots + p_{1c} = 1$ 이다.)

73. 기계 A와 B에서 만들어지는 제품 중에서 각각 100개씩 뽑아서 부적합품을 조사하니 다음 표와 같다. 분포를 사용하여 두 기계에

서 나오는 제품의 부적합품률이 같은지를 검정하려 한다. 이때 계산되는 검정통계량 χ_0^2의 값은? [06-2]

구분	적합품	부적합품	합계
A	90	10	100
B	94	6	100
합계	184	16	200

① 8.178　　② 0.711
③ 1.087　　④ 0.611

해설

구분		적합품	부적합품	합계
A	관측치(O_{ij})	90	10	100
	기대치(E_{ij})	E_{11}	E_{12}	
B	관측치(O_{ij})	94	6	100
	기대치(E_{ij})	E_{21}	E_{22}	
합계		184	16	200

$$E_{11} = \frac{184}{200} \times 100 = 92$$

$$E_{12} = \frac{16}{200} \times 100 = 8$$

$$E_{21} = \frac{184}{200} \times 100 = 92$$

$$E_{22} = \frac{16}{200} \times 100 = 8$$

$$\chi_0^2 = \frac{(90-92)^2}{92} + \frac{(94-92)^2}{92} + \frac{(10-8)^2}{8}$$

$$+ \frac{(6-8)^2}{8} = 1.087$$

74. 한국인과 일본인의 스포츠(축구, 농구, 야구) 선호도가 같은지 조사하였다. 각각 100명씩 랜덤 추출하여 가장 좋아하는 한 가지 운동을 선택하여 분류하였더니 다음 [표]와 같을 때, 설명 중 틀린 것은? (단, $\alpha = 0.05$, $\chi_{0.95}^2(2) = 5.991$ 이다.) [18-4, 22-1]

2 과목

구분	축구	농구	야구
한국인	40	20	40
일본인	30	20	50

① 검정결과는 귀무가설 채택이다.

② 검정통계량(χ_0^2)은 약 2.5397이다.

③ 검정에 사용되는 자유도는 4이다.

④ 기대도수는 각 스포츠별로 선호도가 같다고 가정하여 평균을 사용한다.

해설 동일성 검정

㉠ 가설 : H_0 : 한국인과 일본인의 스포츠(축구, 농구, 야구) 선호도가 같다.

H_1 : 한국인과 일본인의 스포츠(축구, 농구, 야구) 선호도가 같지 않다.

㉡ 유의수준 : $\alpha = 0.05$

㉢ 검정통계량

구분		축구	농구	야구	계
한국인	관측치 (O_{ij})	40	20	40	100
	기대치 (E_{ij})	E_{11}	E_{21}	E_{31}	
일본인	관측치 (O_{ij})	30	20	50	100
	기대치 (E_{ij})	E_{12}	E_{22}	E_{33}	
합		70	40	90	200

$E_{11} = \dfrac{70}{200} \times 100 = 35$ $E_{21} = \dfrac{40}{200} \times 100 = 20$

$E_{31} = \dfrac{90}{200} \times 100 = 45$

$E_{12} = \dfrac{70}{200} \times 100 = 35$

$E_{22} = \dfrac{40}{200} \times 100 = 20$

$E_{32} = \dfrac{90}{200} \times 100 = 45$

$\chi_0^2 = \sum_i \sum_j \dfrac{(O_{ij} - E_{ij})^2}{E_{ij}}$

$= \dfrac{(40-35)^2}{35} + \dfrac{(30-35)^2}{35} + \dfrac{(20-20)^2}{20}$

$+ \dfrac{(20-20)^2}{20} + \dfrac{(40-45)^2}{45} + \dfrac{(50-45)^2}{45}$

$= 2.5397$

㉣ 기각역 : $\chi_0^2 > \chi_{1-\alpha}^2((r-1)(c-1))$

$= \chi_{0.95}^2((2-1)(3-1)) = \chi_{0.95}^2(2) = 5.991$

이면 귀무가설(H_0)을 기각한다.

㉤ 판정 : $\chi_0^2 (= 2.5397) < \chi_{0.95}^2(2)$ 이므로 귀무가설(H_0)을 채택한다.

※ 검정에 사용되는 자유도는 2이다.

75. 한국, 미국, 중국 세 나라별로 좋아하는 것에 차이가 있는지 다음과 같은 분할표를 활용하여 독립성 검정하고자 할 때 검정 과정 중 잘못된 것은?   [20-4]

구분	스포츠	영화	독서	합계
한국인	100	100	200	400
미국인	150	50	100	300
중국인	50	50	50	150
합계	300	200	350	850

① 자유도는 $9-2 = 7$이다.

② 미국인이 영화를 좋아할 기대도수는 $\dfrac{200 \times 300}{850} = 70.588$ 이다.

③ 검정통계량 카이제곱은 각 항별로 $\dfrac{(측정 개수 - 기대도수)^2}{기대도수}$ 를 계산하여, 모두 더한 것이다.

④ 한국인이 스포츠를 좋아할 확률은 (좋아하는 것에서 스포츠 선택될 확률)×(사람 중 한국인이 선택될 확률)이다.

해설 $r \times c$ 분할표에 의한 독립성 검정에서는 $\chi_{1-\alpha}^2(r-1)(c-1)$ 이며, 자유도는 $(3-1)(3-1) = 4$ 이다.

정답 → **75.** ①

76. 4×2 분할표에서 독립성을 검정하고자 할 때 χ^2 분포의 자유도는 얼마인가?

[08-4, 10-4, 15-1]

① 2 ② 3
③ 4 ④ 6

[해설] $\nu = (r-1)(c-1) = 3 \times 1 = 3$

77. 2×2 분할표에서 χ_0^2의 계산식으로 올바른 것은?   [06-4]

	1	2	계
A	a	b	T_A
B	c	d	T_B
계	T_1	T_2	T

① $\chi_0^2 = \dfrac{\left(|ad-bc| - \dfrac{T}{2}\right)^2 \times T}{T_1 \cdot T_2 \cdot T_A \cdot T_B}$

② $\chi_0^2 = \dfrac{\left(|ad-bc| - \dfrac{T}{2}\right)^2 \times T}{T_A \cdot T_B}$

③ $\chi_0^2 = \dfrac{\left(|ad-bc| - \dfrac{T}{2}\right)^2 \times T}{T_1 \cdot T_2 \cdot T_A}$

④ $\chi_0^2 = \dfrac{\left(|ad-bc| - \dfrac{T}{2}\right)^2 \times T}{T_1 \cdot T_2}$

[해설] $\chi_0^2 = \dfrac{\left(|ad-bc| - \dfrac{T}{2}\right)^2 \cdot T}{T_1 \cdot T_2 \cdot T_A \cdot T_B}$

78. 검정통계량을 계산할 때 χ^2통계량을 사용할 수 없는 것은?   [09-2, 16-4, 21-1]

① 한국인과 일본인이 야구, 축구, 농구에 대한 선호도가 다른지를 조사할 때
② 20대, 30대, 40대별로 좋아하는 음식(한식, 중식, 양식)에 영향을 미치는지를 조사할 때
③ 이론적으로 남녀의 비율이 같을 때, 어느 마을의 남녀 성비가 이론을 따르는지 검정할 때
④ 어느 대학의 산업공학과에서 샘플링한 4학년생 10명의 토익성적과 3학년생 15명의 토익 성적을 산포에 대한 등분산성을 검정할 때

[해설] 적합도, 동일성, 독립성 검정은 χ^2통계량을 사용하고, 등분산 검정(모분산비의 검정)은 F분포를 사용한다.

79. 통계적 가설검정 시 사용되는 검정통계량 분포의 유형이 다른 것은?   [19-4]

① 적합도 검정
② 모분산의 검정
③ 모분산비의 검정
④ 분할표에 의한 검정

[해설] ①, ②, ④는 χ^2분포, ③은 F분포를 사용한다.

3. 상관 및 단순회귀

공분산과 상관계수

1. 두 변량 사이의 직선관계 정도를 재는 측도를 무엇이라 하는가? [19-2]

① 결정계수
② 회귀계수
③ 변이계수
④ 상관계수

해설 상관계수(r)는 x와 y 사이의 직선관계를 나타내는 척도이다.
① 결정계수는 상관계수의 제곱(r^2)과 같다.
② 회귀계수 $b = \dfrac{S_{xy}}{S_{xx}}$
③ 변이계수 또는 변동계수는 표준편차를 평균으로 나눈 값이다. ($CV = \dfrac{s}{x} \times 100\%$)

2. 다음 설명 중 옳지 않은 것은 어느 것인가? [06-4, 11-4]

① 결정계수는 상관계수의 제곱과 같다.
② 공분산은 원 데이터의 측정 단위에 따라 달라진다.
③ 모상관계수의 구간추정은 Z변환하여 정규분포를 사용할 수 있다.
④ 상관계수의 값이 0에 가까울수록 일정한 경향선으로부터의 산포는 작아진다.

해설 상관계수의 값이 0에 가까울수록 두 변량간 직선적 상관관계가 없다는 것을 의미하며 일정한 경향선으로부터의 산포는 커진다.

3. 상관분석에서 상관의 정도를 나타내는 척도로서 공분산을 사용할 수 없는 이유로 가장 적절한 것은? [07-4, 11-2]

① 과거로부터의 습관에 의하여
② 상관계수를 구하는 편이 더 간단하므로
③ 공분산의 값은 그 성격상 절대치 값만을 알 수 있으므로
④ 공분산은 원 데이터의 측정단위 변환에 따라 값이 달라지므로

해설 공분산은 원 데이터의 측정단위 변환에 따라 값이 달라지므로 측정단위에 의존하며, 상관의 정도를 나타내는 척도로 사용할 수 없다.

4. 다음의 두 상관도 (a), (b)에서 x, y 사이의 표본상관계수에 대한 크기를 비교한 것으로 맞는 것은? [10-1, 16-2, 22-2]

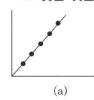
(a)

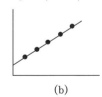
(b)

① (a) = (b)
② (a) > (b)
③ 비교할 수 없다.
④ (a) < (b)

해설 상관계수는 기울기와 관계없이 점이 모두 일직선상에 있을 때 +1 혹은 -1값을 갖는다. (a), (b) 모두 양의 기울기로서 $r = 1$이다.

5. 두 개의 짝으로 된 데이터의 상관계수가 -0.9일 때, 다음에서 설명하는 것 중 맞는 것은? [14-4, 19-1]

① 무상관 관계를 나타낸다.
② 양의 상관관계를 나타낸다.
③ 음의 상관관계를 나타낸다.
④ 어떤 관계가 있는지 알 수 없다.

해설 상관계수 r은 두 변량 사이의 직선관계 정도를 재는 측도이며, $-1 \leq r \leq 1$의 값을 가진다. -0.9는 강한 음$(-)$의 상관관계를 나타낸다.

6. 두 변수 x, y에서 x는 독립변수, y는 그에 대한 종속변수이고 대응을 이루고 있는 표본이 n개일 때, 이들 사이의 상관관계를 분석하는 수식으로 틀린 것은? (단, 확률변수 X의 제곱합(S_{xx}), 확률변수 Y의 제곱합(S_{yy}), 공분산(V_{xy}), X의 분산(V_x), Y의 분산(V_y), n은 표본의 수이다.)

① $r_{xy} = \dfrac{V_{xy}}{\sqrt{V_x V_y}}$ [10-4, 16-1, 22-1]

② $r_{xy} = \dfrac{\sum (x_i - \overline{x})(y_i - \overline{y})}{\sqrt{V_x V_y}}$

③ $r_{xy} = \dfrac{(n-1) V_{xy}}{\sqrt{S_{xx} S_{yy}}}$

④ $r_{xy} = \dfrac{\sum (x_i - \overline{x})(y_i - \overline{y})}{\sqrt{\sum(x_i - \overline{x})^2 \sum(y_i - \overline{y})^2}}$

해설 $r_{xy} = \dfrac{S_{xy}}{\sqrt{S_{xx} S_{yy}}} = \dfrac{(n-1) V_{xy}}{\sqrt{S_{xx} S_{yy}}}$

$\qquad = \dfrac{S(xy)}{\sqrt{(n-1)^2 V_x V_y}} = \dfrac{V_{xy}}{\sqrt{V_x V_y}}$

$\qquad = \dfrac{Cov(x, y)}{\sqrt{V_x V_y}}$

$\qquad = \dfrac{\sum (x_i - \overline{x})(y_i - \overline{y})}{\sqrt{\sum (x_i - \overline{x})^2 \sum (y_i - \overline{y})^2}}$

$$= \dfrac{\sum (x_i - \overline{x})(y_i - \overline{y})}{\sqrt{S_{xx} S_{yy}}}$$

7. 두 집단으로부터 추출된 다음의 자료를 이용하여 표본상관계수를 구하면 약 얼마인가? [15-1]

집단 1	1	2	3	5	6	7
집단 2	3	4	6	8	9	12

① 0.858 ② 0.958
③ 0.985 ④ 0.909

해설 상관계수 $r = \dfrac{S_{xy}}{\sqrt{S_{xx} S_{yy}}}$

$\qquad = \dfrac{39}{\sqrt{28 \times 56}} = 0.985$

$S_{xx} = \sum (x_i - \overline{x})^2 = \sum x^2 - \dfrac{(\sum x)^2}{n}$

$\qquad = 124 - 96 = 28$

$S_{yy} = \sum (y_i - \overline{y})^2 = \sum y^2 - \dfrac{(\sum y)^2}{n}$

$\qquad = 350 - 294 = 56$

$S_{xy} = \sum (x_i - \overline{x})(y_i - \overline{y})$

$\qquad = \sum xy - \dfrac{(\sum x)(\sum y)}{n} = 207 - 168$

$\qquad = 39$

8. x와 y의 시료상관계수 r을 구하기 위하여 $X = (x-5) \times 100$, $Y = (y-2) \times 10$으로 데이터변환을 하여, 변환된 X, Y로 시료상관계수 r을 구했더니 $r = 0.37$이었다. x와 y의 시료상관계수는 얼마인가?

① 3.7 ② 0.37 [13-2, 14-1]
③ 0.037 ④ 0.0037

해설 $S_{XX} = S_{xx} \times 100^2$, $S_{YY} = S_{yy} \times 10^2$,
$S_{XY} = S_{xy} \times 100 \times 10$

$$r_{XY} = \frac{S_{XY}}{\sqrt{S_{XX} \, S_{YY}}}$$

$$= \frac{100 \times 10 S_{xy}}{\sqrt{(100 \times 100 S_{xx})(10 \times 10 S_{yy})}}$$

$$= r_{xy} = 0.37$$

상관계수는 두 변량 사이의 직선관계 정도를 재는 측도로써, 수치변환을 해도 상관계수는 변하지 않는다.

9. 어떤 합성섬유는 온도(x)가 증가함에 따라 수축률(y)이 직선적인 함수관계를 가지고 있다고 한다. 이를 확인하기 위하여 $S_{(yy)} = 40$, $S_{(xy)} = 26$, $S_{(xx)} = 20$이라는 데이터를 얻었다. 결정계수는 약 얼마인가?

① 0.818   ② 0.845   [10-1]
③ 0.855   ④ 0.865

해설 $r^2 = \left(\dfrac{S_{(xy)}}{\sqrt{S_{(xx)} S_{(yy)}}} \right)^2 = \left(\dfrac{26}{\sqrt{20 \times 40}} \right)^2$

$$= 0.845$$

상관에 관한 검정과 추정

10. 모상관계수 $\rho = 0$인 모집단에서 크기 n의 시료를 추출하여 시료의 상관계수(r)를 구한 후, 통계량 $r \sqrt{\dfrac{n-2}{1-r^2}}$ 을 취하면, 이 통계량은 어떤 분포를 하는가? [17-2, 21-4]

① F분포   ② t분포
③ χ^2분포   ④ 정규분포

해설 검정통계량 $t_0 = \dfrac{r}{\sqrt{\dfrac{1-r^2}{n-2}}}$

$$= r \cdot \sqrt{\dfrac{n-2}{1-r^2}}$$

은 $t(n-2)$의 분포를 따른다.

11. 다음은 어떤 직물의 물세탁에 의한 신축성 영향을 조사하기 위해 150점을 골라 세탁 전(x), 세탁 후(y)의 길이를 측정하여 얻은 데이터이다. $H_0 : \rho = 0$, $H_1 : \rho \neq 0$에 대한 검정통계량은 약 얼마인가?

[15-4, 21-1]

┤ 다음 ├
$S_{xx} = 1072.5$ $S_{yy} = 919.3$ $S_{xy} = 607.6$

① 9.412   ② 9.446
③ 11.953   ④ 11.993

해설 $r = \dfrac{S_{xy}}{\sqrt{S_{xx} S_{yy}}} = \dfrac{607.6}{\sqrt{1072.5 \times 919.3}}$

$$= 0.6119 \rightarrow$$

$$t_0 = \dfrac{r}{\sqrt{\dfrac{1-r^2}{n-2}}} = \dfrac{0.6119}{\sqrt{\dfrac{1-0.6119^2}{150-2}}}$$

$$= 9.412$$

12. 상관에 관한 검정 결과 모상관계수 $\rho \neq 0$라는 결과가 나왔다. 이 결과가 의미하는 것으로 맞는 것은? [12-4, 19-1]

① H_0를 채택하는 것을 의미한다.
② 상관관계가 없다는 것을 의미한다.
③ 상관관계가 있다는 것을 의미한다.
④ 재검정이 필요하다는 것을 의미한다.

해설 상관에 관한 검정 결과 모상관계수 $\rho \neq 0$라는 결과는 상관관계가 유의하다는 것(H_1을 채택)이므로 두 변수 간에 상관관계가 있다는 것을 의미한다.

13. 모상관계수의 유무에 관한 검정으로 활용되는 검정통계량으로 틀린 것은? [17-1]

① $r_0 = r$

② $\rho_R = \dfrac{S_{xy}^2}{S_{yy}}$

③ $F_0 = \dfrac{MSR}{MSE}$

④ $t_0 = \dfrac{r\sqrt{n-2}}{\sqrt{1-r^2}}$

해설 ① $r_0 = r = \dfrac{S_{(xy)}}{\sqrt{S_{(xx)}}\,\sqrt{S_{(yy)}}}$

② $\rho_R = r^2 = \dfrac{S_{xy}^2}{S_{xx}S_{yy}} = \dfrac{S_R}{S_{yy}}$

③ $F_0 = \dfrac{V_R}{V_{y/x}} = \dfrac{MSR}{MSE}$

④ $t_0 = \dfrac{r\sqrt{n-2}}{\sqrt{1-r^2}}$

14. 모상관계수 $\rho \neq 0$인 경우 $z = \dfrac{1}{2}\ln\dfrac{1+r}{1-r}$ 로 z변환을 하면 z는 근사적으로 어떤 분포를 따르는가?　　　　　　　　　[05-1, 19-4]

① t분포　　　　　② χ^2분포

③ F분포　　　　　④ 정규분포

해설 모상관계수 $\rho \neq 0$인 경우

$Z = \dfrac{1}{2}\ln\left(\dfrac{1+r}{1-r}\right) = \tanh^{-1}r$ 로 z변환을 하면 z는 근사적으로 정규분포를 따른다.

15. 100개의 표본에서 구한 데이터로부터 두 변수의 상관계수를 구하니 0.8이었다. 모상관계수가 0이 아니라면, 모상관계수와 기준치와의 상이검정을 위하여 z변환하면 z의 값은 약 얼마인가? (단, 두 변수 x, y 는 모두 정규분포에 따른다.)　　[18-4, 21-2]

① -1.099　　　　② -0.8

③ 0.8　　　　　④ 1.099

해설 $z_r = \dfrac{1}{2}\ln\dfrac{1+r}{1-r}$

$\qquad = \dfrac{1}{2}\ln\dfrac{(1+0.8)}{(1-0.8)} = \tanh^{-1}0.8 = 1.099$

단순회귀

16. 두 변수 X, Y 간의 관계를 조사하기 위해 다음의 데이터를 얻었다. 이 데이터로부터 단순회귀직선을 추정할 때 회귀계수 값을 구하면 약 얼마인가?　　　　　　　[15-1]

번호	X	Y
1	20	35
2	30	50
3	60	60
4	70	65
5	80	70
합	260	280

① 0.319　　　　② 0.519

③ 0.921　　　　④ 0.968

해설 $b = \dfrac{S_{xy}}{S_{xx}} = \dfrac{\sum xy - \dfrac{\sum x \sum y}{n}}{\sum x^2 - \dfrac{(\sum x)^2}{n}} = \dfrac{1390}{2680}$

$\qquad = 0.519$

17. 두 변수 x와 y 사이의 선형 관계를 규명하고자 데이터를 수집한 결과가 다음과 같을 때, y에 대한 x의 회귀식으로 맞는 것은 어느 것인가?　　　[10-2, 18-2, 20-2]

──┤ 다음 ├──	
$\bar{x} = 1.505$	$\bar{y} = 2.303$
$S_{xy} = 1.043$	$S_{xx} = 1.5$

① $y = 0.695x - 0.307$

② $y = 0.695x + 1.257$

③ $y = 0.787x - 0.307$

④ $y = 0.787x + 1.257$

해설 $y = a + bx$ 에서

회귀계수 $b = \dfrac{S_{xy}}{S_{xx}} = \dfrac{1.043}{1.5} = 0.695$ 이며

$a = \bar{y} - b\bar{x} = 2.303 - 0.695 \times 1.505 = 1.257$
이다.

18. x에 대한 y의 회귀관계를 검정하기 위하여 x에 대한 y의 값을 20회 측정하여 다음의 데이터를 구했다. 이때 회귀에 의한 변동의 값은 얼마인가? [06-2, 11-1, 13-2]

┤ 데이터 ├

| $S_{(xx)} = 151.4$ | $S_{(yy)} = 40.1$ | $S_{(xy)} = 76.3$ |

① 0.498 ② 1.65
③ 10.25 ④ 38.45

(해설) 회귀에 의한 변동 $S_R = \dfrac{S_{xy}^2}{S_{xx}} = \dfrac{76.3^2}{151.4}$
$$= 38.45$$

19. 그림에서 회귀관계로 설명이 되지 않는 편차를 나타내는 부분은? [18-1]

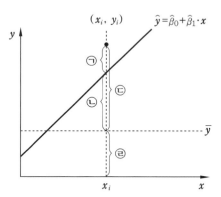

① ㉠ ② ㉡
③ ㉢ ④ ㉣

(해설) ㉠은 $S_{y \cdot x}$: 회귀로부터의 변동으로 설명 안 되는 편차
㉡은 S_R : 회귀에 의한 변동으로 설명되는 편차
㉢은 S_T : 총변동

20. 반응온도(x)와 수율(y)과의 관계를 조사한 결과 $S_{xx} = 147.6$, $S_{yy} = 56.9$, $S_{xy} = 80.4$ 이었다. 회귀로 부터의 제곱합($S_{y/x}$)은 약 얼마인가? [13-4, 20-4]

① 10.354 ② 13.105
③ 43.795 ④ 56.942

(해설) $S_{y/x} = S_T - S_R = S_{yy} - \dfrac{S_{xy}^2}{S_{xx}}$
$$= 56.9 - \dfrac{80.4^2}{147.6} = 13.105$$

21. 어떤 회귀식에 대한 분산분석표가 다음과 같을 때, 회귀관계에 대한 설명으로 맞는 것은? (단, $F_{0.95}(2, 7) = 4.75$, $F_{0.99}(2, 7) = 9.55$ 이다.) [14-4, 20-1]

요인	제곱합	자유도
회귀	5.3	2
잔차	1.2	7

① 해당 자료로는 판단할 수 없다.
② 유의수준 5%로 회귀관계는 유의하지 않다.
③ 유의수준 1%로 회귀관계는 유의하다.
④ 유의수준 5%로 회귀관계는 유의하나, 1%로는 유의하지 않다.

(해설)

요인	제곱합	자유도	MS	F_0
회귀	5.3	2	5.3/2 = 2.65	2.65/0.1714 = 15.46
잔차	1.2	7	1.2/7 = 0.1714	

$F_0 = 15.46 > F_{0.99}(2,7) = 9.55$ 이므로 유의수준 1%로 회귀관계는 유의하다.

4. 관리도

관리도의 개념

1. 관리도에 대한 설명으로 틀린 것은 어느 것인가? [15-2]
① Shewhart 관리도는 보통 3σ 관리한계선을 사용한다.
② 제조공정에서의 품질변동은 이상원인에 의해서만 발생한다.
③ 관리도는 사용하는 통계량에 따라 계수형과 계량형으로 분류한다.
④ 공정의 관리상태에 대한 판정은 공정에 대한 가설검정 문제와 유사하다.

해설 제조공정에서의 품질변동은 우연원인과 이상원인에 의해 발생한다.

2. 다음 중 관리도의 사용목적에 해당되지 않는 것은? [14-1, 20-4]
① 공정해석
② 공정관리
③ 표본 크기의 결정
④ 공정이상의 유무 판단

해설 관리도는 공정의 관리를 위해 사용하는 것으로 공정관리, 공정해석, 공정이상의 유무를 판단한다.

3. 관리도를 구성하는 관리한계선의 의의로 맞는 것은? [06-1, 16-4]
① 공정능력을 비교·평가하기 위해
② 작업자의 숙련도를 비교·평가하기 위해
③ 공정과 설비로 인한 품질변동을 비교하기 위해
④ 공정이 관리상태인지 이상상태인지를 판정하기 위해

해설 관리도에서 관리한계선은 공정이 관리상태인지 이상상태인지를 판정하기 위한 선이다. 타점하는 통계량이 관리한계선을 벗어날 경우 이상상태로서 그 원인을 조사하고 이상원인을 제거한다.

4. 만성적으로 존재하는 것이 아니고, 산발적으로 발생하여 품질변동을 일으키는 원인으로 현재의 기술수준으로 통제 가능한 원인을 뜻하는 용어는? [15-1, 18-4]
① 우연원인
② 이상원인
③ 불가피원인
④ 억제할 수 없는 원인

해설 이상원인은 만성적으로 존재하는 것이 아니고, 산발적으로 발생하여 품질변동을 일으키는 원인으로 현재의 기술수준으로 통제 가능한 원인이다.

5. 슈하트 관리도에 관한 설명으로 가장 부적절한 것은? [10-4, 16-2]
① 슈하트 관리도에서 $\pm 3\sigma$ 관리한계선을 벗어나는 제품은 부적합품이다.
② 슈하트의 $\bar{x}-R$ 관리도는 공정의 평균과 산포의 변화를 동시에 볼 수 있는 특징이 있다.

③ 슈하트 관리도에서 ±3σ 관리도의 관리한계선 안에서 변동이 생기는 원인은 일반적으로 우연원인이다.

④ 관리도는 현장에서 작업자가 관리한계선을 벗어났을 때 즉시 조처를 취하기 위한 적절한 품질개선의 도구이다.

해설 슈하트 관리도에서 ±3σ 관리도의 관리한계선을 벗어나는 제품은 이상상태로 판정한다.

6. 생산시스템 자체의 특성상 항상 생산라인에 존재하며, 품질에 변화를 가져오는 어쩔 수 없는 원인의 표현방법으로 옳지 않은 것은? [07-2, 12-4]
① 우연원인
② 불가피원인
③ 억제할 수 없는 원인
④ 보아 넘기기 어려운 원인

해설 이상원인은 가피원인, 우발적 원인, 보아 넘기기 어려운 원인이라고도 한다.

7. 품질변동 원인 중 우연원인에 해당하지 않는 것은? [07-1, 17-4, 22-1]
① 피할 수 없는 원인이다.
② 점들의 움직임이 임의적이다.
③ 작업자의 부주의나 태만, 생산설비의 이상 등으로 인해서 나타나는 원인이다.
④ 현재의 능력이나 기술수준으로는 원인규명이나 조치가 불가능한 원인이다.

해설 이상원인은 작업자의 부주의나 태만, 생산설비의 이상 등 산발적으로 발생하며 현재의 기술수준으로 통제 가능한 원인을 뜻한다. 우연원인만이 제품의 품질변동에 영향을 미치면 관리상태이다.

8. 관리도에 관한 설명으로 가장 거리가 먼 것은? [11-4, 22-2]
① 관리도는 제조공정이 잘 관리된 상태에 있는가를 조사하기 위해서 사용된다.
② 관리도의 사용 목적에 따라 표준값이 없는 관리도와 표준값이 있는 관리도로 구분된다.
③ 우연원인에 의한 공정의 변동이 있으면 일반적으로 관리한계선 밖으로 특성치가 나타난다.
④ 관리도는 일반적으로 꺾은선그래프에 1개의 중심선과 2개의 관리한계선을 추가한 것이다.

해설 이상원인에 의한 공정의 변동이 있으면 일반적으로 관리한계선 밖으로 특성치가 나타난다.

9. 다음 중 관리도를 이용하여 제조공정을 통계적으로 관리하기 위한 기준값이 주어져 있는 경우의 관리도에 대한 설명으로 틀린 것은? [09-1, 21-2]
① 이상원인의 존재는 가급적 검출할 수 있어야 한다.
② 우연원인의 존재는 가급적 검출할 수 없어야 한다.
③ 변경점이 발생되어 기준값이 변할 경우 관리한계를 적절히 교정하여야 한다.
④ 기준값이 주어져 있는 관리도는 공정성능지수(process performance index)를 측정할 수 없다.

해설 기준값이 주어져 있는 관리도는 공정성능지수(process performance index)를 측정할 수 있다. 공정능력지수는 단기적 공정능력을 표시하는 척도로서 사용된다면, 공정성능지수는 중장기간에 걸친 공정의 품질변동을 나타낸다. 공정능력지수의 σ는 급내변동 σ_w를 기준으로 하지만 공정성능지수 σ는 급내변동과 급간변동의 합 σ_T로 표현한다.

10. 3σ법의 $\overline{x}$ 관리도에서 제1종 오류를 범할 확률은?   [16-1, 22-1]

① 0.00135   ② 0.01
③ 0.0027   ④ 0.05

해설 제1종 오류는 관리도의 3σ한계를 벗어날 확률이다.
$1 - P(-3 < u < 3) = 1 - 0.9973 = 0.0027$

11. 제2종의 오류를 적게 하고자 해서 관리한계를 3σ에서 1.96σ으로 하면, 제1종의 오류를 일으키는 확률은 0.3%에서 어떻게 되는가?   [20-2]

① 변하지 않는다.
② 3%로 변한다.
③ 5%로 변한다.
④ 10%로 변한다.

해설 원래의 3σ 관리한계에서 제1종의 오류를 일으킬 확률은 $P(u > 3$ 또는 $u < -3) = 0.27\%(0.3\%)$이지만 1.96σ 관리한계로 바뀌면 $P(u > 1.96$ 또는 $u < -1.96) = 2.5\% + 2.5\% = 5\%$로 증가한다.

12. 관리도에 타점하는 통계량(statistic)은 정규분포를 한다고 가정한다. 공정(모집단)이 정규분포를 이룰 때에는 분포가 언제나 정규분포를 이루지만, 공정분포가 정규분포가 아니더라도 표본의 크기 n이 충분히 크다면 정규분포에 접근한다는 이론은?   [21-4]

① 대수의 법칙   ② 체계적 추출법
③ 중심극한정리   ④ 크기비례 추출법

해설 **중심극한정리** : 평균이 μ이고 분산이 σ^2인 임의의 확률분포(공정분포가 정규분포가 아니더라도)를 가지는 모집단으로부터 표본의 크기 n인 확률표본 $x_1,\ x_2,\ x_3,\ \cdots x_n$을 취했을 때 표본평균 $\overline{x} = \dfrac{\sum x_i}{n}$은 n이 충분히 크다면 정규분포 $N(\mu,\ \dfrac{\sigma^2}{n})$에 접근한다.

13. 다음 중 관리도에 대한 설명으로 틀린 것은?   [19-4]

① 공정관리용 관리도는 미리 지정된 기준값이 주어져 있지 않은 관리도이다.
② 관리하려는 품질특성이 계량형일 때 군내변동의 관리에는 R관리도를 사용한다.
③ 군의 합리적인 선택은 기술적 지식 및 제조 조건과 데이터가 취해진 조건에 대한 구분에 의존한다.
④ 관리도에서 점이 관리한계를 벗어나면 반드시 원인을 조사하고, 원인을 알면 다시 일어나지 않도록 조치를 한다.

해설 공정해석용 관리도는 기준값이 주어지지 않은 관리도이며, 공정관리용 관리도는 기준값이 주어진 관리도이다.

14. 기준값이 주어지는 경우의 관리도에 대한 설명으로 틀린 것은?   [18-1]

① 기준값이 주어지는 경우의 관리도는 계수치 관리도에 적용할 수 없다.
② 공정의 상태가 변했다고 판단될 경우 관리한계를 수정하는 것이 바람직하다.
③ 기준값이 주어지지 않는 경우의 관리도가 관리상태일 때 중심값을 기준값으로 사용할 수 있다.
④ 기준값이 주어지는 경우의 관리도는 부분군의 데이터를 얻을 때마다 관리도에 점을 타점하여 이상 유무를 판단한다.

해설 해석용 관리도는 기준값이 주어지지 않은 관리도이며, 관리용 관리도는 기준값이 주어진 관리도이다. 기준값이 주어지는 경우의 관리도는 계수치 및 계량치 관리도에 적용할 수 있다.

계량형 관리도

15. 어떤 공장에 입하한 볼트를 각 로트마다 5개의 시료로 샘플링하여 측정한 지름을 품질특성으로 할 때 적합한 관리도는? [15-4]

① P 관리도   ② nP 관리도
③ C 관리도   ④ $\overline{x} - R$ 관리도

해설 지름을 품질특성으로 하여 관리하는 경우 지름은 계량형 데이터이다. 계량형 데이터에 적용되는 $\overline{x} - R$ 관리도가 적합하다.

16. 일반적으로 R 관리도에서는 (㉠)의 변화를, $\overline{x}$ 관리도에서는 (㉡)의 변화를 검토할 수가 있다. ㉠, ㉡에 알맞은 용어로 짝지어진 것은? [17-4]

① ㉠ 정확도, ㉡ 정밀도
② ㉠ 정밀도, ㉡ 정확도
③ ㉠ 정밀도, ㉡ 오차
④ ㉠ 오차, ㉡ 정밀도

해설 R 관리도는 정밀도(산포)의 변화를, $\overline{x}$ 관리도는 정확성(편의)의 변화를 검토할 수가 있다.

17. $\overline{\overline{X}} = 20.5$, $\overline{R} = 5.5$, $n = 5$일 때 $\overline{X}$ 관리도의 U_{CL}과 L_{CL}을 구하면 얼마인가? (단, $d_2 = 2.326$, $d_3 = 0.864$이다.) [14-1]

① $U_{CL} = 25.05$, $L_{CL} = 15.95$
② $U_{CL} = 22.77$, $L_{CL} = 18.23$

③ $U_{CL} = 22.43$, $L_{CL} = 18.57$
④ $U_{CL} = 23.67$, $L_{CL} = 17.33$

해설 $\begin{cases} U_{CL} \\ L_{CL} \end{cases} = \overline{\overline{X}} \pm 3 \dfrac{\overline{R}}{\sqrt{n} \cdot d_2}$

$= 20.5 \pm 3 \times \dfrac{5.5}{\sqrt{5} \times 2.326} = \begin{cases} 23.67 \\ 17.33 \end{cases}$

18. 3σ 관리한계를 적용하는 부분군의 크기 (n) 4인 $\overline{x}$ 관리도에서 $U_{CL} = 13$, $L_{CL} = 4$일 때, 이 로트 개개의 표준편차(σ_x)는 얼마인가? [17-1, 20-4]

① 1.5   ② 2.25
③ 3   ④ 4

해설 $\overline{x}$ 관리도의 관리한계선

$\begin{cases} U_{CL} \\ L_{CL} \end{cases} = \mu \pm 3 \dfrac{\sigma_x}{\sqrt{n}} \rightarrow$

$U_{CL} - L_{CL} = 6 \dfrac{\sigma_x}{\sqrt{n}} \rightarrow$

$(13 - 4) = 6 \dfrac{\sigma_x}{\sqrt{4}} \rightarrow \sigma_x = 3$

19. $\overline{x} - R$ 관리도에서 $\overline{R} = 2$ 이고, R 관리도의 관리상한선이 4.56이다. 이때 군의 크기 n은 얼마인가? [14-2, 17-2]

n	3	4	5	6
D_4	2.57	2.28	2.11	2.00

① 6   ② 5
③ 4   ④ 3

해설 $U_{CL} = D_4 \overline{R} \rightarrow 4.56 = D_4 \times 2 \rightarrow$
$D_4 = 2.28 \rightarrow n = 4$

20. 시료의 크기가 3인 시료군 30개를 측정하여 $\sum \overline{X} = 609.9$, $\sum R = 138.0$을 얻었다. 이때 $\overline{X} - R$ 관리도의 관리상한은 각각

얼마인가? (단, 군의 크기가 3일 때, $A_2 = 1.023$, $D_4 = 2.575$ 이다.) [09-1, 21-1]

① $\overline{X}$관리도 : 25.036, R관리도 : 11.845
② $\overline{X}$관리도 : 25.036, R관리도 : 20.047
③ $\overline{X}$관리도 : 32.175, R관리도 : 11.845
④ $\overline{X}$관리도 : 32.175, R관리도 : 20.047

해설 $\bar{x}$ 관리도

$$U_{CL} = \overline{\overline{x}} + A_2 \overline{R} = \frac{609.9}{30} + 1.023 \times \frac{138.0}{30}$$
$$= 25.0359$$

R 관리도

$$U_{CL} = D_4 \overline{R} = 2.575 \times \frac{138.0}{30}$$
$$= 11.845$$

21. 크기 n인 표본 k조에서 구한 범위의 평균을 $\overline{R}$라 하고 s를 자유도 ν인 표준편차라 할 때에 기대치로 가장 올바른 것은 어느 것인가? [06-2, 20-1]

① $E(\overline{R}) = (d_2\sigma)$
② $E(\overline{R}) = \frac{n-1}{n}\sigma^2$
③ $E(\overline{R}) = \frac{\sigma}{\sqrt{n}}$
④ $E(\overline{R}) = (d_3\sigma)^2$

해설 $\sigma = \overline{R}/d_2 \rightarrow E(\overline{R}) = d_2\sigma = d_2 s$

22. 10개의 배치(batch)에서 각각 4개씩의 샘플을 뽑아 범위(R)를 구하였더니 $\sum R = 16$이었다. 이때 $\hat{\sigma}$은 얼마인가?
(단, 군의 크기가 4일 때 $d_2 = 2.059$, $d_3 = 0.880$이다.) [11-1, 16-4, 21-4]

① 0.78 ② 1.82
③ 1.94 ④ 4.55

해설 $\hat{\sigma} = \frac{\overline{R}}{d_2} = \frac{16/10}{2.059} = 0.78$

23. 공정이 안정상태에 있는 어떤 $\overline{X} - R$ 관리도에서 $n = 4$, $\overline{\overline{X}} = 23.50$, $\overline{R} = 3.09$이었다. 이 관리도의 관리한계를 연장하여 공정을 관리할 때 $\overline{X}$값이 20.26인 경우 어떤 행동을 취해야 하는가? (단, $n = 4$일 때, $A_2 = 0.73$이다.) [10-2, 19-1]

① 현재의 공정상태를 계속 유지한다.
② 관리한계에 대한 재계산이 필요하다.
③ 이상원인을 규명하고 조치를 취해야 한다.
④ 이 데이터를 버리고 다시 공정평균을 계산한다.

해설 $L_{CL} = \overline{\overline{X}} - 3\frac{\overline{R}}{d_2\sqrt{n}}$
$$= \overline{\overline{X}} - A_2\overline{R} = 23.50 - 0.73 \times 3.09 = 21.24$$
$\overline{X} = 20.26$이 관리하한을 벗어나므로 이상원인을 규명하고 적절한 조치를 취해야 한다.

24. 측정대상이 되는 생산로트나 배치(batch)로부터 1개의 측정치밖에 얻을 수 없거나 측정에 많은 시간과 비용이 소요되는 경우에 이동범위를 병용해서 사용하는 관리도는 어느 것인가? [10-4, 21-2]

① $\overline{x} - R_m$ 관리도
② $Me - R_m$ 관리도
③ $x - R_m$ 관리도
④ CUSUM 관리도

해설 $X - R_m$관리도는 측정대상이 되는 생산로트나 배치(batch)로부터 1개의 측정치밖에 얻을 수 없거나 측정에 많은 시간과 비용이 소요되는 경우에 이동범위를 병용해서 사용하는 관리도로써 합리적인 군구분이 안될 때 사용하는 관리도이다.

25. 다음 중 관리도에 대한 설명으로 틀린 것은? [17-1]

① $\overline{x}$ 관리도에서 부분군의 크기 n이 증가하면 관리한계는 좁아진다.

② $\overline{x}-R$ 관리도는 중심값과 산포를 동시에 관리할 수 있는 관리도이다.

③ 하루 생산량이 아주 적어 합리적인 군으로 나눌 수 없는 경우에 $\overline{x}-R$ 관리도를 적용한다.

④ $\overline{x}$ 관리도는 로트가 정규분포를 따른다는 가정이 필요하며, 계량치 데이터에 적용 가능하다.

해설 하루 생산량이 아주 적어 합리적인 군으로 나눌 수 없는 경우에 $x-R_m$ 관리도를 적용한다.

26. 합리적인 군으로 나눌 수 없는 경우의 X관리도에서 $k=26$, $\sum x=128.1$, $\sum R_m = 7.2$일 때 관리상한(U_{CL})의 값은 약 얼마인가? (단, $d_2 = 1.128$이다.) [16-4]

① 4.05   ② 4.16
③ 5.16   ④ 5.69

해설 $U_{CL} = \overline{x} + 3\dfrac{\overline{R_m}}{d_2}$

$= \dfrac{\sum x}{k} + 3\dfrac{\sum R_m/(k-1)}{d_2}$

$= \dfrac{128.1}{26} + 3 \times \dfrac{7.2/(26-1)}{1.128} = 5.69$

27. R_s 관리도의 관리상한선을 다음의 관리도용 계수표를 사용하여 계산하면 어떻게 되는가? (단, $\overline{R_s} = \dfrac{\sum R_s}{k-1}$이다.) [07-2, 12-2, 21-4]

[관리도용 계수표]

n	D_3	D_4
2	–	3.267
3	–	2.575
4	–	2.282
5	–	2.115

① $2.282\overline{R_s}$
② $3.267\overline{R_s}$
③ 알 수 없다.
④ 관리상한선은 고려하지 않는다.

해설 R_s 관리도의 관리상한선은

$U_{CL} = \left(1 + 3\dfrac{d_3}{d_2}\right)\overline{R_s} = D_4\overline{R_s}$

$= 3.267\overline{R_s}$ 이다.

28. 합리적인 군으로 나눌 수 있는 경우, X 관리도의 관리한계(U_{CL}, L_{CL})의 표현으로 맞는 것은? [18-4]

① $\overline{\overline{X}} \pm E_1\overline{R}$ ② $\overline{\overline{X}} \pm E_2\overline{R}$
③ $\overline{\overline{X}} \pm E_3\overline{R}$ ④ $\overline{\overline{X}} \pm E_4\overline{R}$

해설 • 합리적인 군으로 나눌 수 있는 경우

$\overline{\overline{x}} \pm 3\dfrac{\overline{R}}{d_2} = \overline{\overline{x}} \pm E_2\overline{R} = \overline{\overline{x}} + \sqrt{n}\,A_2\overline{R}$

• 합리적인 군으로 나눌 수 없는 경우

$\overline{x} \pm 3\dfrac{\overline{R_m}}{d_2} = \overline{x} \pm E_2\overline{R_m}$

29. 다음의 자료로 X 관리도의 U_{CL}을 구하면? (단, 합리적인 군으로 나눌 수 있는 경우이다.) [14-1, 18-2]

┤ 다음 ├

$n=4$, $\overline{\overline{x}}=5.0$,
$\overline{R}=1.5$, $A_2=0.73$

① 5.05 　　　② 6.10
③ 6.46 　　　④ 7.19

해설 $U_{CL} = \overline{\overline{x}} + \sqrt{n}\, A_2 \overline{R}$

$\qquad = 5.0 + \sqrt{4} \times 0.73 \times 1.5 = 7.19$

30. 크기 5의 시료를 25조 측정하여 각 군마다 표준편차(s)를 구해 그 평균($\overline{s}$)을 계산하였더니 1.08이었다. s 관리도의 관리상한은 약 얼마인가? (단, $n = 5$일 때 $d_2 = 2.326$, $d_3 = 0.864$, $c_4 = 0.9400$, $c_5 = 0.3412$ 이다.)　　　[11-2]

① 2.26 　　　② 2.38
③ 2.45 　　　④ 2.49

해설 $U_{CL} = \left(1 + 3\dfrac{c_5}{c_4}\right)\overline{s} = B_4 \overline{s}$

$\qquad = \left(1 + 3 \times \dfrac{0.3412}{0.9400}\right) \times 1.08 = 2.256$

31. $\overline{X} - s$ 관리도에서 $\overline{X}$ 관리도의 관리상한(U_{CL}) = 13.0, 관리하한(L_{CL}) = 7.0일 때 부분군의 크기(n)는 얼마인가? (단, $\overline{s} = 3.052$, $c_4 = 0.763$ 이다.)　　　[16-1]

① 4 　　　② 8
③ 12 　　　④ 16

해설 $\left.\begin{array}{c} U_{CL} \\ L_{CL} \end{array}\right\} = \overline{\overline{x}} \pm 3\dfrac{1}{\sqrt{n}} \cdot \dfrac{\overline{s}}{c_4}$ 이므로

$\qquad (U_{CL} - L_{CL}) = 6\dfrac{1}{\sqrt{n}} \cdot \dfrac{\overline{s}}{c_4} \rightarrow$

$\qquad (13 - 7) = 6\dfrac{1}{\sqrt{n}}\dfrac{3.052}{0.763} \rightarrow n = 16$

32. $\widetilde{X} - R$ 관리도에서 $\sum \widetilde{x} = 741$, $\overline{R} = 27.4$, $k = 25$, $n = 5$일 때, L_{CL}은 약 얼마인가? (단, $n = 5$인 경우, $A = 1.342$, A_2

$= 0.577$, $A_3 = 1.427$, $A_4 = 0.691$ 이다.)

① 10.71 　　　② 13.83 　[11-4, 19-2]
③ 129.27 　　　④ 132.39

해설 중앙값(메디안, median) 관리도

$\qquad \overline{\overline{x}} = \dfrac{\sum \widetilde{x}}{k} = \dfrac{741}{25} = 29.64$

$\qquad L_{CL} = \overline{\overline{x}} - A_4 \overline{R} = 29.64 - 0.691 \times 27.4$

$\qquad = 10.707$

33. 메디안($\widetilde{X} - R$) 관리도에서 $n = 4$, $k = 25$, $\overline{\widetilde{X}} = 20.5$, $U_{CL} = 35.2$이면 $\overline{R}$는 약 얼마인가? (단, $n = 4$일 때, $d_2 = 2.059$, $A_4 = 0.796$, $m_3 = 1.092$ 이다.)　　　[20-1]

① 9.46 　　　② 11.23
③ 18.47 　　　④ 26.80

해설 $U_{CL} = \overline{\widetilde{X}} + m_3 A_2 \overline{R} = \overline{\widetilde{X}} + A_4 \overline{R}$

$\qquad \rightarrow 35.2 = 20.5 + 0.796\overline{R} \rightarrow \overline{R} = 18.47$

34. 어떤 제품의 길이에 대하여 $H - L$ 관리도를 만들기 위해 $n = 5$인 샘플을 25조 택하여 각 조의 최대치(X_H), 최소치(X_L)를 구하고 각각의 평균치가 다음과 같다. $H - L$관리도의 C_L은 약 얼마인가? [22-1]

다음
$\overline{X_H} = 24.52$, 　　$\overline{X_L} = 23.63$

① 21.25 　　　② 22.77
③ 24.08 　　　④ 25.35

해설 $C_L = \overline{M} = \dfrac{\overline{X_H} + \overline{X_L}}{2}$

$\qquad = \dfrac{24.52 + 23.63}{2} = 24.075$

35. $n=5$인 고－저($H-L$) 관리도에서 $\overline{X_H}=6.443$, $\overline{X_L}=6.417$일 때 U_{CL}과 L_{CL}을 구하면 약 얼마인가? (단, $n=5$일 때 $H_2=1.363$이다.) [19-1, 22-2]

① $U_{CL}=6.293$, $L_{CL}=6.107$

② $U_{CL}=6.460$, $L_{CL}=6.193$

③ $U_{CL}=6.465$, $L_{CL}=6.394$

④ $U_{CL}=6.867$, $L_{CL}=6.293$

해설 $C_L=\overline{M}=\dfrac{\overline{X_H}+\overline{X_L}}{2}$, $\overline{R}=\overline{X_H}-\overline{X_L}$이다.

$$\left.\begin{array}{c}U_{CL}\\L_{CL}\end{array}\right\}=\overline{M}\pm H_2\overline{R}$$

$$=\frac{6.443+6.417}{2}\pm1.363\times(6.443-6.417)$$

$$\rightarrow U_{CL}=6.4654,\ L_{CL}=6.3946$$

36. 공정변화가 조금씩 변화되는 것을 효율적으로 탐지할 수 있는 관리도로 가장 적합한 것은? [11-2]

① $L-S$ 관리도　② $Me-R$ 관리도

③ $\overline{x}-s$ 관리도　④ 누적합 관리도

해설 누적합(CUSUM) 관리도는 공정변화가 서서히 일어나고 있을 때도 Shewhart 관리도보다 더 민감하게 탐지할 수 있다.

37. 다음 중 누적합 관리도에 관한 설명으로 옳지 않은 것은? [08-2, 11-1]

① 슈하트의 $\pm3\sigma$ 관리도와는 별도로 데이터의 누적합에 근거한 관리도이다.

② 누적합 관리도는 공정의 변화가 서서히 일어나고 있을 때 빨리 감지할 수 있는 장점이 있다.

③ 시료군에서 시료를 주기적으로 추출하여 그 평균값과 공정목표치와의 합을 누적합하여 그래프로 그린다.

④ V 마스크에서 찍힌 시료군의 점이 하나라도 V 마스크에 가려져 있으면 공정에 변화가 일어났다고 판단한다.

해설 시료를 주기적으로 추출하여 그 평균값과 공정목표치와의 차를 누적합하여 그래프로 그린다.

38. 다음 중 관리도에 대한 설명으로 틀린 것은? [15-1]

① $\overline{x}$ 관리도와 이동평균 관리도(MA 관리도)는 함께 사용하면 안 된다.

② 이동평균 관리도에서 W가 클수록 민감도는 증가한다.

③ 이동평균 관리도로 산포의 변화를 체크하기는 어렵다.

④ 이동평균 관리도에서는 V－mask 작성을 하지 않는다.

해설 $\overline{x}$ 관리도와 이동평균 관리도(MA 관리도)는 함께 사용하면 더 효율적이다.

39. 다음 중 현시점에서 거슬러 올라간 개개의 관측치 또는 군의 평균치에 대하여 과거로 거슬러 올라간 것 만큼 작은 비중을 부여하여 가중평균을 계산한 관리도를 무엇이라 하는가? [13-2]

① EWMA 관리도　② CUSUM 관리도

③ C 관리도　④ σ 관리도

해설 지수가중이동평균 관리도(EWMA)는 이동평균 관리도와 달리 최근의 데이터일수록 가중치를 높게 줌으로써 공정의 작은 변화에 민감하게 빨리 감지할 수 있다.

40. 지수가중이동평균(EWMA) 관리도의 설명 중 맞는 것은? [18-1]

① V－마스크를 이용하여 공정의 이상상태

를 판정한다.
② 이동평균 관리도와 달리 최근의 데이터 일수록 가중치를 높게 둔다.
③ 관리한계는 부분군의 수가 증가할수록 점점 좁아져서 검출력이 증가한다.
④ 공정의 군내변동이 점진적으로 증가하는 상황을 민감하게 검출하는 데 효과적이다.

해설 지수가중이동평균(EWMA) 관리도는 현재와 과거의 데이터를 이용하여 관리도를 작성한다. 즉, 최근의 데이터일수록 가중치를 높게 둔다.
① 누적합(CUSUM) 관리도
③ 부분군의 크기가 증가할수록 검출력이 증가한다.
④ 누적합(CUSUM) 관리도

41. 슈하트(Shewhart) 관리도, 누적합(CUSUM) 관리도와 지수가중이동평균(EWMA) 관리도에 대한 설명 중 맞는 것은?   [16-2]
① 누적합 관리도는 슈하트 관리도에 비해 작성이 간편하다.
② 슈하트 관리도와 누적합 관리도는 공정의 큰 변화를 잘 탐지한다.
③ 지수가중이동평균 관리도에 비해 누적합 관리도의 작성이 간편하다.
④ 누적합 관리도와 지수가중이동평균 관리도는 공정의 작은 변화를 잘 탐지한다.

해설 ① 누적합 관리도는 슈하트 관리도에 비해 작성이 어렵다.
② 슈하트 관리도는 공정의 큰 변화를, 누적합 관리도는 공정의 작은 변화를 잘 탐지한다.
③ 지수가중 이동평균관리도는 누적합 관리도와 같이 현재 및 과거의 관측값을 이용해서 관리도를 작성하지만, 관리도의 작성이나 해석이 누적합 관리도보다 쉽다.

42. 다음 중 공정에서 작은 변화의 발생을 빨리 탐지하기 위한 방법으로 가장 거리가 먼 것은?   [06-4, 10-2, 21-1]
① 부분군의 채취빈도를 늘인다.
② 관리도의 작성과정을 개선한다.
③ 관리도상의 런의 길이, 타점들의 특징이나 습성을 세심하게 관찰한다.
④ 슈하트(Shewhart) 관리도보다 지수가중이동평균(EWMA) 관리도를 이용한다.

해설 공정에서 작은 변화의 발생을 빨리 탐지하기 위해서는 부분군의 채취빈도를 늘리고, 타점들의 특징이나 습성을 세심하게 관찰하고, 미세한 변화도 잡아낼 수 있는 지수가중이동평균(EWMA) 관리도 혹은 누적합 관리도를 이용한다.

43. 다음 중 다변량 관리도(multi variate control chart)에서 다루는 품질변동이 아닌 것은?   [20-2]
① 위치변동   ② 주기변동
③ 시간변동   ④ 산포변동

해설 다변량 관리도(multi variate control chart)의 규명대상 변동으로는 위치변동, 주기변동, 시간변동이 있다.

계수형 관리도

44. 다음 중 np 관리도에 관한 설명으로 틀린 것은?   [06-1, 11-1, 20-2]
① 시료의 크기는 반드시 일정해야 한다.
② 관리항목으로 부적합품의 개수를 취급하는 경우에 사용한다.
③ 부적합품의 수, 1급 품의 수 등 특정한 것의 개수에도 사용할 수 있다.

④ p 관리도보다 계산이 쉽지만, 표현이 구체적이지 못해 작업자가 이해하기 어렵다.

해설 p 관리도보다 계산이 쉽고 표현이 구체적이므로 작업자가 이해하기 쉽다.

45. np 관리도에서 중심선 및 관리한계선의 결정에 대한 설명 중 옳지 않은 것은 어느 것인가? [14-2]

① 이항분포 이론에 따른 계산식에 의해 결정된다.

② 표본의 크기가 변할 경우 중심선이 변하므로 p 관리도를 사용한다.

③ np 관리도에서 관리하한은 항상 적용하지 않는다.

④ 표본의 크기가 커질수록 관리한계의 폭은 넓어진다.

해설 np 관리도에서 관리하한은 음수(−)가 나올 때에만 관리하한선을 적용하지 않는다.

46. 어떤 제조공정으로부터 np 관리도를 작성하기 위해 $n = 100$개씩 20조를 취하여 부적합품수를 조사했더니 $\sum np = 68$이었다. np 관리도의 관리상한(U_{CL})은 약 얼마인가? [16-2]

① 5.437　　　② 7.025
③ 8.837　　　④ 8.932

해설 $\sum np = 68$, $k = 20$

$$\frac{\sum np}{k} = n\bar{p} \;\rightarrow\; n\bar{p} = 3.4$$

$$\bar{p} = \frac{3.4}{100} = 0.034 \;\rightarrow$$

$$U_{CL} = n\bar{p} + 3\sqrt{n\bar{p}(1-\bar{p})}$$
$$= 3.4 + 3 \times \sqrt{3.4 \times (1-0.034)} = 8.837$$

47. 다음의 데이터로 np 관리도를 작성할 경우 관리한계선은 얼마인가?

[13-2, 19-4, 22-1]

No	1	2	3	4	5
검사개수	200	200	200	200	200
부적합품수	14	13	20	13	20

① 16±8.51　　　② 16±11.51
③ 15±1.51　　　④ 15±11.51

해설 $n = 200$, $k = 5$, $\sum np = 80$

$$n\bar{p} = \frac{\sum np}{k} = \frac{80}{5} = 16$$

$$\bar{p} = \frac{\sum np}{n \times k} = \frac{80}{200 \times 5} = 0.08$$

$$\left.\begin{array}{r} U_{CL} \\ L_{CL} \end{array}\right\} = n\bar{p} \pm 3\sqrt{n\bar{p}(1-\bar{p})}$$

$$= 16 \pm 3\sqrt{16(1-0.08)} = 16 \pm 11.51$$

48. 다음 중 p 관리도에 관한 설명으로 틀린 것은? [17-1, 20-1]

① 이항분포를 따르는 계수치 데이터에 적용된다.

② 부분군의 크기는 가급적 $n = \dfrac{0.7}{p} \sim \dfrac{0.5}{p}$를 만족하도록 설정한다.

③ 부분군의 크기가 일정할 때는 np 관리도를 활용하는 것이 작성 및 활용상 용이하다.

④ 일반적으로 부적합품률에는 많은 특성이 하나의 관리도 속에 포함되므로 $\overline{X} - R$ 관리도보다 해석이 어려울 수 있다.

해설 부분군의 크기는 가급적 $n = \dfrac{1}{p} \sim \dfrac{5}{p}$를 만족하도록 설정한다.

49. 다음은 부분군의 크기와 부적합품수에 대해 9회에 걸쳐 측정한 자료표이다. 이 자료에 적용되는 관리도의 중심선은 약 얼마인가? [18-1]

k	1	2	3	4	5	6	7	8	9
n	100	100	100	150	150	150	200	200	200
np	8	9	7	12	8	5	11	10	9

① 5.85%   ② 5.95%
③ 6.05%   ④ 6.15%

해설 부분군의 크기 n이 일정하지 않은 경우 p관리도를 사용한다.

$$C_L = \bar{p} = \frac{\sum np}{\sum n} = \frac{79}{1350} = 0.0585\,(5.85\%)$$

50. 공정 평균부적합품률 0.05, 시료의 크기 200일 때, 3σ 관리한계를 사용하는 p 관리도의 U_{CL}과 L_{CL}을 구한 것으로 맞는 것은? [18-2]

① $U_{CL} = 0.0808,\ L_{CL} = 0.0192$
② $U_{CL} = 0.0808,\ L_{CL} =$ 고려하지 않음
③ $U_{CL} = 0.0962,\ L_{CL} = 0.0038$
④ $U_{CL} = 0.0962,\ L_{CL} =$ 고려하지 않음

해설
$$\left.\begin{matrix} U_{CL} \\ L_{CL} \end{matrix}\right\} = \bar{p} \pm 3\sqrt{\frac{\bar{p}(1-\bar{p})}{n_i}}$$
$$= 0.05 \pm 3\sqrt{\frac{0.05 \times (1-0.05)}{200}}$$
$$U_{CL} = 0.0962,\ L_{CL} = 0.0038$$

51. 2σ관리한계를 갖는 p 관리도에서 공정 부적합품률 $\bar{p} = 0.1$, 시료의 크기 $n = 81$이면 관리하한(L_{CL})은 약 얼마인가? [16-4]

① -0.033
② 0
③ 0.033

④ 고려하지 않는다.

해설
$$L_{CL} = \bar{p} - 2\sqrt{\frac{\bar{p}(1-\bar{p})}{n_i}}$$
$$= 0.1 - 2\sqrt{\frac{0.1(1-0.1)}{81}} = 0.033$$

52. 다음의 관리도에 대한 설명 중 틀린 것은? [05-2, 08-1]

① $\bar{x}$ 관리도의 민감도(sensitivity)는 x 관리도보다 좋다.
② 관리한계선을 2σ 한계로 좁히면 제2종 과오가 증가한다.
③ p 관리도에서 조마다 시료수(n)가 다르면 관리한계선은 계단식이 된다.
④ np 관리도는 각 군의 시료의 크기가 반드시 일정해야 한다.

해설 관리한계선을 3σ에서 2σ한계로 좁히면 타점된 점이 관리한계를 벗어날 확률인 제1종과오는 증가하고, 공정이 변했는데도 탐지하지 못할 확률인 제2종 과오는 감소한다.

53. 일정한 길이 또는 일정 면적당 결점수를 관리하기 위해 사용하는 관리도를 결점수 관리도라고 하며, c 관리도와 u 관리도가 있다. 결점수 관리도는 결점수가 어떤 확률분포를 따른다고 가정하는가? [11-4]

① 이항분포
② 초기하분포
③ 균등분포
④ 푸아송분포

해설 • 푸아송분포를 따르는 관리도에는 c 관리도와 u 관리도가 있다.
• 이항분포를 따르는 관리도에는 np 관리도, p 관리도가 있다.

정답 ▶ **49.** ① **50.** ③ **51.** ③ **52.** ② **53.** ④

54. $\sum c = 80$, $k = 20$일 때 c 관리도(count control chart)의 관리하한(lower control limit)은? [17-4, 21-2]

① -3 ② 2
③ 10   ④ 고려하지 않는다.

해설 중심선(Center Line)

$C_L = \bar{c} = \dfrac{\sum c}{k} = \dfrac{80}{20} = 4$이고 관리한계는

$\bar{c} \pm 3\sqrt{\bar{c}} = 4 \pm 3 \times \sqrt{4}$ 이므로 관리상한 U_{CL} $=4+3\sqrt{4}=10$, 관리하한 $L_{CL}=4-3\sqrt{4}$ $=-2$(음수이므로 고려하지 않음)

55. c 관리도에서 평균부적합수 $\bar{c}=9$일 때, 3σ 관리한계 L_{CL} 및 U_{CL}은 각각 얼마인가? [18-4]

① $L_{CL}=0$, $U_{CL}=18$
② $L_{CL}=3$, $U_{CL}=15$
③ $L_{CL}=6$, $U_{CL}=12$
④ $L_{CL}=$ 고려하지 않음, $U_{CL}=21$

해설 $U_{CL}=\bar{c}+3\sqrt{\bar{c}}=9+3\times\sqrt{9}=18$
$L_{CL}=\bar{c}-3\sqrt{\bar{c}}=9-3\times\sqrt{9}=0$

56. 다음은 일정 단위당 확인한 시료군(k)에 대한 부적합수(c) 자료이다. c 관리도의 중심선은 약 얼마인가? [13-4, 21-1]

k	1	2	3	4	5	6	7	8	9
c	8	9	7	12	8	5	11	10	9

① 0.8   ② 1.8   ③ 4.8   ④ 8.8

해설 $C_L = \bar{c} = \dfrac{\sum c}{k} = \dfrac{79}{9} = 8.778$

57. 부적합수와 관련하여 표본의 면적이나 길이 등이 일정하지 않은 경우에 사용하는 관리도는? [22-2]

① $\bar{X}$ 관리도   ② u 관리도
③ X 관리도   ④ c 관리도

해설 표본의 크기가 일정하지 않을 때 u 관리도를 사용한다.

58. 다음 중 u 관리도에 대한 설명으로 맞는 것은? [05-2, 14-4, 21-4]

① U_{CL}, L_{CL}은 $\bar{u} \pm A\sqrt{u}$에 의해 구할 수 있다.
② U_{CL}, L_{CL}은 c 관리도를 이용하면 $n\bar{u} \pm 3n\sqrt{u}$와 같다.
③ 시료의 면적이나 길이가 일정할 경우에만 사용한다.
④ 부적합수 c의 분포는 일반적으로 이항분포를 따른다.

해설 ① U_{CL}, L_{CL}은 $\bar{u} \pm 3\sqrt{\dfrac{\bar{u}}{n}} = \bar{u} \pm A\sqrt{u}$ 이다. $\left(A = \dfrac{3}{\sqrt{n}}\right)$
② U_{CL}, L_{CL}은 c 관리도를 이용하면 $\bar{c} \pm 3\sqrt{\bar{c}}$와 같다.
③ 시료의 면적이나 길이가 일정할 경우에는 c 관리도, 일정하지 않은 경우에는 u 관리도를 사용한다.
④ 부적합수 c의 분포는 일반적으로 푸아송분포를 따른다.

59. 다음 중 u 관리도의 관리한계선(U_{CL}, L_{CL})의 표현으로 옳은 것은? [06-2, 15-1]

① $\bar{u} \pm 3\sqrt{\bar{u}/n}$ ② $\bar{u} \pm \sqrt{\bar{u}/n}$
③ $\bar{u} \pm 3\sqrt{\bar{u}}$ ④ $\bar{u} \pm \sqrt{\bar{u}}$

해설 u 관리도의 3시그마 관리한계
$\bar{u} \pm 3\sqrt{\dfrac{\bar{u}}{n}} = \bar{u} \pm A\sqrt{\bar{u}}$

60. 5대의 라디오를 하나의 시료 군으로 구성하여 25개 시료 군을 조사한 결과 195개의 부적합이 발견되었다. 이때 c 관리도와 u 관리도의 U_{CL}은? [09-2, 17-2, 20-4]

① 7.8, 1.56
② 16.18, 5.31
③ 16.18, 3.24
④ 57.73, 5.31

해설 • c 관리도의 $U_{CL} = \bar{c} + 3\sqrt{\bar{c}}$
$$= 7.8 + 3\sqrt{7.8} = 16.18$$
$$\bar{c} = \frac{\sum c}{k} = \frac{195}{25} = 7.8$$

• u 관리도의 $U_{CL} = \bar{u} + 3\sqrt{\dfrac{\bar{u}}{n_i}}$
$$= 1.56 + 3\sqrt{\frac{1.56}{5}} = 3.24$$
$$\bar{u} = \frac{c_1 + c_2 + ... + c_k}{n_1 + n_2 + ... + n_k} = \frac{195}{5 \times 25} = 1.56$$

61. 다음 중 관리도에 대한 설명으로 맞는 것은? [16-1]

① R 관리도는 공정의 평균값의 변화를 보는 데 사용된다.
② u 관리도는 부분군의 크기(n)가 일정할 때만 사용할 수 있다.
③ 관리도를 사용하여 좋은 품질의 로트와 나쁜 품질의 로트를 구별한다.
④ p 관리도는 부분군의 크기(n)가 일정하지 않아도 사용할 수 있다.

해설 ① R 관리도는 공정의 산포 변화를 보는데 사용된다.
② np 관리도, c 관리도는 부분군의 크기(n)가 일정할 때만 사용할 수 있다.
③ 관리도를 사용하여 데이터의 관리상태와 비관리상태를 파악한다.

62. 다음 중 관리도에 관한 내용으로 맞는 것은? [13-1, 19-2]

① $\overline{X}$ 관리도에 있어 관리한계를 벗어나는 점이 많아질수록 $\sigma_{\bar{x}}^2$는 크게 된다.
② $\overline{X}$ 관리도의 관리한계는 $E(\bar{x}) \pm D(\bar{x})$이며, 시료의 크기는 $\sqrt{n}$으로 결정된다.
③ p 관리도에서는 각 조의 샘플의 크기(n)를 일정하게 하지 않아도 관리한계는 항상 일정하다.
④ 공정이 관리상태에 있다고 하는 것은 규격을 벗어나는 제품이 전혀 발생하지 않는다는 것을 의미한다.

해설 ② $\bar{x}$ 관리도의 관리한계선은 $E(\bar{x}) \pm 3D(\bar{x})$이며 관리한계선은 $\sqrt{n}$에 의해서 결정된다.
③ p 관리도에서는 각 조의 샘플의 크기(n)를 일정하게 하지 않으면 관리한계선은 계단식이 된다.
④ 관리한계와 규격은 별개이다. 통계적 관리상태에 있는 공정에서도 규격에 맞지 않는 제품이 생산될 수 있다.

63. p 관리도와 $\overline{X} - R$ 관리도에 대한 설명으로 틀린 것은? [12-4, 19-2]

① 일반적으로 p 관리도가 $\overline{X} - R$ 관리도보다 시료 수가 많다.
② 일반적으로 p 관리도가 $\overline{X} - R$ 관리도보다 얻을 수 있는 정보량이 많다.
③ 파괴검사의 경우 p 관리도보다 $\overline{X} - R$ 관리도를 적용하는 것이 유리하다.
④ $\overline{X} - R$ 관리도를 적용하기 위한 예비적인 조사 분석을 할 때 p 관리도를 적용할 수 있다.

해설 일반적으로 $\overline{X} - R$ 관리도가 p 관리도보다 얻을 수 있는 정보량이 많다.

관리도의 판정 및 공정해석

64. 어떤 공정에 대해서 $\overline{X} - R$ 관리도를 작성하고 있다. $\overline{X}$ 관리도에 점을 타점한 것 중 관리한계선 밖으로 벗어났을 때, 어떻게 판정하는 것이 가장 옳은가? [15-1]
① 부적합품이 나오고 있으니 빨리 조사해야 한다.
② 한 점은 벗어날 수 있으니 다음에 벗어날 때까지 생산을 계속한다.
③ 부적합품이 나오는지는 모르겠으나 공정에 어떤 이상 상태가 발생하였을 가능성이 있다.
④ 관리한계선을 크게 벗어나지 않으면 이상이 없다.

해설 타점한 점이 관리한계선 밖으로 벗어났다고 해서 부적합품이라고 할 수는 없다. 그러나 관리한계선 밖으로 벗어났으므로 이상원인을 규명하고 조치를 취해야 한다.

65. 다음 중 관리도에서 중심선의 한쪽에 연속해서 9점이 나타나는 경우, 이를 무엇이라 하는가? [08-4, 12-2]
① 연
② 경향
③ 주기성
④ 우연원인

해설 연(run) : 중심선 한쪽에 연속되어 나타나는 점의 배열 현상을 말하며, 길이 9 이상이 나타나면 비관리상태로 판정한다.

66. 품질변동 원인 중 우연원인(chance cause)에 의한 것으로 볼 수 없는 것은 어느 것인가? [14-4]
① 연속 4점이 중심선 한 쪽에 나타난다.
② 점들이 관리한계선을 벗어나지 않는다.
③ 점들이 랜덤하게 정규분포로 나타난다.
④ 연속 15점이 중심선 근처에 나타난다.

해설 공정의 비관리상태 판정기준
규칙 1. 3σ 이탈점이 1점 이상 나타난다.
규칙 2. 9점이 중심선에 대하여 같은 쪽에 있다. (연)
규칙 3. 6점이 연속적으로 증가 또는 감소하고 있다. (경향)
규칙 4. 14점이 교대로 증감하고 있다. (주기성)
규칙 5. 연속하는 3점 중 2점이 중심선 한쪽으로 2σ를 넘는 영역에 있다.
규칙 6. 연속하는 5점 중 4점이 중심선 한쪽으로 1σ를 넘는 영역에 있다.
규칙 7. 연속하는 15점이 $\pm 1\sigma$ 영역 내에 있다.
규칙 8. 연속하는 8점이 $\pm 1\sigma$ 한계를 넘는 영역에 있다.
※ $\pm 1\sigma$ 이내에 연속적으로 15점이 있다면 이는 비관리상태라고 판정한다.

67. 슈하트 관리도에 소개된 Western electric rule을 활용한 관리도의 이상상태 판정규칙과 관계가 없는 것은? [16-4]
① 14점이 연속적으로 오르내리고 있다.
② 6개의 점이 연속적으로 증가하거나 감소하고 있다.
③ 9개의 점이 중심선의 한쪽으로 연속적으로 나타난다.
④ 연속된 5개의 점 중 2개의 점이 중심선의 한쪽에서 연속적으로 2σ와 3σ 사이에 있다.

해설 연속하는 3개의 점 중 2개의 점이 2σ와 3σ의 사이에 있다.

68. 슈하트 관리도에서 점의 배열과 관련하여 이상원인에 의한 변동의 판정규칙에 해당되지 않는 것은? [18-4]

① 15개의 점이 중심선의 위아래에서 연속적으로 1σ 이내의 범위에 있는 경우
② 6개의 점이 연속적으로 중심선의 양쪽에 오르내리고 있으며, 중심선~1σ의 범위에는 없는 경우
③ 3개의 점 중에서 2개의 점이 중심선의 한쪽에서 연속적으로 2σ~3σ의 범위에 있거나 벗어나 있는 경우
④ 5개의 점 중에서 4개의 점이 중심선의 한쪽에서 연속적으로 1σ~2σ의 범위에 있거나 벗어나 있는 경우

해설 연속하는 8점이 중심선~1σ의 범위에는 없는 경우

69. $\overline{X}-R$ 관리도의 운용에서 $\overline{X}$ 관리도는 아무 이상이 없으나 R 관리도의 타점이 관리한계 밖으로 벗어났을 때 판정으로 가장 타당한 것은? [11-1, 20-2]
① 공정산포에 변화가 일어났을 가능성이 높다.
② 공정평균에 변화가 일어났을 가능성이 높다.
③ 공정평균과 공정산포에 모두 변화가 일어났을 가능성이 높다.
④ 관리도는 이상이 없으므로 공정의 변화가 발생하지 않은 것으로 간주할 수 있다.

해설 일반적으로 R 관리도에서는 공정의 산포(정밀도)의 변화를, $\overline{x}$ 관리도에서는 분포의 평균과 참값과의 차이(정확도, 편의, 치우침)의 변화를 검토할 수가 있다.

70. 다음 중 관리도 해석 시 경향(trend) 패턴에 관한 설명으로 가장 거리가 먼 것은 어느 것인가? [07-4, 11-4]
① 경향은 점이 점차 올라가거나 또는 점차 내려가는 상태를 말한다.

② 공정에 점진적으로 영향을 미치는 원인에 의해서 나타난다.
③ p 관리도에서의 경향은 부적합품률이 계속하여 증가 또는 감소할 때 나타난다.
④ R 관리도에서의 경향은 분포의 중심이 계속하여 증가 또는 감소할 때 나타난다.

해설 R 관리도에서의 경향은 분포의 산포가 계속하여 증가 또는 감소할 때 나타나며, $\overline{x}$관리도에서의 경향은 분포의 중심이 계속하여 증가 또는 감소할 때 나타난다.

71. 좋은 관리도로서 가져야 할 조건으로 가장 타당한 것은? [18-2]
① σ 수준이 높은 관리도
② 공정이 이상 상태임을 자주 신호해 주는 관리도
③ 관리상한(U_{CL})과 관리하한(L_{CL})의 간격이 좁은 관리도
④ 공정이 이상 상태로 전환되면 이를 빨리 탐지하면서 오경보(false alarm)가 작은 관리도

해설 좋은 관리도는 공정이 이상 상태로 전환되면 이를 빨리 탐지하면서 오경보(false alarm)가 작은 관리도이다.

72. 다음 중 공정해석을 위한 특성치의 선정 시 고려해야 할 주의사항으로 틀린 것은 어느 것인가? [14-1, 15-2]
① 수량화하기 쉬운 것을 택한다.
② 해석을 위한 특성은 되도록 많이 택한다.
③ 기술상으로 보아 공정이나 제품에 있어서 중요한 것을 택한다.
④ 해석을 위한 특성과 관리를 위한 특성은 반드시 일치시킨다.

해설 해석을 위한 특성과 관리를 위한 특성은 반드시 일치시킬 필요는 없다.

73. 관리도에서 관리하여야 할 항목은 일반적으로 시간, 비용 또는 인력 등을 고려하여 꼭 필요하다고 생각되는 것이어야 한다. 이러한 항목에 관한 설명으로 가장 거리가 먼 것은?   [12-1, 21-1]
① 가능한 한 대용특성을 선택하는 것은 피할 것
② 제품의 사용목적에 중요한 관계가 있는 품질특성일 것
③ 공정의 적합품과 부적합품을 충분히 반영할 수 있는 특성치일 것
④ 계측이 용이하고 경비가 적게 소요되며 공정에 대하여 조처가 쉬울 것

해설 품질특성은 소비자가 요구하는 참특성과 이를 해석하여 그 대용으로 사용하는 대용특성이 있으며, 관리도에서 관리하여야 할 항목은 가능한 한 대용특성을 선택한다.

74. $\overline{X}$ 관리도에서 $\overline{X}$의 변동을 $\sigma_{\overline{x}}^2$, 개개 데이터의 변동을 σ_H^2, 군간변동을 σ_b^2, 군내변동을 σ_w^2이라고 하면 완전한 관리상태일 때, 이들 간의 관계식으로 맞는 것은 어느 것인가?   [16-1, 20-1]
① $n\sigma_{\overline{x}}^2 = \sigma_H^2 = \sigma_w^2$
② $\sigma_H^2 = \sigma_{\overline{x}}^2 = \sigma_w^2$
③ $n\sigma_w^2 = \sigma_H^2 = \sigma_{\overline{x}}^2$
④ $n\sigma_H^2 = \sigma_{\overline{x}}^2 = \sigma_w^2$

해설 개개 데이터의 변동
$\sigma_x^2 (= \sigma_H^2) = \sigma_w^2 + \sigma_b^2$,
$\overline{x}$의 변동 $\sigma_{\overline{x}}^2 = \dfrac{\sigma_w^2}{n} + \sigma_b^2$이다.

완전한 관리상태일 때 $\sigma_b^2 = 0$ 이므로
$n\sigma_{\overline{x}}^2 = \sigma_x^2 = \sigma_w^2$이 된다.

75. $\overline{x} - R$ 관리도에서 $\overline{x}$의 산포를 $\sigma_{\overline{x}}^2$, 군간산포를 σ_b^2, 군내산포를 σ_w^2으로 표현할 때 틀린 것은? (단, k는 부분군의 수, n은 부분군의 크기, d_2는 부분군의 크기가 n일 때의 값임.)   [11-2, 17-1]
① $\hat{\sigma}_b = \dfrac{\overline{R}}{d_2}$
② $\sigma_{\overline{x}}^2 = \sigma_b^2 + \dfrac{\sigma_w^2}{n}$
③ $\hat{\sigma}_{\overline{x}}^2 = \dfrac{\sum\limits_{i=1}^{k}(\overline{x}_i - \overline{\overline{x}})^2}{k-1}$
④ 완전 관리상태일 때 $\sigma_b^2 = 0$

해설 $\sigma_w^2 = \left(\dfrac{\overline{R}}{d_2}\right)^2$

76. $\overline{x}$ 관리도에서 $\overline{x}$의 변동을 $\sigma_{\overline{x}}^2$, 개개 데이터의 산포를 σ_H^2, 군간변동을 σ_b^2, 군내변동을 σ_w^2라 하면 이들 간의 관계를 가장 적절하게 표현한 식은?   [09-2, 13-4, 16-4]
① $n\sigma_{\overline{x}}^2 \geq \sigma_H^2 \geq \sigma_w^2$
② $n\sigma_H^2 = \sigma_w^2 - \sigma_{\overline{x}}^2$
③ $n\sigma_{\overline{x}}^2 < \sigma_H^2 < \sigma_w^2$
④ $n\sigma_{\overline{x}}^2 = \dfrac{\sigma_b^2}{n} + \sigma_w^2$

해설 $\sigma_H^2 = \sigma_w^2 + \sigma_b^2$이고, $\sigma_{\overline{x}}^2 = \dfrac{\sigma_w^2}{n} + \sigma_b^2$이므로 양변에 n을 곱하면 $n\sigma_{\overline{x}}^2 = \sigma_w^2 + n\sigma_b^2$이다. 따라서 $n\sigma_{\overline{x}}^2 \geq \sigma_H^2 \geq \sigma_w^2$ 이다.

77. $\overline{x}$ 관리도에서 관리한계를 벗어나는 점이 많아지고 있을 때의 설명으로 맞는 것은? (단, R 관리도는 안정상태, 군내변동 σ_w^2, 군간변동 σ_b^2 이다.) [08-1, 21-4]

① σ_b^2가 크게 되어 $\sigma_{\overline{x}}^2$도 크게 된다.

② σ_w^2가 크게 되어 $\sigma_{\overline{x}}^2$도 크게 된다.

③ σ_b^2는 작게 되고, σ_w^2는 크게 된다.

④ $\sigma_{\overline{x}}^2$는 작게 되고, σ_w^2는 크게 된다.

해설 $\overline{x}$의 변동 $\sigma_{\overline{x}}^2 = \dfrac{\sigma_w^2}{n} + \sigma_b^2$

R 관리도는 안정되어 있으므로 군내변동 (σ_w^2)은 작다. 반면 $\overline{X}$ 관리도는 관리한계를 벗어나는 점이 많으므로 군간변동 (σ_b^2)이 크다. 따라서 $\sigma_{\overline{x}}^2$도 크다.

78. 시료의 크기(n)를 5로 하여 작성한 $\overline{X}-R$ 관리도에서 범위 R의 평균($\overline{R}$)이 1.59이었다. 만일 $\overline{X}$의 분산($\sigma_{\overline{x}}^2$)이 0.274라면 군간 변동(σ_b)은 약 얼마인가? (단, $n=5$일 때, $d_2=2.326$이다.)

[07-2, 08-4, 10-4, 22-1]

① 0.181 　　② 0.425
③ 0.581 　　④ 0.684

해설 $\widehat{\sigma_w} = \dfrac{\overline{R}}{d_2} = \dfrac{1.59}{2.326} = 0.6836$,

$\sigma_{\overline{x}}^2 = \dfrac{\sigma_w^2}{n} + \sigma_b^2 \rightarrow 0.274 = \dfrac{0.6836^2}{5} + \sigma_b^2 \rightarrow$

$\sigma_b = 0.4249$

79. 시료의 크기가 5인 $\overline{x}-R$ 관리도가 안정상태로 관리되고 있다. 관리도를 작성한 전체 데이터로 히스토그램을 작성하여 계산한 표준편차(σ_H)가 19.5이고, 군내산포

(σ_w)가 13.67이었다면 군간산포(σ_b)는 약 얼마인가? [09-1, 21-2]

① 13.9 　② 16.6 　③ 18.5 　④ 19.2

해설 $\sigma_H^2 = \sigma_w^2 + \sigma_b^2 \rightarrow 19.5^2 = 13.67^2 + \sigma_b^2 \rightarrow$ $\sigma_b = 13.91$

80. 관리계수(C_f)와 군간변동(σ_b)에 대한 설명 중 틀린 것은? [12-1, 14-2, 18-1]

① 관리계수 $C_f < 0.8$이면 군 구분이 나쁘다.

② 완전한 관리상태에서 군간변동(σ_b)은 대략 1이 된다.

③ 관리계수 $0.8 < C_f < 1.2$ 이면 대체로 관리상태에 있다고 볼 수 있다.

④ 군간변동(σ_b)이 클수록 $\overline{x}$ 관리도에서 관리한계를 벗어나는 점이 많아지게 된다.

해설 완전한 관리상태에서 군간변동(σ_b)은 0이다.

$C_f < 0.8$	$0.8 \le C_f < 1.2$	$1.2 \le C_f$
군구분이 나쁘다.	대체로 관리상태	급간(군간) 변동이 크다.

81. $n=5$, $k=30$인 $\overline{X}-R$ 관리도에서 관리계수 $C_f = 1.5$일 때, 판정으로 맞는 것은 어느 것인가? [16-2, 18-2, 21-1, 22-2]

① 급간변동이 크다.

② 군 구분이 나쁘다.

③ 대체로 관리상태이다.

④ 이상원인이 존재하지 않는다.

해설

$C_f < 0.8$	$0.8 \le C_f < 1.2$	$1.2 \le C_f$
군구분이 나쁘다.	대체로 관리상태	급간(군간)변동이 크다.

82. 규격이 12~14cm인 제품을 매일 5개씩 취하여 16일간 조사하여 $\overline{X}-R$ 관리도를 작성하였더니 $\overline{X}$ 및 R 관리도는 안정상태였으며, $\overline{\overline{X}}=13$cm, $\overline{R}=0.38$cm 이었다. 이 공정에 관한 해석으로 맞는 것은? (단, $n=5$일 때 $d_2=2.326$이다.) [10-1, 19-4]

① 공정능력이 1.5보다 작으므로 6시그마 수준으로 위해 더 노력해야 한다.
② 공정능력이 1보다 작으므로 선별로 대응하며 빨리 공정을 개선하여야 한다.
③ 공정능력이 약 2 정도로 매우 우수하므로 현재의 품질수준을 유지하도록 한다.
④ 공정능력이 약 2 정도로 매우 우수하나 치우침이 발생하고 있으므로 중앙으로 평균을 조정한다.

해설 공정평균
$\overline{\overline{X}}=13$과 규격의 중심
$M=\dfrac{U+L}{2}=\dfrac{14+12}{2}=13$이 같다.
$C_p=\dfrac{U-L}{6\sigma}=\dfrac{U-S}{6\times(\overline{R}/d_2)}$
$=\dfrac{14-12}{6\times(0.38/2.326)}=2.04$
$C_p=2.04\geq 1.67$이므로 매우 우수하다.

관리도의 성능 및 수리

83. 공정에 이상이 있을 경우 관리도에서 점이 관리한계선 밖으로 나갈 확률은 $1-\beta$에 해당된다. $1-\beta$에 해당하는 용어로 맞는 것은? [20-1]
① 오차　　　　② 이상원인
③ 검출력　　　④ 제1종 오류

해설 검출력($1-\beta$)은 공정에 이상이 있을 경우 관리도에서 점이 관리한계선 밖으로 나

갈 확률이다. 즉, 귀무가설이 거짓일 때, 귀무가설을 기각하는 확률이다.

84. 관리도의 검출력에 대한 설명 중 틀린 것은? [19-1]
① 제2종 오류의 확률이 0.20이면 검출력은 0.8이다.
② 검출력이란 공정의 이상을 발견해 낼 수 있는 확률이다.
③ 검출력 곡선은 합격시키고 싶은 로트가 불합격될 확률을 나타낸다.
④ 공정의 이상을 가로축에 잡고, 세로축에는 검출력을 잡은 것을 검출력 곡선이라고 한다.

해설 검출력($1-\beta$)은 공정에 이상이 있을 경우 관리도에서 점이 관리한계선 밖으로 나갈 확률이다. 즉, 귀무가설이 거짓일 때, 귀무가설을 기각하는 확률이므로 불합격시키고 싶은 로트가 불합격될 확률을 나타낸다.

85. 관리도에서 일반적으로 사용하는 3σ 관리한계 대신에 2σ 관리한계를 사용하면 그 결과는 어떻게 되는가? [07-2, 09-2, 17-4]
① 제1종 오류(α)가 커진다.
② 제2종 오류(β)가 커진다.
③ 제1종 오류(α), 제2종 오류(β) 모두 커진다.
④ 제1종 오류(α), 제2종 오류(β) 모두 작아진다.

해설 3σ 관리한계 대신에 2σ 관리한계를 사용하면 관리한계의 폭이 작아지므로 1종의 오류(생산자 위험, α)가 커지고 2종의 오류(β)는 작아진다.(검출력($1-\beta$)은 커진다.)

86. 다음 중 관리도에 관한 설명으로 틀린 것은? [17-1, 20-1]

① $\bar{x}$ 관리도의 검출력은 x 관리도보다 좋다.
② 관리한계를 2σ 한계로 좁히면 제1종 오류가 감소한다.
③ c 관리도는 각 부분군에 대한 샘플의 크기가 반드시 일정해야 한다.
④ u 관리도에서 부분군의 샘플의 수가 다르면 관리한계는 요철형이 된다.

해설 관리한계선을 2σ로 한계로 좁히면 제1종 과오(α)는 증가하고, 제2종 과오(β)는 감소한다.

87. 공정의 변화에 대한 신뢰도의 탐지능력에 관한 설명으로 옳지 않은 것은 다음 중 어느 것인가? [09-4, 12-4]
① 관리한계의 폭이 넓어질수록 탐지력이 높아진다.
② 시료 크기가 클수록 이상상태에 대한 탐지력이 높아진다.
③ 품질특성치에 대한 공정변화량이 클수록 탐지력이 높아진다.
④ 시료의 채취빈도를 높일수록 공정변화를 빨리 탐지할 기회가 높아진다.

해설 관리한계의 폭이 넓어지면 α는 감소하고 β는 증가한다. 즉, 검출력(탐지능력) $1-\beta$는 감소한다.

88. 공정평균이 10이고, 모표준편차가 1인 공정을 $\overline{X}$ 관리도로 평균치 변화를 관리할 때, 검출력이 가장 크게 나타나는 경우는 어느 것인가? [13-4, 18-2]
① 공정평균의 변화는 크고, 시료의 크기는 작은 경우
② 공정평균의 변화는 크고, 시료의 크기도 큰 경우
③ 공정평균의 변화는 작고, 시료의 크기도 작은 경우
④ 공정평균의 변화는 작고, 시료의 크기는 큰 경우

해설 검출력($1-\beta$)은 공정에 이상이 있을 경우 관리도에서 점이 관리한계선 밖으로 나갈 확률이다. 즉, 귀무가설이 거짓일 때, 귀무가설을 기각하는 확률이다. 검출력($1-\beta$)은 n이 커지면, α가 증가하면, σ가 작으면, 공정평균의 변화가 크면 증가한다.

89. $N(65, 1^2)$을 따르는 품질 특성치를 위해 3σ의 관리한계를 갖는 개별치(X) 관리도를 작성하여 공정을 모니터링하고 있다. 어떤 이상요인으로 인해 품질특성치의 분포가 $N(67, 1^2)$으로 변화되었을 때, 관리도의 타점이 X 관리도의 관리한계를 벗어날 확률은 약 얼마인가? (단, Z가 표준정규변수일 때, $P(Z \le 1) = 0.8413$, $P(Z \le 1.5) = 0.9332$, $P(Z \le 2) = 0.9772$이며, 관리하한을 벗어나는 경우의 확률은 무시하고 계산한다.) [17-2, 21-2]
① 0.0668   ② 0.1587
③ 0.1815   ④ 0.2255

해설 공정평균이 2만큼 증가했을 때 관리도의 점이 관리한계를 벗어날 확률(검출력 $=1-\beta$)
$$P(x > U_{CL}) + P(x < L_{CL}) = 0.1587 + 0$$
$$= 0.1587$$
$$U_{CL} = \mu + 3\sigma = 65 + 3 \times 1 = 68$$
$$U_{CL} = \mu - 3\sigma = 65 - 3 \times 1 = 62$$
$$P(x > U_{CL}) = P\left(u > \frac{U_{CL} - \mu'}{\sigma}\right)$$
$$= P\left(u > \frac{68 - 67}{1}\right)$$
$$= P(u > 1) = 1 - P(Z \le 1) = 0.1587$$
$$P(x < L_{CL}) = P\left(u < \frac{L_{CL} - \mu'}{\sigma}\right)$$
$$= P\left(u < \frac{62 - 67}{1}\right) = P(u < -5) = 0$$

90. $n=5$인 $\overline{X}$ 관리도에서 $U_{CL}=43.4$, $L_{CL}=16.6$이었다. 공정의 분포가 $N(30, 10^2)$일 때 $\overline{X}$ 관리도가 관리한계를 벗어날 확률은 약 얼마인가?

[13-2, 15-1, 19-4]

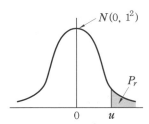

u	P_r
0.5	0.3085
1.0	0.1587
2.0	0.0228
3.0	0.00135

① 0.0014

② 0.0027

③ 0.0228

④ 0.1587

해설 • 관리상한을 벗어날 확률+ 관리하한을 벗어날 확률$=0.00135+0.00135=0.0027$

• 관리상한을 벗어날 확률

$$P(\overline{x} > 43.4) = P\left(u > \frac{U_{CL}-\mu}{\sigma/\sqrt{n}}\right)$$
$$= P\left(u > \frac{43.4-30}{10/\sqrt{5}}\right)$$
$$= P(u > 3) = 0.00135$$

• 관리하한을 벗어날 확률

$$P(\overline{x} < 16.6) = P\left(u < \frac{L_{CL}-\mu}{\sigma/\sqrt{n}}\right)$$
$$= P\left(u < \frac{16.6-30}{10/\sqrt{5}}\right) = P(u < -3)$$
$$= 0.00135$$

91. 군의 크기 $n=4$의 $\overline{X}-R$ 관리도에서 $\overline{\overline{X}}=18.50$, $\overline{R}=3.09$인 관리 상태이다. 지금 공정평균이 15.50으로 변경되었다면, 본래의 3σ 한계로부터 벗어날 확률은? (단, $n=4$일 때 $d_2=2.059$이다.)

[15-2, 18-4]

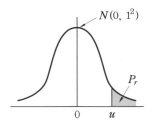

u	P_r
1.00	0.1587
1.12	0.1335
1.50	0.0668
2.00	0.0228

① 0.1587   ② 0.1335

③ 0.8665   ④ 0.8413

해설

$$\left.\begin{array}{c} U_{CL} \\ L_{CL} \end{array}\right\} = \overline{\overline{x}} \pm 3\frac{\overline{R}}{\sqrt{n}\,d_2}$$
$$= 18.5 \pm 3\frac{3.09}{\sqrt{4}\times 2.059}$$
$$= (16.2489, \ 20.7511)$$

따라서 점이 관리한계를 벗어날 확률은

$$P(\overline{x} < L_{CL}) + P(\overline{x} > U_{CL}) \text{이며},$$
$$P(\overline{x} > U_{CL}) \text{은 0이므로}$$
$$P(\overline{x} < L_{CL}) = P\left(u < \frac{L_{CL}-15.5}{\frac{\overline{R}}{\sqrt{n}\,d_2}}\right)$$
$$= P\left(u < \frac{16.2489-15.5}{\frac{3.09}{\sqrt{4}\times 2.059}}\right)$$
$$= P(u < 1.0) = 1 - 0.1587$$
$$= 0.8413 \text{이다}.$$

92. $N(83, 2^2)$ 을 따르는 품질특성치의 규격한계는 83±6이다. 중심선이 83인 $\overline{x}$ 관리도의 관리한계의 폭이 규격공차의 1/4이 되도록 하려면 필요한 시료의 크기는 얼마인가? [09-1]

① 4개 ② 8개

③ 16개 ④ 36개

해설 $\overline{x}$ 관리도에서 관리한계의 폭은 $6\dfrac{\sigma}{\sqrt{n}}$

이며, 규격공차 $T = 89 - 77 = 12$이다.

따라서 관리한계의 폭이 규격공차의 1/4이 되도록 하려면

$6\dfrac{\sigma}{\sqrt{n}} = 12 \times \dfrac{1}{4} \rightarrow 6\dfrac{2}{\sqrt{n}} = 12 \times \dfrac{1}{4} \rightarrow$

$n = 16$

93. $\left|\overline{\overline{x}}_A - \overline{\overline{x}}_B\right| \geq A_2\overline{R}\sqrt{\dfrac{1}{k_A} + \dfrac{1}{k_B}}$ 는

2개의 층 A, B간 평균치의 차를 검정할 때 사용한다. 이 식의 전제조건으로 틀린 것은? (단, k는 시료군의 수, n은 시료군의 크기이다.) [10-1, 14-2, 19-2, 22-2]

① $k_A = k_B$ 일 것

② $n_A = n_B$ 일 것

③ $\overline{R}_A$, $\overline{R}_B$는 유의 차이가 없을 것

④ 두 개의 관리도는 관리상태에 있을 것

해설 두 관리도의 군의 수 k_A, k_B가 충분히 클 것

94. 다음은 두 개의 층 A, B의 데이터로 작성한 $\overline{X}-R$ 관리도로부터 층의 평균치 차이를 검정할 때 사용하는 식이다. 이 식의 전제조건이 아닌 것은? [10-4, 16-2, 21-4]

┤ 다음 ├

$$\left|\overline{\overline{x}}_A - \overline{\overline{x}}_B\right| > A_2\overline{R}\sqrt{\dfrac{1}{k_A} + \dfrac{1}{k_B}}$$

① k_A, k_B는 충분히 클 것

② $\overline{R}_A$, $\overline{R}_B$ 간에 유의 차가 없을 것

③ 두 개의 관리도는 관리상태에 있을 것

④ 두 관리도의 부분군의 크기가 충분히 클 것

해설 전제조건

㉠ $\overline{R}_A$, $\overline{R}_B$ 사이에 유의 차가 없을 것(두 관리도의 분산은 같아야 한다.)

㉡ 두 관리도의 군의 수 k_A, k_B가 충분히 클 것

㉢ 두 관리도의 시료군의 크기 n이 같을 것 $(n_A = n_B)$

㉣ 두 개의 관리도는 관리상태에 있을 것

㉤ 본래의 분포상태가 대략적인 정규분포를 하고 있을 것

2 과목

5. 샘플링

검사의 개요

1. 검사가 행해지는 공정에 의한 분류에 속하지 않는 것은? [08-2, 12-4, 20-2]

① 수입검사　　　② 공정검사
③ 출하검사　　　④ 순회검사

해설 검사가 행해지는 공정에 의한 분류는 수입(구입)검사, 공정(중간)검사, 최종(제품) 검사, 출하검사이다.

2. 제조공정의 관리, 공정검사의 조정 및 검사를 점검하기 위해 시행하는 검사방법은 무엇인가? [05-1, 13-2, 19-2]

① 순회검사
② 관리 샘플링검사
③ 비파괴검사
④ 로트별 샘플링검사

해설 관리 샘플링검사는 제조공정의 관리, 공정검사의 조정 및 검사를 점검하기 위해 시행하는 검사방법이다.

3. 재가공이나 폐기 처리비를 무시할 경우, 부적합품 발생으로 인한 손실비용(무검사비용)을 맞게 표시한 것은 다음 중 어느 것인가? (단, N은 전체 로트 크기, a는 개당 검사비용, b는 개당 손실비용, p는 부적합품률이다.) [10-4, 14-1, 17-2, 20-4]

① aN　　　② bN
③ apN　　　④ bpN

해설 부적합품률이 p이고 전체 로트 크기 N개인 경우 부적합품은 pN개다. 개당손실비용이 b이므로 전체 손실비용은 bpN이다.

4. 다음 중 T 제품의 검사비용은 1000원이고 부적합품 혼입으로 인한 손실은 개당 1500원이다. 이 제품의 임계부적합품률은 약 얼마인가? [19-1]

① 0.01　　　② 0.67
③ 0.95　　　④ 1.50

해설 임계부적합품률 $P_b = \dfrac{a}{b} = \dfrac{1,000}{1,500} = 0.67$

a : 개당 검사비, b : 무검사 시 개당 손실비

5. 다음 중 크기가 1500개인 어떤 로트에 대해서 전수검사 시 개당 검사비는 10원이고, 무검사로 인하여 부적합품이 혼입됨으로써 발생하는 손실은 개당 200원이다. 이때 임계부적합품률(P_b)의 값과 로트의 부적합품률을 3%라고 할 때, 이익이 되는 검사방법은? [07-1, 16-4, 20-1]

① $P_b = 1.3\%$, 무검사
② $P_b = 1.3\%$, 전수검사
③ $P_b = 5\%$, 무검사
④ $P_b = 5\%$, 전수검사

해설 로트의 부적합품률 $p = 3\%$로 임계부적합품률 $P_b = a/b = 10/200 = 0.05(5\%)$ 보다 작으므로 무검사가 이익이다.

샘플링검사

6. 샘플링검사보다 전수검사가 유리한 경우는?   [08-4, 10-2, 15-2, 21-1]
① 검사항목이 많은 경우
② 검사비용에 비해 제품이 고가인 경우
③ 검사비용을 적게 하는 것이 이익이 되는 경우
④ 생산자에게 품질향상의 자극을 주고 싶은 경우

해설 제품이 고가인 경우, 안전에 중요한 영향을 미치는 경우, 검사비용에 비해 얻어지는 효과가 큰 경우에는 전수검사를 실시한다.

7. 전수검사가 불가능하여 반드시 샘플링검사를 하여야 하는 경우는 다음 중 어느 것인가?   [05-4, 13-4, 19-4, 22-2]
① 전기제품의 출력전압의 측정
② 주물제품의 내경가공에서 내경의 측정
③ 전구의 수입검사에서 전구의 점등시험
④ 진공관의 수입검사에서 진공관의 평균수명 추정

해설 진공관의 평균수명은 파괴검사이므로 반드시 샘플링검사를 실시해야 한다.

8. 샘플링(sampling)검사와 전수검사를 비교한 설명으로 틀린 것은?   [06-2, 15-1, 21-2]
① 파괴검사에서는 물품을 보증하는 데 샘플링검사 이외는 생각할 수 없다.
② 검사비용을 적게 하고 싶을 때는 샘플링검사가 일반적으로 유리하다.
③ 검사가 손쉽고 검사비용에 비해 얻어지는 효과가 클 때는 전수검사가 필요하다.
④ 품질향상에 대하여 생산자에게 자극을 주려면 개개의 물품을 전수검사하는 편이 좋다.

해설 품질향상에 자극을 주고 싶을 때 전수검사에 비해 샘플링검사가 유리하다.

9. 다음 중 샘플링검사의 선택조건으로 틀린 것은?   [17-1, 22-1]
① 실시하기 쉽고, 관리하기 쉬울 것
② 목적에 맞고 경제적인 면을 고려할 것
③ 샘플링을 실시하는 사람에 따라 차이가 있을 것
④ 공정이나 대상물 변화에 따라 바꿀 수 있을 것

해설 샘플링을 실시하는 사람에 따라 차이가 없을 것

10. 다음 중 로트의 품질표시방법이 아닌 것은?   [18-1]
① 로트의 범위
② 로트의 표준편차
③ 로트의 평균값
④ 로트의 부적합품률

해설 로트의 품질표시방법은 ㉠ 로트의 평균값 ㉡ 로트의 표준편차 ㉢ 로트의 부적합품률 ㉣ 로트 내의 검사단위당 평균부적합수 등이 있다.

11. 다음 중 검사단위의 품질표시방법으로 맞는 것은 어느 것인가?   [14-2, 18-2]
① 특성치에 의한 표시방법
② 샘플링검사에 의한 표시방법
③ 검사성적서에 의한 표시방법
④ 엄격도검사에 의한 표시방법

해설 검사단위의 품질표시방법은 특성치에 의한 표시방법, 부적합수에 의한 표시방법, 적합품·부적합품에 의한 표시방법 등이 있다.

12. 계량형 샘플링검사에 대한 설명으로 틀린 것은?   [09-2, 16-4, 19-4]
① 부적합품이 전혀 없는 로트가 불합격될 가능성이 있다.
② 계량형 품질특성치이므로 계수형 데이터로 바꾸어 적용할 수는 없다.
③ 검사대상제품의 품질 특성에 대한 분리 샘플링검사가 필요할 수 있다.
④ 품질특성의 통계적 분포가 정규분포에 근사하지 않을 경우, 적용하기 곤란하다.

해설 계량형 품질특성치이므로 계수형 데이터로 바꾸어 적용할 수 있다.

13. 다음 중 계수형 샘플링검사와 비교하여 계량형 샘플링검사에 관한 설명으로 맞는 것은?   [11-1, 15-4]
① 품질특성의 측정이 상대적으로 간편하다.
② 샘플링검사 기록이 앞으로의 품질문제 해석에 상대적으로 큰 도움이 되지 못한다.
③ 한 가지 샘플링검사만으로 제품의 모든 품질특성에 관한 판정을 내릴 수 있다.
④ 검사를 위해 추출된 샘플에 부적합품이 포함되어 있지 않더라도 로트가 불합격될 수 있다.

해설 ① 품질특성의 측정이 상대적으로 복잡하다.
② 샘플링검사 기록이 앞으로의 품질문제 해석에 상대적으로 큰 도움이 된다.
③ 한 가지 샘플링검사만으로 제품의 모든 품질특성에 관한 판정을 내릴 수 없다.

14. 오차에 대한 검토 시 측정치의 분포에

주목하여 통계적으로 생각해서 어떠한 조처를 취하여야 되겠는가를 모색해야 한다. 이때 오차의 검토 순서로 가장 옳은 것은 어느 것인가?   [13-2, 22-2]
① 정밀도 - 치우침 - 신뢰성
② 신뢰성 - 정밀도 - 치우침
③ 치우침 - 신뢰성 - 정밀도
④ 치우침 - 정밀도 - 신뢰성

해설 오차는 신뢰성 → 정밀도 → 치우침(정확도)의 순으로 검토한다.

15. 정밀도의 정의를 뜻하는 내용으로 맞는 것은?   [07-4, 16-4, 20-2]
① 데이터 분포 폭의 크기
② 참값과 측정 데이터의 차
③ 데이터 분포의 평균치와 참값과의 차
④ 데이터의 측정 시스템을 신뢰할 수 있는가 없는가의 문제

해설 데이터 분포 폭의 크기는 정밀도이며, σ값이 작을수록 측정값의 정밀도는 좋다. 동일 제품을 반복측정하여 얻은 평균치와 참값과의 차이는 정확도(편의 또는 치우침)이다.

16. 다음 중 오차에 관한 설명으로 틀린 것은?   [13-4, 18-2]
① 측정값들의 산포의 크기가 정밀도이다.
② 측정값의 σ값이 작을수록 측정값의 정밀도는 나빠진다.
③ 측정오차는 측정계기의 부정확, 측정자의 기술부족 등에서 오는 오차이다.
④ 샘플링오차는 시료를 랜덤하게 샘플링하지 못함으로써 발생되는 오차이다.

해설 측정값의 σ값이 클수록 측정값의 정밀도는 나빠진다.

17. 다음 중 샘플링오차에 관한 설명으로 틀린 것은?　　　　　　　　[08-4, 17-4]

① 샘플링오차와 측정오차는 비례관계를 가진다.

② 전수검사를 할 경우 이론적으로 샘플링 오차는 없다.

③ 시료의 크기가 클수록 샘플링오차는 작아진다.

④ 샘플링오차는 표본을 랜덤하게 샘플링하지 못함으로 인해 발생하는 오차이다.

해설 샘플링오차와 측정오차는 서로 독립적이다. 따라서 비례관계라고 할 수 없다.

18. 다음의 그림에 대한 설명으로 맞는 것은? (단, μ_m : 측정치 분포의 평균치, σ_m : 측정치 분포의 표준편차, x : 실제 측정값, μ : 참값이다.)　　　　[21-2]

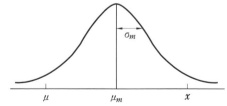

① 정밀도는 좋고, 치우침과 오차는 작다.

② 정밀도는 좋고, 치우침과 오차는 크다.

③ 정밀도는 좋고, 치우침은 작고, 오차는 크다.

④ 정밀도는 좋고, 치우침은 크고, 오차는 작다.

해설 데이터 분포 폭의 크기가 정밀도이며 산포(σ)가 작을수록 측정값의 정밀도는 좋다. 동일 제품을 반복측정하여 얻은 평균치와 참값과의 차이는 정확도(편의 또는 치우침)이다. 오차는 모집단의 참값과 측정값과의 차이를 말한다.

19. M 기계회사로부터 납품되고 있는 부품의 표준편차는 0.4%이었다. 이번에 납품된 로트의 평균치를 신뢰도 95%, 정도 0.3%로 추정할 경우, 샘플을 최소 몇 개를 취하여야 하는가?　　　　[09-2, 13-4, 17-2]

① 3개　　　　　　② 5개

③ 7개　　　　　　④ 9개

해설 $\beta_{\bar{x}} = \pm u_{1-\alpha/2} \dfrac{\sigma}{\sqrt{n}} \;\rightarrow$

$\pm 0.3 = \pm u_{0.975} \dfrac{0.4}{\sqrt{n}} \;\rightarrow\; n = 6.8 = 7$

20. 특성변화에 주기성이 있어 그 주기성을 피하기 위해 고안한 샘플링 방법은 어느 것인가?　　　　　　　　[05-1, 11-2, 20-1]

① 계통 샘플링

② 네이만 샘플링

③ 층별 샘플링

④ 지그재그 샘플링

해설 지그재그 샘플링은 계통 샘플링보다 일반적으로 주기성에 따른 치우침이 발생할 위험이 작다.

21. 지그재그 샘플링(zigzag sampling)의 설명으로 맞는 것은?　　　　[06-4, 22-1]

① 사전에 모집단에 대한 지식이 없는 경우 사용한다.

② 시간적, 공간적으로 일정한 간격을 정해 놓고 샘플링한다.

③ 모집단을 몇 부분으로 나누어 각 층으로부터 랜덤하게 샘플링한다.

④ 계통 샘플링에서 주기성에 의한 치우침이 들어갈 위험성을 방지하도록 한 것이다.

해설 ① 단순 랜덤 샘플링, ② 계통 샘플링 ③ 층별 샘플링

22. 10톤씩 적재하는 100대의 화차에서 5대의 화차를 샘플링하여 각 화차로부터 3인크리먼트씩 랜덤하게 시료를 채취하는 샘플링 방법은?　　　　　　　　 [12-4, 17-1, 21-1]
① 집락 샘플링　　　② 층별 샘플링
③ 계통 샘플링　　　④ 2단계 샘플링

해설 ① 집락 샘플링 : 10톤씩 적재하는 100대의 화차에서 5대의 화차를 샘플링하여 모두 조사하는 경우
② 층별 샘플링 : 10톤씩 적재하는 100대의 화차에서 각 화차로부터 3인크리먼트씩 랜덤하게 시료를 채취하는 경우
③ 계통 샘플링에서 주기성에 의한 치우침이 들어갈 위험성을 방지하도록 한 것이 지그재그 샘플링이다.

23. 병당 100정이 들은 약품 10000병이 있다. 이것에서 10병을 랜덤으로 고르고 각 병으로부터 5정씩 랜덤으로 샘플링하여 각 정마다 중량을 측정하였다. 그 결과 병 내의 군내변동(σ_w^2)은 400(mg), 각 병 간의 군간변동(σ_b^2)은 200(mg)이 되었다. 측정오차를 고려하지 않을 때, 이 데이터의 정밀도($\sigma_{\bar{x}}^2$)는 얼마인가?　　　 [16-1]
① 5.3(mg)　　　② 10.0(mg)
③ 28.0(mg)　　　④ 100.0(mg)

해설 2단계 샘플링검사

추정 정밀도 : $V(\bar{x}) = \dfrac{\sigma_w^2}{m\bar{n}} + \dfrac{\sigma_b^2}{m}$
$$= \dfrac{400}{10 \times 5} + \dfrac{200}{10} = 28.0$$

24. 각 50개씩의 부품이 들어 있는 10상자의 로트가 있을 때, 각 10상자에서 일부를 구분하여 랜덤하게 샘플링하는 방법은?　　 [21-4]

① 집락 샘플링　　　② 유의 샘플링
③ 층별 샘플링　　　④ 다단계 샘플링

해설 10상자의 로트로 층별하고 10상자에서 일부를 랜덤하게 샘플링하는 방법은 층별 샘플링 방법이다.

25. L 제과회사는 10개의 대형 도매업소를 통하여 각 슈퍼마켓에 제품을 판매하고 있다. L사에서는 새로 개발한 과자의 선호도를 평가하기 위해서 각 도매업소가 공급하는 슈퍼마켓들 중에서 5개씩을 선택하여 시범판매하려고 한다. 이것은 어떤 표본 샘플링 방법인가?　　　　　　　 [14-2, 19-1]
① 2단계 샘플링
② 취락 샘플링
③ 단순 랜덤 샘플링
④ 층별 샘플링

해설 각 도매업소가 공급하는 슈퍼마켓들 중에서 일부(5개씩)만 선택하였으므로 층별 샘플링이다.

26. 부선 5척으로 광석이 입하되고 있다. 부선 5척은 각각 200, 300, 500, 800, 400톤씩 싣고 있다. 각 부선으로부터 광석을 풀 때 100톤 간격으로 인크리먼트를 떠서 이것을 대량 시료로 혼합할 경우 샘플링의 정밀도는 약 얼마인가? (단, 이 광석은 이제까지의 실험으로부터 100톤 내의 인크리먼트 간의 산포(σ_w)가 0.8인 것을 알고 있다.)　　　　　　　 [11-4, 19-4]
① 0.03　　　② 0.036
③ 0.05　　　④ 0.08

해설 $V(\bar{x}) = \dfrac{\sigma_w^2}{m\bar{n}} = \dfrac{0.8^2}{5 \times \dfrac{(2+3+5+8+4)}{5}}$
$$= 0.03$$

27. 모집단을 여러 개의 층(層)으로 나누고 그 중에서 일부를 랜덤 샘플링한 후 샘플링된 층에 속해 있는 모든 제품을 조사하는 샘플링 방법은?　　　　[16-1, 17-2, 20-4]

① 집락 샘플링(cluster sampling)
② 층별 샘플링(stratified sampling)
③ 계통 샘플링(systematic sampling)
④ 단순 랜덤 샘플링(simple random sampling)

해설 집락(취락) 샘플링은 모집단을 여러 개의 층(層)으로 나누고 그 중에서 일부를 랜덤 샘플링(random sampling)한 후 샘플링된 층에 속해 있는 모든 제품을 조사하는 샘플링 방법이다.

28. 취락 샘플링에 대한 설명으로 옳지 않은 것은?　　　　　　　　[13-1]

① 층간 변동을 작게 할수록 유리하다.
② 서브 로트를 몇 개씩 랜덤하게 샘플링하고 뽑힌 서브 로트 중의 정밀도는 층내변동과 층간변동 양자에 의해 결정된다.
③ 취락 샘플링의 정밀도는 층내변동과 층간변동 양자에 의해 결정된다.
④ $\overline{N}$개 들이 M상자가 있을 때 이 중 m 상자를 취하고, 각 상자에서 $\overline{n}$개씩 시료를 택할 때, $\overline{N}=\overline{n}$ 인 경우가 취락 샘플링이다.

해설 취락(집락) 샘플링의 경우 샘플링 오차분산이 층간산포에 의해 결정되므로, 층간은 균일하게 하고 층내는 불균일하게 만들면 추정정밀도가 좋아진다.

29. 다음 중 샘플링 방법에 관한 설명으로 틀린 것은?　　　　　　[14-4, 18-1]

① 집락 샘플링은 로트 간 산포가 크면 추정의 정밀도가 나빠진다.
② 층별 샘플링은 로트 내 산포가 크면 추정의 정밀도가 나빠진다.
③ 사전의 모집단에 대한 정보나 지식이 없을 경우 단순 랜덤 샘플링이 적당하다.
④ 2단계 샘플링은 단순 랜덤 샘플링에 비해 추정의 정밀도가 우수하고, 샘플링 조작이 용이하다.

해설 샘플링 정밀도가 좋은 순서 : 층별 샘플링 > 랜덤 샘플링 > 집락 샘플링 > 2단계 샘플링

30. 어떤 제품 1로트 중에 어떤 특성치의 모평균을 측정코자 한다. 랜덤으로 제품 1개를 샘플링하였고, 그 제품을 3회 측정했을 때 데이터 3개의 평균치의 분산 $\sigma_{\overline{x}}^2$를 맞게 나타낸 식은? (단, 샘플 간의 분산=σ_s^2, 측정의 오차분산=σ_M^2이다.)　[15-4]

① $\sigma_{\overline{x}}^2 = \sigma_s^2 + \sigma_M^2$　② $\sigma_{\overline{x}}^2 = \dfrac{\sigma_s^2}{3} + \sigma_M^2$
③ $\sigma_{\overline{x}}^2 = \dfrac{\sigma_s^2 + \sigma_M^2}{3}$　④ $\sigma_{\overline{x}}^2 = \sigma_s^2 + \dfrac{\sigma_M^2}{3}$

해설 $Var(\overline{x}) = \sigma_{\overline{x}}^2 = \dfrac{1}{n}\left(\sigma_s^2 + \dfrac{\sigma_M^2}{k}\right)$
$= \dfrac{1}{1}\left(\sigma_s^2 + \dfrac{\sigma_M^2}{3}\right)$

31. M 제품을 샘플링하여 동일 시료를 2회 측정하였다. 샘플링오차는 5%, 측정오차 1%인 경우 분산은?　　　　[08-2]

① 0.00255　② 0.026
③ 0.06　　④ 0.07

해설 시료 1개를 샘플링하여 2회 측정한 경우 분산(샘플링 추정 정밀도)
$V(\overline{x}) = \dfrac{1}{n}\left(\sigma_s^2 + \dfrac{\sigma_m^2}{k}\right)$

$$= \frac{1}{1}\left(0.05^2 + \frac{0.01^2}{2}\right) = 0.00255$$

32. 샘플링 방식에서 같은 조건일 때 평균샘플크기가 가장 작은 샘플링? [19-2]
① 1회 샘플링   ② 2회 샘플링
③ 다회 샘플링   ④ 축차 샘플링

해설 평균샘플크기(AveraGe Sample Size, ASS)는 1회 샘플링 > 2회 샘플링 > 다회 샘플링 > 축차 샘플링이다. 따라서 단위당 검사비용이 너무 비싸서 평균 검사수를 최대로 감소시킬 필요가 있을 때는 축차 샘플링검사가 가장 유리하다.

33. 1회, 2회, 다회의 샘플링 형식에 대한 설명 중 틀린 것은? [05-1, 16-2]
① 검사단위의 검사비용이 비싼 경우에는 1회의 경우가 제일 유리하다.
② 검사의 효율적인 측면에 있어서 2회의 경우가 1회의 경우보다 유리하다.
③ 실시 및 기록의 번잡도에 있어서는 1회 샘플링 형식의 경우에 제일 간단하다.
④ 검사로트당 평균샘플크기는 일반적으로 다회 샘플링 형식의 경우에 제일 적다.

해설 평균검사개수가 1회 > 2회 > 다회의 순이므로 검사비용이 비싼 경우 다회의 경우가 제일 유리하다.

검사특성곡선(OC 곡선)

34. 계수형 샘플링검사에 있어서 N, n, c가 주어지고, 로트의 부적합품률 P와 합격확률 $L(P)$의 관계를 나타낸 것을 무엇이라고 하는가? [18-1, 21-4]
① 검사일보   ② 검사성적서
③ 검사특성곡선   ④ 검사기준서

해설 OC 곡선(검사특성곡선)은 샘플링검사 방식이 부적합품률에 해당될 경우 로트의 부적합품률(P)과 로트의 합격확률($L(P)$)과의 관계를 나타낸 그래프이다. 부적합품률이 커짐에 따라 로트의 합격확률은 낮아진다.

35. 검사특성곡선(OC 곡선)에 대한 설명으로 틀린 것은? [06-1, 19-1]
① 로트의 부적합품률과 로트의 합격확률과의 관계를 나타낸 그래프이다.
② OC 곡선에 의한 샘플링검사를 하면 나쁜 로트를 합격시키는 위험은 없다.
③ OC 곡선의 기울기가 급해지면 생산자 위험이 증가하고 소비자 위험이 감소한다.
④ OC 곡선에서 로트의 합격확률은 초기하분포, 이항분포, 푸아송분포에 의하여 구할 수 있다.

해설 좋은 로트가 불합격될 확률(α)과 나쁜 로트가 합격될 확률(β)이 존재한다.

36. 관리도의 OC 곡선에 관한 설명으로 틀린 것은? [12-4, 16-1, 20-4]
① 공정이 관리상태일 때 OC 곡선은 제1종 오류(α)를 나타낸다.
② 공정이 이상상태일 때 OC 곡선은 제2종 오류(β)를 나타낸다.
③ 곡선은 관리도가 공정변화를 얼마나 잘 탐지하는가를 나타낸다.
④ $\overline{X}$ 관리도의 경우 정규분포의 성질을 이용하여 OC 곡선을 활용할 수 있다.

해설 공정이 관리상태일 때 OC 곡선은 $1-\alpha$를 나타낸다. 1종 오류(α)는 공정이 관리된 상태에서 관리한계선 밖으로 벗어날 확률을 나타낸다.

37. $\bar{x}$ 관리도에서 OC 곡선에 관한 설명으로 틀린 것은? [09-4, 16-4]

① 공정이 관리상태일 때 OC 곡선값은 $1-\alpha$이다.

② OC 곡선은 관리도의 효율을 나타내는 중요한 척도이다.

③ 공정이 이상상태일 때 OC 곡선의 값은 제2종의 오류인 β이다.

④ $\bar{x}$ 관리도에서 OC 곡선은 $\bar{x}$가 관리한계선 밖으로 나갈 확률이다.

해설 $\bar{x}$ 관리도에서 OC 곡선은 $\bar{x}$가 관리한계선 안으로 들어올 확률이다.

38. 계수형 샘플링검사의 OC 곡선에 관한 설명으로 틀린 것은 어느 것인가? (단, 로트의 크기는 시료의 크기에 비해 충분히 크다.) [12-4, 20-2]

① 부적합품률의 변화에 따라 합격되는 정도를 나타낸 곡선이다.

② 로트의 크기와 샘플의 크기, 합격판정개수를 알면 그에 맞는 독특한 OC 곡선이 정해진다.

③ 샘플의 크기와 합격판정개수가 일정할 때 로트의 크기가 변하면 OC 곡선에 크게 영향을 준다.

④ 부적합품률이 P일 때, 초기하분포, 이항분포, 푸아송분포 중에 하나를 사용하여 로트의 합격확률 $L(P)$를 구한다.

해설 시료의 크기와 합격판정개수가 일정할 때 로트의 크기가 변하여도 OC 곡선은 거의 변화가 없다.

39. 샘플링검사의 OC 곡선에 관한 설명으로 가장 거리가 먼 것은? [20-4]

① 샘플의 크기 n과 합격판정개수 c를 각각 2배씩 하여 주면 OC 곡선은 크게 변한다.

② 로트의 크기 N과 합격판정개수 c가 일정할 때 샘플의 크기 n이 증가하면 OC 곡선의 경사는 점점 급하게 된다.

③ 샘플의 크기 n과 합격판정개수 c가 일정하고, 로트의 크기 N이 $10n$ 이상 크면 OC 곡선에 큰 변화가 있다.

④ 샘플의 크기 n과 로트의 크기 N이 일정하고 합격판정개수 c가 증가하면 OC 곡선은 오른쪽으로 완만해진다.

해설 샘플의 크기 n과 합격판정개수 c가 일정하고, 로트의 크기 N이 $10n$ 이상 크면 OC 곡선은 큰 변화가 없다.

40. OC 곡선에 대한 설명으로 틀린 것은? (단, N은 로트의 크기, n은 시료의 크기, Ac는 합격판정개수이다.) [21-2]

① OC 곡선은 일반적으로 계수형 샘플링검사에 한하여 적용할 수 있다.

② N과 n을 일정하게 하고, Ac를 증가시키면 OC 곡선은 오른쪽으로 완만해진다.

③ $\dfrac{N}{n} \geq 10$일 때, n, Ac가 일정하고, N이 변할 경우 OC 곡선은 크게 변하지 않는다.

④ OC 곡선은 로트의 부적합품률이 주어질 때 그 로트가 합격될 확률을 그래프로 나타낸 것이다.

해설 OC 곡선은 계수형 및 계량형 샘플링검사에 적용된다.

41. 다음 그림의 세 가지 OC 곡선은 모두 2.2%의 부적합품률을 가지는 로트를 합격시킬 확률로 0.10을 갖는 샘플링 계획을 나

타낸 것이다. 생산자 위험률이 가장 낮은 것은? (단, N은 로트 크기, n은 샘플 크기, c는 합격판정 개수이다.) [10-1, 19-2]

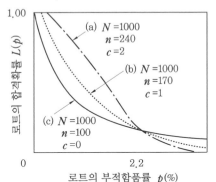

① (a)　　　　　② (b)
③ (c)　　　　　④ (b), (c)

해설 생산자 위험률(α)은 특정 P에서 OC 곡선과 만나는 점의 상측확률이므로 (a)가 가장 낮다.

42. OC 곡선의 특성을 설명한 것으로 틀린 것은? [06-2, 19-4]
① n이 커지면 검출력($1 - \beta$)이 증가한다.
② σ가 커지면 검출력($1 - \beta$)이 증가한다.
③ α가 증가하면 검출력($1 - \beta$)이 증가한다.
④ α와 β가 같이 증가하면 OC 곡선의 기울기는 완만해진다.

해설 σ가 커지면 검출력($1-\beta$)이 감소한다.

43. OC 곡선에서 소비자 위험을 가능한 한 작게 하는 샘플링 방식은? [14-1, 22-2]
① 샘플의 크기를 크게 하고, 합격판정개수를 크게 한다.
② 샘플의 크기를 크게 하고, 합격판정개수를 작게 한다.
③ 샘플의 크기를 작게 하고, 합격판정개수를 크게 한다.

④ 샘플의 크기를 작게 하고, 합격판정개수를 작게 한다.

해설 OC 곡선에서 샘플의 크기 n을 증가시키거나 또는 합격판정개수 c를 감소시키면, OC 곡선의 기울기는 급하게 되고, 생산자 위험 α는 증가, 소비자위험 β는 감소하게 된다.

계수 및 계량 규준형 샘플링검사

44. 계수 및 계량 규준형 1회 샘플링검사 (KS Q 0001)에서 계수 규준형 1회 샘플링검사 방식 중 생산자위험이 가장 큰 샘플링 방식은? (단, N은 로트의 크기, n은 표본의 크기, c는 합격판정개수이다.) [17-4]
① $N = 1000$, $n = 10$, $c = 0$
② $N = 1500$, $n = 15$, $c = 0$
③ $N = 2000$, $n = 20$, $c = 0$
④ $N = 3000$, $n = 30$, $c = 0$

해설 $c = 0$인 경우 n이 증가할수록 생산자위험(α)과 소비자위험(β)은 커진다.

45. 샘플링검사에서 $n = 40$, $c = 0$인 검사 방식을 적용할 때 $P^o = 2\%$인 로트가 합격할 확률은? (단, $L(p)$는 이항분포로 근사시켜 계산한다.) [15-2]
① 42.57%　　　② 44.57%
③ 46.57%　　　④ 48.57%

해설 $\binom{n}{x} p^x (1-p)^{n-x} \rightarrow$
$_{40}C_0\ 0.02^0\ (1-0.02)^{40} = 0.4457\,(44.57\%)$

46. 로트 크기는 2000, 시료의 개수는 200, 합격판정개수가 1인 계수치 샘플링검사를

실시할 때, 부적합품률 1%인 로트의 합격 가능성은 약 얼마인가? (단, 푸아송분포로 근사하여 계산한다.)　　　[09-2, 11-4, 20-1]

① 13.53%　　② 38.90%
③ 40.60%　　④ 54.00%

해설 $N=2000$, $n=200$, $c=1$, $p=0.01$,
$m=np=200\times0.01=2$

$$L(p)=\sum_{x=0}^{c}\frac{e^{-m}(m)^x}{x!}$$
$$=\frac{e^{-2}\times2^0}{0!}+\frac{e^{-2}\times2^1}{1!}$$
$$=0.4060(40.60\%)$$

47. 다음 중 계수 규준형 샘플링검사의 검사 특성(OC)곡선의 계산 방법에 대한 설명으로 맞는 것은?　　　[18-4]

① 로트의 크기 N에 관계없이 시료의 크기 n이 작으면 푸아송분포에 의거하여 계산한다.
② 로트의 크기 N이 시료의 크기 n에 비하여 그다지 크지 않을 경우에 정규분포로 계산한다.
③ 로트의 크기 N이 시료의 크기 n에 비하여 충분히 큰 경우에는 이항분포에 의거하여 계산한다.
④ 로트의 크기 N이 크고, 시료의 크기 n과 로트의 부적합품률 P가 매우 작은 경우에는 이항분포로 근사계산을 한다.

해설 ① 로트의 크기 N에 관계없이 시료의 크기 n이 작으면 초기하분포 또는 이항분포에 의거하여 계산한다.
② 로트의 크기 N이 시료의 크기 n에 비하여 그다지 크지 않을 경우에 초기하분포로 계산한다.
④ 로트의 크기 N이 크고, 시료의 크기 n이 크며, 로트의 부적합품률 P가 매우 작은 경우에는 푸아송분포로 근사계산을 한다.

48. 로트의 평균치를 보증하는 계수 및 계량 규준형 1회 샘플링검사(KS Q 0001)에서 특성치가 망대특성일 때, 설명 중 맞는 것은?　　　[17-1]

① AOQL이 주어져야 한다.
② OC 곡선은 특성치의 평균 m의 증가함수이다.
③ OC 곡선은 Y축은 평균치의 값으로 나타낸다.
④ OC 곡선의 X축은 로트의 부적합품률(P)이 된다.

해설 ① m_0, m_1, α, β가 주어져야 한다.
③ OC 곡선은 Y축은 로트가 합격할 확률($L(m)$)의 값으로 나타낸다.
④ OC 곡선의 X축은 로트의 평균치가 된다.

49. 전선의 인장강도(kg/mm^2)가 평균 44 이상인 로트(lot)는 합격으로 하고, 39 이하인 로트는 불합격으로 하려는 검사에서 합격판정치($\overline{X_L}$)를 구했더니 42.466이었다. 입고된 로트에서 5개의 시료샘플을 취하여 평균을 구했더니 $\overline{x}=41.6$이었다면 이 로트의 판정은?　　　[06-1, 13-1, 21-1]

① 합격
② 불합격
③ 알 수 없다.
④ 다시 샘플링해야 한다.

해설 특성치(m)가 높을수록 좋은 경우(망대특성)
$\overline{x}=41.6<\overline{X_L}=42.466$이므로 로트를 불합격으로 판정한다.

50. 철강재의 인장강도는 클수록 좋다. 평균치가 46kg/mm^2 이상인 로트는 합격시키고, 43kg/mm^2 이하인 로트는 불합격시키는 경

우의 합격판정치는? (단, $\sigma = 4\text{kg/mm}^2$, $\alpha = 0.05$, $\beta = 0.01$, $\dfrac{m_0 - m_1}{\sigma} = \dfrac{46 - 43}{4}$ $= 0.75$인 경우, $n = 16$, $G_0 = 0.4111$이다.) [22-2]

① $\overline{X}_L = 44.356\text{kg/mm}^2$

② $\overline{X}_L = 44.6\text{kg/mm}^2$

③ $\overline{X}_L = 47.644\text{kg/mm}^2$

④ $\overline{X}_L = 47.6\text{kg/mm}^2$

해설 $\overline{X}_L = m_0 - G_0\sigma = 46 - 0.4111 \times 4$
$= 44.3556$

51. 로트의 평균치가 클수록 좋은 경우, 가능한 한 합격시키고 싶은 로트의 평균값의 한계는 30%, 가능한 한 불합격시키고 싶은 로트의 평균값의 한계는 25%이다. 이 경우 $\alpha = 0.05$, $\beta = 0.10$을 만족시키기 위한 시료의 최소 크기는 몇 개인가? (단, 로트의 모표준편차는 4%이다.) [08-4, 12-4, 17-2]

① 4   ② 6

③ 8   ④ 10

해설 $k_\alpha = u_{1-\alpha} = u_{0.95} = 1.645$

$k_\beta = u_{1-\beta} = u_{0.90} = 1.282$

$\left(\dfrac{k_\alpha + k_\beta}{m_0 - m_1}\right)^2 \sigma^2 = \left(\dfrac{1.645 + 1.282}{30 - 25}\right)^2 \times 4^2$
$= 5.48 = 6$

52. 계량규준형 1회 샘플링검사에서 모집단의 표준편차를 알고 특성치가 낮을수록 좋은 경우, 로트의 평균치를 보증하려고 할 때 합격되는 경우는? [05-2, 07-1, 14-2, 18-1]

① $\overline{X} \geq U - k\sigma$

② $\overline{X} \geq m_o - G_o\sigma$

③ $\overline{X} \leq U + k\sigma$

④ $\overline{X} \leq m_o + G_o\sigma$

해설 특성치(m)가 낮을수록 좋은 경우(망소특성)

로트에서 n개를 뽑아 시료평균 $\overline{X}$를 계산하여 상한합격판정치 $\overline{X}_U = m_0 + G_0\sigma$와 비교하여 $\overline{X} \leq \overline{X}_U$이면 로트를 합격시키고, $\overline{X} > \overline{X}_U$이면 로트를 불합격시킨다.

53. 평균값 400g 이하인 로트는 될 수 있는 한 합격시키고, 평균값 420g 이상인 경우 불합격시키려고 한다. 과거의 경험으로 표준편차는 10g으로 조사되었다. 이때 $\alpha = 0.05$, $\beta = 0.1$을 만족시키기 위해서 시료의 크기(n)를 얼마로 하는 것이 좋은가? (단, $K_\alpha = 1.64$, $K_\beta = 1.28$이다.) [15-4, 17-4, 19-1]

① 2개   ② 3개

③ 4개   ④ 5개

해설 $n = \left(\dfrac{K_\alpha + K_\beta}{m_1 - m_0}\right)^2 \sigma^2$

$= \left(\dfrac{1.64 + 1.28}{420 - 400}\right)^2 \times 10^2 = 2.1316 \to$
$n = 3$

54. 계수 및 계량 규준형 1회 샘플링 검사(KS Q 0001)에서 로트의 평균치를 보증하는 경우에 상한 합격판정값$(\overline{X}_U)$이 5.6, $G_0\sigma = 2.6$이라면, 가능한 한 합격시키고자 하는 로트의 평균값의 한계(m_0)는 약 얼마인가?

① 3.0   ② 4.3   [11-1, 15-2]

③ 5.6   ④ 8.2

해설 $\overline{X}_U = m_0 + G_0\sigma \to 5.6 = m_0 + 2.6$

55. 그림은 로트의 평균치를 보증하는 계량 규준형 1회 샘플링검사를 설계하는 과정을 나타낸 것이다. 특성치가 망대특성일 경우 다음 설명 중 틀린 것은?[08-2, 18-2, 21-2]

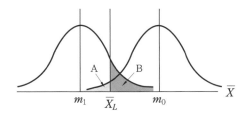

① A는 생산자위험을 나타낸다.
② B는 소비자위험을 나타낸다.
③ 평균값이 m_0인 로트는 좋은 로트로 받아들일 수 있다.
④ 시료로부터 얻어진 데이터의 평균이 $\overline{X_L}$보다 작으면 해당 로트는 합격이다.

해설 망대특성이므로 시료로부터 얻어진 데이터의 평균이 $\overline{X_L}$보다 작으면 해당 로트는 불합격이다.

56. 다음 중 로트의 평균치를 보증하는 경우에 대한 검사특성곡선에 관한 내용으로 틀린 것은?   [13-4, 21-1]
① 가로축의 눈금은 로트의 평균값이다.
② 세로축의 눈금은 로트의 합격확률이다.
③ 망소특성에서 합격확률 $K_{L(m)}$값을 구하기 위한 식은 $K_{L(m)} = \dfrac{\left(m - \overline{X_U}\right)\sqrt{n}}{\sigma}$ 이다.
④ 망소특성에서 $K_{L(m)}$의 값이 양의 값으로 나타나는 경우 로트의 평균 m이 $\overline{X_U}$ 보다 큰 경우로 합격확률은 최소한 50% 보다 크다.

해설 망소특성에서 $K_{L(m)}$의 값이 양의 값으로 나타나는 경우 로트의 평균 m이 $\overline{X_U}$보다 큰 경우로 합격확률은 최소한 50%보다 작다.

57. 계수 및 계량 규준형 1회 샘플링검사 (KS Q 0001)의 평균치 보증 방식에서 망소특성인 경우, OC 곡선을 작성하기 위한 로트의 합격확률 $L(m)$의 표준정규분포에서의 좌표값 $K_{L(m)}$을 구하기 위한 공식은? (단, U는 규격상한, m은 로트의 평균치, $\overline{X}_U$는 상한 합격 판정치, σ는 로트의 표준편차, n은 샘플의 크기이다.)
                    [14-1, 17-4, 22-1]

① $K_{L(m)} = \dfrac{\overline{X}_U - m}{\sigma / \sqrt{n}}$

② $K_{L(m)} = \dfrac{m - \overline{X}_U}{\sigma / \sqrt{n}}$

③ $K_{L(m)} = \dfrac{U - \overline{X}_U}{\sigma / \sqrt{n}}$

④ $K_{L(m)} = \dfrac{\overline{X}_U - U}{\sigma / \sqrt{n}}$

해설 망소특성의 경우

$$\overline{X_U} = m_0 + K_\alpha \frac{\sigma}{\sqrt{n}} = m_1 - K_\beta \frac{\sigma}{\sqrt{n}}$$

K_β에 대하여 정리하면

$$K_\beta = \frac{\left(m_1 - \overline{X_U}\right)}{\sigma / \sqrt{n}}$$

β는 로트가 합격할 확률이므로 $L(m)$으로 나타내면

$$K_{L(m)} = \frac{\left(m - \overline{X_U}\right)}{\sigma / \sqrt{n}} = \frac{\left(m - \overline{X_U}\right)\sqrt{n}}{\sigma}$$

58. 계수 및 계량 규준형 1회 샘플링검사 (KS Q 0001) 중 제3부 : 계량 규준형 1회 샘플링검사 방식(표준편차 기지)에서 샘플링검사의 적용 조건으로 틀린 것은?

                    [16-1, 21-4]

정답 ● **55.** ④ **56.** ④ **57.** ② **58.** ④

① 제품을 로트로 처리할 수 있어야 한다.
② 검사단위의 품질을 계량값으로 나타낼 수 있어야 한다.
③ 부적합품률을 따르는 경우 특성치가 정규분포를 하고 있는 것으로 다루어져야 한다.
④ 부적합률을 따르는 경우 부적합품률을 어느 한도 내로 보증하는 것이므로 합격 로트 안에 부적합품이 들어가면 안 된다.

해설 부적합품률을 따르는 경우 부적합품률을 어느 한도 내로 보증하는 것이므로 합격 로트 안에 부적합품이 들어갈 수 있다.

59. 어떤 금속판 두께의 하한 규격치가 2.3mm 이상이라고 규정되었을 때 합격판정치는? (단, $n = 10$, $k = 1.81$, $\sigma = 0.2$mm, $\alpha = 0.05$, $\beta = 0.10$이다.) [12-2, 20-1]

① 1.938   ② 2.185
③ 2.415   ④ 2.662

해설 $\overline{X_L} = L + k\sigma = 2.3 + 1.81 \times 0.2$
$= 2.662$mm

60. 계량 규준형 1회 샘플링검사(KS Q 0001)에 있어서 로트의 표준편차 σ를 알고 하한규격치 L이 주어진 로트의 부적합품률을 보증하고자 할 때 다음 중 어느 경우에 로트를 합격으로 하는가? [05-4, 19-2]

① $\overline{x} < L + k\sigma$이면 합격
② $\overline{x} \geq L + k\sigma$ 이면 합격
③ $\overline{x} < m_0 + G_0\sigma$이면 합격
④ $\overline{x} \geq m_0 + G_0\sigma$ 이면 합격

해설 하한규격치 L이 주어진 경우 품질특성치가 클수록 좋다. 따라서 시료평균 $\overline{x}$가 하한합격판정치($\overline{X_L} = L + k\sigma$) 이상이면 로트를 합격으로 한다.

61. 계수 및 계량 규준형 1회 샘플링검사(KS Q 0001)에서 계량 규준형 1회 샘플링검사 중 로트의 부적합품률을 보증하는 경우 규격상한(U)을 주고 표본의 크기 n과 상한합격판정치 $\overline{X}_U$에 대한 설명으로 틀린 것은?

[07-2, 16-2, 20-2]

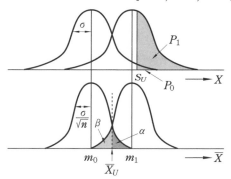

① $\overline{x} \leq \overline{X}_U$ 이면 로트는 합격이다.
② $m_1 - m_0 = (K_{p_0} - K_{p_1}) \dfrac{\sigma}{\sqrt{n}}$로 표시된다.
③ 색칠한 $\alpha = 0.05$, $\beta = 0.1$의 사이에 $\overline{X}_U$가 존재한다.
④ m_1의 평균을 가지는 분포의 로트로부터 표본 n개를 뽑았을 경우 $\overline{X}_U$에 대하여 로트가 합격할 확률은 β이다.

해설 $\overline{X}_U = m_0 + k_\alpha \dfrac{\sigma}{\sqrt{n}} = m_1 - k_\beta \dfrac{\sigma}{\sqrt{n}}$ →
$m_1 - m_0 = k_\alpha \dfrac{\sigma}{\sqrt{n}} + k_\beta \dfrac{\sigma}{\sqrt{n}}$ →
$m_1 - m_0 = (k_\alpha + k_\beta) \dfrac{\sigma}{\sqrt{n}}$

62. 특성치의 분산이 기지인 경우에 로트의 부적합품률을 보증하기 위한 계량 규준형 1회 샘플링검사에서 필요한 시료의 크기를 가장 올바르게 나타낸 식은? (단, 생산자위

험 $\alpha = 0.05$, 소비자위험 $\beta = 0.10$, $k_\alpha = 1.645$, $k_\beta = 1.282$ 이다.) [05-1, 13-1]

① $n = \left(\dfrac{2.927}{k_{p_0} - k_{p_1}}\right)^2$

② $n = \dfrac{2.927}{(k_{p_0} - k_{p_1})^2}$

③ $n = \left(\dfrac{2.927}{m_0 - m_1}\right)^2$

④ $n = \dfrac{2.927}{(m_0 - m_1)^2}$

해설 부적합품률을 보증하는 경우(σ기지)

$$n = \left(\frac{k_\alpha + k_\beta}{k_{p_0} - k_{p_1}}\right)^2 = \left(\frac{1.645 + 1.282}{k_{p_0} - k_{p_1}}\right)^2$$
$$= \left(\frac{2.927}{k_{p_0} - k_{p_1}}\right)^2$$

63. 로트의 표준편차가 미지이고 p_0, p_1, α, β가 주어진 계량 1회 샘플링검사 방식에서 시료의 크기(n)를 결정하는 식으로 옳은 것은? (단, k는 합격판정계수이다.) [11-4]

① $\left(\dfrac{K_\alpha + K_\beta}{K_{p_0} - K_{p_1}}\right)^2$

② $\left(1 + \dfrac{k}{2}\right)\left(\dfrac{K_\alpha + K_\beta}{K_{p_0} - K_{p_1}}\right)^2$

③ $\left(\dfrac{K_\alpha + K_\beta}{K_{p_0} - K_{p_1}}\right)^2 \times \sigma^2$

④ $\left(1 + \dfrac{k^2}{2}\right)\left(\dfrac{K_\alpha + K_\beta}{K_{p_0} - K_{p_1}}\right)^2$

해설 ㉠ 표준편차 기지인 경우

$$n = \left(\frac{k_\alpha + k_\beta}{k_{p_0} - k_{p_1}}\right)^2$$

㉡ 표준편차 미지인 경우

$$n' = \left(1 + \frac{k^2}{2}\right)\left(\frac{k_\alpha + k_\beta}{k_{p_0} - k_{p_1}}\right)^2$$

64. σ기지의 계량 규준형 1회 샘플링검사 (KS Q 0001)에서 로트의 부적합품률을 보증하는 경우 $n = 26$, $k = 2.00$이었다. 만약 이 결과를 이용하여 σ를 모르는 경우(σ 미지)의 n과 k를 구한다면 각각 약 얼마로 변하는가? [07-4, 12-1, 13-4]

① $n = 26$, $k = 2.00$

② $n = 26$, $k = 6.00$

③ $n = 78$, $k = 2.00$

④ $n = 78$, $k = 6.00$

해설 σ기지인 경우 : $n = \left(\dfrac{k_\alpha + k_\beta}{k_{p_0} - k_{p_1}}\right)^2 = 26$

σ미지인 경우 : $n' = \left(1 + \dfrac{k^2}{2}\right)\left(\dfrac{k_\alpha + k_\beta}{k_{p_0} - k_{p_1}}\right)^2$

$= \left(1 + \dfrac{2.00^2}{2}\right) \times 26 = 78$, $k' = k = 2.00$

65. 계수 및 계량 규준형 1회 샘플링검사 (KS Q 0001)에서 계량 규준형 1회 샘플링 검사에 대한 설명으로 맞는 것은? [18-4]

① 로트의 표준편차를 알고 있는 경우의 시료 크기가 모르는 경우에 비하여 훨씬 크다.

② 로트의 표준편차를 모르는 경우, $\overline{x} + k's$ 의 분산을 $\sigma^2\left(\dfrac{1}{n} + \dfrac{k^2}{n-1}\right)$으로 보고 근사계산한다.

③ $\overline{x} + ks$에 의하여 $\overline{x}$가 계산되는데, 여기서 k의 값은 로트의 표준편차를 알고 있는 경우 k값보다 작으므로 유리하다.

④ 실제 적용에 있어서 로트의 표준편차를 미리 정확히 알고 있다고 말할 수 없기 때문에, 검사 초기에는 표준편차를 모르는 경우를 사용하면 좋다.

해설 ① 로트의 표준편차를 알고 있는 경우의 시료 크기가 모르는 경우에 비하여 훨씬 작다.

2 과목

② 로트의 표준편차를 모르는 경우, $\bar{x}+k's$ 의 분산을 $\sigma^2\left(\dfrac{1}{n}+\dfrac{k^2}{2(n-1)}\right)$ 으로 보고 근사계산한다.

③ $\bar{x}+ks$ 에 의하여 $\bar{x}$ 가 계산되는데, 여기서 k 의 값은 로트의 표준편차를 알고 있는 경우 k 값과 동일하다.

66. 계량 규준형 1회 샘플링검사에 대한 설명으로 맞는 것은? [20-4]

① 계량 샘플링검사는 로트 검사단위의 특성치 분포가 정규분포가 아니어도 된다.

② 샘플의 크기가 같을 때에는 계수치의 데이터가 계량치의 데이터보다 많은 정보를 제공한다.

③ 계량 샘플링검사에서 표준편차가 미지인 경우이든 기지인 경우이든 샘플의 크기는(n)는 같다.

④ 계량 샘플링검사는 측정한 데이터를 기초로 판정하는 것으로서 계수 샘플링 검사에 비하여 샘플의 크기는 적어진다.

해설 ① 계량 샘플링검사는 로트 검사단위의 특성치 분포가 정규분포이어야 한다.
② 계량치 데이터가 계수치 데이터보다 더 많은 정보를 제공한다.
③ 미지인 경우가 기지인 경우보다 샘플의 크기가 더 크다.

계수형 샘플링검사

67. 계수형 샘플링검사에서 일반적으로 로트의 크기와 샘플의 크기를 일정하게 하고, 합격판정개수를 증가시킬 때 생산자위험과 소비자위험에 관한 설명으로 옳은 것은 어느 것인가? [08-4, 11-1, 15-1, 22-1]

① 생산자위험은 감소하고, 소비자위험은 증가한다.

② 생산자위험은 증가하고, 소비자위험은 감소한다.

③ 생산자위험과 소비자위험이 모두 증가한다.

④ 생산자위험과 소비자위험이 모두 감소한다.

해설 N 과 n 을 일정하게 하고, Ac 를 증가시키면 생산자위험(α)은 감소하고 소비자위험(β)은 증가한다. OC 곡선은 오른쪽으로 완만해진다.

68. 계수형 샘플링검사 절차 – 제1부 : 로트별 합격품질한계(AQL) 지표형 샘플링검사 방식(KS Q ISO 2859-1)의 보통검사에서 생산자위험에 대한 1회 샘플링 방식에 대한 값은 100 아이템당 부적합수 검사일 경우 어떤 분포에 기초하고 있는가? [13-4, 19-1]

① 이항분포   ② 초기하분포
③ 정규분포   ④ 푸아송분포

해설 부적합품 검사에 대한 값은 이항분포에 기초하며, 100 아이템당 부적합수에 대한 값은 푸아송분포에 기초한다.

69. 500개가 1로트로 취급되고 있는 어떤 제품이 있다. 그 중 490개는 적합품, 10개는 부적합품이다. 부적합품 중 5개는 각각 1개씩의 부적합을 지니고 있으며, 4개는 각각 2개씩을, 그리고 1개는 3개의 부적합을 지니고 있다. 이 로트의 100 아이템당 부적합수는 얼마인가? [14-2, 18-1]

① 1.6   ② 3.2   ③ 4.9   ④ 10.0

해설 100 아이템당 부적합수
$$= \frac{5\times1+4\times2+1\times3}{500}\times100 = 3.2$$

70. 부적합품률이 합격품질수준(AQL)과 동일한 제품의 로트가 합격될 확률은? [05–1]

① α : 생산자 위험
② β : 소비자 위험
③ $1-\alpha$
④ $1-\beta$

해설 AQL(p_0)에 해당하는 로트가 합격될 확률은 $1-\alpha$이다.

71. 로트별 합격품질한계(AQL) 지표형 샘플링검사(KS Q ISO 2859–1)에서 샘플링표 구성의 특징으로 틀린 것은? [15–2]

① 로트의 크기에 따라 생산자위험이 일정하게 되어 있다.
② AQL과 시료의 크기에는 등비수열이 채택되어 있다.
③ 구매자에게는 원하지 않는 품질의 로트를 합격시키지 않도록 설계되어 있으며 장기적인 품질보증을 할 수 있도록 설계되어 있다.
④ 까다로운 검사의 경우 보통검사와 검사개수는 같고 Ac를 조정하게 되어 있으나, $Ac = 0$인 경우에는 시료수가 증가하게 되어 있는 샘플링검사 방식이다.

해설 로트의 크기에 따라 α가 일정하지 않다. ($N\uparrow : \alpha\downarrow$)

72. KS Q ISO 2859–1 로트별 합격품질한계(AQL) 지표형 샘플링검사 방식에 대한 설명 중 틀린 것은? [16–4]

① 평균샘플크기(ASSI)는 1회보다 다회의 경우가 작게 나타난다.
② 샘플문자는 검사수준과 로트의 크기를 활용하여 구할 수 있다.
③ 검사수준은 상대적인 검사량을 나타내는 것으로 검사수준 I이 검사수준 III보다 샘플수가 커진다.
④ 수월한 검사는 KS Q ISO 2859–1의 특징의 하나로 보통검사보다 작은 샘플크기를 사용할 수 있다.

해설 검사수준은 상대적인 검사량을 나타내는 것으로 검사수준 I, II, III에서 시료의 크기의 배율은 0.4 : 1 : 1.6이다. 따라서 검사수준 I이 검사수준 III보다 샘플수가 작아진다.

73. 계수형 샘플링검사 절차 – 제1부 : 로트별 합격품질한계(AQL) 지표형 샘플링검사 방식(KS Q ISO 2859–1)에서 검사수준에 관한 설명 중 틀린 것은? [13–1, 18–4, 22–2]

① 검사수준은 소관권자가 결정한다.
② 상대적인 검사량을 결정하는 것이다.
③ 통상적으로 검사수준은 II를 사용한다.
④ 수준 I은 큰 판별력이 필요한 경우에 사용한다.

해설 검사수준은 상대적인 검사량을 나타내는 것으로 검사수준 I, II, III에서 시료의 크기의 배율은 0.4 : 1 : 1.6으로 수준 III이 큰 판단력을 필요로 하는 경우 사용한다.

74. 계수형 샘플링검사 절차 – 제1부 : 로트별 합격품질한계(AQL) 지표형 샘플링검사 방식(KS Q ISO 2859–1)에서 검사수준에 관한 설명 중 틀린 것은? [17–2]

① 검사수준은 상대적인 검사량을 결정하는 것이다.
② 보통 검사수준은 I, II 및 III으로 3개의 검사수준이 있다.
③ S–1, S–2, S–3 및 S–4로 4개의 특별 검사수준이 있다.
④ 특별 검사수준의 목적은 필요에 따라서

샘플을 크게 해 두는 것이다.

해설 만약 시료 크기를 작게 하고 싶다면 특별검사수준(S-1, S-2, S-3, S-4)을 선택한다. 파괴검사나 비용이 많이 드는 검사의 경우 특별 검사수준인 S-1부터 S-4까지를 사용한다.

75. 로트별 합격품질한계(AQL) 지표형 샘플링검사 방식(KS Q ISO 2859-1)의 내용 중 맞는 것은? [17-1]
① 다회 샘플링 형식으로 5회를 적용
② 수월한 검사에서 조건부 합격제도의 활용
③ R10 등비급수를 활용한 체계적 수치표의 구성
④ 보통검사에서 까다로운 검사로의 엄격도 조정에 전환점수제도 적용

해설 ② 수월한 검사에서 조건부 합격제도는 폐지됨
③ AQL과 시료의 크기는 등비수열이 채택되어 있다(R5 등비수열).
④ 보통검사에서 수월한 검사로의 엄격도 조정에 전환점수제도 적용

76. 계수형 샘플링검사 절차 - 제1부: 로트별 합격품질한계(AQL) 지표형 샘플링검사 방식(KS Q ISO 2859-1)에서 엄격도 조정을 위한 전환규칙으로 틀린 것은 다음 중 어느 것인가? [10-1, 16-2, 19-4, 21-1]
① 수월한 검사에서 1로트가 불합격되면 보통검사로 이행한다.
② 까다로운 검사에서 연속 5로트가 합격하면 보통검사로 이행한다.
③ 까다로운 검사에서 불합격 로트의 누계가 10로트에 도달하면 검사를 중지한다.
④ 보통검사에서 연속 5로트 이내에 2로트

가 불합격이 되면 까다로운 검사로 이행한다.

해설 까다로운 검사에서 불합격 로트의 누계가 5로트에 도달하면 검사를 중지한다.

77. 계수형 샘플링검사 절차 - 제1부: 로트별 합격품질한계(AQL) 지표형 샘플링검사 방식(KS Q ISO 2859-1)에서 전환 규칙 중 전환점수를 적용하여야 할 경우는 어느 것인가? [15-4, 21-4]
① 수월한 검사에서 보통검사로
② 보통검사에서 수월한 검사로
③ 보통검사에서 까다로운 검사로
④ 까다로운 검사에서 보통검사로

해설 보통검사에서 수월한 검사로 넘어갈 때 전환점수를 적용한다.

78. 계수형 샘플링검사 절차 - 제1부: 로트별 합격품질한계(AQL) 지표형 샘플링검사 방식 (KS Q ISO 2859-1)의 보통검사에서 수월한 검사로의 전환규칙으로 틀린 것은?
① 생산의 안정 [17-4, 21-2]
② 연속 5로트가 합격
③ 소관 권한자의 승인
④ 전환점수의 현재 값이 30 이상

해설 생산의 안정, 소관 권한자의 승인, 전환점수의 현재 값이 30 이상일 때 보통검사에서 수월한 검사로의 전환한다.

79. 계수형 샘플링검사 절차 - 제1부: 로트별 합격품질한계(AQL) 지표형 샘플링검사 방안(KS Q ISO 2859-1)에 따라 샘플링검사를 행할 때, 까다로운 검사에서 보통검사로 전환되는 경우는? [08-1, 08-4, 12-1, 15-1]
① 전환점수의 현상값이 30 이상이 된 경우

② 연속 5로트가 초기 검사에서 합격이 된 경우

③ 생산 진도가 안정되었다고 소관 권한자가 인정한 경우

④ 연속 5로트 이내의 초기 검사에서 2로트가 불합격된 경우

해설 연속 5로트가 초기 검사에서 합격이 된 경우 까다로운 검사에서 보통검사로 전환한다.

80. 계수형 샘플링검사 절차(KS Q ISO 2859 −1)에서 보통검사에서 까다로운 검사의 전환규칙으로 옳은 것은? [07-4, 13-2]

① 생산이 불규칙할 때

② 불합격 로트의 누계가 5개가 되도록 보통검사를 진행하고 있을 때

③ 연속 로트가 합격될 때

④ 연속 5로트 이내의 초기검사에서 2로트가 불합격이 될 때

해설 연속 5로트 이내의 초기검사에서 2로트가 불합격이 될 때 보통검사에서 까다로운 검사의 전환한다.

81. 로트별 합격품질한계(AQL) 지표형 샘플링검사 방식(KS Q ISO 2859−1)의 보통검사에서 수월한 검사로 전환할 때 전환점수의 계산방법이 틀린 것은? [16-1]

① 합격판정개수 $A_c \leq 1$인 1회 샘플링검사에서 로트 합격 시 전환점수에 2점을 가산하고 그렇지 않으면 0점으로 복귀한다.

② 2회 샘플링검사에서 제1차 샘플에서 로트 합격 시 전환점수에 2점을 가산하고 그렇지 않으면 0점으로 복귀한다.

③ 다회 샘플링검사에서 제3차 샘플까지 합격 시 전환점수에 3점을 가산하고 그렇지 않으면 0점으로 복귀한다.

④ 합격판정개수 $A_c \geq 2$인 1회 샘플링검사에서 AQL이 1단계 엄격한 조건에서 로트 합격 시 전환점수에 3점을 가산하고 그렇지 않으면 0점으로 복귀한다.

해설 2회 샘플링검사에서 제1차 샘플에서 로트합격 시 전환점수에 3점을 가산하고 그렇지 않으면 0점으로 복귀한다.

82. KS Q ISO 2859−1 계수치 샘플링검사 절차−제1부 : 로트별 합격품질한계(AQL) 지표형 샘플링검사 방안에서 엄격도 전환에 대한 설명으로 옳지 않은 것은? [14-2]

① 검사의 엄격도는 보통검사, 수월한 검사, 까다로운 검사의 3종류가 있다.

② 보통검사에서 수월한 검사로 전환이 되는 전제조건으로 전환점수(swiching score)가 30점 이상이 되어야 한다.

③ 검사하는 로트에서 불합격이 발생하면 전환점수는 0점이 된다.

④ 5회 샘플링검사에서 1회에서 합격하면 3점이 가산되고, 그렇지 않으면 0점이 된다.

해설 다회(5회) 샘플링 방식을 사용할 때 제3차 샘플까지 로트가 합격이 되면 전환점수에 3을 더하고, 그렇지 않으면 전환점수를 0점으로 복귀한다.

83. AQL 지표형 샘플링검사(KS Q ISO 2859 −1)에서 분수 합격판정개수의 샘플링 방식에 관한 설명으로 옳지 않은 것은 어느 것인가? [09-2, 20-2]

① 분수합격판정개수 샘플링 방식의 적용은 소관권한자가 승인했을 때 사용할 수 있다.

② 샘플링 방식이 일정한 경우, 샘플 중에 부적합품이 전혀 없을 때에는 로트를 합격으로 한다.

③ 샘플링 방식이 일정하지 않은 경우, 합격 판정스코어가 8 이상이면 합격판정개수를 1로 하여 판정한다.

④ 샘플링 방식이 일정하고 합격판정개수가 1/2일 때, 검사로트에서 부적합품이 1개 발견된 경우, 직전 검사로트에서 부적합품이 없으면 로트를 합격으로 한다.

해설 합격판정점수 ≤ 8이면 $Ac = 0$, 합격판정점수 ≥ 9이면 $Ac = 1$, 만일 주어진 합격판정개수가 정수이면 이 합격판정개수를 그대로 사용한다.

84. 계수형 샘플링검사 절차 – 제2부 : 고립로트 한계품질(LQ) 지표형 샘플링검사 방식(KS Q ISO 2859 – 2)에서 사용되는 한계품질에 대한 설명으로 틀린 것은? [18-2]

① 로트가 한계품질에서도 합격할 수 있다.

② 한계품질은 생산자 위험을 낮추는 데 중점을 두었다.

③ 한계품질은 부적합품 퍼센트로 표시한 품질 수준이다.

④ 한계품질은 고립로트에서 합격으로 판정하고 싶지 않은 로트의 부적합품률이다.

해설 한계품질은 소비자 위험을 낮추는 데 중점을 두었다.

85. 계수형 샘플링검사 절차 – 제2부 : 고립로트 한계품질(LQ) 지표형 샘플링검사 방식(KS Q ISO 2859 – 2)에 관한 설명으로 틀린 것은? [11-4, 20-1]

① 절차 A의 샘플링검사 방식은 로트 크기 및 한계품질(LQ)로부터 구해진다.

② 절차 B의 샘플링검사 방식은 로트 크기, 한계품질(LQ) 및 검사수준에서 구할 수 있다.

③ 절차 A는 합격판정개수가 0인 샘플링 방식을 포함하고 샘플 크기는 초기하분포에 기초하고 있다.

④ 절차 B는 합격판정개수가 0인 샘플링 방식을 포함하며 AQL 지표형 샘플링 검사와는 독립적으로 구성되어 있다.

해설 절차 B는 합격판정개수가 0인 샘플링 방식은 포함하지 않고 전수검사로 한다.

86. 계수형 샘플링검사 절차 – 제3부 : 스킵로트 샘플링검사 절차(KS Q ISO 2859 – 3)를 사용하는 경우 최초 검사빈도를 1/3로 결정되었다면 자격인정에 필요한 로트의 개수는? [20-4]

① 10개 내지 11개 ② 12개 내지 14개
③ 15개 내지 20개 ④ 21개 내지 25개

해설 **최초빈도의 결정**
• 자격인정에 로트가 10개 내지 11개 필요하였다면 1/4
• 자격인정에 로트가 12개 내지 14개 필요하였다면 1/3
• 자격인정에 로트가 15개 내지 20개 필요하였다면 1/2

87. 스킵로트 샘플링에 대한 설명으로 적합한 것은? [19-4]

① 1/5이라는 샘플링 빈도를 검사 초기부터 사용할 수 있다.

② 샘플링검사 결과 품질이 악화되면 로트별 샘플링검사로 복귀한다.

③ 제품이 소정의 판정기준을 만족한 경우에 검사빈도는 1/5을 적용할 수 없다.

④ 검사에 제출된 제품의 품질이 AOQL보다 상당히 좋다고 입증된 경우에 적용가능하다.

해설 ① 스킵로트 검사의 초기 빈도의 설정은 1/2, 1/3, 1/4의 세 가지 중에서 설정될 수 있다.
③ 제품이 소정의 판정기준을 만족한 경우에 검사빈도는 1/5을 적용할 수 있다.
④ 검사에 제출된 제품의 품질이 AQL보다 상당히 좋다고 입증된 경우에 적용가능하다.

88. 다음 중 스킵로트 샘플링검사를 적용할 수 있는 경우가 아닌 것은? [18-2]
① 제품품질이 AQL보다 좋다는 증거가 있는 경우
② 공급자가 요구조건에 합치하는 로트를 계속적으로 생산하는 경우
③ 연속하여 제출된 로트 중의 일부 로트를 검사없이 합격으로 하는 경우
④ 고립상태의 로트인 경우

해설 연속적 시리즈의 로트 또는 배치(batch)에 사용하는 것을 의도한 것이다.

축차 샘플링검사

89. 계수형 축차 샘플링검사 방식(KS Q ISO 28591)에서 Q_{CR}이 뜻하는 내용으로 맞는 것은? [08-1, 13-1, 18-1, 21-2]
① 합격시키고 싶은 로트의 부적합품률의 하한
② 합격시키고 싶은 로트의 부적합품률의 상한
③ 불합격시키고 싶은 로트의 부적합품률의 하한
④ 불합격시키고 싶은 로트의 부적합품률의 상한

해설 • 생산자위험(Q_{PR} Producer's Risk

Quality : p_0) : 합격시키고 싶은 로트의 부적합품률의 상한
• 소비자위험품질(Q_{CR}, Consumer's Risk Quality : p_1) : 불합격시키고 싶은 로트의 부적합품률의 하한

90. 계수형 축차 샘플링검사 방식(KS Q ISO 28591)에서 생산자위험 품질(Q_{PR})에 관한 설명으로 맞는 것은? [12-1, 15-1, 20-1]
① 될 수 있으면 합격으로 하고 싶은 로트의 부적합품률의 상한
② 될 수 있으면 합격으로 하고 싶은 로트의 부적합품률의 하한
③ 될 수 있으면 불합격으로 하고 싶은 로트의 부적합품률의 상한
④ 될 수 있으면 불합격으로 하고 싶은 로트의 부적합품률의 하한

해설 • 생산자위험(Q_{PR} Producer's Risk Quality : p_0) : 합격시키고 싶은 로트의 부적합품률의 상한
• 소비자위험품질(Q_{CR}, Consumer's Risk Quality : p_1) : 불합격시키고 싶은 로트의 부적합품률의 하한

91. 다음 중 계수형 축차 샘플링검사 방식(KS Q ISO 28591)에서 누계 샘플 사이즈(n_{cum})가 누계 샘플 사이즈의 중지값(n_t)보다 작을 때 합격판정치를 구하는 식으로 옳은 것은? [10-4, 19-2, 20-2]
① 합격판정치 $A = h_A + gn_{cum}$ 소수점 이하는 버린다.
② 합격판정치 $A = h_A + gn_{cum}$ 소수점 이하는 올린다.
③ 합격판정치 $A = -h_A + gn_{cum}$ 소수점 이하는 버린다.

④ 합격판정치 $A = -h_A + gn_{cum}$ 소수점 이하는 올림한다.

해설 $n_{cum} < n_t$인 경우
- 합격판정치 $A = -h_A + gn_{cum}$(소수점 이하 버림)
- 불합격판정치 $R = h_R + gn_{cum}$(소수점 이하 올림)

92. 계수형 축차 샘플링검사 방식(KS Q ISO 28591)에서 $h_A = 1.445$, $h_R = 1.885$, $g = 0.110$ 일 때 $n < n_t$ 조건에서의 합격판정치(A)는? [11-4, 22-2]

① $A = 0.110n_{cum} + 1.445$
② $A = 0.110n_{cum} + 1.885$
③ $A = 0.110n_{cum} - 1.445$
④ $A = 0.110n_{cum} - 1.885$

해설 $A = g \cdot n_{cum} - h_A = 0.110n_{cum} - 1.445$

93. 계수형 축차 샘플링검사 방식(KS Q ISO 28591)에서 합격판정치(A)와 불합격판정치(R)가 다음과 같이 주어졌을 때, 어떤 로트에서 1개씩 채취하여 5번째와 40번째가 부적합품일 경우, 40번째에서 로트에 대한 조처로서 맞는 것은 어느 것인가? (단, 중지 시 누적 샘플크기(중지값) $n_t = 226$이다.) [08-2, 16-4, 21-4]

| 다음 |
$$A = -2.319 + 0.059n_{cum}$$
$$R = 2.702 + 0.059n_{cum}$$

① 검사를 속행한다.
② 로트를 합격으로 한다.
③ 로트를 불합격으로 한다.
④ 아무 조처도 취할 수 없다.

해설 $A = -h_A + gn_{cum}$

$$= -2.319 + 0.059 \times 40 = 0.041 = 0(버림)$$
$$R = h_R + gn_{cum}$$
$$= 2.702 + 0.059 \times 40 = 5.062 = 6(올림)$$
$A < (D = 2) < R$이므로 검사를 속행한다.

94. 계수형 축차 샘플링검사 방식(KS Q ISO 28591)에서 합격판정치(A)가 $A = -2.319 + 0.059n_{cum}$, 불합격판정치($R$)가 $R = 2.702 + 0.059n_{cum}$으로 주어졌다. 만약 어떤 로트가 이 검사에서 합격판정이 나지 않을 경우에 적용되는 누계 샘플 중지값(n_t)이 226개로 알려져 있다면, 이때 합격판정개수(Ac_t)는 얼마인가? [09-2, 17-2]

① 8개 ② 10개 ③ 13개 ④ 14개

해설 $Ac_t = gn_t = 0.059 \times 226 = 13.334 \rightarrow$ 13(끝수는 버림)

95. $A = -2.1 + 0.2n_{cum}$, $R = 1.7 + 0.2n_{cum}$인 계수형 축차 샘플링검사 방식(KS Q ISO 28591)을 실시한 결과 6번째와 15번째, 20번째, 25번째, 30번째, 35번째, 그리고 40번째에서 부적합품이 발견되었고, 44번 시료까지 판정 결과 검사가 속행되었다. 45번째 시료에서 검사 결과가 적합품이라면 로트를 어떻게 처리해야 하는가? (단, 누계 샘플 중지값은 45개이다.) [08-4, 12-4, 15-4, 22-1]

① 검사를 속행한다.
② 생산자와 협의한다.
③ 로트를 합격시킨다.
④ 로트를 불합격시킨다.

해설 $n_{cum} = n_t$인 경우에 해당되므로
$Ac_t = gn_t = 0.2 \times 45 = 9$이다.
따라서 $Ac_t (= 9) \geq D(= 7)$이므로 로트를 합격시킨다.

96. 계수형 축차 샘플링검사 방식(KS Q ISO 28591)에서 100항목당 부적합수 검사를 하는 경우, 1회 샘플링검사의 샘플 사이즈를 11개로 이미 알고 있다. 이때 누계 샘플 사이즈의 중지값은 얼마인가?   [13-2, 18-4]

① 16개   ② 17개
③ 19개   ④ 21개

해설 $n_t = 1.5 \times n_0 \rightarrow n_t = 1.5 \times 11 = 16.5$(소수점 이하 올림) $\rightarrow n = 17$개

97. 부적합률에 대한 계량형 축차 샘플링검사 방식의 표준번호로 맞는 것은?   [17-1]

① KS Q ISO 0001
② KS Q ISO 28591
③ KS Q ISO 9001
④ KS Q ISO 39511

해설 ① 계수 및 계량 규준형 1회 샘플링검사
② 계수형 축차 샘플링검사
③ 품질경영시스템

98. 부적합률에 대한 계량형 축차 샘플링검사 방식(표준편차 기지)(KS Q ISO 39511)에서 하한규격이 주어진 경우, $n_{cum} < n_t$일 때 합격판정치(A)를 구하는 식으로 맞는 것은 어느 것인가? (단, h_A는 합격판정선의 절편, g는 합격판정선의 기울기, n_t는 누적 샘플크기의 중지값, n_{cum}은 누적 샘플크기이다.)   [13-4, 14-2, 19-1]

① $A = h_A + g \cdot \sigma \cdot n_{cum}$
② $A = -h_A + g \cdot \sigma \cdot n_{cum}$
③ $A = h_A \cdot \sigma + g \cdot \sigma \cdot n_{cum}$
④ $A = -h_A \cdot \sigma + g \cdot \sigma \cdot n_{cum}$

해설 합격판정치 $A = h_A \sigma + g \sigma n_{cum}$
불합격판정치 $R = -h_R \sigma + g \sigma n_{cum}$

99. 부적합률에 대한 계량형 축차 샘플링검사방식(표준편차 기지)(KS Q ISO 39511)에 따라 제품의 특성을 검사하고자 한다. 규격하한이 200kV, 로트의 표준편차가 1.2kV, $h_A = 3.826$, $h_R = 5.258$, $g = 2.315$, $n_t = 49$이다. $n = 12$에서 합격판정치(A)의 값은 약 얼마인가?   [14-4, 16-1]

① 26.693   ② 29.471
③ 37.927   ④ 41.293

해설 $A = h_A \sigma + g \sigma n_{cum}$
$= 3.826 \times 1.2 + 2.315 \times 1.2 \times 12$
$= 37.927$

100. 부적합률에 대한 계량형 축차 샘플링검사방식(표준편차 기지)(KS Q ISO 39511)에서 양쪽 규격한계의 결합관리의 경우이고 $n_{cum} < n_t$일 때, 상한 합격판정치 A_U는? (단, σ가 규격 간격($U-L$)과 비교하여 충분히 작고, g는 합격판정선 및 불합격판정선의 기울기, h_A는 합격판정선의 절편이다.)   [17-4, 18-2, 20-4, 21-1]

① $g \sigma n_{cum} - h_A \sigma$
② $g \sigma n_{cum} + h_A \sigma$
③ $(U - L - g \sigma) n_{cum} - h_A \sigma$
④ $(U - L - g \sigma) n_{cum} + h_A \sigma$

해설 샘플크기의 중지값(n_t)보다 적은 경우
$A_U = (U - L - g \sigma) n_{cum} - h_A \sigma$
$A_L = g \sigma n_{cum} + h_A \sigma$

2 과목

생산시스템

1. 생산시스템의 발전 및 유형

1. 생산목표를 달성할 수 있도록 적절한 품질의 제품이나 서비스를 적시에 적량을 적가로 생산할 수 있도록 생산 과정을 이룩하고 생산활동을 관리 및 조정하는 활동을 무엇이라 하는가? [08-1, 20-1]
① 공정관리　　　② 생산관리
③ 생산계획　　　④ 생산전략

해설 생산관리란 생산목적인 고객만족을 경제적으로 달성할 수 있도록 생산활동이나 생산과정을 효율적으로 관리하는 것이다.

2. 생산시스템의 운영 시 수행목표가 되는 4가지에 해당하지 않는 것은? [10-1, 18-2]
① 재고　　　② 품질
③ 원가　　　④ 유연성

해설 생산시스템의 운영 시 수행목표가 되는 4가지는 품질, 원가, 납기, 유연성이다.

3. 생산운영관리에서 다루는 생산시스템에 관한 설명으로 맞는 것은? [05-1, 21-1]
① 시스템은 설비의 자동화를 의미한다.
② 시스템의 요건은 적품, 적량, 적시, 적가를 의미한다.
③ 시스템의 기본 기능은 설계를 유용하게 하는 것이다.
④ 시스템의 공통적 특징은 집합성, 관련성, 목적추구성, 환경적응성이다.

해설 시스템은 특정목적을 달성하기 위해 여러개의 독립적인 구성인자가 상호간 유기적인 관계를 유지하는 하나의 집합체이다.

시스템은 집합성, 관련성, 목적추구성, 환경적응성의 특성을 지닌다.

4. 시스템(system)의 개념과 관련되는 주요 내용들은 시스템의 특성 내지 속성으로 나타내는데, 다음 중 시스템의 기본속성이 아닌 것은? [11-2, 15-2, 18-4]
① 관련성　　　② 목적추구성
③ 기능성　　　④ 환경적응성

해설 시스템의 기본속성은 집합성, 관련성, 목적추구성, 환경적응성이다.

5. 생산시스템의 투입(Input)단계에 대한 설명으로 가장 적합한 것은 어느 것인가?
[06-2, 13-2, 17-1, 20-4]
① 변환을 통하여 새로운 가치를 창출하는 단계이다.
② 필요로 하는 재화나 서비스를 산출하는 단계이다.
③ 기업의 부가가치창출 활동이 이루어지는 구조적 단계이다.
④ 가치창출을 위하여 인간, 물자, 설비, 정보, 에너지 등이 필요한 단계이다.

해설 생산시스템의 투입(Input)단계에서 인간, 물자, 설비, 에너지 등이 필요한 단계이다.

6. 생산관리의 기본 기능을 크게 3가지로 분류할 경우 해당하지 않는 것은 어느 것인가? [07-1, 09-1, 12-4, 15-4, 22-1]

정답 ● 1. ② 2. ① 3. ④ 4. ③ 5. ④ 6. ①

① 실행기능   ② 계획기능
③ 통제기능   ④ 설계기능

해설 생산관리의 기본기능 3가지는 설계기능, 계획기능, 통제기능이다.

7. 다음은 생산관리에서 휠 라이트에 의해 제시된 생산과업의 우선순위 평가기준이다. 단계별 순서로 맞는 것은?   [12-1, 18-4]

> ㉠ 전략사업 단위 인식
> ㉡ 전략사업 우선순위 결정
> ㉢ 전략사업 우선순위 평가
> ㉣ 과업기준 및 측정의 정의

① ㉠ → ㉣ → ㉡ → ㉢
② ㉡ → ㉢ → ㉠ → ㉣
③ ㉢ → ㉠ → ㉣ → ㉡
④ ㉣ → ㉠ → ㉡ → ㉢

해설 휠 라이트에 의해 제시된 생산과업의 우선 순위 평가기준은 전략사업 단위인식 - 과업기준 및 측정의 정의 - 전략사업 우선순위 결정 - 전략사업 우선순위 평가이다.

8. 테일러 시스템의 과업관리의 원칙에 해당되지 않는 것은?   [07-4, 11-4, 17-2]

① 작업에 대한 표준
② 이동조립법의 개발
③ 공정한 1일 과업량의 결정
④ 과업미달성 시 작업자의 손실

해설 • 테일러 시스템의 특징은 과학적 관리법, 과업관리(1일 공정한 작업량), 직능식(기능식) 조직, 차별적 성과급제(성공에 대한 우대), 고임금저노무비, 작업자 중심 등이다.
• 포드 시스템의 특징은 이동조립법(컨베이어시스템), 동시관리, 고임금저가격, 기계설비중심(고정비 부담이 크다), 대량생산 등이다.

9. 다음 중 기업의 생산조직에서 작업을 전문화하기 위하여 테일러가 제시한 조직형태는?   [08-4, 11-1, 15-1]

① 라인 조직
② 기능식 조직
③ 스텝 조직
④ 사업부 조직

해설 기업의 생산조직에서 작업을 전문화하기 위하여 테일러가 제시한 조직형태는 기능(직능)식 조직이다.

10. 포드(Ford) 생산시스템의 내용이 아닌 것은?   [16-1]

① 동시관리
② 이동조립법
③ 기능식 조직
④ 저가격 고임금 추구

해설 • 포드 시스템의 특징은 이동조립법(컨베이어 시스템), 동시관리, 고임금 저가격, 기계설비중심(고정비 부담이 크다), 대량생산 등이다.
• 테일러 시스템의 특징은 과학적 관리법, 과업관리(1일 공정한 작업량), 직능식(기능식)조직, 차별적 성과급제(성공에 대한 우대), 고임금 저노무비, 작업자 중심 등이다.

11. 테일러 시스템과 포드 시스템에 관한 특징이 올바르게 짝지어진 것은 다음 중 어느 것인가?   [07-2, 12-2, 20-2]

① 테일러 시스템 - 직능식 조직
② 포드 시스템 - 기초적 시간연구
③ 포드 시스템 - 차별적 성과급제
④ 테일러 시스템 - 저가격 고임금의 원칙

해설 ② 테일러 시스템 - 기초적 시간연구
③ 테일러 시스템 - 차별적 성과급제
④ 포드 시스템 - 저가격 고임금의 원칙

정답   **7.** ①   **8.** ②   **9.** ②   **10.** ③   **11.** ①

3 과목

12. 다음 중 다품종소량생산의 특징이 아닌 것은? [21-4]
① 단위당 생산원가는 낮다.
② 범용설비에 의한 생산이 주가 된다.
③ 주로 노동집약적 생산공정에 속한다.
④ 진도관리가 어렵고 분산작업이 이루어진다.

해설 다품종소량생산에서 단위당 생산원가는 높다.

13. 다음 중 생산시스템에 관한 설명으로 틀린 것은? [12-2, 19-2]
① 교량, 댐, 고속도로 건설 등을 프로젝트 생산이라 할 수 있으며, 시간과 비용이 많이 든다.
② 선박, 토목, 특수기계 제조, 맞춤의류, 자동차수리업 등에서 볼 수 있는 개별생산은 수요변화에 대한 유연성이 높으며 생산성 향상과 관리가 용이하다.
③ 로트 크기가 작은 소로트생산은 개별생산에 가깝고 로트 크기가 큰 대로트생산은 연속생산에 가까워서 로트생산시스템은 개별생산과 연속생산의 중간 형태라고 볼 수 있다.
④ 시멘트, 비료 등의 장치산업이나 TV, 자동차 등을 대량으로 생산하는 조립업체에서 볼 수 있는 연속생산은 품질유지 및 생산성 향상이 용이한 반면에 수요에 대한 적응력이 떨어진다.

해설 선박, 토목, 특수기계 제조, 맞춤의류, 자동차수리업 등에서 볼 수 있는 개별생산은 수요변화에 대한 유연성이 높지만 생산성 향상과 관리가 용이하지 않다.

14. 주문생산시스템에 관한 내용으로 맞는 것은? [13-1, 18-1]

① 생산의 흐름은 연속적이다.
② 소품종 대량생산에 적합하다.
③ 다품종 소량생산에 적합하다.
④ 동일 품목에 대하여 반복생산이 쉽다.

해설 • 계획생산－예측생산－연속생산－소품종대량생산－전용설비－고정경로형 운반설비
• 단속생산－주문생산－다품종소량생산－범용설비－자유경로형 운반설비

15. 단속생산의 특징에 해당하는 것은?
① 계획생산 [18-4]
② 다품종 소량생산
③ 특수목적용 전용 설비
④ 수요예측에 따른 마케팅활동 전개

해설 단속생산은 주문생산, 다품종소량생산, 범용설비, 자유경로형 운반설비이다.

16. 다음 중 제품의 시장수요를 예측하여 불특정 다수 고객을 대상으로 대량생산하는 방식은? [19-1]
① 계획생산   ② 주문생산
③ 동시생산   ④ 프로젝트 생산

해설 계획생산 또는 예측생산은 제품의 시장수요를 예측하여 불특정 다수 고객을 대상으로 대량생산하는 방식으로 전용설비를 사용하여 소품종 대량생산에 적합한 방식이다.

17. 표준화된 자재 또는 구성 부분품의 단순화로 다양한 제품을 만드는 것으로 다품종생산을 통해 다양한 수요를 흡수하고 표준화된 자재에 의해서 표준화의 이익, 즉 경제적 생산을 달성하려는 생산시스템은?
① JIT 생산시스템 [06-2, 10-2, 19-2]
② MRP 생산시스템
③ Modular 생산시스템

④ 프로젝트 생산시스템

해설 모듈러 생산(modular production)은 소품종다량생산 시스템에서 다양한 수요와 수요변동에 신축성 있게 대응하기 위해서 보다 적은 부분품으로 보다 많은 종류의 제품을 생산하는 방식이다.

18. 생산요소에 대한 유연성을 감안한 생산형식으로 특히 컴퓨터를 사용한 DNC, 즉 여러 대의 수치제어 기계와 자동컨베이어 시스템을 제어 컴퓨터에 연결하여 다양한 생산에 적합하게 설계된 시스템은 다음 중 어느 것인가? [05-1, 07-4, 09-4, 15-4]
① JIT   ② DRP
③ FMS   ④ CALS

해설 FMS(Flexible Manufacturing System)는 생산요소에 대한 유연성을 감안한 생산형식으로 특히 컴퓨터를 사용한 DNC, 즉 여러 대의 수치제어 기계와 자동컨베이어 시스템을 제어 컴퓨터에 연결하여 다양한 생산에 적합하게 설계된 시스템이다.

19. 설비배치의 형태에 영향을 주는 요인이 아닌 것은? [17-4, 22-2]
① 품목별 생산량
② 운반설비의 종류
③ 생산품목의 종류
④ 표준시간의 설정방법

해설 설비배치에는 제품(라인)별 배치, 공정별 배치, 위치고정형 배치가 있다. 제품별 배치는 소품종대량생산에 적합하며 전용설비를 사용하고, 공정별 배치는 다품종소량생산에 적합하며 범용설비를 사용한다. 표준시간의 설정은 작업관리에서 작업측정과 관련이 있다.

20. 다음 중 설비배치의 목적에 해당되지 않는 것은? [09-1, 12-1, 15-2, 18-1]
① 공간의 효율적 이용
② 설비 및 인력의 증대
③ 안전확보와 작업자의 직무만족
④ 공정의 균형화와 생산흐름의 원활화

해설 설비배치의 목적은 설비 및 인력의 감소(이용률 증대)이다.

21. 설비 선정 시 표준품을 대량으로 연속 생산할 경우 어떤 기계설비를 사용하는 것이 가장 유리한가? [17-1, 20-4]
① 범용기계설비
② 전용기계설비
③ GT(Group Technology)
④ FMS(Flexible Manufacturing System)

해설 설비 선정 시 주문생산에서와 같이 제품별 생산량이 적고, 제품설계의 변동이 심할 경우(다품종소량생산) 범용기계를 사용하며, 설비 선정 시 표준품을 대량으로 연속 생산할 경우(소품종대량생산) 전용설비를 사용한다.

22. 다품종 소량생산 환경에서 수요나 공정의 변화에 대응하기 쉽도록 주로 범용 설비를 이용하여 구성하는 배치 형태는 어느 것인가? [06-4, 08-2, 13-2, 15-2, 18-2]
① 공정별 배치
② Line 배치
③ 제품별 배치
④ 고정위치 배치

해설 공정별 배치(기능별 배치)
㉠ 기능별 배치(functional layout)로서 기계설비를 기능별로 배치하는 방식이다.
㉡ 다품종소량생산에 알맞도록 범용설비를 기능별(기계종류별)로 배치한다.

ⓒ 서비스업에서는 특정기능이 수행되는 작업장소별(병원 검사실, 수술실 등)로 시설을 배치한다. 따라서 작업별 배치(job shop layout)라고도 한다.

23. 공정별(기능별) 배치의 내용으로 맞는 것은?　[14-1, 18-4]
① 흐름생산방식이다.
② 범용 설비를 이용한다.
③ 제품 중심의 설비배치이다.
④ 소품종 대량생산방식에 적합하다.

해설 ① 단속생산방식이다.
③ 공정 중심의 설비배치이다.
④ 다품종 소량생산방식에 적합하다.

24. 제품별 배치와 비교할 때 공정별 배치의 장점이 아닌 것은?　[16-4, 21-4]
① 단위당 생산시간이 짧다.
② 범용설비가 많아 시설투자 측면에서 비용이 저렴하다.
③ 한 설비의 고장으로 인해 전체 공정에 미치는 영향이 적다.
④ 수요변화와 제품변경 등에 대응하는 제조부문의 유연성이 크다.

해설 공정별(기능별) 배치는 제품별 배치에 비해 단위당 생산시간이 길다.

25. 설비 선정 시 주문생산에서와 같이 제품별 생산량이 적고, 제품설계의 변동이 심할 경우 설치가 유리한 기계설비는 어느 것인가?　[11-1, 15-1, 20-2]
① SLP　　　　　② 범용기계
③ MAPI　　　　④ 전용기계

해설 설비 선정 시 주문생산에서와 같이 제품별 생산량이 적고, 제품설계의 변동이 심할 경우(다품종소량생산) 범용기계를 사용하며, 표준품을 대량으로 연속 생산할 경우(소품종대량생산)에는 전용설비를 사용한다.

26. 다음과 같은 제품을 생산하는 데 적합한 배치방식은 무엇인가?　[19-4, 22-2]

다음
발전소, 댐, 조선, 대형비행기, 우주선, 로켓

① 공정별 배치
② 제품별 배치
③ 위치고정형 배치
④ 혼합형 배치

해설 스키장, 발전소, 댐, 대형 선박이나 토목건축 공사장에 적용하는 배치방법으로 작업 진행 중인 제품이 한 작업장에서 다른 작업장으로 이동하지 않고 작업자, 자재 및 설비가 이동하는 배치법이다.

27. 다음 중 위치고정형 배치가 적절한 산업은 어느 것인가?　[17-1]
① 스키장　　　　② 휴대폰제조
③ 출판업　　　　④ 금형제작업

해설 위치고정형 배치는 스키장, 발전소, 댐, 대형 선박이나 토목건축 공사장에 적용하는 배치방법으로 작업 진행 중인 제품이 한 작업장에서 다른 작업장으로 이동하지 않고 작업자, 자재 및 설비가 이동하는 배치법이다.

28. 설비배치의 형태 중 U-Line의 원칙에 해당되지 않는 것은?　[07-2, 19-4]
① 정지작업의 원칙
② 입식작업의 원칙
③ 다공정 담당의 원칙
④ 작업량 공평의 원칙

해설 U자형 배치(U−Line)의 원칙은 ⊙ 흐름 작업의 원칙 ⓒ 입식 작업의 원칙 ⓒ 다공정 담당의 원칙 ⓔ 작업량 공평의 원칙이다.

29. 다음에서 설명하는 내용 중 ( ) 안에 알맞은 것은?   [15−4, 18−1]

> ( )란 부품 및 제품을 설계하고, 제조하는 데 있어서 설계상, 가공상 또는 공정경로상 비슷한 부품을 그룹화하여 유사한 부품들을 하나의 부품군으로 만들어 설계·생산하는 방식이다.

① GT   ② FMS
③ SLP   ④ QFD

해설 GT(Group Technology)는 부품 및 제품을 설계하고 제조하는 데 있어서 설계상, 가공상 또는 공정경로상 비슷한 부품을 그룹화하여 유사한 부품들을 하나의 부품군으로 만들어 설계·생산하는 방식으로 다품종 소량생산시스템에서 생산능률을 향상시키기 위한 방법이다.

30. GT(Group Technology)에 관한 설명으로 가장 거리가 먼 것은? [11−1, 16−1, 19−2]
① 배치시에는 혼합형 배치를 주로 사용한다.
② 생산설비를 기계군이나 셀로 분류, 정돈한다.
③ 설계상, 제조상 유사성으로 구분하여 부품군으로 집단화한다.
④ 소품종 대량생산시스템에서 생산능률을 향상시키기 위한 방법이다.

해설 GT(Group Technology)는 다품종 소량생산시스템에서 생산능률을 향상시키기 위한 방법이다.

31. 생산설비 배치형태를 GT 배치에 적용하였을 때, 생산성의 이점에 해당하지 않는 것은?   [18−4]
① 원활한 자재흐름
② 준비시간의 감소
③ 작업공간의 확대
④ 재공품 재고의 감소

해설 GT(group technology)는 형상, 치수 및 공정경로가 유사한 부품을 그룹화하여 생산효율을 높이는 기법이다. 작업공간 확대와는 관계가 없다.

32. 기능식 공정이 비교적 복잡하게 얽혀 있는 공정흐름을 가지고 있는 반면 기계가 유사부품군에 필요한 모든 작업을 처리할 수 있도록 배치되어 있어 모든 부품들이 동일 경로를 따르게 되어 있는 생산시스템은?
① JIT 생산시스템   [06−4, 11−4, 20−1]
② MRP 생산시스템
③ 모듈러(modular) 생산시스템
④ 셀룰러(cellular) 생산시스템

해설 셀룰러 생산시스템은 GT(Group Technology)의 개념을 생산공정에 연결시켜, 여러 종류의 기계 또는 부품이 하나의 cell 단위로 집단화되는 형태를 말한다.
① 도요타 방식의 적시생산시스템(Just In Time, JIT)은 필요한 품목을 적시에 필요한 양만큼만 당겨쓰는(pull) 방식을 채택하고 있다.
② MRP(Material Requirement Planning) 시스템은 종속수요품의 재고관리 시스템이다.
③ 모듈러(modular) 생산시스템은 표준화된 자재 또는 구성 부분품의 단순화로 다양한 제품을 만드는 것으로 다품종생산을 통해 다양한 수요를 흡수하고 표준화된 자재에 의해서 표준화의 이익, 즉 경제적 생산을 달성하려는 생산시스템이다.

정답 • 29. ① 30. ④ 31. ③ 32. ④

33. 다음 중 생산하는 품종의 수와 품종별 생산량이 중간 정도인 경우에 적합한 생산시스템은? [21-1]

① 배치(batch) 시스템
② 잡샵(job-shop) 시스템
③ 반복(repetitive) 시스템
④ 연속(continuous) 시스템

해설 배치(batch) 시스템은 생산하는 품종의 수와 품종별 생산량이 중간 정도인 경우에 적합하다. (개별생산과 연속생산의 중간 형태)

34. $P-Q$ 곡선 분석에서 A영역에 해당하는 설비배치로 가장 적절한 것은? [16-2, 22-1]

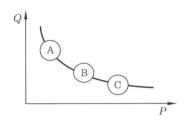

① 제품별 배치   ② GT cell 배치
③ 공정별 배치   ④ 위치고정형 배치

해설 A는 소품종대량생산에 적합한 제품별 배치, C는 다품종소량생산에 적합한 공정별 배치, B는 중품종중량생산에 적합한 GT(Group Technology)가 적합하다.

35. $P-Q$ 분석에서 품종과 설비배치유형을 바르게 짝지어 놓은 것은? [13-4, 17-1]

① 소품종 대량생산 - 제품별 배치
② 소품종 대량생산 - 공정별 배치
③ 다품종 소량생산 - 제품별 배치
④ 다품종 소량생산 - 흐름식 배치

해설 소품종 대량생산은 제품별 배치(흐름식 배치)이며, 다품종 소량생산은 공정별 배치이다.

36. 애로공정이란? [06-2, 10-4]

① 마지막 공정
② 가장 중요한 공정
③ 가장 시간이 적게 소요되는 공정
④ 상대적으로 작업시간이 가장 길게 소요되는 공정

해설 생산 및 조립작업에 있어서 공정별 작업량이 각각 다를 때, 가장 큰 작업량을 가진 공정으로 상대적으로 작업시간이 가장 길게 소요되는 공정을 애로공정이라 한다.

37. 라인 밸런싱(line balancing)에 관한 내용과 가장 거리가 먼 것은? [16-2, 20-4]

① 공정의 효율을 도출한다.
② 작업배정의 균형화를 뜻한다.
③ 조립라인의 균형화를 뜻한다.
④ 체계적 설비배치(SLP) 기법을 이용한다.

해설 SLP(Systematic Layout Planning, 체계적 설비계획)는 공정별 배치분석의 종류이다.

38. LOB(Line of Balance)에 대한 설명으로 맞는 것은? [20-2]

① 라인을 불균형화하기 위한 기법이다.
② 대규모 일시 프로젝트의 일정계획에 사용된다.
③ 여러 개의 구성품을 포함하고 있는 제작, 조립 공정의 일정통제를 위한 기법이다.
④ 작업장의 투입과 산출간의 관계를 관리함으로써 생산을 통제하는 기법이다.

해설 LOB(Line of Balance)는 연속생산 및 조립작업에서 공정불균형으로 인하여 공정의 정체나 유휴가 발생하는 경우, 각 공정의 소요시간이 균형이 되도록 작업장이나 작업순서를 배열하는 것이다.

정답 ●━ **33.** ① **34.** ① **35.** ① **36.** ④ **37.** ④ **38.** ③

39. 일반적으로 공정대기 현상을 유발시키는 요인과 가장 거리가 먼 것은? [12-2, 21-1]
① 일반적인 여력의 불균형
② 각 공정 간의 평준화 미흡
③ 전후공정의 작업시간이 다름
④ 직렬공정으로부터 흘러들어 옴

해설 병렬공정으로부터 흘러들어 올 때 공정대기현상을 유발한다.

40. 애로공정의 일정계획기법으로 사용되는 OPT(Optimized Production Technology)의 설명으로 틀린 것은? [19-1]
① 공정의 흐름보다는 능력을 균형화시킨다.
② 애로공정이 시스템의 산출량과 재고를 결정한다.
③ 시스템의 모든 제약을 고려하여 생산일정을 수립한다.
④ 자원의 이용률(utilization)과 활성화(activation)는 다르다.

해설 공정의 능력보다는 흐름을 균형화시킨다.

41. 라인밸런스 효율에 관한 내용으로 가장 거리가 먼 것은? [06-1, 11-2, 20-1]
① 각 작업장의 표준작업시간이 균형을 이루는 정도를 말한다.
② 사이클타임을 길게 하면 생산속도가 빨라져 생산율이 높아진다.
③ 사이클타임과 작업장의 수를 얼마로 하느냐에 따라서 결정된다.
④ 생산작업에 투입되는 총시간에 대한 실제작업시간의 비율로 표현된다.

해설 일반적으로 사이클타임을 길게 하면 라인의 불균형화가 생겨 애로공정이 발생하므로 생산속도가 늦어지며, 생산율이 낮아진다.

42. 다음 중 공정 간의 균형을 위해 애로공정을 합리적으로 해결하는 방법에 속하지 않는 것은? [13-1, 17-1]
① 부하거리법   ② 라인밸런싱
③ 시뮬레이션   ④ 대기행렬이론

해설 라인밸런싱 기법에는 피치다이어그램(pitch diagram), 피치타임(pitch time), 대기행렬이론, 순열조합이론, 시뮬레이션(simulation) 등이 있다.
※ 부하거리법은 공장입지 선정방법 중의 하나이다.

43. Line 생산시스템의 균형효율(balance efficiency)에 관한 산출식으로 틀린 것은? (단, N : 작업장 수, C : 사이클타임, $\sum t_i$: 작업장별 표준시간 합계, I : 유휴시간) [18-2]
① 균형효율 $= \dfrac{\sum t_i}{NC}$
② 불균형효율 $= 1 - \dfrac{\sum t_i}{NC}$
③ 균형효율 $= 1 - \dfrac{I}{NC}$
④ 유휴시간 $= 1 - (NC - \sum t_i)$

해설 유휴시간 $I = NC - \sum t_i$

44. 어떤 조립라인 균형문제의 작업 선후관계와 과업시간이 그림과 같다. 작업장을 3개로 정할 때 얻을 수 있는 최고의 라인효율은 약 얼마인가? [07-4, 21-1]

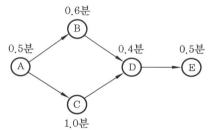

① 85.5%   ② 88.9%

③ 90.9%   ④ 94.5%

해설 작업장 수(m)를 3개로 한다면 작업장 1은 (A, B) : 1.1분, 작업장 2 (C) : 1분, 작업장 3 (D, E) : 0.9분으로 하면 작업장의 시간이 최소가 된다.

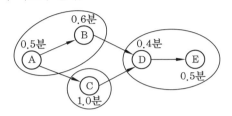

$$\sum t_i = 0.5 + 0.6 + 1.0 + 0.4 + 0.5 = 3분$$

$$E_b = \frac{\sum t_i}{m \cdot t_{max}} = \frac{3}{3 \times 1.1} = 0.909\,(90.9\%)$$

---

45. 흐름작업의 소요시간은 다음과 같다. 각 공정에 1명씩 작업자를 배치하여 최적 LOB 효율일 때의 일일 생산량은 약 몇 개인가? (단, 제1공정은 2명, 실동시간은 480분이다.)   [06-4, 15-2]

공정	1	2	3	4	5
소요시간 (초)	10	15	20	9	11

① 32   ② 33

③ 1400   ④ 2619

해설 현재 6명 라인밸런스효율

$$E_b = \frac{\sum t_i}{m \cdot t_{max}} = \frac{65}{6 \times 20} = 0.5417$$

1차 분할 후 7명 라인밸런스효율

$$E_b = \frac{65}{7 \times 15} = 0.6191$$

2차 분할 후 8명 라인밸런스효율

$$E_b = \frac{65}{8 \times 11} = 0.7386$$

3차 분할 9명 라인밸런스효율

$$E_b = \frac{65}{9 \times 10} = 0.7222$$

2차 분할 때의 라인밸런스의 효율이 최고이며 이때 애로공정의 소요시간은 $t_{max} = 11$이다.

일일 생산량은 $\frac{480 \times 60}{11} = 2,618.18개$

---

46. 휴대전화의 플래시 메모리 1로트를 생산하는 데 걸리는 소요시간은 다음과 같다. 이때 라인불균형률($1 - E_b$)을 구하면 약 얼마인가?   [12-1, 17-4]

공정	1	2	3	4	5
소요시간	20	30	25	18	22
인원	1	1	1	1	1

① 23%   ② 25%

③ 75%   ④ 80%

해설 라인불균형률

$$L_s = \frac{m \cdot t_{max} - \sum t_i}{m \cdot t_{max}} = 1 - E_b$$

$$= 1 - \frac{\sum t_i}{m \cdot t_{max}}$$

$$= 1 - \frac{115}{5 \times 30} = 0.233\,(23.3\%)$$

---

47. 어떤 제품 1로트를 생산하는 데 작업 A, B, C, D, E별로 소요시간이 각각 20초, 25초, 10초, 15초, 22초 걸린다. 이때 불균형률(balance delay)은 몇 %인가?   [08-1, 08-4, 09-4, 21-2]

① 26.4   ② 35.9

③ 64.1   ④ 73.6

해설 라인불균형률

$$L_s = 1 - E_b = 1 - \frac{\sum t_i}{m \cdot t_{max}}$$

$$= 1 - \frac{92}{5 \times 25} = 0.264\,(26.4\%)$$

48. 목표생산주기시간(사이클타임)을 구하는 공식으로 맞는 것은? (단, $\sum t_i$ 는 총 작업소요시간, Q 는 목표생산량, a 는 부적합품률, y 는 라인의 여유율이다.) [19-4, 22-2]

① $\dfrac{\sum t_i(1-y)}{Q(1-a)}$

② $\dfrac{\sum t_i}{Q(1-y)(1-a)}$

③ $\dfrac{\sum t_i(1-a)}{Q(1-y)}$

④ $\dfrac{\sum t_i(1-y)(1-a)}{Q}$

해설 $CT = \dfrac{\sum t_i(1-y)(1-a)}{Q}$

49. 라인작업에서 1일 목표생산량 600개, 1일 조업시간 480분, 오전 및 오후 휴식시간은 총 40분이다. 작업불량률은 3%, 고장에 의한 컨베이어 정지를 고려한 라인여유율이 5%일 경우 사이클타임(cycle time)은 약 얼마인가? [14-4, 17-1]

① 0.578분   ② 0.676분

③ 0.750분   ④ 0.812분

해설 $\dfrac{T(1-\alpha)(1-y_1)}{N}$

$= \dfrac{(480-40)(1-0.03)(1-0.05)}{600}$

$= 0.676$분

50. A회사는 조립작업장에 대해 하루 8시간 근무시간에서 오전, 오후 각각 20분간의 휴식시간을 주고 있다. 과거의 데이터를 분석해 보면 컨베이어벨트가 정지하는 비율이 4%이고, 최종 검사 과정에 5%의 부적합품률이 발생했다. 이 경우 일간 생산량이 1000개일 때, 피치타임(pitch time)은 약 얼마인가? [17-4, 22-1]

① 0.20   ② 0.30   ③ 0.40   ④ 0.50

해설 $P = \dfrac{T'}{N'} = \dfrac{T(1-\alpha)(1-y_1)}{N}$

$= \dfrac{(8 \times 60 - 20 \times 2)(1-0.05)(1-0.04)}{1000}$

$= 0.40$분

51. 표준화된 선택 사양을 미리 확보하고 고객의 요구에 따라서 이들을 조합하여 공급하는 생산전략은? [21-2]

① 스피드경영 전략

② 세계화 전략

③ 대량고객화 전략

④ 품질경영 전략

해설 대량고객화 전략은 대량생산과 고객화를 합친 말로, 대량생산의 장점인 저렴한 가격과 차별화 전략의 장점을 합쳐 다양한 고객의 수요에 대응하는 생산방식이다.

52. 제조 활동과 서비스 활동의 차이에 대한 설명으로 틀린 것은? [20-2]

① 서비스 활동에 비해 제조 활동은 품질의 측정이 용이하다.

② 제조 활동의 제품은 재고로 저장이 가능한 반면 서비스 활동은 저장할 수 없다.

③ 제조 활동의 산출물은 유형의 제품이고, 서비스 활동의 산출물은 무형의 서비스이다.

④ 제조 활동은 생산과 소비가 동시에 행해지고, 서비스 활동은 생산과 소비가 별도로 행해진다.

해설 서비스 활동은 생산과 소비가 동시에 행해지고, 제조 활동은 생산과 소비가 별도로 행해진다.

정답 ● 48. ④   49. ②   50. ③   51. ③   52. ④

3 과목

53. 불확실성하에서의 의사결정 기준에 대한 설명으로 틀린 것은? [18-1, 21-4]

① MaxiMin 기준 : 가능한 최소의 성과가 가장 큰 대안을 선택
② Laplace 기준 : 가능한 성과의 기대치가 가장 큰 대안을 선택
③ Hurwicz 기준 : 기회손실의 최댓값이 최소화되는 대안을 선택
④ MaxiMax 기준 : 가능한 최대의 성과를 최대화하는 대안을 선택

해설 Hurwicz 기준 : MaxiMin과 MaxiMax를 절충한 방법이다.

54. 제품 생산 시 발생되는 데이터를 실시간으로 수집하고 조회하며, 이들 정보를 통하여 생산 통제를 하는 1차 기능과 분석 및 평가를 통한 생산성 향상을 기할 수 있는 시스템은? [19-4, 22-2]

① POP(Point of Production)
② POQ(Period Order Quantity)
③ BPR(Business Process Reengineering)
④ DRP(Distribution Requirements Planning)

해설 POP(Point of Production, 생산시점관리시스템)은 생산계획 및 작업지시에 따라 온라인 네트워크를 통해 생산현장에서 발생하는 각종 생산 데이터(계획 대비 실적, 재공, 불출, 불량정보, 설비가동/비가동 등의 데이터)를 실시간으로 집계, 분석, 조회할 수 있는 시스템이다.

55. 고객의 요구에 효율적으로 충족시키기 위해 공급자, 생산자, 유통업자 등 관련된 모든 단계의 정보와 자재의 흐름을 계획, 설계 및 통제하는 관리기법은? [16-2, 22-2]

① SCM　　② ERP
③ MES　　④ CRM

해설 공급망관리(SCM)란 고객의 요구에 효율적으로 충족시키기 위해 공급자, 생산자, 유통업자 등 관련된 모든 단계의 정보와 자재의 흐름을 계획, 설계 및 통제하는 관리기법이다.

56. M. L. Fisher가 주장한 공급사슬의 유형으로 수요의 불확실성에 대비하여 재고의 크기와 생산능력의 위치를 설정함으로써, 시장수요에 민감하게 설계하는 것을 뜻하는 공급사슬의 명칭은 무엇인가? [20-1]

① 민첩형 공급사슬(agile supply chain)
② 효율적 공급사슬(efficient supply chain)
③ 반응적 공급사슬(responsive supply chain)
④ 위험방지형 공급사슬(risk-hedging supply chain)

해설 M. L. Fisher가 주장한 공급사슬의 유형

구분		수요의 불확실성	
		낮다 (기능성 상품)	높다 (혁신적 상품)
공급의 불확실성	낮다 (안정적 프로세스)	효율적 공급사슬 (식품, 기본의류, 가솔린 등)	반응적 공급사슬 (패션의류, 팝뮤직 등)
	높다 (진화적 프로세스)	위험방지형 공급사슬 (수력발전, 일부 식품)	민첩형 공급사슬 (반도체, 텔레콤 등)

57. 리(H. Lee)가 주장한 4가지 유형의 '공급사슬전략'과 '수요-공급의 불확실성' 및 '기능적, 혁신적 상품'의 연결 관계로 틀린 것은? [17-4]

① 효율적 공급사슬 – 수요 및 공급 불확실성 낮음 – 식품
② 민첩성 공급사슬 – 수요 및 공급 불확실성 높음 – 반도체
③ 반응적 공급사슬 – 수요 불확실성 높음, 공급 불확실성 낮음 – 패션의류
④ 위험방지 공급사슬 – 수요 불확실성 낮음, 공급 불확실성 높음 – 팝뮤직

(해설) 위험방지 공급사슬 – 수요 불확실성 낮음, 공급 불확실성 높음 – 수력발전, 일부 식품

58. 공급사슬에서 고객으로부터 생산자로 갈수록 주문량의 변동폭이 증가되는 현상을 무엇이라 하는가?　　　　　[18-1]
① 상쇄효과　　　② 채찍효과
③ 물결효과　　　④ 학습효과

(해설) 공급사슬이론에서 고객으로부터 생산자로 갈수록 주문량의 변동폭이 증가되는 주원인은 수요나 공급의 불확실성 증가에 있으며 이를 채찍효과(bullwhip effect)라고 한다.

59. 공급사슬이론에서 채찍효과를 발생시키는 주원인은 수요나 공급의 불확실성에 있다. 이러한 채찍효과 원인을 내부원인과 외부원인으로 구분했을 때, 내부원인에 해당되지 않는 것은?　　　[17-2, 22-1]
① 설계변경
② 정보오류
③ 주문수량변경
④ 서비스 / 제품 판매촉진

(해설) 주문수량변경은 외부원인에 해당한다.

60. 공급사슬(supply chain)에 관한 설명으로 틀린 것은?　　　　　[16-4]
① 공급사슬 상의 개별 기업의 이익 최대화를 추구하는 것이 목적이다.
② 고객에게 제품 및 서비스를 인도하는 데 포함되는 모든 활동의 네트워크
③ 제품 및 서비스를 고객에게 연결시키는 모든 수송과 물류서비스를 포함하는 가치창조의 통로
④ 원자재를 제품 및 서비스로 변환하여 고객에게 제공하는 공급업체들을 연쇄적으로 연결한 집합

(해설) 공급사슬 관리(supply chain management)는 공급사슬 상의 전체 기업의 이익 최대화를 추구하는 것이 목적이다.

61. 공급사슬 관리에서 자재 공급업체에서 파견된 직원이 구매기업에 상주하면서 적정 재고량이 유지되도록 관리하는 기법은 무엇인가?　　　　　[18-4, 19-2]
① Cross – docking
② Quick Response
③ Vendor Managed Inventory
④ Total Productive Maintenance

(해설) JIT-Ⅱ시스템은 공급업체로부터 파견된 직원이 구매기업의 공장에 상주하면서 적정 재고량이 유지되고 있는지를 관리(Vendor Managed Inventory)하는 시스템이다.

3 과목

2. 수요예측과 제품조합

1. 기업의 산출물인 재화나 서비스에 대한 수량, 시기 등의 미래 시장수요를 추정하는 예측의 유형을 무엇이라 하는가? [10-4, 20-4]

① 경제예측 ② 수요예측
③ 사회예측 ④ 기술예측

[해설] 수요예측은 기업의 산출물인 재화나 서비스에 대한 수량, 시기 등의 미래 시장수요를 추정하는 것이다.

2. 다음 중 수요예측 방법에 해당하지 않는 것은? [19-1]

① 회귀분석 ② 시계열분석
③ 분산분석 ④ 전문가의견법

[해설] 분산분석은 실험계획법에서 사용되는 데이터의 분석방법이다.

3. 다음 중 정성적 예측기법에 해당하지 않는 것은? [14-2, 21-1]

① 델파이법
② 중역의견법
③ 전문가 의견조사
④ 시계열분석법

[해설] 시계열분석법은 연, 월, 주 등의 시간 간격을 따라 제시된 과거 자료로부터 그 추세나 경향으로 미래의 수요를 예측하는 방법으로 정량적 기법이다.

4. 다음 중 정성적인 수요예측방법으로 전문가들을 대상으로 질의 – 응답의 피드백 과정을 개별적으로 수차례 반복하여 예측하는 기법은? [21-2]

① 델파이법 ② 자료유추법
③ 시계열분석법 ④ 시장조사법

[해설] 델파이법은 전문가를 한자리에 모으지 않고 질의 – 응답의 피드백 과정을 개별적으로 수차례 반복하여 예측하는 기법으로 전체 의견을 평균치와 사분위 값으로 나타내는 예측방법이다.

5. 시계열분석에 의한 수요예측 모형에서 승법 모델의 식으로 맞는 것은? (단, 추세변동은 T, 순환변동은 C, 계절변동은 S, 불규칙 변동은 I, 판매량은 Y이다.) [13-2, 20-2]

① $Y = \dfrac{T \times C}{S \times I}$

② $Y = T \times C \times S \times I$

③ $Y = \dfrac{T \times C \times S}{I}$

④ $Y = (T \times C) - (S \times I)$

[해설] • 가법모델 : $Y = T + C + S + I$
 • 승법모델 : $Y = T \times C \times S \times I$

6. 시계열분석에서 수요가 지속적으로 상승 또는 하강하는 형태를 보이는 변동은 어느 것인가? [05-4, 08-2, 14-1]

① 추세(trend)변동
② 순환(cycle)변동
③ 계절변동
④ 불규칙변동

정답 　1. ②　2. ③　3. ④　4. ①　5. ②　6. ①

해설 인구변동이나 소득수준의 변화 등 수요가 지속적으로 상승 또는 하강하는 형태를 보이는 변동이다.

7. 가중이동평균법에서 최근 자료에 높은 가중치를 부여하는 가장 큰 이유는 다음 중 어느 것인가? [05-1, 11-2, 19-4, 22-2]

① 매개변수 파악을 위하여
② 시간적 간격을 좁히기 위하여
③ 재고의 정확성을 높이기 위하여
④ 수요변화에 신속 대응하기 위하여

해설 최근 자료에 높은 가중치를 부여하는 가장 큰 이유는 수요변화에 신속 대응하기 위해서이다.

8. 수요의 추세변화를 분석할 경우에 가장 적합한 방법은? [21-4]

① 상관분석법 ② 이동평균법
③ 지수평활법 ④ 최소자승법

해설 최소자승법은 추세변동이 있는 경우 효과적이며 예측오차의 제곱의 합계가 최소가 되도록 하는 방법이다.

9. 최소자승법에 의한 예측의 설명으로 틀린 것은? [17-1]

① 예측오차의 합을 최소화시킨다.
② 예측오차의 제곱의 합을 최소화시킨다.
③ 예측오차는 실제치와 예측치의 차이이다.
④ 회귀선, 추세선, 예측선은 같은 의미이다.

해설 최소자승법은 예측오차(실제치와 예측치의 차이)의 제곱의 합이 최소화가 되도록 동적 평균선을 그리는 방법이다.

10. 수요예측방법 중 n기간 단순이동평균법에 대한 설명으로 틀린 것은? [18-2]

① 극단적인 실적값이 미치는 영향이 크다.
② n을 증가시키면 변동을 잘 평활할 수 있다.
③ 평균치를 사용하므로 추세를 반영할 수 없다.
④ 최적 n을 수리적 모형으로 결정하기 용이하다.

해설 최적 n을 수리적 모형으로 결정하기 용이하지 않다.

11. 3개월 가중이동평균법을 이용하여 예측한 4월 수요의 예측값은? [14-4]

시기	1월	2월	3월
판매량	500	700	800
가중치	0.2	0.3	0.5

① 510 ② 610 ③ 710 ④ 810

해설 $\dfrac{(500 \times 0.2) + (700 \times 0.3) + (800 \times 0.5)}{0.2 + 0.3 + 0.5}$

$= 710$

12. 다음에서 설명하고 있는 수요예측기법은? [11-2, 19-4]

─┤ 다음 ├─

일종의 가중이동평균법이지만 가중치를 부여하는 방법이 다르다. 이 방법에서는 '과거로 거슬러 올라갈수록 데이터의 중요성은 감소한다'는 가정이 타당하다고 보고, 가장 가까운 과거에 가장 큰 가중치를 부여한다. 그래서 전체 예측기법 중 단기예측법으로 가장 많이 사용되고 있으며, 도/소매상의 재고관리에도 널리 이용되고 있다.

① 지수평활법
② 박스젠킨스 모형
③ 역사자료 유추법
④ 라이프사이클 유추법

3 과목

해설 지수평활법은 과거의 모든 자료를 반영하며, 현시점에 가장 가까운 자료에 가장 높은 가중치를 부여하고 과거로 올라갈수록 낮은 가중치를 부여하는 시계열분석 방법이다.

13. 수요예측에서 지수평활계수(α)의 결정 시의 설명으로 맞는 것은? [16-2, 21-1]
① $0 < \alpha < 1$의 값을 이용하며 과거의 모든 자료가 예측에 반영된다.
② 신제품이나 유행상품의 수요예측에서는 평활계수(α)를 적게 한다.
③ 실질적인 수요변동이 예견될 때는 예측의 감응도를 높이기 위하여 평활계수(α)를 적게 한다.
④ 수요의 기본수준에 큰 변동이 없는 것으로 예견되면 평활계수(α)를 크게 하여 예측의 안정도를 높인다.

해설 ② 신제품이나 유행상품의 수요예측에서는 평활계수(α)를 크게 한다.
③ 실질적인 수요변동이 예견될 때는 예측의 감응도를 높이기 위하여 평활계수(α)를 크게 한다.
④ 수요의 기본수준에 큰 변동이 없는 것으로 예견되면 평활계수(α)를 작게 하여 예측의 안정도를 높인다.

14. 지수평활상수(α)에 대한 설명으로 가장 올바른 내용은? [06-2, 15-2, 22-2]
① 초기에 설정한 α값은 변경할 수 없다.
② α값은 -1 이상, 1 이하인 실수값으로 결정한다.
③ 수요의 추세가 안정적인 경우에는 α값을 크게 한다.
④ α가 큰 경우는 최근의 실제수요에 보다 큰 비중을 둔다.

해설 ① 초기에 설정한 α값은 변경할 수 있다.
② $0 < \alpha < 1$
③ 수요의 추세가 안정적인 경우에는 α값을 작게 한다.
④ $F_t = aA_{t-1} + (1-\alpha)F_{t-1}$에서 α가 큰 경우는 최근의 실제수요에 보다 큰 비중을 둔다.

15. 3월의 수요예측값이 500개이고, 실제 판매량이 540개일 때, 4월의 수요예측값은 얼마인가? (단, 지수평활계수 $\alpha = 0.2$로 한다.) [06-1, 15-1, 17-4, 18-4]
① 484개 ② 496개
③ 508개 ④ 520개

해설 $F_t = \alpha \cdot A_{t-1} + (1-\alpha)F_{t-1}$
$= 0.2 \times 540 + (1-0.2) \times 500 = 508$개

16. 예측오차가 평균이 0인 정규분포를 따르는 경우 절대평균편차(MAD : Mean Absolute Deviation)와 오차제곱평균(MSE : Mean Squared Error)과의 관계로 가장 타당한 것은? [08-1, 09-4, 13-2]
① $MSE \fallingdotseq 1.25MAD$
② $\sqrt{MSE} \fallingdotseq 1.25MAD$
③ $MAD \fallingdotseq 1.25MSE$
④ $\sqrt{MAD} \fallingdotseq 1.25MSE$

해설 $\sqrt{MSE} = 1.25MAD$

17. 누적예측오차(Cumulative sum of Forecast Errors)를 절대평균편차(Mean Absolute Deviation)로 나눈 것은? [12-2, 17-2, 21-2]
① SC(평활상수)
② TS(추적지표)
③ MSE(평균제곱오차)
④ CMA(평균중심이동)

해설 추적지표

$$TS = \frac{RSFE}{MAD} = \frac{\sum(A_t - F_t)}{MAD}$$
$$= \frac{\sum(\text{실제치} - \text{예측치})}{\text{절대평균편차}}$$

18. 추적지표(TS) 산정을 위한 표에서 빈칸에 해당하는 통계량은?　　　[13-2, 16-1]

월별	예측치	실측치	실제편차	(　　)
1	100	94	−6	−6
2	100	108	+8	+2
3	100	110	+10	+12
4	100	96	−4	+8
5	100	115	+15	+23
6	100	119	+19	+42

① 누적예측오차(CFE)
② 평균제곱오차(MSE)
③ 절대평균편차(MAD)
④ 절대평균백분율오차(MAPE)

해설 누적예측오차(CFE : Cumulative Forecast Error) 또는 예측오차의 누적값(RSFE : Running Sum of Forecast Error)을 나타낸다.

19. 원재료의 공급능력, 가용 노동력 그리고 기계설비의 능력 등을 고려하여 이익을 최대화하기 위한 제품별 생산비율을 결정하는 것은 무엇인가?　　[05-4, 15-4, 16-4, 19-1]

① 생산계획
② 공수계획
③ 일정계획
④ 제품조합

해설 제품조합이란 원재료의 공급능력, 가용 노동력 그리고 기계설비의 능력 등을 고려하여 각종 생산제품의 이익을 최대화하기 위한 제품별 생산비율을 결정하는 것이다.

20. 조업도(매출량, 생산량)의 변화에 따라 수익 및 비용이 어떻게 변하는가를 분석하는 기법은?　　　　[19-4, 22-1]

① 이동평균법　　② 손익분기분석
③ 선형계획법　　④ 순현재가치분석

해설 손익분기분석은 조업도(매출량, 생산량)의 변화에 따라 수익 및 비용이 어떻게 변하는가를 분석하는 기법이다.

21. 최적 제품조합(product mix)의 의미로 맞는 것은?　　　[05-4, 15-4, 22-1]

① 생산일정계획의 수립기법
② 총 이익을 최대화하는 제품들의 조합
③ 각종 생산설비의 능력을 최대로 활용할 수 있는 생산능력의 조합
④ 각종 수요예측을 통한 제품의 공정관리를 최적상태로 유지하기 위한 공정조합

해설 제품조합이란 원재료의 공급능력, 가용 노동력 그리고 기계설비의 능력 등을 고려하여 각종 생산제품의 이익을 최대화하기 위한 제품별 생산비율을 결정하는 것이다.

22. 기업에서 다품종에 대한 효과적인 제품조합을 위해 손익분기점 분석을 많이 활용한다. 다음 중 손익분기점 분석의 방법에 해당되지 않는 것은?　　[05-2, 08-2, 17-2]

① 평균법　　　　② 기준법
③ 개별법　　　　④ 단체법

해설 손익분기점 분석방법
㉠ 기준법 : 다른 품종의 제품 중에서 대표적인 품종을 기준품종으로 선택하고, 그 품종의 한계이익률로 손익분기점을 계산하는 방법이다.
㉡ 개별법 : 품종별 한계이익을 산출하고, 이를 고정비와 대비하여 손익분기점을 구하는 방식이다.

정답 ● **18.** ① **19.** ④ **20.** ② **21.** ② **22.** ④

ⓒ 평균법 : 한계이익률이 서로 다른 경우 평균 한계이익률로 BEP를 산출하는 방식이다.
ⓔ 절충법 : 개별법에 평균법과 기준법을 절충한 방법. product mix와 process mix를 검토하는데 유용한 방법이다.

23. 품종별 한계이익을 산출하고, 이를 고정비와 대비하여 손익분기점을 구하는 방식을 무엇이라고 하는가?　[15-2, 16-1, 18-4]
① 개별법　　② 기준법
③ 절충법　　④ 평균법
해설 개별법은 품종별 한계이익을 산출하고, 이를 고정비와 대비하여 손익분기점을 구하는 방식이다.

24. 한계이익률을 구하는 산출식으로 맞는 것은?　[07-1, 19-2]
① $\dfrac{매출액-변동비}{매출액}\times100$
② $매출액\times\left(1-\dfrac{변동비}{매출액}\right)\times100$
③ $\dfrac{(1-변동비율)\times고정비}{매출액}\times100$
④ $매출액-\dfrac{변동비}{매출액}\times고정비\times100$
해설 한계이익률 $=1-변동비율$
$=1-\dfrac{변동비(V)}{매출액(S)}$
$=\dfrac{매출액-변동비}{매출액}$

25. 생산계획을 위한 제품조합에서 A제품의 가격이 2000원, 직접재료비 500원, 외주가공비 200원, 동력 및 연료비가 50원일 때 한계이익률은?　[06-2, 09-1, 14-1, 21-4]

① 37.5%　　② 62.5%
③ 65.0%　　④ 75.0%
해설 한계이익률 $=1-변동비율$
$=1-\dfrac{변동비(V)}{매출액(S)}$
$=1-\dfrac{500+200+50}{2,000}$
$=0.652\,(62.5\%)$

26. 고정비(F), 변동비(V), 개당판매가격(P), 생산량(Q)이 주어졌을 때 손익분기점을 산출하는 식은?　[12-1, 17-2, 22-2]
① $\dfrac{F}{\dfrac{V}{PQ}}$　　② $\left(1-\dfrac{V}{PQ}\right)-F$
③ $\dfrac{F}{1-\dfrac{V}{PQ}}$　　④ $1-\dfrac{\left(\dfrac{F}{V}\right)}{PQ}$
해설 손익분기점$(BEP)=\dfrac{고정비(F)}{한계이익률}$
$=\dfrac{F}{1-\dfrac{V}{PQ}}$

27. 어떤 제품의 판매가격은 1000원, 생산량은 20000개이다. 이 제품의 고정비는 1200000원, 변동비는 4000000원일 때, 이 제품의 손익분기점 매출액은 얼마인가?　[11-4, 18-2]
① 1000000원　　② 1500000원
③ 2000000원　　④ 2500000원
해설 손익분기점$(BEP)=\dfrac{F}{1-\dfrac{V}{S}}$
$=\dfrac{1,200,000}{1-\dfrac{4,000,000}{20,000\times1,000}}$
$=1,500,000원$

28. 각 제품의 매출액과 한계이익률이 다음과 같을 때 평균 한계이익률을 사용한 손익분기점은 얼마인가? (단, 고정비는 1300만 원이다.)　[06-1, 07-4, 15-2, 20-2]

제품	매출액(만원)	한계이익률(%)
A	500	20
B	300	30
C	200	30

① 4600만 원　　② 4800만 원
③ 5000만 원　　④ 5200만 원

해설 평균 한계이익률

$$= \frac{(500 \times 0.2) + (300 \times 0.3) + (200 \times 0.3)}{500 + 300 + 200}$$

$$= 0.25$$

$$BEP = \frac{고정비}{한계이익률}$$

$$= \frac{1,300}{0.25} = 5,200만 원$$

29. 제품 A를 자체 생산할 경우 연간 고정비는 100000원, 개당 변동비는 50원, 판매가격은 150원이다. 손익분기점의 수량은 얼마인가?　[14-4, 20-1]

① 800개　　② 900개
③ 1000개　　④ 1100개

해설 손익분기점$(BEP) = \dfrac{고정비(F)}{한계이익률}$

$$= \frac{F}{1 - \dfrac{변동비(V)}{매출액(S)}} = \frac{100,000}{1 - \dfrac{50}{150}} = 150,000 원$$

손익분기점(BEP)의 수량

$$= \frac{손익분기점(BEP)}{개당 판매가격} = \frac{150,000}{150} = 1,000 개$$

30. A 제품의 판매가격이 개당 300원, 한계이익률(또는 공헌이익률)은 50%, 고정비는 1000만 원이다. 500만 원의 이익을 올리기 위하여 필요한 A 제품의 판매수량은 얼마인가?　[16-4, 21-2]

① 5만 개　　② 6만 개
③ 8만 개　　④ 10만 개

해설 고정비+이익=단가×한계이익률×생산량
$(10,000,000 + 5,000,000) = 300 \times 0.5 \times 생산량$
∴ 생산량$=100,000$개

31. 제품별로 수요량, 생산량, 생산능력이 다를 경우 최적의 제품조합(product mix)을 구하는 데 적용하는 기법은?　[08-1, 17-1]

① ABC 분석
② PERT/CPM
③ LP(Linear Programming)
④ SDR(Search Decision Rule)

해설 선형계획법(LP)은 제품별로 수요량, 생산량, 생산능력이 다를 경우 최적의 제품조합을 구하는 데 가장 적합한 기법이다.

3. 자재관리 및 구매관리

1. 협력업체에 의한 자재조달품목으로 바람직하지 않은 것은? [06-2, 19-4]
① 특허권에 제약이 있는 품목
② 상호구매가 중요시 되는 품목
③ 제품생산에 중요한 중점품목
④ 자체의 기술력에 한계가 있는 품목

해설 기밀보장이 필요할 것, 제품생산에 중요한 중점품목은 핵심기술의 상실 가능성이 있으므로 내주제작으로 해야 한다.

2. 자재관리에서 자재분류의 4가지 원칙 중 창고부문, 생산부문 등 기업의 모든 부문에 적용되기 때문에 가능한 불편하지 않고 기억하기 쉽도록 분류하는 원칙은? [20-1]
① 점진성   ② 용이성
③ 포괄성   ④ 상호배제성

해설 자재분류의 원칙
㉠ 점진성 : 취급되는 자재의 가감이 용이하도록 자재분류에 융통성을 갖추어야 하는 것
㉡ 포괄성 : 모든 자재가 하나도 빠짐없이 포함될 수 있도록 분류하는 것
㉢ 상호배제성 : 한 자재의 분류항목이 둘이 될 수 없는 것
㉣ 용이성 : 가능한 불편하지 않고 기억하기 쉽도록 분류하는 것

3. 다음 중 최종 설계안에 의해 산출된 제품 또는 반제품 1단위당 자재별 소요량을 정의한 것은? [05-2, 16-1]

① 수율   ② 생산성
③ 로트(lot)   ④ 원단위

해설 원단위란 제품 또는 반제품의 단위수량당 자재별 기준소요량을 의미한다.

4. 원단위란 제품 또는 반제품의 단위수량당 자재별 기준소요량을 의미하며, 이러한 원단위를 산출하는 데에는 여러 방법이 있다. 원단위 산출방법이 아닌 것은? [13-1, 17-4]
① 실적치에 의한 방법
② 이론치에 의한 방법
③ 연속치를 고려하는 방법
④ 시험분석치에 의한 방법

해설 원단위 산출방법에는 실적치에 의한 방법, 이론치에 의한 방법, 시험분석치에 의한 방법이 있다.

5. 기업의 목적을 효율적으로 달성하기 위하여 자신의 능력으로 핵심부분에 집중하고 조직 내부 활동이나 기능의 일부를 외부 조직 또는 외부 기업체에 전문용역을 활용하여 처리하는 경영기법을 의미하는 용어는 무엇인가? [11-4, 16-1, 20-2]
① loading   ② outsourcing
③ debugging   ④ cross docking

해설 아웃소싱(outsourcing)은 자신의 핵심 역량이 아닌 사업 부문을 외주에 의존하여 자사가 핵심 역량을 가진 활동에 좀 더 집중 투자하는 것이다.

정답 ● 1. ③ 2. ② 3. ④ 4. ③ 5. ②

6. 다음 중 일반적으로 기업들이 아웃소싱을 하는 이유에 대한 설명으로 가장 거리가 먼 것은? [10-1, 15-2, 20-2]
① 자본부족을 보강하기 위한 아웃소싱
② 생산능력의 탄력성을 위한 아웃소싱
③ 기술부족을 보강하기 위한 아웃소싱
④ 경영정보를 공유하기 위한 아웃소싱

해설 기밀보장이 필요한 경우 혹은 경영정보와 같은 핵심부분은 아웃소싱을 할 수 없다.

7. 소모품과 같이 종류가 많고 비교적 중요하지 않은 값싼 것에 대해서는 납품업자 1개사를 지정하여 그 업자에게 모든 것을 맡겨 전문적으로 납품시키는 구매계약방법은 무엇인가? [07-1, 22-2]
① 지명경쟁계약   ② 수의계약
③ 연대구매방식   ④ 위탁구매방식

해설 위탁구매방식은 소모품과 같이 종류가 많고 비교적 중요하지 않은 값싼 것에 대해서는 납품업자 1개사를 지정하여 그 업자에게 모든 것을 맡겨 전문적으로 납품시키는 구매계약방법이다.

8. 다음 구매방법 중 기업이 현재 자재의 가격은 낮지만 앞으로는 가격이 상승할 것으로 예상되어 구매를 하는 방법은 어느 것인가? [06-4, 11-4, 16-2, 20-1]
① 충동구매   ② 시장구매
③ 일괄구매   ④ 분산구매

해설 시장구매는 기업이 현재 자재의 가격은 낮지만 앞으로는 가격이 상승할 것으로 예상되어 구매를 하는 방법으로 시장 가격변동을 이용하여 기업에 유리한 구매를 하려는 것이다.

9. 구매관리 방식 중 집중구매방식의 특성으로 틀린 것은 어느 것인가? [12-2, 14-4, 16-4, 17-4, 18-2, 19-1, 21-1]
① 종합구매로 구매비용이 적게 든다.
② 공장별 자재의 긴급조달이 용이하다.
③ 대량구매로 가격과 거래조건이 유리하다.
④ 시장조사, 거래처조사, 구매효과의 측정 등을 효과적으로 실행할 수 있다.

해설 분산구매는 공장별 자재의 긴급조달이 용이하며 구매수요에 신속하게 대응할 수 있어서 긴급수요에 유리하다.

10. 다음 중 분산구매의 장점이 아닌 것은 어느 것인가? [08-4, 11-1, 18-1]
① 자주적 구매가 가능하다.
② 긴급수요의 경우 유리하다.
③ 가격이나 거래조건이 유리하다.
④ 구매수속이 간단하여 신속하게 처리할 수 있다.

해설 집중구매는 대량구매로 가격과 거래조건이 유리하다.

11. 외주업체를 다수의 복수공급자로 하는 경우 규모의 경제가 어려워지므로 Global 기업들은 구성품 단위로 단일공급자로 하는 경우가 일반적이다. 이러한 경우에 나타나는 문제점에 해당하는 것은? [17-2]
① 입고자재의 단가조정이 어렵다.
② 공급자의 기술력향상을 기대하기 어렵다.
③ 공급의 차질이 발생한 경우 대응이 어렵다.
④ 입고자재의 균일한 품질을 기대하기 어렵다.

해설 ① 입고자재의 단가조정이 쉽다.
② 공급자의 기술력향상을 기대할 수 있다.
④ 입고자재의 균일한 품질을 기대할 수 있다.

12. 다음 중 공급자가 복수일 경우와 비교하여 단일공급자인 경우의 장점이 아닌 것은 어느 것인가? [08-1, 09-2, 13-1, 18-4]
① 품질 균일
② 규모의 경제 실현
③ 신제품 개발 협력이 용이
④ 문제 발생 시 공급자 교체 가능

해설 단일공급자이므로 문제 발생 시 공급자 교체가 불가능하다.

13. 자재관리에서 구매하는 자재의 가격이 결정되는 원리가 아닌 것은? [20-4]
① 원가계산에 의한 가격 결정
② 수요와 공급에 따른 가격 결정
③ 소비자의 요구에 따른 가격 결정
④ 타사와의 경쟁관계에 따른 가격 결정

해설 자재의 가격은 소비자의 요구에 의해 결정되지 않는다.

14. 생산경영관리에서 구매의 효과를 측정하는 객관적 척도를 나타낸 것으로 거리가 가장 먼 것은? [09-4, 14-2, 18-2, 21-4]
① 예산절감액
② 납기이행실적
③ 구매물품의 품질
④ 거래업체의 수

해설 구매업무의 능률 및 구매성과를 평가하는 객관적인 기준은 구입물품의 품질수준, 예산(원가)절감액, 납기이행실적, 구매비용, 표준단가와 실제단가의 차이, 구입물품의 가치, 부과된 벌과금 등이 있다.

15. 재고의 기능에 따른 분류 중 경기변동, 계절적 수요변동에 대비한 재고유형은? [14-1]

① 주기재고(cycle inventory)
② 예상재고(anticipation inventory)
③ 투기재고(speculative inventory)
④ 수송재고(transportation inventory)

해설 예상재고(anticipation stock)는 경기변동, 계절적 수요변동에 대비한 재고이다.

16. 조사비, 수송비, 입고비, 통관비 등 구매 및 조달에 수반되어 발생하는 비용은 [21-2]
① 발주비용　　② 재고부족비
③ 생산준비비　　④ 재고유지비

해설 발주비용은 필요한 물품을 주문하여 이것이 입수될 때 구매 및 조달과 관련된 비용(조사비, 수송비, 입고비, 통관비 등)이다.

17. 다음은 재고관련비용에 대한 설명이다. 어느 비용에 관한 것인가? [16-4]

- 재고비용 중 수요량이 공급량을 초과할 때 발생한다.
- 판매기회의 상실로 인한 기회비용이다.
- 일반적으로 주관적 판단이 이용된다.

① 주문비용　　② 재고부족비용
③ 재고유지비용　　④ 생산준비비용

해설 재고부족비용은 품절로 인해 발생하는 손실, 납기지연으로 인한 비용, 재고부족으로 조업을 중단했을 때의 손실액 등이다.

18. 경제적 발주량의 결정 과정에 관한 설명으로 틀린 것은? (단, 연간 소요량 = D, 단가 = A, 재고유지비율 = I, 1회 발주량 = Q, 1회 발주비 = C 이다.) [17-2]
① 연간 발주비용은 DC/Q이다.
② 연간 재고유지비는 $QAI/2$이다.
③ 발주횟수가 증가함에 따라 재고유지비용

도 증가한다.

④ 연간 재고유지비와 연간 발주비가 같아지는 점은 경제적 발주량이 정해지는 점이다.

해설 발주횟수가 증가함에 따라 재고유지비용은 감소한다.

19. M기업은 매년 10000 단위의 부품 A를 필요로 한다. 부품 A의 주문비용은 회당 20000원, 단가는 5000원, 연간 단위당 재고유지비가 단가의 2%라면 1회 경제적 주문량은 약 얼마인가? [14-2, 19-2, 19-4]

① 500단위   ② 1000단위
③ 1500단위   ④ 2000단위

해설 $Q_0 = \sqrt{\dfrac{2DC_p}{C_H}} = \sqrt{\dfrac{2DC_p}{Pi}}$

$= \sqrt{\dfrac{2 \times 10,000 \times 20,000}{5,000 \times 0.02}} = 2,000$단위

20. 부품단가 1000원인 어떤 전자부품의 연간 소요량이 1000개, 주문비용이 매회 2000원, 연간 재고유지비가 부품단가의 10%일 때 경제적 연간주문횟수는 약 몇 회인가? [09-4, 13-4, 19-4]

① 5   ② 20
③ 50   ④ 200

해설 경제적 발주(주문)량 $Q_0 = \sqrt{\dfrac{2DC_p}{Pi}}$

$= \sqrt{\dfrac{2 \times 1,000 \times 2,000}{1,000 \times 0.1}} = 200$개

경제적 발주횟수 $N_0 = \dfrac{D}{Q_0} = \dfrac{1,000}{200} = 5$회

21. 재고시스템에서 재주문점의 수준을 결정하는 요인이 아닌 것은? [17-4]

① 재고유지비용

② 수요율과 조달기간
③ 수요율과 조달기간 변동의 정도
④ 감내할 수 있는 재고부족 위험의 정도

해설 발주점(OP : Order Point)은 재발주점 또는 재주문점이라고 하며 조달기간 중의 수요량과 안전재고로 구성된다. 재고유지비용은 경제적 발주량(EOQ)과 관련이 있다.

22. 다음 중 평균 발주량이 70000개이고 안전재고가 1000개일 때 평균 재고량은 얼마인가? [14-4]

① 71000개   ② 70000개
③ 35000개   ④ 36000개

해설 평균재고량 $= \dfrac{Q}{2} +$ 안전재고

$= \dfrac{70,000}{2} + 1,000 = 36,000$개

23. 고정주문량 모형의 특징을 설명한 것으로 맞는 것은? [18-4, 22-2]

① 주문량은 물론 주문과 주문 사이의 주기도 일정하다.
② 최대재고수준은 조달기간 동안의 수요량의 변동 때문에 언제나 일정한 것은 아니다.
③ 재고수준이 재주문점에 도달하면 주문하기 때문에 재고수준을 계속 실사할 필요는 없다.
④ 하나의 공급자로부터 상이한 수많은 품목을 구입하는 경우에 수량 할인을 받기 위해 적용하면 유리하다.

해설 ① 주문과 주문 사이의 주기가 일정하지 않다.
③ 재고수준이 재주문점에 도달하면 주문하기 때문에 재고수준을 계속 실사해야 한다.
④ 고정주문주기모형(정기실사방식)에 대한 설명이다.

정답 19. ④ 20. ① 21. ① 22. ④ 23. ②

3 과목

24. 고정주문량모형과 고정주문주기모형의 비교 중 틀린 것은? [15-1]

	고정주문량모형	고정주문주기모형
㉠	고가의 단일품목에 적용한다.	저가의 여러 품목에 적용한다.
㉡	주문시기가 일정하지 않다.	주문은 정기적으로 한다.
㉢	재고수준의 파악은 수시로 한다.	재고수준의 파악은 정기적 검사에 의한다.
㉣	P 시스템이다.	Q 시스템이다.

① ㉠   ② ㉡
③ ㉢   ④ ㉣

해설 고정주문량모형은 정량발주형 재고관리시스템(Q시스템)이며, 고정주문주기모형은 정기발주형 재고관리시스템(P시스템)이다.

25. 연간 10000단위 수요가 있으며 생산준비비용이 회당 2000원, 재고유지비용이 연간 단위당 100원일 때 연간생산율이 20000단위라면 경제적 생산량과 1회 생산기간 (t_p)은 각각 약 얼마인가? (단, 1년은 365일이다.) [12-2, 18-1]

① 895단위, 12일   ② 895단위, 17일
③ 633단위, 12일   ④ 633단위, 17일

해설
$$EPQ = \sqrt{\frac{2DC_p}{C_H(1-\frac{d}{p})}}$$
$$= \sqrt{\frac{2 \times 10,000 \times 2,000}{100(1-\frac{10,000}{20,000})}}$$
$$= 894.4 = 895 \, 단위$$

1회 생산기간(적정생산주기)
$$t_p = \frac{EPQ}{p} = \frac{895}{\frac{20,000}{365}} = 16.33 = 17일$$

26. 재고 저장공간을 품목별로 두 칸으로 나누고, 윗칸에는 운전재고를, 아랫칸에는 재주문점에 해당하는 재고를 쌓아둠으로써, 윗칸에 재고가 없으면 재주문점에 이르렀음을 시각적으로 파악할 수 있는 방법은?

① EPQ [14-2, 17-1, 22-1]
② 정기발주방식
③ 콕(cock)시스템
④ 더블빈(double-bin)법

해설 투 빈 시스템(two 또는 double bin system)은 재고의 저장 공간을 두 개로 나누는 것으로 발주점의 수량 만큼을 각각 두 개의 저장공간에 확보하는 재고시스템이다.

27. 다음 중 MRP 시스템의 특징으로 맞는 것은? [14-2, 20-2]

① 독립수요
② 종속품목수요
③ 재발주점을 이용한 발주
④ 자재흐름은 끌어당기기 시스템

해설 ① 독립수요품의 재고관리시스템은 정량발주형 재고관리시스템(Q시스템)이나 정기발주형 재고관리시스템(P시스템)이다.
② 최상위에 있는 품목인 완제품이 독립수요품목이며, MRP는 이런 독립수요 품목의 종속수요품(부품, 원료, 반제품 등)의 재고관리시스템이다.
③ 정량발주형 재고관리시스템에서 재발주점을 결정한다.
④ JIT시스템은 끌어당기기(pull) 방식이다.

28. 다음 중 MRP의 주요 기능으로 볼 수 없는 것은? [13-1, 18-4]

① 재고수준 통제   ② 우선순위 통제
③ 생산능력 통제   ④ 작업순위 통제

해설 MRP는 소요량 개념에 입각한 종속수

요품의 재고관리 방식이다. 작업순위 통제는 일정계획의 주요 기능이다.

29. 다음 중 MRP 시스템의 특징이 아닌 것은?
[08-1, 15-2, 20-1]
① 주문의 발주계획 생성
② 제품구조를 반영한 계획 수립
③ 생산통제와 재고관리 기능의 분리
④ 주문에 대한 독촉과 지연정보 제공

해설 생산통제와 재고관리 기능의 통합

30. 다음 중 MRP 시스템에서 주일정계획(MPS)에 의하여 발생된 수요를 충족시키기 위해 새로 계획된 주문에 의해 충당해야 하는 수량은?
[19-2]
① 순소요량(net requirements)
② 계획수취량(planned receipts)
③ 총소요량(gross requirements)
④ 계획주문발주(planned order release)

해설 순소요량(net requirements)은 주일정계획에 의하여 발생된 수요를 충족시키기 위해 새로 계획된 주문에 의해 충당할 수량을 의미한다.

31. 다음 중 MRP에서 부품전개를 위해 사용되는 양식에 쓰이는 용어에 관한 설명으로 틀린 것은?
[11-2, 13-2, 17-2]
① 순소요량(net requirements)은 총소요량에서 현 재고량을 뺀 후 예정수취량을 더한 것이다.
② 예정수취량(scheduled receipts)은 주문은 했으나 아직 도착하지 않는 주문량을 의미한다.
③ 계획수취량(planned receipts)은 아직 발주하지 않은 신규 발주에 따라 예정된

시기에 입고될 계획량을 의미한다.
④ 발주계획량(planned order releases)은 필요시 수령이 가능하도록 구매주문이나 제조주문을 통해 발주하는 수량으로 보통 계획수취량과 동일하다.

해설 순소요량 = 총소요량 − 현재고량 − 예정수취량 + 안전재고량

32. 다음 중 MRP시스템에서 최종품목 한 단위 생산에 소요되는 구성품목의 종류와 수량을 나타내는 입력자료는 어느 것인가?
[07-1, 08-2, 12-4, 14-1, 16-4, 17-4]
① BOM(자재명세서)
② IRF(재고상황파일)
③ CRP(능력소요계획)
④ MPS(주생산일정계획)

해설 자재명세서(BOM : Bill of Materials) : 구성 요소들의 조립순서를 나타내고, 최종품목 한 단위 생산에 소요되는 구성품목의 종류와 수량

33. MRP 시스템의 입력정보가 아닌 것은?
[05-4, 06-2, 09-2, 18-2, 21-1, 21-2]
① 자재명세서   ② 발주계획보고서
③ 재고기록철   ④ 주생산일정계획

해설 MRP의 입력요소는 자재명세서(BOM), 주생산일정계획(대일정계획 : MPS), 재고기록철(IRF)이다.

34. 다음 중 MRP 시스템의 출력결과가 아닌 것은?
[12-2, 19-2]
① 계획납기일
② 계획주문의 양과 시기
③ 안전재고 및 안전조달기간
④ 발령된 주문의 독촉 또는 지연 여부

3 과목

해설 MRP 시스템은 종속수요품의 재고관리에 사용된다. 안전재고 및 안전조달기간은 독립수요가 있는 경우에 고려한다.

35. 다음 중 MRP(Material Requirements Planning) 특징으로 맞는 것을 모두 선택한 것은? [15-4, 18-1, 22-2]

> ㉠ MRP의 입력요소는 BOM(Bill Of Material), MPS(Master Production Scheduling), 재고기록철(Inventory Record File)이다.
> ㉡ 소요량 개념에 입각한 종속수요품의 재고관리방식이다.
> ㉢ 종속수요품 각각에 대하여 수요예측을 별도로 할 필요가 없다.
> ㉣ 상황변화(수요·공급·생산능력의 변화 등)에 따른 생산일정 및 자재계획의 변경이 용이하다.
> ㉤ 상위 품목의 생산계획에 따라 부품의 소요량과 발주시기를 계산한다.

① ㉡, ㉢, ㉣, ㉤
② ㉠, ㉡, ㉢, ㉤
③ ㉠, ㉡, ㉣, ㉤
④ ㉠, ㉡, ㉢, ㉣, ㉤

해설 MRP(Material Requirement Planning, 자재소요계획)는 종속수요품(부품, 원료, 반제품 등)의 재고관리시스템이다.

36. MRP 과정에서 품목의 순소요량이 산출되면 로트 사이즈를 결정해야 한다. 다음 중 로트 사이즈 결정방법에 대한 설명으로 틀린 것은? [21-4]

① 고정주문량(fixed order quantity) 방법은 주문할 때마다 주문량은 동일하게 된다.
② 대응발주(lot for lot) 방법은 순소요량 만큼 발주하나 초과 재고가 나타난다.

③ 부분기간(part period algorithm) 방법은 주문비와 재고유지비의 균형점을 고려하여 주문한다.
④ 기간발주량(period order quantity) 방법은 사전에 결정된 시간간격마다 주문을 실시하되, 로트 사이즈는 주문할 때마다 이 기간 중의 소요량만큼 발주한다.

해설 대응발주(lot for lot) 방법은 해당기간에 순소요량만큼 발주하므로 초과 재고가 나타나지 않는다.

37. 다음 그림과 같은 자재명세서(BOM)를 갖는 X제품을 200단위 생산하기 위하여 필요한 구성품 D, E의 수는 각각 몇 개인가? (단, 괄호 안의 숫자는 각 구성품의 소요량이다.) [09-1, 11-2, 16-1]

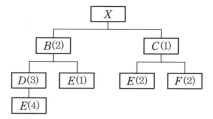

① D : 600개, E : 1200개
② D : 600개, E : 2400개
③ D : 1200개, E : 2800개
④ D : 1200개, E : 5600개

해설 $D = 200 \times 2 \times 3 = 1,200$ 개
$E = (200 \times 2 \times 1) + (200 \times 1 \times 2)$
$\quad + (200 \times 2 \times 3 \times 4)$
$= 5,600$ 개

38. JIT 시스템과 MRP 시스템을 비교 설명한 것 중 틀린 것은? [09-1, 11-4, 18-2]

① JIT 시스템은 재고를 부채로 인식하지만, MRP 시스템은 재고를 자산으로 인식한다.

② JIT 시스템은 납품업자를 동반자 관계로 보지만, MRP 시스템은 이해관계에 의한다.

③ JIT 시스템에서 작업자 관리는 지시·명령에 의하지만, MRP 시스템은 의견일치 등의 합의제에 의해 관리한다.

④ JIT 시스템은 최소량의 로트 크기를 추구하지만, MRP 시스템은 생산준비비용과 재고유지비용의 균형점에서 로트의 크기를 결정한다.

해설 MRP시스템에서 작업자 관리는 지시·명령에 의하지만, JIT시스템은 의견일치 등의 합의제에 의해 관리한다.

39. 발주점 방식과 MRP 방식을 비교한 것으로 틀린 것은? [10-1, 13-4, 17-1]

① 발주점 방식은 수요패턴이 산발적이지만 MRP 방식은 연속적이다.

② 발주점 방식의 발주개념은 보충개념이나 MRP 방식의 경우 소요개념이다.

③ 발주점 방식의 수요예측자료는 과거의 수요실적에 기반을 두지만, MRP 방식은 주일정계획에 의한 수요에 의존한다.

④ 발주점 방식에서 발주량의 크기는 경제적 주문량으로 일괄적이지만, MRP방식에서는 소요량으로 임의적이다.

해설 발주점 방식은 수요패턴이 연속적이지만 MRP 방식은 산발적이다.

40. 다음 중 ABC 재고관리기법의 특징이 아닌 것은? [15-2]

① 품목의 중요도에 따라 관리방식이 달라진다.

② 중요한 소수 품목을 중점관리하는 방식이다.

③ 파레토분석 등을 통해 품목의 중요도를 결정한다.

④ 모든 품목의 비용을 최소화하는 발주량을 수리적으로 결정한다.

해설 ABC관리방식은 자재구매나 재고관리에 통계적 방법을 적용하여 물품의 가치나 중요도(금액)에 따라 차별적으로 관리하는 방식이다. 중요도의 구분은 파레토도를 적용하여 소수의 비용이 많이 드는 중요품목들은 A급으로, 그 다음의 중요품목들은 B급으로, 나머지 품목들은 C급으로 구분한다. ④ 모든 품목의 비용을 최소화하는 발주량을 수리적으로 결정하는 것은 경제적 발주량이다.

41. ABC 재고관리 시스템의 특징이 아닌 것은? [14-2]

① 재고자산의 차별관리이다.

② 주요품목을 중점관리한다.

③ 파레토분석을 실시한다.

④ 전사적 자원관리를 실시한다.

해설 ERP는 기업 자원계획 또는 전사적 자원계획이라 하며, 협의의 의미로 통합형 업무패키지 소프트웨어로써 효율적 업무개선이 이루어진다.

42. ABC 재고관리 시스템에 대한 설명으로 가장 거리가 먼 것은? [06-4, 12-1]

① 저가 볼트(bolt)는 C 품목으로 분류하여 정기발주방식을 취한다.

② A 품목은 C 품목에 비하여 상대적으로 많은 통제노력을 기울여야 한다.

③ C 품목은 일반적으로 전체 품목의 50% 정도이지만 연간 사용금액은 5~10% 정도로 비중이 작다.

④ ABC 시스템은 재고품목의 연간 사용금액에 따라 품목을 구분하고 통제노력을 차별화하는 시스템이다.

해설 저가 볼트(bolt)는 C 품목으로 분류하여 고정주문량방식, Two-Bin System을 취한다.

43. ABC 자재관리의 관리방법 중 A품목의 관리방법은? [13-1]

① 정기발주방식
② 정량발주방식
③ 일괄구입방식
④ MRP방식

해설 ABC등급의 분류

등급	내용	전 품목에 대한 비율	총사용 금액에 대한 비율	관리정도	안전 재고	발주 형태
A	고가치품	10~20%	70~80%	엄격관리, 중점관리	소량	정기 발주 시스템
B	중가치품	20~40%	15~20%	정상관리, 적정관리	중량	정량 발주 시스템
C	저가치품	40~60%	5~10%	관리체계 간소화, 재고고갈 방지 (품절방지)	대량	고정 주문량 방식, Two-bin 시스템

44. 1990년대 들어 컴퓨터 기술의 발전과 더불어 기업 전체의 경영자원을 유효하게 활용한다는 관점에서 기업 자원계획 또는 전사적 자원계획이라 하며, 협의의 의미로 통합형 업무패키지 소프트웨어라 하는 것은? [15-1, 19-1]

① DRP
② MRP
③ ERP
④ MRP Ⅱ

해설 ERP(Enterprise Resources Planning)는 기업 자원계획 또는 전사적 자원계획이라 하며, 협의의 의미로 통합형 업무패키지 소프트웨어로써 효율적 업무개선이 이루어진다.

45. 다음 중 ERP의 특징으로 볼 수 없는 것은 어느 것인가? [16-4]

① 기업수준의 기간업무(생산·마케팅·재무·인사 등)를 지원한다.
② 모든 응용프로그램이 서로 연결된 리얼타임 통합시스템이다.
③ 오픈 클라이언트 서버 시스템(open client server system)이다.
④ 하나의 시스템으로 하나의 생산·재고거점을 관리하는 것이 원칙이다.

해설 ERP는 생산, 유통, 재무, 인사 등의 정보시스템을 하나로 통합하여 기업의 모든 자원을 운영·관리하는 통합된 자원관리시스템이다.

46. ERP의 특징으로 맞는 것은? [20-1]

① 보안이 중요하므로 close client server system을 채택하고 있다.
② 단위별 응용프로그램들이 서로 통합 연결된 관계로 중복업무가 많아 프로그램이 비효율적이다.
③ 생산, 마케팅, 재무 기능이 통합된 프로그램으로 보완이 중요한 인사와는 연결하지 않는다.
④ EDI, CALS, 인터넷 등으로 기업간 연결 시스템을 확립하여 기업간 자원활용의 최적화를 추구한다.

해설 ① 오픈 클라이언트 서버 시스템(open client server system)이다.

② 중복 업무를 배제할 수 있고 실시간 관리를 가능하게 한다.

③ 종래 독립적으로 운영되어 온 생산, 유통, 재무, 인사 등의 단위별 정보시스템을 하나로 통합하여, 수주에서 출하까지의 공급망과 기간업무를 지원하는 통합된 자원관리시스템이다.

47. ERP시스템의 구축 시 자체개발의 경우 장, 단점에 관한 설명으로 틀린 것은? [21-1]

① 개발기간이 장기화된다.

② 사용자의 요구사항을 충실히 반영한다.

③ 비정형화된 예외업무의 수용이 용이하다.

④ Best Practice의 수용으로 효율적 업무 개선이 이루어진다.

해설 Best Practice의 수용으로 효율적 업무개선은 ERP시스템의 구축 시 ERP패키지를 활용하는 경우의 장점이다.

48. 기업이 ERP시스템 구축을 추진할 때 외부전문위탁개발(outsourcing) 방식을 택하는 경우가 많다. 이 방식의 특징과 가장 거리가 먼 것은? [19-2, 22-1]

① 외부전문 개발인력을 활용한다.

② ERP시스템을 확장하거나 변경하기 어렵다.

③ 개발비용은 낮으나 유지비용이 높게 소요된다.

④ 자사의 여건을 최대한 반영한 시스템 설계가 가능하다.

해설 ERP시스템의 구축 시 자체개발의 경우 자사의 여건을 최대한 반영한 시스템 설계가 가능하다.

49. 적시생산시스템(JIT)에 관한 설명으로 틀린 것은? [08-4, 13-1, 21-4]

① 생산의 평준화로 작업부하량이 균일해진다.

② 생산준비시간의 단축으로 리드타임이 단축된다.

③ 간판(Kanban)이라는 부품인출시스템을 사용한다.

④ 입력정보로 재고대장, 주일정계획, 자재명세서가 요구된다.

해설 재고대장(재고기록철), 주일정계획, 자재명세서는 MRP 시스템의 입력자료이다.

50. 적시생산시스템(JIT)의 특징이 아닌 것은? [12-1, 16-4, 21-1]

① 생산의 평준화를 위해 소로트화를 추구한다.

② 작업자의 다기능공화로 작업의 유연성을 높인다.

③ 준비교체 횟수를 줄여 가동률 향상을 추구한다.

④ 공급자와는 긴밀한 유대관계로 사내 생산팀의 한 공정처럼 운영한다.

해설 준비교체시간을 최소화시켜 유연성의 향상을 추구한다.

51. 다음 중 JIT 생산시스템의 특징으로 틀린 것은? [13-2, 19-4]

① 자재의 흐름은 푸시(push) 방법이다.

② 간판시스템의 운영으로 재고수준을 감소시킨다.

③ 작업의 표준화로 라인의 동기화(同期化)를 달성할 수 있다.

④ 준비교체시간을 최소화시켜 유연성의 향상을 추구한다.

해설 자재의 흐름은 풀(pull) 방법이다.

52. 도요타 생산방식의 운영에 관한 설명으로 틀린 것은? [14-1, 15-1, 19-2, 20-4]
① 밀어내기식의 자재흐름방식을 추구한다.
② JIT 생산을 유지하기 위해 간판방식을 적용한다.
③ 조달기간을 줄이기 위해 생산준비시간을 축소한다.
④ 작업의 유연성을 위해 다기능 작업자 제도를 실시한다.
해설 끌어당기기(pull)식의 자재흐름방식을 추구한다.

53. 다음 중 JIT 생산방식의 특징으로 틀린 것은? [08-2, 12-2, 17-4]
① U자형 설비배치
② 고정적인 직무할당
③ 생산준비시간의 최소화 추구
④ 필요한 양만큼 제조 및 구매
해설 작업의 유연성을 위해 다기능 작업자 제도를 실시한다.

54. 다음 중 JIT 생산방식에 관한 설명으로 틀린 것은 어느 것인가? [15-4, 18-1]
① 생산의 평준화를 추구한다.
② 프로젝트 생산방식에 적합하다.
③ 간판을 활용한 pull 생산방식이다.
④ 생산준비시간의 단축이 필요하다.
해설 JIT 생산방식은 다품종 소량생산(소로트생산)을 지향한다.

55. 다음 중 JIT 시스템에서 생산준비시간의 축소와 소로트화에 대한 설명으로 틀린 것은? [17-2, 20-2]
① 소로트화는 회차당 생산량을 가능한 최소화하는 것을 뜻한다.

② JIT 시스템에서는 평준화 생산방식으로 소로트 생산방식을 실현하고 있다.
③ 생산준비시간의 축소는 준비교체 횟수를 감소시켜 실현하는 것을 목적으로 한다.
④ 생산준비시간을 고정된 개념으로 보지 않고 소로트화로 생산준비시간을 단축하려 한다.
해설 생산준비시간의 축소는 준비교체 시간을 감소시켜 실현하는 것을 목적으로 한다.

56. JIT 시스템에서 생산준비시간의 단축에 관한 설명으로 틀린 것은? [06-1, 11-1, 20-1]
① 기능적 공구의 채택으로 작업시간을 단축시킨다.
② 내적 작업준비를 가급적 지양하고 가능한 외적 작업준비로 바꾼다.
③ 외적 작업준비는 기계가동을 중지하여 작업준비를 하는 경우이다.
④ 조정위치를 정확하게 설정하여 조정작업 시간을 단축시킨다.
해설 외적 작업준비는 기계가동을 중지하지 않고 작업준비를 하는 경우이다.

57. JIT 생산시스템에서 어떤 부품이 언제, 얼마나 필요한가를 알려주는 역할을 하는 것은? [07-2, 14-2]
① MPS   ② BOM
③ 경광등   ④ Kanban
해설 간판(Kanban)은 어떤 부품이 언제, 얼마나 필요한가를 알려주는 역할을 한다.

58. JIT 생산방식에서 간판의 운영규칙이 아닌 것은? [21-2]
① 생산을 평준화한다.
② 후공정에서 가져간 만큼 생산한다.

③ 부적합품을 다음 공정에 보내지 않는다.

④ 자재흐름은 전공정에서 후공정으로 밀어내는 방식이다.

[해설] 도요타 방식의 적시생산시스템(Just In Time, JIT)은 필요한 양을 필요한 시기에 필요한 만큼 생산하는 무재고 생산시스템으로 끌어당기기(pull) 방식이다.

59. JIT를 적용하는 생산현장에서 부품의 수요율이 1분당 3개이고, 용기당 30개의 부품을 담을 수 있을 때 필요한 간판의 수와 최대재고수는? (단, 작업장의 리드타임은 100분이다.) [09-2, 13-4, 17-1, 21-1]

① 간판수=5, 최대재고수=100

② 간판수=10, 최대재고수=200

③ 간판수=10, 최대재고수=300

④ 간판수=20, 최대재고수=400

[해설] 간판의 수 $= \dfrac{\text{수요량} \times \text{간판순환시간}}{\text{용기크기}}$

$= \dfrac{3 \times 100}{30} = 10$

최대 재고수 = 수요량 × 간판순환시간

$= 3 \times 100 = 300$

60. 부품 A의 사용량은 하루에 3000개, 평균 준비시간은 0.5일/컨테이너, 가공시간은 0.3일/컨테이너 그리고 컨테이너 한 개에 담을 수 있는 부품 A의 수는 30개, 안전계수 α는 25%이다. 간판시스템을 운용하는 경우 부품 A를 위해 필요한 간판의 수는? [21-4]

① 63개   ② 100개

③ 125개   ④ 200개

[해설] 간판의 수

$= \dfrac{\text{리드타임 동안의 평균수요} + \text{안전재고}}{\text{용기크기}}$

$= \dfrac{3000 \times (0.5 + 0.3) \times (1 + 0.25)}{30} = 100\text{개}$

61. 도요타 생산방식(JIT)이 올바르게 짝지어진 것은? [07-4]

① 도요다 7대 낭비 – 가공의 낭비 등

② 공정 간의 운반 – push 방식

③ 레이아웃 – 기계별 배치, 직선화

④ 작업자세 – 앉아서 하는 작업

[해설] ② 공정간의 운반 – pull 방식

③ 레이아웃 – 흐름식 배치, U라인

④ 작업자세 – 입식작업

62. 도요타 생산방식에서 제거하고자 하는 7대 낭비가 아닌 것은? [07-1, 16-1, 19-1]

① 기능의 낭비

② 재고의 낭비

③ 운반의 낭비

④ 과잉생산의 낭비

[해설] 7대 낭비

재고의 낭비, 대기의 낭비, 과잉생산의 낭비, 운반의 낭비, 동작의 낭비, 불량의 낭비, 가공의 낭비

63. 도요타 생산방식에서 제시한 7가지 낭비에 해당되지 않는 것은? [08-4, 16-2]

① 가공의 낭비

② 동작의 낭비

③ 납기의 낭비

④ 운반의 낭비

[해설] 7대 낭비

재고의 낭비, 대기의 낭비, 과잉생산의 낭비, 운반의 낭비, 동작의 낭비, 불량의 낭비, 가공의 낭비

4. 생산계획수립

1. 생산시스템 운영에서 생산계획을 수립하기 위한 기초자료는? [18-1]
① 작업능력 검토
② 제품 수요의 예측
③ 재고의 수준 검토
④ 제품 품질수준 검토

해설 수요변화에 따라 적절한 생산계획을 수립해야 하므로 제품 수요의 예측자료를 기초로 생산계획을 수립한다.

2. 변동하는 수요에 대응하여 생산율·재고수준·고용수준·하청 등의 관리가능변수를 최적으로 결합하기 위한 용도로 수립되는 계획은? [16-1, 17-1, 20-1, 20-2]
① 소일정계획(detail scheduling)
② 대일정계획(master scheduling)
③ 주일정계획(master production scheduling)
④ 총괄생산계획(aggregate production planning)

해설 총괄생산계획은 장기계획에 의해 생산능력이 고정된 경우, 중기적인 수요(1년 이내)의 변동에 대응하기 위해 고용수준, 생산수준, 재고수준 등을 결정하는 계획이다.

3. 총괄생산계획(APP)의 전략 중 생산율, 즉 생산성을 수요의 변동에 대응시키는 전략에서 고려되는 비용은? [11-2, 18-4]
① 잔업수당
② 재고유지비
③ 해고비용, 퇴직수당

④ 납기지연으로 인한 손실

해설 수요변화에 대응하여 사용하는 총괄생산계획 전략의 유형

전략 대안	방법	비용	고려사항
고용 수준 변동	① 수요가 늘면 부족인원 고용 ② 수요 줄면 잉여인원 해고	① 신규채용에 따른 광고·채용·훈련비용 ② 해고비용·퇴직수당	① 인원이 부족할 때 양질의 기능공 채용 곤란 ② 사기저하로 능률 저하
생산율 조정	① 수요가 늘면 조업시간 증대 ② 수요가 줄면 조업시간 단축	① 잔업수당 ② 조업단축 시의 유휴 비용	① 잔업으로 보전시간 감소시킴 ② 보전시간을 늘림
재고 수준의 조정	① 수요증가에 대비한 재고유지 ② 납기지연	① 재고유지 비용 ② 납기지연 손실비용	① 기회손실 큼
하청	① 생산능력이 부족할 때 하청 줌	① 하청비용	① 하청회사의 품질 및 일정을 관리하기 힘듦

4. 총괄생산계획에서 수요의 변동에 대응하기 위해 활용할 수 있는 대안으로 가장 거리가 먼 것은? [19-1, 22-1]
① 하청생산　　② 재고수준 조정
③ 고용 및 해고　④ 생산설비 증설

해설 총괄생산계획은 변동하는 수요에 대응

하여 생산율·재고수준·고용수준·하청 등의 관리가능변수를 최적으로 결합하기 위한 용도로 수립되는 계획이다.

5. 총괄생산계획에서 재고수준 변수와 직접적인 관련성이 가장 높은 비용항목은 어느 것인가?　　　　　　　[08-4, 12-2, 19-4]
① 퇴직수당
② 교육훈련비
③ 설비확장비용
④ 납기지연으로 인한 손실비용

해설 재고수준에 따라 발생될 수 있는 비용은 재고유지비용, 납기지연으로 인한 손실비용이다.

6. 총괄생산계획(APP) 기법 중 시행착오의 방법으로 이해하기 쉽고 사용이 간편한 것은?　　　　　　　　[09-2, 10-4, 18-1]
① 도시법　　　　　② 탐색결정기법
③ 선형계획법　　　④ 휴리스틱기법

해설 도시법은 시행착오법이라고도 한다.

7. 총괄생산계획(APP) 기법 중 선형결정기법 (LDR)에서 사용되는 근사 비용함수에 포함되지 않는 비용은?　　　[17-2, 21-2]
① 잔업비용
② 설비투자비용
③ 고용 및 해고 비용
④ 재고비용·재고부족비용·생산준비비용

해설 선형결정기법(Linear Decision Rule)은 판정함수로 2차비용함수를 가정하고, 총비용을 최소로 하는 고용수준(작업자 수) 및 조업도(생산율)를 결정하는 선형규칙이다. 총비용은 정규급료, 고용 및 해고비용, 특근비용, 재고유지비용 4개의 합으로 구성된다.

8. 다음 중 총괄생산계획(APP)의 문제를 경험적 또는 탐색적 방법으로 해결하려는 기법은?　　　　　　　　　　[17-4, 21-4]
① 선형계획법(LP)
② 선형결정규칙(LDR)
③ 도시법(graphic method)
④ 휴리스틱기법 (heuristic approach)

해설 휴리스틱기법(경험적·탐색적 방법) - 경영계수기법(다중회귀분석), 탐색결정기법, 매개변수법

9. 총괄생산계획(APP) 기법 중 휴리스틱 계획 기법인 것은?　　　　　　　[20-4]
① 선형결정기법(LDR)
② 선형계획법(LP)에 의한 생산계획
③ 수송계획법(TP)에 의한 생산계획
④ 매개변수에 의한 생산계획법(PPP)

해설 휴리스틱기법(경험적·탐색적 방법) - 경영계수기법(다중회귀분석), 탐색결정기법, 매개변수법

10. 총괄생산계획(Aggregate Planning) 기법 중 탐색결정규칙(Search Decision Rule)에 대한 설명으로 틀린 것은? [14-2, 19-2]
① Taubert에 의해 개발된 휴리스틱기법이다.
② 과거의 의사결정들을 다중회귀분석하여 의사결정규칙을 추정한다.
③ 총 비용함수의 값을 더 이상 감소시킬 수 없을 때 탐색을 중단한다.
④ 하나의 가능한 해를 구한 후 패턴탐색법을 이용하여 해를 개선해 나간다.

해설 경영계수기법은 과거의 의사결정들을 다중회귀분석하여 의사결정규칙을 추정한다.

11. 생산계획을 집행하는 단계로서 생산계획을 세분화하여 작업계획을 시간단위로 구체화시키는 활동은? [21-4]
① 일정계획　　② 재고통제
③ 작업설계　　④ 라인밸런싱

해설 일정계획은 생산계획을 집행하는 단계로서 생산계획을 세분화하여 작업계획을 시간단위로 구체화시키는 활동이다.

12. 다음 중 노동력, 설비, 물자, 공간 등의 생산자원을 누가, 언제, 어디서, 무엇을, 얼마나 사용할 것인가를 결정하는 작업계획으로 주·일·시간 단위별 계획을 수립하는 것은? [18-4, 22-1]
① 공정계획　　② 생산계획
③ 작업계획　　④ 일정계획

해설 일정계획은 노동력, 설비, 물자, 공간 등의 생산자원을 누가, 언제, 어디서, 무엇을 얼마나 사용할 것인가를 결정하는 작업계획으로 주·일·시간 단위별 계획을 수립하는 것이다(작업능력의 시간적 할당).

13. 다음 중 일정계획(Scheduling)과 가장 관계가 깊은 것은? [06-4, 08-2, 10-4]
① 자원의 분배
② 작업능력의 시간적 할당
③ 생산활동의 비용요소 파악
④ 각 작업장에 대한 작업표준시간의 작성

해설 일정계획은 부분품 가공이나 제품조립에 필요한 자재가 적기에 조달되고 이들 생산에 지정된 시간까지 완성될 수 있도록 기계 내지 작업을 시간적으로 배정하고, 일시를 결정하여 생산일정을 계획·관리하는 것이다.

14. 다음 중 생산 일정계획 수립 시 고려할 내용이 아닌 것은? [14-4]
① 품목별 생산완료시점
② 작업장별 생산품목
③ 판매가격
④ 품목별 생산수량

해설 일정계획은 생산계획 내지는 제조명령을 구체화하는 과정이다. 판매가격은 고려할 내용이 아니다.

15. 일정계획의 주요 기능에 해당되지 않는 것은? [15-2, 20-4, 21-1]
① 작업 할당
② 제품 조합
③ 부하 결정
④ 작업 우선순위 결정

해설 일정계획의 주요 기능은 작업할당, 부하결정, 작업 우선순위 결정, 작업 독촉이다.

16. 일정계획의 개념에서 기준일정의 구성에 속하지 않는 것은? [20-2]
① 저장시간
② 여유시간
③ 정체시간
④ 가공시간(작업시간)

해설 기준일정은 각 작업을 개시하여 완료할 때까지 소요되는 시간으로 가공(작업)시간, 여유시간, 정체시간을 모두 포함한다.

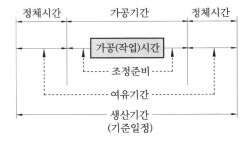

17. 능력관리(capacity control)에 대한 설명으로 가장 거리가 먼 것은? [09-1, 10-4]
① 일반적으로 주문생산보다는 라인생산에서 주로 활용된다.
② 납품수량을 확보하며 적정 조업도를 유지하기 위하여 실행한다.
③ 능력관리의 목표는 수요변동이나 부하변동에 따라 일정관리를 하기 위함이다.
④ 생산통제단계에서 실제의 능력과 부하를 조사하여 양자가 균형을 이루도록 조정하기 위한 활동이다.

해설 능력관리는 일반적으로 라인생산보다는 다품종소량생산의 주문생산에서 주로 활용된다.

18. 부하와 능력상에 변동이 있으므로 실제의 능력과 부하를 파악하여 양자가 균형을 이루도록 하는 것은? [09-4, 12-4]
① 작업배정　　② 절차관리
③ 진도관리　　④ 여력관리

해설 여력관리는 부하와 능력상에 변동이 있으므로 실제의 능력과 부하를 조사하여 양자가 균형을 이루도록 하는 것이다.

19. 학습곡선(공수체감곡선)의 활용 분야에 해당하지 않는 것은? [14-2, 20-2]
① 작업자 안전
② 성과급 결정
③ 제품이나 부품의 적정 구입가격 결정
④ 작업로트 크기에 따라 표준공수 조정

해설 학습효과는 작업을 반복함에 따라 공수가 감소되는 현상을 말하며 안전과 관련이 없다. 학습률이 낮을수록 학습곡선은 완만하며 학습효과는 높다.

20. 평균시간 모형에 따른 학습률이 75%인 공정에서 100개의 제품을 생산하였다. 첫 번째 제품을 생산하는 데 80시간이 소요되었다면, 100번째 제품의 생산소요시간은 약 몇 시간인가? [09-2, 14-1]
① 11.83시간　　② 27.68시간
③ 33.92시간　　④ 45.31시간

해설 $2^B = 0.75 \ \rightarrow B = \dfrac{\log 0.75}{\log 2} = -0.415$

$Y = AX^B = 80 \times 100^{-0.415} = 11.833$시간

21. 납기가 주어진 단일설비 일정계획에서 모든 작업을 납기 내에 완료할 수 없는 경우 평균흐름시간(average flow time)을 최소화하는 작업순위 규칙은? [15-4]
① EDD(earliest due date)
② SPT(shortest processing time)
③ FCFS(first come first serviced)
④ PTS(predetermined time standard)

해설 모든 작업을 납기 내에 완료할 수 없는 경우 평균흐름시간을 최소화하는 작업순위 규칙은 최소(최단)작업시간법(SOT, SPT : Shortest Processing Time) 규칙이다.

22. 4가지 부품을 1대의 기계에서 가공하려고 한다. 처리일수 및 잔여납기일수는 다음의 표와 같을 때, 최단작업시간규칙을 적용할 경우 평균처리일수는?[05-1, 08-2, 17-4]

부품	처리일수	잔여납기일수
A	7	20
B	4	10
C	2	8
D	10	13

① 10일　　② 11일
③ 12일　　④ 13일

해설 최단작업시간(최소작업시간) 규칙에 의해 작업시간이 짧은 작업을 우선적으로 한다.

작업순서	처리시간(일)	흐름시간
C	2	2
B	4	2+4=6
A	7	6+7=13
D	10	13+10=23
합계		2+6+13+23=44

$$평균처리시간(일) = \frac{총흐름시간}{작업수}$$
$$= \frac{44}{4} = 11 \text{일이다.}$$

23. 각 작업의 작업시간과 납기가 다음과 같을 때 최단처리시간법으로 작업의 우선순위를 결정하려고 한다. 이때 평균완료시간과 평균납기지연시간은 각각 며칠인가? (단, 오늘은 3월 1일 아침이다.) [09-1, 11-4, 21-1]

작업	작업시간(일)	납기(일)
A	3	3월 5일
B	7	3월 14일
C	2	3월 1일
D	6	3월 8일

① 8.5일, 1.2   ② 9일, 2일
③ 8.5일, 1.7일   ④ 9일, 2.5일

해설 최단처리시간법(최소작업시간법)으로 작업시간이 짧은 작업을 우선적으로 한다.

작업	작업 시간 (일)	작업완료 시간 (흐름 시간)	납기 (일)	납기 지연일
C	2	2	3월 1일	1
A	3	2+3=5	3월 5일	0
D	6	5+6=11	3월 8일	3
B	7	11+7=18	3월 14일	4

따라서 평균완료시간 $= \dfrac{2+5+11+18}{4} = 9$ 일이고, 평균납기지연시간 $= \dfrac{1+0+3+4}{4} = 2$ 일이다.

24. 4가지 주문작업을 1대의 기계에서 처리하고자 한다. 최소납기일 규칙에 의해 작업순서를 결정할 경우 최대납기지연시간은? (단, 오늘은 4월 1일 아침이다.) [11-1, 18-2]

작업	처리시간(일)	납기
A	5	4월 10일
B	4	4월 8일
C	6	4월 16일
D	11	4월 19일

① 5일   ② 6일
③ 7일   ④ 8일

해설 최대납기지연을 최소화하기 위해 납기가 빠른 순서대로 가공을 진행하므로 B−A−C−D의 순으로 진행된다.

작업	납기일	처리 시간 (일)	진행 (흐름) 시간(일)	납기 지연일
B	8	4	4	0
A	10	5	4+5=9	0
C	16	6	9+6=15	0
D	19	11	15+11=26	7
합계			54	7

최대납기지연은 7일이며, 평균납기지연일 $= \dfrac{7}{4} = 1.75$ 일이다.

25. 4가지 주문작업을 1대의 기계에서 처리하고자 한다. 각 작업의 작업시간과 납기가 다음과 같이 주어져 있을 때 여유시간법을 사용하여 작업순서를 결정할 경우, 평균흐

름시간은 며칠인가?   [09-4, 21-4]

작업	작업시간(일)	납기(일)
A	8	14
B	6	11
C	6	16
D	3	10

① 13일   ② 14일   ③ 15일   ④ 16일

해설 최소여유시간에 따라 작업순서를 결정하면 아래 표와 같다.

작업	여유시간	작업시간	흐름시간 (작업완료 시간)
B	11−6=5	6	6
A	14−8=6	8	6+8=14
D	10−3=7	3	14+3=17
C	16−6=10	6	17+6=23

그러므로 평균흐름시간 $= \dfrac{6+14+17+23}{4}$

$\qquad\qquad\qquad\qquad = 15$일

26. 작업 우선순위 결정기법 중 긴급률(Critical Ratio : CR) 규칙에 대한 설명으로 틀린 것은?   [13-4, 17-2]

① $CR = \dfrac{\text{잔여납기일수}}{\text{잔여작업일수}}$

② CR값이 작을수록 작업의 우선순위를 빠르게 한다.

③ 긴급률 규칙은 주문생산시스템에서 주로 활용된다.

④ 긴급률 규칙은 설비이용률에 초점을 두고 개발한 방법이다.

해설 긴급률(Critical Ratio) 규칙은 작업일수와 납기일수를 고려하여 작업지연이나 납기지연을 최소화하기 위해 개발되었다.

27. 단일설비 순서계획을 위한 우선순위 규

칙 중 작업의 납기를 명시적으로 고려하는 것은?   [21-1]

① 긴급률법(CR)   ② 최단시간법(SPT)

③ 최장시간법(LPT)   ④ 선입선출법(FCFS)

해설 긴급률(Critical Ratio : CR)은 작업의 납기를 명시적으로 고려하고 있으며, 긴급률

$CR = \dfrac{\text{잔여납기일}}{\text{잔여작업일수}} = \dfrac{\text{납기일−오늘 날짜}}{\text{잔여작업일수}}$

이다.

28. 작업의 우선순위 결정기준에 대한 설명으로 틀린 것은?   [09-2, 12-4, 19-2]

① 여유시간법은 여유시간이 최소인 작업을 먼저 수행한다.

② 긴급률법은 긴급률이 가장 큰 작업을 먼저 수행한다.

③ 납기우선법은 납기가 가장 빠른 작업을 먼저 수행한다.

④ 최단처리시간법은 작업시간이 가장 짧은 작업을 먼저 수행한다.

해설 긴급률법은 긴급률이 가장 작은 작업을 먼저 수행한다.

29. 다음의 자료를 보고 우선순위에 의한 긴급률법으로 작업순서를 정한 것으로 맞는 것은?   [07-1, 12-2, 13-1, 18-1]

작업	작업일수	납기일	여유일
A	6	10	4
B	2	8	6
C	2	4	2
D	2	10	8

① A → C → B → D

② A → B → C → D

③ D → C → B → A

④ D → B → C → A

긴급률(Critical Ratio)

$$CR = \frac{잔여납기일수}{잔여작업일수}$$

$$CR_A = \frac{10}{6} = 1.67, \quad CR_B = \frac{8}{2} = 4,$$

$$CR_C = \frac{4}{2} = 2, \quad CR_D = \frac{10}{2} = 5$$

긴급률법은 CR이 작은 것부터 처리해야 하므로 A → C → B → D의 순으로 작업한다.

---

30. A, B, C, D 4개의 작업은 모두 공정 1을 먼저 거친 다음에 공정 2를 거친다. 작업량이 적은 순으로 작업순위를 결정한다면 최종작업이 공정 2에서 완료되는 시간은 얼마인가? [22-2]

작업	공정시간(단위 : 일)	
	공정 1	공정 2
A	4	6
B	5	7
C	8	3
D	6	3

① 29일   ② 30일
③ 31일   ④ 32일

해설

작업	공정시간(단위 : 일)		
	공정 1	공정 2	합
A	4	6	10
B	5	7	12
C	8	3	11
D	6	3	9

작업량의 작업순서는 D-A-C-B이다.

		6		10		18		23		30
1	6D		4A		8C		5B		7휴	
2	6휴	3D	1휴	6A	2휴	3C	2휴	7B		

31. 두 대의 기계를 거쳐 수행되는 작업들의 총 작업시간을 최소화하는 투입순서를 결정하는 데 가장 중요한 것은?
① 작업의 납기순서   [14-4, 17-1, 20-4]
② 투입되는 작업자의 수
③ 공정별·작업별 소요시간
④ 시스템 내 평균 작업 수

해설 Johnson's rule은 n개의 가공물을 2대의 기계로 가공하는 경우 총 작업시간을 최소화하고 기계의 이용도를 최대화하는 기법이다.

32. 5개의 작업이 2대의 기계(A, B)를 거쳐 단계적으로 완성된다. 존슨법칙(Johnson's rule)을 이용하여 기계가공시간을 최소로 하는 작업순서로 맞는 것은 어느 것인가? (단, 각 숫자는 가공시간을 나타낸다.)

[08-1, 15-4, 16-4, 19-4]

구분	작업명 번호				
	㉠	㉡	㉢	㉣	㉤
기계 A	3	3	6	2	4
기계 B	4	1	4	3	4

① ㉢ → ㉣ → ㉠ → ㉤ → ㉡
② ㉣ → ㉠ → ㉤ → ㉢ → ㉡
③ ㉢ → ㉠ → ㉤ → ㉣ → ㉡
④ ㉣ → ㉤ → ㉢ → ㉠ → ㉡

해설 Johnson의 규칙은 각 작업의 최단시간이 기계 A에서 이루어지면 앞 공정으로 처리하고, 기계 B에서 이루어지면 뒷 공정으로 처리한다.
㉮ 최소작업시간이 1시간인 ㉡이 기계 B에서 이루어지므로 맨 뒤에 둔다.
㉯ 그 다음으로 작업시간이 작은 2시간인 ㉣은 기계 A에서 이루어지므로 작업번호 ㉣은 맨 앞으로 둔다.

㉰ 그 다음으로 작업시간이 작은 3시간인 ㉠은 기계 A에서 이루어지므로 ㉣ 다음으로 둔다.

㉱ 그 다음으로 작업시간이 작은 4시간인 ㉢은 기계 B에서 이루어지므로 ㉡ 앞에 둔다.

33. A, B, C, D 4개의 작업은 모두 공정 1을 먼저 거친 다음에 공정 2를 거친다. 최종작업이 공정 2에서 완료되는 시간을 최소화되도록 하기 위해서는 작업순서를 어떻게 결정해야 하는가? [07-4, 20-2, 22-1]

〈공정시간〉

작업	공정 1	공정 2
A	5	6
B	8	7
C	6	10
D	9	1

① C − A − B − D
② A − C − B − D
③ D − A − B − C
④ A − D − B − C

해설 Johnson의 규칙은 각 작업의 최단시간이 공정 1에서 이루어지면 앞 공정으로 처리하고, 공정 2에서 이루어지면 뒷 공정으로 처리한다.

㉮ 최소작업시간이 1시간인 작업 D는 공정 2에서 이루어지므로 맨 뒤에 둔다.

㉯ 그 다음으로 작업시간이 작은 5시간인 작업 A는 공정 1에서 이루어지므로 작업 A는 맨 앞으로 둔다.

㉰ 그 다음으로 작업시간이 작은 6시간인 작업 C는 공정 1에서 이루어지므로 작업 A 다음으로 둔다.

㉱ 그 다음으로 작업시간이 작은 7시간인 작업 B는 공정 2에서 이루어지므로 작업 D 앞에 둔다.

34. 다음 중 간트차트에 대한 설명 중 틀린 것은? [12-4, 17-4]

① 일정계획의 변경에 융통성이 강하다.
② 작업장별 작업성과를 비교할 수 있다.
③ 작업의 계획과 실적을 명확히 파악할 수 있다.
④ 계획된 작업과 실적은 같은 시간 축에 횡선으로 표시하여 계획과 통제를 할 수 있는 봉 도표이다.

해설 일정계획의 변경에 융통성이 부족하다.

35. 간트차트에서 " ⌐ " 기호가 의미하는 것은? [11-4, 20-1]

① 활동개시
② 비활동기간
③ 활동종료
④ 예상활동시간

해설 간트챠트에서 기호 " ⌐ "는 작업개시를 의미하므로 예정시작일이다. 또한 간트차트는 작업의 성과를 작업장별로 파악할 수 있으나 일정계획의 변경에 융통성이 부족하다.

36. 다음 중 간트차트가 지니고 있는 결점이 아닌 것은 어느 것인가? [18-2]

① 상황이 변동될 때 일정을 수정하기 어렵다.
② 작업의 성과를 작업장별로 파악하기 어렵다.
③ 문제점을 파악하여 사전에 중점 관리할 수 없다.
④ 프로젝트 규모가 크고 작업활동이 복잡한 경우에는 적합하지 않다.

해설 간트차트는 작업의 성과를 작업장별로 파악할 수 있으나 일정계획의 변경에 융통성이 부족하다.

37. 다음 중 PERT와 CPM의 차이점으로 맞는 것은? [16-4]

① PERT는 cost 중심이고, CPM은 time 중심이다.

② PERT는 듀퐁 사에서 개발되었고, CPM은 미 해군에서 개발되었다.

③ 소요시간을 PERT는 1점 추정, CPM은 3점 추정한다.

④ PERT는 확률적 시간추정치, CPM은 확정적 시간을 사용한다.

해설 ① PERT는 time 중심, CPM은 cost 중심이다.

② PERT는 미 해군에서, CPM은 Dupont사에서 개발되었다.

③ PERT/time은 3점 추정, CPM은 1점 추정 한다.

38. PERT/CPM기법에 관한 설명으로 틀린 것은? [16-2]

① CPM은 미국 Dupont사에서 개발되었다.

② PERT에서 활동의 소요시간은 베타분포를 따른다고 가정한다.

③ PERT는 주로 활동의 소요시간을 정확히 추정할 수 있는 경우에 적합하다.

④ PERT/CPM에서 여유시간(slack)이 0인 활동을 주활동(critical activity)이라 한다.

해설 PERT는 확률적 시간추정치, CPM은 확정적 시간을 사용한다.

39. PERT/CPM에서 가상활동(dummy activity)에 대한 설명으로 틀린 것은? [05-4, 10-1]

① 점선 화살표(┈▶)로 표시한다.

② network를 작성할 때 반드시 필요하다.

③ 비용과 시간이 소요되지 않는 요소작업이다.

④ 작업의 선후관계를 충족시키기 위하여 사용한다.

해설 가상활동은 network를 작성할 때 반드시 필요한 것은 아니다.

40. PERT 기법에서 최조시간(TE : Earliest possible Time)과 최지시간(TL : Latest allowable Time)의 계산방법으로 맞는 것은? [06-4, 18-1]

① TE, TL 모두 전진계산

② TE, TL 모두 후진계산

③ TE는 전진계산, TL은 후진계산

④ TE는 후진계산, TL은 전진계산

해설 • 가장 이른 예정일(Earliest Times : TE) : 네트워크상의 한 작업이 개시되거나 완료될 수 있는 가장 빠른 날짜이며, 최초 단계로부터 전진하면서 계산해나간다.

• 가장 늦은 완료일(Latest Times : TL) : 작업이 끝나도 되는 '가장 늦은 허용완료일'을 말하며, 최종완료일로부터 후진하면서 계산한다.

41. PERT에서 어떤 활동의 3점 시간견적 결과 (4, 9, 10)을 얻었다. 이 활동시간의 기대치와 분산은 각각 얼마인가? [17-2, 22-2]

① $\dfrac{23}{3}$, $\dfrac{5}{3}$

② $\dfrac{23}{3}$, 1

③ $\dfrac{25}{3}$, $\dfrac{5}{3}$

④ $\dfrac{25}{3}$, 1

해설 기대시간치 $t_e = \dfrac{a+4m+b}{6}$

$$= \dfrac{4+4\times9+10}{6} = \dfrac{25}{3}$$

분산 $\sigma^2 = \left(\dfrac{b-a}{6}\right)^2 = \left(\dfrac{10-4}{6}\right)^2 = 1$

42. PERT 기법에서 한 공정의 낙관적 시간이 4시간, 비관적 시간이 8시간, 정상적 시

간이 6시간일 때 기대시간(expected time)은 얼마인가?　　　[05-1, 08-2, 15-1]

① 5　② 6　③ 7　④ 8

해설 $t_e = \dfrac{a+4m+b}{6} = \dfrac{4+4\times6+8}{6} = 6$

43. PERT 기법에서 여유(slack)는 각 단계의 상황에 따라 정여유(positive slack), 영여유(zero slack), 부여유(negative slack)가 된다. 정여유란 어떤 상태를 의미하는가? (단, TE(earliest expected time), TL(latest allowable time)이다.) [07-1, 15-4]

① S = 0　　　② TL > TE
③ TE = TL　　④ TL > TE

해설 정여유(TL>TE : 자원의 과잉), 부여유(TL > TE : 자원의 부족), 영여유(TL=TE : 자원의 적정)

44. 그림과 같은 PERT 네트워크에서 주공정의 값은 얼마인가?　　　[11-4, 16-1]

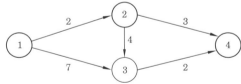

① 5일　② 8일　③ 9일　④ 14일

해설 주공정이란 네트워크에서 최소여유시간을 가진 단계를 연결한 경로이다. 주공정은 ① → ③ → ④이며, 그 값은 7+2=9일이다.

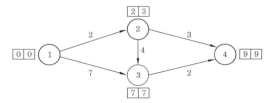

45. 그림과 같은 프로젝트 네트워크의 주공정(Critical Path)은?　　　[14-4]

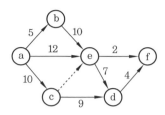

① ⓐ → ⓒ → ⓓ → ⓔ
② ⓐ → ⓑ → ⓔ → ⓕ
③ ⓐ → ⓑ → ⓔ → ⓓ → ⓕ
④ ⓐ → ⓔ → ⓕ

해설
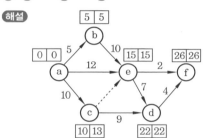

46. PERT/CPM 기법에서 여유시간에 관한 설명으로 맞는 것은?　　　[19-2]

① 독립여유시간 : 후속활동을 가장 빠른 시간에 착수함으로써 얻게 되는 여유시간
② 총여유시간 : 모든 후속작업이 가능한 빨리 시작될 때 어떤 작업의 이용 가능한 여유시간
③ 자유여유시간 : 어떤 작업이 그 전체 공사의 최종완료일에 영향을 주지 않고 지연될 수 있는 최대한의 여유시간
④ 간섭여유시간 : 선행작업이 가장 빠른 개시시간에 착수되고, 후속작업이 가장 늦은 개시시간에 착수된다고 하더라도 그 작업기일을 수행한 후에 발생되는 여유시간

해설 ② 총여유시간(total float or total activity slack) : 어떤 작업이 그 전체 공사의 최종완료일에 영향을 주지 않고 지연될 수 있는 최대한의 여유시간
③ 자유여유시간(free float or activity free slack) : 모든 후속작업이 가능한 **빨리** 시작될 때 어떤 작업의 이용 가능한 여유시간
④ 간섭여유시간(interfering float) : 활동의 완료단계가 주공정과 연결되어 있지 않을 때 발생하는 여유시간

47. PERT에서 어떤 요소작업을 정상작업으로 수행하면 5일에 2500만원이 소요되고 특급작업으로 수행하면 3일에 3000만원이 소요된다. 비용구배(cost slope)는 얼마인가? [14-2, 15-4, 17-1]
① 100만원/일
② 167만원/일
③ 250만원/일
④ 500만원/일

해설

구분	정상작업	특급작업
시간(일)	5일	3일
비용(원)	2,500만원	3,000만원

$$비용구배 = \frac{특급비용 - 정상비용}{정상시간 - 특급시간}$$
$$= \frac{3,000 - 2,500}{5 - 3} = 250만원/일$$

48. 다음 도표에서 비용구배(cost slope)는 얼마인가? [15-2]

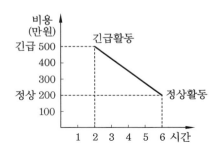

① 75만원
② 80만원
③ 85만원
④ 90만원

해설 $비용구배 = \dfrac{긴급비용 - 정상비용}{정상시간 - 긴급시간}$
$$= \frac{500 - 200}{6 - 2} = 75만원/일$$

49. 다음 중 일반적인 일정계획 방법이 아닌 것은? [16-2]
① EDD법
② PERT/CPM
③ 간트차트
④ 시계열분석법

해설 시계열분석법은 연, 월, 주 등의 시간 간격을 따라 제시된 과거 자료로부터 그 추세나 경향으로 미래의 수요를 예측하는 방법이다.

5. 작업관리

1. 개선의 4원칙이 아닌 것은? [10-1, 15-1]

① Common
② Simplify
③ Eliminate
④ Rearrange

해설 작업 개선의 원칙(ECRS 원칙)
㉠ Eliminate(제거) : 불필요한 작업의 제거
㉡ Combine(결합) : 다른 작업 및 작업요소와의 결합
㉢ Rearrange(교환) : 작업 순서의 변경
㉣ Simplify(단순화) : 작업 및 작업요소의 단순화·간소화

2. 원자재를 가공하여 제품을 생산하는 제조 공장을 대상으로 수행하는 방법연구에서 작업구분이 큰 것부터 순서대로 나열한 것은?
[08-4, 11-1, 12-1, 15-2, 18-2]

① 공정 – 단위작업 – 요소작업 – 동작요소
② 공정 – 단위작업 – 동작요소 – 요소작업
③ 공정 – 요소작업 – 단위작업 – 동작요소
④ 공정 – 요소작업 – 동작요소 – 단위작업

해설 작업자는 여러 동작요소의 조합으로 이루어진 동작을 실시하고, 이들 동작요소가 모여 이루어진 요소작업을 실시하고, 이들 요소작업이 모인 단위작업을 실시하며, 이들 단위작업이 모인 특정한 공정을 실시한다.

3. 다음 중 공정분석 기법에 해당하지 않는 것은? [14-4]

① 제품공정분석
② 사무공정분석
③ 작업자공정분석
④ ABC공정분석

해설 ABC관리방식이란 자재구매나 재고관리를 물품의 가치나 중요도에 따라 차별적으로 관리하는 방식이다.

4. 제품공정분석 시 사용되는 공정도시기호에 대한 설명으로 옳지 않은 것은 어느 것인가? [08-1, 13-2]

① ○ : 가공물을 작업함
② □ : 가공물을 검사함
③ ▷ : 가공물을 이동함
④ ▽ : 가공물을 보관함

해설 ▷는 가공물의 정체를 나타낸다.

5. 공정도에 사용되는 기호와 이에 대한 설명으로 맞는 것은? [09-1, 18-4]

① ○ : 정보를 주고받을 때나 계산을 하거나 계획을 수립할 때에는 제외된다.
② □ : 완성단계로 한 단계 접근시킨 것으로 작업을 위한 사전준비작업도 포함된다.
③ ▷ : 공식적인 어떤 형태에 의해서만 저장된 물건을 움직이게 할 수 있을 때를 의미한다.
④ ▷ : 작업대상물의 이동으로 검사 또는 가공 도중에 작업자에 의해서 작업장소에서 발생되는 경우는 사용하지 않는다.

해설 ① ○ (가공) : 정보를 주고받을 때나 계산을 하거나 계획을 수립할 때에도 포함된다.

3 과목

② ☐ (검사) : 완성단계로 한 단계 접근시킨 것으로 단지 작업이 올바르게 시행되었는지 품질 혹은 수량면에서 조사하는 것이다.

③ ▽ (저장) : 공식적인 어떤 형태에 의해서만 저장된 물건을 움직이게 할 수 있을 때를 의미한다.

참고 ☐ (정체) : 다음 순서의 작업을 즉각 수행할 수 없을 때

6. 자재가 공정으로 들어오는 지점 및 공정에서 행하여지는 작업기호와 검사기호만을 사용하여 공정 전체를 파악하기 위한 공정분석도표는? [15-4, 19-1]

① 흐름공정도표(Flow Process Chart)
② 다중활동분석(Multiple Activity Chart)
③ 작업공정도표(Operation Process Chart)
④ 작업자-기계도표(Man–Machine Chart)

해설 흐름공정도표(Flow Process Chart)는 공정 중에 발생하는 모든 작업, 검사, 대기, 운반, 정체 등을 도식화한 것이며, 작업공정도표(Operation Process Chart)는 가공과 검사만의 기호만 사용한다.

7. 작업공정도(OPC)에 대한 설명으로 틀린 것은? [19-4]

① 공정계열의 개괄적 파악
② 세부분석을 위한 사전조사용
③ 중요한 정체, 운반시간의 파악
④ 단순공정분석에 대한 분석도표

해설 작업공정도표(Operation Process Chart)는 가공과 검사만의 기호만 사용한다.

8. 작업자공정분석에 관한 설명으로 옳지 않은 것은? [11-1, 17-1, 20-2]

① 기계와 작업자 공정의 관계를 분석하는 데 편리하다.
② 제품과 부품이 갖는 제요소의 개선 및 설계에 대한 분석이다.
③ 창고, 보전계 등의 업무 범위와 경로 등의 개선에 적용된다.
④ 이동하면서 작업하는 작업자의 작업점, 작업순서, 작업동작 개선에 대한 분석이다.

해설 제품과 부품이 갖는 제요소의 개선 및 설계에 대한 분석은 제품공정분석이다.

9. 다음 중 작업방법의 개선을 위해서 제품이 어떤 과정 혹은 순서에 따라 생산되는지를 분석·조사하는 데 활용되는 도표가 아닌 것은? [16-2, 20-4]

① 흐름공정도(Flow Process Chart)
② 작업공정도(Operation Process Chart)
③ 조립공정도(Assembly Process Chart)
④ 부문상호관계표(Activity Relationship Diagram)

해설 부문상호관계표는 각 부문간의 상호관계를 나타내는 표이다.

10. 다중활동분석의 목적이 아닌 것은 어느 것인가? [19-2]

① 유휴시간의 단축
② 경제적인 작업조 편성
③ 작업자의 피로 경감 분석
④ 경제적인 담당기계 대수의 산정

해설 다중활동분석표는 작업자와 작업자 상호관계 또는 작업자와 기계 사이의 상호관계에 대하여 분석함으로써 경제적인 작업조 편성이나 경제적인 담당기계 대수를 산정하여 유휴시간을 단축하기 위해 사용되는 분석표이다.

정답 6. ③ 7. ③ 8. ② 9. ④ 10. ③

11. 다중활동분석표의 사용 목적으로 맞는 것은? [16-4]

① 작업자의 동작을 분석하여 효율화하기 위해 사용한다.

② 설비의 효율적인 배치를 결정하기 위해 사용한다.

③ 공정의 흐름을 분석하여 효율화하기 위해 사용한다.

④ 조작업의 작업현황을 분석하여 효율화하기 위해 사용한다.

해설 ① 동작분석, ② 설비배치, ③ 공정분석의 목적이다.

12. 다중(복합)활동분석표에 해당하지 않는 것은? [20-2]

① 복수기계분석표

② 복수작업자분석표

③ 작업자-기계작업분석표

④ 복수작업자-기계작업분석표

해설 다중활동분석표는 일명 작업자-기계작업분석표(Man-Machine Chart)라고도 불리우며 5가지로 분류된다.

㉠ 작업자-기계작업분석표(Man-Machine Chart)

㉡ 작업자-복수기계작업분석표(Man-Multi Machine Chart)

㉢ 복수작업자 분석표(Multi Man Chart, Gang Process Chart) : Aldridge가 고안

㉣ 복수작업자 기계작업분석표(Multi Man-Machine Chart)

㉤ 복수작업자-복수기계작업분석표(Multi Man-Multi Machine Chart)

13. 다중활동분석표 중 2인 이상의 작업자가 조를 이루어 협동적으로 작업하는 경우의

분석에 사용되는 것은? [06-4, 09-1, 13-1]

① Simo Chart

② Operation Chart

③ Gang Process Chart

④ Man-Multi Machine Chart

해설 복수작업자 분석표(Multi Man Chart, Gang Process Chart)는 Aldridge가 고안했으며 Gang Process Chart라고도 불린다.

14. 어떤 가공공정에서 1명의 작업자가 2대의 기계를 담당하고 있다. 작업자가 기계에서 가공품을 꺼내고 가공될 자재를 장착시키는데 2.4분 소요되며, 가공품을 검사, 포장, 이동하는 기계와 무관한 작업자의 활동시간을 1.6분이 소요된다. 기계의 자동 가공시간이 8.6분이라면, 제품 1개당 소요되는 정미시간은 약 몇 분인가? [09-2, 17-2]

① 4.0분 　　② 5.5분

③ 6.3분 　　④ 8.0분

해설 a =작업자와 기계의 동시작업시간, t =기계만의 가동시간, b =작업자만의 활동시간

이론적 기계대수 $n = \dfrac{a+t}{a+b}$

$\qquad = \dfrac{2.4+8.6}{2.4+1.6} = 2.75$

㉠ $m \leq n$인 경우 사이클타임 $= a+t$

㉡ $m > n$인 경우 사이클타임 $= m(a+b)$ 이다. $m(=2) \leq n(=2.75)$ 이므로 사이클타임 $= 2.4+8.6 = 11$ 이고, 제품 1개당 소요시간 $11/2 = 5.5$ 분이다.

15. 다음 중 다중활동분석표(Multiple Activity Chart)를 사용하는 경우에 해당하지 않는 것은? [15-4, 18-2]

① 복수의 작업자가 조작업을 할 경우

② 한명의 작업자가 1대 또는 2대 이상의 기

3 과목

계를 조작할 경우

③ 복수의 작업자가 1대 또는 2대 이상의 기계를 조작할 경우

④ 사이클(cycle)시간이 길고 비반복적인 작업을 개인이 수행하는 경우

해설 다중활동분석표는 개인이 반복적인 작업을 수행할 때 사용한다.

16. 길브레스(Gilbreth) 부부의 업적이 아닌 것은? [14-4, 18-2]

① 가치분석 ② 필름분석

③ 동작분석 ④ 서블릭 기호

해설 길브레스(Gilbreth) 부부의 업적은 동작분석, 필름분석, 서블릭 기호이다. 가치분석은 miles가 고안하였으며 가치분석의 단계는 기능의 정의 → 기능의 평가 → 대체안의 작성이다.

17. 인간이 행하는 손동작을 17가지 내지 18 가지의 기본적인 동작으로 구분하고, 작업자의 수동작을 분석하여 작업자의 작업동작을 개선하기 위한 동작분석 방법은 다음 중 어느 것인가? [12-2, 22-2]

① 서블릭분석 ② 공정분석

③ 메모모션분석 ④ 작업분석

해설 서블릭분석은 기호를 사용하여 작업자의 작업을 18개 정도의 기본 동작으로 나누어 분석표를 작성하고 이들을 다시 총괄표에 정리하여 작업개선의 착안점을 찾아내는 데 이용되는 분석 방법이다.

18. 비효율적인 동작으로서 작업을 중단시키는 요소는 어떤 서블릭(Therblig) 동작인가? [06-1, 09-1, 13-2]

① 쥐기(Grasp)

② 잡고있기(Hold)

③ 내려놓기(Release Load)

④ 빈손이동(Transport Empty)

해설 Therblig 분석의 개선 point

㉠ 제1류(9가지) : 작업을 할 때 필요한 동작

㉡ 제2류(4가지) : 제1류 동작을 늦출 경향이 있는 동작으로 작업의 보조동작

㉢ 제3류(4가지) : 작업이 진행되지 않는 동작으로 제거하도록 노력해야 할 동작으로 잡고있기(Hold), 휴식(Rest), 불가피한 지연(Unavoidable Delay), 피할 수 있는 지연(Avoidable Delay)이다.

19. 대상물을 손에서 놓는 동작으로, 대상물이 손에서 떠날 때부터 손 또는 손가락에서 완전히 떨어졌을 때까지를 의미하는 서블릭 문자 기호는? [11-4, 15-4]

① H(Hold)

② RL(Release Load)

③ TE(Transport Empty)

④ TL(Transport Loaded)

해설 RL(Release Load) : 내려놓기

20. 방향에 맞도록 목표물을 돌려놓거나 위치를 잡아놓기로서 운반동작 중 바로 놓을 수도 있는 서블릭 기호는? [21-4]

① PP ② G

③ P ④ H

해설 바로놓기(Position)는 방향에 맞도록 목표물을 돌려놓거나 위치를 바로잡는 동작이다.

21. 다음은 작은 컵을 손으로 잡고 병에 씌우는 서블릭 동작분석의 일부이다. (   ) 안에 들어갈 서블릭 기호가 바르게 나열된 것은? [10-1, 16-4, 21-2]

- 컵으로 손을 뻗는다. (㉠)
- 컵을 잡는다. (㉡)
- 컵을 병까지 나른다. (㉢)
- 컵의 방향을 고친다. (㉣)

① ㉠ ∿(TL),   ㉡ ⌐(P),
  ㉢ ⌣(TE),   ㉣ ⓑ(PP)

② ㉠ ∿(TL),   ㉡ ⌐(P),
  ㉢ ⌢(RE),   ㉣ ⌣(TE)

③ ㉠ ⌣(TE),   ㉡ ∩(G),
  ㉢ ∿(TL),   ㉣ ⓑ(PP)

④ ㉠ ⌣(TE),   ㉡ ∩(G),
  ㉢ ⓑ(PP),   ㉣ ∿(TL)

해설 서블릭 기호
㉠ 빈손이동(Transport Empty : TE)
㉡ 쥐기(Grasp : G)
㉢ 운반(Transport Loaded : TL)
㉣ 미리놓기(Pre－Position : PP)

22. 작업자가 경제적인 동작으로 작업을 수행하기 위한 동작경제의 원칙에 해당되지 않는 것은?   [13-1]
① 신체의 사용에 관한 원칙
② 배치변경의 유연성의 원칙
③ 작업장의 배치에 관한 원칙
④ 공구 및 설비 디자인에 관한 원칙
해설 동작경제의 원칙
㉠ 신체의 사용에 관한 원칙
㉡ 작업장의 배치에 관한 원칙
㉢ 공구 및 설비의 디자인에 관한 원칙

23. 동작경제의 원칙 중 신체 사용에 관한 원칙으로 맞는 것은?   [17-2, 21-1]
① 팔 동작은 곡선보다는 직선으로 움직이도록 설계한다.
② 근무시간 중 휴식이 필요한 때에는 한 손만 사용한다.
③ 모든 공구나 재료는 정위치에 두도록 하여야 한다.
④ 두 손의 동작은 동시에 시작하고 동시에 끝나도록 한다.
해설 ① 팔 동작은 직선보다는 곡선으로 움직이도록 설계한다.
② 휴식할 때 외에는 양손은 동시에 쉬어서는 안 된다.
③ 작업장 배치에 관한 원칙이다.

24. 동작경제의 원칙 중 신체사용의 원칙이 아닌 것은?   [14-1, 20-4]
① 가급적이면 낙하투입장치를 사용한다.
② 휴식시간을 제외하고는 양손이 동시에 쉬지 않도록 한다.
③ 두 손의 동작은 같이 시작하고 같이 끝나도록 한다.
④ 두 팔의 동작은 동시에 서로 반대방향으로 대칭적으로 움직이도록 한다.
해설 동작경제의 원칙은 ㉮ 신체의 사용에 관한 원칙 ㉯ 작업장의 배치에 관한 원칙 ㉰ 공구 및 설비의 디자인에 관한 원칙이며, 작업장 배치에 관한 원칙에는 가급적이면 낙하투입장치를 사용한다. 모든 공구나 재료는 지정된 위치에 있도록 한다 등이 있다.

25. 다음 중 동작경제의 원칙 중 공구 및 설비디자인에 관한 원칙에 해당하는 것은 어느 것인가?   [05-2, 12-4, 22-2]
① 작업면에 적정한 조명을 준다.

② 공구와 재료는 작업순서대로 나열한다.

③ 2가지 이상의 공구는 가능한 기능을 결합하여 사용한다.

④ 양손은 동시에 시작하고 동시에 끝내도록 한다.

(해설) ①, ② 작업장의 배치에 관한 원칙, ④ 신체의 사용에 관한 원칙이다.

26. 동작경제의 원칙 중 공구 및 설비의 설계에 관한 원칙에 해당하지 않는 것은? [18-1]

① 공구와 자재는 가능한 한 사용하기 쉽도록 미리 위치를 잡아준다.

② 공구류는 작업의 전문성에 따라서 될 수 있는 대로 단일기능의 것을 사용해야 한다.

③ 각 손가락이 서로 다른 작업을 할 때에는 작업량을 각 손가락의 능력에 맞게 분배해야 한다.

④ 발로 조작하는 장치를 효과적으로 사용할 수 있는 작업에서는 이러한 장치를 활용하여 양손이 다른 일을 할 수 있도록 한다.

(해설) 2가지 이상의 공구는 가능한 기능을 결합하여 사용한다.

27. 동작경제의 원칙 중 작업장 배치(Arrangement of Work Place)에 관한 원칙에 해당하는 것은? [20-1]

① 모든 공구나 재료는 지정된 위치에 있도록 한다.

② 양손 동작은 동시에 시작하고 동시에 완료한다.

③ 타자를 칠 때와 같이 각 손가락의 부하를 고려한다.

④ 가능하다면 쉽고도 자연스러운 리듬이 작업동작에 생기도록 작업을 배치한다.

(해설) ②, ④는 신체의 사용에 관한 원칙이

며, ③은 공구 및 설비디자인에 관한 원칙이다.

28. 메모동작분석(Memo-Motion Study)에 적합하지 않은 것은? [12-1, 19-1]

① 장기적 연구대상 작업

② 사이클시간이 극히 짧은 작업

③ 집단으로 수행되는 작업자의 활동

④ 불규칙적인 사이클시간을 갖는 작업

(해설) 메모모션분석(Memo-Motion, 메모동작)은 긴 주기의 작업에 적합하다.

29. 동시동작 사이클차트(Simo chart)를 이용하는 기법은? [09-2, 13-4, 19-2]

① Strobo 사진분석

② Cycle Graph 분석

③ Micro Motion Study

④ Memo Motion Study

(해설) 동시동작 사이클분석표(Simo chart)는 미세동작분석(Micro Motion Study)에 의한 상세한 기록을 행할 경우 서블릭의 소요시간과 함께 분석용지에 기록한 분석도표이다.

30. 광원을 일정한 시간간격으로 비대칭적인 밝기로 점멸하면서 사진을 촬영하여 분석하는 방법으로 작업의 속도, 방향 등의 궤적을 파악할 수 있는 것은? [17-4]

① 사이모차트

② 양수 동작분석표

③ 작업자 공정분석표

④ 크로노사이클 그래프

(해설) 크로노사이클 그래프는 광원을 일정한 시간간격으로 비대칭적인 밝기로 점멸하면서 사진을 촬영하여 분석하는 방법으로 작업의 속도, 방향 등의 궤적을 파악할 수 있다.

31. 다음 중 표준시간을 산정하는 기법이 아닌 것은? [14-2]
① MAPI법 ② 표준자료법
③ WF법 ④ WS법

해설 MAPI(Machinery & Allied Products Institute)는 설비투자를 합리적으로 관리하기 위해 고안한 설비갱신의 경제적 계산방식이다.

32. 정상시간(정미시간 : Normal Time)에 대한 설명으로 틀린 것은? [16-1]
① 정상적인 작업수행에 필요한 시간
② 주어진 작업시간을 목표생산량으로 나눈 시간
③ PTS(Predetermined Time Standard)법에 의하여 산출된 시간
④ 스톱워치에 의해 구한 관측평균시간에 작업수행도평가(Performance Rating)를 반영한 시간

해설 1일 목표생산량을 달성하기 위한 제품 단위당 제작 소요시간은 피치타임(pitch time)이다.

33. 정상적인 페이스와 관측대상 작업의 페이스를 비교 판단하고 관측 시간치를 수정하기 위하여 하는 활동은? [11-1, 21-2]
① 샘플링 ② 레이팅
③ 사이클 ④ 오퍼레이팅

해설 레이팅(rating)은 작업자의 페이스를 정상작업 페이스와 비교·판단하여 관측평균 시간치를 보정해 주는 과정이다.

34. 수행도 평가(Performance Rating)에 관한 설명으로 옳지 않은 것은? [13-4]
① 작업자 평정계수라고도 한다.

② PTS 기법으로 표준시간을 산출할 때 필요하다.
③ 작업의 정미시간(Normal Time)을 구하는 데 사용된다.
④ 작업의 표준페이스와 실제페이스의 비율을 의미한다.

해설 PTS법은 표준시간 설정 과정에 있어 논란이 되는 레이팅(수행도평가)이 필요 없다.

35. 작업수행도평가(Performance Rating)를 실시하는 절차가 옳게 나열된 것은 어느 것인가? [14-4]

⑦ 정상적인 작업속도의 개념을 정립한다.
⑨ 작업을 관측하고 평균관측시간을 구한다.
⑩ 작업자의 수행도를 평가한다.
⑪ 정상시간(Normal Time)을 구한다.

① ⑦ - ⑨ - ⑩ - ⑪
② ⑪ - ⑦ - ⑨ - ⑩
③ ⑪ - ⑦ - ⑩ - ⑨
④ ⑦ - ⑩ - ⑨ - ⑪

해설 작업수행도평가 절차
⑦ 정상페이스가 어느 정도의 작업수행도를 의미하는지 그 개념을 정립한다.
⑨ 작업을 관측하고 평균관측시간을 구한다.
⑩ 작업관측 중에 평정(rating)을 실시한다.
⑪ 정미(정상)시간을 구한다.

36. 표준시간 설정을 위한 수행도 평가방법에 해당하지 않는 것은? [14-4, 18-1]
① 속도평가법
② 라인밸런싱법
③ 객관적 평가법
④ 평준화법(Westinghouse 시스템)

해설 수행도 평가 방법에는 속도평가법, 객

관적 평가법, 평준화법, 합성평가법 등이 있다. 라인밸런싱은 제품별 배치에 있어서 각 작업장에 작업 부하를 적절하게 할당하여 각 작업장에서 작업시간이 균형을 이루도록 하는 활동이다.

37. 웨스팅하우스법에 의한 작업수행도 평가에 반영되는 요소가 아닌 것은? [15-2, 19-1]

① 작업의 숙련도(Skill)
② 작업의 노력도(Effort)
③ 작업의 난이도(Difficulty)
④ 작업의 일관성(Consistency)

해설 평준화법(leveling)은 Westing house system 이라고도 한다.
평준화계수=숙련도+노력도+작업조건
　　　　　　(conditions)+작업의 일관성

38. 웨스팅하우스에서 개발한 작업속도 평준화법을 이용한 평준화계수가 다음 표와 같이 주어졌을 때 정미시간(normal time)을 구하면 약 몇 분인가? (단, 관측평균시간은 0.54분이다.) [08-2, 16-2]

요인	구분	평준화계수
숙련	B_2	0.08
노력	A_2	0.12
작업조건	F	−0.07
일관성	C	0.01

① 0.379　　② 0.409
③ 0.577　　④ 0.616

해설 정미시간＝관측시간(1＋평준화계수)
　　　　＝0.54(1＋0.14)＝0.6156
평준화계수＝숙련도계수＋노력도계수＋
　　　　　作업조건계수＋작업의 일관성
　　　　　계수
　　　　＝0.08＋0.12−0.07＋0.01
　　　　＝0.14

39. 관측된 작업 중에서 요소작업에 대한 대표치를 PTS법으로 분석하고, PTS에 의한 시간치와 관측시간치의 비율을 구하여 레이팅계수를 산정 다른 요소작업에 적용시키는 Rating 기법은? [05-2, 13-1]

① 합성평가법(synthetic rating)
② 속도평가법(speed rating)
③ 평준화법(leveling)
④ 객관적평가법(objective rating)

해설 합성평가법(synthetic rating)은 관측된 작업 중에서 요소작업에 대한 대표치를 PTS법으로 분석하고, PTS에 의한 시간치와 관측시간치의 비율을 구하여 레이팅계수를 산정 다른 요소작업에 적용시키는 rating 기법이다.

40. M 작업자의 작업소요시간을 관측한 결과 평균 0.25분이었다. 레이팅치가 80%라면, 이 작업의 정미시간은 얼마인가? [20-1]

① 0.20분　　② 0.25분
③ 0.30분　　④ 0.40분

해설 정미시간(NT) = 0.25×0.8= 0.20분

41. 관측 평균시간 5분, 객관적 레이팅에 의해서 1단계 평가계수 95%, 2단계 조정계수 15%, 여유율 20%일 경우의 표준시간은 약 몇 분인가? [17-2, 21-4]

① 5.09분　　② 6.56분
③ 7.56분　　④ 8.39분

해설 ST＝관측평균시간×(1차 평가계수)×
　　　　(1＋2차 조정계수)×(1＋여유율)
　　＝5×0.95×(1＋0.15)×(1＋0.2)＝6.56분

42. 여유시간의 분류에서 특수여유에 해당하지 않는 것은? [19-2]

① 조여유   ② 기계간섭여유

③ 소로트여유   ④ 불가피지연여유

해설 여유시간의 분류
- 일반여유 : 인적여유, 불가피지연여유, 피로여유
- 특수여유 : 기계간섭여유, 조여유, 소로트여유, 기타(장사이클여유, 기계여유)

43. 워밍업이 필요한 작업에서 정상작업 페이스(pace)에 도달하는 데 필요한 것보다 적은 수량을 생산함으로써 발생하는 초과시간을 보상하기 위한 여유는? [20-4]

① 조여유   ② 기계간섭여유

③ 소 lot 여유   ④ 장 cycle 여유

해설 소(小)로트여유는 워밍업이 필요한 작업에서 정상작업 페이스(pace)에 도달하는 데 필요한 것보다 적은 수량을 생산함으로써 발생하는 초과시간을 보상하기 위한 여유이다.

44. 어느 작업자의 시간연구 결과 평균작업시간이 단위당 20분이 소요되었다. 작업자의 레이팅계수는 95%이고, 여유율은 정미시간의 10%일 때, 외경법에 의한 표준시간은 얼마인가? [14-1, 16-2, 18-1]

① 14.5분   ② 16.4분

③ 18.1분   ④ 20.9분

해설 표준시간(외경법) = 정미시간×(1 + 여유율)

$$ST = NT(1+A)$$
$$= 20 \times 0.95 \times (1+0.1) = 20.9 분$$

45. 부품 Y 가공작업에 대하여 1주일 3600분 동안 관측한 결과, Y 가공작업의 실동률은 80%, 생산량은 576개, 작업수행도는 120%로 평가되었다. 외경법에 의한 여유율

이 10%일 때, Y 가공작업의 단위당 표준시간은? [19-1]

① 5.6분   ② 6.6분

③ 7.6분   ④ 8.6분

해설 표준시간(외경법)
- 576개의 표준시간 = 정미시간×(1 + 여유율)
  = 3,600 × 0.8 × 1.2 × (1 + 0.1) = 3,801.6분
- 단위당 표준시간 = $\dfrac{3,801.6}{576}$ = 6.6분

46. 하루 8시간 근무시간 중 일반여유시간으로 100분이 설정되었다면 여유율은 약 몇 %인가? (단, 외경법을 사용한다.) [22-1]

① 20.8%   ② 26.3%

③ 35.7%   ④ 39.4%

해설 여유율(외경법) $A = \dfrac{여유시간}{정미시간} \times 100$

$$= \dfrac{100}{8 \times 60 - 100} \times 100$$
$$= 26.32\%$$

47. 하루 8시간 근무시간 중 일반여유시간으로 100분이 설정되었다면 내경법에 의한 여유율은 약 몇 %인가? [18-4]

① 20.8%   ② 26.3%

③ 35.7%   ④ 39.4%

해설 여유율 $A = \dfrac{여유시간}{실동시간} \times 100$

$$= \dfrac{100}{8 \times 60} \times 100 = 20.8\%$$

48. 관측평균시간이 0.8분, 정상화 계수가 110%, 여유율이 5%일 때, 내경법에 의한 표준시간은 약 몇 분인가? [08-4, 13-2]

① 0.044   ② 0.836

③ 0.924   ④ 0.926

정답 ● **43.** ③ **44.** ④ **45.** ② **46.** ② **47.** ① **48.** ④

3 과목

해설 표준시간(내경법)

$$= 정미시간 \times \frac{1}{1 - 여유율}$$

$$= (0.8 \times 1.1) \frac{1}{1 - 0.05} = 0.926분$$

49. 다음 중 개당 정미시간(Normal Time)이 2.0분, 외경법을 적용한 여유율이 15%인 품목의 1일(480분) 표준생산량은 약 몇 개인가? [15-1]

① 168개   ② 208개
③ 248개   ④ 288개

해설 • 외경법 표준시간
$$ST = 정미시간 \times (1 + 여유율)$$
$$= 2 \times (1 + 0.15) = 2.3분$$

• 표준생산량$= \frac{480}{2.3} = 208.696(208개)$이다.

50. 부품 A의 시간연구 결과, 관측시간 평균 5분, 레이팅계수 80%, 정미시간(또는 정상시간)에 대한 비율로 정의한 여유율은 25%이다. 부품 A를 1개월에 9600개 생산하기 위해 필요한 최소 작업인원은 몇 명인가? (단, 1개월 25일, 1일 8시간을 작업한다.)

① 3   ② 4   [16-4]
③ 5   ④ 6

해설 • A부품 생산 표준시간
$$= 관측시간 \times \frac{평정계수(R)}{100} \times (1 + 여유율)$$
$$= 5 \times \frac{80}{100} \times (1 + 0.25) = 5분$$

• A부품 1개월 간 생산개수 $=(25일 \times 8시간 \times 60분)/5분 = 2,400개$

• 최소 작업인원수=1개월 목표생산 개수/1개월간 생산개수
$$= 9,600/2,400 = 4명$$

51. 다음 데이터를 이용하여 외경법에 의해 표준시간을 구하면 몇 분인가? [10-2, 13-4]

┤ 데이터 ├
(1) 관측평균시간 : 0.86분
(2) Westinghouse법에 의한 평준화계수
  ① 숙련도 B_2 0.08
  ② 노력 C_1 0.05
  ③ 작업환경 B 0.04
  ④ 일관성 E −0.02
(3) 여유시간 정미시간 = 25%

① 1.16353분
② 1.23625분
③ 1.26471분
④ 1.31867분

해설 표준시간=정미시간$\times$(1+여유율)
$$= 0.989 \times (1 + 0.25)$$
$$= 1.23625분$$
정미시간=관측시간(1+평준화계수)
$$= 0.86 \times (1 + 0.15) = 0.989분$$
평준화계수=숙련도+노력+작업환경+일관성
$$= 0.08 + 0.05 + 0.04 + (-0.02)$$
$$= 0.15$$

52. 다음 중 스톱워치(stop watch)에 의한 시간연구를 할 경우, 시간관측 방법으로써 측정하기 힘들 정도로 요소작업이 너무 짧을 때에 사용되며, 몇 개의 요소작업을 번갈아 한 그룹으로 측정하며 시간치를 계산하는 방법은? [05-4, 17-4]

① 계속법   ② 순환법
③ 반복법   ④ 누적법

해설 순환법은 측정하기 힘들 정도로 요소작업이 너무 짧을 때에 사용되며, 몇 개의 요소작업을 번갈아 한 그룹으로 측정하며 시간치를 계산하는 방법이다.

53. 다음 스톱워치에 의한 시간관측방법 중 계속법에 관한 설명으로 틀린 것은 어느 것인가? [14-4, 20-1]

① 불규칙하거나 비반복적인 작업측정에 적합하다.

② 요소작업의 사이클타임이 짧은 경우에 적용이 용이하다.

③ 매 작업요소가 끝날 때마다 바늘을 멈추고 원점으로 되돌릴 때 발생하는 측정오차가 거의 없다.

④ 첫 번째 요소작업이 시작되는 순간에 시계를 작동시켜 관측이 끝날 때까지 시계를 멈추지 않고 요소작업의 종점마다 시계바늘을 읽어 관측용지에 기입하는 방법으로 측정한다.

해설 계속법은 사이클이 짧으며 반복성이 있는 작업에 적합하다.

54. 스톱워치에 의한 시간연구에서 작업의 한 사이클 전체를 보통 여러 개의 요소작업으로 구분하여 시간을 측정하는데 그 이유로 가장 관계가 먼 것은? [08-2, 13-2, 18-1]

① 요소작업에 대해서는 동일한 여유율을 산정해 줌으로써 여유시간을 정확하게 구할 수 있다.

② 요소작업을 명확하게 기술함으로써 작업내용을 보다 정확하게 파악할 수 있다.

③ 작업방법의 변경 시 변경된 부분만 시간연구를 다시하여 표준시간을 쉽게 조정할 수 있다.

④ 같은 유형의 요소작업 시간자료로부터 표준자료를 개발할 수 있다.

해설 여러 개의 요소작업으로 구분하여 레이팅을 함으로써 정미시간을 정확하게 구할 수 있다.

55. 5개의 요소작업으로 이루어진 작업을 스톱워치로 10번 관측한 자료가 다음과 같다. 신뢰도 90%, 허용오차 ±5%일 때 적합한 관측횟수는 얼마인가? (단, $t_{0.05}(9) = 1.833$ 이다.) [20-4]

요소 작업	1	2	3	4	5
$\bar{x}$	12.6	4.8	1.7	12.4	7.6
s	1.1	0.4	0.2	1.25	0.8
I	0.63	0.24	0.085	0.62	0.38
$\dfrac{s}{I}$	1.746	1.667	2.353	2.016	2.105

① 19번 ② 21번
③ 23번 ④ 25번

해설 $N = \dfrac{t^2 \times s^2}{I^2} = t^2\left(\dfrac{s}{I}\right)^2$

- 요소작업 $1 = 1.833^2 \times 1.746^2 = 10.243$ (11번)
- 요소작업 $2 = 1.833^2 \times 1.667^2 = 9.337$ (10번)
- 요소작업 $3 = 1.833^2 \times 2.353^2 = 18.602$ (19번)
- 요소작업 $4 = 1.833^2 \times 2.016^2 = 13.655$ (14번)
- 요소작업 $5 = 1.833^2 \times 2.105^2 = 13.642$ (14번)

따라서 요소작업 중 관측회수가 가장 큰 19번이다.

56. 주기가 짧고 반복적인 작업에 적합한 작업측정기법으로 볼 수 없는 것은 어느 것인가? [13-4, 19-4]

① WF법 ② 스톱워치법
③ MTM법 ④ 워크샘플링법

해설 워크샘플링법은 주기가 길고 비반복적인 작업에 적합하다.

57. 워크샘플링 기법을 이용하여 표준시간을 결정하기 적합한 작업유형으로 맞는 것은? [18-2, 21-4]

정답 **53.** ① **54.** ① **55.** ① **56.** ④ **57.** ③

① 주기가 짧고 반복적인 작업
② 주기가 짧고 비반복적인 작업
③ 주기가 길고 비반복적인 작업
④ 작업 공정과 시간이 고정된 작업

해설 워크샘플링법은 주기가 길고 비반복적인 작업에 적합하다.

58. 워크샘플링을 이용하여 표준시간을 정하는 기법의 장점이 아닌 것은? [16-4]
① 사이클타임이 긴 작업에도 적용이 가능하다.
② 한 사람이 여러 작업자를 대상으로 실시할 수 있다.
③ 비반복적인 준비작업 등에도 적용이 용이하다.
④ 작업방법이 변경되면 변경된 부분만 다시 실시하면 된다.

해설 워크샘플링에서 작업방법이 변경되면 처음부터 다시 실시해야 한다.

59. 워크샘플링의 관측요령을 가장 적절하게 표현한 것은? [11-1, 15-1, 21-1]
① 직접 및 연속 관측
② 간접 및 연속 관측
③ 랜덤한 시점에서 순간 관측
④ 정기적인 시점에서 순간 관측

해설 워크샘플링(work sampling)은 랜덤한 시점에서 순간적으로 관측한다.

60. 다음 중 워크샘플링에서 상대오차를 S, 관측항목의 발생비율을 P, 관측횟수를 N 이라고 하면 절대오차는 어떻게 표현되는가? [08-1, 11-2, 19-2]
① SP
② SN
③ PN
④ $S^2 P$

해설 절대오차(SP)
= (상대오차 S) × (발생비율 P)

61. 자동차 부품공장에서 가동률 개선을 위한 워크샘플링 결과, 150회 관측횟수 중 비가동이 35회였다. 비가동률 추정에는 상대오차가 사용되고 허용되는 오차가 10% 인 경우, 비가동률 추정치의 절대오차 허용값은? [21-2]
① 2.3%
② 7.7%
③ 23.3%
④ 76.7%

해설 절대오차(SP)
= (상대오차 S) × (발생비율 P)
$= 0.1 \times \dfrac{35}{150} = 0.0233(2.3\%)$

62. 어느 프레스공장에서 프레스 10대의 가동상태가 정지율 25%로 추정되고 있다. 이때 워크샘플링법에 의해서 신뢰도 95%, 상대오차 ±10%로 조사하고자 할 때 샘플의 크기는 약 몇 회인가? [06-4, 18-4, 22-2]
① 72회
② 96회
③ 1152회
④ 1536회

해설 $n = \dfrac{u_{1-\alpha/2}^2 (1-P)}{S^2 P}$
$= \dfrac{1.96^2 (1-0.25)}{0.1^2 \times 0.25} = 1,152.48$회

63. 워크샘플링법을 이용하여 기계가동 실태를 조사한 결과 정지율이 29%로 추정되었다. 정지율 추정에 사용된 관측치가 모두 1000개였다면 신뢰수준 95% 수준에서 상대오차는 약 몇 %인가? [05-4, 16-1]
① ±8.1%
② ±14.8%
③ ±9.9%
④ ±19.8%

해설 $SP = u_{1-\alpha/2} \sqrt{\dfrac{P(1-P)}{n}} \rightarrow$

$S \times 0.29 = 1.96 \sqrt{\dfrac{0.29(1-0.29)}{1,000}} \rightarrow$

$S = 0.09698(9.698\%)$

64. PTS(Predetermined Time Standard) 기법의 특징으로 틀린 것은? [18-4]

① 작업자수행도평가(performance rating)가 필요 없다.

② 전문적인 교육을 받은 전문가가 아니면 활용이 어렵다.

③ 시간연구법에 비해 작업방법을 개선할 수 있는 기회가 적다.

④ 작업동작은 한정된 종류의 기본요소동작으로 구성된다는 가정을 전제로 한다.

해설 시간연구법에 비해 작업방법을 개선할 수 있는 기회가 많다.

65. PTS(Predetermined Time Standard system)의 특징으로 옳지 않은 것은 어느 것인가? [11-2]

① 작업방법과 작업시간을 분리하여 동시에 연구할 수 있다.

② 작업방법만 알고 있으면 관측을 행하지 않고도 표준시간을 알 수 있다.

③ 작업자의 능력이나 노력에 관계없이 객관적으로 시간을 결정할 수 있다.

④ 작업자의 인종·성별·연령 등을 고려하여야 하며, 작업측정 시 스톱워치 등과 같은 기구가 필요하다.

해설 작업자의 인종·성별·연령 등을 고려할 필요가 없으며, 작업측정 시 스톱워치 등과 같은 기구가 필요하지 않다.

66. 다음 중 스톱워치법과 비교했을 때 PTS법의 장점으로 보기에 가장 거리가 먼 것은? [09-4, 22-1]

① 사전 제조원가의 견적을 보다 정확히 할 수 있다.

② 표준자료법을 도입할 경우 정도를 보다 향상시킬 수 있다.

③ 흐름작업을 설계하는 데 있어 라인밸런스 효율을 높일 수 있다.

④ 시스템 도입 초기에도 별도 전문가의 자문을 필요로 하지 않는다.

해설 시스템을 도입하는 초기에는 PTS전문가의 자문이 반드시 필요하다.

67. 표준시간을 계산하는 데 쓰이는 MTM법에 관한 설명으로 틀린 것은? [20-2]

① 목적물의 중량이나 저항을 고려해야 한다.

② 기본동작에 reach, grasp, release, move 등이 포함되어 있다.

③ MTM 시간치는 정상적인 작업자가 평균적인 기술과 노력으로 작업할 때의 값이다.

④ 작업대상이 되는 목적물이나 목적지의 상태에는 관계없이 표준시간을 알 수 있다.

해설 작업대상이 되는 목적물이나 목적지의 상태에 따라 표준시간이 달라진다.

68. 다음 중 MTM법에서 90초는 약 몇 TMU인가? [17-2]

① 250 ② 417

③ 2500 ④ 4170

해설 1 TMU $= 0.036$초 $\rightarrow$ 1초 $= \dfrac{1}{0.036}$ TMU $\rightarrow$

90초 $= \dfrac{1}{0.036} \times 90 = 2,500$ TMU

3 과목

69. 인간이 작업시간을 통제하는 작업의 경우 워크팩터법의 4가지 시간변동요인 중 인위적 조절에 해당하지 않는 것은? [09-1]

① 이동(T)   ② 방향의 조절(S)

③ 주의(P)   ④ 일정한 정지(D)

해설 인위적 조절은 방향조절(S), 주의(P), 방향의 변경(U), 일정한 정지(D)이다.

70. WF법의 특징이 아닌 것은? [05-1]

① 장려속도 125%를 기준으로 한다.

② 정확한 레이팅에 의해 일관성이 증대된다.

③ 스톱워치를 사용하지 않는다.

④ 생산에 들어가기 전에 표준시간 산출이 가능하다.

해설 WF법은 레이팅이 필요 없다.

71. PTS 기법 중 워크팩터법의 시간측정 단위는? [16-1]

① PSI   ② TMU

③ MOD   ④ WFU

해설 WF법(Work Factor system)

1WFU(Work Factor Unit)=0.0001분(1/10,000분)

72. WF법에 대한 설명 중 가장 올바른 것은? [07-2]

① WF법의 구성은 기초 동작 및 기본동작 14가지로 구성되어 있다.

② WF법은 평균수준의 작업자가 100% 업적을 완벽히 수행할 때 표준시간을 설정한 것이다.

③ WF법에서 동작시간에 영향을 미치는 주요변수는 사용 신체부위, 움직이는 거리, 중량 또는 저항, 동작의 곤란성이다.

④ DWF의 경우 시간단위는 WFU이며, 1WFU=1/1,000분이다.

해설 ① WF법의 구성은 8가지 표준요소동작으로 분해하고, 표준요소별로 기초동작, 워크팩트를 고려하여 시간치를 읽는 방법이다.

② WF법은 작업속도는 장려페이스 125%를 기준으로 한다.

④ DWF의 경우 시간단위는 WFU이며 1WFU =1/10,000분이다.

6. 설비보전

1. 처음부터 보전이 불필요한 설비를 설계하는 것으로 보전을 근본적으로 방지하는 방식으로 신뢰성과 보전성을 동시에 높일 수 있는 보전방식은? [14-4, 15-1]
① CM(개량보전) ② PM(예방보전)
③ MP(보전예방) ④ BM(사후보전)

해설 ① CM(개량보전) : 고장이 일어났을 때 그 원인을 분석, 같은 고장이 반복되지 않도록 설비의 열화를 적게 하면서 수명을 연장할 수 있고 경제적으로 설비 자체의 체질개선을 하여야 한다는 보전방식
② PM(예방보전) : 설비를 예정한 시기에 점검, 시험, 급유, 조정, 분해정비, 계획적 수리 및 부분품 갱신 등을 하여 설비성능의 저하와 고장 및 사고를 미연에 방지하고 설비의 성능을 표준 이상으로 유지하는 보전활동
④ BM(사후보전) : 고장이나 결함이 발생한 후에 수리에 의하여 보전하는 방법

2. 고장을 예방하거나 조기 조치를 하기 위하여 행해지는 급유, 청소, 조정, 부품교환 등을 하는 것은? [19-2, 22-1]
① 설비검사 ② 보전예방
③ 개량보전 ④ 일상보전

해설 일상보전은 고장을 예방하거나 조기 조치를 하기 위하여 행해지는 급유, 청소, 조정, 부품교환 등을 하는 것이다.

3. 설비를 예정한 시기에 점검, 시험, 급유, 조정, 분해정비, 계획적 수리 및 부분품 갱

신 등을 하여 설비성능의 저하와 고장 및 사고를 미연에 방지하고 설비의 성능을 표준 이상으로 유지하는 보전활동은 다음 중 어느 것인가? [07-2, 10-2, 20-4]
① 예방보전 ② 사후보전
③ 개량보전 ④ 수리보전

해설 예방보전은 설비를 예정한 시기에 점검, 시험, 급유, 조정, 분해정비, 계획적 수리 및 부분품 갱신 등을 하여 설비성능의 저하와 고장 및 사고를 미연에 방지하고 설비의 성능을 표준 이상으로 유지하는 보전활동을 의미한다.

4. 고장이 일어나기 쉬운 부분에 감도가 높은 계측장비를 연결하여 기계설비의 트러블을 모니터링 함으로써 사전에 고장위험을 검출하는 보전활동방식은? [17-4]
① 사후보전 ② 개량보전
③ 예지보전 ④ 보전예방

해설 예지보전은 고장이 일어나기 쉬운 부분에 진동분석장치·광학측정기·온도측정기 등 감도가 높은 계측장비를 연결하여 기계설비의 트러블을 모니터링 함으로써 사전에 고장위험을 검출하는 보전활동이다.

5. 설비보전방법 중 CBM(Condition-Based Maintenance)에 의한 기준열화 이하의 설비를 예방보전하는 방법은? [07-1, 19-4]
① 예지보전 ② 개량보전
③ 수리보전 ④ 사후보전

3 과목

(해설) 예지보전은 CBM(Condition – Based Maintenance)에 의한 기준열화 이하의 설비를 예방보전하는 방법이다.

6. 다음 중 예지보전에 대한 설명으로 틀린 것은? [09-4, 16-1, 19-1]
① 과다한 보전비용의 발생을 방지할 수 있다.
② 일정한 주기에 부품을 교체하는 방식이다.
③ 불필요한 예방보전을 줄이면서 트러블에 대한 미연방지를 도모한다.
④ 부품이 정상적으로 작동하면 교체하지 않고 지속적으로 사용하며 상태를 체크한다.
(해설) 일정한 주기에 의해 부품을 교체하는 방식은 TBM(Time – Based Maintenance : 시간기준보전)이다.

7. 설비별 최적수리주기에 맞춰 부품을 교체하는 방식은? [05-1, 10-4]
① 예지보전 ② 개량보전
③ 자주보전 ④ 정기보전
(해설) 정기보전은 설비별 최적수리주기에 맞춰 부품을 교체하는 방식이다.

8. 예방보전을 효율적으로 수행할 경우의 효과에 해당되지 않는 것은? [15-2]
① 기계 수리비용 절감
② 재공품 재고 회전율 감소
③ 생산시스템의 신뢰도 향상
④ 정지시간에 의한 유휴손실 감소
(해설) 예방보전을 효율적으로 수행할 경우 재공품의 감소 및 회전율의 증가를 가져온다.

9. 설비보전의 직접기능과 그 목적이 서로 다른 것은? [13-4]
① 정비 – 열화의 방지
② 설계 – 열화의 제거
③ 검사 – 열화의 측정
④ 수리 – 열화의 회복
(해설) 설계는 열화의 예방이다.

10. 설비 고장과 관련하여 물리적 잠재결함의 유형에 해당되는 것은? [17-1]
① 기능이 부족하여 놓친다.
② 이 정도는 문제없다고 무시해 버린다.
③ 분석하거나 진단하지 않으면 알 수 없는 내부결함이다.
④ 눈에 보이는데도 불구하고 무관심해서 보려고 하지 않는다.
(해설) 물리적 잠재결함이란 설비의 물리적인 상태에 의해 방치되고 있는 결함으로 사람이 그 결함의 존재를 감지하지 못해 방치되고 있는 결함이다. ①, ②, ④는 심리적 잠재결함으로 설비에 관여한 사람 등의 의식과 기능이 낮아 발견되지 않고 방치되는 결함이다.

11. 다음 중 보전활동의 설명으로 가장 올바른 것은? [12-2]
① 유지활동은 설비의 수명을 늘리고 보전시간을 단축하고 보전을 불필요하게 하는 활동이다.
② 개선활동은 고장을 방지하고 수리하는 활동이다.
③ 예방보전은 설비가 고장나지 않도록 설계계획단계에서 설비의 신뢰성, 보전성, 경제성, 안전성, 조작성을 향상시키는 활동이다.
④ 개량보전은 신뢰성, 보전성의 개선 및 설계상의 약점을 개선하는 활동이다.

정답 ● **6.** ② **7.** ④ **8.** ② **9.** ② **10.** ③ **11.** ④

해설 ① 개선활동 ② 유지활동
③ 보전예방(MP)

12. 다음 중 설비보전조직의 기본유형에 해당되지 않는 것은? [18-4]
① 분산보전 ② 절충보전
③ 지역보전 ④ 집중보전

해설 설비보전조직의 기본유형
㉠ 부문보전 : 각 부서별로 보전업무 담당자를 배치(보전요원을 각 제조부문의 감독자 밑에 배치)
㉡ 집중보전 : 모든 보전요원을 한 사람의 관리자 밑에 둠
㉢ 지역보전 : 공장의 특정 지역에 보전요원을 배치
㉣ 절충보전 : 앞의 보전 형태를 조합한 형태

13. 보전작업자가 각 제조부서의 감독자 밑에 있는 보전조직은? [06-4, 13-4, 18-1, 21-4]
① 부문보전 ② 집중보전
③ 지역보전 ④ 절충보전

해설 부문보전은 각 부서별로 보전업무 담당자를 배치(보전요원을 각 제조부문의 감독자 밑에 배치)

14. 각 부서별로 보전업무 담당자를 배치하여 보전활동을 실시하는 보전조직의 형태는 어느 것인가? [17-1]
① 집중보전 ② 부문보전
③ 지역보전 ④ 절충보전

해설 부문보전은 각 부서별로 보전업무 담당자를 배치한다.

15. 집중보전과 비교했을 때, 부문보전의 단점이 아닌 것은? [21-1]

① 보전책임 소재가 불명확하다.
② 보전기술의 향상이 곤란하다.
③ 생산우선으로 보전이 경시된다.
④ 특정 설비에 대한 습숙이 곤란하다.

해설 부문보전은 특정 설비에 대한 습숙이 용이하다.

16. 설비보전 중 지역보전의 단점이 아닌 것은? [18-2]
① 실제적인 전문가를 채용하는 것이 어렵다.
② 작업 의뢰에서 완성까지 시간이 많이 소요된다.
③ 지역별로 보전요원을 여분으로 배치하는 경향이 있다.
④ 배치전환, 고용, 초과근로에 대하여 인간 문제나 제약이 많다.

해설 지역보전은 특정지역에 분산 배치되어 보전활동을 실시한다. 따라서 보전이 지리적으로 가까운 곳에서 이루어지므로 작업 의뢰에서 완성까지 시간이 많이 걸리지 않는다.

17. 설비의 최적수리주기 결정 요인이 아닌 것은? [20-4]
① 보전비 ② 열화손실비
③ 수리한계 ④ 설비획득비용

해설 설비의 최적수리주기는 단위기간당 보전비와 단위기간당 열화손실비의 합계가 최소가 되는 시점에서 결정된다.

18. 보전비를 감소하기 위한 조치로 가장 거리가 먼 것은? [21-2]
① 보전담당자의 교육훈련
② 외주업자의 적절한 이용
③ 보전작업의 계획적 시행
④ 설비 사용자의 사후보전 교육

정답 **12.** ① **13.** ① **14.** ② **15.** ④ **16.** ② **17.** ④ **18.** ④

해설 보전비를 감소하기 위한 조치는 보전 작업의 계획적 시행, 보전담당자의 교육훈 련, 외주업자의 적절한 이용, 설비관리 업무 의 개선, 보전비의 효율적 관리 등이 있다. 보전계획의 수립, 설비 사용자의 사후보전 교육은 해당되지 않는다.

19. 생산의 경제성을 높이기 위해 예방보전, 사후보전, 개량보전, 보전예방 활동을 의미 하는 것은? [21-2]
① 수리보전   ② 사전보전
③ 예비보전   ④ 생산보전

해설 생산보전은 미국의 GE에서 1950년 중 반부터 제창, 보급된 방법으로 설비의 일생 을 통해 설비 자체의 취득원가와 운전유지비 등 설비에 소요되는 일체의 비용과 설비의 열화 손실한계를 줄임으로써 기업의 생산성 을 높이는 보전방법을 의미한다. 설비보전 사상의 발전과정은 사후보전(BM) → 예방보 전(PM) → 개량보전(CM) → 생산보전(PM) → 종합적 생산보전(TPM)이다.

20. 설비의 일생(life-cycle)을 통하여 설 비자체의 비용과 보전 등 설비의 운전과 유 지에 드는 일체의 비용과 설비열화에 의한 손실과의 합을 저하시킴으로써 생산성을 높 이는 것과 관련이 없는 것은? [20-2]
① 가치관리   ② 생산보전
③ 설비관리   ④ 예방보전

해설 가치는 $V = \dfrac{F}{C}$ (V : 가치(사용가치, 매력가치), F : 기능, C : 비용)으로 나타낼 수 있다. 여기서, 가치가 상승한다는 것은 C 가 감소 또는 일정하고, F가 상대적으로 증 가하여야 한다. 가치관리는 설비보전과 관련 이 없다.

21. 다음 중 TPM의 목적과 가장 거리가 먼 것은? [19-1]
① 안전재고 확보
② 인간의 체질개선
③ 6대 로스의 제로화
④ 설비의 체질개선

해설 종합적 생산보전(TPM)의 목표는 설비 고장의 감소, 품질 불량의 클레임의 감소 등 설비 및 기업체질의 변화를 통한 생산성 증 대이다.

22. TPM(Total Productive Maintenance)의 5가지 기둥(기본활동)으로 틀린 것은? [16-1]
① 5S 활동
② 계획보전활동
③ 설비초기 관리활동
④ 설비효율화 개별개선활동

해설 TPM(Total Productive Maintenance) 의 5가지 기둥(기본활동)은 계획보전활동, 설비초기 관리활동, 설비효율화 개별개선활 동, 자주보전활동, 교육훈련활동이다.

23. 품질경영을 효율적으로 추진하기 위해 많은 공장에서는 5S 운동을 전개한다. 5S 에 해당하지 않는 것은? [20-4, 22-1]
① 정리   ② 청결
③ 습관화   ④ 단순화

해설 5S(5행)의 구성요소
㉠ 정리란 필요한 것과 필요 없는 것을 구분 하여 필요 없는 것은 없애는 것을 말한다.
㉡ 정돈이란 필요한 것을 필요할 때 사용할 수 있는 상태로 하는 것을 말한다.
㉢ 청소란 먼지를 닦아내고 그 밑에 숨어 있 는 부분을 보기 쉽게 하는 것을 말한다.
㉣ 청결이란 정리, 정돈, 청소의 상태를 유 지, 관리하는 것을 말한다.

⑩ 습관화란 정해진 일을 올바르게 지키는 습관을 생활화하는 것을 말한다.

24. 5S에 대한 설명 중 가장 관계가 먼 내용은? [06-4, 12-2]

① 정돈이란 필요한 것을 필요한 때에 꺼내 사용할 수 있도록 하는 것을 말한다.

② 정리한 필요한 것과 필요없는 것을 구분하여 필요없는 것은 없애는 것을 말한다.

③ 청결이란 먼지를 닦아내고 그 밑에 숨어 있는 부분을 보기 쉽게 하는 것을 말한다.

④ 습관화란 정해진 일을 올바르게 지키는 습관을 생활화하는 것을 말한다.

해설 청소란 먼지를 닦아내고 그 밑에 숨어 있는 부분을 보기 쉽게 하는 것을 말한다.

25. 다음의 내용은 자주보전 활동 7스텝 중 몇 스텝에 해당하는가? [05-4, 08-1, 16-2, 20-1]

┤ 다음 ├
각종 현장관리의 표준화를 실시하고 작업의 효율화와 품질 및 안전의 확보를 꾀한다.

① 4스텝 : 총점검

② 5스텝 : 자주점검

③ 6스텝 : 정리정돈

④ 7스텝 : 자주관리의 철저(생활화)

해설 6스텝 : 정리정돈 – 각종 현장관리의 표준화를 실시하고 작업의 효율화와 품질 및 안전의 확보를 꾀한다.

26. 다음은 자주보전 7가지 단계의 내용이다. 순서를 맞게 나열한 것은? [05-2, 09-4, 16-4, 22-2]

┤ 다음 ├
㉠ 생활화   ㉡ 총점검
㉢ 초기청소   ㉣ 자주점검
㉤ 정리·정돈
㉥ 발생원·곤란개소 대책
㉦ 청소·점검·급유 가기준의 작성

① ㉦ → ㉢ → ㉥ → ㉡ → ㉣ → ㉤ → ㉠
② ㉢ → ㉥ → ㉦ → ㉡ → ㉣ → ㉤ → ㉠
③ ㉦ → ㉢ → ㉥ → ㉣ → ㉤ → ㉡ → ㉠
④ ㉢ → ㉥ → ㉦ → ㉣ → ㉤ → ㉡ → ㉠

해설 자주보전 활동 7스텝

단계	명칭	활동 내용
제1 스텝	초기청소	설비 본체를 중심으로 하는 먼지·더러움을 완전히 없앤다.
제2 스텝	발생원·곤란부위 대책수립	먼지, 더러움의 발생원, 비산의 방지나 청소·급유의 곤란 개소를 개선하여 청소·급유의 시간을 단축시킨다.
제3 스텝	청소·점검·급유 가기준의 작성	단시간으로 청소·급유·덧조이기를 확실히 할 수 있도록 행동기준을 작성한다.
제4 스텝	총점검	설비의 기능구조를 알고 보전기능을 몸에 익힌다.
제5 스텝	자주점검	자주점검 체크시트의 작성·실시로 오퍼레이션의 신뢰성 향상
제6 스텝	정리정돈	각종 현장관리의 표준화를 실시하고 작업의 효율화와 품질 및 안전의 확보를 꾀한다.
제7 스텝	자주관리의 철저 (생활화)	MTBF 분석기록을 확실하게 해석하여 설비개선을 꾀한다.

3 과목

27. 설비의 효율화를 저해하는 6대 로스(가공 및 조립)와 가장 거리가 먼 것은? [11-4]
① 가공로스
② 고장정지로스
③ 속도저하로스
④ 준비교환·조정로스

해설

구분	6대 로스	내용
정지 로스	① 고장정지 loss	기능 돌발형 고장 또는 기능 저하형 고장으로 인한 손실
	② 작업준비·조정 loss	작업준비·품종대체(모델변경)의 경우에 최초의 양품이 나올 때까지 시작업과 조정을 반복하다가 시간을 낭비하는 로스
속도 로스	③ 공회전·순간(일시)정지 loss	설비의 압력이나 온도 등의 제어요소가 어떤 운전한계를 초과한 경우, 자동제어 체계에 의해서 설비가 일시적으로 정지된 상태
	④ 속도저하 loss	기준(이론)사이클타임[설계속도]과 실제사이클타임[실제가동속도]과의 속도차
불량 로스	⑤ 불량·재가공 loss	공정불량으로 인한 물리적 로스
	⑥ 초기수율 loss	초기제품을 검수하고 리셋(reset)하는 작업으로 정기수리 후의 시동 시, 장시간 정지 후의 시동 시, 휴일 후의 시동 시, 점심시간 후의 시동 시 발생하는 손실

28. 자주보전활동 7스텝 중 "설비의 기능구조를 알고 보전기능을 몸에 익힌다."는 내용은 어디에 해당하는가? [06-1, 08-2, 18-1]
① 1스텝 : 초기청소
② 2스텝 : 발생원·곤란개소 대책
③ 3스텝 : 청소·급유·점검기준 작성
④ 4스텝 : 총점검

해설 4스텝 : 총점검 - 설비의 기능구조를 알고 보전기능을 몸에 익힌다.

29. 가공조립산업에서 시간가동률을 저해시켜 설비종합효율을 나쁘게 하는 로스(loss)는? [17-2, 21-4]
① 초기수율 로스
② 속도저하 로스
③ 작업준비·조정 로스
④ 잠깐정지·공회전 로스

해설 시간가동률을 높이기 위해서는 정지시간을 줄여야 하며, 정지 로스에는 고장정지 로스와 작업준비·조정 로스가 있다.

30. 다음 중 가공물이 슈트에 막혀서 공전하거나 품질불량으로 센서가 작동하여 일시적으로 정지하는 경우 이들 가공물을 제거(reset)하기만 하면 설비는 정상적으로 작동하는 것으로서 설비고장과는 본질적으로 다른 로스는? [21-1]
① 속도 로스
② 순간정지 로스
③ 준비·조정 로스
④ 공구교환 로스

해설 공회전·순간(일시)정지 loss는 설비의 압력이나 온도 등의 제어요소가 어떤 운전한계를 초과한 경우, 자동제어체계에 의해서 설비가 일시정지된 상태의 손실을 의미한다.

31. 설비의 압력이나 온도 등의 제어요소가 어떤 운전한계를 초과한 경우, 자동제어체계에 의해서 설비가 일시 정지된 상태의 손실을 의미하는 것은? [10-1, 15-1]
① 초기수율 손실
② 속도저하 손실
③ 고장정지 손실
④ 잠깐정지, 공회전 손실

해설 잠깐정지, 공회전 손실은 일시적인 trouble에 의한 설비의 정지를 의미한다.

32. 설계시점의 속도(또는 품종별 기준속도)에 대한 실제속도에 의한 손실, 설계시점의 속도가 현상의 기술수준 또는 바람직한 수준에 비해 낮은 경우의 손실을 무엇이라 하는가? [22-1]
① 편성 손실   ② 속도저하 손실
③ 초기 손실   ④ 일시정지 손실

해설 속도저하손실은 기준(이론)사이클타임[설계속도]과 실제사이클타임[실제가동속도]과의 속도차로 인한 손실이다.

33. 설비종합효율을 관리함에 있어 품질을 안정적으로 유지하기 위해 초기제품을 검수하고 리셋(reset)하는 작업에 해당되는 로스는? [15-4, 20-1]
① 속도저하 로스
② 고장 로스
③ 일시정지 로스
④ 초기·수율 로스

해설 초기·수율 로스는 품질을 안정적으로 유지하기 위해 초기제품을 검수하고 리셋(reset)하는 작업에 해당되는 로스이다. 불량-수정 로스와 초기-수율 로스는 양품률을 떨어지게 한다.

34. 설비종합효율을 저해시키는 로스와 효율관리지표와의 관계를 설명한 것으로 가장 적절한 것은? [18-4]
① 고정로스와 초기로스는 성능가동률을 떨어지게 한다.
② 일시정지로스와 속도저하로스는 성능가동률을 떨어지게 한다.
③ 불량-수정로스와 초기-수율로스는 시간가동률을 떨어지게 한다.
④ 고장로스와 작업준비-조정로스는 양품률(적합품률)을 떨어지게 한다.

해설 ① 고정로스와 초기로스는 시간가동률을 떨어지게 한다.
③ 불량-수정로스와 초기-수율로스는 양품률을 떨어지게 한다.
④ 고장로스와 작업준비-조정로스는 시간가동률을 떨어지게 한다.

35. 다음 중 설비종합효율의 계산식으로 맞는 것은? [15-1, 20-2]
① 시간가동률×속도가동률×양품률
② 시간가동률×실질가동률×양품률
③ 시간가동률×성능가동률×양품률
④ 시간가동률×속도가동률×실질가동률

해설 설비종합효율
$$= 시간가동률 \times 성능가동률 \times 양(적합)품률$$
$$= \frac{부하시간 - 정지시간}{부하시간}$$
$$\times \frac{이론사이클타임 \times 생산량}{가동시간}$$
$$\times \frac{총생산량 - 불량수량}{총생산량}$$

36. 다음 중 설비보전에 관한 공식 중 틀린 것은? [16-2, 22-2]
① $MTBF = \dfrac{총가동시간}{총고장건수}$

3 과목

② 시간가동률 $=\dfrac{가동시간}{부하시간}\times100$

③ 속도가동률 $=\dfrac{이론사이클타임}{실제사이클타임}\times100$

④ 설비종합효율 = 시간가동률×속도가동률 ×양품률

해설 설비종합효율
= 시간가동률×성능가동률×양(적합)품률

37. 설비종합효율의 구성요소인 시간가동률을 산출하는 데 필요한 항목이 아닌 것은?
① 부하시간 [15-2]
② 고장정지로스시간
③ 실제사이클타임
④ 준비교체로스시간

해설 시간가동률
$=\dfrac{(부하시간-정지시간)}{부하시간}=\dfrac{가동시간}{부하시간}$
단, 부하시간=조업시간-(생산계획상 휴지시간+보전 휴지시간+조회 휴지시간)
정지시간=기계고장+준비교체+조정시간

38. 1일 조업시간이 480분인 공장에서 1일 부하시간 450분 고장시간 30분, 준비시간 30분, 조정시간 30분인 경우, 시간가동률은 약 몇 %인가? [08-4, 19-2]
① 77 ② 80 ③ 82 ④ 89

해설 시간가동률$=\dfrac{가동시간}{부하시간}$
$=\dfrac{(부하시간-정지시간)}{부하시간}$
$=\dfrac{450-(30+30+30)}{450}=0.8(80\%)$

39. 플랜트 공장에서 1개월(30일) 중 27일을 가동하였다. 1일 작업시간은 24시간이고, 기준생산량은 1일 1000톤이다. 1개월

간 실제생산량은 24000톤이고, 실제생산량 중 150톤은 부적합품이었다면 시간가동률은 얼마인가? [11-2, 17-4]
① 90% ② 93% ③ 95% ④ 97%

해설 시간가동률
$=\dfrac{가동시간}{부하시간}=\dfrac{(27\times24)}{(30\times24)}=0.90(90\%)$

40. 다음 중 설비종합효율 측정에 사용되는 요소인 성능가동률의 식으로 가장 올바른 것은? [05-4, 13-1]
① $\dfrac{이론사이클타임\times생산량}{가동시간}$
② $\dfrac{실제사이클타임\times생산량}{가동시간}$
③ $\dfrac{실제사이클타임\times양품량}{가동시간}$
④ $\dfrac{이론사이클타임\times양품량}{가동시간}$

해설 성능가동률
= 속도가동률×실질(정미)가동률
$=\dfrac{이론(기준)사이클타임\times생산량}{가동시간}$

41. 1일 조업시간은 8시간, 1일 부하시간 460분, 1일 생산량 380개, 정지내용(준비작업 30분, 고장 30분, 조정 20분), 부적합품 5개이다. 또, 기준사이클타임은 0.5분/개, 실제사이클타임은 0.8분/개이다. 실질가동률은 얼마인가? [19-4]
① 62.5% ② 72.6%
③ 80.0% ④ 85.3%

해설 실질가동률
$=\dfrac{실제사이클타임\times생산량}{가동시간}$
$=\dfrac{0.8\times380}{460-(30+30+20)}=0.8(80\%)$

42. 1일 부하시간은 460분, 작업준비 및 고장 등으로 인한 정지시간은 30분, 1일 총생산량은 600개, 설비작업의 이론사이클타임은 0.3분/개이며, 실제사이클타임은 0.5분/개이다. 적합품률이 95%일 경우, 설비종합효율은 약 몇 %인가? [09-2, 16-4]

① 37.2% ② 39.1%
③ 39.8% ④ 41.9%

해설 설비종합효율
= 시간가동률 × 성능가동률 × 양(적합)품률

$$= \frac{부하시간 - 정지시간}{부하시간}$$

$$\times \frac{이론사이클타임 \times 생산량}{가동시간}$$

$$\times \frac{총생산량 - 불량수량}{총생산량}$$

$$= \frac{460-30}{460} \times \frac{0.3 \times 600}{430} \times 0.95$$

$$= 0.372(37.2\%)$$

43. 다음과 같이 자료가 주어진 설비의 설비종합효율은 약 얼마인가? [14-4]

┤ 데이터 구조 ├

- 1일 근무시간 : 480분(휴지내역 : 안전교육 20분, 조회 10분)
- 1일 부하시간 : 450분(정지내역 : 고장 15분, 준비교체 35분)
- 1일 가동시간 : 400분
- 1일 총생산량 : 250개
- 양품률 : 97%
- 이론주기시간 : 0.4분/개
- 실제주기시간 : 0.7분/개

① 20% ② 22%
③ 25% ④ 28%

해설 설비종합효율 = 시간가동률 × 성능가동률 × 양(적합)품률
$$= 0.889 \times 0.25 \times 0.97$$
$$= 0.22(22\%)$$

- 시간가동률 = $\dfrac{부하시간 - 정지시간}{부하시간}$

$$= \frac{450-(15+35)}{450} = 0.889$$

- 성능가동률 =
$$\frac{기준(이론)사이클타임 \times 생산량(가공수량)}{가동시간}$$

$$= \frac{0.4 \times 250}{400} = 0.25$$

- 양품률 = 0.97

44. 다음에서 설비효율을 저해하는 7대 손실에 해당하는 것을 모두 고른 것은? [18-2]

┤ 데이터 구조 ├

- ㉠ 고장 손실
- ㉡ 지그공구 손실
- ㉢ 수율 손실
- ㉣ 속도저하 손실
- ㉤ 초기 손실
- ㉥ 불량·재작업 손실
- ㉦ 에너지 손실
- ㉧ 준비작업·조정 손실
- ㉨ 절삭기구 손실
- ㉩ 일시정지·공운전 손실

① ㉣, ㉤, ㉥, ㉦, ㉧, ㉨, ㉩
② ㉠, ㉡, ㉣, ㉤, ㉥, ㉨, ㉩
③ ㉠, ㉢, ㉣, ㉤, ㉥, ㉧, ㉨
④ ㉠, ㉣, ㉤, ㉥, ㉧, ㉨, ㉩

해설 설비효율을 저해하는 7대 손실은 고장 손실, 초기 손실, 절삭기구 손실, 속도저하 손실, 불량·재작업 손실, 준비작업·조정 손실, 일시정지·공운전 손실이다.

4과목

신뢰성 관리

1. 신뢰성의 개념

1. 일반적으로 가정용 오디오, TV, 에어컨 등의 시스템, 기기 및 부품 등이 정해진 사용조건에서 의도하는 기간 동안 정해진 기능을 발휘할 확률을 나타내는 것을 무엇이라 하는가? [07-4, 10-2, 11-4, 15-2, 19-4]
① 신뢰도
② 신뢰성
③ 불신뢰도
④ 전자부품수명관리도

해설 신뢰도란 제품이 주어진 사용 조건하에서 의도하는 기간 동안 정해진 기능을 성공적으로 수행할 확률을 나타낸다.

2. 제품의 개발로부터 설계, 제조 및 사용에 이르기까지 제품의 전 라이프사이클(life cycle)에 걸쳐서 성능과 신뢰성은 물론 보전성과 가동성이 높은 제품을 경제적으로 제조 및 유지하기 위한 종합적인 관리활동을 무엇이라 하는가? [23-2]
① 가용성 관리
② 설비관리
③ 신뢰성 관리
④ 보전성 관리

해설 신뢰성 관리란 제품의 개발로부터 설계, 제조 및 사용에 이르기까지 제품의 전 라이프사이클(life cycle)에 걸쳐서 성능과 신뢰성은 물론 보전성과 가동성이 높은 제품을 경제적으로 제조 및 유지하기 위한 종합적인 관리활동이다.

3. 취급·조작, 서비스, 설치환경 및 운용에 관한 것으로서 제품의 신뢰도를 증가시키는 것이 아니고, 설계와 제조과정에서 형성된 제품의 신뢰도를 장기간 보존하려는 신뢰성은? [08-2, 17-4]
① 동작신뢰성
② 고유신뢰성
③ 신뢰성 관리
④ 사용신뢰성

해설 고유신뢰성은 설계 및 제조단계(제조자 측)에서의 신뢰성이며, 사용신뢰성은 출하 후(사용자 측)의 신뢰성이다. 사용신뢰성은 설계와 제조과정에서 형성된 제품의 신뢰도를 장기간 보존하려는 신뢰성으로 인간의 요소에 밀접하게 관계된다.

4. 다음 중 신뢰성에 관한 설명으로 틀린 것은? [06-2, 10-4, 12-1, 16-2]
① 고유신뢰성에서 특히 중시되는 것은 설계기술이다.
② 사용과정에서 나타나는 고유신뢰성은 인간의 요소에 밀접하게 관계된다.
③ 과거 경험을 토대로 사용조건을 고려한 설계는 물론, 사용신뢰성도 고려해 제품이 설계, 제조되어야 한다.
④ 제품의 신뢰성을 생각할 때 제조자 측과 사용자 측의 입장을 분리해서 고유신뢰성과 사용신뢰성으로 나뉜다.

해설 사용과정에서 나타나는 사용신뢰성은 인간의 요소에 밀접하게 관계된다.

5. 다음 설명 중 틀린 것은?　　　　[07-2, 14-1]
① 제품의 사용단계에 있어서는 제품의 신뢰도는 증가하지 않는다.
② 제품의 사용단계에서는 설계나 제조과정에서 형성된 제품의 고유신뢰도를 될 수 있는 대로 단기간 보존하는 것이다.
③ 출하 후의 신뢰성 관리를 위해 중요한 것은 예방보전과 사후보전의 체계를 확립하는 것이다.
④ 예방보전과 수리방법을 과학적으로 설정하여 실시하여야 한다.

해설 제품의 사용단계에서는 설계나 제조과정에서 형성된 제품의 고유신뢰도를 될 수 있는 대로 장기간 보존하는 것이다.

6. 다음 중 신뢰성 관리에 관한 설명으로 틀린 것은?　　　　[15-4]
① 설계 시 보전성과 안전성을 고려하여 설계해야 한다.
② 사용신뢰성에는 수송 및 보관 등의 과정도 포함된다.
③ 제품 설계단계에서 병렬결합모델보다는 직렬결합모델로 신뢰성을 향상시킨다.
④ 고유신뢰성은 설계기술이 중요하고, 사용신뢰성을 고려하여 설계되어야 한다.

해설 제품 설계단계에서 직렬결합모델보다는 병렬결합모델로 신뢰성을 향상시킨다.

7. 신뢰성을 개선하기 위해서 계획적으로 부하를 정격치에서 경감하는 것은 어느 것인가?　　　　[05-2, 17-4, 20-1]
① 총생산보전(TPM)
② 디레이팅(derating)
③ 디버깅(debugging)
④ 리던던시(redundancy)

해설 부하경감(derating)은 신뢰성을 개선하기 위해서 계획적으로 부하를 정격치에서 경감하는 것, 즉 각 부품에 걸리는 부하에 여유를 두고 설계하는 기법이다.

8. 제품의 설계단계에서 고유신뢰성을 증대시킬 수 있는 방법은?　　　　[18-2]
① 공정의 자동화
② 품질의 통계적 관리
③ 부품과 제품의 burn-in
④ 병렬 및 대기 리던던시 활용

해설 고유신뢰성 증대방법

고유신뢰성(inherent reliability)	
설계 단계	① 병렬 및 대기 리던던시(redundancy) 활용(중복 설계) ② 고신뢰도 부품의 사용 ③ 신뢰성시험의 자동화 ④ 제품의 단순화 ⑤ 부품의 단순화 및 표준화 ⑥ 작동조건의 경감(derating 설계) ⑦ 부품고장의 사후 영향을 제거하기 위한 구조적 설계 방안(fail-safe, fool-proof 설계)
제조 단계	① 제조기술의 향상 ② 제조공정의 자동화 ③ 제조품질의 통계적 관리 ④ 부품과 제품의 번인(burn-in)시험 ⑤ 공정에서의 screening

9. 설계단계에서 신뢰성을 높이기 위한 신뢰성 설계방법이 아닌 것은?　　　　[16-1, 19-2]
① 리던던시 설계
② 디레이팅 설계
③ 사용부품의 표준화
④ 예방보전과 사후보전 체계확립

해설 예방보전과 사후보전 체계확립은 사용신뢰성을 높이는 방법이다.

10. 제품의 제조단계에서 고유신뢰도를 증대시키기 위한 방법이 아닌 것은? [16-1]

① 제조기술의 향상
② 디레이팅(derating)
③ 제조품질의 통계적 관리
④ 스크리닝 또는 번인(burn-in)

해설 부하경감(derating)은 제품의 설계단계에서 고유의 신뢰성을 높이는 방법이다.

11. 제품의 신뢰성은 고유신뢰성과 사용신뢰성으로 구분된다. 다음 중 사용신뢰성의 증대방법에 속하는 것은 어느 것인가?
[07-1, 10-1, 15-2, 22-2]

① 기기나 시스템에 대한 사용자 매뉴얼을 작성 배포한다.
② 부품의 전기적, 기계적, 열적 및 기타 작동조건을 경감한다.
③ 부품고장의 영향을 감소시키는 구조적 설계방안을 강구한다.
④ 병렬 및 대기 리던던시(redundancy) 설계방법에서 활용한다.

해설 예방보전과 사후보전 체계확립, 사용자 매뉴얼작성 및 배포는 사용신뢰성을 높이는 방법이다.

12. 신뢰성을 향상시키는 설계의 요점에 포함되지 않는 것은? [06-1, 12-2, 17-1]

① 스트레스를 분산시킨다.
② 사용하는 부품의 종류를 늘린다.
③ 스트레스에 대한 내성을 갖게 한다.
④ 부품에 걸리는 스트레스를 경감시킨다.

해설 사용하는 부품의 종류(수)를 줄인다.

13. 일반적으로 상업용 제품의 경우 소비자들이 원하는 신뢰성 목표가 주어지지 않는

다. 따라서 소비자들의 요구신뢰성 수준을 파악하기 위한 활동이 필요한데 이러한 활동으로 적합하지 않은 것은? [07-4, 10-1]

① 시장조사
② 설문조사
③ 설계심사
④ 경쟁사 제품 벤치마킹

해설 설계심사(DR : Design Review)는 제품의 모든 품질요소에 관해서 관련되는 각 부문의 대표(설계, 제조, 구매, 판매, 서비스)로 구성된 위원회 형식으로 제품설계 단계의 초기, 중기, 후기 등 필요한 시기에 실시하는 종합적인 설계검토 시스템이다.

14. 다음 용어의 정의 중 옳은 것은? [08-4]

① MTTR - 평균수리시간
② MDT - 규정된 고장률 이하의 시간
③ MTBF - 고장까지의 평균시간의 분산
④ MTTF - 수리가능한 제품의 평균고장간격

해설 ② MDT(Mean Down Time) : 예방보전과 사후보전을 모두 실시할 때 평균정지시간
③ MTBF(Mean Time Between Failures) : 수리가능한 아이템의 고장간 동작시간의 평균치
④ MTTF(Mean Time To Failure) : 수리불가능한 아이템의 고장수명 평균치

15. 제품이 고장나기 전까지 제품의 평균수명을 의미하는 용어는? [18-4]

① MDT   ② MTBF
③ MTTR   ④ MTTF

해설 제품이 고장나기 전까지 제품의 평균수명을 의미하는 용어는 MTTF(Mean Time To Failure)이다.

16. 아이템이 어떤 계약이나 프로젝트에 관련하여 규정된 신뢰성 및 보전성 요구 조건들을 만족시킴을 보증하는 조직, 구조, 책임, 절차, 활동, 능력 및 자원들의 이행을 지원하는 문서화된 일정 계획된 활동, 자원 및 사건들을 무엇이라고 하는가? [16-4, 19-2]
① 신뢰성 및 보전성 계획(reliability and maintainability plan)
② 신뢰성 및 보전성 통제(reliability and maintainability control)
③ 신뢰성 및 보전성 보증(reliability and maintainability assurance)
④ 신뢰성 및 보전성 프로그램(reliability and maintainability programme)

해설 신뢰성 및 보전성 프로그램은 아이템이 어떤 계약이나 프로젝트에 관련하여 규정된 신뢰성 및 보전성 요구 조건들을 만족시킴을 보증하는 조직, 구조, 책임, 절차, 활동, 능력 및 자원들의 이행을 지원하는 문서화된 일정 계획된 활동, 자원 및 사건들을 의미한다.

17. 용어-신인성 및 서비스 품질(KS A 3004)에서 정의하고 있는 고장에 관한 용어 중 아이템의 사용시간 또는 사용횟수의 증가에 따라 요구기능이 부분 고장이면서 점진적인 고장을 나타내는 용어는? [09-2, 14-4, 21-4]
① 열화고장
② 돌발고장
③ 취약고장
④ 일차고장

해설 열화고장은 아이템의 사용시간 또는 사용횟수의 증가에 따라 요구 기능이 부분고장이면서 점진적인 고장을 나타낸다.

18. 갑자기 발생하여 사전에 또는 감시에 의해 예지할 수 없는 고장은? [12-4, 13-2]
① 오용고장
② 마모고장
③ 열화고장
④ 돌발고장

해설 돌발고장은 갑자기 발생하여 사전 시험이나 모니터링에 의해 예견될 수 없는 고장이다.

19. 용어-신인성 및 서비스 품질(KS A 3004 : 2002)에서 정의한 용어 중 시험 또는 운용결과를 해석하거나 신뢰성 척도를 계산하는데 포함되어야 하는 고장을 무엇이라 하는가? [08-1, 09-4, 11-2, 21-1, 21-2]
① 오용(misure) 고장
② 돌발(sudden) 고장
③ 연관(relevant) 고장
④ 파국(cataleptic) 고장

해설 연관고장은 시험 또는 운용결과를 해석하거나 신뢰성 척도를 계산하는 데 포함되어야 하는 고장으로 판정기준을 미리 명확히 해 두어야 하는 고장이다.

4 과목

2. 신뢰성의 척도

1. 신뢰도 $R(t)$ 와 불신뢰도 $F(t)$ 의 관계를 맞게 나타낸 것은? [14-4, 19-1]
① $F(t) = R(t) - 1$
② $F(t) = 1 - R(t)$
③ $R(t) = F(t) - 1$
④ $R(t) = 1 - F(t)/2$

해설 $F(t) + R(t) = 1$

2. 신뢰도함수 $R(t)$를 표현한 것으로 맞는 것은? (단, $F(t)$ 는 고장분포함수, $f(t)$는 고장밀도함수이다.) [12-2, 13-1, 17-4]
① $R(t) = \int_0^t f(x)dx$
② $R(t) = \int_0^t F(x)dx$
③ $R(t) = \int_t^\infty f(x)dx$
④ $R(t) = \int_t^\infty F(x)dx$

해설 신뢰도함수 $R(t)$란 수명이 t 이상될 확률, 즉 t 이후부터 고장날 확률이다.
$R(t) = P(T > t) = \int_t^\infty f(t)dt$
$= 1 - \int_0^t f(t)dt = 1 - F(t)$

3. 일정한 시점 t까지의 잔존확률을 뜻하는 신뢰성 척도는? (단, $R(t)$ 는 신뢰도, $F(t)$ 는 불신뢰도, $f(t)$ 는 고장밀도함수, $\lambda(t)$ 는 고장률함수이다.) [13-4, 20-2]
① $1 - \dfrac{f(t)}{\lambda(t)}$ ② $\dfrac{dF(t)}{dt}$
③ $1 - \dfrac{dF(t)}{dt}$ ④ $\dfrac{f(t)}{\lambda(t)}$

해설 $\lambda(t) = \dfrac{f(t)}{R(t)} \rightarrow R(t) = \dfrac{f(t)}{\lambda(t)}$

4. 다음 중 고장률 함수 $\lambda(t)$ 의 표현으로 옳은 것은? (단, $F(t)$ 는 고장분포함수, $f(t)$ 는 고장밀도함수이다.) [12-4, 15-2]
① $\lambda(t) = 1 - F(t)$
② $\lambda(t) = f(t)(1 - F(t))$
③ $\lambda(t) = \dfrac{F(t)}{1 - f(t)}$
④ $\lambda(t) = \dfrac{f(t)}{1 - F(t)}$

해설 $\lambda(t) = \dfrac{f(t)}{R(t)} = \dfrac{f(t)}{1 - F(t)}$

5. 어떠한 시스템의 수명분포의 고장밀도함수가 $f(t)$ 라고 할 때 이 시스템의 고장률에 대한 올바른 표현은? [07-2, 15-4]
① $f(t) \times \int_t^\infty f(t)dt$
② $\dfrac{f(t)}{\int_t^\infty f(t)dt}$
③ $f(t) \times \int_0^t f(t)dt$
④ $\dfrac{f(t)}{\int_0^t f(t)dt}$

해설 $\lambda(t) = \dfrac{f(t)}{R(t)} = \dfrac{f(t)}{\displaystyle\int_t^\infty f(t)dt}$

(단, $R(t) = P[T \geq t] = \displaystyle\int_t^\infty f(t)dt$

$= e^{-\int_0^t \lambda(t)dt} = e^{-H(t)}$)

6. 평균수명(MTTF)을 나타내는 식으로 옳은 것은? (단, $R(t)$: 신뢰도, $F(t)$: 불신뢰도, $\lambda(t)$: 고장률, $f(t)$: 고장확률밀도함수) [07-1, 14-1, 17-1]

① $\mathrm{MTTF} = \displaystyle\int_0^\infty R(t)dt$

② $\mathrm{MTTF} = \displaystyle\int_0^\infty \lambda(t)dt$

③ $\mathrm{MTTF} = \displaystyle\int_0^\infty f(t)dt$

④ $\mathrm{MTTF} = \displaystyle\int_0^\infty F(t)dt$

해설 $\mathrm{MTTF} = \displaystyle\int_0^\infty R(t)dt = \int_0^\infty t f(t)dt$

7. 수명분포가 지수분포를 따르는 경우에 관한 설명 중 틀린 것은? [16-1, 22-2]
① 단위시간당의 고장건수는 이항분포를 따른다.
② 고장률은 평균수명에 대해 역의 관계가 성립한다.
③ 시스템의 사용시간이 경과한 뒤에도 측정하는 관심 모수의 값은 변하지 않는다.
④ t시간을 사용한 뒤에도 작동되고 있다면 고장률은 처음과 같이 일정하다.

해설 단위시간당 고장건수는 푸아송분포를 따른다.

8. 비기억(memoryless) 특성을 가짐으로 수리 가능한 시스템의 가용도(availability) 분석에 가장 많이 사용되는 수명분포는 어느 것인가? [15-2, 17-1]
① 감마분포
② 와이블분포
③ 지수분포
④ 대수정규분포

해설 무기억 특성(비기억 ; memoryless)과 밀접한 관계가 있는 수명분포는 지수분포이다.

9. 여러 부품이 조합되어 만들어진 시스템이나 제품의 전체고장률이 시간에 관계없이 일정한 경우 적용되는 고장분포로 가장 적합한 것은? [15-4, 22-1]
① 균등분포
② 지수분포
③ 정규분포
④ 대수정규분포

해설 여러 개의 부품이 조합되어 만들어진 기기나 시스템의 고장확률밀도함수는 지수분포를 따르게 되며, 고장률이 일정한 형태를 취하게 된다.

10. 신뢰성에 관한 설명 중 틀린 것은 어느 것인가? [20-4]
① 평균수명이 증가하면 신뢰도도 증가한다.
② MTTF는 수리 불가능한 아이템의 고장수명 평균치이다.
③ MTBF는 수리 가능한 아이템의 고장간 동작시간의 평균치이다.
④ 여러 개의 부품이 조합된 기기의 고장확률밀도함수는 정규분포를 따른다.

해설 단일부품의 고장확률밀도함수는 대부분의 경우 정규분포가 되며 사용시간이 증가함에 따라 고장률도 증가한다. 그러나 여러 개의 부품이 조합되어 만들어진 기기나 시스템의 고장확률밀도함수는 지수분포를 따르게 된다.

4 과목

11. 다음 중 지수분포 $f(t) = \lambda e^{-\lambda t}$ 의 분산으로 옳은 것은? [07-4, 11-1, 19-2]

① $\dfrac{1}{\lambda}$ ② $\dfrac{1}{2\lambda}$

③ $\dfrac{2}{\lambda}$ ④ $\dfrac{1}{\lambda^2}$

해설 $E(t) = \dfrac{1}{\lambda}, \quad D(t) = \dfrac{1}{\lambda}, \quad V(t) = \dfrac{1}{\lambda^2}$

12. 기계 C의 평균고장률이 0.001/시간인 지수분포를 따를 경우, 100시간 사용하였을 때 신뢰도는 얼마인가? [06-1, 17-2, 18-2]

① 0.9048 ② 0.9231

③ 0.9418 ④ 0.9512

해설 $R(t) = e^{-\lambda t} \rightarrow$

$R(100) = e^{-0.001 \times 100} = e^{-0.1} = 0.9048$

13. 고장밀도함수가 지수분포를 따를 때, MTBF 시점에서 신뢰도의 값은 다음 중 어느 것인가? [18-4, 22-2]

① e^{-1} ② e^{-2t}

③ e^{-3t} ④ $e^{-\lambda t}$

해설 $R(t) = e^{-\lambda t} = e^{-\frac{1}{MTBF} \times t} \rightarrow$

$R(MTBF) = e^{-\frac{1}{MTBF} \times MTBF}$

$= e^{-1} = 0.368$

14. 평균수명이 5로 일정한 시스템에서 $t = 2$ 시점에서의 신뢰도는? [17-2]

① $e^{-0.6}$ ② $e^{-0.5}$

③ $e^{-0.4}$ ④ $e^{-0.3}$

해설 $\lambda = \dfrac{1}{MTBF} = \dfrac{1}{5} \rightarrow$

$R(t) = e^{-\lambda t} = e^{-\frac{1}{5} \times 2} = e^{-0.4}$

15. Y 부품의 고장률이 0.5×10^{-5}/시간이다. 하루 24시간씩 1년간 작동한다고 할 때, 이 부품이 1년 이상 작동할 확률을 구하면 약 얼마인가? (단, 1년간 작동일수는 360일이다.) [05-2, 13-1, 22-2]

① 0.368 ② 0.632

③ 0.958 ④ 0.998

해설 $R(t) = e^{-\lambda t} = e^{-(0.5 \times 10^{-5}) \times (360 \times 24)}$

$= 0.958$

16. 평균 고장률이 0.002/시간인 지수분포를 따르는 제품을 10시간 사용하였을 경우 고장이 발생할 확률은 얼마인가? [16-4, 21-4]

① 0.02 ② 0.20

③ 0.80 ④ 0.98

해설 $F(t) = 1 - R(t) = 1 - e^{-\lambda t}$

$= 1 - e^{-0.002 \times 10} = 1 - 0.98 = 0.02$

17. 고장밀도함수가 지수분포에 따르는 부품을 100시간 사용하였을 때, 신뢰도가 0.96인 경우 순간고장률은 약 얼마인가? [17-1]

① 1.05×10^{-3}/시간

② 2.02×10^{-4}/시간

③ 4.08×10^{-4}/시간

④ 5.13×10^{-4}/시간

해설 $R(t) = e^{-\lambda t} \rightarrow 0.96 = e^{-\lambda \times 100} \rightarrow$

$\ln 0.96 = -\lambda \times 100 \rightarrow \lambda = 4.08 \times 10^{-4}$/시간

18. 수명분포가 지수분포를 따르고 있는 어떤 기계의 월간 사용시간은 100시간이다. 이 기계의 월간누적 고장확률을 0.1로 하기 위해서 MTBF는 약 몇 시간이 되어야 하는가? [05-4, 13-1]

① 4.34시간 ② 43.4시간

③ 949시간 ④ 9490시간

해설 $R(t) = 1 - F(t) = 1 - 0.1 = 0.9 \rightarrow$

$R(t) = e^{-\lambda t} = e^{-\frac{1}{MTBF} \times t} \rightarrow$

$0.9 = e^{-\frac{1}{MTBF} \times 100} \rightarrow$

$\ln 0.9 = -\frac{1}{MTBF} \times 100 \rightarrow$

$MTBF = -\frac{100}{\ln 0.9} = 949.122$시간

19. MTBF가 10^2 시간인 기계의 불신뢰도를 10%로 하기 위한 사용시간은 약 얼마인가? [10-4, 21-2]

① 1.05시간 ② 10.5시간
③ 105시간 ④ 1050시간

해설 $\lambda = \frac{1}{\theta} = \frac{1}{MTBF} = \frac{1}{10^2} = 0.01$

$F(t) = 1 - R(t) = 1 - e^{-\lambda t} \rightarrow$

$0.1 = 1 - e^{-0.01 \times t} \rightarrow -0.01 \times t = \ln 0.9 \rightarrow$

$t = 10.5$시간

20. A 형광등의 고장확률밀도함수는 평균고장률이 5×10^{-3}/시간인 지수분포를 따르고 있다. 이 형광등 100개를 200시간 사용하였을 경우 기대 누적고장개수는 약 몇 개인가? [10-1, 20-2]

① 36개 ② 50개
③ 64개 ④ 100개

해설 $R(t) = e^{-\lambda t}$

$= e^{-(5 \times 10^{-3}) \times 200} = e^{-1} = 0.3679$

$F(t) = 1 - R(t) = 1 - 0.3679 = 0.6321$

따라서 기대 누적고장개수는

100개 $\times 0.6321 = 63.21(64$개$)$ 이다.

21. 다음 중 지수분포를 따르는 어떤 부품에

대해 10개를 샘플링하여 모두 고장이 날 때까지 정상수명시험한 결과 평균수명은 100시간으로 추정되었다. 이 제품에 대한 100시간에서의 고장확률밀도함수는 약 얼마인가? [08-4, 19-4]

① 0.0037/시간 ② 0.0113/시간
③ 0.3678/시간 ④ 0.6321/시간

해설 $\lambda = \frac{1}{MTTF} = \frac{1}{100} \rightarrow f(t) = \lambda e^{-\lambda t}$

$= \frac{1}{100} \times e^{-\frac{1}{100} \times 100} = \frac{1}{100} e^{-1}$

$= 0.0037$/시간

22. Y 기기에 미치는 충격(shock)은 발생률 0.0003/h인 HPP(Homogeneous Poisson Process)를 따라 발생한다. 이 기기는 1번의 충격을 받으면 0.4의 확률로 고장이 발생한다. 5000 시간에서의 신뢰도는 약 얼마인가? [11-2, 19-2]

① 0.2233 ② 0.5488
③ 0.5588 ④ 0.6234

해설 $\lambda = 0.0003 \times 0.4 = 0.00012 \rightarrow$

$R(t) = e^{-\lambda t} = e^{-0.00012 \times 5,000} = 0.5488$

23. 다음 중 와이블분포에 관한 설명으로 틀린 것은? [16-4, 21-1]

① 스웨덴의 Waloddi Weibull이 고안한 분포이다.
② 형상모수의 값이 1보다 작은 경우에는 고장률이 감소한다.
③ 고장확률밀도함수에 따라 고장률함수의 분포가 달라진다.
④ 위치모수가 0이고 사용시간이 $t = \eta$이면, 형상모수에 관계없이 불신뢰도는 e^{-1}이 된다.

4
과목

[해설] $R(t) = e^{-\left(\frac{t-r}{\eta}\right)^m}$ 이므로, 위치모수(r)가 0이고 사용시간이 $t = \eta$이면, 형상모수(m)에 관계없이 신뢰도는 e^{-1}이 된다.

24. 와이블(Weibull)분포에 대한 설명으로 틀린 것은?　[05-1, 08-2, 10-4, 18-2]

① 형상모수에 따라 다양한 고장 특성을 갖는다.

② 고장률함수가 멱함수(power function) 형태를 갖는다.

③ 비기억(memoryless) 특성을 가지므로 사용이 편리하다.

④ 증가, 감소, 일정한 형태의 고장률을 모두 표현할 수 있다.

[해설] 무기억 특성(비기억 ; memoryless)과 밀접한 관계가 있는 수명분포는 지수분포이다.

25. 와이블분포를 가정하여 신뢰성을 추정하는 경우 특성수명이란?　[06-4, 10-2, 19-4]

① 약 37%가 고장나는 시간이다.

② 약 50%가 고장나는 시간이다.

③ 약 63%가 고장나는 시간이다.

④ 100%가 고장나는 시간이다.

[해설] 와이블분포에서 63.2%가 고장나는 시간을 특성수명이라고 한다.

26. 와이블분포의 신뢰도함수 $R(t) = e^{-\left(\frac{t}{\eta}\right)^m}$를 이용하면 사용시간 $t = \eta$에서 m의 값에 관계없이 $R(\eta) = e^{(-1)}$, $F(\eta) = 1 - e^{(-1)}$ $= 0.632$ 임을 알 수 있다. 이때 와이블분포를 따르는 부품들의 약 63%가 고장나는 시간 η를 무엇이라고 하는가?

[06-4, 10-2, 14-1, 19-4, 22-1]

① 평균수명　　② 특성수명

③ 중앙수명　　④ 노화수명

[해설] 와이블분포에서 63.2%가 고장나는 시간을 특성수명이라고 한다.

27. 알루미늄 전해 커패시터의 성능 열화에 따른 수명은 와이블분포를 따른다. 척도모수가 4000시간, 형상모수가 2.0, 위치모수가 0일 때, 2000시간에서의 신뢰도는 약 얼마인가?　[09-4, 11-4, 20-2]

① 0.5000　　② 0.5916

③ 0.7788　　④ 0.8564

[해설] $R(t) = e^{-\left(\frac{t-r}{\eta}\right)^m} = e^{-\left(\frac{2,000-0}{4,000}\right)^2} = 0.7788$

28. 제품의 고장시간은 와이블분포를 따르고 형상모수의 값이 0.5라고 한다. 제품의 평균수명이 100시간이라면 50시간에서의 신뢰도는? (단, $m = 0.5$일 때 $\Gamma\left(1 + \frac{1}{m}\right) = 2$, 위치모수 $r = 0$이다.)　[06-1]

① 0.37　　② 0.50

③ 0.57　　④ 0.63

[해설] $E(t) = \eta \times \Gamma\left(1 + \frac{1}{m}\right) \rightarrow$
$100 = \eta \times 2 \rightarrow \eta = 50$
$R(t = 50) = e^{-\left(\frac{t-r}{\eta}\right)^m} = e^{-\left(\frac{50}{50}\right)^{0.5}} = 0.368$

29. 다음 중 3모수 와이블분포에서 임무시간 $t = 1000$이고, 척도모수(η)가 1000, 위치모수(r)가 0일 때, 신뢰도에 대한 설명으로 맞는 것은?　[16-1, 19-4]

① 형상모수(m) 값에 무관하게 신뢰도는 일정하다.

② 형상모수(m) 값에 무관하게 신뢰도는 감소한다.

③ 형상모수(m)가 증가함에 따라 신뢰도는 증가하다.

④ 형상모수(m)가 감소함에 따라 신뢰도는 증가하다.

해설 $R(t) = e^{-\left(\frac{t-r}{\eta}\right)^m} = e^{-\left(\frac{1,000-0}{1,000}\right)^m}$

$\qquad\qquad = e^{-1} = 0.368$

이므로 형상모수(m) 값에 무관하게 신뢰도는 일정하다.

30. 어떤 부품의 수명이 와이블분포를 따를 때, 사용시간 1500시간에서의 고장률은 약 얼마인가? (단, 형상모수는 4, 척도모수는 1000, 위치모수는 1000이다) [09-2, 19-1]

① 0.00045/시간   ② 0.00050/시간

③ 0.00053/시간   ④ 0.93940/시간

해설 와이블분포의 고장률

$\lambda(t) = \frac{m}{\eta}\left(\frac{t-r}{\eta}\right)^{m-1}$

$\qquad = \frac{4}{1,000}\left(\frac{1,500-1,000}{1,000}\right)^{4-1}$

$\qquad = 0.00050/시간$

31. Y 제품에 수명시험 결과 얻은 데이터를 와이블 확률지를 사용하여 모수를 추정하였더니 형상모수 $m = 1.0$, 척도모수 $\eta = 3500$ 시간, 위치모수 $r = 0$ 이 되었다. 이 제품의 MTBF는 얼마인가? (단, $\Gamma(1.5) = 0.88623$, $\Gamma(2) = 1.00000$, $\Gamma(2.5) = 1.32934$이다.)

[11-2, 14-4, 17-4, 18-2, 21-2]

① 2205시간   ② 3102시간

③ 3500시간   ④ 4653시간

해설 $\text{MTBF} = \eta \times \Gamma\left(1 + \frac{1}{m}\right) = 3,500 \times \Gamma(2)$

$\qquad\qquad = 3,500시간$

32. 샘플 5개를 수명시험하여 간편법에 의해 와이블 모수를 추정하였더니 $m = 2$, $t_0 = \eta^m = 90$시간, $r = 0$이었다. 이 샘플의 평균수명은 약 얼마인가? (단, $\Gamma(1.2) = 0.9182$, $\Gamma(1.3) = 0.8873$, $\Gamma(1.5) = 0.8362$이다.) [16-2, 19-2]

① 7.93시간   ② 8.42시간

③ 8.68시간   ④ 8.71시간

해설 $\eta^m = 90 \rightarrow \eta^2 = 90 \rightarrow \eta = 9.4868$

$E(T) = \eta\Gamma\left(1 + \frac{1}{m}\right) = 9.4868 \times \Gamma\left(1 + \frac{1}{2}\right)$

$\qquad = 7.93시간$

33. 어떤 기기의 수명이 평균 500시간, 표준편차 50시간인 정규분포를 따른다. 이 제품을 400시간 사용하였을 때의 신뢰도는? (단, $u_{0.9938} = 2.5$, $u_{0.9772} = 2.0$, $u_{0.9332} = 1.5$, $u_{0.8413} = 1.0$이다.) [11-1, 21-1]

① 0.8413   ② 0.9332

③ 0.9772   ④ 0.9938

해설 $P(T \geq 400) = P\left(u \geq \frac{400 - \mu}{\sigma}\right)$

$\qquad\qquad = P\left(u \geq \frac{400 - 500}{50}\right)$

$\qquad\qquad = P(u \geq -2) = 0.9772$

34. 부품 A는 평균수명이 100시간인 지수분포를 따르고, 부품 B는 평균 100시간, 표준편차 46시간인 정규분포를 따를 경우, 이들 부품의 10시간에서의 신뢰도에 대하여 맞게 표현한 것은? (단, $u_{0.90} = 1.282$, $u_{0.95} = 1.645$, $u_{0.975} = 1.96$이다.) [08-2, 16-2]

① 동일하다.

② 비교 불가능하다.

③ 부품 A의 신뢰도가 더 높다.

④ 부품 B의 신뢰도가 더 높다.

4 과목

해설 A : 지수분포이므로

$$R_A = e^{-\lambda t} = e^{-\frac{1}{100} \times 10} = 0.905$$

B : 정규분포이므로

$$R_B = P(T \geq 10) = P\left(u \geq \frac{10-100}{46}\right)$$

$$= P(u \geq -1.96) = 0.975$$

따라서 부품 B 가 A보다 신뢰도가 더 높다.

35. 수명분포가 평균이 100, 표준편차가 5
인 정규분포를 따르는 제품을 이미 105시
간 사용하였다. 그렇다면 앞으로 5시간 이
상 더 작동할 신뢰도는 약 얼마인가? (단,
u 가 표준정규분포를 따르는 확률변수라면
$P(u \geq 1) = 0.1587$, $P(u \geq 2) = 0.0228$
이다.)   [10-2, 16-4, 18-4, 21-2]

① 0.0228   ② 0.1437
③ 0.1587   ④ 0.1815

해설 $R(t) = \dfrac{P(T \geq 110)}{P(T \geq 105)}$

$$= \frac{P\left(u \geq \dfrac{110-100}{5}\right)}{P\left(u \geq \dfrac{105-100}{5}\right)}$$

$$= \frac{P(u \geq 2)}{P(u \geq 1)}$$

$$= \frac{0.0228}{0.1587}$$

$$= 0.1437(14.37\%)$$

36. 와이블 확률지에 수명데이터를 타점하여
형상파라미터 m 을 구했을 때 디버깅이 가
장 유효한 경우는?   [21-1]

① $m < 1$ ② $m = 1$
③ $m > 1$ ④ $m = 0$

해설 초기고장을 경감하기 위해서는 스크리
닝(screening), 번인(burn-in) 또는 디버깅
(debugging)을 실시하며 형상모수(m)의 값
이 1보다 작은 경우로써 고장률이 감소한다.

37. 다음 그림은 고장률의 변화를 나타내는
욕조곡선(bath-tub curve)이다. 각 고장
기간을 맞게 나타낸 것은?   [18-2]

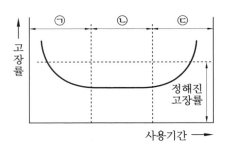

① ㉠ 초기고장기간, ㉡ 마모고장기간,
㉢ 우발고장기간
② ㉠ 우발고장기간, ㉡ 초기고장기간,
㉢ 마모고장기간
③ ㉠ 초기고장기간, ㉡ 우발고장기간,
㉢ 마모고장기간
④ ㉠ 마모고장기간, ㉡ 초기고장기간,
㉢ 우발고장기간

해설 욕조형 고장률함수
㉠ 초기고장기간(DFR : Decreasing Failure
Rate)은 시간이 경과함에 따라 고장률이
감소하는 경우로서, 형상모수 $m < 1$, 와
이블분포에 대응된다.
㉡ 우발고장기간(CFR : Constant   Failure
Rate)은 고장률이 비교적 낮으며, 시간에
관계없이 일정한 경우로서 형상모수
$m = 1$, 지수분포에 대응된다.
㉢ 마모고장기간(IFR : Increasing Failure
Rate)은 고장률은 시간에 따라 증가하는
경우로서 형상모수 $m > 1$, 정규분포에
대응된다.

38. 고장률함수 $\lambda(t)$ 가 감소형인 경우 와이
블분포의 형상모수(m)은 어떠한가? [19-1]

① $m < 1$ ② $m > 1$
③ $m = 1$ ④ $m = 0$

해설 초기고장기간(DFR : Decreasing Failure Rate)은 시간이 경과함에 따라 고장률이 감소하는 경우로서, 형상모수 $m < 1$, 와이블분포에 대응된다.

39. 와이블분포에서 형상모수값이 2일 때 고장률에 대한 설명 중 맞는 것은?

① 일정하다.   [13-4, 21-4]
② 증가한다.
③ 감소한다.
④ 증가하다 감소한다.

해설 와이블분포에서 형상모수 $m > 1$이면 고장률이 증가하는 IFR이다.

40. Y회사에서는 와이블분포에 의거하여 제품의 고장시간 데이터를 해석하고, 그 신뢰도를 추정하고 있다. 그 이유로서 가장 적절한 것은?   [08-1, 12-1, 21-1]

① 고장률이 IFR에 따르기 때문에
② 고장률이 CFR에 따르기 때문에
③ 일반적인 제품의 형상모수(m)는 1이기 때문에
④ 고장률이 어떤 패턴에 따르는지 모르기 때문에

해설 와이블분포는 DFR, CFR, IFR의 3가지 경우를 모두 나타낼 수 있는 확률밀도함수이다. 따라서 와이블분포에 의거하여 제품의 고장시간 데이터를 해석하고, 그 신뢰도를 추정하는 것은 고장률이 어떤 패턴에 따르는지 모르기 때문이다.

41. 초기고장을 경감하기 위하여 아이템 사용 개시 전 또는 사용 개시 후의 초기에 동작시켜서 부적합을 검출하거나 제거하는 개선방법은?   [05-1, 15-4]

① FTA

② 가속수명시험
③ FMEA
④ 디버깅(debugging)

해설 디버깅(debugging)은 초기고장을 경감하기 위해 아이템을 사용 개시 전 또는 사용 개시 후의 초기에 동작시켜서 부적합을 검출하거나 제거하여 시정하는 것이다.

42. 초기고장기간 동안 모든 고장에 대하여 연속적인 개량보전을 실시하면서 규정된 환경에서 모든 아이템의 기능을 동작시켜 하드웨어의 신뢰성을 향상시키는 과정을 무엇이라 하는가?   [19-4]

① FTA   ② 가속수명시험
③ FMEA   ④ 번인(burn-in)

해설 번인(burn-in)은 초기고장기간 동안 모든 고장에 대하여 연속적인 개량보전을 실시하면서 규정된 환경에서 모든 아이템의 기능을 동작시켜 하드웨어의 신뢰성을 향상시키는 과정이다.

43. 욕조형(bath-tub)의 고장률곡선에서 디버깅(debugging), 번인(burn-in) 등의 방법을 통해 나쁜 품질의 부품들을 걸러내야 할 필요성이 있는 시기는?   [11-4, 18-4]

① 초기고장기   ② 우발고장기
③ 중간고장기   ④ 마모고장기

해설 초기고장을 경감하기 위해서는 스크리닝(screening), 번인(burn-in) 또는 디버깅(debugging)을 실시한다.

44. 초기고장기간에 발생하는 고장의 원인이 아닌 것은?   [16-1, 20-1, 21-1]

① 설계 결함
② 불충분한 보전
③ 조립상의 결함

4 과목

④ 불충분한 번인(burn-in)

해설 불충분한 보전(정비), 부식 또는 산화, 마모 또는 피로는 마모고장기간에 발생하는 고장원인이다.

45. 초기고장기간의 고장률을 감소시키기 위한 대책으로 맞는 것은? [21-2]
① 부품에 대한 예방보전을 실시한다.
② 부품의 수입검사를 전수검사로 한다.
③ 부품에 대한 번인(burn-in) 시험을 한다.
④ 부품의 수입검사를 선별형 샘플링검사로 한다.

해설 초기고장을 경감하기 위해서는 스크리닝(screening), 번인(burn-in) 또는 디버깅(debugging)을 실시한다.

46. 다음 중 내용수명(useful life of longevity)이란? [05-4, 20-1]
① 우발고장의 기간
② 마모고장의 기간
③ 초기고장의 기간
④ 규정된 고장률 이하의 기간

해설 내용수명(useful life of longevity)이란 규정된 고장률 이하의 기간을 말한다.

47. 다음 그림은 고장시간의 전형적 분포를 보여주는 욕조곡선이다. 이 중 B 기간을 분포로 모형화할 때, 어떤 분포가 적절한가? [13-1, 21-4]

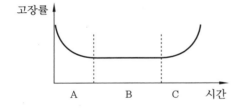

① 지수분포
② 정규분포
③ 형상모수가 1보다 큰 와이블분포
④ 형상모수가 1보다 작은 와이블분포

해설 ② 정규분포-C 구간
③ 형상모수가 1보다 큰 와이블분포-C 구간
④ 형상모수가 1보다 작은 와이블분포-A 구간

48. 시스템의 수명곡선이 욕조곡선(bath-tub curve)을 따를 때, 우발고장기간의 고장률에 해당하는 것은? [09-4, 22-2]
① AFR(Average Failure Rate)
② CFR(Constant Failure Rate)
③ DFR(Decreasing Failure Rate)
④ IFR(Increasing Failure Rate)

해설 우발고장기간(CFR : Constant Failure Rate)은 고장률이 비교적 낮으며, 시간에 관계없이 일정한 경우로서 형상모수 $m=1$, 지수분포에 대응된다.

49. 고장률이 CFR인 경우의 고장확률밀도함수는? [05-1, 09-1, 12-2, 16-2, 19-1]
① 지수분포
② 정규분포
③ 대수 정규분포
④ 대수 정규분포, 와이블분포(단, 형상모수 $m < 1$)

해설 우발고장기간(CFR)은 형상모수 $m=1$, 지수분포에 대응된다.

50. 다음 중 와이블분포가 지수분포와 동일한 특성을 갖기 위한 형상모수(m)의 값은 얼마인가? [06-2, 17-4]
① 0.5   ② 1.0   ③ 1.5   ④ 2.0

해설 와이블분포는 형상모수(shape parameter ; m)에 따라 다양한 고장 특성을 갖는다.
㉠ $m < 1$이면 고장률함수 $\lambda(t)$는 감소형 (DFR)이 된다.
㉡ $m = 1$이면 고장률함수 $\lambda(t)$는 일정형 (CFR)이 되고 지수분포에 대응한다.
㉢ $m > 1$이면 고장률함수 $\lambda(t)$는 증가형 (IFR)이 되고 정규분포에 대응한다.

51. Y제품의 신뢰도를 추정하기 위하여 수명시험을 하고, 와이블 확률지를 사용하여 형상모수(m)의 값을 추정하였더니 $m = 1.0$이 되었다. 이 제품의 고장률에 대한 설명으로 맞는 것은? [19-4]
① 고장률은 IFR이다.
② 고장률은 CFR이다.
③ 고장률은 DFR이다.
④ 고장률은 불규칙이다.

해설 우발고장기간(CFR)은 형상모수 $m = 1$이다.

52. 우발고장기간의 고장률을 감소시키기 위한 대책이 아닌 것은? [07-1, 16-2, 20-2]
① 혹사하지 않도록 한다.
② 주기적인 예방보전을 한다.
③ 과부하가 걸리지 않도록 한다.
④ 사용상의 과오를 범하지 않게 한다.

해설 불충분한 보전(정비) 또는 부식, 산화, 마모, 피로는 마모고장기간에 발생하는 고장 원인이며, 주기적인 예방보전을 실시한다.

53. 욕조형 고장률함수에서 우발고장기간에 대한 설명으로 맞는 것은 다음 중 어느 것인가? [15-1, 15-2, 19-2]
① 설비의 노후화로 인하여 발생한다.

② 불량제조와 불량설치 등에 의해 발생한다.
③ 고장률이 비교적 크며, 시간이 지남에 따라 증가한다.
④ 고장률이 비교적 낮으며, 시간에 관계없이 일정하다.

해설 ①, ③ 마모고장기간(IFR), ② 초기고장기간(DFR)에 해당한다.

54. 수명자료가 정규분포인 경우의 고장률함수 $\lambda(t)$의 형태는? [14-2, 22-1]
① 일정함수
② 상수함수
③ 감소함수
④ 증가함수

해설 마모고장기간(IFR : Increasing Failure Rate)은 고장률은 시간에 따라 증가하는 경우로서 형상모수 $m > 1$, 정규분포에 대응된다.

55. 마모고장기간에 발생하는 마모고장의 원인이 아닌 것은? [19-2]
① 낮은 안전계수
② 부식 또는 산화
③ 불충분한 정비
④ 마모 또는 피로

해설 낮은 안전계수, 과중한 부하, 사용자의 과오 등은 우발고장의 원인이다.

56. 대시료 실험에 있어서의 신뢰성 척도에 관한 설명으로 틀린 것은 다음 중 어느 것인가? [09-1, 15-4, 22-1]
① 누적고장확률과 신뢰도함수의 합은 어느 시점에서나 항상 동일하게 1로 나타난다.
② 어떤 시점 0에서 t까지 고장확률밀도함수를 적분하면 그 시점까지의 불신뢰도 $F(t)$를 알 수 있다.
③ 어느 정도 시간이 경과하여 고장개수가 상당히 발생하였을 때, 그 시점에서 고장확률밀도함수는 고장률함수보다 크거나 같다.

④ 어떤 시점 t와 $(t+\triangle t)$시간 사이에 발생한 고장개수를 시점 t에서의 생존개수로 나눈 뒤 이것을 $\triangle t$로 나눈 것을 고장률함수 $\lambda(t)$라 한다.

해설 고장확률 밀도함수

$$f(t) = \frac{\text{구간고장개수}}{\text{초기 샘플수}} \times \frac{1}{\text{구간시간}}$$

$$= \frac{n(t)-n(t+\triangle t)}{N} \times \frac{1}{\triangle t}$$

고장률함수

$$\lambda(t) = \frac{\text{구간고장개수}}{t\text{시점의 생존개수}} \times \frac{1}{\text{구간시간}}$$

$$= \frac{n(t)-n(t+\triangle t)}{n(t)} \times \frac{1}{\triangle t}$$

따라서 어느 정도 시간이 경과하여 고장개수가 상당히 발생하였을 때, 그 시점에서 고장확률밀도함수는 고장률함수보다 작게 된다.

① $F(t)+R(t)=1$

② $F(t)=\int_0^t f(t)\,dt$

④ $\lambda(t) = \dfrac{\text{구간고장개수}}{t\text{시점의 생존개수}} \times \dfrac{1}{\text{구간시간}}$

$$= \frac{n(t)-n(t+\triangle t)}{n(t)} \times \frac{1}{\triangle t}$$

57. 표본의 크기가 n일 때 시간 t를 지정하여 그때까지의 고장수를 r이라고 하면, 시간 t에 대한 신뢰도 $R(t)$의 점추정치를 맞게 표현한 것은? [12-2, 20-4]

① $\dfrac{n}{r}$

② $\dfrac{r}{n}$

③ $\dfrac{n-r}{r}$

④ $\dfrac{n-r}{n}$

해설 전체 표본 n개 중에서 t시점까지 $n-r$개 잔존하므로 신뢰도 $R(t) = \dfrac{n-r}{n}$ 이다.

58. 어느 가정의 연말 크리스마스트리가 50개의 전구로 구성되어 있다. 이 트리를 점등

후 연속사용 할 때 1000시간까지 고장 난 개수가 30개라고 할 때, 1000시간까지의 전구의 신뢰도는? [08-4, 16-2, 19-4]

① 0.3 ② 0.2 ③ 0.4 ④ 0.5

해설 $R(t) = \dfrac{n(t)}{N} = \dfrac{50-30}{50} = 0.4$

59. 100개의 샘플에 대한 6시간에 걸친 수명시험결과 다음 표와 같은 자료를 얻었다. 이때 시험시간 $t=2$인 경우의 신뢰도함수의 값, 즉 $R(t=2)$의 추정값을 계산하면 얼마인가? (단, $\triangle t$를 1로 놓고, 계산하시오.)

[06-2, 07-1, 15-4]

시험시간	고장개수
0~1	5
1~2	25
2~3	32
3~4	27
4~5	9
5~6	2

① 0.95 ② 0.70 ③ 0.62 ④ 0.30

해설 $R(t) = \dfrac{n(t)}{N} = \dfrac{100-30}{100} = 0.70$

60. 전구 100개에 대한 수명시험을 한 결과 다음 표와 같은 데이터를 얻었다. $t=120$시간에서의 누적고장확률은 얼마인가?

[07-2, 09-4, 13-2, 16-4]

시간(t)	생존개수(n)
0	100
30	95
60	85
90	65
120	35
150	10
180	0

① 0.85 ② 0.65 ③ 0.35 ④ 0.15

해설 $F(t=120) = \dfrac{100-35}{100} = 0.65$

61. 300개의 전구로 구성된 전자제품에 대하여 수명시험을 한 결과 4시간과 6시간 사이의 고장개수가 22개이다. 4시간에서 이 전구의 고장확률밀도함수 $f(t)$는 약 얼마인가? [09-1, 15-2, 18-1]

① 0.0333/시간 ② 0.0367/시간
③ 0.0433/시간 ④ 0.0457/시간

해설 $f(t) = \dfrac{n(t)-n(t+\triangle t)}{N} \cdot \dfrac{1}{\triangle t}$

$= \dfrac{22}{300} \times \dfrac{1}{2} = 0.0367/$시간

62. 전구 100개에 대한 수명시험을 하여 다음과 같은 데이터를 얻었다. $t=30$과 $t=60$ 사이에서의 고장확률밀도함수 $f(t)$를 추정하면 약 얼마인가? [12-4]

시간(t)	생존개수(n)
0	100
30	95
60	85
90	65
120	35
150	10
180	0

① 0.1/시간 ② 3.5×10^{-3}/시간
③ 0.105/시간 ④ 3.3×10^{-3}/시간

해설 $f(t) = \dfrac{n(t)-n(t+\triangle t)}{N} \times \dfrac{1}{\triangle t}$

$= \dfrac{10}{100} \times \dfrac{1}{30} = 0.00333$

$= 3.3\times10^{-3}/$시간

63. 신뢰성의 척도 중 시점 t에서의 순간 고장률을 나타낸 것으로 틀린 것은? (단,

$R(t)$는 신뢰도, $F(t)$는 불신뢰도, $f(t)$는 고장확률밀도함수, $n(t)$는 시점 t에서의 잔존 개수이다.) [09-2, 17-2]

① $\dfrac{f(t)}{R(t)}$

② $R(t) \times \left(-\dfrac{dR(t)}{dt}\right)$

③ $\dfrac{dF(t)}{dt} \times \dfrac{1}{1-F(t)}$

④ $\dfrac{n(t)-n(t+\triangle t)}{n(t)} \times \dfrac{1}{\triangle t}$

해설 ① $\lambda(t) = \dfrac{f(t)}{R(t)}$

② $\lambda(t) = \dfrac{\frac{dF(t)}{dt}}{R(t)} = \dfrac{1}{R(t)} \times \dfrac{d(1-R(t))}{dt}$

$= \dfrac{1}{R(t)} \times \left(-\dfrac{dR(t)}{dt}\right)$

③ $\lambda(t) = \dfrac{\frac{dF(t)}{dt}}{R(t)} = \dfrac{dF(t)}{dt} \times \dfrac{1}{R(t)}$

$= \dfrac{dF(t)}{dt} \times \dfrac{1}{1-F(t)}$

④ $\lambda(t) = \dfrac{n(t)-n(t+\triangle t)}{n(t)} \times \dfrac{1}{\triangle t}$

64. 샘플 54개에 대한 수명시험 결과 다음 표와 같은 데이터를 얻었다. 구간 4~5시간에서의 고장률은 약 얼마인가? [12-1, 13-1, 19-1]

시간간격	고장개수
0~1	2
1~2	5
2~3	10
3~4	16
4~5	9
5~6	7
6~7	4
7~8	1
계	54

① 0.167/시간 ② 0.429/시간
③ 0.611/시간 ④ 0.750/시간

해설 $\lambda(t) = \dfrac{n(t)-n(t+\triangle t)}{n(t)} \times \dfrac{1}{\triangle t}$

$= \dfrac{9}{54-33} \times \dfrac{1}{1} = 0.429/시간$

65. 다음 표는 샘플 200개에 대한 수명시험 데이터이다. 500~1000 관측시간에서의 경험적(empirical) 고장률 ($\lambda(t)$)은 얼마인가? [14-2, 18-4]

구간별 관측시간	구간별 고장개수
0~200	5
200~500	10
500~1000	30
1000~2000	40
2000~5000	50

① $1.50 \times 10^{-4}/h$
② $1.62 \times 10^{-4}/h$
③ $3.24 \times 10^{-4}/h$
④ $4.44 \times 10^{-4}/h$

해설 $\lambda(t) = \dfrac{\text{시간}t\text{와}(t+\triangle t)\text{사이의 고장개수}}{t\text{시점에서의 생존수}} \times \dfrac{1}{\triangle t}$

$= \dfrac{n(t)-n(t+\triangle t)}{n(t)} \times \dfrac{1}{\triangle t}$

$= \dfrac{30}{200-(5+10)} \times \dfrac{1}{500}$

$= 3.24 \times 10^{-4}/h$

66. n개의 아이템을 수명시험하여 데이터를 크기 순서대로 $t_1, \cdots, t_n$으로 얻었다. 고장분포함수 $F(t)$의 추정을 평균순위법으로 한다면, 이 아이템이 $t_r (1 \leq r \leq n)$ 이상 고장이 없을 신뢰도는 얼마로 추정할 수 있는가? [05-2, 18-2]

① $\dfrac{n-r}{n}$ ② $\dfrac{n+1-r}{n+1}$
③ $\dfrac{n-r}{n+1}$ ④ $\dfrac{n-r+0.5}{n}$

해설 $R(t_r) = 1 - \dfrac{i}{n+1} = \dfrac{n+1-i}{n+1}$

67. 4개의 브레이크 라이닝을 마모실험을 하여 수명을 측정하였더니 200, 270, 310, 440시간으로 나타났다. 다음 중 270시간에서의 평균순위법의 $F(t)$는 얼마인가? [07-1, 12-2, 20-4]

① 0.3333 ② 0.3667
③ 0.4000 ④ 0.6667

해설 평균순위법에 의한 불신뢰도 추정치

$F(t) = \dfrac{i}{n+1} = \dfrac{2}{4+1} = 0.4$이다.

68. 다음 중 40개의 시험제품 중 30개가 고장이 발생하였을 때, 평균순위법을 이용하여 신뢰도 $R(t)$를 구하면 약 얼마인가? [14-4, 15-2, 20-1, 22-2]

① 0.2683 ② 0.2878
③ 0.3279 ④ 0.3474

해설 $R(t) = 1 - F(t) = 1 - \dfrac{i}{n+1}$

$= 1 - \dfrac{30}{40+1} = 0.2683$

69. 평균순위법을 이용하여 소시료 시험결과 2번째 랭크에서의 고장률함수 $\lambda(t_2) = 0.02h$이었다. 이때 실험한 시료수가 5개이고, 3번째 고장난 시료의 고장 시간이 20시간 경과 후였다면 2번째 시료가 고장난 시간은 얼마인가? [16-2, 19-4]

① 7.5시간 ② 10시간
③ 12시간 ④ 15시간

해설 $\lambda(t_i) = \dfrac{1}{(n-i+1)(t_{(i+1)} - t_{(i)})} \rightarrow$

$0.02 = \dfrac{1}{(5-2+1)(20-t_{(2)})} \rightarrow$

$t_{(2)} = 7.5$시간

70. 일반적으로 신뢰도 계산을 할 때 샘플의 수가 적은 경우 사용하는 방법이 아닌 것은? [21-4]

① 평균순위법

② 메디안순위법

③ 모드순위법

④ 표준편차순위법

해설 샘플수가 적은 경우 신뢰도 계산은 메디안순위법, 평균순위법, 모드순위법, 선험적 방법 등이 사용된다.

71. n개의 고장 데이터가 주어졌고 i 번째 고장발생시간을 t_i 라고 할 때 중앙순위법의 $F(t_i)$는? [09-2, 13-4, 16-1]

① $\dfrac{i}{n}$

② $\dfrac{i-0.3}{n+0.4}$

③ $\dfrac{i}{n+1}$

④ $\dfrac{i-0.5}{n}$

해설 ① 경험적(empirical) 추정법

$F_n(t) = \dfrac{i}{n}$

③ 평균랭크(mean rank, 평균순위)

$F_n(t) = \dfrac{i}{n+1}$

④ mode rank법

$F(t) = \dfrac{i-0.5}{n}$

72. 중앙값순위(median rank)표에서 샘플수 (n)가 10개, 고장순번(i)이 1일 때, 첫 번째

고장발생시간에서 불신뢰도 $F(t_i)$는 약 얼마인가? [11-2, 19-1, 20-2]

① 0.013

② 0.067

③ 0.074

④ 0.083

해설 $F_n(t) = \dfrac{i-0.3}{n+0.4} = \dfrac{1-0.3}{10+0.4} = 0.067$

73. 5개의 타이어를 시험기에 걸어 마모실험을 한 결과 다음과 같은 수명데이터를 얻었다. 수명시간 320시간에서의 중앙순위법 (median rank)에 의한 $F(t_i)$는 약 얼마인가? [08-1, 10-2, 15-4, 17-1]

├── 데이터 ──┤
(단위 : 시간)
320, 250, 400, 310, 300

① 0.6667

② 0.6852

③ 0.8000

④ 0.8704

해설 수명을 크기 순으로 나열하면 250, 300, 310, 320, 400이다. 중앙순위법에 의하면

$F_n(t) = \dfrac{i-0.3}{n+0.4} = \dfrac{4-0.3}{5+0.4} = 0.6852$

74. 5, 10.5, 18, 34, 47.6, 55, 67.2, 82, 100.5, 117.8과 같은 완전데이터의 고장률함수 $\lambda(t=34)$ 값은? (단, 중앙순위법 (median rank)에 의해 계산한다.)

① 0.0110/시간 [09-4, 15-1]

② 0.0149/시간

③ 0.0222/시간

④ 0.0235/시간

해설 $\lambda(t) = \dfrac{1}{(n-i+0.7)(t_{(i+1)} - t_{(i)})}$

$= \dfrac{1}{(10-4+0.7)(47.6-34)}$

$= 0.0110$/시간

4 과목

3. 신뢰성 시험과 추정

1. 수명데이터를 분석하기 위해서는 먼저 그 데이터의 분포를 알아야 하는데 분포의 적합성 검정에 사용할 수 없는 것은 어느 것인가? [07-2, 17-2, 20-4, 21-2]

① 최우추정법
② Bartlett 검정
③ 카이제곱 검정
④ Kolmogorov-Smirnov 검정

해설 분포도의 적합성 검정에는 ㉠ χ^2 적합도 검정, ㉡ 고르모고로프-스미르노프(Kolmogorov-Smirnov) 검정, ㉢ Bartlett의 적합도 검정, ㉣ 확률지 타점이 사용된다.

2. 신뢰성 시험을 실시하는 적합한 이유를 다음에서 모두 나열한 것은? [12-2, 19-1]

┤ 다음 ├
㉠ MTBF 추정을 위하여
㉡ 설정된 신뢰성을 요구조건을 만족하는지 확인하기 위하여
㉢ 설계의 약점을 밝히기 위하여
㉣ 제조품의 수입이나 보증을 위하여

① ㉠, ㉡   ② ㉠, ㉡, ㉢
③ ㉡, ㉢   ④ ㉠, ㉡, ㉢, ㉣

해설 신뢰성 시험은 아이템(item)의 신뢰성을 평가하고 향상시키기 위하여 수행하는 모든 시험을 말한다.

3. 다음 중 파괴시험에 해당되지 않는 것은 어느 것인가? [14-2, 17-2]

① 동작시험   ② 정상수명시험
③ 가속수명시험   ④ 강제열화시험

해설 동작시험은 비파괴검사에 해당된다.

4. 부품의 단가는 400원이고, 시험하는 전체 부품의 시간당 시험비는 60원이다. 총 시험시간(T)을 200시간으로 수명시험을 할 때, 가장 경제적인 것은? [07-1, 17-1, 20-1]

① 샘플 5개를 40시간 시험한다.
② 샘플 10개를 20시간 시험한다.
③ 샘플 20개를 10시간 시험한다.
④ 샘플 40개를 5시간 시험한다.

해설 총비용 = 부품단가×샘플개수+시간당 시험비×시험시간
① $400×5+60×40 = 4,400$원
② $400×10+60×20 = 5,200$원
③ $400×20+60×10 = 8,600$원
④ $400×40+60×5 = 16,300$원

5. 신뢰성 시험은 실시장소, 시험의 목적, 부과되는 스트레스 크기 등에 따라 분류할 수 있다. 시험목적에 따른 신뢰성 시험의 분류가 아닌 것은? [22-1]

① 신뢰성 현장시험   ② 신뢰성 결정시험
③ 신뢰성 인증시험   ④ 신뢰성 비교시험

해설 신뢰성 시험의 분류
㉠ 시험장소에 의한 분류-실험실 시험, 사용현장시험
㉡ 시험의 목적에 의한 분류-제품의 신뢰성 척도 추정(결정), 계약서 또는 규격서에

명시된 신뢰성 척도의 부합 여부, 2가지 제품의 비교

ⓒ 부과되는 스트레스 크기 – 정상시험, 가속시험

6. ESS(Environmental Stress Screening) 에서 스트레스에 의하여 확인될 수 있는 고장모드에는 온도사이클과 임의진동이 있다. 이 중 온도사이클에 의한 스트레스로 발생할 수 있는 고장의 형태는? [19-2]

① 끊어진 와이어
② 인접모드와의 마찰
③ 부품 파라미터 변화
④ 부적절하게 고정된 부품

해설 ③은 온도사이클(temperature cycling) 로 나타나는 고장형태이며, ①, ②, ④는 임의진동(random vibration)으로 나타나는 고장형태이다.

7. 시험분석 및 시정조치(TAAF) 프로그램에 의하여 설계 및 제조상의 결함을 발견하고, 이를 시정조치함으로써 시간이 지남에 따라 신뢰성 척도가 점진적으로 향상되는 과정에 대한 시험을 무엇이라 하는가? [13-4, 18-2]

① 신뢰성 성장시험
② 신뢰성 인증시험
③ 생산신뢰성 수락시험
④ 환경 스트레스 스크리닝 시험

해설 신뢰성 성장시험은 시험분석 및 시정조치(TAAF) 프로그램에 의하여 설계 및 제조상의 결함을 발견하고, 이를 시정조치함으로써 시간이 지남에 따라 신뢰성 척도가 점진적으로 향상되는 과정에 대한 시험이다.

8. 생산단계에서 초기고장을 제거하기 위하여 실시하는 시험은? [15-1, 20-4]

① 내구성 시험
② 신뢰성 성장 시험
③ 스크리닝 시험
④ 신뢰성 결정 시험

해설 생산단계에서 초기고장을 제거하기 위하여 스크리닝(screening) 시험을 실시한다.

9. 다음 중 일반적인 신뢰성 시험의 평균수명시험을 추정하는 방법으로 시간이나 개수를 정해놓고 그때까지만 수명시험을 하는 시험은? [10-4, 18-1]

① 전수시험
② 강제열화시험
③ 가속수명시험
④ 중도중단시험

해설 정시중단방식은 미리 시간을 정해놓고 그 시간이 되면 고장수에 관계없이 시험을 중단하는 방식이며, 정수중단방식은 미리 고장개수를 정해놓고 그 수의 고장이 발생하면 시험을 중단하는 방식이다. 이런 시험을 중도중단(censored)시험이라고 한다.

10. 다음 중 신뢰성 시험에 대한 설명 중 틀린 것은? [17-1]

① 현장시험(field test)은 실제 사용 상태에서 실시하는 시험이다.
② 가속수명시험은 고장 메커니즘을 촉진하기 위해 가혹한 환경조건에서 실시하는 시험이다.
③ 정수중단시험은 규정된 시험시간 또는 고장발생수에 도달하면 시험을 종결하는 방식이다.
④ 단계 스트레스시험이란 특정 부품에 대하여 등간격으로 증가하는 스트레스 수준을 순차적으로 적용하는 시험이다.

해설 중도중단시험은 규정된 시험시간 또는 고장발생수에 도달하면 시험을 종결하는 방식이다.

정답 ● 6. ③ 7. ① 8. ③ 9. ④ 10. ③

11. 수명시험 방식 중 정시중단방식의 설명으로 맞는 것은? [06-4, 17-4, 21-1]
① 정해진 시간마다 고장수를 기록하는 방식
② 미리 고장개수를 정해놓고 그 수의 고장이 발생하면 시험을 중단하는 방식
③ 미리 시간을 정해놓고 그 시간이 되면 고장수에 관계없이 시험을 중단하는 방식
④ 미리 시간을 정해놓고 그 시간이 되면 고장난 아이템에 관계없이 전체를 교체하는 방식

해설 정시중단방식은 미리 시간을 정해놓고 그 시간이 되면 고장수에 관계없이 시험을 중단하는 방식이다.

12. 고장분포함수가 지수분포인 부품 n개의 고장시간이 t_1, t_2, $\cdots$, t_n으로 얻어졌다. 평균고장시간(MTBF 또는 MTTF)에 대한 추정치로 맞는 것은? (단, $t_{(i)}$은 i 번째 순서통계량이다.) [18-1, 20-4]

① $\dfrac{n}{\sum\limits_{i=1}^{n} t_i}$

② $\dfrac{\sum\limits_{i=1}^{n} t_i}{n}$

③ $\dfrac{t_{(1)} + t_{(2)}}{2}$

④ n이 홀수일 때 $t\left(\dfrac{n+1}{2}\right)$

n이 짝수일 때 $\dfrac{t_{\left(\frac{n}{2}\right)} + t_{\left(\frac{n}{2}+1\right)}}{2}$

해설 고장분포함수가 지수분포인 부품 n개의 고장시간이 t_1, t_2, $\cdots$, t_n으로 얻어졌을 때 평균고장시간(MTBF 또는 MTTF)에 대한 추정치는 $\dfrac{T}{n} = \dfrac{\sum\limits_{i=1}^{n} t_i}{n}$ 이다.

13. 수명분포가 지수분포인 부품 n 개의 고장시간이 각각 X_1, $\cdots$, X_n 일 때, 고장률 λ에 대한 추정치 $\hat{\lambda}$ 는? [14-2, 18-2]

① $\hat{\lambda} = n / \sum\limits_{i=1}^{n} X_i$

② $\hat{\lambda} = n / \sum\limits_{i=1}^{n} \ln X_i$

③ $\hat{\lambda} = \dfrac{1}{n} \sum\limits_{i=1}^{n} X_i$

④ $\hat{\lambda} = \dfrac{1}{n} \sum\limits_{i=1}^{n} \ln X_i$

해설 $\hat{\lambda} = \dfrac{r}{T} = n / \sum\limits_{i=1}^{n} X_i$

14. 어떤 기계의 고장은 1000시간당 2.5%의 비율로 일정하게 발생한다. 이 기계의 $MTBF$는 몇 시간인가? [14-2]
① 40시간 ② 400시간
③ 4000시간 ④ 40000시간

해설 $\lambda = 2.5\%/1,000$시간 $\rightarrow$
$\lambda = \dfrac{2.5}{100}/1,000$시간 $= 2.5/100,000$시간
$MTBF = \dfrac{1}{\lambda} = \dfrac{100,000}{2.5} = 40,000$시간

15. 지수분포를 따르는 부품 10개에 대해 고장이 나면 즉시 교체가 되는 수명시험으로 100시간에서 중지하였다. 이 시간 동안 고장난 부품이 4개로 고장이 각각 10, 30, 70, 90시간에서 발생하였다. 이 부품에 대한 $t_c = 100$ 시간에서의 누적고장률 $H(t)$ 는 얼마인가? [17-1]
① 0.33/hr ② 0.40/hr
③ 0.50/hr ④ 0.67/hr

해설 • $H(t) = \lambda \times t \equiv \dfrac{4}{10 \times 100} \times 100$
$= 0.4/\text{hr}$
• $\lambda = \dfrac{r}{T} = \dfrac{r}{n \times t_c} = \dfrac{4}{10 \times 100}$

16. 수명이 지수분포를 따르는 제품에 대해 10개를 샘플링하여 7개가 고장날 때까지 수명시험을 하였더니 다음과 같은 고장시간 데이터를 얻었다. 그리고 샘플 중 고장난 것은 새 것으로 교체하지 않았다. 이 경우 평균수명시간의 점 추정값을 구하면 약 몇 시간인가? [14-4, 16-2, 18-1]

고장시간
3, 9, 12, 18, 27, 31, 43

① 28시간 ② 35시간
③ 39시간 ④ 42시간

해설 $T = 3 + 9 + 12 + 18 + 27 + 31$
$+ 43 + (10-7) \times 43 = 272$

$\widehat{MTTF} = \dfrac{T}{r} = \dfrac{272}{7} = 39$시간

17. 고장이 랜덤하게 발생하는 20개의 전자 부품 중 5개가 고장날 때까지 수명시험을 실시한 결과 216, 384, 492, 783, 1010 시간에 각각 한 개씩 고장이 났다. 이 부품의 평균고장률은 약 얼마인가? [20-4]

① 2.22×10^{-4}/시간
② 2.77×10^{-4}/시간
③ 3.30×10^{-4}/시간
④ 4.51×10^{-5}/시간

해설 $T = (216 + 384 + 492 + 783 + 1,010)$
$+ (20-5) \times 1,010 = 18,035$

$\hat{\lambda} = \dfrac{r}{T} = \dfrac{5}{18,035}$
$= 0.000277(2.77 \times 10^{-4}$/시간$)$

18. 60개의 아이템을 수명시험에 걸어 10개가 고장날 때까지 계속했다. 고장시간은 시간단위로 하여 다음과 같다. 이 경우 600 시간 시점에서 신뢰도는 약 얼마인가? (단, 아이템의 수명분포는 지수분포를 따른다고 한다.) [08-4, 16-1]

고장시간
85, 151, 280, 376, 492, 520,
623, 715, 820, 914

① 0.4877 ② 0.5488
③ 0.8616 ④ 0.8883

해설 $T = 85 + 151 + \cdots + 820 + 914$
$+ (60-10) \times 914 = 50,676$

$\lambda = \dfrac{r}{T} = \dfrac{r}{\sum\limits_{i=1}^{r} t_i + (n-r) \times t_r} = \dfrac{10}{50,676}$

$R(t) = e^{-\lambda t} = e^{\left(-\frac{10}{50,676} \times 600\right)} = 0.8883$

19. 지수분포를 따르는 20개의 제품을 수리 또는 교환이 있는 수명시험을 행하여 10개가 고장날 때까지 계속하였다. 10번째 고장 나는 시간(t_r)을 측정하였더니 90시간이었다. 이 경우 100시간에서 신뢰도는 얼마인가? [13-4, 14-1]

① $e^{-\frac{100}{180}}$ ② $e^{-\frac{100}{90}}$
③ $e^{-\frac{1800}{100}}$ ④ $e^{-\frac{900}{100}}$

해설 $\lambda = \dfrac{r}{n t_r} = \dfrac{10}{20 \times 90} = \dfrac{1}{180} \rightarrow$

$R(t) = e^{-\lambda t} \rightarrow R(100) = e^{-\frac{1}{180} \times 100}$

20. 평균수명이 1000시간 정도되는지를 판정하기 위해 샘플을 20개로 하여 고장난 것은 즉시 새 것으로 교체하면서 4번째 고장이 발생할 때까지 시험하고자 한다. 4번째 고장시간이 얼마여야 평균수명을 1000시간으로 추정할 수 있겠는가? [12-1, 21-4]

① 100시간 ② 200시간

③ 400시간　　　④ 600시간

해설 $\widehat{MTBF} = \dfrac{nt_r}{r} \to 1,000 = \dfrac{20 \times t_r}{4} \to$

$t_r = 200$시간

21. 시료 n개를 샘플링하여 미리 정해진 시험중단시간인 t_0 시간이 되면 시험을 중단하는 정시중단시험에서 평균수명의 측정값의 식은 어느 것인가? (단, 고장이 발생하여도 교체하지 않는 경우이며, r은 고장개수이다.)　　　[13-2, 18-2]

① $\hat{\theta} = \dfrac{nt_0}{r}$

② $\hat{\theta} = \dfrac{\sum\limits_{i=1}^{r} t_i + (n-r)t_0}{r}$

③ $\hat{\theta} = \dfrac{rt_0}{n}$

④ $\hat{\theta} = \dfrac{\sum\limits_{i=1}^{r} t_i + (n-r)t_0}{n}$

해설 정시중단방식(교체하는 경우)

$\widehat{MTBF} = \dfrac{nt_0}{r}$

정시중단방식(교체하지 않는 경우)

$\widehat{MTBF} = \dfrac{\sum\limits_{i=1}^{r} t_i + (n-r)t_0}{r}$

22. 어떤 제품이 20시간, 30시간, 40시간의 고장시간을 기록하였고, 또 하나는 70시간 동안 고장이 일어나지 않았다. 그렇다면 이 기기의 평균수명은 약 몇 시간인가? [19-4]

① 30　　　　② 40
③ 53　　　　④ 95

해설 $T = 20 + 30 + 40 + (1 \times 70) = 160$

$\widehat{MTBF} = \dfrac{T}{r} = \dfrac{\sum\limits_{i=1}^{r} t_i + (n-r)t_0}{r}$

$= \dfrac{160}{3} = 53.3$시간

23. 수명분포가 지수분포인 부품 n개를 t_0 시간에서 정시중단시험을 하였다. t_0 시간 동안 고장수는 r개이고, 고장품을 교체하지 않는 경우 각각의 고장시간이 $t_1, \cdots, t_r$ 이라면, 고장률 λ에 대한 추정치는 얼마인가?　　　[14-2, 15-1, 18-4, 19-2]

① $r / \sum\limits_{i=1}^{r} t_i$

② $(\sum\limits_{i=1}^{r} t_i + (n-r)t_0)/r$

③ $n / (\sum\limits_{i=1}^{r} t_i + (n-r)t_0)$

④ $r / (\sum\limits_{i=1}^{r} t_i + (n-r)t_0)$

해설 정시중단방식(교체하지 않는 경우)

$\hat{\lambda} = \dfrac{총고장수}{총관측시간}$

$= \dfrac{r}{T} = \dfrac{r}{\sum\limits_{i=1}^{r} t_i + (n-r)t_o}$

24. 다음 중 10개의 부품에 대하여 500시간 수명시험 결과 38, 68, 134, 248, 470시간에 각각 고장이 발생하였을 때 평균고장률은 얼마인가? (단, 고장시간은 지수분포를 따른다.)　　　[05-1, 09-2, 16-4, 17-4, 21-1]

① 2.146×10^{-3}/시간
② 1.746×10^{-3}/시간
③ 1.546×10^{-3}/시간
④ 1.446×10^{-3}/시간

해설 $T = 38 + 68 + 134 + 248 + 470$
$\qquad + (10 - 5) \times 500 = 3,458$

$$\lambda = \frac{r}{T} = \frac{5}{3,458}$$
$$= 0.0014459 (1.446 \times 10^{-3}/\text{시간})$$

25. 10개의 샘플에 대한 수명시험을 50시간 동안 실시하였더니. 다음 표와 같은 고장시간자료를 얻었다. 그리고 고장난 샘플은 새 것으로 교체하지 않았다. 평균수명의 점추정치는 얼마인가?　　　　　[07-4, 19-2]

i	1	2	3	4
t_i	15	20	25	40

① 10시간 　　　　② 25시간
③ 50시간 　　　　④ 100시간

해설 정시중단방식
$T = 15 + 20 + 25 + 40 + (10 - 4) \times 50 = 400$

$$\widehat{MTTF} = \frac{\text{총시험시간}(T)}{\text{총고장수}(r)}$$
$$= \frac{400}{4} = 100 \text{시간}$$

26. Y수리계 시스템을 총 50시간 동안(수리시간 포함) 연속 사용한 경우 5회의 고장이 발생하였고 각각의 수리시간이 0.5시간, 0.5시간, 1.0시간, 1.5시간, 1.5시간이었다면 $MTBF$ 는 얼마인가?　　　　　[10-4, 18-2]

① 5시간 　　　　② 9시간
③ 14시간 　　　　④ 40시간

해설 $T = 50 - (0.5 + 0.5 + 1 + 1.5 + 1.5) = 45$

$$\widehat{MTBF} = \frac{\text{총 작동시간}}{\text{고장수}} = \frac{T}{r} = \frac{45}{5} = 9 \text{시간}$$

27. 지수분포의 수명을 갖는 어떤 부품 10개를 수명시험하여 100시간이 되었을 때 시험을 중단하였다. 고장난 부품의 수는 4

개였고, 평균수명은 200시간으로 추정되었다. 이 부품을 100시간 사용한다면 누적고장확률은 약 얼마인가?　　　[09-1, 20-4]

① 0.0050 　　　　② 0.3935
③ 0.5000 　　　　④ 0.6077

해설 $\lambda = \dfrac{1}{\theta} = \dfrac{1}{200} \;\rightarrow$
$$F(t) = 1 - R(t) = 1 - e^{-\lambda t}$$
$$= 1 - e^{-\frac{1}{200} \times 100} = 0.3935$$

28. 동일한 부품을 사용하는 5대의 기계를 200시간 동안 작동시켜 그 부품의 고장을 관찰하였다. 다음 표는 그 부품이 고장났던 시간들이다. 이 부품의 고장분포는 지수분포라 하고, 고장 즉시 동일한 것으로 교체되었다. 이 부품의 평균고장시간 $MTBF$는 얼마인가?　　　　　[21-4]

기계	고장시간
1	75, 120
2	없음
3	없음
4	150
5	30, 85, 90

① $\dfrac{550}{6}$ 　　　　② $\dfrac{950}{6}$
③ $\dfrac{1000}{6}$ 　　　　④ 200

해설 $\widehat{MTBF} = \dfrac{T}{r} = \dfrac{nt_o}{r} = \dfrac{5 \times 200}{6} = \dfrac{1,000}{6}$

29. 평균수명이 400시간 정도면 합격시키고 싶은 제품이 있다. 이 제품의 샘플을 10개의 시험장치에 걸어 고장난 것은 즉시 새 것으로 교체하면서 160시간 시험하여 합부를 판정하고자 한다면 시험 중 고장횟수가 몇 회 이하이어야 합격되겠는가?　　[15-4]

① 2회　　　　② 3회
③ 4회　　　　④ 5회

해설 $\widehat{MTBF} = \dfrac{nt_o}{r} \rightarrow 400 = \dfrac{10 \times 160}{r} \rightarrow$
$\quad\quad r = 4$

30. 기계의 평균고장률을 구하기 위하여 한 대의 기계를 작동시키면서 고장이 나면 즉시 새로운 부품으로 교체 수리하고, 계속 2000시간 동안 시험한 결과 그동안 4회의 고장이 발생하였다. 이 기계의 평균고장률의 점추정치는 얼마인가?　　[10-1, 13-4]
① 0.0002/시간　　② 0.0005/시간
③ 0.001/시간　　　④ 0.002/시간

해설 정시마감방식(교체하는 경우)

$$\hat{\lambda} = \frac{r}{T} = \frac{4}{2,000} = 0.002/\text{시간}$$

31. 지수분포의 확률지에 관한 설명으로 틀린 것은?　　[12-4, 17-1, 22-1]
① 회귀선의 기울기를 구하면 평균고장률이 된다.
② 세로축은 누적고장률, 가로축은 고장시간을 타점하도록 되어 있다.
③ 타점 결과 원점을 지나는 직선의 형태가 되면 지수분포라 볼 수 있다.
④ 누적고장률의 추정은 t 시간까지의 고장 횟수의 역수를 취하여 이루어진다.

해설 누적고장률 $H(t) = \lambda t$ 이다.

32. 수명시험 데이터를 분석하는 확률지 분석법에서 수명시험 데이터에 관측 중단된 데이터가 있을 때 확률지 타점법에 관한 설명으로 맞는 것은?　　[05-4, 16-4, 20-1]
① 관측중단 여부에 관계없이 타점한다.
② 관측중단 데이터만 타점하고 고장시간

데이터는 타점하지 않는다.
③ 관측중단 데이터는 버리고 고장시간 데이터만 분석하여 타점한다.
④ 관측중단 데이터는 누적분포함수($F(t)$) 계산에만 이용하고 타점은 고장시간만 한다.

해설 관측중단 데이터는 고장시점이 파악되지 않아 확률지에 타점할 수 없다. 그러나 $F(t)$ 계산 시 시료수 n 에는 관측 중단된 데이터도 포함된다.

33. 다음 중 고장시간 데이터가 와이블분포를 따르는지 알아보기 위해 사용하는 와이블확률지에 대한 설명으로 틀린 것은 어느 것인가?　　[05-4, 15-4, 18-4]
① 관측중단된 데이터는 사용할 수 없다.
② 고장분포가 지수분포일 때도 사용할 수 있다.
③ 분포의 모수들을 확률지로부터 구할 수 있다.
④ t 를 고장시간, $F(t)$ 를 누적분포함수라고 할 때 $\ln t$ 와 $\ln\ln\dfrac{1}{1 - F(t)}$ 과의 직선관계를 이용한 것이다.

해설 관측중단 데이터는 고장시점이 파악되지 않아 확률지에 타점할 수 없다. 그러나 $F(t)$ 계산 시 시료수 n 에는 관측중단된 데이터도 포함되므로 관측중단된 데이터는 사용할 수 있다.

34. 와이블분포의 확률밀도함수가 다음과 같을 때 설명 중 틀린 것은? (단, m 은 형상모수, η 는 척도모수이다.)　　[14-4, 19-2]

$$f(t) = \frac{m}{\eta}\left(\frac{t}{\eta}\right)^{m-1} \cdot e^{-\left(\frac{t}{\eta}\right)^m}$$

정답 • **30.** ④　**31.** ④　**32.** ④　**33.** ①　**34.** ②

① 와이블분포에서 $t = \eta$일 때를 특성수명이라 한다.

② 와이블분포는 지수분포에 비해 모수추정이 간단하다.

③ 와이블분포는 수명자료 분석에 많이 사용되는 수명분포이다.

④ 와이블분포에서는 고장률함수가 형상모수 m의 변화에 따라 증가형, 감소형, 일정형으로 나타난다.

해설 지수분포는 와이블분포에서 형상모수 $m = 1$인 특별한 경우이다. 따라서 와이블분포가 지수분포에 비해 모수추정이 더 복잡하다.

35. 신뢰성 데이터 해석에 사용되는 확률지 중 가장 널리 사용되는 와이블 확률지에 대한 설명으로 틀린 것은? [18-1, 21-4]

① $E(t)$는 $\eta \cdot \Gamma\left(1 + \dfrac{1}{m}\right)$로 계산한다.

② 메디안순위법으로 계산할 경우 $F(t)$는 $\dfrac{i - 0.3}{n + 0.4}$로 계산한 값을 타점한다.

③ 모수 m의 추정은 $\dfrac{\ln[1 - F(x)]^{-1}}{t}$의 값이다.

④ η의 추정은 타점의 직선이 $F(t) = 63\%$인 선과 만나는 점의 하측 눈금(t눈금)을 읽은 값이다.

해설 $\ln t = 1$과 $\ln\ln\dfrac{1}{1 - F(t)} = 0$에서의 교점을 m 추정점이라 하며, m 추정점으로부터 타점된 직선과 평행선을 긋고, 이 평행선이 $\ln t = 0$인 선과 만나는 점의 우측 눈금을 읽고, 이 값의 부호를 바꾸면 m의 추정치가 된다.

36. 와이블확률지에서 가로축과 세로축이 표시하는 것으로 맞는 것은? [16-1, 20-4]

① $(t, \ln\ln[1 - F(t)])$

② $(t, -\ln[1 - F(t)])$

③ $(\ln t, -\ln\ln[1 - F(t)])$

④ $(\ln t, \ln(-\ln[1 - F(t)]))$

해설 와이블확률지의 X축과 Y축의 값은 각각 $\ln t$와 $\ln\ln\dfrac{1}{1 - F(t)}$이다.

따라서 $\ln\ln\dfrac{1}{1 - F(t)} = \ln(-\ln[1 - F(t)])$이다.

37. 다음 중 와이블확률지를 사용하여 μ와 σ를 추정하는 방법에 관한 설명으로 틀린 것은 어느 것인가? [07-4, 11-4, 16-2, 19-2]

① 고장시간 데이터 t_i를 적은 것부터 크기순으로 나열한다.

② $\ln t_0 = 1.0$과 $\ln\ln\dfrac{1}{1 - F(t)} = 1.0$과의 교점을 m 추정점이라 한다.

③ 타점의 직선과 $F(t) = 63\%$와 만나는 점의 아래 측 t눈금을 특성수명 η의 추정치로 한다.

④ m 추정점에서 타점의 직선과 평행선을 그을 때, 그 평행선이 $\ln t = 0.0$과 만나는 점을 우측으로 연장하여 $\dfrac{\mu}{\eta}$와 $\dfrac{\sigma}{\eta}$의 값을 읽는다.

해설 $\ln t_0 = 1.0$과 $\ln\ln\dfrac{1}{1 - F(t)} = 0$과의 교점을 m 추정점이라 한다.

38. 와이블(Weibull)확률지를 이용한 신뢰성 척도의 추정방법을 설명한 것으로 틀린 것은? (단, t는 시간이고, $F(t)$는 t의 분포함수이다.) [17-2, 20-2]

정답 ● **35.** ③ **36.** ④ **37.** ② **38.** ③

① 평균수명은 $\eta \cdot \Gamma\left(1 + \dfrac{1}{m}\right)$으로 추정한다.

② 모분산 $\hat{\sigma}^2 = \eta^2 \cdot \left[\Gamma\left(1 + \dfrac{2}{m}\right) - \Gamma^2\left(1 + \dfrac{1}{m}\right)\right]$으로 추정한다.

③ 와이블(Weibull)확률지의 X축의 값은 t, Y축의 값은 $\ln(\ln\{1 - F(t)\})$이다.

④ 특성수명 η의 추정값은 타점의 직선이 $F(t) = 63\%$인 선과 만나는 점의 t 눈금을 읽으면 된다.

해설 와이블확률지의 X축은 $\ln t$,
Y축은 $\ln\ln\left(\dfrac{1}{1 - F(t)}\right)$이다.

39. 수명시험 중 특히 수명시간을 단축할 목적으로 고장 메커니즘을 촉진하기 위해 가혹한 환경조건에서 행하는 시험은 어느 것인가? [11-2, 14-4, 15-2, 20-1, 21-4]
① 환경시험
② 정상수명시험
③ screening 시험
④ 가속수명시험

해설 가속수명시험은 수명시험 중 특히 수명시간을 단축할 목적으로 고장 메커니즘을 촉진하기 위해 가혹한 환경조건에서(시험조건을 사용조건보다 악화시켜) 행하는 시험이다.

40. 가속수명시험 데이터를 분석하여 사용조건에서의 수명을 예측하고자 한다. 이때 데이터분석에 필요한 것으로 가장 타당한 것은? [19-4]
① 수명분포
② 수명-스트레스 관계식
③ 수명분포와 측정 및 분석장비
④ 수명분포와 수명-스트레스 관계식

해설 가속수명 데이터로 수명을 예측하기

위하여 제품의 수명의 분포와 여러 스트레스 수준에서 수명들 간의 관계(수명-스트레스 관계식)를 알아야 한다.

41. 가속수명시험의 시험조건 사이에 가속성이 성립한다는 것을 확률용지에서 어떻게 확인할 수 있는가? [17-1]
① 확률용지에서 각 시험조건의 수명분포 추정선들이 서로 평행이다.
② 확률용지에서 각 시험조건의 수명분포 추정선들이 서로 직교한다.
③ 확률용지에서 각 시험조건의 수명분포 추정선들이 상호 무상관이다.
④ 확률용지에서 각 시험조건의 수명분포 추정선들의 절편이 서로 동일하다.

해설 가속수명시험의 시험조건 사이에 가속성이 성립한다는 것은 확률용지에서 각 시험조건의 수명분포 추정선들이 서로 평행한지를 보면 확인할 수 있다.

42. 다음 중 가속계수의 정의로 맞는 것은 어느 것인가? [05-2, 16-4]
① (사용조건의 수명) / (가속조건의 수명)
② (사용조건의 수명) - (가속조건의 수명)
③ (가속조건의 수명) / (사용조건의 수명)
④ (가속조건의 수명) - (사용조건의 수명)

해설 가속계수
$$AF = \frac{\text{정상 사용조건에서의 수명}}{\text{가속조건에서의 수명}} = \frac{\theta_n}{\theta_s}$$

43. 가속계수가 12인 가속수준에서 총 시료 10개 중 5개의 부품이 고장났을 때, 시험을 중단하여 다음의 데이터를 얻었다. 정상 사용조건에서의 평균수명은? (단, 이 부품의 수명은 가속수준과 상관없이 지수분포를 따른다.) [15-4, 20-4]

	다음			
24	72	168	300	500

① 59.4hr   ② 356.4hr

③ 2553.6hr   ④ 8553.6hr

해설 $\theta_n = AF \times \theta_s = 12 \times 712.8 = 8,553.6$hr

$\theta_S = \dfrac{총시험시간}{고장수} = \dfrac{T}{r}$

$= \dfrac{(24+72+168+300+500)+(10-5)\times 500}{5}$

$= 712.8$hr

44. 가속수명시험을 위한 아레니우스(Arrhenius) 모델에서 가장 중요한 영향을 미치는 가속인자는 무엇인가?　　　　[06-2, 10-2, 13-2]

① 습도   ② 온도

③ 전압   ④ 압력

해설 아레니우스(Arrhenius) 모델에서 가장 중요한 영향을 미치는 가속인자는 온도이며, 아일링(Generalized Eyring) 모델은 가속인자로 온도 외의 다른 인자도 사용한다.

45. 어떤 전자부품은 150℃ 가속수명시험에서 평균수명이 100시간으로 추정되었다. 이 부품의 활성화에너지가 0.25eV이고 가속계수가 2.0일 때, 정상사용조건의 온도는 약 몇 ℃인가? (단, 볼츠만 상수는 8.617×10^{-5} eV/K이며, 아레니우스 모델을 적용하였다.)　　　　[09-4, 15-1]

① 47   ② 73

③ 100   ④ 111

해설 $AF = e^{\frac{\Delta H}{k}\left(\frac{1}{T_n} - \frac{1}{T_s}\right)} \rightarrow$

$2.0 = e^{\frac{0.25}{8.617 \times 10^{-5}}\left(\frac{1}{T_n} - \frac{1}{150+273}\right)} \rightarrow$

$\ln 2.0 = 2,901\left(\frac{1}{T_n} - \frac{1}{423}\right) \rightarrow$

$T_n = 384$이므로 정상동작 온도는

$384 - 273 = 111$℃이다.

46. 가속수명시험을 위한 가속 모델 중에서 확장된 아일링(Generalized Eyring) 모델이 아레니우스(Arrhenius) 모델과 특히 다른 점은?　　　　[17-4]

① 가속인자로 온도만 사용

② 두 모델에는 차이가 없음

③ 가속인자로 온도와 습도 2개를 사용

④ 가속인자로 온도 외의 다른 인자도 사용

해설 Eyring 모델은 가속인자로 온도 외의 다른 인자(전압, 습도 등)도 사용한다.

47. α승 법칙에 따르는 콘덴서에 대하여 정상전압 220V를 가속전압 260V에서 가속수명시험을 하였다. 이 콘덴서는 $\alpha = 5$인 α승 법칙에 따른다. 이때 가속계수는 약 얼마인가?　　　　[11-4, 16-1]

① 1.182   ② 2.31

③ 8   ④ 40

해설 α승 법칙

가속계수 $AF = \left(\dfrac{V_S}{V_n}\right)^{\alpha} = \left(\dfrac{260}{220}\right)^5 = 2.31$

48. 정상전압 220V의 콘덴서 10개를 가속전압 260V에서 3개가 고장날 때까지 가속수명시험을 하였더니 63시간, 112시간, 280시간에 각각 1개씩 고장났다. 가속계수 값이 2.31인 경우 α(알파)승 법칙을 사용하여 정상전압에서의 평균수명시간을 구하면 약 얼마인가?　　　　[05-1, 07-1, 18-4, 22-2]

① 557.87   ② 1610.56

③ 1859.55   ④ 3679.55

해설 $\theta_S = \dfrac{(63+112+280)+(10-3)\times 280}{3}$

$\qquad\quad = \dfrac{2,415}{3}$

$\qquad \theta_n = AF \times \theta_s$

$\qquad\quad = 2.31 \times \dfrac{2,415}{3} = 1,859.55\,시간$

49. 전자장치의 정상사용전압 V에서의 평균수명 T와 가속전압 V_A에서의 평균수명 T_A는 $\dfrac{T}{T_A}=\left(\dfrac{V_A}{V}\right)^3$의 관계를 갖는다. V_A가 200볼트일 때 얻은 고장시간 데이터에 의해 추정된 T_A가 1000시간이라면 정상사용전압 100볼트에서의 평균수명 T는 얼마인가?　　　　　　　　[08-1, 22-1]

① 8000시간　　　　② 8시간
③ 4000시간　　　　④ 4시간

해설 $T = T_A\left(\dfrac{V_A}{V}\right)^3 = 1,000 \times \left(\dfrac{200}{100}\right)^3$

$\qquad\quad = 8,000\,시간$

50. Y전자부품의 수명은 전압에 대하여 5승법칙에 따른다. 전압을 정상치보다 30% 증가시켜 가속수명시험을 하여 얻은 데이터로부터 추정한 평균수명은 정상수명시험에서 얻은 데이터로부터 추정한 평균수명에 비해 약 얼마나 단축되는가?　　[09-1, 18-1]

① $\dfrac{1}{5.0}$　　　　　② $\dfrac{1}{3.7}$
③ $\dfrac{1}{2.5}$　　　　　④ $\dfrac{1}{1.3}$

해설 $\theta_n = AF \cdot \theta_S \rightarrow \theta_n = \left(\dfrac{1.3}{1}\right)^5 \times \theta_S \rightarrow$

$\qquad \theta_n = 3.71\theta_S \rightarrow \dfrac{1}{3.71}\theta_n = \theta_S$

51. 10℃ 법칙이 적용되는 경우에, 가속온도 100℃에서 수명시험을 하고 추정한 평균수명이 1500시간이다. 만약 가속계수가 32인 경우 정상사용 조건 50℃에서의 평균수명은?　　　　　　　　[06-1, 19-1]

① 3000시간　　　　② 4800시간
③ 48000시간　　　④ 60000시간

해설 $\theta_n = AF \times \theta_S = 32 \times 1,500$

$\qquad\quad = 48,000\,시간$

52. 정상사용온도(30℃)에서의 수명이 10000시간이라면 10℃ 법칙에 의거 가속수명시험온도(130℃)에서의 수명을 구하면 약 몇 시간인가?　　　　　　　　[13-1, 16-2]

① 10시간　　　　② 12시간
③ 14시간　　　　④ 16시간

해설 $\alpha = \dfrac{130-30}{10} = 10 \rightarrow \theta_n = AF \times \theta_S$

$\rightarrow 10,000 = 2^{10} \times \theta_S \rightarrow \theta_S = 9.8\,시간$

53. 수명이 지수분포를 따르는 동일한 제품에 대하여 두 온도 수준에서 각각 20개씩 가속수명시험을 실시하여 다음과 같은 데이터를 얻었다. 이때 가속계수는 약 얼마인가?　　　　　　　　[09-2, 21-1]

> [정상사용온도(25℃)에서의 시험]
> • 중단시간(h) : 5000
> • 고장시간(h) : 450, 1550, 3100,
> 　　　　　　　3980, 4310
>
> [가속열화온도(100℃)에서의 시험]
> • 중단시간(h) : 1000
> • 고장시간(h) : 58, 212, 351, 424,
> 　　　　　　　618, 725, 791

① 4.6　　　　　② 5.3

③ 7.6   ④ 8.8

해설 $\theta_n = \dfrac{T}{r}$

$$= \dfrac{\begin{array}{l}450+1,550+3,100+3,980+\\4,310+(20-5)\times5,000\end{array}}{5}$$

$$= 17,678시간$$

$$\theta_S = \dfrac{T}{r}$$

$$= \dfrac{58+212+\cdots+791+(20-7)\times1,000}{7}$$

$$= 2,311.2857시간$$

$$\theta_n = AF \cdot \theta_S \rightarrow$$

$$AF = \dfrac{\theta_n}{\theta_S} = \dfrac{17,678}{2,311.2857} = 7.64856$$

54. 다음 중 신뢰성 시험의 설명으로 맞는 것은? [07-1, 20-1]

① r번 고장이 발생한 경우 평균수명의 양쪽 신뢰구간은 자유도 r인 χ^2분포를 따른다.

② 고장이 없을 때는 정수중단의 수명 신뢰하한에서 고장횟수 r을 0으로 놓으면 된다.

③ 단 한번 고장의 정수중단과 고장이 전혀 없는 정시중단의 수명 양쪽구간 신뢰하한은 다르다.

④ 고장이 하나도 없을 때는 지수분포를 푸아송분포로 해서 수명의 하한 값을 구하면 된다.

해설 ① r번 고장이 발생한 경우 평균수명의 양쪽 신뢰구간은 자유도 $2r$인 χ^2분포를 따른다.

② 고장이 없을 때는 정시중단의 수명 신뢰하한에서 고장횟수 r을 0으로 놓으면 된다.

③ 단 한번 고장의 정수중단과 고장이 전혀 없는 정시중단의 수명 양쪽구간 신뢰하한은 같다.

55. 정시중단시험에서 고장개수가 0개인 경우 어떠한 분포를 이용하여 평균수명을 구하는가? [09-1, 18-1, 21-2]

① 정규분포   ② 초기하분포
③ 이항분포   ④ 푸아송분포

해설 정시중단시험에서 고장개수가 0개인 경우 푸아송분포를 이용하여 평균수명을 구할 수 있다.

56. 지수분포의 수명을 갖는 부품 n개를 시험하여 고장개수가 r개가 되었을 때 관측을 중단하였다. 총시험시간(T)을 $T = \sum\limits_{i=1}^{r} t_i + (n-r)t_r$ 이라고 할 때, 평균수명시간의 양쪽신뢰구간을 맞게 표현한 것은? [21-1]

① $\left[\dfrac{T}{\chi^2_{\frac{\alpha}{2}}(r)}, \dfrac{T}{\chi^2_{1-\frac{\alpha}{2}}(r)} \right]$

② $\left[\dfrac{2T}{\chi^2_{1-\frac{\alpha}{2}}(r)}, \dfrac{2T}{\chi^2_{\frac{\alpha}{2}}(r)} \right]$

③ $\left[\dfrac{2T}{\chi^2_{1-\frac{\alpha}{2}}(2r)}, \dfrac{2T}{\chi^2_{\frac{\alpha}{2}}(2r)} \right]$

④ $\left[\dfrac{2T}{\chi^2_{\frac{\alpha}{2}}(2r)}, \dfrac{2T}{\chi^2_{1-\frac{\alpha}{2}}(2r+2)} \right]$

해설 정수중단의 경우 평균수명의 신뢰구간은 $\left[\dfrac{2T}{\chi^2_{1-\alpha/2}(2r)}, \dfrac{2T}{\chi^2_{\alpha/2}(2r)} \right]$ 이며,

정시중단의 경우 평균수명의 신뢰구간은 $\left[\dfrac{2T}{\chi^2_{1-\alpha/2}(2r+2)}, \dfrac{2T}{\chi^2_{\alpha/2}(2r)} \right]$ 이다.

57. 정시중단시험에서 평균수명의 $100(1-\alpha)$% 한쪽 신뢰구간 추정 시 하한으로

맞는 것은? (단, $\widehat{MTBF}$는 평균수명의 점 추정치, r은 고장개수이다.) [08-2, 21-2]

① $\dfrac{2r\widehat{MTBF}}{\chi^2_{1-\alpha}(2r)}$

② $\dfrac{2r\widehat{MTBF}}{\chi^2_{1-\alpha}(2r+2)}$

③ $\dfrac{2r\widehat{MTBF}}{\chi^2_{1-\alpha/2}(2r)}$

④ $\dfrac{2r\widehat{MTBF}}{\chi^2_{1-\alpha/2}(2r+2)}$

해설 정시중단시험의 경우 한쪽 구간추정

$$\theta_L = \frac{2T}{\chi^2_{1-\alpha}\{2(r+1)\}}$$
$$= \frac{2r\cdot\hat\theta}{\chi^2_{1-\alpha}\{2(r+1)\}} = \frac{2r\hat\theta}{\chi^2_{1-\alpha}(2r+2)}$$

58. 지수분포의 수명을 갖는 8대의 튜너 (tuner)에 대하여 회전수명시험을 실시한 결과 고장이 발생한 사이클 수는 다음과 같았다. 95%의 신뢰수준으로 평균수명에 대한 구간을 추정하면 약 얼마인가? (단, $\chi^2_{0.025}(16)=6.91$, $\chi^2_{0.975}(16)=28.85$ 이다.) [08-1, 10-1, 20-1]

─┤ 다음 ├─

8712, 21915, 39400, 54613, 79000, 110200, 151208, 204312,

① $MTBF_L = 29362$
$MTBF_U = 89278$
② $MTBF_L = 37246$
$MTBF_U = 139327$
③ $MTBF_L = 46403$
$MTBF_U = 193737$
④ $MTBF_L = 50726$
$MTBF_U = 120829$

해설 $T = 8{,}712+21{,}915+\cdots+204{,}312$
$= 669{,}360$

$$\frac{2T}{\chi^2_{1-\alpha/2}(2r)} \le MTBF \le \frac{2T}{\chi^2_{\alpha/2}(2r)} \rightarrow$$

$$\frac{2\times669{,}360}{\chi^2_{0.975}(16)} \le MTBF \le \frac{2\times669{,}360}{\chi^2_{0.025}(16)} \rightarrow$$

$46{,}403 \le MTBF \le 193{,}737$

59. 20개의 동일한 설비를 6개가 고장이 날 때까지 시험을 하고 시험을 중단하였다. 시험 결과 6개 설비의 고장시간은 각각 56, 65, 74, 99, 105, 115시간째이었다. 이 제품의 수명이 지수분포를 따르는 것으로 가정하고, 평균수명에 대한 90% 신뢰구간 추정 시 하측 신뢰한계값을 구하면 약 얼마인가? (단, $\chi^2_{0.95}(12)=21.03$, $\chi^2_{0.95}(14)=23.68$, $\chi^2_{0.975}(12)=23.34$, $\chi^2_{0.975}(14)=26.12$이다.) [17-2, 22-2]

① 101
② 179
③ 182
④ 202

해설 $T = \sum t_i + (n-r)t_r$
$= (56+65+\cdots+115)+(20-6)\times115$
$= 2{,}124$시간

정수중단의 경우 평균수명의 신뢰구간은

$$\frac{2T}{\chi^2_{1-\alpha/2}(2r)} \le \hat\theta \le \frac{2T}{\chi^2_{\alpha/2}(2r)}$$ 이다.

하측 신뢰한계값

$$\hat\theta_L = \frac{2T}{\chi^2_{1-\alpha/2}(2r)}$$
$$= \frac{2\times2{,}124}{\chi^2_{0.95}(2\times6)}$$
$$= \frac{4{,}248}{21.03} = 202$$시간이다.

60. 20개의 동일한 설비를 6개가 고장이 날 때까지 시험을 하고 시험을 중단하였다. 시험 결과 6개 설비의 고장시간은 각각 56, 65, 74, 99, 105, 115시간째이었다. 이 제품의 수명이 지수분포를 따르는 것으로 가정하고, 평균수명에 대한 한쪽 구간추정의 95% 신뢰하한 값을 구하면 약 얼마인가? (단, $\chi^2_{0.95}(12)$ = 21.03, $\chi^2_{0.95}(14)$ = 23.68, $\chi^2_{0.975}(12)$ = 23.34, $\chi^2_{0.975}(14)$ = 26.12 이다.)

[05-4, 09-2, 10-2]

① 101   ② 179
③ 182   ④ 202

(해설) $T = 56 + 65 + \cdots + 115 + (20 - 6) \times 115$
$= 2,124$

$\theta_L = \dfrac{2T}{\chi^2_{0.95}(2r)} = \dfrac{2 \times 2,124}{21.03} = 201.997$ 시간

61. 시스템의 총 동작시간은 2.3×10^5 시간으로 무고장이었다. 신뢰수준 90%로 $MTBF$의 하한값을 구하면 약 얼마인가? (단, $\chi^2_{0.9}(2)$ = 4.61, $\chi^2_{0.9}(4)$ = 7.78 이다.)

① 29562시간   [12-4]
② 49891시간
③ 59125시간
④ 99783시간

(해설) $\widehat{\theta_L} = \dfrac{2T}{\chi^2_{1-\alpha}(2r+2)} = \dfrac{2T}{\chi^2_{0.9}(2)}$

$= \dfrac{2 \times (2.3 \times 10^5)}{4.61} = 99,783.080$ 시간

62. 고장확률밀도함수가 지수분포를 따르는 세탁기 3대를 97시간 동안 시험했을 때, 고장이 한 번도 발생하지 않았다면 평균수명의 하한값은 얼마인가? (단, 신뢰수준 = 90%일 때의 $MTBF$ 하한치 추정계수는 2.30이다.)

[06-4, 09-4, 15-4]

① 32.33시간   ② 42.17시간
③ 97.32시간   ④ 126.52시간

(해설) $\theta_L = \dfrac{T}{2.3} = \dfrac{3 \times 97}{2.3} = 126.52$ 시간

63. 샘플 5개를 50시간 가속수명시험을 하였고, 고장이 1개도 발생하지 않았다. 신뢰수준 95%에서 평균수명의 하한값은? (단, $\chi^2_{0.95}(2)$ = 5.99 이다.)

[17-2, 21-2]

① 84시간
② 126시간
③ 168시간
④ 252시간

(해설) $\theta_L = \dfrac{T}{2.99} = \dfrac{5 \times 50}{2.99} = 83.612$ 시간

4
과목

4. 보전도와 가용도

1. 신뢰성은 시간의 경과에 따라 저하된다. 그 이유에는 사용시간 또는 사용횟수에 따른 피로나 마모에 의한 것과 열화현상에 의한 것들이 있다. 이와 같은 마모와 열화현상에 대하여 수리 가능한 시스템을 사용 가능한 상태로 유지시키고, 고장이나 결함을 회복시키기 위한 제반조치 및 활동을 무엇이라 하는가?　　　　[14-4, 20-4]
① 가동　　　　　② 보전
③ 추정　　　　　④ 안전성

해설 수리 가능한 시스템을 사용 가능한 상태로 유지시키고, 고장이나 결함을 회복시키기 위한 제반조치 및 활동을 보전이라 한다.

2. 다음 중 보전도를 설명한 것으로 맞는 것은?　　　　[05-1, 16-2]
① 보전원의 기술수준의 정도
② 시스템, 기기 등이 규정된 조건에 의도하는 기간 중 규정된 기능을 유지할 확률
③ 수리하여가면서 사용하는 시스템, 기기 등이 어떤 특정한 순간에 기능을 유지하는 확률
④ 수리하여가면서 사용하는 시스템, 기기, 부품 등이 규정된 조건에서 보전이 될 때 규정된 시간 내에 보전이 완료될 확률

해설 보전도는 수리해가면서 사용하는 시스템, 기기, 부품 등이 규정된 조건에서 보전이 될 때 규정된 시간 내에 보전이 완료되는 확률을 말한다. ②는 신뢰도, ③은 가용도이다.

3. 주어진 조건에서 규정된 기간에 보전을 완료할 수 있는 성질을 보전성이라 하고, 그 확률을 보전도라 정의한다. 이때 주어진 조건에 포함되지 않아도 되는 사항은?
① 보전성의 설계　　　　[08-4, 18-4]
② 보전자의 자질
③ 보전예방과 사후보전
④ 설비 및 예비품의 정비

해설 예방보전, 사후보전, 개량보전, 보전예방은 보전의 종류이다.

4. 용어 – 신인성 및 서비스 품질(KS A 3004) 규격에서 아이템의 고장확률 또는 기능열화를 줄이기 위해 미리 정해진 간격 또는 규정된 기준에 따라 수행되는 보전을 뜻하는 용어는?　　　　[05-4, 12-2, 17-1]
① 원격보전　　　　② 제어보전
③ 예방보전　　　　④ 개량보전

해설 예방보전(PM : Preventive Maintenance)은 아이템의 고장확률 또는 기능열화를 줄이기 위해 미리 정해진 간격 또는 규정된 기준에 따라 수행되는 보전을 말한다.

5. 다음 중 예방보전에 포함되지 않는 것은 어느 것인가?　　　　[09-2, 20-2]
① 고장발견 즉시 교환, 수리
② 주유, 청소, 조정 등의 실시
③ 결점을 가진 아이템의 교환, 수리
④ 고장의 징조 또는 결점을 발견하기 위한 시험, 검사의 실시

정답　1. ②　2. ④　3. ③　4. ③　5. ①

해설 고장발견 즉시 교환, 수리하는 것은 사후보전이다.

6. 고장이나 결함이 발생한 후에 수리에 의하여 보전하는 방법은? [11-4, 15-1]
① 개량보전
② 보전예방
③ 사후보전
④ 예방보전

해설 ① 개량보전(CM) : 고장이 일어났을 때 그 원인을 분석, 같은 고장이 반복되지 않도록 설비의 열화를 적게 하면서 수명을 연장할 수 있고 경제적으로 설비 자체의 체질개선을 하여야 한다는 보전방식
② 보전예방(MP) : 처음부터 보전이 불필요한 설비를 설계하는 것으로 보전을 근본적으로 방지하는 방식으로 신뢰성과 보전성을 동시에 높일 수 있는 보전방식
④ 예방보전(PM) : 설비를 예정한 시기에 점검, 시험, 급유, 조정, 분해정비, 계획적 수리 및 부분품 갱신 등을 하여 설비성능의 저하와 고장 및 사고를 미연에 방지하고 설비의 성능을 표준 이상으로 유지하는 보전활동

7. 예방보전과 사후보전을 모두 실시할 때 보전성의 척도는? [12-1, 20-1]
① 수리율
② 보전도 함수
③ 평균정지시간(MDT)
④ 평균수리시간(MTTR)

해설 평균정지시간(MDT)은 예방보전과 사후보전을 모두 실시할 때 보전성의 척도이다.

8. 수리율이 $\mu = 2.0$건/시간으로 일정할 때, 3시간 내에 보전을 완료할 확률 $[M(t)]$은 어느 것인가? [16-1]

① $M(t) = e^{2.0 \times 3}$
② $M(t) = 1 + e^{-2.0 \times 3}$
③ $M(t) = e^{-2.0 \times 3}$
④ $M(t) = 1 - e^{-2.0 \times 3}$

해설 $M(t) = 1 - e^{-\mu \times t} = 1 - e^{-2.0 \times 3}$

9. 평균고장률 λ, 평균수리율 μ인 지수분포를 따를 경우 평균수리시간($MTTR$)을 맞게 표현한 것은? [09-4, 17-4, 21-2, 22-2]

① $\dfrac{1}{\mu}$
② $\dfrac{\mu}{\lambda + \mu}$
③ $\dfrac{\lambda}{\lambda + \mu}$
④ $1 - e^{-\mu t}$

해설 ② 가용도, ③ 보전계수, ④ 보전도이다.

10. 다음은 어떤 전자장치의 보전시간을 집계한 표이다. $MTTR$의 추정치는 약 몇 시간인가? [07-4, 13-4, 18-1]

보전시간(h)	보전완료건수
1	18
2	12
3	5
4	3
5	1
6	1

① 1
② 2
③ 3
④ 4

해설 $MTTR = \dfrac{\text{총보전시간}(T)}{\text{총보전수}(r)}$

$= \dfrac{1 \times 18 + 2 \times 12 + \cdots + 6 \times 1}{18 + 12 + \cdots + 1}$

$= \dfrac{80}{40} = 2\text{h}$

11. 어떤 기계의 보전도($M(t)$)가 지수분포를 따르고 1시간 동안의 보전도가 $M(1) = 1 - e^{-2 \times 1}$가 되었다면 평균수리시간($MTTR$)은? [15-2, 21-4]

① 0.5   ② 1.0
③ 1.5   ④ 2.0

해설 보전도함수 $M(t) = 1 - e^{-\mu t}$이고, 1시간 동안의 보전도가 $M(1) = 1 - e^{-2 \times 1}$이므로 수리율 $\mu = 2$이다. 따라서 평균수리시간 $MTTR = \dfrac{1}{\mu} = 0.5$이다.

12. 현장시험의 결과 다음 표와 같은 데이터를 얻었다. 5시간에 대한 보전도를 구하면 약 몇 %인가? (단, 수리시간은 지수분포를 따른다.) [05-1, 06-4, 07-1, 10-1, 17-2]

횟수	6	3	4	5	5
수리시간	3	6	4	2	5

① 60.22   ② 65.22
③ 70.22   ④ 73.34

해설 평균수리율

$$\mu = \frac{1}{MTTR} = \frac{r}{T}$$
$$= \frac{6+3+4+5+5}{3 \times 6 + \ldots + 5 \times 5} = \frac{23}{87}$$
$$M(t) = 1 - e^{-\mu t} = 1 - e^{-\frac{23}{87} \times 5}$$
$$= 0.73336\,(73.34\%)$$

13. 시스템이 고장상태에서 정상상태로 회복하는 시간(보전시간)을 t라고 할 때, $t = 0$에서 보전도 함수 $M(t)$의 값은 얼마인가? [16-4, 21-1]

① 0.000   ② 0.500
③ 0.667   ④ 1.000

해설 $M(t) = 1 - e^{-\mu t} = 1 - e^{-\mu \times 0} = 0$

14. 기계 1대를 60시간 동안 연속 사용하는 과정에서 8회의 고장이 발생하였고, 각각의 고장에 대한 수리시간이 다음과 같을 때, $MTBF$는 몇 시간인가? [11-2, 20-2]

┤ 다음 ├

0.4   0.6   1.2   1.0   0.4   0.8   0.6   1.0

① 6   ② 6.5
③ 6.75   ④ 7

해설 $MTBF = \dfrac{T}{r} = \dfrac{60 - (0.4 + 0.6 + \cdots + 1.0)}{8}$
$$= \frac{54}{8} = 6.75\text{시간}$$

15. 어떤 장치의 고장 후 수리시간 t는 다음과 같은 파라미터의 값을 갖는 대수 정규분포를 한다고 알려져 있다. 이 장치의 40시간에서 보전도 $M(t = 40)$은 약 얼마인가? (단, 표준화상수 u값 계산 시 소수 셋째자리 이하는 버린다.) [13-1, 19-1]

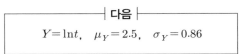

┤ 다음 ├

$Y = \ln t$, $\mu_Y = 2.5$, $\sigma_Y = 0.86$

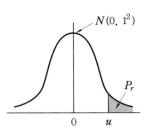

$N(0, 1^2)$

u	P_r
1.34	0.0901
1.36	0.0869
1.38	0.0838
1.40	0.0808

정답 11. ①   12. ④   13. ①   14. ③   15. ③

① 0.9099   ② 0.9131
③ 0.9162   ④ 0.9192

해설 $M(40) = P(t \leq 40)$
$$= P\left(u \leq \frac{\ln 40 - \mu_y}{\sigma_y}\right)$$
$$= P\left(u \leq \frac{\ln 40 - 2.5}{0.86}\right)$$
$$= P(u \leq 1.38)$$
$$= 1 - 0.0838 = 0.9162$$

16. 평균고장률과 평균수리율이 각각 λ와 μ인 지수분포의 경우 가용도는 다음 중 어느 것인가?　　　　[10-4, 14-2, 15-1]

①　$\frac{\mu}{\lambda + \mu}$　　　　②　$\frac{\lambda}{\lambda + \mu}$

③　$\frac{\mu}{\lambda - \mu}$　　　　④　$\frac{\lambda}{\lambda - \mu}$

해설 가용도
$$A = \frac{MTBF}{MTBF + MTTR} = \frac{1/\lambda}{1/\lambda + 1/\mu}$$
$$= \frac{\mu}{\lambda + \mu}$$

17. 고유가동성(inherent availability)의 척도로 맞는 것은?　　　[08-2, 21-1]

①　$\frac{MTBF}{MTBF + MTTR}$

②　$\frac{MTBF}{MTTF + MTBF}$

③　$\frac{MTTR}{MTBF + MTTR}$

④　$\frac{MTTF}{MTTF + MTBF}$

해설 $A = \frac{MTBF}{MTBF + MTTR}$
$$= \frac{작동시간}{작동시간 + 고장시간}$$

18. 설비의 가용도(availability)에 대한 설명으로 틀린 것은?　[05-2, 16-1, 20-4]
① 수리율이 높아지면 가용도는 낮아진다.
② 신뢰도와 보전도를 결합한 평가척도이다.
③ 어느 특정 순간에 기능을 유지하고 있을 확률이다.
④ 가용도는
$$\frac{동작가능시간}{(동작가능시간 + 동작불가능시간)}$$
이다.

해설 가용도
$$A = \frac{MTBF}{MTBF + MTTR} = \frac{\mu}{\lambda + \mu}$$
$$= \frac{작동시간}{작동시간 + 고장수리시간}$$
이다. 수리율(μ)이 높아지면 가용도 또한 높아진다.

19. 고장률 $\lambda = 0.07$/시간, 수리율 $\mu = 0.5$/시간일 때, 가용도(availability)는 약 몇 % 인가?[17-1, 19-1, 20-1, 20-2, 21-4, 22-1]
① 12.33   ② 14.02
③ 87.72   ④ 88.10

해설 $A = \frac{MTBF}{MTBF + MTTR}$
$$= \frac{1/\lambda}{1/\lambda + 1/\mu} = \frac{\mu}{\lambda + \mu}$$
$$= \frac{0.5}{0.07 + 0.5} = 0.8772(87.72\%)$$

20. 어떤 시스템의 $MTBF$가 500시간, $MTTR$이 40시간이라고 할 때, 이 시스템의 가용도(availability)는 약 얼마인가?
[09-2, 10-1, 13-2, 17-2, 19-2]
① 91.4%   ② 92.6%
③ 97.2%   ④ 98.2%

정답 **16.** ①　**17.** ①　**18.** ①　**19.** ③　**20.** ②

해설 가용도

$$A = \frac{MTBF}{MTBF + MTTR} = \frac{500}{500 + 40}$$
$$= 0.9259(92.59\%)$$

21. Y시스템의 고장률이 시간당 0.005라고 한다. 가용도가 0.990 이상이 되기 위해서는 평균수리시간이 약 얼마인가?

① 0.4957시간   [06-4, 14-1, 18-4]
② 0.9954시간
③ 2.0202시간
④ 2.5252시간

해설 가용도

$$A = \frac{MTBF}{MTBF + MTTR} \geq 0.99 \rightarrow$$
$$\frac{1/\lambda}{1/\lambda + MTTR} = \frac{1/0.005}{1/0.005 + MTTR} \geq 0.99$$
$$\rightarrow MTTR \leq 2.0202 \text{시간}$$

22. 평균수리시간이 2시간인 시스템의 가용도가 0.95 이상이 되려면 이 시스템의 $MTBF$는 얼마 이상이어야 하는가? (단, 이 시스템의 수명분포는 지수분포를 따른다.)   [09-4, 13-4, 16-4]

① 36   ② 37
③ 38   ④ 39

해설 $A = \dfrac{MTBF}{MTBF + MTTR}$
$$\rightarrow \frac{MTBF}{MTBF + 2} \geq 0.95$$
$$\rightarrow MTBF \geq 0.95 \times (MTBF + 2)$$
$$MTBF(1 - 0.95) \geq 0.95 \times 2$$
$$\rightarrow MTBF \geq \frac{0.95 \times 2}{0.05} = 38 \text{시간}$$

23. 어떤 시스템을 80시간 동안(수리시간 포함) 연속 사용한 경우 5회의 고장이 발생하

였고, 각각의 수리시간이 1.0, 2.0, 3.0, 4.0, 5.0시간이었다면 이 시스템의 가용도는 약 얼마인가?   [06-2, 10-2, 12-1, 17-4]

① 81%   ② 85%
③ 88%   ④ 89%

해설 작동시간 = 80 − (1.0 + 2.0 + 3.0 + 4.0 + 5.0)
$$= 65$$
고장수리시간 = 1.0 + 2.0 + 3.0 + 4.0 + 5.0
$$= 15$$
가용도 $A = \dfrac{MTBF}{MTBF + MTTR}$
$$= \frac{\text{작동시간}}{\text{작동시간} + \text{고장수리시간}}$$
$$= \frac{65}{65 + 15} = 0.8125(81\%)$$

24. 제조공정에 있는 한 기계의 가동시간과 고장수리시간을 조사하였더니 다음 표와 같았다. 데이터로부터 이 기계의 가용도를 구하면 약 몇 %인가?   [07-2, 18-2]

가동시간	고장수리시간
0~63	63~72
72~121	121~133
133~165	165~170
170~270	270~285
285~310	310~323
323~365	365~391
391~463	463~472

① 12.7%   ② 54.7%
③ 81.1%   ④ 92.8%

해설 고장수리시간 = 9 + 12 + 5 + 15 + 13 + 26 + 9 = 89
작동시간 = 472 − 89 = 383
가용도 $A = \dfrac{MTBF}{MTBF + MTTR}$
$$= \frac{\text{작동시간}}{\text{작동시간} + \text{고장수리시간}}$$
$$= \frac{383}{383 + 89} = 0.811(81.1\%)$$

5. 시스템의 신뢰도

1. 자동차가 안전하게 고속도로를 주행할 수 있는 조건을 차체엔진부, 동력전달부, 브레이크부, 운전기사 등의 하위 시스템으로 나눌 때, 이것은 다음 중 어느 모형에 적합한가? [13-2, 22-1]

① 병렬모형
② 직렬모형
③ 브리지모형
④ 대기중복

해설 차체엔진부, 동력전달부, 브레이크부, 운전기사 등의 하위 시스템 중 하나라도 문제가 있다면 자동차가 안전하게 주행할 수 없으므로 직렬모형이라 할 수 있다.

2. 부품의 신뢰도가 각각 0.85, 0.90, 0.95인 3개의 부품으로 구성된 직렬시스템이 있다. 이 시스템의 신뢰도를 향상시키고자 할 때, 특별한 제한조건이 없는 경우 시스템의 신뢰도에 가장 민감한 부품은? [12-2, 18-4]

① 신뢰도가 0.85인 부품
② 신뢰도가 0.90인 부품
③ 신뢰도가 0.95인 부품
④ 3개 부품 모두 동일하다.

해설 신뢰도가 가장 낮은 부품이 시스템의 신뢰도에 가장 민감한 부품이다.

3. 신뢰도가 0.9인 부품과 0.8인 부품이 두 부품 중 어느 하나라도 고장이 나면 기능을 발휘할 수 없도록 구성되어 있다. 이 기기의 신뢰도는? [13-1, 14-1, 14-4, 20-1]

① 0.68
② 0.72
③ 0.89
④ 0.98

해설 직렬결합 모델 시스템 신뢰도
$R_S = R_1 \times R_2 = 0.9 \times 0.8 = 0.72$

4. 다음 그림과 같이 4개의 부품이 직렬구조로 연결되어 있는 시스템의 신뢰도는? (단, 각 부품의 신뢰도는 R_1, R_2, R_3, R_4 이다.) [10-2, 14-1, 18-2]

—[0.9]—[0.9]—[0.9]—[0.9]—

① $R_1 R_2 R_3 R_4$
② $1 - R_1 R_2 R_3 R_4$
③ $(1 - R_1)(1 - R_2)(1 - R_3)(1 - R_4)$
④ $1 - (1 - R_1)(1 - R_2)(1 - R_3)(1 - R_4)$

해설 직렬결합 모델 시스템 신뢰도
$R_S = R_1 R_2 R_3 R_4$ 이다.

5. 신뢰도가 0.9인 부품과 0.8인 부품이 조합되어 만들어진 기기가 있다. 그런데 이 기기는 2개의 부품 중 어느 하나라도 고장이 나면 기능을 발휘할 수 없다고 한다. 이 기기의 불신뢰도는 약 얼마인가? [16-4]

① 0.08
② 0.16
③ 0.28
④ 0.72

해설 직렬결합 모델 시스템 불신뢰도
$F_S(t) = 1 - R_S = 1 - (0.9 \times 0.8) = 0.28$

정답 **1.** ② **2.** ① **3.** ② **4.** ① **5.** ③

6. 3개의 부품이 모두 작동해야만 장치가 작동되는 경우, 장치의 신뢰도를 0.95 이상이 되게 하려면 각 부품의 신뢰도는 최소한 얼마 이상이 되어야 하는가? (단, 사용된 3개 부품의 신뢰도는 동일하다.) [12-4, 21-2]

① 약 0.953 ② 약 0.963
③ 약 0.973 ④ 약 0.983

해설 직렬결합 모델

$$R_S = R_1 \times R_2 \times R_3 \rightarrow 0.95 = R^3 \rightarrow$$
$$R = (0.95)^{\frac{1}{3}} = 0.9830$$

7. 신뢰도가 0.95인 부품이 직렬로 결합되어 시스템을 구성한다면, 시스템의 목표 신뢰도 0.90을 만족시키기 위한 부품의 수는 몇 개인가? [17-1, 22-2]

① 2개 ② 3개
③ 4개 ④ 5개

해설 $R_S = R^n \rightarrow 0.90 = 0.95^n \rightarrow$

$$n = \frac{\log 0.9}{\log 0.95} = 2.05 = 2$$

(직렬이므로 소수점 이하 버림)

8. 각각의 고장률이 $\lambda_1, \lambda_2, \cdots, \lambda_n$으로 일정한 구성요소로 구성된 직렬계 시스템의 고장률은? [11-2, 16-2]

① $\lambda_1 \times \lambda_2 \times \cdots \times \lambda_n$
② $\lambda_1 + \lambda_2 + \cdots + \lambda_n$
③ $\dfrac{1}{\lambda_1 + \lambda_2 + \cdots + \lambda_n}$
④ $\dfrac{1}{\lambda_1 \times \lambda_2 \times \cdots \times \lambda_n}$

해설 직렬계 시스템의 고장률

$$\lambda_S = \sum_{i=1}^{n} \lambda_i = \lambda_1 + \lambda_2 + \cdots + \lambda_n$$

9. 고장률이 일정하며 0.005/시간으로서 동일한 부품 10개가 동시에 모두 작동해야만 기능을 발휘하는 시스템의 평균수명은 얼마인가? [15-2, 20-1]

① 2시간 ② 20시간
③ 200시간 ④ 2000시간

해설 $\lambda_S = \sum \lambda_i = 10 \times 0.005 = 0.05 \rightarrow$

$$MTTF_S = \frac{1}{\lambda_S} = \frac{1}{0.05} = 20시간$$

10. 1000시간당 고장률이 각각 2.8, 3.6, 10.2, 3.4인 부품 4개를 직렬결합으로 설계한다면 이 기기의 평균수명은 약 얼마인가? (단, 각 부품의 고장밀도함수는 지수분포를 따른다.) [13-1, 20-2]

① 50시간 ② 98시간
③ 277시간 ④ 357시간

해설 $\lambda_S = \lambda_1 + \lambda_2 + \cdots + \lambda_n$

$$= \frac{2.8}{1,000} + \frac{3.6}{1,000} + \frac{10.2}{1,000} + \frac{3.4}{1,000}$$
$$= 0.02$$
$$MTBF_S = \frac{1}{\lambda_S} = \frac{1}{0.02} = 50시간$$

11. n개의 부품이 직렬구조로 구성된 시스템이 있다. 각 부품의 수명분포가 지수분포를 따르며, 각 부품의 평균수명이 $MTBF$로 동일할 때, 이 직렬구조 시스템의 평균수명은? [09-1, 10-4, 21-4]

① $\dfrac{MTBF}{n}$
② $n \times MTBF$
③ $\left(\dfrac{1}{k} + \dfrac{1}{k+1} + \cdots + \dfrac{1}{n} \right) \times MTBF$
④ $\left(1 + \dfrac{1}{2} + \dfrac{1}{3} + \cdots + \dfrac{1}{n} \right) \times MTBF$

해설 각 부품의 평균수명이 $MTBF$로 동일하므로 고장률도 λ로 동일하다.

$$\lambda_S = \lambda_1 + \lambda_2 + ... + \lambda_n = n\lambda \rightarrow$$

$$MTBF_S = \frac{1}{n\lambda} = \frac{MTBF}{n}$$

12. 10개의 부품이 직렬로 연결된 어떤 시스템이 있다. 각 부품의 고장률이 0.02/시간으로 모두 같다면, 이 시스템의 평균수명($MTBF$)은 몇 시간인가? (단, 각 부품의 고장률함수는 지수분포를 따른다.)

[09-2, 19-1]

① 0.2시간　　　② 0.5시간
③ 5시간　　　　④ 50시간

해설 $\lambda_S = \lambda_1 + \lambda_2 + ... + \lambda_{10} = 10 \times 0.02 \rightarrow$

$$MTBF_S = \frac{1}{\lambda_S} = \frac{1}{10 \times 0.02} = 5 \text{시간}$$

13. A, B, C 3개의 부품이 지수분포를 따르면서 직렬로 연결된 시스템의 $MTBF$를 100시간 이상으로 하고자 할 때, C의 $MTBF$는? (단, $MTBF_A = 300$시간, $MTBF_B = 600$시간이다.)

[17-2, 21-1]

① 50　　　　　② 100
③ 200　　　　④ 400

해설 $\lambda_S = \lambda_A + \lambda_B + \lambda_C \rightarrow$

$$\lambda_S = \frac{1}{300} + \frac{1}{600} + \lambda_C \rightarrow$$

$$\frac{1}{100} = \frac{1}{300} + \frac{1}{600} + \lambda_C \rightarrow \lambda_C = 0.005 \rightarrow$$

$$MTBF_C = \frac{1}{\lambda_C} = \frac{1}{0.005} = 200 \text{시간}$$

14. 부품의 고장률이 CFR이고, 평균수명이 각각 100시간인 2개의 부품이 직렬결합 모형으로 만들어진 장치를 50시간 사용한 경

우 신뢰도는 약 얼마인가?　　　[20-4]

① 0.3679　　　② 0.3906
③ 0.6126　　　④ 0.6313

해설 $\lambda_S = \lambda_1 + \lambda_2 = \frac{2}{100} \rightarrow$

$$R_S = e^{-\lambda_S t} = e^{-\frac{2}{100} \times 50} = e^{-1} = 0.3679$$

15. 그림과 같은 고장률을 갖는 부품이 400시간 이상 작동할 확률은 약 얼마인가?

[09-4, 22-1]

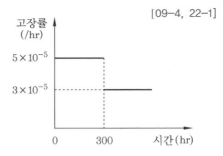

① 0.9761　　　② 0.9822
③ 0.9887　　　④ 0.9915

해설 직렬시스템 신뢰도

$R(t = 400)$
$$= e^{-(5 \times 10^{-5}) \times 300} \times e^{-(3 \times 10^{-5}) \times 100}$$
$$= 0.98216$$

16. $\lambda_1 = 0.001$, $\lambda_2 = 0.001$인 두 부품으로 구성된 직렬시스템에서 $t = 100$일 때, 시스템의 신뢰도(R), 고장률(λ), $MTBF$는 각각 약 얼마인가? (단, 고장은 지수분포를 따른다.)

[05-4, 18-1]

① $R = 0.8187$, $\lambda = 0.002$, $MTBF = 500$
② $R = 0.8187$, $\lambda = 0.001$, $MTBF = 1000$
③ $R = 0.9048$, $\lambda = 0.002$, $MTBF = 500$

④ $R = 0.9048$, $\lambda = 0.000001$,
$MTBF = 1000000$

해설 $\lambda_S = \lambda_1 + \lambda_2 = 0.001 + 0.001 = 0.002$
$R_S(t) = e^{-\lambda_S t} \rightarrow$
$R_S(100) = e^{-0.002 \times 100} = 0.8187$
$MTBF_S = \dfrac{1}{\lambda_S} = \dfrac{1}{0.002} = 500$

17. n개의 부품으로 이루어지는 직렬시스템에서 각 부품의 고장률이 λ_1, λ_2, $\cdots$, λ_n일 때 각 부품의 중요도를 구하는 식으로 맞는 것은? [07-4, 19-4]

① $W_i = \dfrac{\lambda_i}{\sum\limits_{i=1}^{n} \lambda_i}$ ② $W_i = \dfrac{\sum\limits_{i=1}^{n} \lambda_i}{\lambda_i}$

③ $W_i = \dfrac{1/\lambda_i}{\sum\limits_{i=1}^{n} 1/\lambda_i}$ ④ $W_i = \dfrac{\sum\limits_{i=1}^{n} 1/\lambda_i}{1/\lambda_i}$

해설 각 부품의 중요도 $W_i = \dfrac{\lambda_i}{\sum\limits_{i=1}^{n} \lambda_i}$ 이다.

18. n개의 부품이 병렬구조로 구성된 시스템이 있다. 각 부품의 신뢰도함수가 $R_0(t)$일 때 시스템의 신뢰도함수 $R(t)$는?

① $R(t) = R_0(t)^n$ [05-4, 15-4]
② $R(t) = 1 - R_0(t)$
③ $R(t) = 1 - R_0(t)^n$
④ $R(t) = 1 - (1 - R_0(t))^n$

해설 $R_S = 1 - \prod F_i = 1 - \prod (1 - R_i)$
$= 1 - [(1 - R_1)(1 - R_2) \cdots (1 - R_n)]$
$= 1 - (1 - R_0(t))^n$

19. 신뢰도가 0.9인 부품과 0.8인 부품이 조합되어 만들어진 기기가 있다. 이 기기는 2개의 부품 중 어느 하나만 작동되면 기능을 발휘할 수 있다고 한다. 이 기기의 신뢰도는 얼마인가? [13-1, 20-1]

① 0.28   ② 0.72
③ 0.92   ④ 0.98

해설 $R_S = 1 - (1 - R_1)(1 - R_2)$
$= 1 - (1 - 0.9) \times (1 - 0.8) = 0.98$

20. 어떤 시스템이 6개의 서브시스템을 병렬로 결합되어 구성되었다. $t = 100$시간에서 각 서브시스템의 신뢰도는 0.90이라 한다. $t = 100$시간에서 시스템의 신뢰도는 얼마인가? [07-1, 08-2, 12-4, 16-1]

① $(1 - 0.9)^6$ ② $1 - (1 - 0.9)^6$
③ $1 - 0.9^6$ ④ 0.9^6

해설 $R_S = 1 - \prod (1 - R_i)$
$= 1 - (1 - R_i)^6 = 1 - (1 - 0.9)^6$

21. 동일한 신뢰도를 가진 부품 2개 중 어느 하나만 작동되면 전체가 작동되도록 결합되어 만들어진 장치가 있다. 이 장치의 목표 신뢰도가 0.95가 되려면 각 부품의 신뢰도는 약 얼마이어야 하는가?
  [08-4, 11-1, 15-1, 18-4, 19-4]

① 0.0500   ② 0.2236
③ 0.7764   ④ 0.9500

해설 $R_S = 1 - (1 - R)^n \rightarrow 0.95 = 1 - (1 - R)^2$
$\rightarrow R = 0.7764$

22. 규정시간을 사용하였을 때의 부품의 신뢰도가 0.45밖에 되지 않는다. 그런데 이 부품이 사용되는 곳의 신뢰도는 0.95가 되

어야 한다. 따라서 병렬 리던던시 설계에 의거 이 부품이 사용되는 곳의 신뢰도를 증대시키려고 한다. 이때 신뢰성 목표치의 달성을 위해서는 몇 개의 부품을 병렬로 연결하여야 하는가? [06-2, 15-2, 17-4, 21-1]

① 3　　　　　　② 4
③ 5　　　　　　④ 6

해설 병렬계에서 $R_S = 1 - (1-R_i)^n$ 이므로
$1 - (1-0.45)^n = 0.95$ 이다.

$$0.05 = (1-0.45)^n \rightarrow \log 0.05 = n \log 0.55$$
$$\rightarrow \frac{\log 0.05}{\log 0.55} = n \rightarrow n = 5.0109 = 6 (올림)$$

23. 고장시간이 지수분포를 따르고 평균수명이 100시간인 2개의 부품이 병렬결합 모델로 구성되어 있을 때 150시간에서의 신뢰도는 얼마인가? [07-4, 14-4, 22-2, 22-2]

① 0.396　　　　② 0.487
③ 0.513　　　　④ 0.632

해설 병렬결합 시스템의 신뢰도
$$R_S = 1 - [(1-R_1)(1-R_2)]$$
$$= 1 - \left[\left(1 - e^{-\frac{1}{100} \times 150}\right)\left(1 - e^{-\frac{1}{100} \times 150}\right)\right]$$
$$= 0.396$$

24. 신뢰도가 R인 부품 3개가 병렬결합 모델로 설계되어 있을 때, 시스템 신뢰도의 표현으로 맞는 것은? [14-1, 18-2]

① $3R$
② $3R - 3R^2 + R^3$
③ $(1-R)^3$
④ $\{1 - (1-R)^2\} + R$

해설 $R_S = 1 - F_S = 1 - \prod(1-R_i) \rightarrow$
$R_S = 1 - (1-R)^3 = 3R - 3R^2 + R^3$

25. 고장률 λ를 가지는 리던던시 시스템을 그림과 같이 병렬로 구성하였을 때 신뢰도 함수 $R(t)$는? (단, 각각의 부품은 동일한 고장률을 갖는 지수분포를 따른다.)

[11-4, 18-1]

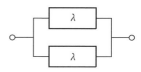

① $2e^{-\lambda t} - e^{-2\lambda t}$　　② $2e^{-\lambda t} - e^{-\frac{\lambda t}{2}}$
③ $e^{-\lambda t} - e^{-\frac{\lambda t}{2}}$　　④ $\frac{1}{2}e^{-\lambda t} - e^{-\frac{\lambda t}{2}}$

해설 $R_S = 1 - (1-R)(1-R)$
$$= 2R - R^2 = 2e^{-\lambda t} - e^{-2\lambda t}$$

26. 부품의 고장률이 각각 $\lambda_1 = 0.01$, $\lambda_2 = 0.04$로 고정된 고장률일 경우에 두 부품이 병렬로 연결된 시스템의 MTTF는 약 얼마인가? [06-4, 13-2, 17-2, 20-4, 21-4]

① 90　　　　　　② 95
③ 100　　　　　④ 105

해설 $MTTF_S = \frac{1}{\lambda_S} = \frac{1}{\lambda_1} + \frac{1}{\lambda_2} - \frac{1}{\lambda_1 + \lambda_2}$
$$= \frac{1}{0.01} + \frac{1}{0.04} - \frac{1}{0.01 + 0.04}$$
$$= 105$$

27. 고장률이 λ로 동일한 n개의 부품이 병렬로 연결되어 있을 때 시스템의 평균수명을 표현한 식은? [10-1, 12-1, 22-1]

① $\dfrac{n}{\lambda}$
② $\dfrac{\lambda}{n} + \dfrac{1}{n\lambda}$
③ $\dfrac{\lambda}{n} - \dfrac{1}{n\lambda}$

4 과목

④ $\frac{1}{\lambda} + \frac{1}{2\lambda} + \frac{1}{3\lambda} + \cdots + \frac{1}{n\lambda}$

해설 $MTBF_S = \frac{1}{\lambda}\left(1 + \frac{1}{2} + \cdots + \frac{1}{n}\right)$

28. 평균수명이 4000시간인 2개의 부품이 병렬결합된 시스템의 평균수명은 몇 시간인가?   [14-2, 17-1]

① 2000   ② 4000

③ 6000   ④ 8000

해설 $MTBF_S = \frac{1}{\lambda_0}\left(1 + \frac{1}{2}\right)$
$= MTBF_0\left(1 + \frac{1}{2}\right)$
$= 4,000 \times \left(1 + \frac{1}{2}\right)$
$= 6,000$시간

29. $MTBF$가 50000시간인 3개의 부품이 병렬로 연결된 시스템의 $MTBF$는 약 몇 시간인가?   [09-4, 14-1, 19-1]

① 13333.33시간   ② 18333.33시간

③ 47666.47시간   ④ 91666.67시간

해설 $MTBF_S = \frac{1}{\lambda_0}\left(1 + \frac{1}{2} + \frac{1}{3}\right)$
$= MTBF_0\left(1 + \frac{1}{2} + \frac{1}{3}\right)$
$= 50,000 \times \left(1 + \frac{1}{2} + \frac{1}{3}\right)$
$= 91,666.67$시간

30. 1000시간당 평균고장률이 0.3으로 일정한 부품 3개를 병렬결합으로 설계한다면, 이 기기의 평균수명은 약 몇 시간인가?

① 1111   ② 3333   [16-4, 21-2]

③ 6111   ④ 9999

해설 $MTBF_S = \frac{1}{\lambda_0}\left(1 + \frac{1}{2} + \cdots + \frac{1}{n}\right) \rightarrow$
$MTBF_S = \frac{1}{0.3/1,000}\left(1 + \frac{1}{2} + \frac{1}{3}\right)$
$= 6,111$시간

31. 다음 중 지수수명분포를 갖는 동일한 컴포넌트를 병렬로 연결하여 시스템 평균수명을 개별 컴포넌트의 평균수명보다 2배 이상으로 하려면 최소 몇 개의 컴포넌트가 필요한가?   [06-1, 10-2, 19-2]

① 2개   ② 3개

③ 4개   ④ 5개

해설 $MTBF_S = \frac{1}{\lambda_0}\left(1 + \frac{1}{2} + \frac{1}{3} + \cdots + \frac{1}{n}\right)$이

므로 $1 + \frac{1}{2} + \cdots + \frac{1}{n} \geq 2$이 되는 가장 작은

n은 4이다.

32. 병렬 리던던시 시스템의 목표 설계 평균수명이 약 41666시간이 되도록 설계하고자 한다. 고장률이 0.05회/1000시간인 부품으로 구성할 때 필요한 부품 수는?

① 1개   ② 2개   [14-1, 16-2]

③ 3개   ④ 4개

해설 $MTBF_S = \frac{1}{\lambda_0}\left(1 + \frac{1}{2} + \cdots + \frac{1}{n}\right)$이고,

$\lambda_0 = 0.05/1,000$이므로

$41,666 = \frac{1}{0.05/1,000}\left(1 + \frac{1}{2} + \cdots + \frac{1}{n}\right) \rightarrow$

$n = 4$일 때이다.

33. 신뢰도가 각각 0.9인 부품 3개를 그림과 같이 연결하였을 때 이 시스템의 신뢰도는?   [11-4, 17-1]

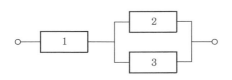

① 0.729   ② 0.891
③ 0.990   ④ 0.999

해설 $R_S = R_1 \times [1 - (1-R_2)(1-R_3)]$
$= 0.9 \times [1 - (1-0.9)(1-0.9)]$
$= 0.891$

34. 다음과 같이 전기회로를 3개의 부품으로 병렬리던던시 설계를 했을 경우, 전기회로 전체의 신뢰도는 약 얼마인가? (단, 부품 1의 신뢰도는 0.9, 부품 2의 신뢰도는 0.9, 부품 3의 신뢰도는 0.8이다.)

[13-2, 20-1]

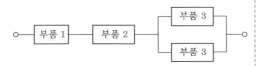

① 0.5184   ② 0.6480
③ 0.7128   ④ 0.7776

해설 $R_S = R_1 \times R_2 \times [1 - (1-R_3)(1-R_3)]$
$= 0.9 \times 0.9 \times [1 - (1-0.8)(1-0.8)]$
$= 0.7776$

35. 신뢰도가 0.8인 동일한 부품을 사용하여 그림과 같이 만들어진 시스템에서 신뢰도는 약 얼마인가? [13-4, 19-4]

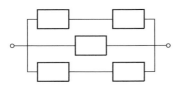

① 0.3277   ② 0.7373
③ 0.9741   ④ 0.9997

해설 $R_S = 1 - (1-0.8^2) \times (1-0.8) \times (1-0.8^2)$
$= 0.9741$

36. 다음 그림과 같이 신뢰도 R_1, R_2, R_3를 갖는 부품으로 A는 부품 중복(redundancy)을, B는 시스템 중복(redundancy)을 시켜 설계하였다. A와 B의 신뢰도에 관한 설명으로 맞는 것은? [10-2, 20-2]

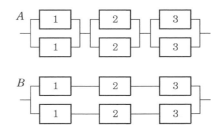

① A와 B의 신뢰도는 일반적으로 차이가 없다.
② A의 신뢰도가 B의 신뢰도보다 일반적으로 높다.
③ B의 신뢰도가 A의 신뢰도보다 일반적으로 높다.
④ A와 B의 신뢰도는 경우에 따라 대소 관계가 다르다.

해설 각 부품의 신뢰도 $R_i = 0.9$로 가정하면
$R_A = [1-(1-0.9)^2] \times [1-(1-0.9)^2]$
$\times [1-(1-0.9)^2] = 0.9703$
$R_B = 1 - [1-(0.9)^3][1-(0.9)^3] = 0.9266$

37. 동일한 부품 2개의 직렬체계에서 용장 부품들을 추가할 때 가장 신뢰도가 높은 리던던시 구조는? [13-1, 16-2, 22-2]
① 체계를 병렬 중복
② 부품 수준에서 중복

③ 첫째 부품을 3중 병렬 중복
④ 둘째 부품을 3중 병렬 중복

해설 부품중복이 체계중복보다 신뢰도가 더 높다. 예를 들어 부품의 신뢰도가 0.9일 경우

신뢰성 블록도	시스템의 신뢰도
① 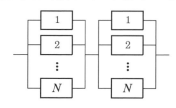	$1-(1-0.9 \times 0.9)^2$ $=0.9639$
②	$(1-(1-0.9)^2)^2$ $=0.9801$
③	$(1-(1-0.9)^3) \times 0.9$ $=0.8991$
④	$0.9 \times (1-(1-0.9)^3)$ $=0.8991$

38. 다음과 같은 신뢰성 블록도를 갖는 시스템의 신뢰성이 0.999 이상이 되려면 N은 최소 얼마 이상이 되어야 하는가? (단, 모든 부품의 신뢰성은 0.9이다.) [09-2, 15-2]

① 2
② 3
③ 4
④ 5

해설 $R_S = [1-(1-R)^N]^2 \rightarrow$
$\sqrt{R_S} = 1-(1-R)^N \rightarrow$
$(1-R)^N = 1-\sqrt{R_S} \rightarrow$
$(1-0.9)^N = 1-\sqrt{0.999} \rightarrow$
$N \log(1-0.9) = \log(1-\sqrt{0.999}) \rightarrow$
$N = 3.3 \rightarrow N=4$

39. 리던던시 구조 중 구성품이 규정된 기능을 수행하고 있는 동안 고장날 때까지 예비로써 대기하고 있는 것은? [15-4, 20-4]

① 활성 리던던시
② 직렬 리던던시
③ 대기 리던던시
④ n 중 k 시스템

해설 리던던시 구조 중 구성품이 규정된 기능을 수행하고 있는 동안 고장날 때까지 예비로써 대기하고 있는 것은 대기 리던던시이다.

40. 대기 시스템에서 대기 중인 부품의 고장률을 0으로 가정하는 시스템은?

① hot standby [05-4, 20-4]
② warm standby
③ cold standby
④ on-going standby

해설 냉대기(cool stand-by)란 대기 구성요소가 절환시까지 동작의 정지 또는 휴지상태로 있는 것을 의미하며, 대기 중인 부품의 고장률을 0으로 가정하는 시스템이다.

41. 대기 구성요소가 절환시까지 동작의 정지 또는 휴지상태로 있는 것을 의미하는 용어는? [12-4]

① 열대기 ② 온대기
③ 냉대기 ④ 병렬대기

해설 냉대기(cool stand-by)란 대기 구성요소가 절환시까지 동작의 정지 또는 휴지상태로 있는 것을 의미한다.

42. 2개의 동일한 부품으로 이루어진 대기 리던던시에서 $t=50$에서의 신뢰도는 약 얼마인가? (단, 부품의 고장률은 0.02로 일정하고, 지수분포를 따른다.) [12-1, 21-2]

① 0.3679   ② 0.6313
③ 0.7358   ④ 0.8106

해설 대기 리던던시

$$\lambda_1 = \lambda_2 = \lambda = 0.02 \longrightarrow$$
$$R_S = e^{-\lambda t}(1 + \lambda t)$$
$$= e^{-0.02 \times 50}(1 + 0.02 \times 50) = 0.7358$$

43. 두 개의 부품 A와 B로 구성된 대기 시스템이 있다. 두 부품의 평균고장률이 $\lambda_A = 0.02$, $\lambda_B = 0.03$ 인 지수분포를 따른다면, 50시간까지 시스템이 작동할 확률은 약 얼마인가? (단, 스위치의 작동확률은 1.00 으로 가정한다.) [10-2, 14-2, 18-4]

① 0.264   ② 0.343
③ 0.657   ④ 0.736

해설 $R_S = \dfrac{1}{\lambda_1 - \lambda_2}\left(\lambda_1 e^{-\lambda_2 T} - \lambda_2 e^{-\lambda_1 T}\right)$

$$= \frac{1}{-0.01}\left(0.02 \times e^{-(0.03 \times 50)}\right.$$
$$\left. - 0.03 \times e^{-(0.02 \times 50)}\right)$$
$$= 0.6574$$

44. 하나의 부품의 신뢰도가 R인 n 중 k 구조(k out of n redundancy)의 시스템 신뢰도는? (단, $1 \le k \le n$이다.)

① $\dbinom{n}{k} R^k (1-R)^{n-k}$ [06-4, 16-2]

② $\displaystyle\sum_{i=k}^{n} \dbinom{n}{i}(1-R)^i R^i$

③ $\displaystyle\sum_{i=k}^{n} \dbinom{n}{i} R^i (1-R)^{n-i}$

④ $1 - \displaystyle\sum_{i=0}^{k} \dbinom{n}{i} R^k (1-R)^{n-i}$

해설 각 부품의 신뢰도가 R로 동일하다면 n 중 k 시스템의 신뢰도는

$$R_S = \sum_{i=k}^{n} \binom{n}{i} R^i (1-R)^{n-i} \text{이다.}$$

45. 다음 중 각 요소의 신뢰도가 0.9인 2 out of 3 시스템(3 중 2 시스템)의 신뢰도는 얼마인가? [07-1, 18-1, 21-4]

① 0.852   ② 0.951
③ 0.972   ④ 0.990

해설 $R_S = \displaystyle\sum_{i=k}^{n} R^i (1-R)^{n-i}$

$$= {}_3C_2 0.9^2 (1-0.9)^1 + {}_3C_3 0.9^3 (1-0.9)^0$$
$$= 0.972$$

46. 엔진 3개 중 2개가 작동하면 정상작동하는 비행기가 있다. 이 비행기의 각 엔진의 누적고장확률이 0.02일 경우 비행기의 신뢰도는 약 얼마인가? [15-4]

① 0.9988   ② 0.9845
③ 0.9945   ④ 0.9999

해설 $F(t) = 0.02$이므로

$R(t) = 1 - F(t) = 0.98$이다.

$$R_S = {}_3C_2 0.98^2 (1-0.98)^1 + {}_3C_3 0.98^3 (1-0.98)^0$$
$$= 0.9988$$

47. 타이어 6개가 장착된 자동차는 6개의 타이어 중 5개만 작동되면 운행이 가능하다. 이때 각 타이어의 신뢰도가 0.95로 동일하면, 자동차의 신뢰도는? [07-4, 16-4, 20-2]

① 0.773   ② 0.890
③ 0.952   ④ 0.967

해설 $R_S = \displaystyle\sum_{i=k}^{n} \binom{n}{i} R^i (1-R)^{n-i}$

$$= {}_6C_5 0.95^5 (1-0.95)^1$$
$$+ {}_6C_6 0.95^6 (1-0.95)^0$$
$$= 0.967$$

4 과목

48. 각 부품의 신뢰도가 R로 일정한 2 out of 4 시스템의 신뢰도는? [16-1, 22-2]

① $2R - R^2$

② $2R^2(1 + R + 2R^2)$

③ $6R^2 - 8R^3 + 3R^4$

④ $6R^2(1 - 2R + R^2)$

해설 각 부품의 신뢰도가 R로 일정한 2 out of 4 시스템의 신뢰도

$$R_S = \sum_{i=k}^{n} \binom{n}{i} R^i (1-R)^{n-i}$$

$$= \sum_{i=2}^{4} \binom{4}{i} R^i (1-R)^{4-i}$$

$$= {}_4C_2 R^2 (1-R)^{4-2} + {}_4C_3 R^3 (1-R)^{4-3}$$

$$+ {}_4C_4 R^4 (1-R)^{4-4}$$

$$= 6R^2(1-R)^2 + 4R^3(1-R) + R^4(1-R)^0$$

$$= 6R^2 - 8R^3 + 3R^4 \text{이다.}$$

49. 고장률 $\lambda = 0.01/\mathrm{hr}$를 갖는 지수분포를 따르는 동일한 부품으로 구성된 4중 2구조 시스템의 $MTBF$는 약 얼마인가?

① 100hr ② 108hr [21-1]

③ 125hr ④ 150hr

해설 $MTBF_S = \sum_{i=k}^{n} \dfrac{\theta}{i}$

$$= \frac{1}{\lambda} \left(\frac{1}{k} + \frac{1}{k+1} + \cdots + \frac{1}{n} \right)$$

$$\rightarrow MTBF_S = \frac{1}{0.01} \left(\frac{1}{2} + \frac{1}{3} + \frac{1}{4} \right)$$

$$= 108.3333$$

50. m/n계(n 중 m 구조) 리던던시에 관한 설명으로 맞는 것은? [05-1, 11-2, 17-4]

① $m = n$일 때, 병렬 리던던시가 된다.

② $m = 1$일 때, 병렬 리던던시가 된다.

③ $m = 2$일 때, 병렬 리던던시가 된다.

④ 직렬 리던던시는 n 중 m 구조로 설명할 수 없다.

해설 $m = n$이면 n개 중에서 n개가 모두 작동해야 하는 경우이므로, 이는 직렬 리던던시, $m = 1$이면 n개 중에서 1개가 작동하면 되는 경우이므로, 이는 병렬 리던던시에 해당한다.

51. 시스템의 신뢰도에 관한 설명으로 틀린 것은? [21-2]

① 모든 시스템은 직렬 또는 병렬연결로 표현이 가능하다.

② 시스템 신뢰도는 직렬 또는 병렬로 표현되지 않는 경우도 구할 수 있다.

③ 모든 부품이 직렬로 연결된 것으로 보고 신뢰도를 구하면 실제 시스템 신뢰도의 하한이 된다.

④ 모든 부품이 병렬로 연결된 것으로 보고 신뢰도를 구하면 실제 시스템 신뢰도의 상한이 된다.

해설 시스템은 직렬 시스템, 병렬 시스템, 대기리던던트 시스템, n 중 k 시스템 등이 있다.

52. 직렬 시스템의 신뢰도에 대한 설명으로 틀린 것은? [07-1, 15-1]

① 최소경로집합(MPS)의 개수는 항상 1개이다.

② 시스템 신뢰도는 구성 부품의 신뢰도보다 클 수 없다.

③ 시스템 신뢰도는 구성 부품 신뢰도의 곱으로 표현된다.

④ 최소절단집합(MCS)의 개수는 구성 부품의 개수보다 작다.

해설 최소절단집합(minimum cut set)의 개수는 구성 부품의 개수와 똑같다.

6. 신뢰성 설계

1. 다음은 신뢰성 설계 항목에 관한 내용이다. 신뢰성 설계 순서를 나열한 것으로 맞는 것은? [06-2, 11-2, 18-1]

> ㉠ 신뢰성 요구사항 분석
> ㉡ 신뢰도 목표 설정
> ㉢ 신뢰도 분배 및 설계
> ㉣ 설계부품 선택
> ㉤ 시험 및 검사규격 작성
> ㉥ 양산품의 신뢰성 시험

① ㉠→㉡→㉢→㉣→㉤→㉥
② ㉠→㉡→㉤→㉣→㉢→㉥
③ ㉡→㉠→㉣→㉢→㉤→㉥
④ ㉡→㉤→㉠→㉢→㉣→㉥

해설 신뢰성 설계 순서는 신뢰성 요구사항 분석－신뢰도 목표 설정－신뢰도 분배－부품 선택으로 이루어진다.

2. 다음 중 신뢰성 설계에 대한 설명으로 틀린 것은? [06-4, 12-4, 18-4]

① 설계품질을 목표품질이라고 부른다.
② 시스템의 품질은 설계에 의해 많이 좌우된다.
③ 설계품질에는 설계 및 기능, 신뢰성 및 보전성, 안전성이 포함된다.
④ 설계단계에서 설계품질이 떨어지더라도 제조단계에서 약간만 노력하면 좋은 품질시스템을 만들 수 있다.

해설 설계단계에서 설계품질이 떨어지면 제조단계에서 아무리 노력해도 좋은 품질시스템을 만들 수 없다.

3. 각 부품의 신뢰도가 동일한 10개의 부품으로 조립된 제품이 있다. 제품의 설계목표 신뢰도를 0.99로 하기 위한 각 부품의 신뢰도는 약 얼마인가? (단, 각 부품은 직렬결합으로 구성된다.) [14-2, 19-2]

① 0.9989955 ② 0.9998995
③ 0.9999895 ④ 0.9999995

해설 $R_S = R^{10} \rightarrow 0.99 = R^{10} \rightarrow$
$R = 0.99^{1/10} = 0.99899547$

4. 신뢰성 배분(reliability allocation)의 목적으로 맞는 것은? [11-1, 21-1]

① 아이템의 신뢰성을 보증하고 계약요구사항을 만족시키기 위하여 시험한다.
② 전체 시스템에 요구되는 신뢰도 목표값을 서브시스템이나 더 낮은 수준의 아이템의 신뢰도 목표값으로 배정하기 위하여 시험한다.
③ 아이템의 개발과정에서 설계 마친 내환경성 잠재적 약점과 예상하지 못한 상호작용을 평가하여 개발위험을 감소하기 위하여 시험한다.
④ 신뢰성 예측, 시험방법 개발 등 기술적 정보를 수집하거나 고장 메커니즘의 조사 및 고장의 재현 사고대책수립 및 유효성 확인을 위해 시험한다.

4 과목

해설 신뢰성 배분(reliability allocation)은 전체 시스템에 요구되는 신뢰도 목표값을 서브시스템이나 더 낮은 수준의 아이템의 신뢰도 목표값으로 배정하는 것으로 제품이나 시스템의 설계 초기에 이루어진다.

5. 신뢰도 배분에 대한 설명 내용으로 틀린 것은? [05-1, 17-2]
① 제품이나 시스템의 설계 말기에 필요하다.
② 시스템 측면에서 요구되는 고장률의 중요성에 의거하여 배분한다.
③ 신뢰도를 배분하기 위해서는 시스템의 요구기능에 필요한 직렬결합 부품수, 시스템설계 목표치 등의 자료가 필요하다.
④ 상위 시스템으로부터 시작하여 하위 시스템으로 배분한다.

해설 신뢰도 배분은 제품이나 시스템의 설계 초기에 필요하다.

6. 신뢰도 배분에 대한 설명으로 가장 거리가 먼 것은? [09-2, 12-1, 19-1]
① 신뢰도 배분은 설계 초기단계에 이루어진다.
② 신뢰도 배분은 과거 고장률 데이터가 있어야 할 수 있다.
③ 시스템의 신뢰성 목표를 서브시스템으로 배분하는 것을 말한다.
④ 신뢰도 배분을 위해서는 시스템의 신뢰도 블록 다이어그램이 필요하다.

해설 신뢰도 배분은 과거 고장률 데이터가 없어도 할 수 있다.

7. 신뢰도를 배분할 때 고려해야 하는 사항이 아닌 것은? [11-4, 15-2, 19-4]
① 신뢰도가 높은 구성품에는 높게 부여한다.
② 중요한 구성품에는 신뢰도를 높게 배정한다.
③ 표준 구성품을 사용하여 호환성을 갖게 한다.
④ 안전성, 경제성을 고려하여 시스템 전체로 보아 균형을 취한다.

해설 표준 구성품을 사용하여 호환성을 갖게 하는 것은 신뢰도 배분과 관련이 없다.

8. 체계 전체의 설계목표치를 설정함과 동시에 하위 체계에 대하여 각각 신뢰성 목표치를 배분하는 신뢰성 배분이 일반적인 방침과 가장 거리가 먼 것은?[07-1, 13-2, 18-2]
① 기술적으로 복잡한 구성품에 대해서는 낮은 목표치를 배분한다.
② 원리적으로 단순한 구성품에 대해서는 높은 목표치를 배분한다.
③ 사용경험이 많은 구성품에 대해서는 높은 목표치를 배분한다.
④ 고성능을 요구하는 구성품에 대해서는 높은 목표치를 배분한다.

해설 고성능을 요구하는 구성품에 대해서는 낮은 목표치를 배분한다.

7. 간섭이론과 안전계수

1. 부하–강도 모형(stress–strength model)에서 고장이 발생할 경우에 관한 설명으로 틀린 것은? [10-2, 19-2, 22-2]
① 고장의 발생 확률은 불신뢰도와 같다.
② 안전계수가 작을수록 고장이 증가한다.
③ 부하보다 강도가 크면 고장이 증가한다.
④ 불신뢰도는 부하가 강도보다 클 확률이다.

해설 강도보다 부하가 크면 고장이 증가한다.

2. 다음 중 고장에 관한 설명으로 옳지 않은 것은? [06-1, 11-1]
① 고장해석방법에는 FMEA, FTA 등이 있다.
② 고장해석이란 고장의 인과관계를 명확히 하는 것이다.
③ 제품을 소형화, 고밀도화하면 중량도 작아지고 고장 수도 적어진다.
④ 간섭이론에서는 스트레스와 강도의 평균 및 산포에 대한 시간적 변화를 고려하여 고장확률을 구한다.

해설 제품을 소형화, 고밀도화하면 고장 수는 많아진다.

3. 강도는 평균 140kgf/cm², 표준편차 16kgf/cm²인 정규분포를 따르고 부하는 평균 100kgf/cm², 표준편차 12kgf/cm²인 정규분포를 따를 경우에 부품의 신뢰도는 얼마인가? (단, $u_{0.8531} = 1.05$, $u_{0.9544} = 1.69$, $u_{0.9772} = 2.00$, $u_{0.9913} = 2.38$ 이다.)
[12-1, 13-1, 15-4, 16-2, 18-1, 19-4, 21-2]

① 0.8534 ② 0.9545
③ 0.9772 ④ 0.9912

해설 $P\left(u < \dfrac{140-100}{\sqrt{12^2+16^2}}\right) = P(u < 2)$
$= 0.9772(97.72\%)$

4. 어떤 재료에 가해지는 부하의 평균은 20kg/mm²이고, 표준편차는 3kg/mm²이다. 그리고 사용재료의 강도는 평균이 35kg/mm²이고, 표준편차가 4kg/mm²이다. 이 재료의 신뢰도는 약 얼마인가? (단, 다음의 정규분포표를 이용하여 구한다.) [16-4, 20-1]

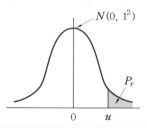

u	P_r
1.96	0.0455
2.00	0.0227
2.78	0.0027
3.00	0.0013

① 95.45% ② 97.73%
③ 99.73% ④ 99.87%

해설 $P\left(u < \dfrac{35-20}{\sqrt{3^2+4^2}}\right) = P(u < 3)$
$= 1 - 0.0013 = 0.9987(99.87\%)$

정답 ━● **1.** ③ **2.** ③ **3.** ③ **4.** ④

4 과목

5. 재료의 강도는 평균 50kg/mm^{2}이고 표준편차가 2kg/mm^{2}이며, 하중은 평균 45kg/mm^{2}이고 표준편차가 2kg/mm^{2}인 정규분포를 따른다고 한다. 이 재료가 파괴될 확률은? (단, u는 표준정규분포의 확률변수이다.) [09-1, 14-1, 17-2, 20-2]

① $Pr(u > -1.77)$
② $Pr(u > 1.77)$
③ $Pr(u > -2.50)$
④ $Pr(u > 2.50)$

해설 $P\left(u > \dfrac{50-45}{\sqrt{2^2+2^2}}\right) = P(u > 1.77)$

6. 부품에 가해지는 부하(x)는 평균 25000, 표준편차 4272인 정규분포를 따르며, 부품의 강도(y)는 평균 50000이다. 신뢰도 0.999가 요구될 때 부품강도의 표준편차는 약 얼마인가? (단, $P(Z \geq -3.1) = 0.999$이다.) [17-1, 18-4, 21-4]

① 3680
② 6840
③ 7860
④ 9800

해설 $\dfrac{\mu_x - \mu_y}{\sqrt{\sigma_y^2 + \sigma_x^2}} = -3.1 \rightarrow$

$\dfrac{25000 - 50000}{\sqrt{\sigma_y^2 + 4272^2}} = -3.1 \rightarrow$

$\sigma_y = 6840.06$

7. 간섭이론의 부하강도 모델에서 부하는 평균 μ_X, 표준편차 σ_X인 정규분포에 따르고, 강도는 평균 μ_Y, 표준편차 σ_Y인 정규분포에 따른다. n_Y, n_X는 μ_Y와 μ_X로부터의 거리를 나타낼 때, 안전계수 m를 구하는 식은? [06-4, 07-1, 13-2, 17-4, 20-4]

① $m = \dfrac{\mu_Y - n_Y \cdot \sigma_Y}{\mu_X + n_X \cdot \sigma_X}$

② $m = \dfrac{\mu_Y + n_Y \cdot \sigma_Y}{\mu_X - n_X \cdot \sigma_X}$

③ $m = \dfrac{\mu_Y + n_Y \cdot \sigma_Y}{\mu_X + n_X \cdot \sigma_X}$

④ $m = \dfrac{\mu_Y - n_Y \cdot \sigma_Y}{\mu_X - n_X \cdot \sigma_X}$

해설 부하보다 강도가 크면 고장이 감소한다. 통상적으로 강도 y가 부하 x보다 클 것이다. 안전계수 $m = \dfrac{\mu_y - n_y \sigma_y}{\mu_x + n_x \sigma_x}$가 크면 클수록 안전하다.

8. 부하의 평균(μ_x)이 1, 표준편차(σ_x)가 0.4, 재료강도의 표준편차(σ_y)가 0.4이고, μ_x와 μ_y로부터의 거리인 n_x와 n_y가 각각 2인 경우 안전계수를 1.52로 하고 싶다면, 재료의 평균강도(μ_y)는 약 얼마가 되어야 하는가? (단, 재료의 강도와 여기에 걸리는 부하는 정규분포를 따른다.) [11-2, 12-4, 15-2, 16-1, 19-1]

① 1.25
② 2.24
③ 3.05
④ 3.54

해설 안전계수

$m = \dfrac{\mu_y - n_y \sigma_y}{\mu_x + n_x \sigma_x} \rightarrow$

$1.52 = \dfrac{\mu_y - 2 \times 0.4}{1 + 2 \times 0.4} \rightarrow$

$\mu_y = 3.536$

1. 고장상태를 형식 또는 형태로 분류한 것은? [20-1]
① 고장
② 고장 모드
③ 고장 메커니즘
④ 고장 원인

해설 FMEA(Failure Mode and Effect Analysis, 고장모드(유형, 형태) 및 영향분석)

2. 아이템의 모든 서브 아이템에 존재할 수 있는 결함모드에 대한 조사와 다른 서브 아이템 및 아이템의 요구기능에 대한 각 결함모드의 영향을 확인하는 정성적 신뢰성 분석방법은? [11-1, 18-4]
① FTA ② FMEA
③ FMECA ④ Fail safe

해설 FMEA(Failure Mode and Effect Analysis, 고장모드(유형, 형태) 및 영향분석)는 설계에 대한 신뢰성 평가의 한 방법으로서 설계된 시스템이나 기기의 잠재적인 고장모드를 찾아내고 가동 중인 시스템 등에 고장이 발생하였을 경우의 영향을 조사, 평가하여 영향이 큰 고장모드에 대하여는 적절한 대책을 세워 고장의 발생을 미연에 방지하고자 하는 정성적 신뢰성 분석방법이다.

3. 다음 중 고장해석 기법에 관한 사항으로 틀린 것은? [10-2, 12-4, 16-1, 20-4]
① 신뢰성과 안전성은 서로 밀접한 관계를 가지고 있다.
② 고장이나 안전성의 원인분석은 상황과 무관하게 결정한다.
③ 고장이나 안전성의 예측 방법으로 FMEA, FTA 등이 많이 사용된다.
④ 고장해석에 따라 제품의 고장을 감소시킴과 동시에 고장으로 인한 사용자의 피해를 감소시키는 것이 안전성 제고이다.

해설 고장이나 안전성의 원인분석은 상황과 관련이 있으므로 연관시켜 결정한다.

4. 다음 FMEA의 절차를 순서대로 나열한 것은? [08-4, 17-1, 17-4, 20-2]

| 다음 |
㉠ 시스템의 분해수준을 결정한다.
㉡ 블록마다 고장모드를 열거한다.
㉢ 효과적인 고장모드를 선정한다.
㉣ 신뢰성 블록도를 작성한다.
㉤ 고장등급이 높은 것에 대한 개선제안을 한다.

① ㉠-㉡-㉢-㉣-㉤
② ㉢-㉤-㉠-㉣-㉡
③ ㉣-㉤-㉡-㉠-㉢
④ ㉠-㉣-㉡-㉢-㉤

해설 시스템의 분해수준(레벨)을 결정한다. →신뢰성 블록도를 작성한다. →블록마다 고장모드를 열거한다. →효과적인 고장모드를 선정한다. →고장등급이 높은 것에 대한 개선제안을 한다.

5. 일반적인 FMEA 분해레벨의 배열 순서로 맞는 것은? [14-2, 18-2]
① 서브시스템 → 시스템 → 컴포넌트 → 부품
② 시스템 → 서브시스템 → 부품 → 컴포넌트
③ 시스템 → 컴포넌트 → 부품 → 서브시스템
④ 시스템 → 서브시스템 → 컴포넌트 → 부품

해설 FMEA 분해레벨의 배열 순서는 큰 것에서부터 작은 것으로, 즉 시스템 → 서브시스템 → 컴포넌트 → 부품 순서로 분해한다.

6. 기본설계 단계에서 FMEA를 실시한다면 큰 효과를 발휘할 수 있다. 다음 중 FMEA의 결과로 얻을 수 있는 항목이 아닌 것은 어느 것인가? [06-2, 07-4, 13-2, 17-2]
① 설계상 약점이 무엇인지 파악
② 컴포넌트가 고장이 발생하는 확률의 발견
③ 임무달성에 큰 방해가 되는 고장모드 발견
④ 인명손실, 건물파손 등 넓은 범위에 걸쳐 피해를 주는 고장모드 발견

해설 FMEA는 정성적, 상향식 분석방법이고, 컴포넌트 고장이 발생하는 확률의 발견은 FTA이다.

7. 다음 중 FMEA 방법에 대한 설명으로 틀린 것은? [07-1, 21-1]
① 정성적 고장분석 방법이다.
② 상향식(bottom up) 분석 방법을 취하고 있다.
③ 잠재적 고장의 발생을 감소시키거나 제거할 수 있다.

④ 기본사상에 중복이 있는 경우에는 Boolean 대수에 의해 결함수를 간소화하여야 한다.

해설 FTA는 기본사상에 중복이 있는 경우에는 Boolean 대수에 의해 결함수를 간소화하여야 한다.

8. 기계부품이 진동에 의한 피로현상으로 파괴가 되었다. 이때 고장원인, 고장 메커니즘 및 고장모드를 구분한 것으로 가장 옳은 것은? [14-4, 22-1]
① 고장원인 – 진동, 고장 메커니즘 – 파괴, 고장모드 – 피로
② 고장원인 – 파괴, 고장 메커니즘 – 피로, 고장모드 – 진동
③ 고장원인 – 피로, 고장 메커니즘 – 진동, 고장모드 – 파괴
④ 고장원인 – 진동, 고장 메커니즘 – 피로, 고장모드 – 파괴

해설 고장원인 – 진동, 고장 메커니즘 – 피로, 고장모드 – 파괴이다.

9. 가속수명시험설계 시 고장 메커니즘을 추론할 때 가장 효과적인 도구는 다음 중 어느 것인가? [13-1, 19-2]
① 산점도   ② 회귀분석
③ 검·추정   ④ FMEA/FTA

해설 FMEA/FTA는 고장 메커니즘을 추론할 때 가장 효과적인 도구이다.

10. 다음 중 고장평점법에서 고장평점을 산정하는 데 사용되는 인자에 대한 설명이 틀린 것은? [08-2, 21-2]
① C_1 : 기능적 고장의 영향의 중요도
② C_2 : 영향을 미치는 시스템의 범위

③ C_3 : 고장발생빈도
④ C_5 : 기존 설계의 정확도

해설 C_1 : 기능적 고장의 영향의 중요도
C_2 : 영향을 미치는 시스템의 범위
C_3 : 고장발생의 빈도
C_4 : 고장방지의 가능성
C_5 : 신규 설계의 정도

11. 고장평점법에서 평점요소로 기능적 고장영향의 중요도(C_1), 영향을 미치는 시스템의 범위(C_2), 고장발생빈도(C_3)를 평가하여 평가점을 $C_1=3$, $C_2=9$, $C_3=6$을 얻었다면, 고장평점(C_S)은 약 얼마인가? [10-4, 12-2, 15-1, 18-1, 21-4]
① 4.45　　② 5.45
③ 8.72　　④ 12.72

해설 $C_S=(C_1 \times C_2 \times C_3)^{1/3}$
$=(3 \times 9 \times 6)^{1/3}=5.45$

12. 다음 표는 고장평점법의 고장등급에 따른 고장구분, 판단기준 및 대책을 나타낸 것이다. 틀린 등급은? [09-1, 16-4, 22-2]

등급	고장구분	판단기준	대책
Ⅰ	치명고장	임무수행 불능, 인명손실	설계변경 필요
Ⅱ	중대고장	임무의 중한 부분 불달성	설계 재검토가 필요
Ⅲ	경미고장	임무의 일부 불달성	설계변경은 불필요
Ⅳ	미소고장	일부 임무가 지연	설계변경은 불필요

① Ⅰ　　② Ⅱ
③ Ⅲ　　④ Ⅳ

해설

등급	C_S	고장구분	판단기준	대책
Ⅰ	7점 이상 ~ 10점	치명고장	임무수행 불능, 인명손실	설계변경 필요
Ⅱ	4점 이상 ~ 7점	중대고장	임무의 중한 부분 불달성	설계 재검토가 필요
Ⅲ	2점 이상 ~ 4점	경미고장	임무의 일부 불달성	설계변경은 불필요
Ⅳ	2점 미만	미소고장	임무달성에 영향 전혀 없음	설계변경은 전혀 불필요

13. FMEA로 식별한 치명적 품목에 발생확률을 고려하여 치명도 지수를 구한 다음에 고장등급을 결정하는 해석을 무엇이라 하는가? [09-4, 19-4]
① ETA　　② FHA
③ FTA　　④ FMECA

해설 FMECA(Failure Mode, Effect and Criticality Analysis, 고장모드 영향 및 치명도 분석) : FMEA+CA

14. 다음 중 고장해석에 관한 설명으로 틀린 것은? [06-4, 13-4, 19-1]
① FTA는 정량적 분석방법이다.
② 고장해석 기법으로 FMEA와 FTA가 많이 활용된다.
③ FMEA의 실시과정에는 고장 메커니즘에 대한 많은 정보와 지식이 필요하다.

④ FMEA는 시스템의 고장을 발생시키는 사상과 그 원인과의 관계를 관문이나 사상기호를 사용하여 나뭇가지 모양의 그림으로 설명한다.

해설 FTA는 시스템의 고장을 발생시키는 사상과 그 원인과의 인과관계를 논리 관계로 설명하는 게이트(관문)나 사상기호를 나뭇가지 모양의 그림으로 나타내고 이에 의거 시스템의 고장확률을 구함으로써 문제가 되는 부분을 찾아내어 시스템의 신뢰성을 개선하는 방법이다.

15. 우선적 AND 게이트가 있는 고장목(fault tree)에 관한 설명으로 가장 적절한 것은? [06-2, 13-1, 18-2]

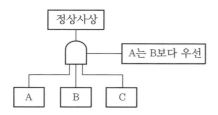

① 입력사상 A, B, C가 모두 발생될 때 정상사상이 발생된다.
② 입력사상 A, B, C가 모두 발생하고 입력사상 A가 B와 C보다 우선적으로 발생될 때 정상사상이 발생된다.
③ 입력사상 A, B, C가 모두 발생하고 입력사상 A가 B보다 우선적으로 발생될 때 정상사상이 발생된다.
④ 3개의 입력사상 A, B, C 중 2개의 입력사상 A와 B만 발생하고 A가 B보다 우선적으로 발생될 때 정상사상이 발생된다.

해설 AND 게이트이므로 입력사상 A, B, C가 모두 발생하고 입력사상 A가 B보다 우선적으로 발생될 때 정상사상이 발생된다.

16. FTA에서 모든 입력사상이 고장날 경우에만 상위사상이 발생하는 것을 무엇이라 하는가? [11-4, 17-2, 22-2]

① 기본사상
② OR 게이트
③ 제약게이트
④ AND 게이트

해설 AND 게이트는 모든 입력사상이 공존하는 경우에만 출력사상이 발생하며, OR 게이트는 하나 이상 입력사상이 발생하면 출력사상이 발생한다.

17. 다음 시스템의 고장목(fault tree)을 신뢰성 블록도로 가장 적절하게 표현한 것은? [19-1]

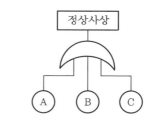

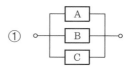

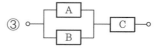

해설 FT도에서 OR게이트이므로 신뢰성 블록도는 직렬이다.

18. 시스템의 FT도가 다음 그림과 같을 때 이 시스템의 블록도로 옳은 것은?

[05-4, 10-1, 15-2, 20-4]

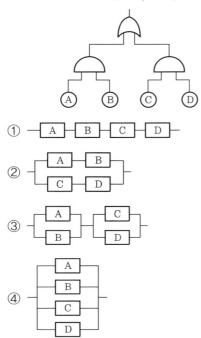

해설 FT도에서 기본사상 A와 B가 AND gate이므로 신뢰성 블록도에서 병렬이고, 기본사상C와 D가 AND gate이므로 신뢰성 블록도에서 병렬이다. (A, B)와 (C, D)가 OR gate이므로 신뢰성 블록도에서 직렬이다.

19. 그림에서 A, B, C의 고장확률이 각각 0.02, 0.1, 0.05인 경우 정상사상의 고장확률은? [10-4, 12-4, 14-1, 16-1, 17-1, 19-4]

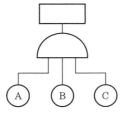

① 0.0001　　　② 0.1621
③ 0.8379　　　④ 0.9999

해설 $F_T = F_A \times F_B \times F_C$
$= 0.02 \times 0.1 \times 0.05 = 0.0001$

20. 그림의 신뢰성 블록도에 맞는 FT(고장목)도는? [05-1, 14-4, 18-4, 21-4]

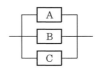

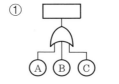

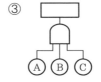

해설 신뢰성 블록도가 병렬인 경우 FT도는 AND게이트이다.

21. 다음 FT도에서 시스템의 고장확률은 얼마인가? [12-1, 15-1, 16-4, 20-2, 21-1]

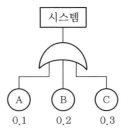

① 0.006　　　② 0.496
③ 0.504　　　④ 0.994

해설 $F_T = 1 - (1 - F_A)(1 - F_B)(1 - F_C)$
$= 1 - (1 - 0.1)(1 - 0.2)(1 - 0.3)$
$= 0.496$

정답 ● **18.** ③　**19.** ①　**20.** ③　**21.** ②

22. 그림의 FTA에서 정상사상의 고장확률은 약 얼마인가? (단, 기본사상의 고장확률은 0.1로 동일하다.) [06-1, 07-4, 11-1, 15-4]

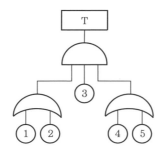

① 0.0036   ② 0.0324
③ 0.0987   ④ 0.8821

해설 $F_T = [1-(1-0.1)(1-0.1)] \times 0.1 \times$
$[1-(1-0.1)(1-0.1)]$
$= 0.0036$

23. 그림과 같은 FT도에서 정상사상(top event)의 고장확률은 약 얼마인가? (단, 기본사상 a, b, c의 고장확률은 각각 0.2, 0.3, 0.4이다.) [09-2, 13-4, 17-4, 18-1, 21-2]

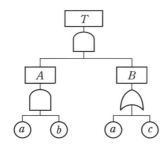

① 0.0312   ② 0.0600
③ 0.4400   ④ 0.4848

해설 기본사상에 중복이 있으므로(a) Boolean 대수법칙에 의해 반드시 단순화시켜야 한다.
$T = A \cdot B = (a \cdot b) \cdot (a+c) = a \cdot a \cdot b + a \cdot b \cdot c$
$= a \cdot b + a \cdot b \cdot c = ab \cdot (1+c)$
$= a \cdot b = 0.2 \times 0.3 = 0.06$
여기서 $a \cdot a = a$, $(1+c) = 1$이다.

24. 신뢰성 블록도와 고장나무 분석(FTA)에 대한 설명으로 틀린 것은? [22-1]
① 신뢰성 블록도는 성공위주이고 고장나무 분석은 고장위주이다.
② 신뢰성 블록도의 병렬구조는 고장나무 분석의 AND 게이트에 대응된다.
③ 고장나무의 OR 게이트는 입력사상 중 최소수명을 갖는 사상에 의해 출력사상이 발생한다.
④ 시스템을 구성하는 각 요소의 신뢰도가 증가하면, 고장나무 분석에서 정상사상이 발생할 확률이 높아진다.

해설 시스템을 구성하는 각 요소의 신뢰도가 증가하면, 고장나무 분석에서 정상사상이 발생할 확률이 낮아진다.

25. 제품의 구조를 격자(Grid) 형태로 모형화하고 물리적 또는 열에 의한 영향을 모의실험을 통하여 분석하는 방법은 다음 중 무엇인가? [05-1]
① FEA(Finite Element Analysis)
② FTA(Fault Tree Analysis)
③ FMEA(Failure Mode and Effect Analysis)
④ 열분석

해설 유한요소법(FEA : Finite Element Analysis)은 제품의 구조를 격자(Grid) 형태로 모형화하고, 물리적 또는 열에 의한 영향을 모의실험을 통하여 분석하는 방법이다.

9. 신뢰성 샘플링검사

1. 신뢰성 샘플링검사의 특징에 관한 설명으로 틀린 것은? [09-4, 13-1, 16-1, 19-2]
① 위험률 α와 β의 값을 작게 취한다.
② 정시중단방식과 정수중단방식을 채용하고 있다.
③ 품질의 척도로 MTBF, 고장률 등을 사용한다.
④ 지수분포와 와이블분포를 가정한 방식이 주류를 이루고 있다.
해설 위험률 α와 β의 값을 크게 취한다.

2. 계량 1회 샘플링검사 (DOD-HDBK H108)에서 샘플수와 총시험시간이 주어지고, 총시험시간까지 시험하여 발생한 고장개수가 합격판정개수보다 적을 경우 로트를 합격하는 시험방법은? [11-1, 18-2, 21-2]
① 현지시험
② 정수중단시험
③ 강제열화시험
④ 정시중단시험
해설 정시중단시험은 미리 시간을 정해놓고 그 시간이 되면 고장수에 관계없이 시험을 중단하는 방식이다.

3. 신뢰성 샘플링검사에서 MTBF와 같은 수명데이터를 기초로 로트의 합부판정을 결정하는 것은? [09-1, 11-2, 15-2, 18-4]
① 계수형 샘플링검사
② 계량형 샘플링검사
③ 층별형 샘플링검사
④ 선별형 샘플링검사
해설 신뢰성 샘플링검사에서 MTBF와 같은 수명데이터를 기초로 로트의 합부판정을 결정하는 것은 계량형 샘플링검사이다.

4. 신뢰성 보증시험에서 계량형 특성을 갖는 정시중단시험이나 정수중단시험에서 사용되는 수명분포는 무엇인가? [10-4, 14-4, 18-1]
① 지수분포
② 초기하분포
③ 이항분포
④ 베르누이분포
해설 계량형 특성을 갖는 정시중단시험이나 정수중단시험에서 사용되는 수명분포는 지수분포이다.

5. 계수 1회 샘플링검사(MIL-STD-690B)에 의하여 총시험기간을 9000시간으로 하여 고장개수가 0개이면 로트를 합격시키고 싶다. 로트허용고장률이 0.0001/시간인 로트가 합격될 확률은 약 몇 %인가?
 [09-2, 13-4, 16-2, 20-4]
① 10.04%   ② 20.04%
③ 30.66%   ④ 40.66%
해설 $m = \lambda_1 T = 0.0001 \times 9,000 = 0.9$
$$L(\lambda_1) = \sum_{r=0}^{c} \frac{e^{-m} m^r}{r!}$$
$$= \frac{e^{-0.9} 0.9^0}{0!} = 0.4066 \, (40.66\%)$$

정답 ●── ● 1. ① **2.** ④ **3.** ② **4.** ① **5.** ④

6. 고장률이 λ인 지수분포를 따르는 N개의 부품을 T시간 사용할 때 C건의 고장이 발생하는 확률은 어떤 분포로 구할 수 있는가? (단, N은 굉장히 크다고 한다.)
① 지수분포　　　　　　　[15-2, 18-4]
② 푸아송분포
③ 베르누이분포
④ 와이블분포
해설 계수형 신뢰성 샘플링검사 방식(지수분포 가정)인 경우 푸아송분포로 구할 수 있다.

7. 어떤 부품을 신뢰수준 90%, $C=1$에서 $\lambda_1 = 1\%/10^3$ 시간임을 보증하기 위한 계수 1회 샘플링검사를 실시하고자 한다. 이때 시험시간 t를 1000시간으로 할 때, 샘플수는 몇 개인가? (단, 신뢰수준은 90%로 한다.)　　　　　[18-1, 21-1]

〈계수 1회 샘플링검사표〉

$\lambda_1 t$ \ C	0.05	0.02	0.01	0.0005
0	47	116	231	461
1	79	195	390	778
2	109	233	533	1065
3	137	266	688	1337

① 79　　　　　　② 195
③ 390　　　　　④ 778
해설 $\lambda_1 t = \left(\dfrac{1}{100} \times \dfrac{1}{10^3}\right) \times 1000 = 0.01$의 열과 $C=0$의 행이 만나는 곳에서 $n=390$이다.

8. 신뢰성 샘플링검사에서 고장률 척도의 설명으로 맞는 것은?　　　　　[15-1, 19-1]

① $\lambda_0 = $ ARL, $\lambda_1 = $ LTFD
② $\lambda_0 = $ AQL, $\lambda_1 = $ LTFD
③ $\lambda_0 = $ ARL, $\lambda_1 = $ LTFR
④ $\lambda_0 = $ AQL, $\lambda_1 = $ LTFR
해설 $\lambda_0 = $ ARL(Acceptable Reliability Level, 합격신뢰성수준)
$\lambda_1 = $ LTFR(Lot Tolerance Failure Rate, 로트허용고장률)

9. 신뢰성 샘플링검사에서 지수분포를 가정한 신뢰성 샘플링 방식의 경우 λ_0와 λ_1을 고장률 척도로 하게 된다. 이때 λ_1을 무엇이라고 하는가?　[10-2, 13-2, 17-2, 22-1]
① ARL　　　　　② AFR
③ AQL　　　　　④ LTFR
해설 λ_1(LTFR, Lot Tolerance Failure Rate, 로트허용고장률)

10. 신뢰성 샘플링검사에서 고장률을 척도로 하는 경우 λ_0를 무엇이라 하는가?
① ARL　　　　　② AQL　　[11-4]
③ LTFR　　　　④ LTPD
해설 $\lambda_0 = $ ARL(Acceptable Reliability Level, 합격 신뢰성 수준)

11. 시험 중에 연속적으로 총 시험시간 대비 고장발생 개수를 평가하여 합격 영역, 불합격 영역, 시험 계속 영역으로 구분하여 시험 종료 시점이 미리 정해져 있지 않은 시험법은 무엇인가?　　　　[19-4]
① 일정기간시험
② 신뢰성 축차시험
③ 신뢰성 수락시험
④ 신뢰성 보증시험

정답 6. ② 7. ③ 8. ③ 9. ④ 10. ① 11. ②

해설 축차시험(sequential test)은 시험 중에 연속적으로 총 시험시간 대비 고장발생 개수를 평가하여 합격 영역, 불합격 영역, 시험 계속 영역으로 구분하여 시험 종료 시점이 미리 정해져 있지 않은 시험법이다.

12. 신뢰성 축차 샘플링검사에서 사용되는 공식 중 틀린 것은? [17-4, 21-4]

① $T_a = s \cdot r + h_a$

② $s = \dfrac{\ln\left(\dfrac{\lambda_1}{\lambda_0}\right)}{(\lambda_1 - \lambda_0)}$

③ $h_a = \dfrac{\ln\left(\dfrac{1-\alpha}{\beta}\right)}{(\lambda_1 - \lambda_0)}$

④ $h_r = \dfrac{\dfrac{1-\alpha}{\beta}}{\ln\left(\dfrac{\lambda_1}{\lambda_0}\right)}$

해설 $h_r = \dfrac{\ln\left(\dfrac{1-\beta}{\alpha}\right)}{\lambda_1 - \lambda_0}$

13. 신뢰성 계수 축차 샘플링검사에서 $\beta = 0.1$, 로트허용고장률(LTFR) $\lambda_1 = 0.005/$시간, 합격고장률(AFR) $\lambda_0 = 0.001/$시간 이라면, 합격판정선의 기울기(S)는 약 얼마인가? [12-1]

① 302   ② 321.89
③ 402.36   ④ 1609.44

해설 $s = \dfrac{\ln\left(\dfrac{\lambda_1}{\lambda_0}\right)}{(\lambda_1 - \lambda_0)} = \dfrac{\ln\left(\dfrac{0.005}{0.001}\right)}{0.005 - 0.001}$
$= 402.359$

14. $\lambda_0 = 0.001/$시간, $\lambda_1 = 0.005/$시간, $\beta = 0.1$, $\alpha = 0.05$로 하는 신뢰성 계수축차 샘플링검사의 합격선은? (단, 수식 계산 시 소수점 이하는 반올림하시오.) [16-4, 20-2]

① $T_a = 402r + 563$

② $T_a = 563r + 402$

③ $T_a = 420r + 563$

④ $T_a = 563r + 420$

해설 합격선 $T_a = sr + h_a = 402r + 563$

$s = \dfrac{\ln\left(\dfrac{\lambda_1}{\lambda_0}\right)}{(\lambda_1 - \lambda_0)} = \dfrac{\ln\left(\dfrac{0.005}{0.001}\right)}{0.005 - 0.001} = 402.359$

$h_\alpha = \dfrac{\ln\left(\dfrac{1-\alpha}{\beta}\right)}{(\lambda_1 - \lambda_0)} = \dfrac{\ln\left(\dfrac{1-0.05}{0.1}\right)}{0.005 - 0.001} = 562.823$

4 과목

5과목

품질경영

1. 품질경영의 개념

1. 품질관리(Quality Control)와 품질경영 (Quality Management)에 대한 설명 중 가장 관계가 먼 것은?　　　　　[07-1, 18-2]
① 품질관리는 고객만족과 경제적 생산을 강조한다면, 품질경영은 요구충족을 강조한다.
② 품질관리는 생산중심으로 관리기법을 강조하고, 품질경영은 고객지향의 기업문화와 조직 행동적 사고와 실천을 강조한다.
③ 품질관리는 제품요건충족을 위한 운영기법 및 전사적 활동이고, 품질경영은 최고경영자의 품질방침에 따른 고객만족을 위한 전사적 활동이다.
④ 품질관리는 제품의 부적합품 감소를 위해 품질표준을 설정하고 적합성을 추구하며, 품질경영은 총체적 품질향상을 통해 경영목표를 달성한다.

해설 과거의 품질관리가 요구충족을 강조한 것이면 현재의 품질경영은 고개만족과 경제적 생산을 강조한다.

2. 크로스비(P.B. Crosby)의 품질경영에 대한 사상이 아닌 것은?　　　[10-2, 18-1, 21-2]
① 수행표준은 무결점이다.
② 품질의 척도는 품질코스트이다.
③ 품질은 주어진 용도에 대한 적합성으로 정의한다.
④ 고객의 요구사항을 해결하기 위해 공급자가 갖추어야 하는 품질시스템은 처음부터 올바르게 일을 행하는 것이다.

해설 크로스비(J. M. Juran)는 '요건에 대한 일치성'을 품질로 보았다. 용도에 대한 적합성은 쥬란(J. M. Juran)이 정의한 것이다.

3. 품질선구자들의 품질사상을 설명한 것으로 옳지 않은 것은?　　　　　　[14-4]
① 슈하트(Shewhart) – 관리도를 개발
② 데밍(Deming) – 통계적 방법에 의한 종합품질 확보
③ 크로스비(Crosby) – 제품품질과 설계의 통합
④ 파이겐비움(Feigenbaum) – 종합적 품질관리

해설 P. B. Crosby : 요건에 대한 일치성, 품질의 측도는 품질비용이다.

4. 가빈(D. A. Garvin)교수가 제시한 것으로서 품질의 전략적 분석을 위한 프레임으로 활용할 수 있는 품질요소에 포함되지 않는 것은?　　　　　　[09-4, 11-1]
① 성능(Performance)
② 내구성(Durability)
③ 심미성(Aesthetics)
④ 커뮤니케이션(Communication)

해설 D. A. Garvin은 품질을 이루고 있는 8가지 요소로서 성능, 내구성, 심미성(미관성), 특징, 신뢰성, 적합성, 서비스, 지각된 품질(인지품질)의 8대 구성요소로 구분하였다.

정답 ► **1.** ① **2.** ③ **3.** ③ **4.** ④

5. 품질은 주관적 특성과 객관적 특성으로 형성되어 있다. 다음 중 주관적 특성과 가장 거리가 먼 것은? [06-1, 10-1, 16-2]
① 사용에 대한 적합성
② 안전성
③ 소유의 우월감
④ 신뢰성

해설 주관적 품질특성과 객관적 품질특성

객관적 품질	고유특성 및 성질을 충족, 또는 불충족시켰는지를 나타냄	유용적 품질 : 기능, 성능, 신뢰성 등
		유해적 품질 : 불안전, 공해
주관적 품질	사용 목적에 대한 만족, 또는 불만족시켰는가를 나타내는 품질	실용적 품질 : 사용 적합성, 무공해, 안정성
		심리적 품질 : 소유에 대한 우월감, 만족, 취향, 기호에 대한 합치성

6. 공정의 품질변동에 영향을 주는 요인으로 보통 5M을 뽑는다. 다음 중 5M은? [15-2]
① Man, Method, Machine, Measurement, Money
② Man, Method, Material, Machine, Measurement
③ Man, Method, Material, Measurement, Management
④ Man, Machine, Material, Measurement, Management

해설 5M1E : Man, Machine, Material, Method, Measurement, Environment

7. 파이겐바움(A. V. Feigenbaum)이 제시한 품질에 영향을 주는 요소 9M에 해당되지 않는 것은? [09-1, 14-2, 17-1]

① Markets　　　② Motivation
③ Money　　　④ Maintenance

해설 A. V. Feigenbaum의 9M은 Man, Machine, Material, Method, Management, Markets, Motivation, Money, management information 이다.

8. 품질설계에 있어서 소비자 요구 만족도를 향상시키기 위한 2가지 제한조건으로 가장 올바른 것은? [13-2]
① 품질보증과 코스트
② 품질보증과 품질조사
③ 기술수준과 코스트
④ 시장품질과 공정능력

해설 품질설계에 있어서 소비자 요구 만족도를 향상시키기 위해서는 제품화 능력인 기술수준이 있어야 하며 비용(코스트)을 낮게 만들 수 있어야 한다.

9. 실제로 제조된 물품이 설계품질에 어느 정도 합치하고 있는가를 의미하는 품질은 어느 것인가? [05-4, 19-1]
① 기획품질　　　② 시장품질
③ 설계품질　　　④ 제조품질

해설 제조품질은 실제로 공장에서 생산 또는 제작시에 이루어지는 품질로서 제조된 품질이 설계품질에 어느 정도 합치하고 있는가를 나타내는 적합품질 또는 합치품질이라고도 한다.

10. 품질경영시스템은 PDCA 사이클로 설명될 수 있다. PDCA 사이클에 관한 내용으로 틀린 것은? [16-1, 22-1]
① Plan – 목표달성에 필요한 계획, 또는 표준의 설정
② Do – 계획된 것의 실행

5 과목

③ Check – 실시결과를 측정하여 해석하고 평가
④ Action – 리스크와 기회를 식별하고 다루기 위하여 필요한 자원의 수립

해설 A(Action)
목표와 실시결과에 차이가 있으면 필요한 수정조치를 취하는 것이다.

11. 관리활동을 효율적으로 수행하기 위한 PDCA의 4가지 스텝에 대한 설명 중 옳지 않은 것은? [05-4, 08-1, 15-1]
① P(Plan) : PDCA 사이클을 반복하면서 더 좋은 계획을 설정하도록 노력한다.
② D(DO) : 충분한 교육과 훈련을 실시하고 계획에 따라 수행한다.
③ C(Check) : 관리항목을 적절히 선정하고 활용하여 효율적으로 수행한다.
④ A(Action) : 수정조치는 책임과 권한에 관계없이 신속히 수행한다.

해설 A(Action) : 목표와 실시결과에 차이가 있으면 필요한 수정조치를 취하는 것이다. 이때 수정조치는 자기 권한 내의 것을 대상으로 한다.

12. 품질관리의 4대 기능은 사이클을 형성하고 있다. 그 순서로 맞는 것은? [19-4]
① 품질의 설계 → 공정의 관리 → 품질의 조사 → 품질의 보증
② 품질의 설계 → 공정의 관리 → 품질의 보증 → 품질의 조사
③ 품질의 조사 → 품질의 설계 → 공정의 관리 → 품질의 보증
④ 품질의 조사 → 품질의 설계 → 품질의 보증 → 공정의 관리

해설 품질의 4대 기능은 품질의 설계, 공정의 관리, 품질의 보증, 품질의 조사·개선이다.

13. 품질관리의 기능을 4가지로 대별할 때 적합하지 않은 것은? [06-2, 13-1, 15-2, 18-2]
① 품질의 설계
② 공정의 관리
③ 품질의 관리
④ 품질의 보증

해설 품질의 4대 기능은 품질의 설계, 공정의 관리, 품질의 보증, 품질의 조사·개선이다.

14. 품질관리의 4대 기능 중 공정의 관리(실행기능)단계에서 수행하는 업무와 가장 거리가 먼 것은? [11-2, 21-1]
① 사내규격이 체계화되어 품질에 대한 정책이 일관되도록 하는 업무
② 설비, 기계의 능력이 품질실현의 요구에 적합하도록 보전하는 업무
③ 검사, 시험방법, 판정의 기준이 명확하며, 판정의 결과가 올바르게 처리되도록 하는 업무
④ 원재료가 회사규격에 정해진 품질대로 확실히 수입되어 적시에 적량이 제조현장에 납품하는 업무

해설 품질관리의 4대 기능(Deming 사이클)
① 품질의 설계(Plan) : 설계품질 또는 목표품질을 품질표준이나 시방서의 형태로 정한다. 사내규격이 체계화되어 품질에 대한 정책이 일관되도록 한다.
② 공정의 관리(Do) : 공정설계를 하고 작업표준·제조표준·계측시험표준 등을 설정하며, 작업자를 교육·훈련하고 업무를 수행한다. 검사, 시험방법, 판정의 기준이 명확하며, 판정의 결과가 올바르게 처리되도록 한다.
③ 품질의 보증(Check) : 제품의 제조단계, 출하단계 및 사용단계에서의 제조품질 내지 사용품질을 목표품질에 따라 점검한다.

④ 품질의 조사·개선(Action) : 클레임, A/S 결과, 고객의견 등을 조사하여 설계·제조·판매에 피드백시키고 품질방침이나 설계품질, 제조공정의 관리를 개선한다.

15. 품질관리의 4대 기능 중에서 품질의 설계기능은 소비자가 요구하는 품질의 제품을 만들기 위한 설계 및 계획을 수립하는 단계로서 이를 실현하는 조건과 가장 관계가 먼 것은?　　　　　　　　　　[20-4]
① 품질에 관한 정책이 명료하게 밝혀져 있을 것
② 사내규격이 체계화되어 품질에 대한 정책이 일관되어 있을 것
③ 연구, 개발, 설계, 조사 등에 대해서 조직이 구성되어 있으며 책임과 권한이 명확하게 되어 있을 것
④ 검사, 시험방법, 판정의 기준이 명확하며, 판정의 결과가 올바르게 처리되고 피드백 되고 있을 것

해설 공정의 관리(실행기능)는 검사, 시험방법, 판정의 기준이 명확하며, 판정의 결과가 올바르게 처리되고 피드백 되도록 한다.

16. 현재의 문제를 해결하기 위하여 기업이 수행할 품질목표와 가장 거리가 먼 것은?
　　　　　　[15-2, 07-4, 09-4, 11-2, 15-2]
① 품질코스트를 5%로 줄인다.
② 재작업률 0(zero)에 도전한다.
③ 제품의 로스율을 1%로 줄인다.
④ 부적합품률을 현재의 0.5% 수준으로 유지한다.

해설 품질관리에서 중요시하는 관리의 2가지 측면으로는 현상유지와 개선이며, 부적합품률을 현재의 0.5% 수준으로 유지하는 것은 현상유지에 해당한다.

17. 품질경영에 대한 설명으로 틀린 것은 어느 것인가?　　　　　　　　[08-4, 15-4]
① 품질방침 및 품질계획, 품질관리, 품질보증, 품질개선을 포함한다.
② 고객지향의 기업문화와 조직행동적 사고 및 실천을 강조하고 있다.
③ 최고경영자의 품질방침에 따른 고객만족을 위한 모든 부문의 전사적 활동이다.
④ 활동과 프로세스의 유효성을 증가시키는 활동은 품질경영 분야 중 품질관리에 해당된다.

해설 활동과 프로세스의 유효성을 증가시키는 활동은 품질경영 분야 중 품질개선에 해당된다.

18. 다음 품질경영의 성숙과정(quality manage-ment maturity grid)을 5단계로 나누어 품질코스트 프로그램의 추진단계를 기술한 것 중 단계별로 내용이 틀린 것은?
　　　　　　　　　　　　[18-2]
① 제1단계인 수동적 관리에서는 품질관리가 전혀 실시되지 않고 있는 수준이다.
② 제2단계인 품질경영 정착에서는 품질경영이 기업시스템의 필수기능이 되는 단계이다.
③ 제3단계인 공정관리에서는 공정품질의 개선을 통해서 품질이 안정되어 품질경영이 점차 제도화되는 단계이다.
④ 제4단계인 예방적 관리에서는 전사적인 품질경영의 필요성이 인식되고 품질경영에서 최고경영자와 구성원의 역할이 강조되는 단계이다.

해설 제2단계인 품질관리에서는 품질관리가 기업에 도입되는 단계이다.

정답 ● **15.** ④　**16.** ④　**17.** ④　**18.** ②

5 과목

19. 과거의 제조중심 품질관리(Quality Control) 활동과 현재의 기업단위활동의 품질경영 (Quality Management)에 대한 설명으로 틀린 것은? [07-1, 18-2]

① 과거의 품질관리는 고객만족과 경제적 생산을 강조한다면, 현재의 품질경영은 요구충족을 강조한다.

② 과거의 품질관리는 생산중심으로 관리기법을 강조하고, 현재의 품질경영은 고객지향의 기업문화 및 조직행동적 사고와 실천을 강조한다.

③ 과거의 품질관리는 제품 요건 충족을 위한 운영기법 및 전사적 활동이고, 현재의 품질경영은 최고경영자의 품질방침에 따른 고객만족을 위한 전사적 활동이다.

④ 과거의 품질관리는 제품의 부적합품 감소를 위해 품질표준을 설정하고 적합성을 추구하며, 현재의 품질경영은 총제적 품질향상을 통해 경영목표를 달성한다.

해설 과거의 품질관리가 요구충족을 강조한 것이면 현재의 품질경영은 고개만족과 경제적 생산을 강조한다.

20. 품질경영의 요건에 관한 설명으로 가장 거리가 먼 것은? [20-2]

① 부품의 품질 향상을 위해 수입검사를 강화해야 한다.

② 품질은 소비자 즉, 고객의 요구를 만족시키는 것이다.

③ 고객만족의 효과적 수행을 위해 모든 구성원의 참여가 필요하다.

④ 문제해결을 위해 통계적 수법을 포함하여 다양한 수단의 적용이 요구된다.

해설 부품의 품질 향상을 위해 전사적이며 종합적인 품질경영의 전개가 필요하다.

21. 품질경영에 대한 설명으로 가장 거리가 먼 것은? [08-4, 15-4]

① 고객지향의 기업문화와 조직행동적 사고 및 실천을 강조하고 있다.

② 품질방침 및 품질계획, 협의의 품질관리, 품질보증, 품질개선을 포함한다.

③ 최고경영자의 품질방침에 따른 고객만족을 위한 모든 부문의 전사적 활동이다.

④ 공정 및 제품의 부적합품 감소를 위해 품질표준을 설정하고 이의 적합성을 추구하는 수단이다.

해설 공정 및 제품의 부적합품 감소를 위해 품질표준을 설정하고 이의 적합성을 추구하는 수단은 품질경영보다 품질관리의 개념이다.

22. 품질관리시스템을 효율적으로 운영관리하기 위해 제시되는 원칙에 대한 설명으로 틀린 것은? [08-2, 09-2, 13-4]

① 예방의 원칙 : 당초에 올바르게 만들어야 한다.

② 과학적 접근의 원칙 : PDCA의 관리과정을 거쳐서 행한다.

③ 전원참가의 원칙 : 회의 시에 전원이 꼭 참석해서 함께 토론해야 한다.

④ 종합 조정의 원칙 : 각 부서의 최적이 전체 최적이 안 되는 경우가 발생하므로, 전체적으로 부서의 역할을 조정한다.

해설 품질관리 시스템의 5원칙은 예방의 원칙, 전원참가의 원칙(전 사원이 품질경영에 참여해야 한다.), 과학적 관리의 원칙, 종합·조정의 원칙, Staff원조의 원칙이다.

23. 품질관리 업무 중에서 제품관리를 가장 올바르게 설명한 것은? [05-2]

정답 **19.** ① **20.** ① **21.** ④ **22.** ③ **23.** ③

① 부적합(불량)품의 원인을 규명한다든지 품질특성의 개량 가능을 결정하기 위한 조사나 시험을 말한다.
② 제품에 대한 알맞은 가격, 기능, 신뢰성에 대한 품질표준을 확립하여 시행하는 것을 말한다.
③ 부적합(불량)품이 발생하기 전에 품질시방으로부터 벗어나는 것을 시정하고, 서비스를 통해 제품을 관리하는 것을 말한다.
④ 시방의 요구에 알맞은 부품, 재료만을 가장 경제적인 품질수준으로 수입, 보관하는 것을 말한다.

해설 ① 특별공정조사, ② 신제품관리, ④ 수입자재관리

24. 종합적 품질관리의 의미에 관하여 설명한 것으로 가장 거리가 먼 것은? [10-4]
① 경영 전반의 품질관리시스템에 의한 활동이다.
② 제반검사를 통하여 품질을 보증하는 품질관리 부서의 활동이다.
③ 통계적 수법 적용 등을 통하여 활동하는 경영전체의 품질관리이다.
④ 설계, 구매, 생산, 판매 등의 각 부문의 품질유지 및 개선의 노력을 종합적으로 실시하는 체계이다.

해설 검사중심의 품질관리는 좁은 의미의 품질관리활동이다.

25. 다음 중 TQM의 전략목표로 가장 적절한 것은? [08-1, 10-4, 20-1, 20-2]
① 고객의 기대와 요구를 만족시키는 것
② 품질이 소정 수준에 있음을 보증하는 것
③ 표준을 설정하고 이것에 도달하기 위해 사용되는 모든 수단의 체계

④ 최고 경영자에 의해 공식적으로 표명된 품질에 관한 조직의 전반적인 의도

해설 ② 품질보증, ③ 품질관리, ④ 품질방침에 대한 설명이다.

26. 종합적 품질경영(TQM) 활동이 기업 성과에 미치는 영향을 측정할 수 있는 기업 활동 영역으로 가장 거리가 먼 것은? [15-2]
① 고객 만족도
② 재무적 성과
③ 종업원간의 관계
④ 비용만을 고려하는 품질

해설 TQM의 전략목표는 고객의 기대와 요구를 만족시키는 것이다. 따라서 비용만을 고려하는 품질은 고객의 기대와 요구를 만족시킬 수 없다.

27. 품질관리 실시의 기대효과라고 볼 수 없는 것은? [07-1, 09-1]
① 품질이 균일해지고 개선된다.
② 부적합품률이 감소하여 수율이 향상되고 제품의 원가가 절감된다.
③ 분임조활동을 통하여 작업자의 의식이 높아진다.
④ Top-Down에 의한 관리의 정착이 이루어진다.

해설 Bottom-up에 의한 관리의 정착이 이루어진다.

28. 일반적으로 품질에 영향을 미치는 요인을 분류할 때 4M(Man, Machine, Material, Method)으로 구분한다. 다음 중 가장 적합한 구분 이유는? [05-2, 10-1]
① 오랜 전통적 요인의 분류 방법이기 때문이다.

② 브레인스토밍(Brain Storming)방법에서 구분 사용하기 때문이다.

③ 파레토(Pareto)도에서 구분 사용하기 때문이다.

④ 입력(Input)으로부터 출력(Output)물에 가장 큰 품질상의 영향을 주는 층별 대상의 인자로 볼 수 있기 때문이다.

해설 품질에 영향을 미치는 요인을 분류할 때 4M(Man, Machine, Material, Method)으로 구분하는 이유는 제품을 만들 때 가장 큰 품질상의 영향을 주는 인자(요인)로 볼 수 있기 때문이다.

29. 품질관리업무를 명확히 하는 데 있어 기능전개방법이 매우 유효한데 미즈노 박사가 주장하는 4가지 관리항목에 해당되지 않는 것은?　　　　　　　　　[07-2, 09-1, 21-1]

① 생산의 관리항목
② 기능의 관리항목
③ 업무의 관리항목
④ 공정의 관리항목

해설 미즈노 박사가 주장하는 4가지 관리항목은 신규업무의 관리항목, 기능의 관리항목, 업무의 관리항목, 공정의 관리항목이다.

30. MB(Malcolm Baldridge)상 평가기준의 7가지 범주에 속하지 않는 것은?　　[18-1]

① 리더십(leadership)
② 품질중시(quality focus)
③ 고객중시(customer focus)
④ 전략기획(strategic planning)

해설 MB(Malcolm Baldridge)상 평가기준은 리더십, 전략기획, 고객/시장중시, 측정·분석 및 지식경영, 인적자원중시, 운영(프로세스)중시, 사업성과이다.

31. 국가품질상의 심사범주에 해당되는 것이 아닌 것은?　　　　　　　[16-4, 21-4]

① 리더십
② 고객과 시장 중시
③ 전략기획
④ 시스템관리 중시

해설

말콤볼드리지상	국가품질상
리더십	리더십
전략기획	전략기획
고객과 시장중시	고객과 시장중시
측정·분석 및 지식경영	측정·분석 및 지식경영
인적자원중시	인적자원중시
운영(프로세스)중시	운영관리중시
사업성과	경영성과

32. 말콤 볼드리지상에 관한 설명이 아닌 것은?　　　　　[08-4, 11-1, 15-4, 22-2]

① 3개 요소 7개 범주로 구분하고 있다.
② 데밍상을 벤치마킹하여 제정한 것이다.
③ 기업경영 전체의 프로그램으로 전략에서 실행까지를 전개한다.
④ 품질향상을 위해 실천적인 'How to do'를 추구하는 프로세스 지향형이다.

해설 데밍상은 How to do(프로세스지향)사고이며 MB상은 What to do(목표지향)사고의 경영품질 개념이다.

2. 품질전략과 고객만족

1. 다음의 내용이 설명하는 것은? [19-4]

┤ 다음 ├

제품의 품질은 생산/판매하는 기업이 아니라 제공받고 이를 소비하는 고객이 판단하는 것이며, 제품에 대한 고객의 만족은 구매시점은 물론 제품의 수명이 다할 때까지 지속되어야 한다는 것과 고객의 최대만족을 위해서는 경영자의 전략적 참여가 필요하다.

① Benchmarking
② TQC(total quality control)
③ SPC(statistics process control)
④ SQM(strategic quality management)

해설 제품의 품질은 생산/판매하는 기업이 아니라 제공받고 이를 소비하는 고객이 판단하는 것이며, 제품에 대한 고객의 만족은 구매시점은 물론 제품의 수명이 다할 때까지 지속되어야 한다는 것과 고객의 최대만족을 위해서는 경영자의 전략적 참여가 필요하다. 따라서 전략적 품질경영(SQM : strategic quality management)은 장기적인 품질목표를 수립하여 이를 전략적으로 전개하는 경영이다.

2. 품질이 기업경영에서 전략변수로 중시되는 이유가 아닌 것은? [15-2, 19-2]
① 소비자들의 제품의 안전 또는 고신뢰성에 대한 요구가 높아지고 있다.
② 기술혁신으로 제품이 복잡해짐에 따라 제품의 신뢰성이 관리문제가 어려워지고

있다.
③ 제품 생산이 분업일 경우 부분적으로 책임을 지는 것이 제품의 신뢰성을 높인다.
④ 원가 경쟁보다는 비가격경쟁 즉, 제품의 신뢰성, 품질 등이 주요 경쟁요인이기 때문이다.

해설 제품 생산이 분업일 경우라도 전체적으로 책임을 지는 것이 제품의 신뢰성을 높인다.

3. 품질전략의 계획 수립 시 경영환경과 기업역량의 관계를 연결하여 무엇이 핵심역량이고 무엇을 보완해야 하는지를 결정하는 것이 필요하다. 이때 내부환경적 측면의 기준으로 거리가 먼 것은? [17-1]
① 경영자의 리더십
② 조직의 신제품개발 능력
③ 경쟁사 또는 경쟁공장의 동향
④ 조직의 표준화 수준 및 실행정도

해설 경쟁사 또는 경쟁공장의 동향은 외부환경적 측면이다.

4. 품질전략을 수립할 때 계획단계(전략의 형성단계)에서 SWOT분석을 많이 활용하고 있다. 여기서 SWOT 분석 시 고려되는 항목이 아닌 것은 어느 것인가?
[12-1, 12-4, 16-1, 19-1, 21-4, 22-2]
① 근심(trouble)
② 약점(weakness)
③ 강점(strength)

④ 기회(opportunity)

해설 SWOT는 Strength(강점), Weakness (약점), Opportunity(성장기회), Threats (위협)의 약자로서, 전략계획에서 우선적으로 분석이 된다.

5. 품질전략을 수립할 때 계획단계(전략의 형성 단계)에서 SWOT 분석을 많이 활용하고 있다. 여기서 O는 무엇을 뜻하는가?

[12-1, 17-2, 21-4]

① 기회　　　　② 위협
③ 강점　　　　④ 약점

해설 SWOT는 Strength(강점), Weakness (약점), Opportunity(성장기회), Threats (위협)이다.

6. 품질경영시스템에서 품질전략을 결정하는 데 고려하여야 할 요소와 가장 거리가 먼 것은?

[10-1, 19-2]

① 경영목표　　② 경영방침
③ 세부절차　　④ 경영전략

해설 품질경영시스템에서 품질전략을 결정하는 데 고려하여야 할 요소는 경영방침 → 경영목표 → 경영전략 이다.

7. 1980년 중반에 등장한 전략경영 개념은 급변하는 기업환경 속에서 기업이 직면하고 있는 위협과 기회에 조직능력을 대응시키는 의사결정과정이라 할 수 있다. 이러한 전략적 경영을 전개해가는 3단계적 접근에 해당되지 않는 것은?

[18-1]

① 품질 주도(quality initiative)
② 평가 및 통제(evaluation control)
③ 전략의 형성(strategy formulation)
④ 전략의 실행(strategy implementation)

해설 전략적 경영을 전개해가는 3단계는 전략의 형성(수립) → 전략의 실행 → 성과의 평가 및 통계이다.

8. 전략적 경영과정에 있어 전략의 실행 (strategy implementation)에 해당되는 활동은?

[20-2]

① 계획을 예산에 반영한다.
② 실행성과를 평가하고 통제한다.
③ 기업의 이념과 사명을 확인한다.
④ 목표달성을 위한 전략을 수립한다.

해설 전략의 실행에 해당하는 활동
㉠ 실행계획을 수립한다.
㉡ 계획을 예산에 반영한다.
㉢ 세부절차를 정한다.

9. 게하니(R. Gehani) 교수가 제창한 품질가치사슬에서 TQM의 전략목표인 고객만족품질을 얻는 데 융화되어야 할 3가지 품질에 해당되지 않는 것은?

[07-1, 11-2, 19-2]

① 검사품질　　② 제품품질
③ 경영종합품질　④ 전략종합품질

해설 게하니가 제창한 고객만족을 위해 융합되어야 할 3가지 품질
㉠ 품질가치사슬의 상층부(전략종합품질) : 시장창조 종합품질과 시장경쟁 종합품질
㉡ 품질가치사슬의 중심부(경영종합품질)
㉢ 품질가치사슬의 하층부(제품품질) : 테일러의 검사품질, 데밍의 공정관리품질, 이시가와의 예방품질

10. 게하니(Gehani) 교수가 구상한 품질가치사슬 구조로 볼 때 최고 정점에 있다고 본 전략종합품질에 대한 품질선구자의 사상에 해당하는 것은?

[18-4, 22-2]

① 고객만족품질과 시장품질

② 설계종합품질과 원가종합품질
③ 전사적 종합품질과 예방종합품질
④ 시장창조 종합품질과 시장경쟁 종합품질

해설 품질가치사슬의 상층부(전략종합품질) : 시장창조 종합품질과 시장경쟁 종합품질

11. 포터(M.E. Porter)는 품질에 관한 경쟁전략에 대해 기본적 접근방법으로 3가지 항목을 제시하였다. 다음 중 3가지 항목에 해당하지 않는 것은? [18-2]

① 차별화 ② 집중화
③ 소형화 ④ 원가상의 우위 확보

해설 포터(M.E.Porter)의 일반적인 경쟁전략은 원가상의 우위확보(cost leadership), 차별화(differentiation), 집중화(focus)이다.

12. 경쟁기준의 강화로서 높은 수준의 성과를 달성한 기업과 자사를 비교 평가하는 기법은? [16-2]

① TQM ② 벤치마킹
③ PDPC기법 ④ 계통도법

해설 벤치마킹은 경쟁우위를 쟁취하기 위하여 산업의 최고수준의 기술 또는 업무방식을 배워서 경영성과를 향상하려는 과정으로 완제품이나 서비스보다는 프로세스에 초점이 집중된다.

13. 다음 중 벤치마킹을 통해 얻을 수 있는 효과와 가장 거리가 먼 것은? [06-4, 14-1]

① 외부에 초점을 맞추어 비건설적인 내부경쟁을 회피한다.
② 경쟁자와 대등하거나 그 이상의 기능을 수행할 수 있어 시장 경쟁에 유리하다.
③ 벤치마킹을 통하여 경쟁에 유리한 입지를 계속 유지한다.

④ 최우수기업의 성과를 구성원에게 알려주어 내부경쟁을 강화한다.

해설 외부에 초점을 맞추어 비건설적인 내부 경쟁을 회피하고, 최우수기업의 성과를 구성원에게 알려주어 구성원의 창의력을 자극한다.

14. A.R Tenner는 고객만족을 충분히 달성하기 위하여 그 단계를 다음과 같이 정의했을 때, [단계 2]에 해당하지 않는 것은? [16-4, 20-2]

───┤ 다음 ├───

[단계 1] 불만을 접수 처리하는 소극적 방식
[단계 2] 고객의 목소리에 귀를 기울이는 것
[단계 3] 완전한 고객 이해

① 소비자 상담
② 소비자 여론 수집
③ 판매기록 분석
④ 설계, 계획된 조사

해설 A. R Tenner 고객만족
[단계 1] 불만을 접수 처리하는 소극적 방식
[단계 2] 고객의 목소리에 귀를 기울이는 것 (소비자 상담, 소비자 여론 수집, 판매기록 분석)
[단계 3] 완전한 고객 이해(시장시험, 벤치마킹, 포커스 그룹 인터뷰)

15. A. R Tenner는 고객만족을 충분히 달성하기 위해서 "고객의 목소리에 귀를 기울이는 것"을 단계 1, "소비자의 기대사항을 완전히 이해하는 것"을 단계 2로 정의하였다. 다음 중 단계 3인 완전한 고객 이해를 위한 적극적 마케팅 방법이 아닌 것은 어느 것인가? [17-4, 22-1]

① 시장시험(market test)
② 벤치마킹(benchmarking)

③ 판매기록분석(sales record analysis)

④ 포커스 그룹 인터뷰(focus group interview)

해설 판매기록분석, 소비자 상담, 소비자 여론 수집은 단계 2에 해당한다.

16. 품질에 대해서 사용자의 만족감을 표현하는 주관적 측면과 요구조건과의 일치성을 표현하는 객관적 측면을 함께 고려한 품질의 이원적 인식방법에 관한 설명으로 틀린 것은? [11-1, 18-2]

① 역 품질요소 : 품질에 대해 충족되든 충족되지 않든 만족도 불만도 없음

② 일원적 품질요소 : 품질에 대해 충족이 되면 만족, 충족되지 않으면 불만

③ 매력적 품질요소 : 품질에 대해 충족이 되면 만족을 주지만, 충족되지 않더라도 무방

④ 당연적 품질요소 : 품질에 대해 충족이 되면 당연하게 여기고, 충족되지 않으면 불만

해설 카노(Kano)의 고객만족

㉠ 매력(감동)적 품질특성 : 충족이 되면 만족을 주지만 충족이 되지 않아도 불만을 일으키지 않는 요인으로서 고객이 미처 생각하지 못한 고객의 요구를 만족시켜주는 것이다. 매력품질은 경쟁사에 비교우위를 가져오게 되므로 클수록 고객이 감동한다.

㉡ 일원적 품질특성 : 충족이 되면 만족, 충족되지 않으면 불만

㉢ 당연(묵시적, 기본)적 품질특성 : 충족이 되면 당연하게 여기고, 충족되지 않으면 불만

㉣ 무차별 품질특성 : 물리적으로 충족이 되든 안 되든 만족, 불만족도 일으키지 않은 품질

㉤ 역 품질특성 : 물리적으로 충족이 되면 불만족, 총족이 안 되면 만족하는 품질

17. 카노(Kano)의 고객만족모형 중 충족이 되면 만족을 주지만 충족이 되지 않아도 불만을 일으키지 않는 요인은? [20-4]

① 역 품질특성

② 일원적 품질특성

③ 당연적 품질특성

④ 매력적 품질특성

해설 매력(감동)적 품질특성은 충족이 되면 만족을 주지만 충족이 되지 않아도 불만을 일으키지 않는 요인으로서 고객이 미처 생각하지 못한 고객의 요구를 만족시켜주는 것이다.

18. 다음 중 고객만족도 조사의 3원칙이 아닌 것은? [06-4, 20-1]

① 계속성의 원칙   ② 정량성의 원칙

③ 신속성의 원칙   ④ 정확성의 원칙

해설 고객만족도 조사의 3원칙은 ㉠ 계속성의 원칙 ㉡ 정량성의 원칙 ㉢ 정확성의 원칙이다.

19. 기업이 고객과 관련된 조직의 내·외부 정보를 층별·분석·통합하여 고객 중심 자원을 극대화하고, 고객특성에 맞는 마케팅 활동을 계획·지원·평가하는 방법으로 장기적인 고객관계를 가능하게 하는 방법은? [17-4, 21-1]

① 고객의 소리(VOC)

② 품질기능전개(QFD)

③ 고객관계관리(CRM)

④ 서브퀄(SERVQUAL)

해설 CRM(Customer Relationship Management, 고객관계관리)은 기업이 고객과 관련된 조직의 내·외부 정보를 층별·분석·통합하여 고객 중심 자원을 극대화하고, 고객특성에 맞는 마케팅 활동을 계획·지원·평가하는 방법으로 장기적인 고객관계를 가능하게 하는 방법이다.

3. 품질경영 조직 및 기능

1. 조직의 구성원들 간에 의사전달이 원활하여야 함은 중요한 일이다. 다음 중 의사전달의 효율을 증진시키는 데 가장 거리가 먼 것은? [06-4, 14-1]
① 정확한 의미의 단어를 선택한다.
② 감정이 비정상 상태에서의 메시지 송, 수신은 가급적 피한다.
③ 문서면 문서, 구두면 구두로 전달하는 단일 전달체계를 갖는 것이 좋다.
④ 목적지에서 제대로 수신되었는지 확인하기 위하여 목적지에서 메시지를 반복하거나 되돌려 보내는 것이 도움이 된다.

해설 조직 구성원들 간의 의사소통 효율을 증진시키기 위하여 문서, 구두 등 다양한 의사전달체계를 사용하는 것이 좋다.

2. 조직을 계획하는데 이용되는 3가지 도구 중 해당 직종의 책임, 권한, 수행업무 및 타 직무와의 관계 등을 나타낸 것은? [13-2, 20-1]
① 직무기술서   ② 관리표준서
③ 조직표   ④ 책임분장표

해설 **품질조직에 이용되는 3가지 도구**
㉠ 직무기술서(Job Description) : 해당 직종의 책임, 권한, 수행업무 및 타 직무와의 관계 등을 나타낸 것
㉡ 조직표(Organization Chart) : 조직원의 상하관계를 나타내는 것
㉢ 책임분장표(Responsibility Matrix) : 책임범위를 나타내는 것

3. 품질경영 조직 중 품질관리부문의 역할로 틀린 것은? [16-4]
① 품질방침의 결정
② 품질관리계획의 입안
③ 품질관리에 대한 교육
④ 품질관리에 관련되는 규정이나 표준류의 관리

해설 품질방침의 결정은 최고경영자의 역할이다.

4. 품질관리규정에서 품질관리위원회의 토의사항으로 가장 거리가 먼 것은? [10-1, 15-1]
① 작업표준의 개선 연구
② 연구개발에 관한 사항
③ 불만처리사항 및 사내대책
④ 품질관리 활동에 대한 감사

해설 품질경영(관리)위원회는 품질에 관한 최고의 의사결정기구이다.

5. 다음 중 품질관리위원회의 심의사항이 아닌 것은? [06-2, 08-2, 08-4, 11-1]
① 각 부문의 트러블 조정
② 공정의 이상원인의 추구
③ 품질표준 및 목표의 심의
④ 품질관리 추진계획의 결정

해설 **품질경영(관리)위원회**
㉠ 품질관리 추진 프로그램의 결정(교육계획, 표준화 계획 등)
㉡ 공정의 이상제거 보고에 대한 심의

ⓒ 각 부문의 트러블 조정 및 클레임 처리
ⓔ 중점적으로 해석해야 할 품질의 심의
ⓜ 중요한 QC문제, 품질표준 및 목표의 심의
ⓗ 신제품의 품질목표, 품질수준, 시작검토 등의 심의
ⓢ 기타 QC에 관한 중요항목 심의

6. 품질관리부서가 해야 하는 업무로 타당하지 않는 것은? [18-2]
① 공정 모니터링
② 품질정보의 제공
③ 품질관련 훈련 및 교육 실시
④ 품질계획 및 보증체계 구축

해설 공정모니터링은 공정관리 부서의 업무이다.

7. 종합적 품질경영(TQM)을 추진하기 위한 조직적 구조로서 활용되고 있는 팀(team) 활동으로 틀린 것은? [15-2, 19-4]
① 동일한 작업장의 조직원으로 구성된 자발적 문제해결 집단
② 주어진 과업이 일단 완성되면 해체되는 태스크 팀(task team)
③ 반복되는 문제를 해결하기 위해 수행되는 프로젝트 팀(project team)
④ 일련의 작업이 할당된 단위로서, 구성원들이 융통성 있게 작업을 공유할 수 있도록 하는 팀(team)

해설 종합적 품질경영(TQM)을 추진하기 위한 조직적 구조로서 활용되고 있는 팀(team) 활동은 비반복적인 문제를 해결하기 위해 수행되는 프로젝트 팀(project team)이다.

8. 파이겐바움(Feigenbaum)이 분류한 품질관리 부서의 하위 기능 부문 3가지에 해당되지 않는 것은? [11-4, 15-4, 21-4]

① 원가관리 기술부문
② 품질관리 기술부문
③ 공정관리 기술부문
④ 품질정보 기술부문

해설 Feigenbaum은 품질관리부문의 하위적 기능인 부차적 기능(subfunctions), 즉 품질관리기술부문, 품질정보기술부문, 공정관리기술부문을 두어 업무의 분할을 꾀하였다.

9. 품질에 대한 책임은 전 부서의 공동책임이기 때문에 무책임이 되기 쉽다. 이에 각 부서별로 품질에 대해 책임지는 업무내용의 연관성에 관한 설명으로 틀린 것은? [17-4]
① 품질수준 결정에는 생산, 검사 부서가 관계가 깊다.
② 공정 내 품질측정은 생산, 검사 부서가 관계가 깊다.
③ 품질코스트 분석은 회계, 품질관리 부서가 관계가 깊다.
④ 불만 데이터 수집 및 분석은 판매, 설계, 품질보증 부서가 관계가 깊다.

해설 품질수준 결정에는 판매, 설계, 공장장 등이 관계가 깊다.

10. 협력업체 품질관리의 기능에 대한 설명 중 틀린 것은? [20-2]
① 협력업체측에서 발주기업 완제품의 품질보증을 위해서 행하는 설계감사활동
② 발주기업측에서 협력업체 품질의 유지·향상을 위해서 행하는 품질관리활동
③ 발주기업측이 요구품질을 만족하는 협력업체 제품을 받아들이기 위해서 행하는 수입검사활동
④ 협력업체측에서 발주기업측이 요구하는 제품을 제조하기 위해서 행하는 품질관리활동

정답 ● 6. ① 7. ③ 8. ① 9. ① 10. ①

해설 발주기업측에서 협력업체 측에 행하는 감사활동

11. 고객의 요구와 기대를 규명하고 설계 및 생산 사이클을 통하여 목적과 수단의 계열에 따라 계통적으로 전개되는 포괄적인 계획화 과정은?　　　　[06-1, 09-2, 21-4]
① VE　　　　② QA
③ QFD　　　　④ FMEA

해설 **품질기능전개(QFD)의 정의**
㉠ 고객이 요구하는 참된 품질을 언어표현에 의해 체계화하여 이것과 품질특성과의 관련을 짓고, 고객의 요구를 대용특성으로 변화시키며 품질설계를 실행해 나가는 품질표(품질하우스)를 사용하는 기법이다.
㉡ 고객의 요구와 기대를 규명하고 설계 및 생산 사이클을 통하여 목적과 수단의 계열에 따라 계통적으로 전개되는 포괄적인 계획화 과정이다.
㉢ 고객의 요구를 제품으로 구현하는 품질특성을 찾는 기법으로 신제품개발 단계의 품질관리추진에서 가장 효과적이다.
㉣ 품질을 형성하는 직능 또는 업무를 목적(What), 수단(How)의 계열에 따라 단계별로 세부적으로 전개해 나가는 것이다.
㉤ 고객 요구 품질과 제품의 기능을 기본기능, 2차 기능, 3차 기능으로 전개하여 2원 매트릭스표로 상호 연관 관계를 분석 정리하여 고객에게 가장 중요한 제품기능을 추출하는 과정이다.

12. 고객이 요구하는 참된 품질을 언어표현에 의해 체계화하여 이것과 품질특성과의 관련을 짓고, 고객이 요구를 대용특성으로 변화시키며 품질설계를 실행해 나가는 표가 최근 매우 유용하게 사용되고 있는데 이와 같은 품질표를 사용하는 기법은 다음 중 어

느 것인가?　　　　[08-1, 11-4, 20-1]
① QFD
② 친화도
③ FMEA/FTA
④ 매트릭스 데이터 해석

해설 품질기능전개(QFD)는 고객이 요구하는 참된 품질을 언어표현에 의해 체계화하여 이것과 품질특성과의 관련을 짓고, 고객의 요구를 대용특성으로 변화시키며 품질설계를 실행해 나가는 품질표(품질하우스)를 사용하는 기법이다.

13. 요구품질로부터 품질방침을 설정하고 세일즈포인트를 명확히 정한다거나 적정한 대용특성으로 치환하여 품질설계를 하기 위한 가장 효과적인 방법은?　　[08-4, 15-1]
① 공정해석　　　② 설계심사
③ 품질개선　　　④ 품질전개

해설 품질전개는 고객의 소리를 설계규격으로 전환하고 상품화하여 고객이 원하는 제품과 서비스를 제공함으로써 고객만족과 가치를 향상시키는 품질기법를 말한다.

14. 품질경영을 성공적으로 실현하기 위해서 품질조직을 구성하였을 때 최고경영자의 중요한 역할에 해당되지 않는 것은? [17-2]
① 강력하고 지속적인 리더십을 발휘
② 조직의 경영철학을 바탕으로 품질방침을 경영
③ 전사적이고 효율적으로 전개할 수 있는 품질경영시스템을 확립
④ 품질정보를 수집하고 해석하여 각 부문에 품질정보의 피드백 수행

해설 품질정보를 수집하고 해석하여 각 부문에 품질정보의 피드백 수행은 품질부문 조직에서의 일이다.

15. 품질방침에 따른 경영전략의 과정으로 맞는 것은? [15-1, 20-4]
① 경영방침 → 경영목표 → 경영전략 → 실행방침 → 실행목표 → 실행계획 → 실시
② 경영방침 → 경영목표 → 경영전략 → 실행방침 → 실행계획 → 실행목표 → 실시
③ 경영전략 → 경영방침 → 경영목표 → 실행방침 → 실행목표 → 실행계획 → 실시
④ 경영전략 → 경영방침 → 경영목표 → 실행방침 → 실행계획 → 실행목표 → 실시

해설 품질방침에 따른 경영전략의 과정은 경영방침 → 경영목표 → 경영전략 → 실행방침 → 실행목표 → 실행계획 → 실시이다.

16. 기능별 관리에 대한 설명으로 옳지 않은 것은? [10-2, 12-1]
① 방침관리가 수직적인데 비해 기능별 관리는 수평적이며 경영요소별 관리라고도 한다.
② 기능별 관리는 계층구조의 조직을 채택하고 있는 기업에게 각 부문이 임무를 수행하기 위해서 하는 활동이다.
③ 기능별 관리는 업종, 규모, 경영방침에 따라 차이는 있지만 대개 생산목표인 품질, 원가, 납기를 중심으로 품질보증, 원가관리, 생산량 관리가 제시된다.
④ 기능별 관리는 기능별로 전사적인 목표를 정해서 이를 각 부문의 업무와 횡적으로 연결하여 그 기능에 대한 의사통일을 도모하고, 유기적인 관계에서 목표달성을 전개하는 전사적인 활동이다.

해설 부문별 관리는 계층구조의 조직을 채택하고 있는 기업에게 각 부문이 임무를 수행하기 위해서 하는 활동이다.

17. 품질, 원가, 수량·납기와 같이 경영 기본요소별로 전사적 목표를 정하여 이를 효율적으로 달성하기 위해 각 부문의 업무분담 적정화를 도모하고 동시에 부문 횡적으로 제휴, 협력해서 행하는 활동은 다음 중 어느 것인가? [13-4, 19-1, 22-1]
① 생산관리
② 부문별 관리
③ 설비관리
④ 기능별 관리

해설 기능별 관리는 기능별로 전사적인 목표(품질(Q), 원가(C), 생산량·납기(D))를 정해서 이를 각 부문의 업무와 횡적으로 연결하여 그 기능에 대한 의사통일을 도모하고 유기적인 관계에서 목표달성을 전개하는 전사적인 활동이다. 방침관리가 수직적인데 비해 기능별 관리는 수평적이며 경영요소별 관리라고도 한다.

4. 품질경영시스템 인증

1. 국제표준화기구(ISO)의 설립 목적과 관련이 없는 것은? [16-4, 20-2]
① 표준 및 관련 활동의 세계적인 조화를 촉진
② 국가표준이 규정하지 않는 부분의 세부적 보완
③ 회원기관 및 기술위원회의 작업에 관한 정보교환의 주선
④ 국제 표준의 개발, 발간 그리고 세계적으로 사용되도록 조치

해설 ISO의 설립목적은 상품 및 서비스의 국제적 교환을 촉진하고, 지적, 과학적, 기술적, 경제적 활동 분야에서의 협력 증진을 위하여 세계의 표준화 및 관련 활동의 발전을 촉진시키는 데 있다.

2. 국제표준화기구(ISO)에 대한 설명 중 틀린 것은? [14-4, 20-4]
① ISO의 대표적인 표준은 ISO 9001 패밀리 규격이다.
② ISO의 공식 언어는 영어, 불어, 서반아어이다.
③ ISO의 회원은 정회원, 준회원 및 간행물 구독회원으로 구분된다.
④ ISO의 설립목적은 상품 및 서비스의 국제적 교환을 촉진하고, 지적, 과학적, 기술적, 경제적 활동 분야에서의 협력 증진을 위하여 세계의 표준화 및 관련 활동의 발전을 촉진시키는 데 있다.

해설 ISO의 공식 언어는 영어, 불어, 러시아어이다.

3. ISO에 관한 설명 중 틀린 것은? [15-4]
① ISO 14001은 환경경영시스템을 의미
② 전기, 기계, 화학분야 등 모든 기술적 분야의 국제규격을 제정
③ 재화 및 용역의 국제적 교환을 용이하게 하기 위한 국제표준의 제정 및 보급
④ ISO는 미국에서 시작되었고 유럽에 의해 확산되면서 국제표준규격이 됨

해설 ISO는 유럽에서 시작되었다.

4. 품질경영시스템 – 요구사항(KS Q ISO 9001 : 2015)의 특성이 아닌 것은? [19-2]
① 목표달성을 위한 리스크 경영에 초점
② 제조중심의 검사, 시험, 감시 능력 제고
③ ISO 9001에 기반한 품질경영시스템에 대한 고객의 확신 제고
④ 제품 및 서비스에 대한 적합성을 제공할 수 있는 조직의 능력을 제고

해설 품질경영시스템 – 요구사항(KS Q ISO 9001 : 2015)의 특성
㉠ 제품 및 서비스에 대한 적합성을 제공할 수 있는 조직의 능력 제고
㉡ 고객을 만족시키는 조직의 능력 제고
㉢ ISO 9001에 기반한 품질경영시스템에 대한 고객의 확신 제고
㉣ 고객과 조직의 가치달성 측면에 초점

5 과목

정답 **1.** ② **2.** ② **3.** ④ **4.** ②

ⓜ 문서화(Documentation)에 대한 감소화에 초점(Output에 초점)

ⓑ 목표달성을 위한 리스크 경영에 초점 (RBT ; Risk Based Thinking)

5. 다음 중 품질경영시스템 – 요구사항(KS Q ISO 9001 : 2015)에서 사용되지 않는 용어는? [18-4]
① 적용 제외
② 문서화된 정보
③ 외부공급자
④ 제품 및 서비스

해설

ISO 9001 : 2008	ISO 9001 : 2015
제품	제품 및 서비스
적용 제외	사용되지 않음
경영대리인	사용되지 않음
문서화, 품질매뉴얼, 문서화된절차, 기록	문서화된 정보
업무환경	프로세스 운용 환경
모니터링 및 측정장비	모니터링 및 측정자원
구매한 제품	외부에서 공급된 제품 및 서비스

6. 다음 중 품질경영시스템 – 요구사항(KS Q ISO 9001 : 2015)에서 정의한 품질경영원칙이 아닌 것은? [17-4, 18-2, 18-4]
① 고객중시
② 리스크기반 사고
③ 인원의 적극참여
④ 증거기반 의사결정

해설 품질경영7원칙(KS Q ISO 9001 : 2015) : 고객중시, 리더십, 인원의 적극참여, 프로세스 접근법, 개선, 증거기반 의사결정, 관계관리/관계경영

7. 다음 중 품질경영시스템 – 기본사항 및 용어(KS Q ISO 9000 : 2015)에서 일반적인 제품 범주를 분류하는 기준에 해당되지 않는 것은? [05-1, 11-1, 19-4]
① 서비스(service)
② 하드웨어(hardware)
③ 소프트웨어(software)
④ 원재료(paw material)

해설 제품은 활동 또는 공정의 결과로서, 서비스, 소프트웨어, 하드웨어 및 연속 집합재/가공물질 등의 4가지로 분류된다.

8. 품질경영시스템 – 기본사항 및 용어(KS Q ISO 9000 : 2015)에서 규정하고 있는 품질의 정의로 맞는 것은? [17-2]
① 조직의 품질경영시스템에 대한 시방서
② 상호 관련되거나 상호 작용하는 요소들의 집합
③ 대상의 고유특성의 집합이 요구사항을 충족시키는 정도
④ 최고경영자에 의해 표명된 조직이 되고 싶어하는 것에 대한 열망

해설 ① 품질매뉴얼, ② 시스템, ④ 방침

9. 품질경영시스템 – 기본사항과 용어(KS Q ISO 9000 : 2015)에서 명시한 용어 중 "요구사항을 명시한 문서"를 무엇이라 하는가? [16-4, 17-4]
① 정보
② 시방서
③ 품질매뉴얼
④ 객관적 증거

해설 ① 정보(information) : 의미 있는 데이터
③ 품질매뉴얼(quality manual) : 조직의 품질경영시스템에 대한 문서
④ 객관적 증거(objective evidence) : 사물의 존재 또는 사실을 입증하는 데이터

정답 ◀• **5.** ① **6.** ② **7.** ④ **8.** ③ **9.** ②

10. 품질경영시스템 – 기본사항과 용어(KS Q ISO 9000 : 2015)에서 최고경영자에 의해 공식적으로 표명된 품질 관련 조직의 전반적인 의도 및 방향을 나타내는 것은? [21-1]
① 품질경영　　② 품질기획
③ 품질보증　　④ 품질방침

해설 ① 품질경영(quality management) : 품질에 관한 경영
② 품질기획(quality planning) : 품질목표를 세우고, 품질목표를 달성하기 위하여 필요한 운영 프로세스 및 관련 자원을 규정하는 데 중점을 둔 품질경영의 일부
③ 품질보증(quality assurance) : 품질요구사항이 충족될 것이라는 신뢰를 제공하는 데 중점을 둔 품질경영의 일부

11. KS Q ISO 9000 : 2015 품질경영시스템 – 기본사항과 용어에서 '시험'을 뜻하는 용어는? [16-4]
① 값을 결정 / 확인결정 하는 프로세스
② 규정된 요구사항에 대한 적합의 확인결정
③ 특정하게 의도된 용도 또는 적용을 위한 요구사항에 따른 확인결정
④ 심사기준에 충족되는 정도를 결정하기 위하여 객관적인 증거를 수집하고 객관적으로 평가하기 위한 체계적이고 독립적이며 문서화된 프로세스

해설 ① 측정(measurement)
② 검사(inspection)
④ 심사(audit)

12. 규정된 요구사항이 충족되었음을 객관적 증거의 제시를 통하여 확인하는 것에 대한 용어는? [21-2]
① 검토(review)
② 검사(inspection)
③ 검증(verification)
④ 모니터링(monitoring)

해설 검증(verification)은 규정된 요구사항이 충족되었음을 객관적 증거의 제시를 통하여 확인하는 것이다.

13. 품질경영시스템 – 기본사항과 용어(KS Q ISO 9000 : 2015)에 정의된 용어의 설명으로 맞는 것은? [21-4]
① 품질매뉴얼 : 요구사항을 명시한 문서
② 품질계획서 : 조직의 품질경영시스템에 대한 시방서
③ 시정조치 : 잠재적 부적합 또는 기타 원하지 않는 잠재적 상황의 원인을 제거하기 위한 조치
④ 특채 : 규정된 요구사항에 적합하지 않는 제품 또는 서비스를 사용하거나 불출하는 것에 대한 허가

해설 ① 품질매뉴얼(quality manual) : 조직의 품질경영시스템에 대한 문서
② 품질계획서(quality plan) : 특정 대상에 대해 적용시점과 책임을 정한 절차 및 연관된 자원에 관한 시방서
③ 시정조치(corrective Action) : 부적합의 원인을 제거하고 재발을 방지하기 위한 조치

14. 품질경영시스템 – 기본사항 및 용어(KS Q ISO 9000 : 2015)에서 규정하고 있는 용어의 정의 중 틀린 것은? [13-1, 19-1]
① 절차(procedure)란 활동 또는 프로세스를 수행하기 위하여 규정된 방식을 의미한다.
② 추적성(traceability)이란 대상의 이력, 적용 또는 위치를 추적하기 위한 능력을 의미한다.

5 과목

③ 프로세스(process)란 의도된 결과를 만들어 내기 위해 입력을 사용하여 상호 관련되거나 상호 작용하는 활동의 집합을 의미한다.

④ 시정조치(corrective action)란 잠재적인 부적합 또는 기타 원하지 않은 잠재적 상황의 원인을 제거하기 위한 조치를 의미한다.

해설 • 예방조치(preventive action) : 잠재적 부적합 또는 기타 원하지 않은 잠재적 상황의 원인을 제거하기 위한 조치
• 시정조치(corrective action) : 부적합의 원인을 제거하고 재발을 방지하기 위한 조치

15. 품질경영시스템 – 기본사항과 용어(KS Q ISO 9000 : 2015)에서 정의된 내용 중 계획된 활동이 실현되어 계획된 결과가 달성되는 정도를 의미하는 용어는? [20–1]
① 효율성
② 적절성
③ 효과성
④ 적합성

해설 • 효과성(effectiveness) : 계획된 활동이 실현되어 계획된 결과가 달성되는 정도
• 효율성(efficiency) : 달성된 결과와 사용된 자원과의 관계

16. 품질경영시스템 – 요구사항(KS Q ISO 9001 : 2015)에서 문서화된 정보의 관리를 위하여 적용되는 사항으로 다루어야 할 내용이 아닌 것은? [16–1]
① 보유 및 폐기
② 변경 관리
③ 배포, 접근, 검색 및 사용
④ 가독성 보존을 제외한 보관 및 보존

해설 문서화된 정보의 관리를 위하여 다음 활동 중 적용되는 사항을 다루어야 한다.
㉠ 배포, 접근, 검색 및 사용

㉡ 가독성 보존을 포함하는 보관 및 보존
㉢ 변경 관리(예 버전 관리)
㉣ 보유 및 폐기

17. 품질경영시스템 – 요구사항(KS Q ISO 9001)에서 프로세스 접근법을 적용했을 때, 가능한 사항이 아닌 것은? [22–2]
① 효과적인 프로세스 성과의 달성
② 요구사항 충족의 이해와 일관성
③ 가치부가 측면에서 프로세스의 고려
④ 수정이나 변경이 없는 품질경영시스템 구현

해설 제품 및 서비스에 대한 요구사항이 변경된 경우, 조직은 관련 문서화된 정보가 수정됨을, 그리고 관련 인원이 변경된 요구사항을 인식하고 있음을 보장하여야 한다.

18. 품질경영 시스템 – 요구사항(KS Q ISO 9001 : 2015)에서 부적합이 재발하거나 다른 곳에서 발생하지 않게 하기 위해서 부적합의 원인을 제거하기 위한 조치의 필요성을 다음 사항에 의하여 평가하여야 한다. 이에 해당하지 않는 것은? [13–4, 15–4]
① 부적합의 검토 및 분석
② 구매정보의 기록
③ 부적합 원인의 결정
④ 유사한 부적합의 존재 여부 또는 잠재적인 발생 여부 결정

해설 부적합이 재발하거나 다른 곳에서 발생하지 않게 하기 위해서 부적합의 원인을 제거하기 위한 조치의 필요성을 다음 사항에 의하여 평가하여야 한다.
1. 부적합의 검토 및 분석
2. 부적합 원인의 결정
3. 유사한 부적합의 존재 여부 또는 잠재적인 발생 여부 결정

정답 ●── 15. ③ 16. ④ 17. ④ 18. ②

19. 품질경영시스템 – 요구사항(KS Q ISO 9001 : 2015)에서 품질목표 달성방법을 기획할 때 조직에서 정의해야 할 사항이 아닌 것은?　[18-1]
① 달성방법　　② 달성대상
③ 필요자원　　④ 완료시기
해설 품질목표 달성방법을 기획할 때 조직에서 정의해야 할 사항은 달성대상, 필요자원, 책임자, 완료시기, 결과평가방법 이다.

20. 품질시스템 내에서 품질경영의 내용과 가장 관계가 먼 것은?　[07-4]
① 품질계획　　② 품질관리
③ 품질계약　　④ 품질개선
해설 최고경영자의 품질방침(Quality Policy) 아래 목표 및 책임을 결정하고, 품질시스템 내에서 품질계획(Quality Planning), 품질관리(Quality Control), 품질보증(Quality Assurance), 품질개선(Quality Improvement) 과 같은 수단에 의하여 이들을 수행하는 전반적인 경영기능의 모든 활동, 즉 QM＝QP＋QC＋QA＋QI로 정의된다.

21. 품질시스템이 잘 갖추어진 회사는 끊임없는 개선이 이루어지는 것을 보장해야 한다. 다음 끊임없는 개선에 대한 설명 중 틀린 것은?　[13-2, 19-2, 22-1]
① 기업에서 개선할 점은 언제든지 있다.
② 품질개선은 종업원의 창의성을 필요로 한다.
③ P－D－C－A의 개선 과정을 feed－back 시키는 것이다.
④ 품질개선은 반드시 표준화된 기법을 적용하여야 한다.
해설 품질개선은 반드시 표준화된 기법으로만 이루어지는 것은 아니다.

22. 품질경영시스템은 시간의 흐름과 기술의 발전에 따라 진화해 왔다. 진화순서를 바르게 나열한 것은?　[11-2, 19-1]
① 비용위주 시스템 → 교정위주 시스템 → 고객위주 시스템
② 비용위주 시스템 → 고객위주 시스템 → 교정위주 시스템
③ 교정위주 시스템 → 비용위주 시스템 → 고객위주 시스템
④ 교정위주 시스템 → 고객위주 시스템 → 비용위주 시스템
해설 품질경영시스템 진화 순서는 검사(교정)위주 시스템 → 비용(SQC)위주 시스템 → 고객위주 시스템이다.

23. 품질경영시스템에서 품질전략을 결정하는 데 고려하여야 할 요소와 가장 거리가 먼 것은?　[19-2]
① 경영목표
② 예산편성
③ 경영방침
④ 경영전략
해설 품질경영시스템에서 품질전략을 결정하는 데 고려하여야 할 요소는 경영방침 → 경영목표 → 경영전략 이다.

5 과목

5. 품질보증과 제조물책임

1. 제품 또는 서비스가 품질요건을 만족시킬 것이라는 적절한 신뢰감을 주는 데 필요한 모든 계획적이고, 체계적인 활동을 무엇이라 하는가? [08-4, 12-2, 14-1, 19-2]
① 품질보증　　② 제품책임
③ 품질해석　　④ 품질방침

해설 품질보증의 개념
㉠ 품질이 소정의 수준에 있음을 보증하는 것이다.
㉡ 생산의 각 단계에 소비자의 요구가 정말로 반영되고 있는가를 체크하여 각 단계에서 조치를 취하는 것이다.
㉢ 감사(audit)의 기능이다.
㉣ 사용자가 안심하고 오래 사용할 수 있음을 보증하는 것이다.
㉤ 제품에 대한 소비자와의 하나의 약속이며 계약이다.
㉥ 생산자가 소비자에 의해서 그 품질이 만족스럽고 적절하며, 신뢰할 수 있고 또한 경제적임을 보증하는 것이다.
㉦ 제품 또는 서비스가 품질요건을 만족시킬 것이라는 적절한 신뢰감을 주는 데 필요한 모든 계획적이고, 체계적인 활동이다.

2. 품질보증의 의미를 설명한 것 중 틀린 것은? [15-1, 20-1]
① 소비자의 요구품질이 갖추어져 있다는 것을 보증하기 위해 생산자가 행하는 체계적 활동
② 품질기능이 적절하게 행해지고 있다는

확신을 주기 위해 필요한 증거에 관계되는 활동
③ 소비자의 요구에 맞는 품질의 제품과 서비스를 경제적으로 생산하고 통제하는 활동
④ 제품 또는 서비스가 소정의 품질요구를 갖추고 있다는 신뢰감을 주기 위해 필요한 계획적, 체계적 활동

해설 ③은 품질관리에 대한 설명이다.

3. 품질보증시스템의 구성요소에 해당하지 않는 것은? [07-1, 08-4, 11-2]
① 품질평가시스템
② 품질경영시스템
③ 품질정보시스템
④ 품질보증업무시스템

해설 품질보증시스템의 구성요소는 품질보증업무시스템, 품질평가시스템, 품질정보시스템이다.

4. 품질보증의 사후대책과 가장 관계가 깊은 것은? [07-2, 16-1]
① 품질심사
② 시장조사
③ 기술연구
④ 고객에 대한 PR

해설 품질보증의 사후대책
제품검사, 클레임처리, 애프터서비스, 기술서비스, 보증기간방법, 품질감사

5. 품질보증체계도 작성에 대한 설명으로 틀린 것은?　　　　　　　　　[19-4]

① 정보의 피드백 및 알맞은 정보의 공유가 가능해야 한다.

② 관련부문의 품질보증상 실시해야 할 일의 내용 및 책임이 명시되어야 한다.

③ 각 부문 사이에 일의 빠뜨림이나 실수가 없도록 상호 관계가 명시되어 있어야 한다.

④ 품질보증의 전체시스템을 일괄표시하면 아주 복잡하고 길게 작성되기 때문에 기본시스템으로만 표시하여야 한다.

해설 품질보증체계도는 부문사이에 빠뜨림이나 잘못이 없도록 상호의 관계가 명시되어 있어야 하므로 아주 복잡하고 길게 작성될 수 있다고 해서 기본시스템으로만 표시해서는 안 된다.

6. 품질보증활동 중 제품기획의 단계에 관한 설명으로 틀린 것은?　　[06-2, 17-4, 20-4]

① 시장단계에서 파악한 고객의 요구를 일상용어로 변환시키는 단계이다.

② 새로 사용될 예정인 부품에 대하여 신뢰성 시험을 선행 실시하여 품질을 확인한다.

③ 신제품을 기획하고 있는 동안 기획 이후의 스텝에서 발생될 우려가 있는 문제점을 찾아내는 단계이다.

④ 기획은 QA의 원류에 위치하므로 품질에 관해서 예상되는 기술적인 문제점은 될 수 있는 대로 많이 찾아내도록 한다.

해설 시장단계에서 파악한 고객의 요구를 기술적인 용어로 변환시키는 단계이다.

7. 설계가 진행되는 적당한 시기에 설계된 도면에 대해 설계, 연구, 개발부문 등이 참가하여 실시하는 설계 심사는? [08-1, 15-1]

① 중간설계심사(intermediate D.R)

② 예비설계심사(preliminary D.R)

③ 제품설계심사(product D.R)

④ 최종설계심사(final D.R)

해설 설계심사의 구분

구분　　　DR의 구분	목적 (대상)	참가 부문	실시 시기
예비설계심사 (Preliminary Design Review)	기획과 예상되는 품질 문제	영업, 기획, 연구, 설계 부문 등	기획이 끝날 때
중간설계심사 (Intermediate Design Review)	설계된 도면	설계, 연구, 개발 부문 등	설계가 진행되는 적당한 시기
최종설계심사 (Final Design Review)	설계도면과 생산성	생산기술, 설계, 제조부문 등	설계가 끝난 후

8. 품질보증의 주요기능으로서 최고경영자가 직접 관여하여 가장 먼저 이루어야 할 내용은?　　　　　　　[09-2, 10-1, 21-2]

① 설계품질의 확보

② 품질방침의 설정과 전개

③ 품질조사와 클레임 처리

④ 품질보증시스템의 구축과 운영

해설 품질방침의 설정과 전개 → 품질보증시스템의 구축과 운영 → 설계품질의 확보 → 품질조사와 클레임처리 순으로 실시한다.

9. 품질보증의 주요기능 중 가장 나중에 실시하여야 하는 것은?　[08-1, 13-1, 17-2]

① 설계품질의 확보

② 품질방침의 설정

③ 품질조사와 클레임처리

5 과목

④ 품질정보의 수집·해석·활용

해설 품질방침의 설정 → 설계품질의 확보 → 품질조사와 클레임처리 → 품질정보의 수집·해석·활용의 순으로 실시한다.

10. 품질시스템에서 해당 부서와 독립된 인원에 의해 수행되어야 할 업무는? [20-1]
① 서비스　　　　② 품질보증
③ 품질심사　　　④ 제품책임

해설 품질심사(품질감사)란 품질경영의 성과를 여러 가지 관점에서 객관적으로 평가하여 품질보증에 필요한 정보를 파악하기 위해 행하여지는 독립적인 행위를 의미하며, 해당 부서와 독립된 인원에 의해 수행되어야 한다.

11. 품질심사의 심사주체에 따른 분류에 관한 설명으로 틀린 것은? [17-2, 20-2]
① 기업에 의한 자체 품질활동 평가
② 구매자에 의한 협력업체에 대한 품질활동 평가
③ 협력업체에 의한 고객사 제품의 품질수준 평가
④ 심사기관에 의한 인증 대상기업의 품질활동 평가

해설 품질심사의 심사주체에 따른 분류
㉠ 제1자 심사(내부심사) : 기업에 의한 자체 품질활동 평가
㉡ 제2자 심사(고객) : 구매자에 의한 협력업체 제품의 품질수준 평가
㉢ 제3자 심사(인증기관) : 심사기관에 의한 인증 대상기업의 품질활동 평가

12. 인증심사의 분류에 따른 심사주체가 틀린 것은? [13-2, 18-1]
① 내부심사 - 조직

② 제1자 심사 - 인정기관
③ 제2자 심사 - 고객
④ 제3자 심사 - 인증기관

해설 제1자 심사는 기업에 의한 조직 자체 품질활동 평가(내부심사)이다.

13. 소비자가 제품을 선택하는 데 도움이 되는 품질보증 표시의 유형에 대한 설명으로 틀린 것은? [17-2]
① 생산자의 상표 그 자체를 신뢰하는 경우
② 법률적 규제에 의해서 그 마크가 없으면 판매할 수 없는 경우
③ 수입 전기용품의 경우는 수입업자가 상표를 부착하여 판매하는 경우
④ 생산자가 임의로 정부기관 등의 관련기관의 보증 마크를 취득해서 표시하는 경우

해설 수입업자가 임의로 상표를 부착하여 판매하여서는 안 된다.

14. 품질보증시스템 구축시의 주의사항이 아닌 것은? [15-4]
① 피드백 과정이 명확할 것
② 모든 단계는 동시에 진행, 평가, 완료할 것
③ 시스템의 운영결과를 시스템 개정에 반영할 것
④ 시스템 운영을 위한 운영규정, 수단 등이 정해질 것

해설 품질보증시스템 구축시 모든 단계가 동시에 진행, 평가, 완료될 수는 없다.

15. 품질보증시스템 운영과 거리가 가장 먼 것은? [15-2, 21-4]
① 품질시스템의 피드백 과정을 명확하게 해야 한다.

정답 　**10.** ③　**11.** ③　**12.** ②　**13.** ③　**14.** ②　**15.** ②

② 처음에 품질시스템을 제대로 만들어 가능한 변경하지 않아야 한다.

③ 품질시스템 운영을 위한 수단·용어·운영 규정이 정해져야 한다.

④ 다음 단계로서의 진행 가부를 결정하기 위한 평가항목, 평가방법이 명확하게 제시되어야 한다.

해설 처음에 품질시스템을 제대로 만들어야 하며, 나중에 필요하다면 변경할 수 있도록 해야 한다.

16. 일반적으로 제조물책임의 주체가 될 수 없는 대상은? [08-2, 13-4]

① 부품 제조업자   ② 도매업자

③ 용역 제공자   ④ 제조물 이용자

해설 제조물책임(PL : Product Liability, 제품책임)

제품의 결함으로 인해 최종 소비자나 이용자 또는 제3자가 생명·신체·재산상에 손해를 입거나 기타 권리에 대한 침해를 받았을 때 제품의 생산·유통·판매 등 일련의 과정에 관여한 자가 배상할 의무를 부담하는 손해배상책임제도이다.

17. 엄격책임은 비합리적으로 위험한 제품의 사용으로 인해 어느 누구든 상해를 입게 되면 그 제품의 제조자는 책임을 진다. 이 때 제품자체에 초점을 맞추며, 제조자의 엄격책임을 증명하기 위해서 피해자가 입증해야 할 사항은? [16-1, 21-2]

① 제품이 보증된대로 작동하지 않고 사용 중 상해를 일으킨다.

② 제조사는 제품의 제조에 있어서 합리적 주의 업무를 실행하지 않았다.

③ 제품에 신뢰할 수 없는 결함이 있었고, 그 결함이 원인이 되어 피해가 발생했다.

④ 제품의 생산, 검사 그리고 안전 가이드라

인에 대한 사내표준을 무시하지 않는다.

해설 제조물책임법의 근거가 되는 3가지의 법률이론

㉠ 과실책임 : 설계상의 결함, 제조·가공상의 결함, 사용표시상의 결함

㉡ 보증책임 : 설명서, 카탈로그, 광고 등에 명시된 사항을 위반한 경우

㉢ 엄격책임 : 제품에 신뢰할 수 없는 결함이 있었고, 그 결함이 원인이 되어 피해가 발생

18. 다음은 제조물책임법 제1조에 관한 사항이다. ㉠과 ㉡에 해당하는 용어로 맞는 것은? [12-1, 15-4, 19-2]

┤ 다음 ├

이 법은 제조물의 결함으로 인하여 발생한 손해에 대한 (㉠) 등의 손해배상책임을 규정함으로써 피해자의 보호를 도모하고 국민생활의 (㉡) 향상과 국민경제의 건전한 발전에 기여함을 목적으로 한다.

① ㉠ : 소비자, ㉡ : 복지

② ㉠ : 소비자, ㉡ : 안전

③ ㉠ : 제조업자, ㉡ : 복지

④ ㉠ : 제조업자, ㉡ : 안전

해설 제조물책임법은 제조물의 결함으로 인하여 발생한 손해에 대한 제조업자 등의 손해배상책임을 규정함으로써 피해자의 보호를 도모하고 국민생활의 안전 향상과 국민경제의 건전한 발전에 기여함을 목적으로 한다.

19. PL(Product Liability)과 가장 관계가 깊은 것은? [06-2, 12-4, 17-2]

① 안전성   ② 유용성

③ 신뢰성   ④ 경제성

해설 제조물책임(PL : Product Liability)법은 제조물의 결함으로 인하여 발생한 손해에

대한 제조업자 등의 손해배상책임을 규정함
으로써 피해자의 보호를 도모하고 국민생활
의 안전 향상과 국민경제의 건전한 발전에
기여함을 목적으로 한다.

20. 제조물책임법에서 정의한 제조물이 아
닌 것은?   [15-2]

① 전력   ② 정련된 금속
③ 휴대폰   ④ 자연 채취된 광물

해설 제조물이란 제조되거나 가공된 동산
(다른 동산이나 부동산의 일부를 구성하는
경우를 포함한다)을 말한다. 가공되지 않은
농수산물, 정보서비스, 부동산, 가축, 자연
채취된 광물은 제외한다.

21. 제조물책임법에서 규정하는 용어의 정
의로 옳지 않은 것은?   [09-1, 21-1]

① 제조업자 – 제조물의 제조, 가공 또는
수입을 업으로 하는 자도 해당한다.
② 제조물 – 다른 동산이나 부동산의 일부
를 구성하는 경우를 제외한 제조 또는 가
공된 동산을 뜻한다.
③ 결함 – 당해 제조물에 제조, 설계 또는
표시상의 결함이나 기타 통상적으로 기
대할 수 있는 안전성이 결여되어 있는 것
을 뜻한다.
④ 제조상의 결함 – 제조업자의 제조물에
대한 제조·가공상의 주의 의무의 이행
여부에 불구하고 제조물이 원래 의도한
설계와 다르게 제조·가공됨으로써 안전
하지 못하게 된 경우를 말한다.

해설 제조물이란 제조되거나 가공된 동산
(다른 동산이나 부동산의 일부를 구성하는
경우를 포함한다)을 말한다. 가공되지 않은
농수산물, 정보서비스, 부동산, 가축, 자연
채취된 광물은 제외한다.

22. 제조물 책임법상 결함의 종류에 해당하
지 않는 것은?   [08-4, 10-1, 18-1, 20-1]

① 설계상의 결함   ② 제조상의 결함
③ 표시상의 결함   ④ 서비스상의 결함

해설 제조물책임(PL ; Product Liability)법
상 결함의 종류는 설계상의 결함, 제조상의
결함, 표시상의 결함이다.

23. 설계결함에 의한 제품책임 문제를 사전
에 예방하기 위한 개발·설계 부문의 예방
활동으로 볼 수 없는 것은?   [18-2]

① 신뢰성 및 안전성에 대한 확인시험을 실
시한다.
② 기획·조사 단계에서 표적이 되는 제품의
안정성에 대해서 조사한다.
③ 공급물품의 지속적인 품질 유지 및 향상
을 위해 기술지도와 관리점검을 강화한다.
④ 중요 구성품에 대해서 신뢰성 예측, 고장
해석 등을 제품 라이프사이클의 입장에
서 검토한다.

해설 공급물품의 지속적인 품질 유지 및 향
상을 위해 기술지도와 관리점검 강화는 제조
부문의 예방활동으로 볼 수 있다.

24. 제조물책임에서 제조상의 결함에 해당
하지 않는 것은?   [19-4]

① 안전시스템의 고장
② 제조의 품질관리 불충분
③ 안전시스템의 미비, 부족
④ 고유기술 부족 및 미숙에 의한 잠재적 부
적합

해설 제조물책임법에 명시된 결함의 종류에
는 제조상의 결함, 설계상의 결함. 표시상의
결함이 있으며, 안전시스템의 미비, 부족은
설계상의 결함이다.

정답 •→ **20.** ④ **21.** ② **22.** ④ **23.** ③ **24.** ③

25. 제조물책임(PL)에 대한 설명으로 틀린 것은? [12-2, 18-4, 22-1]
① 기업의 경우 PL법 시행으로 제조원가가 올라갈 수 있다.
② 제품에 결함이 있을 때 소비자는 제품을 만든 공정을 검사할 필요가 없다.
③ 제조물책임법(PL법)의 적용으로 소비자는 모든 제품의 품질을 신뢰할 수 있다.
④ 제품엔 결함이 없어야 하지만, 만약 제품에 결함이 있으면 생산, 유통, 판매 등의 일련의 과정에 관여한 자가 변상해야 한다.

해설 제조물책임법(PL법)의 적용으로 소비자는 제품의 안전성을 신뢰할 수 있다.

26. 기업의 PL법에 대한 대책 중 결함 있는 제품을 만들지 않기 위한 대책인 PLP (Product Liability Prevention)으로 옳은 것은? [07-2, 14-2]
① 제품사용 설명서에 책임을 명확하게 명시한다.
② 신뢰성을 검증하기 위하여 충분한 안전시험을 실시한다.
③ 문제가 발생되었을 때, 초기에 해결할 수 있도록 직원들을 훈련한다.
④ 만약에 대비하여 PL보험에 가입한다.

해설 **제조물책임 대책**
㉠ 제품책임예방(PLP : Product Liability Prevention) : 제품의 사고가 발생하기 전 사전에 사고를 방지하는 대책을 의미하며, 제품개발에서 판매 및 서비스에 이르기까지 모든 제품의 안전성을 확보하고 적정 사용방법을 보급하는 것이다.
  ㉮ 고도의 QA체제확립, 사용방법의 보급, 안전 기준치보다 더 엄격한 설계, 신뢰성 검증을 위한 안전시험, 기술지

도 및 관리점검의 강화, 재료·부품 등의 안전확보, 사용환경 대응 등
㉡ 제품책임방어(PLD : Product Liability Defence) : 제품의 결함으로 인하여 손해가 발생한 후의 방어 대책을 의미한다.
  ㉮ 사전대책 : 책임의 한정(계약서·보증서·취급설명서에 책임을 명확하게 명시), 손실의 분산(PL보험가입), 응급체계구축(정보전달, 책임창구마련, 초기에 대처할 수 있게 전 종업원들을 훈련)
  ㉯ 사후대책 : 초동대책(사실의 파악, 피해자 및 매스컴 대응 등), 소송대리인의 선임, 손실확대방지(수리, 리콜 등)

27. 기업에서 제조물책임방어(PLD) 대책의 사전대책으로 볼 수 없는 것은? [17-4]
① 책임의 한정
② 응급체계구축
③ 손실의 분산
④ 사용방법의 보급

해설 사용방법의 보급은 제품책임예방(PLP : Product Liability Prevention)에 해당한다.

28. 기업 입장에서 제품책임과 관련한 소송이 발생하였을 경우 이에 대한 대책(PLD)으로 가장 거리가 먼 것은? [09-4, 22-2]
① 수리 및 리콜 등을 행한다.
② PL법에 관련된 보험에 가입한다.
③ 안전 기준치보다 더 엄격한 설계를 한다.
④ 초기에 대처할 수 있게 전 종업원들을 훈련한다.

해설 안전 기준치보다 더 엄격한 설계는 제품책임예방(PLP : Product Liability Prevention) 대책이다.

5 과목

29. 제조물 책임(PL)법에 의한 손해배상 책임을 지는 자가 면책을 받는 사유로 볼 수 없는 것은? (단, 제조물을 공급한 후에 결함 사실을 알아서 그 결함으로 인한 손해의 발생을 방지하기 위하여 적절한 조치를 취한 경우이다.) [09-2, 11-1, 13-2, 20-4]

① 제조업자가 해당 제조물을 공급하지 아니하였다는 사실을 입증한 경우
② 제조업자가 판매를 위해 생산하였으나 일부만 유통되었음을 입증한 경우
③ 제조업자가 당해 제조물을 공급할 당시의 과학·기술 수준으로는 결함의 존재를 발견할 수 없었다는 사실을 입증한 경우
④ 제조물의 결함이 제조업자가 해당 제조물을 공급한 당시의 법령에서 정하는 기준을 준수함으로써 발생하였다는 사실을 입증한 경우

해설 제조물책임(PL)법 면책사유
㉠ 제조업자가 해당 제조물을 공급하지 아니하였다는 사실을 입증한 경우
㉡ 제조업자가 당해 제조물을 공급할 당시의 과학·기술 수준으로는 결함의 존재를 발견할 수 없었다는 사실을 입증한 경우
㉢ 제조물의 결함이 제조업자가 해당 제조물을 공급한 당시의 법령에서 정하는 기준을 준수함으로써 발생하였다는 사실을 입증한 경우
㉣ 재료 또는 부품의 경우에는 당해 원재료 또는 부품을 사용한 제조물 제조업자의 설계 및 제작에 관한 지시로 인하여 결함이 발생하였다는 사실을 입증한 경우

30. 다음 중 품질관리 교육방법 중에서 일상작업 중에 교육을 실시하여 작업자로 하여금 업무수행에 필요한 지식, 기능, 태도 등에 대해서 배우도록 하는 직장 내 훈련방식은 어느 것인가? [06-2, 19-4]

① IT
② OJT
③ CAD
④ Off-JT

해설 OJT(On the Job Training)는 기능교육과 같은 일상작업 중에 교육을 실시하여 작업자로 하여금 업무수행에 필요한 지식, 기능, 태도 등에 대해서 배우도록 하는 직장 내 훈련방식이다.

31. 품질교육을 효과적으로 추진하기 위한 준수사항으로 옳지 않은 것은? [14-1]

① 모든 계층에서 높은 수준의 통계적 기법을 교육시킬 것
② 품질교육을 전사 교육프로그램의 중심에 위치시킬 것
③ 모든 계층에 품질교육을 실시함을 원칙으로 할 것
④ 품질교육 후에는 사후관리를 원칙으로 할 것

해설 각 계층에 맞는 통계적 기법을 교육시킬 것

32. 품질에 대하여 구성원들의 품질개선 의욕을 불러일으키는 작용 또는 과정을 뜻하는 용어는? [13-1, 20-4]

① 품질 인프라(infra)
② 품질 피드백(feedback)
③ 품질 퍼포먼스(performance)
④ 품질 모티베이션(motivation)

해설 motivation(동기부여)은 품질에 대하여 구성원들의 품질개선 의욕을 불러일으키는 작용 또는 과정을 말한다.

33. 일종의 품질 모티베이션 활동인 자율경영팀에 관한 내용으로 틀린 것은? [10-4, 17-2]

① 상호신뢰와 책임감을 고취시킨다.
② 소집단보다는 큰 집단을 전제로 한다.
③ 작업계획 및 통제는 물론 작업개선에 중점을 둔다.
④ 공동목적을 달성하기 위해 상당한 권한을 위임받는다.

해설 소집단활동에는 품질분임조활동, 자율경영팀, 품질프로젝트팀 등이 있다.

34. 모티베이션 운동은 그 추진 내용면에서 볼 때 동기 부여형(motivation package)과 부적합 예방형(prevention package)으로 나눌 수 있다. 부적합 예방형 모티베이션 운동에 해당되지 않는 것은? [13-4, 20-2]
① 관리자 책임의 부적합품 또는 부적합은 관리자에게 있다.
② 부적합품 또는 부적합을 탐색 추구하는데 있어서 작업자의 협조를 구한다.
③ 우수한 작업자의 기술을 습득하고 기술개선을 위한 교육훈련을 실시한다.
④ 관리자 책임의 부적합품 또는 부적합이라는 관점에서 작업자의 개선 행위를 추구하고 있다.

해설 우수한 작업자의 기술을 습득하고 기술개선을 위한 교육훈련을 실시하는 것은 동기 부여형(motivation package) 모티베이션 운동에 속한다.

35. 모티베이션 운동은 그 추진 내용면에서 볼 때 동기 부여형과 불량 예방형으로 나눌 수 있다. 동기 부여형의 활동에 해당되지 않는 것은? [19-4, 22-2]
① 고의적 오류의 억제
② 품질 의식을 높이기 위한 모티베이션 양양교육

③ 관리자책임의 불량이라는 관점에서 작업자의 개선행위의 추구
④ 우수한 작업자의 기술습득 등 기술개선을 위한 교육훈련을 실시

해설 관리자책임의 불량이라는 관점에서 작업자의 개선행위의 추구는 불량 예방형에 해당한다.

36. 인간이 TQM을 통해 인간이 원하는 목표를 달성하게 함으로써 최대의 만족감을 획득하고, 최대의 동기를 부여받게 하고자 한다. 이러한 욕구는 Maslow의 5가지 이론에서 어디에 해당되는가? [19-1]
① 생리적 욕구
② 자아실현의 욕구
③ 사회적 욕구
④ 존경에 대한 욕구

해설 Maslow의 욕구 5단계
생리적 욕구 → 안전의 욕구 → 사회적(소속 및 사랑) 욕구 → 존중(존경)에 대한 욕구 → 자기실현의 욕구

37. 회사정책과 관리, 감독, 작업조건 등을 종업원의 불만요인으로 성취감, 인정, 직무, 책임감, 향상, 개인진보의 가능성 등을 만족요인으로 주장한 동기부여 이론은? [17-1]
① Maslow 이론
② Herzberg 이론
③ McGregor 이론
④ Cleland와 Kocaoglu 이론

해설 허츠버그(F.I.Herzberg)의 2요인
㉠ 위생요인(불만족요인)으로 임금(급여), 승진, 지위, 작업조건, 대인관계, 조직의 정책과 방침, 감독 등
㉡ 동기요인(만족요인)으로 성취감, 인정, 성장가능성, 향상, 책임감, 자아실현 등

5
과목

38. 허츠버그(Frederick Herberg)의 동기부여 – 위생이론에서 만족(동기)요인에 해당하지 않는 것은 어느 것인가?

[11-1, 11-2, 14-4, 18-2, 18-4]

① 인정   ② 임금, 지위
③ 직무상의 성취   ④ 성장, 자기실현

해설 동기요인(만족요인)은 성취감, 인정, 성장가능성, 향상, 책임감, 자아실현 등이다.

39. 제조 활동과 서비스 활동의 차이에 대한 설명으로 틀린 것은?   [20-2]

① 서비스 활동에 비해 제조 활동은 품질의 측정이 용이하다.
② 제조 활동의 제품은 재고로 저장이 가능한 반면 서비스 활동은 저장할 수 없다.
③ 제조 활동의 산출물은 유형의 제품이고, 서비스 활동의 산출물은 무형의 서비스이다.
④ 제조 활동은 생산과 소비가 동시에 행해지고, 서비스 활동은 생산과 소비가 별도로 행해진다.

해설 서비스 활동은 생산과 소비가 동시에 행해지고, 제조 활동은 생산과 소비가 별도로 행해진다.

40. 서비스품질을 정의할 수 있다고 해도 서비스품질을 측정하기는 쉽지 않다. 그 이유에 대해 잘못 설명된 것은?   [13-2, 21-1]

① 서비스 품질의 개념이 객관적이기 때문에 주관적으로 측정하기가 어렵다.
② 서비스 품질은 서비스의 전달이 완료되기 이전에는 검증되기가 어렵다.
③ 서비스 품질을 측정하려면 고객에게 직접 질의해야 하므로 시간과 비용이 많이 든다.

④ 서비스 품질의 측정이 어려운 점은 고객이 서비스 품질에 대한 자신의 정보를 적극적으로 제공하지 않는다는 점이다.

해설 서비스 품질의 개념이 주관적이기 때문으로 객관적으로 측정하기 어렵다.

41. 파라슈라만 등(Parasuraman, Berry & Zeuthaml)에 의해 제시된 서비스 품질 측정도구인 SERVQUAL 모형의 5가지 품질특성에 해당되지 않는 것은 다음 중 어느 것인가?   [09-2, 12-1, 16-2, 20-4]

① 신뢰성(reliability)
② 확신성(assurance)
③ 유용성(usefulness)
④ 반응성(responsiveness)

해설 서비스 품질 측정도구인 SERVQUAL 모형의 5가지 품질특성

㉠ 유형성(tangibles) : 서비스의 유형적 단서
㉡ 신뢰성(reliability) : 약속된 서비스를 정확하게 이행하는 능력
㉢ 대응성(반응성, esponsiveness) : 고객에게 서비스를 신속하게 제공하려는 의지
㉣ 확신성(assurance) : 고객에 대한 확신
㉤ 공감성(empathy) : 고객에 대한 관심

42. 파라슈라만(Parasuraman) 등은 4가지 형태의 서비스를 제공받고 있는 고객들을 상대로 연구를 행한 결과 고객들이 제공받는 서비스 형태가 제각기 다름에도 불구하고 서비스 품질수준을 인식할 때 평가하게 되는 기준 10가지를 밝히고 "서비스 품질의 결정요소"로 활용하였다. 이에 대한 설명으로 틀린 것은?   [16-1]

① 유형성(tangibles) : 서비스의 유형적 단서
② 신뢰성(reliability) : 약속된 서비스를 정확하게 이행하는 능력

정답 ● **38.** ② **39.** ④ **40.** ① **41.** ③ **42.** ④

③ 대응성(responsiveness) : 고객에게 서비스를 신속하게 제공하려는 의지
④ 접근성(access) : 서비스를 수행하는 데 필요한 구성원들의 지식과 기술의 소유

해설 접근성(access) : 고객이 접근하기에 용이한 정도, 편리한 위치, 편리한 시간대, 통신 등을 활용한 접근

43. 파라슈라만(Parasuraman) 등이 제시한 SERVQUAL 모델에 대한 설명으로 틀린 것은?　　　　　　　　　　[22-2]
① "광고만 번지르르하고 호텔에 가 보면 별 거 아니다."는 유형성(tangibles)의 예라 할 수 있다.
② 고객에 신속하고 즉각적인 서비스를 제공하려는 의지는 신뢰성(reliability)에 해당한다.
③ 확신성(assurance)은 능력(competence), 예의(courtesy), 안전성(security), 진실성(credibility)을 묶은 것이다.
④ 공감성(empathy)은 접근성(access), 의사소통(communication), 고객이해(understanding)를 묶은 것이다.

해설 고객에 신속하고 즉각적인 서비스를 제공하려는 의지는 대응성(반응성, Responsiveness)에 해당한다.

44. 다음 중 서비스의 개념과 특징에 대한 설명으로 틀린 것은?　　　　[14-4, 18-4]
① 물리적 기능은 서비스도 사전에 검사되고 시험되어야 한다는 측면에서 측정 가능하고 재현성이 있는 사항에 대한 형이상학적 기능을 의미한다.
② 물리적 기능과 정서적 기능은 서비스산업에서 서비스를 구성하는 2대 기능으로 대개는 서비스산업의 업종에 따라 두 기능의 비중이 다르다.
③ 전기, 가스, 수도, 운수, 통신 등의 업종은 물리적 기능의 비중이 높고, 음식점과 호텔 등의 업종은 물리적 기능과 정서적 기능의 비율이 분산되어 있다.
④ 정서적 기능은 물리적 기능에 부가해서 고객에게 정서, 안심감, 신뢰감 등 정신적 기쁨의 감정을 불러일으키는 기분이나 분위기를 주는 움직임을 의미한다.

해설 물리적 기능은 서비스도 사전에 검사되고 시험되어야 한다는 측면에서 측정 가능하고 재현성이 있는 사항에 대한 형이하학적 기능을 말한다.

5 과목

6. 품질코스트

1. 품질코스트에 대한 내용으로 가장 올바른 것은? [06-1]
① 품질코스트에는 직접노무비와 재료비도 포함된다.
② 품질코스트는 요구된 설계품질을 실현하기 위한 원가라 할 수 있다.
③ 평가코스트와 예방코스트가 실패코스트보다 크면 QC활동의 성과가 크다고 할 수 있다.
④ 고객에 대한 불만처리에 필요한 비용은 평가코스트에 속한다.

해설 ① 품질코스트에는 직접노무비와 재료비는 포함되지 않는다.
③ 예방비용의 증가가 실패비용과 평가비용의 절감에 비해 작을 경우, 품질경영활동이 만족하다는 의미이다.
④ 고객에 대한 불만처리에 필요한 비용은 실패코스트에 속한다.

2. 품질코스트는 요구되는 품질을 실현하기 위한 원가를 의미하며, 크게 3가지 코스트로 분류한다. 다음 중 3가지 품질코스트에 해당되지 않는 것은 어느 것인가?
[09-1, 10-2, 12-2, 18-4, 19-1, 21-1]
① 실패비용(failure cost)
② 준비비용(set-up cost)
③ 평가비용(appraisal cost)
④ 예방비용(prevention cost)

해설 품질비용은 예방비용(P-cost), 평가비용(A-cost), 실패비용(F-cost)이다.

3. 제조부서의 품질비용 중 예방비용에 해당하는 것은? [08-1, 22-2]
① 품질교육 훈련비용
② 공정검사비용
③ 결함제품에 대한 재설계 비용
④ 부적합품에 대한 수정작업 비용

해설 ② 공정검사비용 : 평가비용(A-cost)
③ 결함제품에 대한 재설계 비용 : 실패비용(F-cost)
④ 부적합품에 대한 수정작업 비용 : 실패비용(F-cost)

4. 다음 평가비용에 대한 설명 중 틀린 것은? [16-2]
① 평가비용은 부적합을 미연에 방지하기 위한 비용이다.
② 수입검사비용은 구입재료, 부품 및 외주가공품 등의 수입검사에 소요된 비용이다.
③ 제조라인의 조립공정검사 및 부품가공검사에 소요된 공정 검사인원의 인건비·경비에 소요된 비용이다.
④ 측정시험 및 검사장비에 관한 비용에는 기준기 또는 계량기의 검정시험 등에 들어간 비용이 포함된다.

해설 평가비용(Appraisal cost, A-cost)은 소정의 품질수준을 유지하기 위하여 시험·검사 등에 소요되는 비용이다.

정답 ●● **1.** ② **2.** ② **3.** ① **4.** ①

5. 품질비용의 분류로서 평가비용 항목에 해당되지 않는 것은? [14-2, 21-1]
① 수입검사비용
② 부적합품처리비용
③ 공정검사비용
④ 계측기검교정비용

해설 실패비용(F-cost)은 품질수준을 유지하는데 실패하였기 때문에 발생하는 부적합품률, 부적합한 원재료에 의한 부실비용이다. 부적합품처리비용은 실패비용이다.

6. 품질비용의 하나인 평가비용에 해당하는 것은? [14-4]
① 품질개발 및 계획비용
② 품질개선비용
③ 시험실비용
④ 재검사비용

해설 평가비용(A-cost)은 시험·검사·평가 등의 품질수준을 유지하기 위해 사용되는 비용이다. ①, ②는 예방비용(P-cost), ④는 실패비용(F-cost)이다.

7. 리콜(recall) 조치에 따른 비용은 어떤 품질코스트에 포함되는 비용인가? [20-1]
① 예방코스트   ② 실패코스트
③ 평가코스트   ④ 감사코스트

해설 리콜(recall), 부적합품처리비용, 현지서비스비용 등은 실패코스트(failure cost)에 속한다.

8. 다음 중 실패코스트에 해당되는 것은 어느 것인가? [08-4, 11-1]
① 검사시험비용
② 교육훈련비용
③ 재손질에 소요되는 비용
④ 치공구의 정도(精度)유지 비용

해설 ②는 예방코스트(P-cost)
①, ④는 평가코스트(A-cost)이다.

9. 다음 중 사내실패비용으로 볼 수 없는 것은? [20-4]
① 클레임비용
② 재가공작업비용
③ 폐기품손실자재비
④ 자재부적합유실비용

해설 클레임비용, 애프터서비스비용은 사외실패코스트(EF)에 해당한다.

10. 원자재나 제조공정 또는 제품의 규격 등 소정의 품질수준을 확보하지 못한 제품 생산에 따른 추가 재작업에 소요되는 품질비용은? [20-4]
① 예방비용(P-cost)
② 결품비용(S-cost)
③ 실패비용(F-cost)
④ 평가비용(A-cost)

해설 재작업, 설계변경 유실비용은 내부실패비용에 속한다.

11. 품질코스트에 대한 분류방식으로 틀린 것은? [16-2]
① 클레임대책비와 벌과금은 외부실패비용이다.
② 계량기 검교정비용과 현지서비스비용은 평가비용이다.
③ 협력업체지도비용과 소집단활동 포상금은 예방비용이다.
④ 협력업체 부적합 손실과 공정부적합 손실비용은 내부실패비용이다.

해설 검교정비용은 평가비용이고 현지서비스비용은 외부실패비용이다.

정답 ► **5.** ② **6.** ③ **7.** ② **8.** ③ **9.** ① **10.** ③ **11.** ②

5 과목

12. 품질비용 중 상품개발을 위한 소비자 반응 조사비용과 부품품질의 향상을 위해 협력업체를 지도할 때 소요되는 컨설팅 비용을 순서대로 올바르게 나열한 것은 다음 중 어느 것인가? [09-1, 10-4, 21-1]
① 예방비용 – 예방비용
② 예방비용 – 평가비용
③ 평가비용 – 평가비용
④ 평가비용 – 예방비용

해설 상품개발을 위한 소비자 반응 조사비용과 부품품질의 향상을 위해 협력업체를 지도할 때 소요되는 컨설팅 비용 모두 부적합품이 나타나지 않도록 하기 위한 비용이므로 예방비용이다.

13. 품질코스트의 항목 중 동일한 비용으로만 묶여진 것이 아닌 것은? [18-1]
① 평가코스트 – 수입검사비용, 공정검사비용, 완성품검사비용, 시험·검사설비 보전비용
② 외부실패코스트 – 판매 기회손실비용, 반품처리비용, 현지서비스비용, 제품책임비용
③ 내부실패코스트 – 스크랩비용, 재작업비용, 고장발견 및 불량분석비용, 보증기간 중의 불만처리비용
④ 예방코스트 – 품질계획비용, 품질사무용품비용, 외주업체지도비용, 품질관련 교육훈련비용

해설 내부실패코스트와 외부실패코스트는 제품 인도 이전과 이후로 구분된다. 따라서 스크랩비용, 재작업비용, 고장발견 및 불량분석 비용은 내부실패코스트인 반면 보증기간 중의 불만처리비용은 외부실패코스트이다.

14. 다음 데이터의 품질코스트 중 예방코스

트(P-Cost)를 계산하여 파이겐바움의 품질코스트 기준에 의하여 분석한 결과로 옳은 것은? [11-1]

┤ 데이터 ├
• PM코스트 : 1000
• 재가공코스트 : 1500
• 시험코스트 : 500
• 외주불량코스트 : 4000
• 불량대책코스트 : 3000
• 수입검사코스트 : 1000
• QC 계획코스트 : 150
• QC 사무코스트 : 100
• 공정검사코스트 : 1500
• QC 교육코스트 : 250
• 완제품검사코스트 : 5000

① 예방코스트의 비율이 약 3%로 낮다.
② 예방코스트의 비율이 약 5%로 높다.
③ 예방코스트의 비율이 약 3%로 적당하다.
④ 예방코스트의 비율이 약 5%로 적당하다.

해설

품질 코스트	종류	코스트 합계	백분율 (%)
예방 코스트	• QC 계획 코스트 : 150 • QC 사무 코스트 : 100 • QC 교육 코스트 : 250	500	$\dfrac{500}{18,000} \times 100 = 2.78$

Feigenbaum은 미국에서 일반적으로 제품코스트에 대한 품질코스트의 비율은 9%가 적합하다고 보았다. 각 코스트의 비율은 예방코스트가 5%, 평가코스트가 25%, 실패코스트가 70% 정도를 차지하는데, 따라서 고객의 요구를 충족시키기 위해서는 예방코스트를 증가시키고 평가 및 실패코스트를 줄이는 것이 바람직하다고 하였다.

15. 품질비용의 분류, 집계 목적이 아닌 것은? [14-1]

① 공정품질의 해석기준으로 활용하기 위해서
② 계획을 수립하는 기준으로 활용하기 위해서
③ 품질예방비용을 줄이기 위해서
④ 예산편성의 기초자료로 활용하기 위해서

해설 품질코스트의 효용
㉠ 측정(평가)의 기준으로 활용된다.
㉡ 공정품질의 해석기준으로 활용된다.
㉢ 계획을 수립하는 기준으로 활용된다.
㉣ 예산편성의 기초자료로 활용된다.

16. 다음은 커크패트릭(Kirkpatrick)의 품질비용에 관한 그래프이다. 각 비용곡선의 명칭으로 맞는 것은? [09-1, 18-1, 19-2]

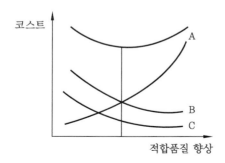

① A : 예방비용, B : 실패비용, C : 평가비용
② A : 예방비용, B : 평가비용, C : 준비비용
③ A : 평가비용, B : 실패비용, C : 예방비용
④ A : 평가비용, B : 예방비용, C : 준비비용

해설 A : 예방비용(P−cost), B : 실패비용 (F−cost), C : 평가비용(A−cost)

17. 커크패트릭(Kirkpatrick)이 제안한 품질비용 모형에서 예방코스트의 증가에 따른 평가코스트와 실패코스트의 변화를 설명한

내용으로 가장 적절한 것은 다음 중 어느 것인가? [11-2, 19-4, 22-1]

① 평가코스트 감소, 실패코스트 감소
② 평가코스트 증가, 실패코스트 증가
③ 평가코스트 감소, 실패코스트 증가
④ 평가코스트 증가, 실패코스트 감소

해설 예방코스트의 증가에 따른 제품의 품질향상으로 평가코스트와 실패코스트는 감소한다.

18. 품질코스트의 한 요소인 실패코스트와 적합비용과의 관계에 관한 설명으로 맞는 것은? [13-1, 18-2]

① 적합비용과 실패코스트는 전혀 무관하다.
② 적합비용이 증가되면 실패코스트는 줄어든다.
③ 적합비용이 증가되면 실패코스트는 더욱 높아진다.
④ 실패코스트는 총 품질코스트 중 극히 일부에 불과하므로 적합비용에 미치는 영향이 매우 적다.

해설 품질비용은 부적합품을 예방·평가하기 위한 적합비용(예방코스트와 평가코스트)과 부적합품으로 인한 부적합비용(실패코스트)으로 나누어진다. 적합비용이 증가되면 실패코스트는 줄어든다.

19. A 부서의 직접작업비는 500원/시간, 간접비는 800원/시간이며 손실시간이 30분인 경우, 이 부서의 실패비용은 약 얼마인가? [09-4, 15-4, 20-2]

① 333원   ② 533원
③ 650원   ④ 867원

해설 $(500+800) \times \dfrac{1}{2} = 650$

5 과목

20. 검사준비시간이 10분, 검사작업시간이 50분 소요되며, 직접 임금 및 부품비의 합계가 8000원/시간일 때 평가비용에 해당하는 수입검사비용은 얼마인가? [09-4, 19-4]

① 2000원　　② 4500원
③ 6000원　　④ 8000원

해설 수입검사비용

$$= \frac{(10+50)}{60} \times 8,000 = 8,000 \, 원$$

21. 다음 중 품질비용에 대한 설명으로 틀린 것은? [15-2, 19-1]

① 예방비용과 평가비용이 증가하면 실패비용은 감소한다.
② 실패비용은 공장 내 문제인 내부 실패비용과 클레임 등에서 발생되는 외부 실패비용으로 구성된다.
③ 일반적으로 실패비용이 크기 때문에 실패비용 감소효과가 예방비용이나 평가비용의 증가를 상쇄할 수 있다.
④ 회사입장에서 총 품질비용을 최소화하는 방법은 예방비용, 평가비용 및 실패비용 사이에 적당한 타협점을 찾아야 하며, 타협점은 예방비용 + 평가비용 = 실패비용의 공식이 성립한다.

해설 품질비용에는 예방비용(P-cost), 평가비용(A-cost), 실패비용(F-cost)이 있으며, 회사입장에서 총 품질비용을 최소화하는 방법은 예방비용 + 평가비용 + 실패비용이 최소화 되도록 한다.

22. 품질비용은 눈에 보이는 비용보다 눈에 보이지 않는 비용이 더 크다. 다음 비용 중 눈에 보이는 비용으로 묶여진 것은? [05-4]

① 설계검토, 무결점 프로그램, 공급업자 평가
② 검사, 보증수리, 반품
③ 고객 불안, 구매 변환, 납기지연
④ 엔지니어링 교체, 초과 재고, 폐기 비용

해설 검사, 보증수리, 반품은 눈에 보이는 비용이다.

23. 활동기준원가(activity based cost)의 적용에 따른 효과가 아닌 것은? [20-1]

① 관리회계시스템의 기반을 구축할 수 있다.
② 정확한 원가 및 이익정보 제공이 가능하다.
③ 성과평가를 위한 인프라 및 전략적 정보를 제공한다.
④ 품질프로그램의 중요성에 대한 우선 순위 결정이 가능하다.

해설 활동기준원가(activity based cost)는 기업이 수행하는 활동을 기준으로 제조간접비를 보다 정교하게 배부하여 정확한 원가를 계산하기 위한 것으로 품질프로그램의 중요성에 대한 우선순위 결정과는 관련이 없다.

7. 표준화

1. 다음 내용은 산업표준화법의 목적을 설명한 것이다. ( ) 안에 들어가는 말을 순서대로 나열한 것 중 맞는 것은 [13-4, 17-2]

> 이 법은 적정하고 합리적인 ( )을 재정·보급하고 품질경영을 지원하여 광공업품 및 산업활동 관련 서비스의 품질·생산( )·생산기술을 향상시키고 거래를 단순화·공정화하며 소비를 ( )함으로써 산업경쟁력을 향상시키고 국가경제를 발전시키는 것을 목적으로 한다.

① 산업표준 – 효율 – 합리화
② 산업표준 – 납기 – 합리화
③ 품질기준 – 효율 – 표준화
④ 품질기준 – 납기 – 표준화

해설 산업표준화법은 적정하고 합리적인 산업표준을 재정·보급하여 광공업품 및 산업활동 관련 서비스의 품질, 생산효율, 생산기술을 향상시키고, 거래를 단순화·공정화하며 소비를 합리화함으로써 산업경쟁력을 향상시키고 국가경제를 발전시키는 것을 목적으로 한다.

2. 표준화란 어떤 표준을 정하고 이에 따르는 것 또는 표준을 합리적으로 설정하여 활용하는 조직적인 행위이다. 표준화의 원리에 해당되지 않는 것은? [17-4, 21-4]
① 규격은 일정한 기간을 두고 검토하여 필요에 따라 개정하여야 한다.
② 표준화란 본질적으로 전문화의 행위를

위한 사회의 의식적 노력의 결과이다.
③ 규격을 제정하는 행동에는 본질적으로 선택과 그에 이어지는 과정이다.
④ 표준화란 경제적, 사회적 활동이므로 관계자 모두의 상호협력에 의하여 추진되어야 할 것이다.

해설 표준화란 본질적으로 단순화의 행위를 위한 사회의 의식적 노력의 결과이다. 따라서 제품의 종류가 줄어든다.

3. 표준화의 원리에 관한 설명으로 옳지 않은 것은? [08-1, 10-1, 11-4, 22-2]
① 표준화란 단순화의 행위이다.
② 표준은 실시하지 않으면 가치가 없다.
③ 표준의 제정은 전체적인 합의에 따라야 한다.
④ 국가규격의 법적 강제의 필요성은 고려하지 않는다.

해설 국가규격의 법적 강제의 필요성은 고려되어야 한다.

4. 다음 중 샌더스(T.R.B. Sanders)가 제시한 현대적인 표준화의 목적으로 가장 거리가 먼 것은? [09-2, 18-4]
① 무역의 벽 제거
② 안전, 건강 및 생명의 보호
③ 다품종 소량생산체계의 구축
④ 소비자 및 공동사회의 이익보호

해설 표준화란 본질적으로 단순화의 행위를 위한 사회의 의식적 노력의 결과이다. 따라

서 표준화를 하면 제품의 종류가 줄어든다. (소품종 다량생산)

5. 제품의 인증 구분에서 제품의 일반목적과는 유사하나, 어떤 특정 용도에 따라 식별할 필요가 있을 경우에 분류하는 용어는 어느 것인가? [05-1, 12-4, 15-1, 16-1, 19-1]
① 형식(type)
② 등급(grade)
③ 종류(class)
④ 패턴(pattern)

해설 종류(Class), 등급(Grade), 형식(Type)
㉠ 종류 : 사용자의 편리를 도모하기 위하여 제품의 성능, 성분, 구조, 형상, 치수, 제조방법, 사용방법 등의 차이에서 제품을 구분하는 것
㉡ 등급 : 한 종류에 대하여 제품의 중요한 품질특성에 있어서 요구품질수준의 고저에 따라서 또는 규정하는 품질특성의 항목의 대소에 따라서 다시 구분하는 것
㉢ 형식 : 제품의 일반목적과 구조는 유사하나 어떤 특정한 용도에 따라 식별할 필요가 있을 경우

6. 연구개발, 산업생산, 시험검사 현장 등에서 측정한 결과가 명시된 불확정 정도의 범위 내에서 국가측정표준 또는 국제측정표준과 일치되도록 연속적으로 비교하고 교정하는 체계를 의미하는 용어는? [19-4, 22-2]
① 소급성
② 교정
③ 공차
④ 계량

해설 소급성(traceability)은 연구개발, 산업생산, 시험검사 현장 등에서 측정한 결과가 명시된 불확정 정도의 범위 내에서 국가측정표준 또는 국제측정표준에 일치하도록 연속적으로 비교하고 교정하는 체계를 의미한다.

7. 다음 중 표준화의 구조에서 국제표준은 어디에 속하는가? [05-2, 19-2]
① 주제
② 수준
③ 국면
④ 방법

해설 국제표준은 수준에 해당된다.

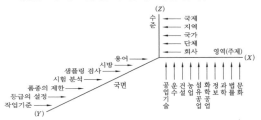

8. 표준화의 적용 구조에서 표준화가 주제로 하고 있는 속성을 구분하는 분야를 의미하는 것은? [06-4, 16-1, 20-2]
① 국면
② 수준
③ 기능
④ 영역

해설 표준화 구조(공간)에는 주제(영역), 국면, 수준의 3영역이 있다.

9. 버만(L.C. Verman)이 제시한 표준화 공간에서 표준화의 구조 중 국면에 해당되지 않는 것은? [09-1, 12-2, 18-2]
① 시방
② 공업기술
③ 등급 부여
④ 품종의 제한

해설 공업기술은 영역(주제)에 해당한다.

10. 소비자의 입장에서 표준화의 효과를 설명한 것 중 옳지 않은 것은? [10-2, 17-4]
① 거래가 단순화되고 공정해진다.
② 호환성의 확대로 생산능률이 향상된다.
③ 품질식별이 용이해진다.
④ 좋은 상품을 저렴한 가격으로 구입할 수 있다.

해설 생산자의 입장에서 호환성의 확대로 생산능률이 향상된다.

11. 산업규격은 적용되는 지역과 범위에 따라 분류할 수 있는데 이에 해당된다고 볼 수 없는 것은?　　　　[12-1, 20-1]

① 사내규격　　　② 전달규격
③ 국가규격　　　④ 국제규격

해설 산업규격을 적용하는 지역과 범위(제정자)에 따라 분류하면 사내규격(회사규격), 관공서규격, 단체규격, 국가규격, 국제규격 등이 있다.

12. 산업표준을 적용하는 지역과 범위에 따라 분류할 때 해당되지 않는 것은 어느 것인가?　　　　[15-1, 22-1]

① 사내표준　　　② 잠정표준
③ 단체표준　　　④ 국가표준

해설 산업표준을 적용하는 지역과 범위(제정자)에 따라 분류하면 사내표준(회사표준), 관공서표준, 단체표준, 국가표준, 국제표준 등이 있다.

13. 다음 산업표준화 분류 방식 중 국면에 따른 분류에 해당되지 않는 것은 어느 것인가?　　　　[05-4, 11-2, 19-2]

① 품질규격　　　② 제품규격
③ 방법규격　　　④ 전달규격

해설 국면(기능)에 따른 표준화 분류는 전달규격(기본규격), 제품규격, 방법규격이다.

14. 다음 산업표준화 유형 중 국면에 따른 표준화 분류의 내용으로 틀린 것은 어느 것인가?　　　　[07-1, 13-2, 16-4, 20-4]

① 기본규격 : 표준의 제정, 운용, 개폐절차 등에 대한 규격
② 제품규격 : 제품의 형태, 치수, 재질 등 완제품에 사용되는 규격

③ 방법규격 : 성분분석 및 시험방법, 제품의 검사방법, 사용방법에 대한 규격
④ 전달규격 : 계량단위, 제품의 용어, 기호 및 단위 등 물질과 행위에 대한 규격

해설 국면(기능)에 따른 표준화 분류
㉠ 전달규격(기본규격) : 계량단위, 제품의 용어, 기호 및 단위
㉡ 제품규격 : 제품의 치수·형태·재질 등 완제품에 대한 규격
㉢ 방법규격 : 성분분석 및 시험방법, 제품 검사방법, 사용방법

15. 표준화는 적용기간에 따라 통상표준, 시한표준, 잠정표준으로 분류되는데 다음 중 시한표준(時限標準)을 이용하는 경우가 아닌 것은?　　　　[05-1, 08-1, 14-2]

① 특정 활동의 추진을 목적으로 할 때
② 과도적인 상태에서의 취급을 할 때
③ 일정시기가 지나면 의미가 없어지는 경우
④ 규정하려고 하는 내용에 대한 실험, 연구 등이 아직 끝나지 않았을 경우

해설 적용기간에 따른 분류
㉠ 통상표준 : 일반적인 표준, 표준의 적용 개시시기는 규정하지만 종료시기는 규정하지 않은 표준
㉡ 시한표준 : 특정 활동을 추진함을 목적으로 하며, 적용의 개시시기 및 종료기한을 명시한 표준
　㉮ 특정활동의 추진을 목적으로 할 때
　㉯ 과도적인 상태에서 취급을 규정할 때
　㉰ 일정한 시기가 지나면 의미가 없어지는 것일 때
㉢ 잠정표준 : 정식표준을 제정하기에는 아직 조건이 갖추어져 있지 않지만 그대로 방치하다가는 혼란이나 그 밖의 불이익이 예상될 때 작성하는 표준(단, 적용기간 동안에는 확정표준으로 본다.)

5 과목

16. 표준을 적용기간에 따라 분류할 때 시한 표준에 관한 설명으로 맞는 것은 어느 것인 가? [08-4, 11-1, 17-4]
① 일반적인 표준은 모두 이것에 속하며 적용개시의 시기만 명시한 것이다.
② 특정 활동을 추진함을 목적으로 하며, 적용의 개시시기 및 종료기한을 명시한 표준이다.
③ 어떤 표준을 기획할 때 잠정적임을 전제로 하며 잠정적으로 관리하기 위해 작성한 것이다.
④ 정식표준을 제정하기에는 아직 조건이 갖추어져 있지 않지만 방치하면 혼란이 예상되는 경우 작성한다.
해설 ① 통상표준 ② 시한표준 ③ 잠정표준 ④ 잠정표준

17. 어떤 규격을 제정할 때 다른 규격에 제정되어 있는 사항을 중복하여 기재하지 않고 그 규격의 규격번호만을 표시해 두는 규격을 무엇이라 하는가? [05-4, 21-2]
① 인용(引用)규격 ② 관련(關聯)규격
③ 정합(整合)규격 ④ 번역(飜譯)규격
해설 인용규격은 어떤 규격을 제정할 때 다른 규격에 제정되어 있는 사항을 중복하여 기재하지 않고 그 규격의 규격번호만을 표시해 두는 규격을 말한다.

18. 다음 중 산업표준화법에서 지정하고 있는 산업표준화의 대상에 해당되지 않는 것은 어느 것인가? [14-4, 17-1]
① 광공업품의 시험, 분석, 감정, 부호, 단위
② 광공업품의 생산방법, 설계방법, 제도방법
③ 구축물과 그 밖의 공작물의 설계, 시공방법

④ 전기통신 관련 서비스의 제공절차, 체계, 평가방법
해설 특허, 생산업무, 사무규정, 제조비결, 취미나 기호품, 전기통신 관련 서비스는 산업표준화의 대상이 될 수 없다.

19. 한국산업규격의 부문 분류기호가 틀리게 짝지어진 것은? [06-1, 08-2]
① E – 광산 ② K – 섬유
③ P – 의료 ④ W – 선박
해설 한국산업규격 구성

기본 (A)	기계 (B)	전기 (C)	금속 (D)	광산 (E)	건설 (F)	일용품 (G)
식품 (H)	환경 (I)	생물 (J)	섬유 (K)	요업 (L)	화학 (M)	의료 (P)
품질 경영 (Q)	수송 기계 (R)	서비스 (S)	물류 (T)	조선 (V)	우주 항공 (W)	정보 (X)

20. 산업표준법 시행령에서 규정하고 있는 산업표준화 및 품질경영에 관한 교육의 내용 중 품질관리담당자의 교육내용에 해당되지 않는 것은? [09-1, 10-4, 21-1]
① 통계적인 품질관리 기법
② 사내표준화 및 품질경영의 추진 실시
③ 사내표준화 및 품질경영 추진 기법 사례
④ 한국산업표준(KS) 인증제도 및 사후관리 실무
해설 품질관리담당자
㉠ 산업표준화법규
㉡ 산업표준화와 품질경영의 개요
㉢ 통계적인 품질관리기법
㉣ 사내표준화 및 품질경영의 추진 실시
㉤ 한국산업표준(KS) 인증제도 및 사후관리 실무

ⓗ 품질관리담당자의 역할

ⓢ 그 밖에 산업표준화의 촉진과 품질경영 혁신을 위하여 산업통상자원부장관이 필요하다고 인정하는 사항

21. 한국산업표준(KS) 서비스분야에서 서비스 심사기준에 해당되지 않는 것은? [16-1]
① 서비스 품질경영 관리
② 고객이 제공받은 서비스
③ 고객이 제공받은 사전 서비스
④ 고객이 제공받은 사후 서비스

해설 KS 인증심사기준

제품, 가공기술 인증	서비스 인증	
	사업장심사 기준	서비스심사 기준
① 품질경영 관리	① 서비스 품질경영	① 고객이 제공받은 사전 서비스
② 자재관리	② 서비스 운영체계	② 고객이 제공받은 서비스
③ 공정·제조 설비관리	③ 서비스 운영	③ 고객이 제공받은 사후 서비스
④ 제품관리	④ 서비스 인적자원 관리	
⑤ 시험·검사 설비관리	⑤ 시설·장비, 환경 및 안전관리	
⑥ 소비자보 호 및 환경 ·자원관리		

22. KS 인증심사기준(제품분야)에서 일반심 사기준의 품질경영관리 심사항목이 아닌 것은? [16-4]
① 경영책임자는 표준화 및 품질경영을 합리적으로 추진해야 한다.
② 품질경영을 총괄하는 품질경영부서는 독립적으로 운영해야 한다.
③ 자재의 품질기준은 생산제품의 품질이 한국산업표준 수준 이상으로 보증될 수

있도록 수정해야 한다.
④ 기업의 사내표준 및 관리규정은 한국산업표준을 기반으로 회사 규모에 따라 적합하게 수립하고 회사 전체 차원에서 적용해야 한다.

해설 ③은 자재관리 심사항목이다.

23. 산업표준화법령상 산업표준화 및 품질경영에 대한 교육을 반드시 받아야 하는데, 이에 해당되는 것은? [09-1, 13-1, 18-1]
① 직반장교육
② 작업자교육
③ 내부품질심사요원 양성교육
④ 경영간부교육(생산·품질부문 팀장급 이상)

해설 산업표준화 및 품질경영에 대한 교육은 경영간부교육, 품질관리담당자 양성교육 및 정기교육이다.

24. 다음 중 품질관리 담당자의 역할이 아닌 것은? [14-1, 19-2]
① 경쟁사 상품 및 부품과의 품질 비교
② 사내 표준화와 품질경영에 대한 계획수립 및 추진
③ 품질경영 시스템 하의 내부감사 수행 총괄, 승인
④ 공정이상 등의 처리, 애로공정, 불만처리 등의 조치 및 대책의 지원

해설 품질경영 시스템 하의 내부감사 수행 총괄, 승인은 경영자의 역할이다.

25. 다음 중 사내표준화에 대한 설명으로 틀린 것은? [17-4, 20-4]
① 하나의 기업 내에서 실시하는 표준화 활동이다.

5 과목

② 일단 정해진 표준은 변경됨이 없이 계속 준수되어야 한다.

③ 정해진 사내표준은 모든 조직원이 의무적으로 지켜야 한다.

④ 사내 관계자들의 합의를 얻은 다음에 실시해야 하는 활동이다.

해설 사내표준은 회사의 기본 시스템을 언급하고 있기 때문에 기업의 모든 조직원이 의무적으로 지켜야 하는 활동이며, 일정기간을 두고 검토하여 필요에 따라 개정한다.

26. 다음 중 사내표준에 대한 설명으로 틀린 것은? [17-1, 21-1]

① 사내표준은 성문화된 자료로 존재하여야 한다.

② 사내표준의 개정은 기간을 정해 정기적으로 실시한다.

③ 사내표준은 조직원 누구나 활용할 수 있도록 하여야 한다.

④ 회사의 경영자가 솔선하여 사내규격의 유지와 실시를 촉진시켜야 한다.

해설 사내표준은 일정기간을 두고 검토하여 필요에 따라 개정한다.

27. 다음 중 표준의 적용에 관한 설명으로 옳은 것은? [15-2]

① 국가규격이나 사내표준은 강제력이 없다.

② 사내표준은 사내에 있어서 강제력이 있다.

③ 국가규격은 국내 제조업체에 대한 강제력이 있다.

④ 국가규격은 강제력이 있으나 사내 표준은 강제력이 없다.

해설 국가규격이나 사내표준은 강제력이 있다.

28. 관리표준분야로 가장 적합한 것은 어느 것인가? [17-1]

① QC 공정도

② 표준재료 선정기준

③ 제조작업 시 주의사항

④ 클레임 처리방법

해설 클레임 처리방법은 업무규정의 대상이 되는 규정(관리표준)에 해당한다.

29. 다음 중 기술표준에 속하지 않는 것은 어느 것인가? [07-2, 14-4, 21-1]

① 재질   ② 절차

③ 치수   ④ 형상

해설 기술표준은 제품과 제품에 사용되는 부품, 재료, 생산설비, 보관설비, 수송설비 등에 관하여 치수·형상·재질·강도·성능 등을 규정한 제품규격, 재료규격, 검사규격, 포장규격 등을 말하며, 절차는 관리표준(업무표준)에 해당한다.

30. 사내표준화의 추진방법으로 경영방침으로서 사내표준화 실시의 명시 후의 순서로 맞는 것은? [22-1]

┤ 다음 ├

㉠ 표준의 개정
㉡ 표준원안을 작성
㉢ 표준의 훈련과 실행
㉣ 표준의 심의와 결재
㉤ 사내표준 작성계획 수립
㉥ 표준의 인쇄·배포 및 보관
㉦ 조직의 편성과 인재의 양성
㉧ 사내표준 실시 상황의 모니터링과 레벨 업

① ㉦→㉤→㉡→㉣→㉥→㉢→㉧→㉠

② ㉦→㉤→㉣→㉥→㉡→㉢→㉧→㉠

③ ㉦→㉤→㉡→㉥→㉣→㉢→㉧→㉠

④ ㉦→㉢→㉣→㉡→㉤→㉥→㉧→㉠

해설 사내표준화의 추진방법은 경영방침으로서 사내표준화 실시의 명시→조직의 편성과 인재의 양성→사내표준 작성계획 수립→표준원안을 작성→표준의 심의와 결재→표준의 인쇄·배포 및 보관→표준의 훈련과 실행→사내표준 실시 상황의 모니터링과 레벨 업→표준의 개정 이다.

31. 다음 중 작업표준을 작성할 때 기술할 필요가 없는 항목은? [07-4, 11-4]
① 사고시의 처리
② 작업시의 주의사항
③ 재료·부분품의 선정기준
④ 작업의 관리항목과 그 방법

해설 재료·부분품의 선정기준은 검사표준에서 규정된다.

32. 고객에 대한 불만처리 규정의 내용이 아닌 것은? [15-2]
① 대책의 수립방법
② 대책의 실시방법
③ 불만 등의 정보수집방법
④ 점검이나 정비결과의 기록방법

해설 점검이나 정비결과의 기록방법은 설비관리규정에 해당한다.

33. 다음 중 사내표준화의 주된 효과가 아닌 것은? [13-1, 19-4]
① 개인의 기능을 기업의 기술로서 보존하여 진보를 위한 발판의 역할을 한다.
② 업무의 방법을 일정한 상태로 고정하여 움직이지 않게 하는 역할을 한다.
③ 품질매뉴얼이 준수되며, 책임과 권한을 명확히 하여 업무처리기능을 확실하게 한다.

④ 관리를 위한 기준이 되며, 통계적 방법을 적용할 수 있는 장이 조성되어 과학적 관리수법을 활용할 수 있게 된다.

해설 사내표준은 일정기간을 두고 검토하여 필요에 따라 개정한다.

34. 다음 중 제조공정에 관한 사내표준화의 요건을 설명한 것으로 가장 적절하지 않은 것은? [18-2, 21-4]
① 실행가능성이 있는 것일 것
② 내용이 구체적이고 객관적일 것
③ 내용이 신기술이나 특수한 것일 것
④ 이해관계자들의 합의에 의해 결정되어야 할 것

해설 특허, 기호품, 연구개발 단계의 상품, 신기술 등은 사내표준화의 대상이 될 수 없다.

35. 다음 중 사내표준화의 대상이 아닌 것은 어느 것인가? [11-2, 17-2, 20-2]
① 방법   ② 특허
③ 재료   ④ 기계

해설 특허, 기호품, 연구개발 단계의 상품, 신기술 등은 사내표준화의 대상이 될 수 없다.

36. 사내표준화의 요건이 아닌 것은?
[08-4, 09-4, 12-2, 13-4, 16-2, 19-2]
① 실행 가능한 내용일 것
② 기록내용이 구체적·객관적일 것
③ 직관적으로 보기 쉬운 표현을 할 것
④ 장기적인 관점보다 단기적인 관점에서 추진할 것

해설 사내표준화는 장기적인 방침 및 체계하에 추진되어야 한다.

5 과목

정답 ● **31.** ③ **32.** ④ **33.** ② **34.** ③ **35.** ② **36.** ④

37. 제조공정에 관한 사내표준의 요건이 아닌 것은? [21-2]
① 필요 시 신속하게 개정, 향상시킬 것
② 직관적으로 보기 쉬운 표현을 할 것
③ 기록내용은 구체적이고 객관적일 것
④ 미래에 추진해야 할 사항을 포함할 것

해설 사내표준화는 미래(향후) 추진업무보다는 현재 진행 중인 업무를 중심으로 할 것

38. 다음 중 제조공정에 관한 사내표준화의 요건이 아닌 것은? [08-1, 18-4]
① 사내표준은 실행 가능한 것이어야 한다.
② 장기적인 방침 및 체계 하에 추진되어야 한다.
③ 사내표준의 내용은 구체적이고 객관적으로 규정되어야 한다.
④ 사내표준 대상은 공정변화에 대해 기여비율이 작은 것부터 시도한다.

해설 사내표준 대상은 공정변화에 대해 기여비율이 큰 것부터 시도한다.

39. 사내표준 작성의 필요성이 큰 경우에 해당되지 않는 것은? [14-2, 18-1]
① 산포가 큰 경우
② 공정이 변하는 경우
③ 중요한 개선이 이루어진 경우
④ 신기술 도입 초기단계인 경우

해설 신기술 도입 초기단계를 지나 안정화 단계에서 사내표준을 작성한다.

40. 사내표준화의 요건으로 사내표준의 작성대상은 기여비율이 큰 것으로부터 채택하여야 하는데, 공정이 현존하고 있는 경우 기여비율이 큰 것에 해당되지 않은 것은 어느 것인가? [16-2, 19-1, 22-2]

① 통계적 수법 등을 활용하여 관리하고자 하는 대상인 경우
② 준비 교체 작업, 로트 교체 작업 등 작업의 변환점에 관한 경우
③ 현재에 실행하기 어려우나 선진국에서 활용하고 있는 기술인 경우
④ 새로운 정밀기기가 현장에 설치되어 새로운 공법으로 작업을 실시하게 된 경우

해설 실행 가능성이 있는 내용일 것

41. 표준의 구성 중 표준의 일부로 볼 수 없는 것은? [05-2, 14-1, 22-1]
① 부속서   ② 해설
③ 비고   ④ 보기

해설 ① 부속서(규정) : 내용으로서는 본래 표준의 본체에 포함시켜도 되는 사항이지만, 표준의 구성상 특별히 추려서 본체에 준하여 정리한 것
② 해설 : 본체 및 부속서에 규정한 사항(표준의 일부는 아니다.)
③ 비고 : 본문·그림·표 등의 내용에 참고가 될 만한 사항을 보충하여 적은 것. 동일한 절 또는 항에 비고와 보기가 함께 기재되는 경우 보기가 우선한다.
④ 보기/예 : 본문·각주·비고·그림·표 등에 나타내는 사항의 이해를 돕기 위한 예시

42. 표준의 서식과 작성방법 (KS A 0001)에서 규정하고 있는 표준의 요소에 관한 설명으로 틀린 것은? [13-1, 21-2]
① "참고(reference)"는 본문·그림·표 등에 이해를 돕기 위하여 추가적으로 정보를 기재한 것이다.
② "해설(explanation)"은 표준의 일부는 아니다.
③ "본문(text)"은 조문의 구성 부분의 주체

가 되는 문장이다.

④ "보기(example)"는 본문·그림·표 등의 내용에 참고가 될 만한 사항을 보충하여 적은 것이다.

해설 보기/예 : 본문·각주·비고·그림·표 등에 나타내는 사항의 이해를 돕기 위한 예시

43. 표준의 서식과 작성방법(KS A 0001 : 2021)에서 본문·그림·표 등의 내용에 참고가 될 만한 사항을 보충하여 적은 것을 무엇이라 하는가? [13-2, 16-1]

① 주 ② 해설
③ 보기 ④ 비고

해설 비고 : 본문·그림·표 등의 내용에 참고가 될 만한 사항을 보충하여 적은 것

44. 표준의 서식과 작성방법(KS A 0001)에서 비고, 각주 및 보기에 대한 설명으로 틀린 것은? [20-2]

① 본문에서 각주의 사용은 최소한도에 그쳐야 한다.

② 비고 및 보기는 이들이 언급된 문단 위에 위치하는 것이 좋다.

③ 동일한 절 또는 항에 비고와 보기가 함께 기재되는 경우 비고가 우선한다.

④ 각주의 내용이 많아 해당 쪽에 모두 넣기 어려운 경우, 다음 쪽으로 분할하여 배치시켜도 된다.

해설 동일한 절 또는 항에 비고와 보기가 함께 기재되는 경우 보기가 우선한다.

45. 다음 중 표준의 서식과 작성방법(KS A 0001 : 2021)에 관한 사항으로 틀린 것은 어느 것인가? [16-2, 21-1]

① 본문은 조문의 구성 부분의 주체가 되는 문장이다.

② 본체는 표준의 요소를 서술한 부분이다.

③ 추록은 본문, 각주, 비고, 그림, 표 등에 나타내는 사항의 이해를 돕기 위한 예시이다.

④ 조문은 본체 및 부속서의 구성 부분인 개개의 독립된 규정으로서 문장, 그림, 표, 식 등으로 구성되며, 각각 하나의 정리된 요구사항 등을 나타내는 것이다.

해설 보기/예 : 본문·각주·비고·그림·표 등에 나타내는 사항의 이해를 돕기 위한 예시

46. 다음 중 시험 장소의 표준 상태(KS A 0006 : 2014)에 대한 설명으로 틀린 것은 어느 것인가? [08-2, 09-4, 13-4, 19-1]

① 표준 상태의 기압은 90kPa 이상 110kPa 이하로 한다.

② 표준 상태의 습도는 상대 습도 50% 또는 65%로 한다.

③ 표준 상태의 온도는 시험의 목적에 따라서 20℃, 23℃ 또는 25℃로 한다.

④ 표준 상태는 표준 상태의 기압 하에 표준 상태의 온도 및 표준 상태의 습도의 각 1개를 조합시킨 상태로 한다.

해설 표준상태의 기압은 86kPa 이상 106kPa 이하로 한다.

47. 표준의 서식과 작성방법(KS A 0001 : 2021)에서 문장을 쓰는 방법의 내용 중 틀린 것은? [19-2]

① "초과"와 "미만"은 그 앞에 있는 수치를 포함시키지 않는다.

② "보다"는 비교를 나타내는 경우에만 사용

하고, 그 앞에 있는 수치 등을 포함시키지 않는다.

③ 한정조건이 이중으로 있는 경우에는 큰 쪽의 조건에 "때"를 사용하고, 작은 쪽의 조건에 "경우"를 사용한다.

④ "및/또는"은 병렬하는 두 개의 어구 양자를 병합한 것 및 어느 한 쪽씩의 3가지를 일괄하여 엄밀하게 나타내는 데 이용한다.

해설 한정조건이 이중으로 있는 경우에는 큰 쪽의 조건에 "경우"를 사용하고, 작은 쪽의 조건에 "때"를 사용한다.

48. 시험장소의 표준상태(KS A 0006 : 2014)에서 규정된 표준상태의 온도에 해당하지 않는 것은? [10-4, 12-1, 16-4]
① 18℃ ② 20℃
③ 23℃ ④ 25℃

해설 표준상태의 온도는 20℃, 23℃, 25℃이다.

49. 다음 중 시험 장소의 표준상태(KS A 0006 : 2014)에 정의된 상온·상습의 기준으로 맞는 것은? [18-4, 21-4]
① 온도 : 0~20℃, 습도 : 60~70%
② 온도 : 5~35℃, 습도 : 45~85%
③ 온도 : 10~40℃, 습도 : 63~67%
④ 온도 : 15~35℃, 습도 : 30~70%

해설 상온 : 5~35℃, 상습 : 45~85%

50. 수치 맺음법에 따라 계산한 것으로 틀린 것은? [20-1]
① 2.2962를 유효숫자 3자리로 맺으면 2.30이다.
② 3.2967을 소수점 이하 3자리로 맺으면

3.297이다.
③ 5.346을 유효숫자 2자리로 맺을 때 첫 단계로 5.35, 둘째 단계로 5.4가 되어 결국 5.4이다.
④ 0.0745(소수점 이하 4자리가 반드시 5인지 버려진 것인지 올려진 것인가를 모른다.)를 소수점 이하 3자리로 맺으면 0.074이다.

해설 5.346을 유효숫자 2자리로 맺으면 5.3이다.

51. 표준수 – 표준수 수열(KS A ISO 3)에서 기본수열 표시에 해당하지 않는 것은 어느 것인가? [14-4, 21-2]
① R5 ② R10(1.25…)
③ R20/4(112…) ④ R40(75…300)

해설 R5, R10, R20, R40을 기본수열, R80을 특별수열이라고 한다.

52. 사내표준화 활동 시 치수의 단계를 결정할 때 사용하는 표준수 중 증가율이 가장 큰 기본 수열은? [17-4]
① R5 ② R10
③ R40 ④ R80

해설 표준수의 사용법에서 선택할 표준수는 기본수열 중에서 증가율이 큰 수열(R5)부터 선택한다.
(수열증가율 : R5 > R10 > R20 > R40)

53. 문서관리의 근본적 목적으로 맞는 것은? [17-1]
① 정확한 정보가 기록으로 남도록 하기 위하여
② 문제가 발생하는 경우 근거로 사용하여야 하기 때문에

③ 올바른 문서만이 필요한 장소에서 사용 되어 지도록 하기 위하여

④ 외부기관의 심사에 대비하여 체계적으로 업무가 진행되고 있음을 보장하기 위하여

해설 문서관리의 근본적 목적은 올바른 문서가 필요한 장소에서 사용되어 지도록 하기 위함이다.

54. 주문한 제품을 명확하게 기술한 구매문서의 기술 내역 및 관련 자료에 포함되지 않는 것은? [15-4]

① 사양서(시방서)

② 구매품의 표시

③ 제품의 제조설비

④ 구매품의 종류, 등급

해설 제품의 제조설비는 구매문서의 기술 내역 및 관련 자료에 포함되지 않는다.

55. 정부로부터 품질을 보증받는 효과를 지니며, 소비자 입장에서는 안심하고 제품을 살 수 있도록 하는 품질보증표시에 대한 국가별 표시가 틀린 것은? [07-4, 11-4, 15-1]

① 미국 – US

② 영국 – BS

③ 한국 – KS

④ 일본 – JIS

해설 각국의 국가규격

국명	규격	국명	규격	국명	규격
영국	BS	프랑스	NF	러시아 연방	GOST
독일	DIN	캐나다	CSA	미국	ANSI
일본	JIS	호주	AS	중국	GB
인도	IS	스페인	UNE	네덜란드	NNI
포르투갈	DGQ	덴마크	DS	뉴질랜드	SANZ
아르헨티나	IRAM	스웨덴	SIS	유고	JUST
노르웨이	NV	이탈리아	UNI	브라질	NB
대만	CNS	벨기에	IBN	체코	CSN

56. 다음 중 국가규격의 연결이 잘못된 것은? [19-4, 22-2]

① NF – 독일

② GB – 중국

③ BS – 영국

④ ANSI – 미국

해설 NF는 프랑스 국가규격이며, 독일 국가규격 DIN이다.

57. 다음 중 국가규격에 해당하지 않는 것은? [07-1, 08-2, 13-2, 18-2]

① BS

② NF

③ IEC

④ ANSI

해설 ③ IEC(International Electrotechnical Commission) : 국제전기표준회의는 국제규격이다.
① BS(영국), ② NF(프랑스), ④ ANSI(미국)

58. 표준은 단체표준, 국가표준, 지역표준, 국제표준 등으로 구분될 수 있다. 국가표준에 속하지 않는 것은? [21-4]

① BS

② DIN

③ ANSI

④ ASME

해설 ASME(미국기계학회)는 단체규격이다. BS (영국), DIN(독일), ANSI(미국)는 국가규격이다.

59. 다음 중 국가표준으로만 구성된 것은 어느 것인가? [14-1, 20-4]

① GB, DIN, JIS, NF

② IS, ISO, DIN, ANSI

③ KS, DIN, MIL, ASTM

④ KS, JIS, ASTM, ANSI

해설 GB : 중국, DIN : 독일, JIS : 일본, NF : 프랑스

5 과목

8. 규격과 공정능력

1. 다음 중 공차의 수리표현으로 가장 올바른 것은? [05-1, 05-2, 06-2, 21-4]
① 최대치수 – 최소치수
② 최대허용치수 + 최소허용치수
③ 기준치수 + 아래치수 허용차
④ 최대허용치수 – 기준치수

해설 **공차(tolerance)**
규정된 최대허용치수(규격상한치수)와 규정된 최소허용치수(규격하한치수)의 차를 말한다. (규격상한치수 – 규격하한치수)

2. 허용차와 공차에 대한 설명으로 틀린 것은? [15-2, 20-1]
① 최대허용치수와 최소허용치수와의 차이를 공차라고 한다.
② 허용한계치수에서 기준치수를 뺀 값을 실치수라고 한다.
③ 허용차는 규정된 기준치와 규정된 한계치와의 차이다.
④ 허용차의 표시방법은 양쪽이 같은 수치를 가질 때에는 ±를 붙여서 기재한다.

해설 허용한계치수에서 기준치수를 뺀 값을 허용차라고 한다.

3. 공차(tolerance)에 대한 설명으로 틀린 것은? [18-4]
① 공차란 품질특성의 총 허용변동을 의미한다.
② 허용공차란 요구되는 정밀도를 규정하는 것이다.

③ 공차란 최대허용치수와 최소허용치수와의 차이를 의미한다.
④ 공차는 공정 데이터로부터 구한 표준편차의 2배로 정하는 것이 일반적이다.

해설 공차는 최대허용치수(규격상한치수)와 최소허용치수(규격하한치수)의 차이로, 허용차의 2배로 정한다.

4. Y 제품의 치수의 규격이 150 ± 1.5mm라고 한다면 규격허용차는 얼마인가? [18-1]
① $\sqrt{1.5}$ mm   ② $\sqrt{3.0}$ mm
③ 1.5mm   ④ 3.0mm

해설 규격이 150 ± 1.5mm이면 허용차는 1.5mm, 공차는 3mm이다. 규격상한은 151.5mm, 규격하한은 148.5mm이다.

5. 표준화에 관한 용어의 설명으로 틀린 것은? [13-2, 19-4]
① 공차는 부품의 어떤 부분에 대하여 실제로 측정한 치수이다.
② 시험은 어떤 물체의 특성을 조사하여 데이터를 구축한 것이다.
③ 검사란 시험결과를 정해진 기준과 비교하여 로트의 합·부를 판정하는 것이다.
④ 시방은 재료, 제품 등의 특정한 형상, 구조, 성능, 시험방법 등에 관한규정이다.

해설 최대허용치수와 최소허용치수와의 차이를 공차라고 하며, 허용차는 규정된 기준치와 규정된 한계치와의 차이다.

정답 ● 1. ① 2. ② 3. ④ 4. ③ 5. ①

6. 부품의 끼워맞춤 형태에 속하지 않는 것은?
[14-4]

① 틈새 끼워맞춤   ② 억지 끼워맞춤
③ 중간 끼워맞춤   ④ 헐거운 끼워맞춤

해설 부품의 끼워맞춤 형태

㉠ 억지 끼워맞춤 : 항상 죔새가 생기는 끼워맞춤 형태
㉡ 헐거운 끼워맞춤 : 항상 틈새가 생기는 끼워맞춤 형태
㉢ 중간 끼워맞춤 : 경우에 따라 틈새와 죔새가 생기는 끼워맞춤

7. 구멍의 치수가 축의 치수보다 작을 때처럼 항상 죔새가 생기는 끼워맞춤 형태는 어느 것인가?
[14-2, 20-2]

① 중간 끼워맞춤   ② 억지 끼워맞춤
③ 틈새 끼워맞춤   ④ 헐거운 끼워맞춤

해설 억지 끼워맞춤

항상 죔새가 생기는 끼워맞춤 형태

8. 다음과 같이 조립품의 구멍과 축의 치수가 주어졌을 때 평균틈새는 얼마인가?

[05-4, 16-2, 21-1]   (단위 : cm)

구분	최대허용치수	최소허용치수
구멍	$A = 0.6200$	$B = 0.6000$
축	$a = 0.6050$	$b = 0.6020$

① 0.0020   ② 0.0045
③ 0.0065   ④ 0.0085

해설 평균틈새 $= \dfrac{최대틈새 + 최소틈새}{2}$

$= \dfrac{0.018 + (-0.005)}{2} = 0.0065$

최대틈새 = 구멍의 최대허용치수 − 축의 최소허용치수

$= 0.6200 - 0.6020 = 0.018$

최소틈새 = 구멍의 최소허용치수 − 축의 최대허용치수

$= 0.6000 - 0.6050 = -0.005$

9. 길이의 규격이 각각 4m ± 10cm, 5m ± 10cm, 2m ± 10cm인 3개의 봉을 연결시켰을 때 연결된 봉의 허용차는 약 얼마인가? (단, 봉의 길이는 정규분포를 따르고, 연결할 때 로스는 없다고 가정한다.)
[08-1, 10-2, 14-2]

① ± 5.5cm   ② ± 17.3cm
③ ± 30.0cm   ④ ± 34.6cm

해설 $T = \pm \sqrt{10^2 + 10^2 + 10^2} = \pm 17.32$

10. 부품 A는 $N(2.5, 0.03^2)$, 부품 B는 $N(2.4, 0.02^2)$, 부품 C는 $N(2.4, 0.04^2)$, 부품 D는 $N(3.0, 0.01^2)$인 정규분포를 따른다. 이 4개 부품이 직렬로 결합되는 경우 조립품의 표준편차는 약 얼마인가? (단, 부품 A, B, C, D는 서로 독립이다.)
[11-1, 19-2]

① 0.003   ② 0.055
③ 0.100   ④ 0.316

해설 조립품의 표준편차

$= \sqrt{\sigma_A^2 + \sigma_B^2 + \sigma_C^2 + \sigma_D^2}$

$= \sqrt{0.03^2 + 0.02^2 + 0.04^2 + 0.01^2} = 0.0548$

11. 두께 10 ± 0.04mm인 4개의 부품을 임의 조립방법에 의해 겹쳐서 조립할 경우 조립공차는 몇 mm인가? [06-1, 10-4, 15-2]

① ± 0.04   ② ± 0.08
③ ± 0.40   ④ ± 0.80

해설 $\pm \sqrt{0.04^2 + 0.04^2 + 0.04^2 + 0.04^2}$

$= \sqrt{4 \times 0.04^2} = \pm 0.08$

5 과목

12. 공차가 똑같은 부품 16개를 조립하였을 때, 공차가 $\frac{10}{300}$ 이었다면 각 부품의 공차는 얼마인가? [06-4, 11-4, 16-1, 19-1]

① $\frac{1}{1200}$ ② $\frac{1}{120}$

③ $\frac{1}{600}$ ④ $\frac{1}{60}$

해설 조립품 공차

$= \sqrt{16 \times \sigma^2} \rightarrow \frac{10}{300} = \sqrt{16 \times \sigma^2}$

$\rightarrow \sigma = \frac{1}{120}$

13. 그림과 같이 길이가 동일한 4개의 부품으로 조립된 제품의 규격은 10 ± 0.03cm 이다. 각 부품의 규격은 얼마이어야 되는가? [18-1]

동일 길이임

10 ± 0.03cm

① 2.5 ± 0.015cm

② 2.5075 ± 0.015cm

③ 2.5 ± 0.075cm

④ 2.4925 ± 0.0075cm

해설 • 조립품의 평균 $= \overline{x_A} + \overline{x_B} + \overline{x_C} + \overline{x_D} = 10$

$\overline{x_A} = \overline{x_B} = \overline{x_C} = \overline{x_D} = 2.5$

• 조립품의 허용차

$= \sqrt{[(A허용차)^2 + (B허용차)^2 + (C허용차)^2 + (D허용차)^2]}$

$\rightarrow 0.03 = \sqrt{4(허용차)^2}$

$\rightarrow 허용차 = \sqrt{\frac{0.03^2}{4}} = 0.015$

14. 다음과 같은 규격의 3가지 부품 A, B,

C를 이용하여 B+C−A와 같이 조립할 경우 이 조립품의 허용차는 약 얼마인가? [07-1, 09-1, 10-1, 15-1, 20-4]

• A부품의 규격 : 2.5 ± 0.03
• B부품의 규격 : 4.5 ± 0.04
• C부품의 규격 : 6.5 ± 0.05

① ± 0.057 ② ± 0.060

③ ± 0.071 ④ ± 0.120

해설 $\pm \sqrt{0.04^2 + 0.05^2 + 0.03^2} = \pm 0.0707$

15. 길이가 각각 $X_1 \sim N(5.00, 0.25^2)$, $X_2 \sim N(7.00, 0.36^2)$ 및 $X_3 \sim N(9.00, 0.49^2)$인 3부품을 임의의 조립방법에 의해 길이로 직렬연결할 때 $(X_1 + X_2 + X_3)$의 공차는 $\pm 3\sigma$로 잡고, 조립시의 오차는 없는 것으로 한다면 이 조립 완제품의 규격은 약 얼마인가? (단, 단위는 cm이다.) [07-4, 17-2, 22-1]

① 21 ± 0.657 ② 21 ± 1.048

③ 21 ± 1.972 ④ 21 ± 3.146

해설 • 조립 완제품의 평균치수

$= \mu_1 + \mu_2 + \mu_3 = 5.00 + 7.00 + 9.00$

$= 21.00$

• 조립 완제품의 공차

$= \pm 3\sigma_T = \pm 3\sqrt{\sigma_1^2 + \sigma_2^2 + \sigma_3^2}$

$= \pm 3\sqrt{0.25^2 + 0.36^2 + 0.49^2} = \pm 1.972$

16. 공정의 산포가 규격의 최대, 최소치의 차보다 충분히 작고 중심이 안정된 경우의 조치사항으로 틀린 것은? [12-1, 17-1]

① 현행 제조공정의 관리를 계속한다.

② 검사주기를 늘리거나 간소화 한다.

③ 실험을 계획하여 공정의 산포를 감소시킨다.

④ 관리한계를 벗어나는 제품은 원인을 철저히 규명하여야 한다.

[해설] 공정의 산포가 규격의 최대·최소치보다 작고 중심이 안정된 경우

㉠ 현행 제조공정의 관리를 계속한다.

㉡ 관리도로 공정을 관리할 경우 관리한계선을 수정하여 변형된 관리한계선의 적용을 검토한다.

㉢ 체크검사 등으로 검사주기를 늘리거나 간소화 한다.

17. 다음 그림에 대한 평가로 맞는 것은?

[19-4]

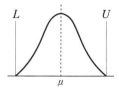

① 공정능력이 충분하므로 관리의 간소화를 추구한다.

② 공정능력은 있으나 공정개선을 위한 노력이 필요하다.

③ 공정능력이 부족하므로 현재의 규격을 재검토하거나 조정하여야 한다.

④ 공정능력이 매우 양호하므로 제품의 단위당 가공 시간을 단축시키는 생산성 향성을 시도하는 것이 바람직하다.

[해설] 공정의 산포가 규격의 최대·최소치와 같은 경우로써 공정능력은 있으나 공정개선을 위한 노력이 필요하다.

18. 공정의 산포가 규격의 최대치와 최소치와의 차보다 클 때 조처하는 방법으로 틀린 것은?

[18-2]

① 규격을 좁힌다.

② 실험을 계획하여 공정의 산포를 감소시킨다.

③ 문제가 해결될 때까지 전 제품에 대해서 전수검사를 실시한다.

④ 적합한 공구 사용, 작업방법, 관리방법 등 기본적 공정의 개선을 꾀한다.

[해설] 소비자와 합의하여 규격폭을 넓힐 수 있으면 넓혀 준다.

19. 전기조립품을 제조하는 공장에서 공정이 안정되어 있는가를 판단하기 위해 $n = 5$, $k = 20$의 $\overline{x} - R$관리도를 작성하였다. 그 결과 $\sum x_i = 213.20$, $\sum R_i = 31.8$ 을 얻었으며 공정이 안정된 것으로 판정되었다. 이때 공정능력치를 구하면 약 얼마인가? (단, $n = 5$일 때, $d_2 = 2.326$) [07-2]

① ± 4.101   ② ± 2.052

③ 1.590   ④ 0.795

[해설] 공정능력치

$$\pm 3\sigma = \pm 3 \times \frac{\overline{R}}{d_2} = \pm 3 \times \frac{1.59}{2.326} = \pm 2.0507$$

$$\overline{R} = \frac{\sum R}{k} = \frac{31.8}{20} = 1.59$$

20. $x - R_s$ 관리도에서 $k = 25$인 이동범위 관리도를 작성한 결과 $\sum R_s = 0.443$일 때 $\pm 3\sigma$ 공정능력치를 구하면 약 얼마인가? (단, $n = 2$일 때 $d_2 = 1.128$) [07-4]

① ± 0.0492   ② ± 0.984

③ ± 0.0555   ④ ± 0.111

[해설] 공정능력치

$$\pm 3\sigma = \pm 3 \frac{\overline{R_s}}{d_2} = \pm 3 \times \frac{0.018458}{1.128}$$

$$= \pm 0.0491$$

$$\overline{R_s} = \frac{\sum R_s}{k-1} = \frac{0.443}{24} = 0.018458$$

21. 규격상한이 70, 규격하한이 10인 어떤 제품을 제조하는 제조공정에서 만들어진 제품의 표준편차는 7.5이다. 이 제조공정이 관리상태에 있다고 할 때 공정능력지수(C_P)는 약 얼마인가? [13-1, 18-4, 21-4]

① 0.66
② 1.00
③ 1.33
④ 2.67

해설 $C_P = \dfrac{T}{6\sigma} = \dfrac{U-L}{6\sigma} = \dfrac{70-10}{6 \times 7.5} = 1.333$

22. 어떤 제품의 품질특성 조사결과 표준편차는 0.02, 공정능력지수(C_p)는 1.20이었다. 규격하한이 15.50이라면 규격상한은 약 얼마인가? [05-2, 16-4]

① 15.57
② 15.64
③ 16.10
④ 16.55

해설 $C_p = \dfrac{U-L}{6\sigma} \rightarrow 1.2 = \dfrac{U-15.50}{6 \times 0.02}$
$\rightarrow U = 15.64$

23. $C_p = 1.33$이고 치우침이 없다면 평균 μ에서 규격한계(U 또는 L)까지의 거리는 몇 σ인가? [14-1, 19-2, 22-1]

① 2σ
② 3σ
③ 4σ
④ 6σ

해설 • $C_p = \dfrac{U-L}{6\sigma} = 1.33 \rightarrow U-L = 7.98\sigma$

• 평균 μ에서 규격한계(U 또는 L)까지의 거리는 $\dfrac{7.98\sigma}{2} = 3.99\sigma$

24. Y제품의 치수가공을 관리하기 위해서 $\overline{X} - R$ 관리도를 이용하고자 한다. 관리도의 작성을 위해 $n = 5$인 부분군 25개를 추출하여 결과를 정리하니 $\sum \overline{X}_i = 652.4$, $\sum R_i = 13.2$이었다. 주어진 치수의 규격

은 $26.0 \pm 1.0\,\text{mm}$라고 하면, 공정능력지수 C_p는 약 얼마인가? (단, $n = 5$일 때, $A_2 = 0.58$, $D_4 = 2.11$, $d_2 = 2.326$이다.)

① 0.73
② 0.99 [12-1, 20-1]
③ 1.33
④ 1.47

해설 $C_p = \dfrac{U-L}{6\sigma}$이고, $\hat{\sigma} = \dfrac{\overline{R}}{d_2}$이므로

$\widehat{C_p} = \dfrac{U-L}{6\hat{\sigma}} = \dfrac{27-25}{6 \times \dfrac{13.2/25}{2.326}} = 1.47$

25. $X - R$(이동범위)관리도를 작성하여 공정능력지수를 구하려고 한다. 공정능력지수(C_p) 값은 약 얼마인가? (단, $n = 2$, $d_2 = 1.128$이며 공정은 안정상태이고 정규분포를 따른다.) [15-1]

$$k = 20, \quad \sum x = 490.5, \quad \sum R_s = 18.6,$$
$$U = 28, \quad L = 22$$

① 0.953
② 1.152
③ 1.213
④ 1.397

해설 $C_p = \dfrac{U-L}{6\sigma} = \dfrac{U-L}{6 \times \dfrac{\overline{R_s}}{d_2}}$

$= \dfrac{28-22}{6 \times \dfrac{0.9789}{1.128}} = 1.1523$

$\overline{R_s} = \dfrac{\sum R_s}{k-1} = \dfrac{18.6}{19} = 0.9789$

26. 치우침(bias)을 고려한 공정능력지수(C_{pk})를 산출할 때, 치우침의 의미에 대한 설명으로 옳은 것은? [09-1, 11-4]

① 공차와 자연공차와의 비율
② 공정의 평균과 규격한계와의 거리
③ 목표치와 규격의 중앙값과의 거리

④ 공정의 평균과 규격의 중앙값과의 거리

해설 치우침은 공정의 평균과 규격의 중앙값과의 거리를 말한다. ($|\bar{x} - M|$)

27. 어떤 품질특성의 규격값이 12.0 ± 2.0으로 주어져 있다. 평균이 11.5, 표준편차가 0.5라고 할 때 최소공정능력지수(C_{pk})는 얼마인가?　　　　　[09-2, 16-2, 17-4]

① 0.67　　　　　② 0.75
③ 1.00　　　　　④ 1.33

해설 $C_{pk} = (1-k)\dfrac{U-L}{6\sigma}$

$\qquad = (1-0.25)\dfrac{14-10}{6 \times 0.5} = 1.00$

$\qquad k = \dfrac{|M-\bar{x}|}{(U-L)/2} = \dfrac{|12-11.5|}{4/2} = 0.25$

28. 6σ 적용 공장에서 현재의 $C_p = 2$ 이나, 1.5σ의 공정변동이 일어날 경우 최소공정능력지수(C_{pk})값은?　　　[19-2]

① 1.0　　　　　② 1.33
③ 1.5　　　　　④ 1.8

해설 $C_{pk} = (1-k)\,C_p$

$\qquad = (1-0.25) \times \dfrac{12\sigma}{6\sigma} = 1.5$

$\qquad k = \dfrac{|\mu - M|}{T/2} = \dfrac{1.5\sigma}{12\sigma/2} = 0.25$

29. 어떤 품질 특성값의 규격이 16.5 이하로 되어 있고 평균값($\bar{x}$)이 14.25, 표준편차가 1.04일 때, 공정능력지수(C_{pkU})는 약 얼마인가?　　　　　[14-2]

① 0.351　　　　② 0.721
③ 0.542　　　　④ 0.817

해설 $C_{pkU} = \dfrac{U-\bar{x}}{3\sigma} = \dfrac{16.5-14.25}{3 \times 1.04} = 0.721$

30. 공정능력지수(C_p)로 공정능력을 평가할 경우의 판단 기준으로 맞는 것은?　　[21-1]

① C_p가 1.67 이상 : 공정능력이 매우 우수
② C_p가 1.00~1.33 : 공정능력이 우수
③ C_p가 0.67~1.00 : 공정능력이 보통 수준
④ C_p가 0.5 이하 : 공정능력이 나쁨

해설 공정능력지수와 판정

C_p 범위	등급	판정	조치
$1.67 \leq C_p$	0 등급	매우 우수	관리의 간소화 및 비용절감 방안 등을 검토한다.
$1.33 \leq C_p < 1.67$	1 등급	우수	이상적인 상태이므로 유지한다.
$1.00 \leq C_p < 1.33$	2 등급	보통	공정능력이 있지만 현공정의 향상을 위해 연구해야 한다.
$0.67 \leq C_p < 1.00$	3 등급	나쁨	전수선별, 공정의 관리·개선을 필요로 한다.
$C_p < 0.67$	4 등급	매우 나쁨	품질의 개선, 원인을 추구하여 긴급대책을 필요로 한다.

31. Y 제품의 규격이 15.0 이상이라고 한다. 평균치가 18.0, 표준편차가 2.10이다. 공정능력지수(C_{pkL})은 약 얼마인가?　[11-2, 12-4]

① 0.85　　　　　② 0.54
③ 0.48　　　　　④ 1.25

해설 $C_{pkL} = \dfrac{\mu - L}{3\sigma} = \dfrac{18.0-15.0}{3 \times 2.1} = 0.476$

5 과목

32. Y 제품의 두께 규격이 12.0 ± 0.05이다. 이 제품을 제조하는 공정의 표준편차가 $\sigma = 0.02$이면, 이 공정의 제품에 대한 공정능력지수(C_P)에 관한 설명으로 맞는 것은 어느 것인가? [20-4]

① 규격공차를 줄여야 한다.
② 공정상태가 매우 만족스럽다.
③ 공정능력이 부족한 상태이다.
④ $\pm 4\sigma$의 공정능력을 갖추고 있다.

해설 $C_p = \dfrac{U-L}{6\sigma}$

$= \dfrac{(12.0+0.05)-(12.0-0.05)}{6 \times 0.02}$

$= 0.833$

$0.67 \leq C_p \leq 1$으로 3등급이며 공정능력이 부족하다.

33. C_p 와 C_{pk}의 관계에 관한 설명으로 옳지 않은 것은? [11-1]

① C_p와 C_{pk}의 관계는 언제나 $C_p \leq C_{pk}$이다.
② 공정중심이 규격중심에 일치하고 있을 때 $C_p = C_{pk}$이다.
③ $C_{pk} < C_p$일 때 공정평균은 규격중심과 일치하지 않는다.
④ C_p 값은 공정평균의 위치를 고려하지 않지만 C_{pk}는 고려한다.

해설 $C_{pk} = (1-k) C_p$이므로 $C_p \geq C_{pk}$이다.

34. 다음 중 공정능력(process capability)에 대한 설명으로 맞는 것은 어느 것인가? (단, U는 규격상한, L은 규격하한, σ_w는 군내변동이다.) [16-2, 19-4]

① 공정능력비가 클수록 공정능력이 좋아진다.

② 현실적인 면에서 실현 가능한 능력을 정적공정능력이라 한다.
③ 상한규격만 주어진 경우 상한공정능력지수(C_{pkU})는 $(U-L)$을 $6\sigma_w$로 나눈 값이다.
④ 하한규격만 주어진 경우 하한공정능력지수(C_{pkL})는 $(\overline{X}-L)$을 $3\sigma_w$로 나눈 값이다.

해설 ① 공정능력비는 $D_p = \dfrac{1}{C_p} = \dfrac{6\sigma}{U-L}$이므로 작을수록 공정능력이 좋아진다.
② 현실적인 면에서 실현 가능한 능력을 동적공정능력이라 한다.
③ 상한규격만 주어진 경우 상한공정능력지수(C_{pkU})는 $(U-\overline{X})$을 $3\sigma_w$로 나눈 값이다.

35. $n=5$인 $\overline{X}-R$ 관리도에서 $\overline{\overline{X}} = 0.790$, $\overline{R} = 0.008$을 얻었다. 규격이 $0.785 \sim 0.795$인 경우의 공정능력비(process capability ratio)는 약 얼마인가?(단, $n=5$일 때, $d_2 = 2.326$이다.) [08-4, 18-2]

① 0.003   ② 0.484
③ 1.064   ④ 2.064

해설 **공정능력비**

$D_p = \dfrac{6\sigma}{T} = \dfrac{6\sigma}{U-L}$

$= \dfrac{6\overline{R}/d_2}{U-L} = \dfrac{6 \times 0.008/2.326}{0.795-0.785} = 2.064$

9. 계측기 관리와 측정시스템

1. 다음 중 측정기의 관리규정 항목으로 틀린 것은? [10-2, 11-2, 15-1]
① 청소한 날짜
② 측정기의 보관, 출납
③ 정기점검의 시기
④ 측정기대장의 정리요령

해설 측정기 관리규정 항목에 청소한 날짜는 들어가지 않는다.

2. 계량기(측정기) 관리체계의 정비 목적으로 적절하지 않는 것은? [21-2]
① 검사 및 측정업무의 효율화
② 품질 등 관리업무의 효율화
③ 제품의 품질 및 안전성의 유지 향상
④ 측정 프로세스에 대한 고객의 이해 및 관심의 고양

해설 계측관리에 관한 종업원의 이해 및 관심의 고취

3. 기업에서 측정 목적에 의한 분류 중 관리를 목적으로 분석·평가하는 측정활동으로 보기에 가장 거리가 먼 것은? [15-4, 18-4]
① 환경조건의 측정
② 제조설비의 측정
③ 시험·연구의 측정
④ 자재·에너지의 측정

해설 계측목적에 의한 분류
㉠ 운전(작업)계측 : 작업자가 스스로 작업(조정, 운전)의 지침으로 이용하는 계측
㉮ 작업자가 작업을 준비하기 위해 계측작업 중인 계측
㉯ 작업결과나 성적에 관한 계측
㉡ 관리계측 : 관리하는 사람이 관리를 목적으로 측정·평가하기 위한 계측
㉮ 자재·에너지에 관한 계측
㉯ 제품·중간제품에 관한 계측
㉰ 생산설비에 관한 계측
㉱ 생산능률에 관한 계측
㉲ 환경조건에 관한 계측
㉢ 시험·연구계측 : 특정문제를 조사하거나 시험·연구를 위해 이용하는 계측
㉮ 연구·실험실에서의 시험·연구계측
㉯ 작업장에서의 시험·연구계측

4. 생산활동이나 관리활동과 관련하여 일상적 또는 정기적으로 실시하는 계측과 가장 거리가 먼 것은? [08-1, 13-1, 19-2, 22-1]
① 생산설비에 관한 계측
② 자재·에너지에 관한 계측
③ 작업결과나 성적에 관한 계측
④ 연구·실험실에서의 시험연구 계측

해설 연구·실험실에서의 시험연구 계측은 특정문제를 조사하거나 시험·연구를 위해 이용하는 계측이다.

5. 측정기의 일상점검에 대한 설명으로 틀린 것은? [19-4]
① 작업 후에는 반드시 측정기에 대한 영점 조정을 실시해야 한다.

5 과목

② 측정자는 작업 전에 측정기 각 부위의 작동상태를 점검하여야 한다.

③ 버니어 캘리퍼스는 측정자의 흔들림, 깊이 바의 휨이나 깨짐 등을 살핀다.

④ 하이트 게이지의 경우에는 스크라이버의 손상 여부, 측정자의 흔들림 상태를 확인한다.

해설 작업 전에는 반드시 측정기에 대한 영점조정을 실시해야 한다.

6. 다음 중 계량의 기본단위로 옳게 나타낸 것은? [07-1, 17-1]

① 길이 : mm
② 질량 : g
③ 시간 : min
④ 물질량 : mol

해설 기본단위

길이	질량	시간	온도	광도	전류	물질량
미터	킬로그램	초	켈빈도	칸델라	암페어	몰
m	kg	sec	K	cd	A	mol

7. 측정오차의 발생원인 중 측정오차에 가장 큰 영향을 미치는 요인은? [18-2, 21-4]

① 측정기 자체에 의한 오차
② 측정하는 사람에 의한 오차
③ 측정방법의 차이에 의한 오차
④ 외부적인 환경영향에 의한 오차

해설 측정오차의 발생원인
㉠ 계기(기기)오차 : 측정기 자체에 의한 오차
㉡ 개인오차 : 측정자간의 차이에 의한 오차
㉢ 측정방법의 차이에 의한 오차(가장 큰 요인이다.)
㉣ 외부적인 환경영향에 의한 오차(간접요인) : 되돌림오차, 접촉오차, 온도, 시차, 진동 등

8. 오차의 발생원인 중 외부적인 영향에 의한 측정오차가 아닌 것은? [18-1]

① 온도
② 군내오차
③ 되돌림오차
④ 접촉오차

해설 외부적인 환경영향에 의한 오차(간접요인)
되돌림오차, 접촉오차, 온도, 시차, 진동 등

9. 측정기(계량기)의 측정오차 중 동일 측정조건하에서 같은 크기와 부호를 갖는 오차로서 측정기를 미리 검사·보정하여 측정값을 수정할 수 있는 계통오차(calibration error)에 해당하지 않는 것은? [22-2]

① 과실오차
② 계기오차
③ 이론오차
④ 개인오차

해설 계통오차(교정오차)
동일 측정조건 하에서 같은 크기와 부호를 갖는 오차로서 측정기를 미리 검사·보정하여 수정할 수 있다.
㉠ 계기오차 : 계측기의 구조상에서 일어나는 오차
㉡ 이론오차 : 복잡한 이론식이 아닌 간편식 사용에 따른 오차
㉢ 환경오차 : 측정장소의 환경변화에 따른 오차
㉣ 개인오차 : 측정자의 고유의 능력, 습관 등에 의한 오차

10. 측정시스템분석(Measurement System Analysis)에서 측정시스템의 변동유형의 설명으로 맞는 것은? [07-4, 16-4]

① 위치 - 정확성, 반복성
② 위치 - 안정성, 재현성
③ 퍼짐 - 안정성, 정확성
④ 퍼짐 - 재현성, 반복성

해설 ㉠ 위치 : 정확성, 안정성, 직선성
㉡ 산포(퍼짐) : 재현성, 반복성

11. 다수의 측정자가 동일한 측정기를 이용하여 동일한 제품을 여러 번 측정하였을 때 파생되는 개인 간의 측정변동을 의미하는 것은? [10-4, 20-1]
① 재현성 ② 정밀도
③ 안정성 ④ 직선성

해설 **측정시스템의 변동**
㉠ 정확성(치우침/편의/bias) : 특정 계측기로 동일 제품을 무한히 반복 측정했을 때 얻어지는 측정값의 평균과 이 특성의 참값(기준값)과의 차이를 의미한다.
㉡ 안정성(stability) : 안정성은 측정장비가 마모나 기온, 온도 등과 같은 환경변화에 의하여 시간 경과에 따라 동일 제품의 계측 결과가 다른 경우 안정성이 결여된 것이다. 안정성(stability)은 시간별 측정결과의 차이와 관련 있는 성질로서 산포를 관리하는 관리도로 관리할 수 있다.
㉢ 직선성(선형성 ; linearity) : 계측기의 작동범위 내에서 발생하는 편기값들의 차이로 관측치가 작은 영역에서는 작고, 관측치가 큰 영역에서는 편의가 큰 것을 의미한다.
㉣ 반복성(정밀도 ; repeatability) : 동일한 측정자가 동일한 측정기를 이용하여 동일한 제품을 여러 번 측정하였을 때 파생되는 측정변동을 의미한다.
㉤ 재현성(reproducibility) 다수의 측정자가 동일한 측정기를 이용하여 동일한 제품을 여러 번 측정하였을 때 파생되는 개인 간의 측정변동을 의미한다.

12. 다음 중 동일한 측정자가 동일한 측정기를 이용하여 동일한 제품을 여러 번 측정하였을 때 파생되는 측정변동을 의미하는 것은 어느 것인가? [08-4, 12-4, 16-1]
① 안정성(stability)
② 정확성(accuracy)
③ 반복성(repeatability)
④ 재현성(reproducibility)

해설 **반복성(정밀도 ; repeatability)**
동일한 측정자가 동일한 측정기를 이용하여 동일한 제품을 여러 번 측정하였을 때 파생되는 측정변동을 의미한다.

13. 다음 중 한 명의 측정자가 하나의 측정계기를 여러 차례 사용해서 동일한 제품의 동일한 품질특성을 측정하여 얻은 측정값의 변동은? [09-4, 15-2]
① 직선성(linearity)
② 안정성(stability)
③ 반복성(repeatability)
④ 재현성(reproducibility)

해설 **반복성(정밀도 ; repeatability)**
동일한 측정자가 동일한 측정기를 이용하여 동일한 제품을 여러 번 측정하였을 때 파생되는 측정변동을 의미한다.

14. 측정시스템에서 안정성(stability)에 대한 설명으로 틀린 것은? [20-2]
① 안정성은 치우침뿐만 아니라 산포가 커지는 현상도 발생할 수 있다는 점을 유의하여야 한다.
② 안정성 분석방법에서 산포관리도가 관리상태가 아니고 평균관리도가 관리상태일 때, 측정시스템이 더 이상 정확하게 측정할 수 없음을 뜻한다.
③ 안정성은 시간이 지남에 따른 동일 부품에 대한 측정 결과의 변동 정도를 의미하며, 시간이 지남에 따라 측정된 결과가 서로 다른 경우 안정성이 결여된 것이다.
④ 통계적 안전성은 정기적으로 교정을 하는 측정기의 경우 기준치를 알고 있는 동일 시료를 3~5회 측정한 값을 관리도를

통해 타점해 가면서 관리선을 벗어나는
지 유무로 산포나 치우침이 발생하는지
를 체크할 수 있다.

해설 안정성 분석방법에서 산포관리도가 관
리상태이고, 평균관리도가 관리상태일 때 측
정시스템이 더 이상 정확하게 측정할 수 없
음을 뜻한다.

15. 측정시스템에서 안정성(stability)에 대한 설명으로 틀린 것은? [17-4]

① 안정성의 분석 방법으로 계량치 관리도
를 이용하는 방법이 대표적이다.
② 안정성 분석 방법에서 산포관리도는 측정
과정의 변동을 반영하는 관리도이다.
③ 안정성은 계측기의 측정 범위 내에서 오
차, 재현성과 반복성을 회귀식을 이용하
여 평가하는 것이다.
④ 안정성 분석 방법에서 산포관리도가 이
상상태일 경우 특정시스템의 반복성이
불안정함을 나타낸다.

해설 안정성은 측정장비가 마모나 기온, 온
도 등과 같은 환경변화에 의하여 시간 경과
에 따라 동일 제품의 계측 결과가 다른 경우
안정성이 결여된 것이다. 안정성(stability)
은 시간별 측정결과의 차이와 관련 있는 성
질로서 산포를 관리하는 관리도로 관리할 수
있다.

16. 측정시스템의 재현성이 클 경우 그 원인에 대한 설명으로 맞는 것은? [16-2]

① 기준 값이 틀림
② 불규칙한 사용 시기
③ 측정자의 측정 미숙
④ 개인별 측정자의 버릇

해설 재현성(reproducibility)은 동일 계측
기로 동일 제품을 여러 작업자가 측정하였을
때 나타나는 결과의 차이를 의미한다.

17. 측정시스템에서 선형성, 편의, 정밀성에 관한 설명으로 맞는 것은? [10-1, 16-2, 20-4]

① 선형성은 Gage R&R로 측정한다.
② 편의가 기대 이상으로 크면 계측시스템
은 바람직하다는 뜻이다.
③ 계측기의 측정범위 전 영역에서 편의값이
일정하면 정확성이 좋다는 뜻이다.
④ 편의는 측정값의 평균과 이 부품의 기
준값(reference value)의 차이를 말한다.

해설 ① 재현성과 반복성은 Gage R&R로
측정한다.
② 편의는 작을수록 좋다.
③ 편의값이 작으면 정확성이 좋다는 뜻이다.

18. 다음 조건하에서 계측시스템의 산포(σ_m)는 약 얼마인가? [13-2, 17-1]

- 계측기의 산포(σ_1) : 0.8
- 계측자의 산포(σ_0) : 0.3
- 계측방법의 산포(σ_t) : 0.4
- 기타의 산포 : 무시

① 0.78 ② 0.84
③ 0.87 ④ 0.94

해설 계측시스템 산포
$$\sigma_m = \sqrt{\sigma_1^2 + \sigma_0^2 + \sigma_t^2} = \sqrt{0.8^2 + 0.3^2 + 0.4^2}$$
$$= 0.94$$

19. 좋은 시스템이 갖춰야 할 특성에 관한 설명으로 틀린 것은? [14-2, 19-1]

① 측정시스템은 통계적으로 안정된 관리상
태에 있어야 된다.
② 측정시스템에서 파생된 산포는 규격공차
에 비해서 충분히 작아야 한다.
③ 규격이 2.05~2.08인 경우 적절한 계측
기 눈금은 0.01까지 읽을 수 있어야 한다.

④ 측정시스템에서 파생된 산포는 제조공정에서 발생한 산포에 비해서 충분히 작아야 한다.

해설 규격이 2.05~2.08 인 경우 계측기 눈금은 이의 1/10단위인 0.001단위 이하로 읽을 수 있어야 한다.

20. 게이지 R&R 평가 결과 %R&R이 8.5%로 나타났다. 이 계측기에 대한 평가와 조치로서 맞는 것은?　　　[17-4, 21-1]

① 계측기 관리가 전혀 되지 않고 있으므로 이 계측기는 폐기해야만 한다.

② 계측기의 관리가 매우 잘되고 있는 편이므로 그대로 적용하는 데 큰 무리가 없다.

③ 계측기 관리가 미흡하며, 반드시 계측기 오차의 원인을 규명하고 해소시켜 주어야만 한다.

④ 계측기의 수리비용이나 계측오차의 심각성 등을 고려하여 조치여부를 선택적으로 결정해야 한다.

해설

%R & R	평가 및 조치
10% 미만	계측기의 관리가 매우 잘되고 있는 편이므로 그대로 적용하는 데 큰 무리가 없다.
10%~ 30%	계측기의 수리비용이나 계측오차의 심각성 등을 고려하여 조치 여부를 선택적으로 결정해야 한다.
30% 이상	계측기 관리가 미흡하며, 반드시 계측기 오차의 원인을 규명하고 해소시켜 주어야만 한다.

21. 게이지 R&R 평가결과 %R&R이 18.5%로 나타났다. 이 계측기에 대한 평가와 조치로서 가장 올바른 것은?　　[06-2, 12-2]

① 계측기의 관리가 매우 잘 되고 있는 편이므로 그대로 적용하는 데 큰 무리가 없다.

② 계측기의 수리비용이나 계측오차의 심각성 등을 고려하여 조치 여부를 선택적으로 결정해야 한다.

③ 계측기 관리가 미흡하며, 반드시 계측기 오차의 원인을 규명하고 해소시켜 주어야만 한다.

④ 계측기 관리가 전혀 되지 않고 있으므로 이 계측기는 폐기해야만 한다.

해설 %R&R이 10%~30% 사이이므로 계측기의 수리비용이나 계측오차의 심각성 등을 고려하여 조치 여부를 선택적으로 결정해야 한다.

5 과목

10. 품질혁신 활동

1. 창의적 태도나 능률을 증진시키기 위한 방법으로, 자유분방하게 생각하도록 격려함으로써 다양하고 폭넓은 사고를 촉진하여 우수한 아이디어를 얻고자 하는 것은? [16-4]
① PDPC기법　　② 매트릭스법
③ 계통도법　　④ 브레인스토밍법

해설 브레인스토밍법은 창의적 태도나 능률을 증진시키기 위한 방법으로, 자유분방하게 생각하도록 격려함으로써 다양하고 폭넓은 사고를 촉진하여 우수한 아이디어를 얻고자 하는 것이다.

2. 브레인스토밍(brain storming)의 4가지 원칙에 해당되는 것은? [05-1, 11-1]
① 발언을 비판한다.
② 남의 아이디어에 편승한다.
③ 발언의 범위를 명확히 한다.
④ 발언은 논리적이고 합리적이어야 한다.

해설 브레인스토밍의 4가지 원칙
㉠ 발언의 질보다 양을 추구한다.(다량발언)
㉡ 자유분방한 분위기 조성 및 의견을 환영한다.(자유분방한 사고)
㉢ 남의 발언을 비판하지 않는다.(비판엄금)
㉣ 타인의 아이디어의 개선, 편승, 비약을 추구한다.(연상의 활발한 전개)

3. 타인의 의견을 바탕으로 자유롭게 발상하고 발언한다. 발언에 미숙한 사람도 참가하며 타인의 의견을 같은 수준에서 받아들여 아이디어를 내는 방법은? [20-1]

① 카이젠　　② 브레인스토밍
③ 특성요인도　　④ 희망점열거법

해설 브레인스토밍법은 타인의 의견을 바탕으로 자유롭게 발상하고 발언함으로써 질보다는 양을 추구하는 아이디어 발상법이다.

4. 기업에서 제안활동이 종업원의 참여의식을 높일 수 있는 유효한 방법임은 분명하지만 활성화되지 않는 경우가 있는데, 그 이유가 아닌 것은? [18-2, 21-2]
① 최고경영자의 지원과 관심이 부족함
② 종업원 개인들 간의 업무수행능력 차이
③ 심사지연이나 비합리적인 평가제도를 운영함
④ 교육이나 홍보의 미비로 인한 종업원의 관심 부족

해설 제안활동은 자신이 근무하는 환경에서 경험과 지식을 통해 문제를 직시하여 개선안을 제시하거나 개선을 실시한 후 사례를 리포트로 하여 제출하는 제도이다. 업무수행능력과 관련이 없다.

5. 다음 중 품질 관련 소집단활동의 유형이라고 볼 수 있는 것은? [18-4]
① 품질분임조활동
② 경영혁신활동
③ 품질위원회활동
④ 품질전략위원회

해설 소집단활동에는 품질분임조활동, 자율경영팀, 품질프로젝트팀 등이 있다.

6. 같은 직장 또는 같은 부서 내에서 품질생산 향상을 위해 계층 간 또는 계층별 소집단을 형성하고 자주적·지속적으로 작업 또는 업무개선을 하는 전사적 품질기술 혁신 조직은?　[19-4]
① 6시그마 활동
② 개선제안 활동
③ 품질분임조 활동
④ VE(Value Engineering)

해설 품질분임조는 같은 직장 또는 같은 부서 내에서 품질생산 향상을 위해 계층 간 또는 계층별 소집단을 형성하고 자주적·지속적으로 작업 또는 업무개선을 하는 전사적 품질기술 혁신 조직으로 전원참여를 통한 보람있는 밝은 직장을 만든다.

7. 다음 중 품질분임조를 성공적으로 운영하기 위해서 지켜야 할 내용이 아닌 것은 어느 것인가?　[06-1, 12-4, 17-2]
① 품질분임조 활동은 일상 활동과 구별해서는 안 된다.
② 품질분임조 활동의 주제 선정은 분임조장이 연구하여 결정한다.
③ 종업원들을 각 부서별로 자발적으로 가입하도록 유도하여야 한다.
④ 품질분임조 활동을 시작하기 전에 종업원 교육에 시간을 투자해야 한다.

해설 품질분임조 활동의 주제는 분임조원들의 토의에 의해 결정한다.

8. 품질분임조 활동 시 주제를 선정하는 방법으로 틀린 것은?　[21-1]
① 구체적인 문제를 선정한다.
② 품질문제에 한정하여 주제를 선정한다.
③ 분임조원들의 공통적인 문제를 선정한다.
④ 개선의 필요성을 느끼고 있는 문제를 선정한다.

해설 품질문제에 한정하지 않고 개선의 필요성이 있는 문제를 선정한다.

9. 분임조 활동 시 주제를 선정하는 원칙으로 옳지 않은 것은?　[06-4, 14-1]
① 개선의 필요성을 느끼고 있는 문제를 선정한다.
② 장기간에 걸쳐 해결해야 할 중요한 문제를 선정한다.
③ 분임조원들의 공통적인 문제를 선정한다.
④ 구체적인 문제를 선정한다.

해설 단기간에 해결 가능한 중요한 문제를 선정한다.

10. 다음 중 품질분임조 활동의 문제해결 과정에서 목표설정의 기준으로 틀린 것은 어느 것인가?　[10-2, 13-4, 17-1]
① 간단명료한 목표설정
② 분임조 수준에 맞는 목표설정
③ 독창적이고 혁신적인 목표설정
④ 구체적이고 달성 가능한 목표설정

해설 독창적이고 혁신적인 목표보다는 간단명료하고 분임조 수준에 맞는 구체적이고 달성 가능한 목표를 설정한다.

11. 다음 중 분임조 활동에서 문제해결을 위한 활동계획의 수립에 대한 설명으로 틀린 것은?　[07-1, 20-2]
① 전원이 참가하여 검토 및 이해한 후 추진한다.
② 활동계획은 5W 1H에 의해 세밀하게 작성되어야 한다.
③ 전문가에 의뢰하여 계획을 세우는 것이 가장 효과적이다.

5 과목

④ 문제를 세분해서 하나하나에 대해 담당자를 정해 각자의 책임하에 추진한다.

해설 품질분임조는 같은 직장 또는 같은 부서 내에서 품질생산 향상을 위해 계층 간 또는 계층별 소집단을 형성하고 자주적·지속적으로 작업 또는 업무개선을 하는 전사적 품질기술 혁신 조직으로 전원참여를 통한 보람있는 밝은 직장을 만든다. 전문가에 의뢰하여 계획을 세우는 것은 효과적이지 못하다.

12. 로트의 형성에 있어 원료별·기계별로 특징이 확실한 모수적 원인으로 로트를 구분하는 것은? [07-2, 18-4]
① 층별 ② 군별
③ 해석 ④ 군 구분

해설 층별은 데이터가 가지고 있는 특징에 따라 두 개 이상의 부분집단(재료별, 시간별 등)으로 구분하는 것이다.

13. 다음 중 2종류의 데이터의 관계를 그림으로 나타낸 것으로 개선하여야 할 특성과 그 요인의 관계를 파악하는 데 주로 사용되는 것은? [20-1]
① 산점도
② 특성요인도
③ 체크시트
④ 히스토그램

해설 ② 특성요인도는 특성과 그 요인을 파악하기 위한 것으로 브레인스토밍이 많이 사용
③ 체크시트는 계수치의 데이터가 분류항목의 어디에 집중되어 있는가를 나타낸 표나 그림
④ 히스토그램은 길이, 무게, 강도 등과 같은 계량치의 데이터가 어떠한 분포를 하고 있는지를보기 위하여 작성

14. 부적합품 손실금액, 부적합품수, 부적합수 등을 요인별, 현상별, 공정별, 품종별 등으로 분류해서 크기의 순서대로 차례로 늘어놓은 그림은? [13-2, 16-1, 17-1, 21-4]
① 산점도 ② 파레토도
③ 그래프 ④ 특성요인도

해설 파레토도는 부적합품 손실금액, 부적합품수, 부적합, 고장 등의 발생건수를 분류 항목별로 나누어 큰 것에서부터 작은 것 순서로 나열하고 어떤 것이 주요 개선분야인가를 파악하고자 할 때 사용되는 기법으로 중점관리항목은 20 : 80의 법칙이 적용된다.

15. 개선활동에 있어서 부적합항목 등에 대해 개별도수 또는 개별손실금액 및 그 누적상대도수 등을 막대그래프와 꺾은선그래프를 사용하여 나타내는 것으로 중점관리항목을 도출할 목적으로 활용하는 도구는 다음 중 어느 것인가? [11-4, 14-2, 20-4]
① 체크시트 ② 특성요인도
③ 파레토도 ④ 히스토그램

해설 파레토도는 부적합품, 부적합, 고장 등의 발생건수를 분류 항목별로 나누어 큰 것에서부터 작은 것 순서로 나열하고 어떤 것이 주요 개선분야인가를 파악하고자 할 때 사용되는 기법으로 중점관리항목은 20 : 80의 법칙이 적용된다.

16. 품질문제 해결과정에서 이용되는 수법 중 80 : 20법칙이 적용되는 것은? [17-4]
① 산점도 ② 파레토도
③ 친화도 ④ 특성요인도

해설 파레토도는 부적합품, 부적합, 고장 등의 발생건수를 분류 항목별로 나누어 큰 것에서부터 작은 것 순서로 나열하고 어떤 것이 주요 개선분야인가를 파악하고자 할 때

사용되는 기법으로 중점관리항목은 20 : 80 의 법칙이 적용된다.

17. 금속가공품의 제조공장에서 부적합품을 조사하여보니 다음 표와 같은 결과를 얻었다. 손실금액의 파레토도를 그릴 때 표면 부적합의 누적백분율은 약 몇 %인가?

[07-1, 15-1, 19-4]

부적합 항목	부적합품수 (개)	1개당 손실금액(원)
재료	15	600
치수	35	2000
표면	108	200
형상	63	400
기타	35	평균 300

① 42.19 ② 52.19
③ 75.69 ④ 85.69

부적합 항목	부적합품수 (개)	1개당 손실금액 (원)	손실금액 (원)	누적손실금액 (원)	누적백분율 (%)
치수	35	2,000	70,000	70,000	51.36
형상	63	400	25,200	70,000 + 25,200 = 95,200	69.85
표면	108	200	21,600	95,200 + 21,600 = 116,800	85.69
재료	15	600	9,000		
기타	35	300	10,500		
합계			136,300		

18. 결과에 원인이 어떻게 관계하고 있으며, 어떤 영향을 주고 있는가를 한 눈에 알 수 있도록 작성하는 것은? [08-2, 17-4]
① 체크시트 ② 히스토그램

③ 파레토도 ④ 특성요인도

[해설] 특성요인도는 어떤 문제에 대한 특성 (결과)과 그 요인(원인)을 파악하기 위한 것으로 브레인스토밍이 많이 사용되는 개선활동 기법이다.

19. 다음 중 특성요인도 작성 시 가장 먼저 하여야 할 사항은? [11-1, 17-2]
① 요인을 정한다.
② 품질특성을 정한다.
③ 목적, 효과, 작성자, 시기 등을 기입한다.
④ 큰 가지가 되는 화살표를 왼쪽에서 오른쪽으로 긋는다.

[해설] 특성요인도를 작성하려고 할 때에는 품질특성, 즉 결과물(특성)을 정하고 그 후 원인(요인)을 파악한다. ②→④→①→③ 의 순으로 작성한다.

20. 어떤 문제에 대한 특성과 그 요인을 파악하기 위한 것으로 브레인스토밍이 많이 사용되는 개선활동 기법은 다음 중 어느 것인가? [08-1, 14-2, 18-1, 21-4]
① 층별(stratification)
② 체크시트(check sheet)
③ 산점도(scatter diagram)
④ 특성요인도(cause & effect diagram)

[해설] 특성요인도는 어떤 문제에 대한 특성 (결과)과 그 요인(원인)을 파악하기 위한 것으로 브레인스토밍이 많이 사용되는 개선활동 기법이다.

21. 다음 중 특성요인도의 작성 목적으로 거리가 먼 것은? [07-2, 08-4]
① 개선을 위한 해석용
② 중점관리항목 선정용
③ 이상발생 시 원인분석용

④ 품질경영 도입용, 교육용

해설 중점관리항목 선정용은 파레토도의 작성 목적이다.

22. 데이터가 존재하는 범위를 몇 개의 구간으로 나누어 각 구간에 들어가는 데이터의 출현도수를 세어서 도수표를 만든 다음 그것을 도형화한 것은? [12-2, 20-2]

① 산점도   ② 특성요인도
③ 파레토도   ④ 히스토그램

해설 히스토그램은 데이터가 존재하는 범위를 몇 개의 구간으로 나누어 각 구간에 들어가는 데이터의 출현도수를 세어서 도수표를 만든 다음 그것을 도형화한 것으로 계량치의 데이터가 어떠한 분포를 하고 있는지를 보기 위하여 작성한다.

23. 길이, 무게, 강도 등과 같은 계량치의 데이터가 어떠한 분포를 하고 있는지를 보기 위하여 작성하는 QC 수법은? [07-4, 19-2]

① 층별   ② 히스토그램
③ 산점도   ④ 파레토도

해설 히스토그램은 데이터가 존재하는 범위를 몇 개의 구간으로 나누어 각 구간에 들어가는 데이터의 출현도수를 세어서 도수표를 만든 다음 그것을 도형화한 것으로 계량치의 데이터가 어떠한 분포를 하고 있는지를 보기 위하여 작성한다.

24. 히스토그램의 작성을 통해 확인할 수 없는 사항은? [21-2]

① 품질특성의 분포 상태 확인
② 품질의 시간적 변화 상태 파악
③ 품질특성의 중심 및 산포 크기
④ 공정의 해석 및 공정능력 파악

해설 관리도는 시간에 따라 변화되는 품질

정보의 관리를 위해 사용되는 품질관리 수법이다.

25. 히스토그램의 작성 목적으로 가장 관계가 먼 것을 고르면? [18-4, 22-1]

① 공정능력을 파악하기 위해
② 데이터의 흩어진 모양을 알기 위해
③ 부적합 대책 및 개선효과를 확인하기 위해
④ 규격치와 비교하여 공정의 현황을 파악하기 위해

해설 개선효과를 확인하기 위해 파레토도를 사용한다.

26. 산점도를 보는 방법이 아닌 것은 어느 것인가? [16-2]

① '위 상관'이 아닌가를 본다.
② 이상한 점이 없는가를 본다.
③ 층별할 필요는 없는가를 본다.
④ 관리한계를 벗어난 점이 없는가를 본다.

해설 ④는 관리도에 대한 설명이다.

27. 그래프 중 수량의 크기를 비교할 목적으로 주로 사용하는 것은? [13-1, 21-1]

① 연관도   ② 점그래프
③ 꺾은선그래프   ④ 막대그래프

해설 막대그래프는 수량의 크기를 비교할 목적으로 주로 사용한다.

28. 통계그래프 중 시간에 따라 변화하는 수량과 같은 시계열 자료를 나타내는 데 적합한 것은? [14-1]

① 원그래프   ② 띠그래프
③ 막대그래프   ④ 꺾은선그래프

해설 통계도표를 작성하고자 할 때 시계열,

정답 　22. ④   **23.** ②   **24.** ②   **25.** ③   **26.** ④   **27.** ④   **28.** ④

즉 시간과 더불어 변화하는 수량의 상황을 나타내는 데 적합한 그래프는 꺾은선그래프이다.

29. 문제가 되는 사상(결과)에 대하여 요인(원인)이 복잡하게 엉켜 있는 경우에 인과관계나 요인상호관계를 밝힘으로써 원인의 탐색과 구조를 명확히 하는 문제를 해결하는 방법은? [06-2, 07-1, 12-2]
① 친화도법   ② 연관도법
③ 매트릭스법   ④ 애로다이어그램

해설 연관도법은 문제가 되는 사상(결과)에 대하여 요인(원인)이 복잡하게 엉켜 있을 경우에 그 인과관계나 요인 상호관계를 명확하게 함으로써 문제해결의 실마리를 발견할 수 있는 방법으로, 특정 목적을 달성하기 위한 수단을 전개하는 데 효과적인 방법이다.

30. 다음은 신 QC 7가지 도구 중 어느 것을 설명한 것인가? [05-4, 10-1, 18-2]

> 미지·미경험의 분야 등 혼돈된 상태 가운데서 사실, 의견, 발상 등을 언어 데이터에 의해 유도하여 이들 데이터를 정리함으로써 문제의 본질을 파악하고 문제의 해결과 새로운 발상을 이끌어내는 방법

① 계통도법   ② 친화도법
③ 연관도법   ④ 매트릭스법

해설 친화도법(KJ법)은 미지·미경험의 분야 등 혼돈된 상태 가운데서 사실, 의견, 발상 등을 언어 데이터에 의해 유도하여 이들 데이터를 정리함으로써 문제의 본질을 파악하고 문제의 해결과 새로운 발상을 이끌어내는 방법으로 많은 언어정보들을 서로 관련이 있는 그룹별로 나누어 자료를 정리하는 방법이다.

31. 문제가 되고 있는 사상 가운데서 대응되는 요소를 찾아내어 이것을 행과 열로 배치하고, 그 교점에 각 요소간의 연관 유무나 관련 정도를 표시함으로써 이원적인 배치에서 문제의 소재나 문제의 형태를 탐색하는 신QC 수법 중 하나는 다음 중 어느 것인가? [08-2, 14-4, 17-1, 18-1, 21-2]
① PDPC법   ② 연관도법
③ 계통도법   ④ 매트릭스도법

해설 매트릭스도법(matrix diagram)
㉠ 문제가 되고 있는 사상 중 대응되는 요소를 찾아내어 행과 열로 배치하고, 그 교점에 각 요소 간의 연관 유무나 관련 정도를 표시함으로써 문제의 소재나 형태를 탐색하는 데 이용되는 기법
㉡ 품질기능전개(QFD)로 품질하우스 작성 시 무엇(what)과 어떻게(how)의 관계를 나타낼 때 사용하는 기법

32. 신 QC 7가지 수법의 하나인 매트릭스도법(matrix diagram)에 관한 설명으로 틀린 것은? [11-1, 15-1]
① 열과 행에 배치된 요소간의 관계를 나타낸다.
② 이원적인 관계 가운데서 문제 해결에 착상을 얻는다.
③ 여러 요인 간에 존재하는 관계의 정도를 수량화하는 데 이용된다.
④ 일련의 요소를 행과 열에 나열하고, 그 교점에 상호관계의 유무나 관련을 파악하여 문제해결의 착안점을 얻는 방법이다.

해설 매트릭스도법은 문제가 되고 있는 사상 중 대응되는 요소를 찾아내어 행과 열로 배치하고, 그 교점에 각 요소 간의 연관 유무나 관련 정도를 표시함으로써 문제의 소재나 형태를 탐색하는 데 이용되는 기법이다.

33. 품질계획에서 많이 활용되는 품질기능전개(QFD)로 품질하우스 작성 시 무엇(what)과 어떻게(how)의 관계를 나타낼 때 사용하는 기법은? [06-4, 11-2, 19-2]
① PDPC법　　　② 연관도법
③ 매트릭스도법　④ 친화도법
해설 매트릭스도법은 품질기능전개(QFD)로 품질하우스 작성 시 무엇(what)과 어떻게(how)의 관계를 나타낼 때 사용하는 기법이다.

34. 신 QC 7가지 기법 중 장래의 문제나 미지의 문제에 대해 수집한 정보를 상호 친화성에 의해 정리하고, 해결해야 할 문제를 명확히 하는 방법은? [10-2, 15-2, 18-4, 21-4]
① KJ법　　　② 계통도법
③ PDPC법　④ 연관도법
해설 친화도법(KJ법)은 미지·미경험의 분야 등 혼돈된 상태 가운데서 사실, 의견, 발상 등을 언어 데이터에 의해 유도하여 이들 데이터를 정리함으로써 문제의 본질을 파악하고 문제의 해결과 새로운 발상을 이끌어내는 방법으로 많은 언어정보들을 서로 관련이 있는 그룹별로 나누어 자료를 정리하는 방법이다.

35. 신제품개발, 신기술개발 또는 제품책임문제의 예방 등과 같이 최초의 시점에서는 최종결과까지의 행방을 충분히 짐작할 수 없는 문제에 대하여, 그 진보과정에서 얻어지는 정보에 따라 차례로 시행되는 계획의 정도를 높여 적절한 판단을 내림으로써 사태를 바람직한 방향으로 이끌어 가거나 중대 사태를 회피하는 방책을 얻는 방법은 다음 중 어느 것인가? [12-4, 17-2, 21-1, 22-2]
① 계통도법　　　② 연관도법
③ 친화도법　　　④ PDPC법
해설 PDPC법은 신제품개발, 신기술개발 또는 제품책임문제의 예방 등과 같이 최초의 시점에서는 최종결과까지의 행방을 충분히 짐작할 수 없는 문제에 대하여, 그 진보과정에서 얻어지는 정보에 따라 차례로 시행되는 계획의 정도를 높여 적절한 판단을 내림으로써 사태를 바람직한 방향으로 이끌어 가거나 중대 사태를 회피하는 방책을 얻는 방법이다.

36. 다음 중 계통도법의 용도가 아닌 것은 어느 것인가? [16-4, 20-4]
① 목표, 방침, 실시사항의 전개
② 시스템의 중대사고 예측과 그 대응책 책정
③ 부문이나 관리기능의 명확화와 효율화 방책의 추구
④ 기업 내의 여러 가지 문제해결을 위한 방책을 전개
해설 PDPC법은 신제품개발, 신기술개발 또는 제품책임문제의 예방 등과 같이 최초의 시점에서는 최종결과까지의 행방을 충분히 짐작할 수 없는 문제에 대하여, 그 진보과정에서 얻어지는 정보에 따라 차례로 시행되는 계획의 정도를 높여 적절한 판단을 내림으로써 사태를 바람직한 방향으로 이끌어 가거나 중대 사태를 회피하는 방책을 얻는 방법이다.

37. 신 QC 7가지 도구 중 계통도법의 용도로 가장 적합한 것은? [08-4, 15-4]
① 목표, 방침, 실시사항의 전개
② 다량 데이터의 부적합요인 해석
③ 공장 이전계획 및 정기보전 관리
④ 시스템의 중대사고 예측과 대응책 결정
해설 목적·목표를 달성하기 위한 수단과 방책을 계통적으로 작성함으로써 문제의 핵심을 명확히 하여 목적·목표를 달성하기 위한 최적의 수단을 탐구하는 방법이다.

38. 생산되는 제품의 품질에 문제가 발생하였을 경우 이에 대한 현상을 파악하기 위하여 여러 가지 도구가 활용된다. 다음 중 원인분석을 위해 사용되는 도구가 아닌 것은 어느 것인가?   [17-4]

① 계통도법
② 특성요인도
③ 연관도법
④ 애로우다이어그램

해설 애로우다이어그램은 적합한 일정계획을 세워 효율적으로 관리하는 수법이다.

39. 다음 중 6시그마의 본질로 가장 거리가 먼 것은?   [12-4, 15-1, 18-1, 22-2]

① 기업경영의 새로운 패러다임
② 프로세스 평가·개선을 위한 과학적 통계적 방법
③ 검사를 강화하여 제품 품질수준을 6시그마에 맞춤
④ 고객만족 품질문화를 조성하기 위한 기업경영 철학이자 기업전략

해설 6시그마는 최고경영자의 리더십 아래 모든 프로세스의 품질수준을 정량적으로 평가하여 품질을 혁신하고, 문제해결과정 및 전문가 양성 등의 효율적인 품질문화를 조성하여 가며, 고객만족을 달성하기 위하여 프로세스의 질을 6시그마 수준으로 높여 기업경영성과를 획기적으로 향상시키고자 하는 종합적인 기업의 경영전략이다.

40. Y 품질 특성값의 규격은 50~60으로 규정되어 있다. 평균값이 55, 표준편차가 1인 공정의 시그마(σ) 수준?   [13-2, 18-2]

① 2시그마 수준   ② 3시그마 수준
③ 4시그마 수준   ④ 5시그마 수준

해설 시그마 수준이란 품질분포의 평균에서 규격상한이나 규격하한까지의 거리를 σ의 배수로 나타낸 것이다. 표준편차가 1이므로 평균값(55)으로부터 규격상한(60) 또는 규격하한(50)까지의 거리는 5×표준편차이다. 따라서 5시그마 수준이다.

41. 공정의 치우침이 없을 경우 6시그마 품질수준에서의 공정 부적합품률은 약 몇 ppm인가?   [09-2, 12-1, 21-1]

① 0.002   ② 1
③ 3.4   ④ 233

해설 공정품질 특정치의 평균값이 목표치에 위치하고 있다고 가정할 때 부적합품률은 0.002ppm이다.

42. 다음 중 6시그마 혁신활동에서는 실제 공정품질 산포가 여러 가지 원인(재료, 방법, 장치, 사람, 환경, 측정 등)에 의하여 이론적 중심 평균이 얼마까지 흔들림을 허용하는가?   [06-4, 11-4, 21-2]

① ±1.0σ ② ±1.5σ
③ ±2.0σ ④ ±3.0σ

해설 6시그마 수준의 공정에서 공정평균의 치우침이 ±1.5σ일 때 부적합품률은 3.4ppm이 된다.

43. 품질관리에 일반적으로 사용되는 용어에 대한 설명으로 틀린 것은 다음 중 어느 것인가?   [05-2, 12-2, 17-1]

① 6시그마 수준 : 부적합품(불량품)의 수가 1백만개당 3~4개 정도로 부적합품의 거의 발생하지 않는 상태를 의미한다.
② DPMO : 100만번의 기회당 부적합 발생 건수를 뜻하는 용어이며 DPMO는 시그마 수준이 높을수록 작아진다.

5 과목

③ 부적합비용 : 나쁜 품질에 의해 발생되는 비용으로 실패비용이라고도 하며, 내부실패비용과 외부실패비용으로 구분한다.

④ 예방비용 : 제품이나 서비스가 제대로 작동되는지 검사하는 것과 관련된 비용과 검사, 실험실 실험, 현장실험 등에 해당하는 비용이다.

해설 평가비용 : 제품이나 서비스가 제대로 작동되는지 검사하는 것과 관련된 비용과 검사, 실험실 실험, 현장실험 등에 해당하는 비용이다.

44. 6σ의 품질이 수립될 때 예상되는 공정능력지수(C_p) 값은? [05-4, 08-1, 15-2, 20-1]

① 1   ② 2
③ 3   ④ 4

해설 시그마 수준은 공정능력지수에 3을 곱하여 계산할 수 있다. 즉, C_P값이 2이면 6시그마 수준이 된다. 6σ 품질수준은 공정능력지수 $C_p = \dfrac{U-L}{6\sigma} = \dfrac{12\sigma}{6\sigma} = 2$이다.

45. 6시그마 품질혁신운동에서 사용하는 시그마 수준 측정과 공정능력지수(C_P)의 관계로 옳은 것은? [10-2, 12-2, 17-2, 20-4]

① 시그마 수준과 공정능력지수는 차원이 다르기 때문에 상호간에 관련성이 없다.

② 시그마 수준은 공정능력지수에 3을 곱하여 계산할 수 있다. 즉, C_P값이 1 이면 3시그마 수준이 된다.

③ 시그마 수준은 부적합품률에 대한 관계를 나타내고, 공정능력지수는 적합품률을 나타내는 능력이므로 시그마 수준과 공정능력지수는 반비례 관계이다.

④ 시그마 수준에서 사용하는 표준편차는 장기표준편차로 계산되고 공정능력지수

의 표준편차는 군내변동에 대한 단기표준편차로 계산되므로 공정능력지수는 기술적 능력을, 시그마 수준은 생산수준을 나타내는 지표가 된다.

해설 ① 6σ 품질수준은 공정능력지수 $C_p = \dfrac{U-L}{6\sigma}$가 2가 되는 품질수준으로 상호간에 관련성이 있다.

③ 시그마 수준과 공정능력지수는 모두 부적합품률 및 적합품률과 관련이 있으며, 시그마 수준과 공정능력지수는 비례 관계이다.

④ 시그마 수준에서 사용하는 표준편차와 공정능력지수의 표준편차는 모두 군내변동에 대한 단기표준편차로 계산되며, 일반적으로 공정능력지수는 기술적 능력을, 시그마 수준은 생산수준을 나타내는 지표가 된다.

46. 4개의 PCB 제품에서 각 제품마다 10개를 측정했을 때, 부적합수가 각각 2개, 1개, 3개, 2개가 나왔다. 이때 6시그마 척도인 DPMO (Defects Per Million Opportunities)는 얼마인가? [14-4, 18-4, 21-4]

① 0.2   ② 2.0
③ 200000   ④ 800000

해설 $\text{DPMO} = \dfrac{\text{총결함수}}{\text{총기회수}} \times 1,000,000$

$= \dfrac{2+1+3+2}{4 \times 10} \times 1,000,000 = 200,000$

47. 6시그마 추진을 위한 교육을 받고 현 조직에서 업무를 수행하면서 동시에 개선 활동팀에 참여하여 부분적인 업무를 수행하는 초급단계 요원은? [09-4, 14-4, 16-1, 17-1]

① 챔피언(champion)
② 그린벨트(green belt)

③ 블랙벨트(black belt)

④ 마스터블랙벨트(master black belt)

해설 **그린벨트** : 현 조직에서 업무를 수행하면서 부분적으로 개선활동에 참여, 팀원으로 활동

48. 다음 중 6시그마 추진을 위한 전담요원으로 6시그마 프로젝트 추진을 담당하는 핵심요원은?   [09-2, 10-1]

① 그린벨트

② 화이트벨트

③ 블랙벨트

④ 마스터블랙벨트

해설 **블랙벨트**

개선 프로젝트에 대한 실무책임자(추진리더/전담요원/핵심요원)

49. 6시그마 활동의 추진상에 있어 일반적으로 많이 따르고 있는 DMAIC 체계 중 M단계의 설명으로 맞는 것은?   [16-4, 20-2]

① 문제나 프로세스를 개선하는 단계이다.

② 개선할 대상을 확인하고 정의를 하는 단계이다.

③ 결함이나 문제가 발생한 장소와 시점, 문제의 형태와 원인을 규명한다.

④ 개선할 프로세스의 품질수준을 측정하고 문제에 대한 계량적 규명을 시도한다.

해설 ① I단계(개선), ② D단계(정의),
③ A단계(분석)

50. 6시그마에 관한 설명으로 가장 거리가 먼 것은?   [19-1, 22-1]

① 6시그마는 DMAIC 단계로 구성되어 있다.

② 게이지 R&R은 개선(Improve) 단계에 포함된다.

③ 프로세스 평균이 고정된 경우 3시그마 수준은 2700ppm이다.

④ 백만개 중 부적합품수를 한자리수 이하로 낮추려는 혁신운동이다.

해설 게이지 R&R은 측정(measure) 단계에 포함된다.

51. 다음 중 제일 좋은 품질 수준을 나타내는 것은?   [15-2]

① 4시그마

② $C_{pk} = 1.5$

③ 0.0668%

④ 2700PPM

해설 ① 4시그마 : 63PPM

② $C_{pk} = 1.5$: 3.4PPM

③ 0.0668% : 668PPM

④ 2,700PPM

52. single PPM 추진내용 중 현상파악 단계에서 추진할 내용이 아닌 것은 다음 중 어느 것인가?   [09-1, 10-4]

① 요구품질 파악

② 공정현상 조사

③ 3차원 대책수립

④ 부적합유형 분석

해설 3차원 대책수립은 개선단계에서 추진하는 내용이다.

부록

CBT 대비 실전문제

1회 CBT 대비 실전문제

제1과목 : 실험계획법

1. 두 수준의 요인 A, B, C, D를 $L_8(2^7)$ 형 직교표의 1, 2, 4, 7열을 택하여 배치하고 실험한 결과 다음 표를 얻었다. 요인 A의 주효과는?

실험번호	A	B	C	D	데이터
	1	2	4	7	
1	1	1	1	1	2
2	1	1	2	2	1
3	1	2	1	2	14
4	1	2	2	1	1
5	2	1	1	2	20
6	2	1	2	1	5
7	2	2	1	1	26
8	2	2	2	2	27
	계				96

① 10 ② 15
③ 24 ④ 48

해설 $A = \dfrac{1}{4}(2\,\text{수준의 합} - 1\,\text{수준의 합})$

$= \dfrac{1}{4}[(20+5+26+27) - (2+1+14+1)]$

$= 15$

2. 3×3 라틴방격에서 오차항의 자유도(ν_e)는 얼마인가?

① 2 ② 3
③ 4 ④ 5

해설 $\nu_e = (k-1)(k-2) = 2 \times 1 = 2$

3. 5수준의 모수요인 A와 4수준의 모수요인 B로 반복없는 2요인실험을 한 결과 주효과 A, B가 모두 유의하였다. 이 경우 최적조합조건하에서의 공정평균을 추정할 때 유효반복수 n_e는 얼마인가?

① 2.5 ② 2.9
③ 4 ④ 3

해설 유효반복수 n_e

$= \dfrac{\text{총실험횟수}}{\text{유의한 요인의 자유도의 합}+1}$

$= \dfrac{lm}{\nu_A + \nu_B + 1} = \dfrac{5 \times 4}{4+3+1} = 2.5$

4. 2^3형의 1/2 일부실시법에 의한 실험을 하기 위해 다음과 같이 블록을 설계하여 실험을 실시하였다. 다음 중 실험결과에 대한 해석으로서 옳지 못한 것은?

┤ 데이터 ├
$a=76$ $b=79$ $c=74$ $abc=70$

① 요인 A의 효과는
$A = \dfrac{1}{2}(76-79-74+70) = -3.5$
이다.
② 블록에 교락된 교호작용은 $A \times B \times C$이다.
③ 요인 A의 별명은 교호작용 $B \times C$이다.
④ 요인 A의 변동은 요인 C의 변동보다 크다.

해설 ① A의 효과 $= \dfrac{1}{2}(a+abc-b-c)$

$= \dfrac{1}{2}(76+70-79-74) = -3.5$

② $ABC = \frac{1}{4}(a-1)(b-1)(c-1)$

$= \frac{1}{4}(a+b+c+abc-(1)-ab-ac-bc)$ 이

다. 따라서 블록에 교락된 교호작용은
$A \times B \times C$이다.

③ $I = ABC \rightarrow AI = A \times ABC = A^2BC$
$\rightarrow A = BC$

④ $S_A = \frac{1}{4}[(76+70)-(79+74)]^2 = 12.25$

$S_C = \frac{1}{4}[(74+70)-(76+79)]^2 = 30.25$

5. 실험계획법에 의해 얻어진 데이터를 분산
분석하여 통계적 해석을 할 때에는 측정치
의 오차항에 대해 크게 4가지의 가정을 하
는데, 이 가정에 속하지 않는 것은?

① 독립성 ② 정규성
③ 랜덤성 ④ 등분산성

해설 **오차항의 가정**

㉠ 정규성 : 오차(e_{ij})의 분포는 정규분포인
$N(0,\ \sigma_e^2)$을 따른다.

㉡ 불편성 : 오차(e_{ij})의 기댓값은 0이고 편
의는 없다.

㉢ 독립성 : 임의의 e_{ij}와 $e_{i'j'}(i \neq i', j \neq j')$
는 서로 독립이다.

㉣ 등분산성 : 오차 e_{ij}의 분산은 σ_e^2으로 어
떤 i, j에 대해서도 일정하다.

6. 분산성분을 조사하기 위하여 A는 3일을
랜덤하게 선택한 것이고, B는 각 일별로 2
대의 트럭을 랜덤하게 선택한 것이고, C는
각 트럭 내에서 랜덤하게 2삽을 취한 것이
다. 각 삽에서 2번에 걸쳐 소금의 염도를
측정하는 지분실험법을 실시하였다. 오차의
자유도는 얼마인가?

① 6 ② 12

③ 23 ④ 24

해설

요인	SS	DF
A	S_A	$l-1 = 2$
$B(A)$	$S_{B(A)}$	$l(m-1) = 3$
$C(AB)$	$S_{C(AB)}$	$lm(n-1) = 6$
e	S_e	$lmn(r-1) = 12$
T	S_T	$lmnr-1 = 23$

7. 다음 중 3수준 선점도에 대한 설명으로
틀린 것은?

① 선의 자유도는 2이다.
② 점의 자유도는 2이다.
③ 점은 하나의 열에 대응된다.
④ 선은 점과 점 사이에 교호작용을 나타낸다.

해설 3수준 직교배열표의 경우 점의 자유도
는 2이며, 교호작용을 나타내는 선의 자유도
는 $2 \times 2 = 4$이다.

8. 다음의 구조를 갖는 단일분할법에서 사
용되는 계산으로 틀린 것은? (단, 요인
A, B, C 모두 모수요인이고, 각 수준수
는 l, m, n이다.)

$$x_{ijk} = \mu + a_i + b_j + e_{(1)ij} + c_k + (ac)_{ik} + (bc)_{jk} + e_{(2)ijk}$$

① $\nu_{e_1} = (l-1)(m-1)$
② $S_{e_1} = S_{AB} - S_A - S_B$
③ $\nu_{e_2} = l(m-1)(n-1)$
④ $S_{e_2} = S_T - (S_A + S_B + S_C + S_{e_1} + S_{A \times C} + S_{B \times C})$

해설 $\nu_{e_2} = (l-1)(m-1)(n-1)$

부록

9. 반복이 없는 모수모형의 3요인실험 분산분석 결과 A, B, C 주효과만 유의한 경우, 3요인의 수준조합에서 신뢰구간 추정 시 유효반복수를 구하는 식은? (단, 요인 A, B, C의 수준수는 각각 l, m, n이다.)

① $\dfrac{lmn}{l+m-1}$ ② $\dfrac{lmn}{l+m+n-1}$

③ $\dfrac{lmn}{l+m-n-1}$ ④ $\dfrac{lmn}{l+m+n-2}$

해설 $n_e = \dfrac{\text{총실험횟수}}{\text{유의한 요인의 자유도의 합}+1}$

$= \dfrac{lmn}{\nu_A + \nu_B + \nu_C + 1}$

$= \dfrac{lmn}{(l-1)+(m-1)+(n-1)+1}$

10. 적합품을 0, 부적합품을 1로 표시한 0, 1의 데이터 해석에서 각 조합마다 각각 100회씩 되풀이한 결과가 표와 같았다. 제곱합 S_T는 약 얼마인가?

요인	B_1	B_2	B_3	계
A_1	5	4	3	12
A_2	0	3	2	5
계	5	7	5	17

① 2.97 ② 7.37
③ 16.52 ④ 53.37

해설 $S_T = \sum\sum x_{ij}^2 - CT = \sum\sum x_{ij} - CT$

$= T - CT = 17 - \dfrac{17^2}{600} = 16.52,$

$CT = \dfrac{T^2}{lr}$

11. 요인배치법에 대한 설명 중 틀린 것은?

① 2^2형 요인실험은 2요인의 영향을 계산하는 데 이용된다.

② 반복이 있는 2^2형 요인실험에서 교호작용에 대한 정보를 얻을 수 있다.

③ 실험을 반복하면 일반적으로 오차항의 자유도가 커져서 검출력이 증가한다.

④ $P^m \times G^n$ 요인실험은 요인의 수가 $m \times n$개이고, 요인의 수준수가 $P + G$개다.

해설 $P^m \times G^n$ 요인실험은 요인의 수가 $m+n$개이고, 요인의 수준수가 $P+G$개다.

12. 4수준, 4반복의 1요인실험을 회귀분석하고자 한다. $S_{xx} = 3.20$, $S_{xy} = 3.40$, $S_{yy} = 4.6981$일 때, 회귀에 기인하는 불편분산(V_R)은 약 얼마인가?

① 1.063 ② 1.806
③ 2.461 ④ 3.613

해설 $V_R = \dfrac{S_R}{\nu_R} = \dfrac{S_{xy}^2 / S_{xx}}{1} = \dfrac{3.40^2/3.20}{1}$

$= 3.613$

13. 혼합모형의 반복 없는 2요인실험에서 모두 유의하다면 구할 수 없는 것은?

① 오차의 산포
② 모수인자의 효과
③ 변량인자의 산포
④ 교호작용의 효과

해설 1요인실험이나 반복없는 2요인실험에서는 교호작용을 검출할 수 없다.

14. 3개의 수준에서 반복횟수가 8인 1요인실험에서 각 수준에서의 측정값의 합은 $y_{1\cdot}$, $y_{2\cdot}$, $y_{3\cdot}$ 라고 할 때, 관심을 갖는 대비는 다음과 같은 2개가 있다. 이 두 대비가 서로 직교대비가 되기 위한 k값?

$$c_1 = y_1. - y_2. \qquad c_2 = \frac{1}{2}y_1. + ky_2. - y_3.$$

① -1 ② $\frac{1}{2}$ ③ $\frac{3}{2}$ ④ 1

해설 직교대비가 되기위해서는 $c_1 d_1 + c_2 d_2 + \cdots + c_a d_a = 0$ 이다.

$1 \times \frac{1}{2} + (-1) \times k + 0 \times (-1) = 0 \rightarrow k = \frac{1}{2}$

15. 2^3형 교락법 실험에서 $A \times B$ 효과를 블록과 교락시키고 싶은 경우 실험을 어떻게 배치해야 하는가?

① 블록 1 : a, ab, ac, abc
　블록 2 : $(1), b, c, bc$
② 블록 1 : b, ab, bc, abc
　블록 2 : $(1), a, c, ac$
③ 블록 1 : $(1), ab, ac, bc$
　블록 2 : a, b, c, abc
④ 블록 1 : $(1), ab, c, abc$
　블록 2 : a, b, ac, bc

해설 $AB = \frac{1}{4}(a-1)(b-1)(c+1)$

$= \frac{1}{4}[(abc + c + ab + (1)) - (ac + bc + a + b)]$

16. 수준수가 4, 반복 5회인 1요인실험의 분산분석 결과 요인 A가 유의수준 5%에서 유의적이었다. $S_T = 2.478$, $S_A = 1.690$이었고, $\overline{x}_3. = 8.50$일 때, $\mu(A_3)$를 유의수준 0.05로 구간 추정하면 약 얼마인가? (단, $t_{0.975}(16) = 2.120$, $t_{0.95}(16) = 1.746$이다.)

① $8.290 \leq \mu(A_3) \leq 8.710$
② $8.265 \leq \mu(A_3) \leq 8.735$

③ $8.306 \leq \mu(A_3) \leq 8.694$
④ $8.327 \leq \mu(A_3) \leq 8.673$

해설

요인	SS	DF	MS
A	1.690	$l-1=3$	$1.690/3$ $=0.56333$
E	$2.478-1.690$ $=0.788$	$19-3=16$	$0.788/16$ $=0.04925$
T	2.478	$lr-1=19$	

$$\mu(A_3) = \overline{x}_3. \pm t_{1-\alpha/2}(\nu_e)\sqrt{\frac{V_e}{r}}$$

$$= 8.5 \pm t_{0.975}(16)\sqrt{\frac{0.04925}{5}}$$

$$= (8.290, \ 8.710)$$

17. 하나의 실험점에서 30, 40, 38, 49(단위 : dB)의 반복 관측치를 얻었다. 자료가 망대특성이라면 SN비 값은 약 얼마인가?

① -31.58db   ② 31.48db
③ -32.48db   ④ 31.38db

해설 망대특성 $SN = -10\log\left[\frac{1}{n}\sum_{i=1}^{n}\frac{1}{y_i^2}\right]$

$= -10\log\left[\frac{1}{4}\left(\frac{1}{30^2} + \cdots + \frac{1}{49^2}\right)\right] = 31.47959\,\text{dB}$

18. 반복이 있는 2요인실험에서 요인 A는 모수이고, 요인 B는 대응이 있는 변량일 때의 검정방법으로 맞는 것은?

① $A, B, A \times B$는 모두 오차분산으로 검정한다.
② A와 $A \times B$는 오차분산으로 검정하고, B는 $A \times B$로 검정한다.
③ B와 $A \times B$는 오차분산으로 검정하고, A는 $A \times B$로 검정한다.
④ A와 B는 $A \times B$로 검정하고, $A \times B$는 오차분산으로 검정한다.

부록

해설 반복이 있는 2요인실험에서 A, B가 모두 모수요인일 경우 A, B, $A \times B$ 모두는 e로 검정하고, A가 모수요인, B가 변량요인일 경우의 검정방법은 모수요인 A는 교호작용 $A \times B$로 검정하고, 변량요인 B와 교호작용 $A \times B$는 e로 검정한다.

19. 실험계획법의 순서가 맞는 것은?
① 특성치의 선택 → 실험목적의 설정 → 요인과 요인수준의 선택 → 실험의 배치
② 특성치의 선택 → 실험목적의 설정 → 실험의 배치 → 요인과 요인수준의 선택
③ 실험목적의 설정 → 요인과 요인수준의 선택 → 특성치의 선택 → 실험의 배치
④ 실험목적의 설정 → 특성치의 선택 → 요인과 요인수준의 선택 → 실험의 배치

해설 실험계획의 순서
실험의 목적 설정 → 특성치의 선택 → 요인과 수준의 선택 → 실험의 수행 → 자료의 측정 및 분석 → 데이터 해석

20. 1요인실험의 분산분석을 실시하기 위해 총제곱합(S_T)을 요인 A의 제곱합(S_A)과 오차제곱합(S_e)으로 분해하고자 할 때, 계산식으로 틀린 것은 어느 것인가? (단, x_{ij}는 i번째 수준의 j번째 반복에서 측정된 특성치이며, 고려된 수준수는 $l(l > 0)$, 그리고 반복수는 $m(m > 0)$이다.)

① $\sum\limits_{i=1}^{l} \sum\limits_{j=1}^{m} (x_{ij} - \overline{x}_{i\,.}\,)^2$
$= \sum\limits_{i=1}^{l} \sum\limits_{j=1}^{m} x_{ij}^2 - m \sum\limits_{i=1}^{l} (\overline{x}_{i\,.}\,)^2$

② $\sum\limits_{i=1}^{l} \sum\limits_{j=1}^{m} (x_{ij} - \overline{x}_{i\,.}\,)(\overline{x}_{i\,.} - \overline{\overline{x}})$
$= \sum\limits_{i=1}^{l} \sum\limits_{j=1}^{m} (x_{ij} - \overline{\overline{x}})^2$

③ $\sum\limits_{i=1}^{l} \sum\limits_{j=1}^{m} (\overline{x}_{i\,.} - \overline{\overline{x}})^2$
$= m \sum\limits_{i=1}^{l} (\overline{x}_{i\,.}\,)^2 - \dfrac{\left(\sum\limits_{i=1}^{l} \sum\limits_{j=1}^{m} x_{ij}\right)^2}{lm}$

④ $\sum\limits_{i=1}^{l} \sum\limits_{j=1}^{m} (x_{ij} - \overline{\overline{x}})^2$
$= \sum\limits_{i=1}^{l} \sum\limits_{j=1}^{m} \left\{(x_{ij} - \overline{x}_{i\,.}) + (\overline{x}_{i\,.} - \overline{\overline{x}})\right\}^2$

해설
$$\sum\limits_{i} \sum\limits_{j} (x_{ij} - \overline{\overline{x}})^2 = \sum\limits_{i} \sum\limits_{j} (\overline{x}_{i\,.} - \overline{\overline{x}})^2 + \sum\limits_{i} \sum\limits_{j} (x_{ij} - \overline{x}_{i\,.})^2$$
$$S_T \qquad = \qquad S_A \qquad + \qquad S_e$$

제2과목 : 통계적 품질관리

21. 어떤 기계에 대하여 1개월간 고장에 의한 정지횟수를 조사하였더니 [표]와 같았다. 고장건수가 변하였다고 할 수 있는지를 χ^2검정으로 확인하고자 한다. 이때 검정통계량은 약 얼마인가?

월	9월	10월	11월	12월
고장 횟수	25	10	5	8

① 17.57　　　　② 19.83
③ 21.35　　　　④ 24.17

해설

눈	1	2	3	4	계
관측치	25	10	5	8	48
기대치	$48 \times \dfrac{1}{4}$ $=12$	$48 \times \dfrac{1}{4}$ $=12$	$48 \times \dfrac{1}{4}$ $=12$	$48 \times \dfrac{1}{4}$ $=12$	48

$$\chi_0^2 = \dfrac{\sum\limits_{i}(O_i - E_i)^2}{E_i}$$

$$= \frac{(25-12)^2 + (10-12)^2 + (5-12)^2 + (8-12)^2}{12}$$
$$= 19.833$$

22. 피스톤의 외경은 X_1, 실린더의 내경을 X_2라 한다. X_1, X_2는 서로 독립된 확률분포를 따르고, 그 표준편차가 각각 0.05, 0.03이라면 실린더와 피스톤 사이의 간격 $X_2 - X_1$의 표준편차는?

① $0.05^2 - 0.03^2$ ② $\sqrt{0.05^2 - 0.03^2}$

③ $0.05^2 + 0.03^2$ ④ $\sqrt{0.05^2 + 0.03^2}$

해설 $X_2 - X_1$의 표준편차 $D(X_2 - X_1)$
$= \sqrt{\sigma_2^2 + \sigma_1^2} = \sqrt{0.03^2 + 0.05^2}$ 이다.

23. 생산시스템 자체의 특성상 항상 생산라인에 존재하며, 품질에 변화를 가져오는 어쩔 수 없는 원인의 표현방법으로 옳지 않은 것은?

① 우연 원인
② 불가피 원인
③ 억제할 수 없는 원인
④ 보아 넘기기 어려운 원인

해설 이상원인은 가피원인, 우발적 원인, 보아 넘기기 어려운 원인이라고도 한다.

24. x에 대한 y의 회귀관계를 검정하기 위하여 x에 대한 y의 값을 20회 측정하여 다음의 데이터를 구했다. 이때 회귀에 의한 변동의 값은 얼마인가?

┤ 데이터 ├
$$S_{(xx)} = 151.4 \quad S_{(yy)} = 40.1 \quad S_{(xy)} = 76.3$$

① 0.498   ② 1.65
③ 10.25   ④ 38.45

해설 회귀에 의한 변동
$$S_R = \frac{S_{xy}^2}{S_{xx}} = \frac{76.3^2}{151.4} = 38.45$$

25. A, B 두 사람의 작업자가 동일한 기계부품의 길이를 측정한 결과 다음과 같은 데이터를 얻었다. A 작업자가 측정한 것이 B 작업자의 측정치보다 크다고 할 수 있겠는가? (단, $\alpha = 0.05$, $t_{0.95}(5) = 2.015$ 이다.)

구분	1	2	3	4	5	6
A	89	87	83	80	80	87
B	84	80	70	75	81	75

① 데이터가 7개 미만이므로 위험률 5%로는 검정할 수가 없다.
② A 작업자가 측정한 것이 B 작업자의 측정치보다 크다고 할 수 있다.
③ A 작업자가 측정한 것이 B 작업자의 측정치보다 크다고 할 수 없다.
④ 위의 데이터로는 시료 크기가 7개 이하이므로 귀무가설을 채택하기에 무리가 있다.

해설

부품번호	1	2	3	4	5	6	
$d_i = A - B$	5	7	13	5	−1	12	$\bar{d} = 6.8333$

㉠ 가설 : $H_0 : \Delta \le 0$, $H_1 : \Delta > 0$
㉡ 유의수준 : $\alpha = 0.05$
㉢ 검정통계량
$$t_0 = \frac{\bar{d} - \Delta_0}{\sqrt{s_d^2/n}} = \frac{6.8333 - 0}{\sqrt{26.5666/6}} = 3.247$$

$$S_d = \sum d_i^2 - \frac{(\sum d_i)^2}{n} = 132.8333$$

$$s_d^2 = \frac{S_d}{n-1} = \frac{132.8333}{5} = 26.5666$$

부록

㉣ H_0의 기각역 : $t_0 > t_{1-\alpha}(\nu) = t_{1-0.05}(5)$
$= 2.015$이면 귀무가설(H_0)을 기각한다.

㉤ 판정 : $t_0(=3.247) > 2.015$이므로 H_0 기
각, 유의수준 5%에서 A 작업자가 측정한
것이 B 작업자의 측정치보다 크다고 할
수 있다.

26. 공정에서 작은 변화의 발생을 빨리 탐지
하기 위한 방법으로 가장 거리가 먼 것은?

① 부분군의 채취빈도를 늘인다.
② 관리도의 작성과정을 개선한다.
③ 관리도상의 런의 길이, 타점들의 특징이
나 습성을 세심하게 관찰한다.
④ 슈하트(Shewhart) 관리도보다 지수가중
이동평균(EWMA) 관리도를 이용한다.

해설 공정에서 작은 변화의 발생을 빨리 탐
지하기 위해서는 부분군의 채취빈도를 늘리
고, 타점들의 특징이나 습성을 세심하게 관
찰하고, 미세한 변화도 잡아낼 수 있는 지수
가중이동평균(EWMA) 관리도 혹은 누적합
관리도를 이용한다.

27. 로트의 품질표시방법이 아닌 것은?

① 로트의 범위
② 로트의 표준편차
③ 로트의 평균값
④ 로트의 부적합품률

해설 로트의 품질표시방법
㉠ 로트의 평균값
㉡ 로트의 표준편차
㉢ 로트의 부적합품률
㉣ 로트 내의 검사 단위당 평균부적합수

28. 관리계수(C_f)와 군간변동(σ_b)에 대한
설명 중 틀린 것은?

① 관리계수 $C_f < 0.8$이면 군 구분이 나쁘다.

② 완전한 관리상태에서 군간변동(σ_b)은 대
략 1이 된다.
③ 관리계수 $0.8 < C_f < 1.2$ 이면 대체로
관리상태에 있다고 볼 수 있다.
④ 군간변동(σ_b)이 클수록 $\overline{x}$ 관리도에서 관
리한계를 벗어나는 점이 많아지게 된다.

해설 완전한 관리상태에서 군간변동(σ_b)은
0이다.

$C_f < 0.8$	$0.8 \leq C_f < 1.2$	$1.2 \leq C_f$
군구분이 나쁘다.	대체로 관리상태	급간(군간)변 동이 크다.

29. 계수 샘플링검사에 있어서 N, n, c가
주어지고, 로트의 부적합품률 P와 $L(P)$의
관계를 나타낸 것을 무엇이라고 하는가?

① 검사일보
② 검사성적서
③ 검사특성곡선
④ 검사기준서

해설 OC 곡선(검사특성곡선)은 샘플링 검사
방식이 부적합품률에 해당될 경우 로트의 부
적합품률(P)과 로트의 합격확률($L(P)$)과의
관계를 나타낸 그래프이다. 부적합품률이 커
짐에 따라 로트의 합격확률은 낮아진다.

30. 정규모집단으로부터 $n = 15$의 랜덤 샘
플을 취하고 $\left(\dfrac{(n-1)s^2}{\chi_{0.995}^2(14)}, \dfrac{(n-1)s^2}{\chi_{0.005}^2(14)} \right)$
에 의거하여, 신뢰구간 (0.0691, 0.531)을
얻었을 때의 설명으로 맞는 것은?

① 모집단의 99%가 이 구간 안에 포함된다.
② 모평균이 이 구간 안에 포함될 신뢰율이
99%이다.
③ 모분산이 이 구간 안에 포함될 신뢰율이
99%이다.
④ 모표준편차가 이 구간 안에 포함될 신뢰
율이 99%이다.

해설 σ^2에 대한 $100(1-\alpha)\%$ 신뢰구간은

$$\frac{(n-1)s^2}{\chi^2_{1-\alpha/2}(n-1)} \leq \sigma^2 \leq \frac{(n-1)s^2}{\chi^2_{\alpha/2}(n-1)}$$ 이다.

$(s^2 = V)$

$1-\alpha/2 = 0.995$이므로 $\alpha = 0.01$이며, 신뢰율은 99%이다.

31. 직물공장의 권취공정에서 사절건수는 10000m당 평균 16회이었다. 작업방법을 변경하여 운전하였더니 사절건수가 10000m당 9회로 나타났다. 작업방법 변경 후 사절건수가 감소하였다고 할 수 있는지 유의수준 0.05로 검정한 결과로 맞는 것은?

① 이 자료로는 검정할 수 없다.
② H_0 채택, 즉 감소했다고 할 수 없다.
③ H_0 채택, 즉 달라졌다고 할 수 없다.
④ H_0 기각, 즉 감소했다고 할 수 있다.

해설 가설검정
㉠ 가설 : $H_0 : m \geq 16$회, $H_1 : m < 16$회
㉡ 유의수준 : $\alpha = 0.05$
㉢ 검정통계량 $u_0 = \dfrac{c-m}{\sqrt{m}} = \dfrac{9-16}{\sqrt{16}} = -1.75$
㉣ H_0의 기각치 : $u_0 < -u_{1-\alpha} = -u_{0.95} = -1.645$이면 귀무가설$(H_0)$을 기각한다.
㉤ 판정 : $u_0 < -u_{1-\alpha} = -u_{0.95} = -1.645$ 이므로 H_0를 기각한다. 즉, 유의수준 5%에서 사절건수는 감소했다고 할 수 있다.

32. 다음 중 샘플링 방법에 관한 설명으로 틀린 것은?

① 집락샘플링은 로트 간 산포가 크면 추정의 정밀도가 나빠진다.
② 층별샘플링은 로트 내 산포가 크면 추정의 정밀도가 나빠진다.
③ 사전의 모집단에 대한 정보나 지식이 없을 경우 단순랜덤샘플링이 적당하다.

④ 2단계 샘플링은 단순랜덤샘플링에 비해 추정의 정밀도가 우수하고, 샘플링 조작이 용이하다.

해설 샘플링 정밀도가 좋은순서 : 층별샘플링＞랜덤샘플링＞집락샘플링＞2단계샘플링

33. 계량규준형 1회 샘플링검사에서 모집단의 표준편차를 알고 특성치가 낮을수록 좋은 경우, 로트의 평균치를 보증하려고 할 때 합격되는 경우는?

① $\overline{X} \geq U - k\sigma$
② $\overline{X} \geq m_o - G_o\sigma$
③ $\overline{X} \leq U + k\sigma$
④ $\overline{X} \leq m_o + G_o\sigma$

해설 특성치(m)가 낮을수록 좋은 경우(망소특성)
로트에서 n개를 뽑아 시료평균 $\overline{X}$를 계산하여 상한합격판정치 $\overline{X}_U = m_0 + G_0\sigma$와 비교하여 $\overline{X} \leq \overline{X}_U$이면 로트를 합격시키고, $\overline{X} > \overline{X}_U$이면 로트를 불합격시킨다.

34. 다음 중 제2종 오류를 범할 확률에 해당하는 것은?

① 공정이 관리상태일 때, 관리상태라고 판단할 확률
② 공정이 관리상태가 아닐 때, 관리상태라고 판단할 확률
③ 공정이 관리상태일 때, 관리상태가 아니라고 판단할 확률
④ 공정이 관리상태가 아닐 때, 관리상태가 아니라고 판단할 확률

해설 ① $1-\alpha$
② 2종의 오류 β
③ 1종의 오류 α
④ 검정력 $1-\beta$

부록

미지의 실제 검정결과	귀무가설 (H_0)이 사실인 경우	귀무가설 (H_0)이 거짓인 경우
귀무가설(H_0) 채택	$1-\alpha$ (옳은 결정)	β (제2종오류)
귀무가설(H_0) 기각	α (제1종오류)	$1-\beta$ (검출력)

35. 모표준편차를 모르고 있을 때 모평균의 양측 신뢰구간 추정에 사용되는 식으로 맞는 것은?

① $\bar{x} \pm u_{1-\alpha/2} \dfrac{s^2}{\sqrt{n}}$

② $\bar{x} \pm t_{1-\alpha/2}(\nu) \dfrac{s^2}{\sqrt{n}}$

③ $\bar{x} \pm u_{1-\alpha/2} \sqrt{\dfrac{s^2}{n}}$

④ $\bar{x} \pm t_{1-\alpha/2}(\nu) \sqrt{\dfrac{s^2}{n}}$

해설 모평균의 양측 신뢰구간 추정(σ미지)

$$\bar{x} \pm t_{1-\alpha/2}(\nu) \sqrt{\dfrac{V}{n}} = \bar{x} \pm t_{1-\alpha/2}(\nu) \sqrt{\dfrac{s^2}{n}}$$
$$= \bar{x} \pm t_{1-\alpha/2}(\nu) \dfrac{s}{\sqrt{n}}$$

36. 기준값이 주어지지 않은 경우의 중위수 ($\tilde{X}$) 관리도의 관리한계(U_{CL}, L_{CL})의 표현으로 맞는 것은?

① $\bar{\bar{X}} \pm A_2 \bar{R}$ ② $\bar{\bar{X}} \pm A_3 \bar{R}$

③ $\bar{\bar{X}} \pm A_4 \bar{R}$ ④ $\bar{\bar{X}} \pm A_1 \bar{R}$

해설 $\left.\begin{array}{c} U_{CL} \\ L_{CL} \end{array}\right\} = \bar{\bar{x}} \pm m_3 A_2 \bar{R} = \bar{\bar{x}} \pm A_4 \bar{R}$

37. 500개가 1로트로 취급되고 있는 어떤 제품이 있다. 그중 490개는 적합품, 10개

는 부적합품이다. 부적합품 중 5개는 각각 1개씩의 부적합을 지니고 있으며, 4개는 각각 2개씩을, 그리고 1개는 3개의 부적합을 지니고 있다. 이 로트의 100아이템당 부적합수는 얼마인가?

① 1.6   ② 3.2   ③ 4.9   ④ 10.0

해설 100아이템당 부적합수
$$= \frac{5 \times 1 + 4 \times 2 + 1 \times 3}{500} \times 100 = 3.2$$

38. 모집단으로부터 4개의 시료를 각각 뽑은 결과의 분포가 $X_1 \sim N(5, 8^2)$, $X_2 \sim N(25, 4^2)$이고, $Y = 3X_1 - 2X_2$일 때, Y의 분포는 어떻게 되겠는가? (단, X_1, X_2는 서로 독립이다.)

① $Y \sim N(-35, (\sqrt{160})^2)$

② $Y \sim N(-35, (\sqrt{224})^2)$

③ $Y \sim N(-35, (\sqrt{512})^2)$

④ $Y \sim N(-35, (\sqrt{640})^2)$

해설 $E(Y) = E(3X_1 - 2X_2)$
$$= 3E(X_1) - 2E(X_2) = 3 \times 5 - 2 \times 25 = -35$$
$$V(Y) = V(3X_1 - 2X_2) = 3^2 V(X_1) + 2^2 V(X_2)$$
$$= 3^2 \times 8^2 + 2^2 \times 4^2 = 640$$

39. 계수형 축차 샘플링검사 방식(KS Q ISO 28591)에서 생산자 위험 품질(Q_{PR})에 관한 설명으로 맞는 것은?

① 될 수 있으면 합격으로 하고 싶은 로트의 부적합품률의 상한

② 될 수 있으면 합격으로 하고 싶은 로트의 부적합품률의 하한

③ 될 수 있으면 불합격으로 하고 싶은 로트의 부적합품률의 상한

④ 될 수 있으면 불합격으로 하고 싶은 로트의 부적합품률의 하한

해설 • 생산자위험(Q_{PR}, Producer's Risk Quality : p_0) : 합격시키고 싶은 로트의 부적합품률의 상한
• 소비자위험품질(Q_{CR}, Consumer's Risk Quality : p_1) : 불합격시키고 싶은 로트의 부적합품률의 하한

40. 모수 θ의 모든 값에 대하여 $E(\hat{\theta}) = \theta$를 만족하는 추정량 $\hat{\theta}$을 무슨 추정량이라 하는가?

① 유효추정량　② 충분추정량
③ 일치추정량　④ 불편추정량

해설 통계량의 점추정치에 관한 조건
㉠ 불편성 : 통계량이 모수값을 중심으로 분포한다[$E(\hat{\theta}) = \theta$].
㉡ 유효성(최소분산성) : 분산이 작아야 한다.
㉢ 일치성 : n이 크면 클수록 모수에 가까워진다.
㉣ 충분성(충족성) : 추정량이 모수에 대하여 모든 정보를 제공한다.

제3과목 : 생산시스템

41. 다음은 자주보전 7가지 단계의 내용이다. 순서를 맞게 나열한 것은?

㉠ 생활화　㉡ 총점검
㉢ 초기청소　㉣ 자주점검
㉤ 정리·정돈　㉥ 발생원·곤란개소 대책
㉦ 청소·점검·급유 가기준의 작성

① ㉦→㉢→㉥→㉡→㉣→㉤→㉠
② ㉢→㉥→㉦→㉡→㉣→㉤→㉠
③ ㉦→㉢→㉥→㉣→㉤→㉡→㉠
④ ㉢→㉥→㉦→㉣→㉤→㉡→㉠

해설 자주보전 활동 7 스텝

단계	명칭	활동 내용
제1스텝	초기청소	설비본체를 중심으로 하는 먼지·더러움을 완전히 없앤다.
제2스텝	발생원·곤란부위 대책수립	먼지, 더러움의 발생원, 비산의 방지나 청소·급유의 곤란 개소를 개선하여 청소·급유의 시간을 단축시킨다.
제3스텝	청소·점검·급유 가기준의 작성	단시간으로 청소·급유·덧조이기를 확실히 할 수 있도록 행동기준을 작성한다.
제4스텝	총점검	설비의 기능구조를 알고 보전기능을 몸에 익힌다
제5스텝	자주점검	자주점검 체크시트의 작성·실시로 오퍼레이션의 신뢰성 향상
제6스텝	정리정돈	각종 현장관리의 표준화를 실시하고 작업의 효율화와 품질 및 안전의 확보를 꾀한다.
제7스텝	자주관리의 철저(생활화)	MTBF 분석기록을 확실하게 해석하여 설비개선을 꾀한다.

42. PERT 기법에서 최조시간(TE ; earliest possible time)과 최지시간(TL ; latest allowable time)의 계산방법으로 맞는 것은 어느 것인가?

① TE, TL 모두 전진계산
② TE, TL 모두 후진계산
③ TE는 전진계산, TL은 후진계산
④ TE는 후진계산, TL은 전진계산

해설 • 가장 이른 예정일(Earliest Times, TE) : 네트워크상의 한 작업이 개시되거나

완료될 수 있는 가장 **빠른** 날짜이며, 최초 단계로부터 전진하면서 계산해나간다.
- 가장 늦은 완료일(Latest Times, TL) : 작업이 끝나도 되는 '가장 늦은 허용완료일'을 말하며, 최종완료일로부터 후진하면서 계산한다.

43. 동작경제의 원칙 중 작업장 배치 (arrangement of work place)에 관한 원칙에 해당하는 것은?
① 모든 공구나 재료는 지정된 위치에 있도록 한다.
② 양손 동작은 동시에 시작하고 동시에 완료한다.
③ 타자를 칠 때와 같이 각 손가락의 부하를 고려한다.
④ 가능하다면 쉽고도 자연스러운 리듬이 작업동작에 생기도록 작업을 배치한다.

[해설] ②, ④는 신체의 사용에 관한 원칙이며, ③은 공구 및 설비디자인에 관한 원칙이다.

44. 다음의 자료를 보고 우선순위에 의한 긴급률법으로 작업순서를 정한 것으로 맞는 것은?

작업	작업일수	납기일	여유일
A	6	10	4
B	2	8	6
C	2	4	2
D	2	10	8

① A → C → B → D
② A → B → C → D
③ D → C → B → A
④ D → B → C → A

[해설] **긴급률(critical ratio)**

$$CR = \frac{\text{잔여납기일수}}{\text{잔여작업일수}}$$

$$CR_A = \frac{10}{6} = 1.67, \quad CR_B = \frac{8}{2} = 4,$$

$$CR_C = \frac{4}{2} = 2, \quad CR_D = \frac{10}{2} = 5$$

긴급률법은 CR이 작은 것부터 처리해야 하므로 A → C → B → D의 순으로 작업한다.

45. 연간 10000단위 수요가 있으며 생산준비비용이 회당 2000원, 재고유지비용이 연간 단위당 100일 때, 연간 생산율이 20000단위라면 경제적 생산량은 약 몇 단위인가?
① 525단위 ② 633단위
③ 759단위 ④ 895단위

[해설] $EPQ = \sqrt{\dfrac{2DC_p}{C_H(1 - \dfrac{d}{p})}}$

$$= \sqrt{\frac{2 \times 10,000 \times 2,000}{100 \times (1 - \dfrac{10,000}{20,000})}} = 894.43\text{단위}$$

46. 자재관리의 기본활동으로 가장 관계가 먼 것은?
① 자재와 부품을 구매하는 데는 생산계획에 따라 세부적인 계획이 이루어져야 한다.
② 구매계획 수립에는 MRP 시스템을 활용할 수 있다.
③ 수립된 생산계획과 구매계획은 변경할 수 없다.
④ 생산에 필요한 소요량 산정, 구매, 보관의 활동을 합리적으로 수행하는 것이다.

[해설] 수립된 생산계획과 구매계획은 필요하다면 변경될 수 있다.

47. MRP(Material Requirements Planning) 특징으로 맞는 것을 모두 선택한 것은?

> ㉠ MRP의 입력요소는 BOM(Bill Of Material), MPS(Master Production Scheduling), 재고기록철(Inventory record file)이다.
>
> ㉡ 소요량 개념에 입각한 종속수요품의 재고관리방식이다.
>
> ㉢ 종속수요품 각각에 대하여 수요예측을 별도로 할 필요가 없다.
>
> ㉣ 상황변화(수요·공급·생산능력의 변화 등)에 따른 생산일정 및 자재계획의 변경이 용이하다.
>
> ㉤ 상위 품목의 생산계획에 따라 부품의 소요량과 발주시기를 계산한다.

① ㉡, ㉢, ㉣, ㉤
② ㉠, ㉡, ㉢, ㉤
③ ㉠, ㉡, ㉣, ㉤
④ ㉠, ㉡, ㉢, ㉣, ㉤

해설 MRP(Material Requirement Planning, 자재소요계획)는 종속수요품(부품, 원료, 반제품 등)의 재고관리시스템이다.

48. 다음 중 JIT 생산방식에 관한 설명으로 틀린 것은 어느 것인가?

① 생산의 평준화를 추구한다.
② 프로젝트 생산방식에 적합하다.
③ 간판을 활용한 pull 생산방식이다.
④ 생산준비시간의 단축이 필요하다.

해설 도요타 방식의 적시생산시스템(Just In Time : JIT)은 필요한 양을 필요한 시기에 필요한 만큼 생산하는 무재고 생산시스템으로 끌어당기기(pull) 방식이며 다품종소량 생산방식이다. 프로젝트 생산이란 교량, 댐, 고속도로건설 등과 같이 생산할 제품을 한 장소에 고정한 상태에서 장비, 공구, 재료, 인력이 이동하면서 작업하는 형태이다.

49. 기업의 생산조직에서 작업을 전문화하기 위하여 테일러가 제시한 조직형태는?

① 라인 조직
② 기능식 조직
③ 스텝 조직
④ 사업부 조직

해설 기업의 생산조직에서 작업을 전문화하기 위하여 테일러가 제시한 조직형태는 기능(직능)식 조직이다.

50. 표준시간 설정을 위한 수행도 평가방법에 해당하지 않는 것은?

① 속도평가법
② 라인밸런싱법
③ 객관적 평가법
④ 평준화법(Westinghouse 시스템)

해설 수행도 평가 방법에는 속도평가법, 객관적 평가법, 평준화법, 합성평가법 등이 있다. 라인밸런싱은 제품별 배치에 있어서 각 작업장에 작업 부하를 적절하게 할당하여 각 작업장에서 작업시간이 균형을 이루도록 하는 활동이다.

51. 불확실성하에서의 의사결정기준에 대한 설명으로 틀린 것은?

① Laplace 기준 : 가능한 성과의 기대치가 가장 큰 대안을 선택
② MaxiMin 기준 : 가능한 최소의 성과를 최대화하는 대안을 선택
③ Hurwicz 기준 : 기회손실의 최대값이 최소화되는 대안을 선택
④ MaxiMax 기준 : 가능한 최대의 성과를 최대화하는 대안을 선택

해설 Hurwicz 기준 : MaxiMin과 MaxiMax를 절충한 방법이다.

52. 집중구매의 장점으로 틀린 것은?

① 구매수속을 신속히 처리할 수 있다.

② 공통자재를 일괄 구매하므로 재고를 줄일 수 있다.

③ 대량 구매로 가격과 거래조건을 유리하게 할 수 있다.

④ 시장조사, 거래처조사, 구매효과의 측정 등을 효과적으로 할 수 있다.

해설 분산구매는 구매수속을 신속히 처리할 수 있다.

53. 다음 ( ) 안에 알맞은 것은?

> ( )란 부품 및 제품을 설계하고, 제조하는 데 있어서 설계상, 가공상 또는 공정경로상 비슷한 부품을 그룹화하여 유사한 부품들을 하나의 부품군으로 만들어 설계·생산하는 방식이다.

① GT
② FMS
③ SLP
④ QFD

해설 GT(Group Technology)는 부품 및 제품을 설계하고 제조하는 데 있어서 설계상, 가공상 또는 공정경로상 비슷한 부품을 그룹화하여 유사한 부품들을 하나의 부품군으로 만들어 설계·생산하는 방식으로 다품종 소량생산시스템에서 생산능률을 향상시키기 위한 방법이다.

54. 설비배치의 일반적인 목적과 가장 거리가 먼 것은?

① 설비 및 인력의 증대

② 운반 및 물자취급의 최소화

③ 안전확보와 작업자의 직무만족

④ 공정의 균형화와 생산흐름의 원활화

해설 설비배치의 목적은 설비 및 인력의 감소(이용률 증대)이다.

55. 보전작업자가 각 제조부서의 감독자 밑에 있는 보전조직을 무엇이라고 하는가?

① 부문보전
② 집중보전
③ 지역보전
④ 절충보전

해설 설비보전조직의 기본유형

① 부문보전 : 각 부서별로 보전업무 담당자를 배치(보전요원을 각 제조부문의 감독자 밑에 배치)

② 집중보전 : 모든 보전요원을 한 사람의 관리자 밑에 둠

③ 지역보전 : 공장의 특정 지역에 보전요원을 배치

④ 절충보전 : 앞의 보전 형태를 조합한 형태

56. 어느 작업자의 시간연구 결과 평균작업시간이 단위당 20분이 소요되었다. 작업자의 레이팅계수는 95%이고, 여유율은 정미시간의 10%일 때, 외경법에 의한 표준시간은 얼마인가?

① 14.5분
② 16.4분
③ 18.1분
④ 20.9분

해설 표준시간(외경법)

= 정미시간 × (1+여유율)

$ST = NT(1+A)$

$= 20 \times 0.95 \times (1+0.1) = 20.9분$

57. 스톱워치에 의한 시간연구에서 관측대상 작업을 여러 개의 요소작업으로 구분하여 시간을 측정하는 이유에 해당하지 않는 것은?

① 같은 유형의 요소작업 시간자료로부터 표준자료를 개발할 수 있다.

② 요소작업을 명확하게 기술함으로써 작업 내용을 보다 정확하게 파악할 수 있다.

③ 모든 요소작업의 여유율을 동일하게 부여하여 여유시간을 정확하게 구할 수 있다.

④ 작업방법이 변경되면 해당되는 부분만 시간연구를 다시 하여 표준시간을 쉽게 조정할 수 있다.

해설 여러 개의 요소작업으로 구분하여 레이팅을 함으로써 정미시간을 정확하게 구할 수 있다.

58. 주문생산시스템에 관한 내용으로 맞는 것은?

① 생산의 흐름은 연속적이다.
② 소품종 대량생산에 적합하다.
③ 다품종 소량생산에 적합하다.
④ 동일 품목에 대하여 반복생산이 쉽다.

해설 • 계획생산-예측생산-연속생산-소품종대량생산-전용설비-고정 경로형
• 단속생산-주문생산-다품종소량생산-범용설비-자유 경로형

59. 생산시스템 운영에서 생산계획을 수립하기 위한 기초자료는?

① 작업능력 검토
② 제품 수요의 예측
③ 재고의 수준 검토
④ 제품 품질수준 검토

해설 수요변화에 따라 적절한 생산계획을 수립해야 하므로 제품 수요의 예측자료를 기초로 생산계획을 수립한다.

60. 총괄생산계획(APP) 기법 중 시행착오의 방법으로 이해하기 쉽고 사용이 간편한 것은 어느 것인가?

① 도시법
② 탐색결정기법
③ 선형계획법
④ 휴리스틱기법

해설 총괄생산계획은 변동하는 수요에 대응하여 생산율·재고수준·고용수준·하청 등의 관리가능변수를 최적으로 결합하기 위한

용도로 수립되는 계획이다.
㉠ 도시법(시행착오법)
㉡ 수리적 최적화기법-선형계획법, 수송계획법, 선형결정기법
㉢ 휴리스틱기법(경험적·탐색적 방법)-경영계수기법(다중회귀분석), 탐색결정기법, 매개변수법

제4과목 : 신뢰성 관리

61. 수명시험 방식 중 정시중단방식의 설명으로 맞는 것은?

① 정해진 시간마다 고장수를 기록하는 방식
② 미리 고장개수를 정해놓고 그 수의 고장이 발생하면 시험을 중단하는 방식
③ 미리 시간을 정해놓고 그 시간이 되면 고장수에 관계없이 시험을 중단하는 방식
④ 미리 시간을 정해놓고 그 시간이 되면 고장난 아이템에 관계없이 전체를 교체하는 방식

해설 정시중단방식은 미리 시간을 정해놓고 그 시간이 되면 고장수에 관계없이 시험을 중단하는 방식이다.

62. 강도는 평균 140kgf/cm², 표준편차 16kgf/cm²인 정규분포를 따르고 부하는 평균 100kgf/cm², 표준편차 12kgf/cm²인 정규분포를 따를 경우에 부품의 신뢰도는 얼마인가? (단, $u_{0.8531} = 1.05$, $u_{0.9544} = 1.69$, $u_{0.9772} = 2.00$, $u_{0.9913} = 2.38$이다.)

① 0.8534
② 0.9545
③ 0.9772
④ 0.9912

해설 $P\left(u < \dfrac{140-100}{\sqrt{12^2+16^2}}\right) = P(u < 2)$
$= 0.9772(97.72\%)$

63. Y전자부품의 수명은 전압에 대하여 5 승 법칙에 따른다. 전압을 정상치보다 30% 증가시켜 가속수명시험을 하여 얻은 데이터로부터 추정한 평균수명은 정상수명시험에서 얻은 데이터로부터 추정한 평균수명에 비해 약 얼마나 단축되는가?

① $\dfrac{1}{5.0}$ ② $\dfrac{1}{3.7}$

③ $\dfrac{1}{2.5}$ ④ $\dfrac{1}{1.3}$

해설 $\theta_n = AF \cdot \theta_S \rightarrow \theta_n = \left(\dfrac{1.3}{1}\right)^5 \times \theta_S$
$\rightarrow \theta_n = 3.71\theta_S$

64. 어떤 장치의 고장수리시간을 조사하였더니 다음과 같은 데이터를 얻었다. 수리시간이 지수분포를 따른다고 할 때, 평균 수리율은 약 얼마인가?

횟수	5	2	6	3	4
수리시간	3	6	3	2	5

① 0.2667/시간 ② 0.2817/시간
③ 0.3232/시간 ④ 0.5556/시간

해설 평균 수리율 $\mu = \dfrac{r}{T}$
$= \dfrac{5+2+\cdots+4}{5\times3+2\times6+\cdots+4\times5} = \dfrac{20}{71}$
$= 0.2817/$시간

65. 제약게이트의 설명으로 맞는 것은?
① 기본사상 등의 조합으로부터 발생하는 개개의 사실
② 입력사상 중 이 게이트에 나타난 조건이 만족되는 경우 출력사상이 발생
③ 입력사상 중 어느 하나가 존재하는 경우에 출력사상이 발생
④ 통상 발생하리라고 여겨지는 사상을 나타냄

해설 제약(억제)게이트는 입력사상 중 이 게이트에 나타난 조건이 만족되는 경우 출력사상이 발생한다.

66. 300개의 전구로 구성된 전자제품에 대하여 수명시험을 한 결과 4시간과 6시간 사이의 고장개수가 20개였다. 4시간에서 이 전구의 고장확률밀도함수 $f(t)$는 약 얼마인가?

① 0.0333/시간 ② 0.0367/시간
③ 0.0433/시간 ④ 0.0457/시간

해설 $f(t) = \dfrac{n(t)-n(t+\triangle t)}{N} \cdot \dfrac{1}{\triangle t}$
$= \dfrac{20}{300} \times \dfrac{1}{2} = 0.0333/$시간

67. 다음은 신뢰성 설계 항목에 관한 내용이다. 신뢰성 설계 순서를 나열한 것으로 맞는 것은?

⊙ 신뢰성 요구사항 분석
ⓒ 신뢰도 목표 설정
ⓒ 신뢰도 분배 및 설계
② 설계부품 선택
◎ 시험 및 검사규격 작성
ⓗ 양산품의 신뢰성 시험

① ⊙→ⓒ→ⓒ→②→◎→ⓗ
② ⊙→ⓒ→◎→②→ⓒ→ⓗ
③ ⓒ→⊙→②→ⓒ→◎→ⓗ
④ ⓒ→◎→⊙→ⓒ→②→ⓗ

해설 신뢰성 설계 순서는 신뢰성 요구사항 분석-신뢰도 목표 설정-신뢰도 분배-부품 선택으로 이루어 진다.

68. 신뢰성 데이터 해석에 사용되는 확률지 중 가장 널리 사용되는 와이블 확률지에 대한 설명으로 틀린 것은?

① $E(t)$는 $\eta \cdot \Gamma\left(1 + \dfrac{1}{m}\right)$로 계산한다.

② $F(t)$는 $\dfrac{i - 0.3}{n + 0.4}$으로 계산한 값을 타점한다.

③ 모수 m의 추정은 $\dfrac{\ln\left[1 - F(x)\right]^{-1}}{t}$의 값이다.

④ η의 추정은 타점의 직선이 $F(t) = 63\%$인 선과 만나는 점의 하측 눈금(t눈금)을 읽은 값이다.

해설 $\ln t = 1$과 $\ln\ln\dfrac{1}{1 - F(t)} = 0$에서의 교점을 m 추정점이라하며, m 추정점으로부터 타점된 직선과 평행선을 긋고, 이 평행선이 $\ln t = 0$인 선과 만나는 점의 우측 눈금을 읽고, 이 값의 부호를 바꾸면 m의 추정치가 된다.

69. 어떤 부품을 신뢰수준 90%, $C = 1$에서 $\lambda_1 = 1\%/10^3$시간임을 보증하기 위한 계수 1회 샘플링검사를 실시하고자 한다. 이때 시험시간 t를 1000시간으로 할 때, 샘플 수는 몇 개인가? (단, 신뢰수준은 90%로 한다.)

계수 1회 샘플링검사표

C \ $\lambda_1 t$	0.05	0.02	0.01	0.0005
0	47	116	231	461
1	79	195	390	778
2	109	233	533	1065
3	137	266	688	1337

① 79   ② 195
③ 390   ④ 778

해설 $\lambda_1 t = \left(\dfrac{1}{100} \times \dfrac{1}{10^3}\right) \times 1,000 = 0.01$의 열과 $C = 0$의 행이 만나는 곳에서 $n = 390$이다.

70. 어떤 제품의 수명이 평균 450시간, 표준편차 50시간의 정규분포에 따른다고 한다. 이 제품 200개를 새로 사용하기 시작하였다면 지금부터 500~600시간 사이에서는 평균 약 몇 개가 고장 나는가?

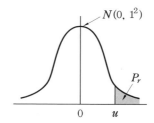

u	P_r
0.5	0.3085
1	0.1587
2	0.0228
3	0.0013

① 30개   ② 32개
③ 91개   ④ 100개

해설 $P_r(500 \le T \le 600)$

$= P_r\left(\dfrac{500 - \mu}{\sigma} \le u \le \dfrac{600 - \mu}{\sigma}\right)$

$= P_r\left(\dfrac{500 - 450}{50} \le u \le \dfrac{600 - 450}{50}\right)$

$= P_r(1 \le u \le 3) = 0.1587 - 0.0013 = 0.1574$

따라서, 평균고장 수량 $= 200 \times 0.1574$
$= 31.48(32개)$

부록

71. 지수분포를 따르는 어떤 기기의 고장률은 0.02/시간이고, 이 기기가 고장나면 수리하는 데 소요되는 평균 시간이 30시간일 경우, 이 기기의 가용도(Availability)는 몇 %인가?

① 37.5   ② 50.0
③ 62.5   ④ 80.0

해설 $MTBF = \dfrac{1}{\lambda} = \dfrac{1}{0.02} = 50$ 이다.

가용도 $A = \dfrac{MTBT}{MTBT + MTTR}$

$= \dfrac{50}{50 + 30} = 0.625(62.5\%)$

72. 다음 중 마모고장기간의 고장률을 감소시키기 위한 대책으로 가장 적절한 것은?

① 예방보전을 실시한다.
② 사후보전을 신속히 실시한다.
③ 혹사하지 않도록 한다.
④ 과부하가 걸리지 않게 한다.

해설 ②, ③, ④는 우발고장기간에 대한 대책이다.

73. 각 요소의 신뢰도가 0.9인 2 out of 3 시스템(3 중 2 시스템)의 신뢰도는 약 얼마인가?

① 0.85   ② 0.95
③ 0.97   ④ 0.99

해설 $R_S = \displaystyle\sum_{i=k}^{n} R^i (1-R)^{n-i}$

$= {}_3C_2 0.9^2 (1-0.9)^1 + {}_3C_3 0.9^3 (1-0.9)^0 = 0.972$

74. 정시중단시험에서 고장개수가 0개인 경우 어떠한 분포를 이용하여 평균수명을 구하는가?

① 정규분포   ② 초기하분포
③ 이항분포   ④ 푸아송분포

해설 정시중단시험에서 고장개수가 0개인 경우 푸아송분포를 이용하여 평균수명을 구한다.

75. $\lambda_1 = 0.001$, $\lambda_2 = 0.001$인 두 부품으로 구성된 직렬시스템에서 $t = 100$일 때, 시스템의 신뢰도(R), 고장률(λ), $MTBF$는 각각 약 얼마인가?(단, 고장은 지수분포를 따른다.)

① $R = 0.8187$, $\lambda = 0.002$,
$MTBF = 500$
② $R = 0.8187$, $\lambda = 0.001$,
$MTBF = 1000$
③ $R = 0.9048$, $\lambda = 0.002$,
$MTBF = 500$
④ $R = 0.9048$, $\lambda = 0.000001$,
$MTBF = 1000000$

해설 $\lambda_S = \lambda_1 + \lambda_2 = 0.001 + 0.001 = 0.002$

$R_S(t) = e^{-\lambda_S t} \rightarrow$

$R_S(100) = e^{-0.002 \times 100} = 0.8187$

$MTBF_S = \dfrac{1}{\lambda_S} = \dfrac{1}{0.002} = 500$

76. 고장분포함수가 지수분포인 n개 부품의 고장시간이 $t_1, t_2, \cdots, t_n$으로 얻어졌다. 평균고장시간($MTBF$)에 대한 추정식으로 맞는 것은?

① $\dfrac{t_1}{n}$ ② $\dfrac{n}{\left(\displaystyle\sum_{i=1}^{n} t_i\right)}$

③ $\dfrac{t_n}{n}$ ④ $\dfrac{\left(\displaystyle\sum_{i=1}^{n} t_i\right)}{n}$

해설 $\widehat{MTBF} = \dfrac{T}{r} = \dfrac{\left(\displaystyle\sum_{i=1}^{n} t_i\right)}{n}$

77. 고장평점법에서 평점요소로 기능적 고장영향의 중요도(C_1), 영향을 미치는 시스템의 범위(C_2), 고장발생빈도(C_3)를 평가하여 평가점을 $C_1 = 3$, $C_2 = 9$, $C_3 = 6$을 얻었다면, 고장평점(C_S)은 약 얼마인가?

① 4.45   ② 5.45
③ 8.72   ④ 12.72

해설
$$C_S = (C_1 \times C_2 \times C_3)^{1/3}$$
$$= (3 \times 9 \times 6)^{1/3} = 5.45$$

78. 신뢰도가 R인 부품 3개가 병렬결합모델로 설계되어 있을 때, 시스템 신뢰도의 표현으로 맞는 것은?

① $3R$
② $3R - 3R^2 + R^3$
③ $(1-R)^3$
④ $\{1 - (1-R)^2\} + R$

해설
$$R_S = 1 - F_S = 1 - \prod(1 - R_i) \rightarrow$$
$$R_S = 1 - (1-R)^3 = 3R - 3R^2 + R^3$$

79. 신뢰성 보증시험에서 계량형 특성을 갖는 자료를 분석하는 데 주로 사용되는 수명분포는?

① 지수분포
② 초기하분포
③ 이항분포
④ 베르누이분포

해설 신뢰성 보증시험에서 계량형 특성을 갖는 자료를 분석하는 데 주로 사용되는 수명분포는 지수분포이다.

80. 10개의 샘플에 대하여 4개가 고장 날 때까지 수명시험을 한 결과 10시간, 20시간, 30시간, 40시간에 각각 1개씩 고장이 났다. 이 샘플의 고장이 지수분포에 따라 발생한다고 하면 $MTBF$의 점추정치는 몇 시간인가?

① 25시간   ② 34시간
③ 85시간   ④ 100시간

해설
$$T = (10 + 20 + 30 + 40) + (10 - 4) \times 40$$
$$= 340$$
$$\widehat{MTBF} = \frac{T}{r} = \frac{\sum t_{(i)} + (n-r)t_{(r)}}{r}$$
$$= \frac{340}{4} = 85\,\text{시간}$$

제5과목 : 품질경영

81. 품질경영시스템에서 품질전략을 결정하는 데 고려하여야 할 요소와 가장 거리가 먼 것은?

① 경영목표   ② 경영방침
③ 세부절차   ④ 경영전략

해설 품질경영시스템에서 품질전략을 결정하는 데 고려하여야 할 요소는 '경영방침 → 경영목표 → 경영전략'이다.

82. 다음 중 말콤 볼드리지상에 관한 설명이 아닌 것은?

① 3개 요소 7개 범주로 구분하고 있다.
② 데밍상을 벤치마킹하여 제정한 것이다.
③ 기업경영 전체의 프로그램으로 전략에서 실행까지를 전개한다.
④ 품질향상을 위해 실천적인 'How to do'를 추구하는 프로세스 지향형이다.

해설 데밍상은 How to do(프로세스지향)사고이며, MB상은 What to do(목표지향)사고의 경영품질 개념이다.

부록

83. 크로스비(P.B. Crosby)의 품질경영에 대한 사상이 아닌 것은?

① 수행표준은 무결점이다.
② 품질의 척도는 품질코스트이다.
③ 품질은 주어진 용도에 대한 적합성으로 정의한다.
④ 고객의 요구사항을 해결하기 위해 공급자가 갖추어야 하는 품질시스템은 처음부터 올바르게 일을 행하는 것이다.

해설 크로스비(P.B. Crosby)는 '요건에 대한 일치성'을 품질로 보았다. 용도에 대한 적합성은 주란(J.M. Juran)이 정의한 것이다.

84. 다음 중 허용차와 공차에 대한 설명으로 틀린 것은?

① 최대허용치수와 최소허용치수와의 차이를 공차라고 한다.
② 허용한계치수에서 기준치수를 뺀 값을 실치수라고 한다.
③ 허용차는 규정된 기준치와 규정된 한계치와의 차이다.
④ 허용차의 표시방법은 양쪽이 같은 수치를 가질 때에는 ±를 붙여서 기재한다.

해설 허용한계치수에서 기준치수를 뺀 값을 허용차라고 한다.

85. 사내표준 작성의 필요성이 큰 경우에 해당되지 않는 것은?

① 산포가 큰 경우
② 공정이 변하는 경우
③ 중요한 개선이 이루어진 경우
④ 신기술 도입 초기단계인 경우

해설 사내표준 작성의 필요성
㉠ 산포가 큰 경우
㉡ 공정이 변하는 경우
㉢ 중요한 개선이 이루어진 경우

㉣ 숙련공이 교체될 때
㉤ 통계적 수법을 활용하고 싶을 때

86. 다음 중 어떤 문제에 대한 특성과 그 요인을 파악하기 위한 것으로 브레인스토밍이 많이 사용되는 개선활동 기법은?

① 층별(stratification)
② 체크시트(check sheet)
③ 산점도(scatter diagram)
④ 특성요인도(cause & effect diagram)

해설 특성요인도는 어떤 문제에 대한 특성 (결과)과 그 요인(원인)을 파악하기 위한 것으로 브레인스토밍이 많이 사용되는 개선활동 기법이다.

87. 품질향상에 대한 모티베이션에 관한 설명으로 틀린 것은?

① 품질개선활동에 있어서 달성 가능한 품질목표의 설정 없이는 효과적인 품질 모티베이션은 이룩될 수 없다.
② 작업조건, 임금, 승진 등의 환경적인 조건을 개선하는 것은 종업원으로 하여금 단기적으로보다는 장기적으로 일할 의욕을 가지게 한다.
③ 허츠버그(F. Herzberg)에 의하면 위생요인(hygiene factor), 즉 일에 불만을 주는 요인을 아무리 개선하여도 종업원의 인간적 욕구는 충족되지 않는다고 한다.
④ 동기부여가 목표지향적이라는 점에서 개인이 추구하는 목표나 성과는 개인을 이끄는 동인이라 할 수 있는데, 바람직한 목표를 성취했을 때 욕구의 결핍은 현저하게 감소한다.

해설 작업조건, 임금, 승진 등의 환경적인 조건을 개선하는 것은 종업원으로 하여금 장기적으로보다는 단기적으로 일할 의욕을 가

1회 CBT 대비 실전문제

지게 한다. 장기적으로는 성장, 발전, 자아 성취 등의 일에 대한 보람을 느끼도록 해야 한다.

88. 전통적인 품질손실 개념은 품질특성이 규격 내에 있으면 품질손실이 발생하지 않는다는 것이 일반적이었으나 일본의 다구찌 박사는 종래의 방법과는 다른 관점에서 접근하였다. 이에 대한 설명으로 맞는 것은?

① 품질특성은 제조환경에만 의존하므로 고객에 따라 품질손실은 서로 다르게 발생한다.

② 품질특성이 규격 내에 있더라도 품질특성의 목표치를 벗어나는 순간부터 품질손실이 발생한다.

③ 품질특성이 목표값으로부터 3시그마 범위 내에 있으면 품질손실이 발생하지 않는다.

④ 망소특성인 경우 품질특성의 값이 커질수록 품질손실이 적게 발생한다.

해설 제품특성의 목표치가 m이고, 제품이 실질 특성치가 y인 경우 손실함수는 $L(y) = k(y-m)^2$이다. 따라서, 품질특성이 규격 내에 있더라도 품질특성의 목표치를 벗어나는 순간부터 품질손실이 발생한다.

89. 산업표준화법령상 산업표준화 및 품질경영에 대한 교육을 반드시 받아야 하는데, 이에 해당되는 것은?

① 직반장교육

② 작업자교육

③ 내부품질심사요원 양성교육

④ 경영간부교육(생산·품질부문 팀장급 이상)

해설 산업표준화 및 품질경영에 대한 교육은 경영간부교육, 품질관리담당자 양성교육 및 정기교육이다.

90. 현대 품질경영에 있어 매우 중요한 경쟁우위에 관해 설명한 것으로 틀린 것은?

① 품질과 가격 중에서 더욱 중시되어야 할 것은 가격이다.

② 같은 품질에서 더 낮은 가격도 경쟁력의 일환이다.

③ 전략적 우위는 가격경쟁력의 확대와 품질경쟁력의 확대를 통하여 확보될 수 있다.

④ 경쟁력이 없어도 광고와 같은 판매촉진 전략으로 단기적 성과는 얻을 수도 있지만 장기적으로 지속하긴 힘들다.

해설 품질과 가격 중에서 더욱 중시되어야 할 것은 품질이다.

91. 인증심사의 분류에 따른 심사주체가 틀린 것은?

① 내부심사 – 조직

② 제1자 심사 – 인정기관

③ 제2자 심사 – 고객

④ 제3자 심사 – 인증기관

해설 제1자 심사는 기업에 의한 조직 자체 품질활동 평가(내부심사)이다.

92. 품질경영시스템-요구사항(KS Q ISO 9001 : 2015)에서 품질목표 달성방법을 기획할 때 조직에서 정의해야 할 사항이 아닌 것은?

① 달성방법

② 달성대상

③ 필요자원

④ 완료시기

해설 품질목표 달성방법을 기획할 때 조직에서 정의해야 할 사항은 달성대상, 필요자원, 책임자, 완료시기, 결과평가방법이다.

부록

93. 오차의 발생원인 중 외부적인 영향에 의한 측정오차가 아닌 것은?

① 온도
② 군내오차
③ 되돌림오차
④ 접촉오차

해설 측정오차의 발생원인

㉠ 계기(기기)오차 : 측정기 자체에 의한 오차
㉡ 개인오차 : 측정자 간의 차이에 의한 오차
㉢ 측정방법의 차이에 의한 오차(가장 큰 요인이다.)
㉣ 외부적인 환경영향에 의한 오차(간접요인) : 되돌림오차, 접촉오차, 온도, 시차, 진동 등

94. 커크패트릭(Kirkpatrick)이 제안한 품질비용 모형에서 예방코스트의 증가에 따른 평가코스트와 실패코스트의 변화를 설명한 내용으로 가장 적절한 것은?

① 평가코스트 감소, 실패코스트 감소
② 평가코스트 증가, 실패코스트 증가
③ 평가코스트 감소, 실패코스트 증가
④ 평가코스트 증가, 실패코스트 감소

해설 예방코스트의 증가에 따른 제품의 품질향상으로 평가코스트와 실패코스트는 감소한다.

95. 그림과 같은 조립품의 공차는 약 얼마인가?

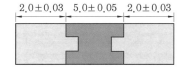

96. 다음 중 6시그마의 본질로 가장 거리가 먼 것은?

① 기업경영의 새로운 패러다임
② 프로세스 평가·개선을 위한 과학적 통계적 방법
③ 검사를 강화하여 제품 품질수준을 6시그마에 맞춤
④ 고객만족 품질문화를 조성하기 위한 기업경영 철학이자 기업전략

해설 6시그마는 최고경영자의 리더십 아래 모든 프로세스의 품질수준을 정량적으로 평가하여 품질을 혁신하고, 문제해결과정 및 전문가 양성 등의 효율적인 품질문화를 조성하여 가며, 고객만족을 달성하기 위하여 프로세스의 질을 6시그마 수준으로 높여 기업경영성과를 획기적으로 향상시키고자 하는 종합적인 기업의 경영전략이다.

97. 다음 중 샌더스(T.R.B. Sanders)가 제시한 현대적인 표준화의 목적으로 가장 거리가 먼 것은?

① 무역의 벽 제거
② 안전, 건강 및 생명의 보호
③ 다품종 소량생산체계의 구축
④ 소비자 및 공동사회의 이익보호

해설 표준화란 본질적으로 단순화의 행위를 위한 사회의 의식적 노력의 결과이다. 따라서 표준화를 하면 제품의 종류가 줄어든다(소품종 다량생산).

① ±0.0656
② ±0.1100
③ ±0.2646
④ ±0.7500

해설 $\pm \sqrt{0.03^2 + 0.05^2 + 0.03^2} = \pm 0.06557$

98. 제조물 책임에서 표시상의 결함예방을 위하여 사용되는 경고표시에 기입되어야 하는 요소가 아닌 것은?

① 제품에 따른 위험의 성질
② 제품의 평균수명
③ 위험의 정도
④ 위험이 발생할 경우 긴급조치

해설 설명 · 지시 · 경고에서 경고란 당해 제조물이 가지는 본래적인 위험과 사용상의 위험에 대하여 제조물을 부적당하게 사용하면 위험하다는 것과 그 위험의 방지 방법을 알려줌으로써, 안전한 이용 또는 사용을 도모하는 것을 목적으로 한다.

99. 사내 실패비용으로 볼 수 없는 것은?

① 클레임 비용
② 재가공 작업비용
③ 폐기품 손실자재비
④ 자재부적합 유실비용

해설 클레임 비용, 애프터서비스 비용은 사외 실패코스트(EF)에 해당한다.

100. 다음 중 회사의 경영철학을 바탕으로 경영목표를 설정하고 품질방침을 결정하는 주체는?

① 최고경영자
② 품질관리부서장
③ 판매부서장
④ 품질관리실무자

해설 품질방침은 최고경영자에 의해 공식적으로 표명된 품질관련 조직의 전반적인 의도 및 방향으로서 품질에 관한 방침이다.

부록

2회 CBT 대비 실전문제

제1과목 : 실험계획법

1. 2^4형 실험에서 1/2 반복만 실험하기 위해 일부실시법을 이용하였다. 그 결과 다음과 같은 블록을 얻었다. 선택한 정의대비는?

> 블록 1 : (1), ab, ac, ad, bc,
> bd, cd, abcd

① AB ② ABC
③ BCD ④ ABCD

해설 ・블록 1 : (1), ab, ac, ad, bc, bd, cd, abcd
・블록 2 : a, b, c, d, abc, abd, acd, bcd

$$I = \frac{1}{8}(a-1)(b-1)(c-1)(d-1) \rightarrow$$

정의대비 $I = ABCD$이다.

2. 실험계획법에서 사용되는 모형은 요인 (factor)의 종류에 따라 크게 3가지로 분류되는데, 이에 속하지 않는 것은?

① 모수모형 ② 교차모형
③ 변량모형 ④ 혼합모형

해설 요인이 모두 모수요인인 경우 모수모형, 모두 변량요인인 경우 변량모형, 모수요인과 변량요인이 섞여 있는 경우 혼합모형이다.

3. 교락법의 실험을 여러 번 반복하여도 어떤 반복에서나 동일한 요인효과가 블록효과와 교락되어 있는 경우의 교락실험 설계방법은?

① 부분교락 ② 단독교락
③ 이중교락 ④ 완전교락

해설 ㉠ 완전교락은 교락법의 실험을 여러 번 반복하여도 어떤 반복에서나 동일한 요인효과가 블록효과와 교락되어 있는 경우
㉡ 부분교락은 교락법에서 블록반복을 행하는 경우에 각 반복마다 블록효과와 교락시키는 요인이 다른 경우
㉢ 단독교락은 블록이 2개로 나누어지는 교락
㉣ 이중교락은 블록이 4개로 나누어지는 교락

4. 성형온도(A)를 4수준 취하고 촉매량(B)을 3수준 취하여 각 수준의 조합마다 2회씩 총계 24회의 실험을 랜덤한 순서로 행하여 다음과 같은 분산분석표를 얻었다. 검토결과 교호작용이 기술적으로 의미가 없어 오차항에 풀링하기로 하였다. 이때 풀링된 오차항 V_e는 약 얼마인가?

요인	SS	DF	MS	F_0
A	4.88	3	1.63	7.76^*
B	5.40		2.70	12.86^*
$A \times B$	2.68		0.45	2.14
e	2.50		0.21	
T	15.46	23		

① 0.29 ② 0.43
③ 0.66 ④ 0.73

해설 반복 있는 2원배치법
$\nu_B = m - 1 = 2$, $\nu_{A \times B} = 3 \times 2 = 6$,

$\nu_e = \nu_T - \nu_A - \nu_B - \nu_{A \times B} = 12$

$V_e = \dfrac{S_{A \times B} + S_e}{\nu_{A \times B} + \nu_e} = \dfrac{2.68 + 2.50}{18} = 0.287$

5. 반복이 없는 2요인실험(모수모형)의 분산분석표에서 ( ) 안에 들어갈 식은?

요인	SS	DF	MS	$E(V)$
A	772	4	193.0	$\sigma_e^2 + 4\sigma_A^2$
B	587	3	195.7	( )
e	234	12	19.5	
T	1593	19		

① $\sigma_e^2 + 2\sigma_B^2$ ② $\sigma_e^2 + 3\sigma_B^2$

③ $\sigma_e^2 + 4\sigma_B^2$ ④ $\sigma_e^2 + 5\sigma_B^2$

〔해설〕 $E(V_B) = \sigma_e^2 + l\sigma_B^2 = \sigma_e^2 + 5\sigma_B^2$

6. 3가지의 공정라인(A)에서 나오는 제품의 부적합품률을 알아보기 위하여 샘플링검사를 실시하였다. 작업시간별(B)로 차이가 있는지도 알아보기 위하여 오전, 오후, 야간 근무조에서 공정라인별로 각각 100개씩 조사하여 다음과 같은 데이터가 얻어졌다. 이 자료의 1차 오차항의 제곱합(S_{e_1})은 약 얼마인가?

공장라인 작업시간	A_1	A_2	A_3	$T_{\cdot j \cdot}$
B_1(오전)	2	3	6	11
B_2(오후)	6	2	6	14
B_3(야간)	10	4	10	24
$T_{i \cdot \cdot}$	18	9	22	49

① 0.08   ② 0.14

③ 0.22   ④ 0.28

〔해설〕 계수치 데이터 분석(2요인실험)

$S_{e_1} = S_{A \times B} = S_{AB} - S_A - S_B$

$\quad = 0.742 - 0.296 - 0.309 = 0.137$

$S_{AB} = \sum \sum \dfrac{T_{ij}^2 \cdot}{r} - CT$

$\quad = \dfrac{2^2 + 3^2 + \cdots + 4^2 + 10^2}{100} - \dfrac{49^2}{900} = 0.742$

$S_A = \sum \dfrac{T_i^2 \cdot \cdot}{mr} - CT$

$\quad = \dfrac{18^2 + 5^2 + 22^2}{300} - \dfrac{49^2}{900} = 0.296$

$S_B = \sum \dfrac{T_{\cdot j \cdot}^2}{lr} - CT$

$\quad = \dfrac{11^2 + 14^2 + 24^2}{300} - \dfrac{49^2}{900} = 0.309$

7. 요인의 수준과 수준수를 택하는 방법으로 틀린 것은?

① 현재 사용되고 있는 요인의 수준은 포함시키는 것이 바람직하다.

② 실험자가 생각하고 있는 각 요인의 흥미영역에서만 수준을 잡아준다.

③ 특성치가 명확히 나쁘게 되리라고 예상되는 요인의 수준은 흥미영역에 포함시킨다.

④ 수준수는 보통 2~5 수준이 적절하며 많아도 6수준이 넘지 않도록 하여야 한다.

〔해설〕 특성치가 명확히 좋게 되리라고 예상되는 요인의 수준은 흥미영역(관심영역)에 포함된다.

8. 두 변수의 데이터가 다음과 같을 경우 직선회귀 $y_i = \beta_0 + \beta_1 x_i + e_i$ 의 기울기 $\hat{\beta}_1$은 얼마인가?

x	1	2	3	4	5	$\overline{x} = 3$
y	2	3	5	8	7	$\overline{y} = 5$

① 1.75   ② 1.8   ③ 1.6   ④ 1.5

〔정답〕 **5.** ④   **6.** ②   **7.** ③   **8.** ④

부록

해설 $n=5$, $\sum x=15$, $\overline{x}=3$, $\sum x^2=55$,

$\sum y=25$, $\overline{y}=5$ $\sum y^2=151$, $\sum xy=90$

$$S_{xx}=\sum x^2-\frac{(\sum x)^2}{n}=10$$

$$S_{yy}=\sum y^2-\frac{(\sum y)^2}{n}=26$$

$$S_{xy}=\sum xy-\frac{\sum x\sum y}{n}=15$$

$$\widehat{\beta_1}=S_{xy}/S_{xx}=1.5$$

9. 다음의 표는 요인 A의 수준 4, 요인 B의 수준 3, 요인 C의 수준 2, 반복 2회의 지분실험을 실시한 분산분석표의 일부이다. $\sigma^2_{B(A)}$의 추정값은?

요인	SS	DF
A	90	
$B(A)$	64	
$C(AB)$	24	
e	12	
T	190	47

① 1   ② 1.5
③ 2.5   ④ 4

해설

요인	SS	DF
A	90	$l-1=4-1=3$
$B(A)$	64	$l(m-1)=4\times2=8$
$C(AB)$	24	$lm(n-1)=4\times3\times1=12$
e	12	$lmn(r-1)=4\times3\times2\times1=24$
T	190	47

$$\widehat{\sigma^2_{B(A)}}=\frac{V_{B(A)}-V_{C(AB)}}{nr}$$

$$=\frac{S_{B(A)}/\nu_{B(A)}-S_{C(AB)}/\nu_{C(AB)}}{nr}$$

$$=\frac{64/8-24/12}{2\times2}=1.5$$

10. 다음은 $L_8(2^7)$형 직교배열표의 일부이다. 1열에 배치된 A의 V_A는 얼마인가?

열번호	1	
수준	0	1
데이터	8	15
	11	19
	7	12
	14	12
배치	A	

① 10.5   ② 20.5
③ 30.5   ④ 40.5

해설 $S_A=\frac{1}{8}(T_1.-T_0.)^2$

$$=\frac{1}{8}[(15+19+12+12)-(8+11+7+14)]^2$$

$$=40.5$$

$$V_A=\frac{S_A}{\nu_A}=\frac{40.5}{2-1}=40.5$$

11. 요인 A, B, C 각각 3수준, 반복 2회의 3요인실험을 행했을 경우 오차항의 자유도는?(단, 모수모형이다.)

① 27   ② 8
③ 4   ④ 2

해설 반복이 있는 3요인실험
$$\nu_e=lmn(r-1)=3\times3\times3\times(2-1)=27$$

12. $L_{27}(3^{13})$형 직교배열표에서 C요인을 기본표시 bc로 B요인을 abc^2으로 배치했을 때, $B\times C$의 기본표시는?

① a, ac ② ac, bc
③ c, ab ④ bc^2, ab^2c

해설 교호작용은 성분이 BC인 열과 BC^2인 열에 나타난다.

- $B \times C = abc^2 \times abc = a^2b^2c^3 = a^4b^4 = ab$
- $B \times C^2 = abc^2 \times (abc)^2 = a^3b^3c^4 = c$

13. 직교분해(orthogonal decomposition)에 대한 설명으로 틀린 것은?

① 어떤 요인의 제곱합에서 직교분해된 선형식의 제곱합은 어느 것이나 자유도가 1이 된다.

② 어떤 제곱합을 직교분해하면 어떤 대비의 제곱합이 큰 부분을 차지하고 있는가를 알 수 있다.

③ 두 개 대비의 계수 곱의 합, 즉 $c_1c_1' + c_2c_2' + \cdots c_lc_l' = 0$이면, 두 개의 대비는 서로 직교한다.

④ 어떤 요인의 수준수가 l인 경우 이 요인의 제곱합을 직교분해하면, l개의 직교하는 대비의 제곱합을 구할 수 있다.

해설 어떤 요인의 수준수가 l인 경우 이 요인의 제곱합을 직교분해하면, $l-1$개의 직교하는 대비의 제곱합을 구할 수 있다.

14. 4×4 그레코 라틴방격에서 오차항의 자유도는?

① 3   ② 4
③ 6   ④ 9

해설 그레코 라틴방격법
오차항의 자유도
$\nu_e = (k-1)(k-3) = (4-1)(4-3) = 3$

15. 모수요인 A, 변량요인 B의 수준수가 각각 l, m이고, 반복수가 r회인 2요인실험에서 요인 A에 대한 평균제곱의 기댓값을 구하는 식은?

① $\sigma_e^2 + mr\sigma_A^2$

② $\sigma_e^2 + l\sigma_{A \times B}^2$

③ $\sigma_e^2 + lmr\sigma_A^2$

④ $\sigma_e^2 + mr\sigma_A^2 + r\sigma_{A \times B}^2$

해설 $E(V_A) = \sigma_e^2 + r\sigma_{A \times B}^2 + mr\sigma_A^2$

16. 2^2형 요인배치법 실험 결과 [표]와 같은 데이터를 얻었다. 요인 B의 주효과는 얼마인가?

구분	A_0	A_1
B_0	4	2
	6	-2
B_1	3	-4
	7	-6

① 4.7   ② -2.5
③ -3.5   ④ -1.25

해설 2^2형 요인배치법
$B = \frac{1}{4}[(B$요인 수준1의 데이터의 합$)$
$\quad -(B$요인 수준0의 데이터의 합$)]$
$= \frac{1}{4}[(3+7-4-6)-(4+6+2-2)] = -2.5$

17. 1차 단위요인(A), 2차 단위요인(B)를 배치시키고 반복요인(R)로 단일 분할실험을 한 경우, 1차 단위 오차의 제곱합(S_{e_1})을 구하는 식으로 맞는 것은?

① $S_{AR} - S_R$

② $S_{AR} - S_A - S_R$

③ $S_{AR} - S_{A \times R}$

④ $S_{A \times R} + S_A$

해설 단일분할법
$S_{e_1} = S_{A \times R} = S_{AR} - S_A - S_R$이 된다.

18. 관측치 $x_1, x_2, \cdots, x_n$에서 제곱합 (sum of squares, SS)을 구하는 식으로 틀린 것은? (단, T는 관측치의 합계이며, $\overline{x}$는 평균치이다.)

① $SS = \sum_{i=1}^{n} (x_i - \overline{x})^2$

② $SS = \sum_{i=1}^{n} x_i^2 - (\overline{x})^2$

③ $SS = \sum_{i=1}^{n} x_i^2 - \dfrac{T^2}{n}$

④ $SS = \sum_{i=1}^{n} x_i^2 - n(\overline{x})^2$

해설 $SS = \sum_{i=1}^{n} (x_i - \overline{x})^2 = \sum_{i=1}^{n} x_i^2 - \dfrac{T^2}{n}$

$= \sum_{i=1}^{n} x_i^2 - n(\overline{x})^2 = \sum_{i=1}^{n} x_i^2 - CT$

19. 다음은 Y펌프축의 마모실험을 한 데이터이다. 망소특성에 대한 SN비는 약 얼마인가?

데이터			
11.13	8.63	4.50	6.25
9.13	11.88	12.13	

① −19.538dB ② −9.920dB
③ 9.920dB   ④ 19.538dB

해설 망소특성의 경우

$SN비 = -10\log\left[\dfrac{1}{n}\sum_{i=1}^{n} y_i^2\right]$

$= -10\log\left[\dfrac{1}{7}(11.13^2 + 8.63^2 + \cdots + 12.13^2)\right]$

$= -19.538\text{dB}$

20. 반복수가 일정치 않은 변량모형의 경우 급간분산(V_A)의 불편추정값 $\widehat{\sigma_A^2}$은?(단,

$l : A$의 수준수, $m_i : i$ 수준의 반복수, N : 총 데이터의 수, V_e : 오차분산이다.)

① $(V_A - V_e)\big/\left[\dfrac{N^2 - \sum m_i}{N(l-1)}\right]$

② $(V_A - V_e)\big/\left[\dfrac{N^2 - \sum m_i^2}{N(l-1)}\right]$

③ $(V_A - V_e)\big/\left[\dfrac{N - \sum m_i^2}{N(l-1)}\right]$

④ $(V_A - V_e)\big/\left[\dfrac{N - \sum m_i}{N(l-1)}\right]$

해설 • 반복이 일정한 경우 $\widehat{\sigma_A^2} = \dfrac{V_A - V_e}{r}$ 이다.

$\left[\dfrac{N^2 - \sum m_i^2}{N(l-1)}\right] = \dfrac{r^2 l^2 - r^2 l}{rl(l-1)} = r$이므로

• 반복이 일정하지 않은 경우

$\widehat{\sigma_A^2} = \dfrac{V_A - V_e}{(N^2 - \sum r_i^2)/N(l-1)}$ 이다.

제2과목 : 통계적 품질관리

21. 검정통계량을 계산할 때 χ^2통계량을 사용할 수 없는 것은?

① 한국인과 일본인이 야구, 축구, 농구에 대한 선호도가 다른지를 조사할 때
② 20대, 30대, 40대별로 좋아하는 음식(한식, 중식, 양식)에 영향을 미치는지를 조사할 때
③ 이론적으로 남녀의 비율이 같다고 하는데, 어느 마을의 남녀 성비가 이론을 따르는지 검정할 때
④ 어느 대학의 산업공학과에서 샘플링한 4학년생 10명의 토익성적과 3학년생 15명의 토익성적의 산포에 대한 등분산성을 검정할 때

해설 적합도, 동일성, 독립성검정은 χ^2통계

량을 사용하고, 등분산검정(모분산비의 검정)은 F분포를 사용한다.

22. 만성적으로 존재하는 것이 아니고, 산발적으로 발생하여 품질변동을 일으키는 원인으로 현재의 기술수준으로 통제 가능한 원인을 뜻하는 용어는?

① 우연원인
② 이상원인
③ 불가피원인
④ 억제할 수 없는 원인

해설 제조공정에서의 품질변동은 이상원인과 우연원인에 의해서 발생한다. 이상원인은 작업자의 부주의나 태만, 생산설비의 이상 등 산발적으로 발생하며 현재의 기술수준으로 통제 가능한 원인을 뜻한다. 우연원인만이 제품의 품질변동에 영향을 미치면 관리상태이다.

23. 2σ관리한계를 갖는 p관리도에서 공정부적합품률 $\bar{p} = 0.1$, 시료의 크기 $n = 81$이면 관리하한(L_{CL})은 약 얼마인가?

① -0.033
② 0
③ 0.033
④ 고려하지 않는다.

해설 $L_{CL} = \bar{p} - 2\sqrt{\dfrac{\bar{p}(1-\bar{p})}{n_i}}$

$= 0.1 - 2\sqrt{\dfrac{0.1(1-0.1)}{81}} = 0.033$

24. OC 곡선의 특성을 설명한 것으로 틀린 것은?

① n이 커지면 검출력($1-\beta$)이 증가한다.
② σ가 커지면 검출력($1-\beta$)이 증가한다.
③ α가 증가하면 검출력($1-\beta$)이 증가한다.

④ α와 β가 같이 증가하면 OC 곡선의 기울기는 완만해 진다.

해설 σ가 커지면 검출력($1-\beta$)이 감소한다.

25. 부적합률에 대한 계량형 축차 샘플링검사방식(표준편차 기지)(KS Q ISO 39511: 2018)에서 양쪽 규격한계의 경우 프로세스 표준편차의 최댓값($\sigma_{\max}$)의 식은?

① $(U-L)f$
② $(U-L)\sigma$
③ f
④ σ

해설 프로세스 표준편차의 최댓값
$\sigma_{\max} = (U-L)f$

26. 모집단의 크기가 50, 모평균이 50, 모분산이 20인 유한모집단에서 10개의 표본을 추출하였을 때, 표본평균($\bar{x}$)의 표준편차는 약 얼마인가?

① 1.278
② 1.414
③ 1.633
④ 2.001

해설 유한 모집단이므로, 유한수정계수가 포함된 식을 사용한다.

$\sigma_{\bar{x}} = \sqrt{\dfrac{N-n}{N-1}}\,\dfrac{\sigma}{\sqrt{n}} = \sqrt{\dfrac{50-10}{50-1}}\,\dfrac{\sqrt{20}}{\sqrt{10}}$

$= 1.2778$

27. $\overline{X} - R$ 관리도에서 $\overline{X}$의 산포를 $\sigma_{\overline{X}}^2$, 군간산포를 σ_b^2, 군내산포를 σ_w^2으로 표현할 때 틀린 것은? (단, k는 부분군의 수, n은 부분군의 크기, d_2는 부분군의 크기가 n일 때의 값이다.)

① $\hat{\sigma}_b = \dfrac{\overline{R}}{d_2}$

② $\sigma_{\overline{X}}^2 = \sigma_b^2 + \dfrac{\sigma_w^2}{n}$

부록

③ $\hat{\sigma}^2_{\overline{X}} = \dfrac{\sum\limits_{i=1}^{k}(\overline{X}_i - \overline{\overline{X}})^2}{k-1}$

④ 완전 관리상태일 때 $\sigma_b^2 = 0$

해설 $\sigma_w^2 = \sigma_w^2 = \left(\dfrac{\overline{R}}{d_2}\right)^2$

해설 $\sum\limits_{x=0}^{1} P(x) = \sum\limits_{x=0}^{1} \dfrac{\dbinom{NP}{x}\dbinom{N(1-P)}{n-x}}{\dbinom{N}{n}}$

$= p(0) + p(1) = \dfrac{\dbinom{4}{0}\dbinom{6}{3}}{\dbinom{10}{3}} + \dfrac{\dbinom{4}{1}\dbinom{6}{2}}{\dbinom{10}{3}}$

$= \dfrac{1\times20}{120} + \dfrac{4\times15}{120} = 0.667$

28. 직물공장의 권취공정에서 사절건수는 10000m당 평균 16회이었다. 작업방법을 변경하여 운전하였더니 사절건수가 10000m당 9회로 나타났다. 작업방법 변경 후 사절건수가 감소하였다고 할 수 있는지 유의수준 0.05로 검정한 결과로 맞는 것은?

① 이 자료로는 검정할 수 없다.

② H_0 채택, 즉 감소했다고 할 수 없다.

③ H_0 채택, 즉 달라졌다고 할 수 없다.

④ H_0 기각, 즉 감소했다고 할 수 있다.

해설 가설검정

㉠ 가설 : $H_0 : m \ge 16$회, $H_1 : m < 16$회

㉡ 유의수준 : $\alpha = 0.05$

㉢ 검정통계량 $u_0 = \dfrac{c-m}{\sqrt{m}} = \dfrac{9-16}{\sqrt{16}} = -1.75$

㉣ H_0의 기각치 : $u_0 < -u_{1-\alpha} = -u_{0.95}$ $= -1.645$이면 귀무가설(H_0)을 기각한다.

㉤ 판정 : $u_0 < -u_{1-\alpha} = -u_{0.95} = -1.645$ 이므로 H_0를 기각한다. 즉, 유의수준 5%에서 사절건수는 감소했다고 할 수 있다.

29. 한 로트에 10개의 제품이 들어있는데 이 중 4개가 부적합품이다. 여기서 임의로 3개의 제품을 취했을 때 그중 1개 이하가 부적합품일 확률은 약 얼마인가?

① 0.25　　　　② 0.5

③ 0.67　　　　④ 0.8

30. 통계량의 점추정치에 관한 조건에 해당하지 않는 것은?

① 유효성(efficiency)

② 일치성(consistency)

③ 랜덤성(randomness)

④ 불편성(unbiasedness)

해설 통계량의 점추정치에 관한 조건

㉠ 불편성 – 통계량이 모수값을 중심으로 분포한다.

㉡ 유효성 – 분산이 작아야 한다.

㉢ 일치성 – n이 크면 클수록 모수에 가까워진다.

㉣ 충분성(충족성) – 추정량이 모수에 대하여 모든 정보를 제공한다.

31. 어떤 제조공정에서 9개의 시료를 뽑아 제품치수에 대한 측정치를 정리하였더니 시료평균이 50.35mm, 시료표준편차가 0.3mm이었다. 이 공정에서 생산되는 제품치수의 모평균 신뢰구간을 95% 신뢰도로 구하면 약 얼마인가? (단, $t_{0.975}(8) = 2.306$, $t_{0.975}(9) = 2.262$이다.)

① $50.124 \le \mu \le 50.771$

② $47.770 \le \mu \le 52.930$

③ $50.119 \le \mu \le 50.581$

④ $49.621 \le \mu \le 51.079$

해설 $\hat{\mu} = \overline{x} \pm t_{1-\alpha/2}(\nu) \dfrac{s}{\sqrt{n}}$

$\qquad = 50.35 \pm t_{0.975}(8) \times \dfrac{0.3}{\sqrt{9}}$

$\qquad = (50.119, \ 50.581)$

32. 샘플링(sampling)검사와 전수검사를 비교한 설명으로 틀린 것은?

① 파괴검사에서는 물품을 보증하는 데 샘플링검사 이외는 생각할 수 없다.

② 검사비용을 적게 하고 싶을 때는 샘플링검사가 일반적으로 유리하다.

③ 검사가 손쉽고 검사비용에 비해 얻어지는 효과가 클 때는 전수검사가 필요하다.

④ 품질향상에 대하여 생산자에게 자극을 주려면 개개의 물품을 전수검사하는 편이 좋다.

해설 품질향상에 자극을 주고 싶을 때 전수검사에 비해 샘플링검사가 유리하다.

33. 제1종 오류(α)와 제2종 오류(β)에 관한 설명으로 틀린 것은?

① α가 커지면 상대적으로 β도 커진다.

② 신뢰구간이 작아지면 β값이 상대적으로 작다.

③ 표본의 크기 n을 일정하게 하고, α를 크게 하면 $(1-\beta)$도 커진다.

④ α를 일정하게 하고, 시료 크기 n을 증가시키면 β는 작아진다.

해설 α가 커지면 상대적으로 β는 작아진다.

34. 1회, 2회, 다회의 샘플링 형식에 대한 설명 중 틀린 것은?

① 검사단위의 검사비용이 비싼 경우에는 1회의 경우가 제일 유리하다.

② 검사의 효율적인 측면에 있어서 2회의 경우가 1회의 경우보다 유리하다.

③ 실시 및 기록의 번잡도에 있어서는 1회 샘플링 형식의 경우에 제일 간단하다.

④ 검사로트당 평균샘플크기는 일반적으로 다회 샘플링 형식의 경우에 제일 적다.

해설 평균검사 개수가 1회 > 2회 > 다회의 순이므로 검사비용이 비싼 경우 다회의 경우가 제일 유리하다.

35. 계수치 샘플링검사 절차–제1부: 로트별 합격품질한계(AQL) 지표형 샘플링검사(KS Q ISO 2859-1)에서 1000개의 물건 중 980개는 적합품이고 합격이다. 15개는 각각 1개씩 부적합을 가지고, 4개는 2개의 부적합을 가지고, 또 1개는 3개의 부적합을 가지고 있을 때 이 로트의 100 아이템당 부적합수는?

① 1.6 ② 2.6

③ 3.6 ④ 4.6

해설 100 아이템당 부적합수

$= \dfrac{15 \times 1 + 4 \times 2 + 1 \times 3}{1,000} \times 100 = 2.6$

36. 계수 및 계량 규준형 1회 샘플링 검사 – 제3부: 계량 규준형 1회 샘플링 검사 방식(표준편차 기지)(KS Q 0001)에서 평균치 50g 이하인 로트는 될 수 있는 한 합격시키고 싶으나 평균치 54g 이상인 로트는 될 수 있는 한 불합격시키고 싶고 종전의 결과로부터 표준편차는 2g임을 알고 있다. 시료 수 n과 상한합격 판정치 $\overline{X}_U$를 구하면 약 얼마인가? (단, $\alpha = 0.05$, $\beta = 0.10$이며, $K_\alpha = 1.645$, $K_\beta = 1.282$이다.)

① $n = 4$, $\overline{X}_U = 51.9$

② $n = 3$, $\overline{X}_U = 51.9$

③ $n = 4$, $\overline{X}_U = 52.25$

④ $n = 3$, $\overline{X}_U = 52.25$

해설 특성치가 낮을수록 좋은 경우

$$n = \left(\frac{K_\alpha + K_\beta}{m_1 - m_0} \right)^2 \sigma^2$$

$$= \left(\frac{1.645 + 1.282}{54 - 50} \right)^2 \times 2^2 = 2.14 \rightarrow n = 3$$

$$\overline{X}_U = m_0 + k_\alpha \frac{\sigma}{\sqrt{n}} = m_0 + G_0 \sigma \text{이므로}$$

$$\overline{X}_U = 50 + 1.645 \times \frac{2}{\sqrt{3}} = 51.9$$

37. 공정평균이 10이고, 모표준편차가 1인 공정을 $\overline{X}$관리도로 평균치 변화를 관리할 때, 검출력이 가장 크게 나타나는 경우는?

① 공정평균의 변화는 크고, 부분군의 크기는 작은 경우

② 공정평균의 변화는 크고, 부분군의 크기도 큰 경우

③ 공정평균의 변화는 작고, 부분군의 크기도 작은 경우

④ 공정평균의 변화는 작고, 부분군의 크기는 큰 경우

해설 검출력$(1 - \beta)$은 공정에 이상이 있을 경우 관리도에서 점이 관리한계선 밖으로 나갈 확률이다. 즉, 귀무가설이 거짓일 때, 귀무가설을 기각하는 확률이다. 검출력$(1 - \beta)$은 n이 커지면, α가 증가하면, σ가 작으면, 공정평균의 변화가 크면 증가한다.

38. 어떤 제품의 품질특성에 대해 σ^2에 대한 95% 신뢰구간을 구하였더니 $1.65 \leq \sigma^2 \leq 6.20$이었다. 이 품질특성을 동일한 데이터를 활용하여 귀무가설$(H_0)\sigma^2 = 8$, 대립

가설$(H_1)\sigma^2 \neq 8$로 하여 유의수준 0.05로 검정하였다면, 귀무가설(H_0)의 판정 결과는?

① 기각한다.   ② 보류한다.

③ 채택한다.   ④ 판정할 수 없다.

해설 귀무가설 $H_0 : \sigma^2 = 8$는 신뢰구간 $1.65 \leq \sigma^2 \leq 6.20$에 포함되지 않으므로, 유의수준 0.05로 귀무가설(H_0)을 기각한다.

39. 상관에 관한 검정 결과 모상관계수 $\rho \neq 0$라는 결과가 나왔다. 이 결과가 의미하는 것으로 맞는 것은?

① H_0를 채택하는 것을 의미한다.

② 상관관계가 없다는 것을 의미한다.

③ 상관관계가 있다는 것을 의미한다.

④ 재검정이 필요하다는 것을 의미한다.

해설 상관에 관한 검정 결과 모상관계수 $\rho \neq 0$라는 결과는 상관관계가 유의하다는 것$(H_1$을 채택)이므로 두 변수 간에 상관관계가 있다는 것을 의미한다.

40. 다음의 데이터로 np 관리도를 작성할 경우 관리한계는 얼마인가?

No	1	2	3	4	5
검사 개수	200	200	200	200	200
부적합 품수	14	13	20	13	20

① 15±1.51   ② 15±11.51

③ 16±8.51   ④ 16±11.51

해설 $n = 200$, $k = 5$, $\sum np = 80$

$$\overline{np} = \frac{\sum np}{k} = \frac{80}{5} = 16,$$

$$\overline{p} = \frac{\sum np}{n \times k} = \frac{80}{200 \times 5} = 0.08$$

$$\left.\begin{array}{c} U_{CL} \\ L_{CL} \end{array}\right\} = n\overline{p} \pm 3\sqrt{n\overline{p}(1-\overline{p})}$$

$$= 16 \pm 3\sqrt{16(1-0.08)} = 16 \pm 11.51$$

제3과목 : 생산시스템

41. 다수의 구성요소의 집합체인 시스템 (System)의 기본적인 특성 또는 속성이 아닌 것은?

① 상호관련성　　② 목적추구성

③ 자율독립성　　④ 환경적응성

(해설) 시스템의 기본속성은 집합성, 상호관련성, 목적추구성, 환경적응성이다.

42. 수요예측방법 중 n기간 단순이동평균법에 대한 설명으로 틀린 것은?

① 극단적인 실적값이 미치는 영향이 크다.

② n을 증가시키면 변동을 잘 평활할 수 있다.

③ 실적값들은 $1/n$의 가중치로 예측값에 반영된다.

④ 수리적 모형으로 최적의 n을 결정하기 용이하다.

(해설) 최적 n을 수리적 모형으로 결정하기 용이하지 않다.

43. 다음 중 가공조립산업에서 시간가동률을 저해시켜 설비종합효율을 나쁘게 하는 로스(loss)는?

① 초기수율로스

② 속도저하로스

③ 작업준비·조정로스

④ 잠깐정지·공회전로스

(해설) 설비종합효율 = 시간가동률×성능가동률×양(적합)품률

$$= \frac{\text{부하시간} - \text{정지시간}}{\text{부하시간}} \times$$

$$\frac{\text{이론사이클타임} \times \text{생산량}}{\text{가동시간}}$$

$$\times \frac{\text{총생산량} - \text{불량수량}}{\text{총생산량}}$$

시간가동률을 높이기 위해서는 정지시간을 줄여야 하며, 정지 로스에는 고장정지 로스와 작업준비·조정 로스가 있다.

44. 다품종 소량생산의 설비배치 형태로 가장 적합한 것은?

① 혼합형 배치　　② 고정위치형 배치

③ 제품별 배치　　④ 공정별 배치

(해설) 공정(기능)별 배치는 다품종소량생산에 알맞도록 범용설비를 이용하므로 설비투자가 적고 진부화의 위험도 적다.

45. MRP 시스템 운영에 필요한 기본요소 중 최종품목 한 단위 생산에 소요되는 구성품목의 종류와 수량을 명시한 것은?

① 자재명세서　　② 발주점

③ 재고기록철　　④ 주생산일정계획

(해설) MRP는 소요량 개념에 입각한 종속수요품의 재고관리 방식이다. MRP의 입력요소는 자재명세서(BOM), 주생산일정계획(대일정계획: MPS), 재고기록철(IRF)이다. 최종 품목 한 단위 생산에 소요되는 구성품목의 종류와 수량을 명시한 것은 자재명세서(BOM)이다.

46. 인간의 작업을 기본 요소동작의 성질별로 분석하고 이를 기초로 각 기본동작의 성질과 조건에 따라 미리 설정된 시간치를 합성하여 작업시간을 설정하는 방식은?

① MTM(Method Time Measurement)

② WS(Work Sampling)

부록

③ 실적기록법

④ 스톱워치법(Stop Watch Times Study)

해설 MTM(Method Time Measurement)법은 1948년 H.B.Maynard 등에 의해 발표되었으며, 인간이 행하는 작업을 기본동작으로 분석하고, 각 기본동작의 성질(Reach, Grasp, Release, Move, Turn, Pressure, Position, Disengage, Cranking Motion, Eye Travel Time, Eye Focus Time, Body Motion, Body Assists)과 조건(거리, 중량, 난이도, 목적물의 상태 등)에 따라 미리 정해진 시간치를 적용하여 작업의 정미시간을 구하는 방법이다.

47. 다음 시간연구자료에서 내경법(근무시간에 대한 여유율) 적용시 단위당 표준시간은 얼마인가?

내용	데이터
작업시간	450분
생산량	300개
작업시간율 (유휴시간율)	90%(10%)
Rating계수	105%
여유율	11%

① 0.16분　　　② 1.43분

③ 1.59분　　　④ 1.65분

해설 표준시간(내경법)

300개에 대한 표준시간$(450 \times 0.9 \times 1.05)$

$\times \dfrac{1}{(1-0.11)} = 477.81$분

단위당 표준시간 $\dfrac{477.81}{300} = 1.593$분

48. 고객서비스 수준을 만족시키면서 시스템의 전체 비용을 최소화하기 위해 공급자, 제조업자, 창고업자, 소매업자들을 효율적

으로 통합하는 데 이용되는 일련의 접근방법은?

① POP　　　② MRP

③ SCM　　　④ EOQ

해설 공급망관리(SCM)란 고객서비스 수준을 만족시키면서 전반적인 시스템 비용을 최소화하기 위해 제품이 적당한 수량으로, 적당한 장소에, 적당한 시간에 생산되고 유통되도록 공급자, 제조업자, 창고업자, 소매업자들을 효율적으로 통합하는 데 이용되는 일련의 접근방법이다.

49. A, B, C, D 4개의 작업 모두 공정 1을 먼저 거친 다음에 공정 2를 거친다. 최종작업이 공정 2에서 완료되는 시간을 최소화하도록 하기 위한 작업순서는?

작업	공정 1	공정 2
A	5	6
B	8	7
C	6	10
D	9	1

① $A-C-B-D$

② $A-D-B-C$

③ $C-A-B-D$

④ $D-A-B-C$

해설 Johnson의 규칙은 각 작업의 최단시간이 공정 1에서 이루어지면 앞 공정으로 처리하고, 공정 2에서 이루어지면 뒷 공정으로 처리한다.

㉮ 최소작업시간이 1시간인 작업 D는 공정 2에서 이루어지므로 맨 뒤에 둔다.

㉯ 그 다음으로 작업시간이 작은 5시간인 작업 A는 공정 1에서 이루어지므로 작업 A는 맨 앞으로 둔다.

㉰ 그 다음으로 작업시간이 작은 6시간인 작업 C는 공정 1에서 이루어지므로 작업 A

다음으로 둔다.

㉑ 그 다음으로 작업시간이 작은 7시간인 작업 B는 공정 2에서 이루어지므로 작업 D 앞에 둔다.

50. PTS(Predetermined Time Standard system)의 특징으로 옳지 않은 것은?

① 작업방법과 작업시간을 분리하여 동시에 연구할 수 있다.

② 작업방법만 알고 있으면 관측을 행하지 않고도 표준시간을 알 수 있다.

③ 작업자의 능력이나 노력에 관계없이 객관적으로 시간을 결정할 수 있다.

④ 작업자의 인종·성별·연령 등을 고려하여야 하며, 스톱워치 등과 같은 기구가 필요하다.

해설 PTS법은 작업자의 인종·성별·연령 등이 고려되지 않으며, 측정기구도 필요가 없다.

51. 어떤 보전자재의 월간 수요는 평균 45개, 표준편차 6.5개인 정규분포를 보이고 있다. 조달기간이 2개월일 때 품절률을 5%로 하는 발주점은 약 얼마인가? (단 품절률 5%일 때 안전계수 Z는 1.65이다.)

① 122개   ② 105개

③ 115개   ④ 98개

해설 발주점(OP)=조달기간 중의 평균수요량($\overline{D}_L$)+안전계수×$\sqrt{L}$×수요율의 표준편차

$OP = 45 \times 2 + 1.65 \times \sqrt{2} \times 6.5 = 105.167$개

52. 다음 중 JIT 생산방식에 관한 설명으로 틀린 것은 어느 것인가?

① 생산의 평준화를 추구한다.

② 프로젝트 생산방식에 적합하다.

③ 간판을 활용한 pull 생산방식이다.

④ 생산준비시간의 단축이 필요하다.

해설 도요타 방식의 적시생산시스템(Just In Time : JIT)은 필요한 양을 필요한 시기에 필요한 만큼 생산하는 무재고 생산시스템으로 끌어당기기(pull) 방식이며, 다품종소량생산방식이다. 프로젝트 생산이란 교량, 댐, 고속도로건설 등과 같이 생산할 제품을 한 장소에 고정한 상태에서 장비, 공구, 재료, 인력이 이동하면서 작업하는 형태이다.

53. 다음 중 설비보전조직의 기본유형에 해당되지 않는 것은?

① 분산보전   ② 절충보전

③ 지역보전   ④ 집중보전

해설 설비보전조직의 기본유형

㉠ 부문보전 : 각 부서별로 보전업무 담당자를 배치(보전요원을 각 제조부문의 감독자 밑에 배치)

㉡ 집중보전 : 모든 보전요원을 한 사람의 관리자 밑에 둠

㉢ 지역보전 : 공장의 특정 지역에 보전요원을 배치

㉣ 절충보전 : 앞의 보전 형태를 조합한 형태

54. ERP의 특징으로 맞는 것은?

① 보안이 중요하므로 close client server system을 채택하고 있다.

② 단위별 응용프로그램들이 서로 통합 연결된 관계로 중복업무가 많아 프로그램이 비효율적이다.

③ 생산, 마케팅, 재무 기능이 통합된 프로그램으로 보완이 중요한 인사와는 연결하지 않는다.

④ EDI, CALS, 인터넷 등으로 기업 간 연결 시스템을 확립하여 기업 간 자원활용의 최적화를 추구한다.

해설 ① 오픈 클라이언트 서버 시스템(open client server system)이다.
② 중복 업무를 배제 할 수 있고 실시간 관리를 가능하게 한다.
③ 종래 독립적으로 운영되어 온 생산, 유통, 재무, 인사 등의 단위별 정보시스템을 하나로 통합하여, 수주에서 출하까지의 공급망과 기간업무를 지원하는 통합된 자원관리시스템이다.

55. 단일설비 일정계획에서 작업시간이 가장 짧은 작업부터 우선적으로 처리하는 작업순위 규칙은?
① EDD(Earliest Due Date)
② SPT(Shortest Processing Time)
③ FCFS(First Come First Serviced)
④ PTS(Predetermined Time Standard)

해설 최소(최단)작업시간법(SOT, SPT : Shortest Processing Time) : 작업시간(가공시간)이 가장 짧은 작업을 우선적으로 한다. 평균처리시간이나 평균지체시간(평균납기지연시간)을 최소화한다.

56. 다음 중 작업분석의 목적을 가장 올바르게 설명한 것은?
① 공정계열의 합리화 내지 개선을 위하여
② 작업의 효율적인 요소와 비효율적인 요소를 분석하기 위하여
③ 작업측정을 통하여 작업의 표준시간을 분석하기 위하여
④ 작업을 기본적인 동작요소로 분석하여 보다 좋은 작업동작의 설계를 분석하기 위하여

해설 작업분석은 작업자에 의하여 수행되는 개개의 작업내용에 대해 효율적인 요소와 비효율적인 요소 모두에 대하여 분석, 개선하려는 것이다.

57. 작업이 한 작업구역에서 행해질 경우 손, 손가락 또는 다른 신체부위의 복잡한 동작을 영화 또는 필름분석표를 활용하여 서블릭 기호에 의한 상세한 기록을 분석할 경우에 사용되며, 일명 동시동작 사이클 분석표라고도 하는 것은?
① 동작경제의 원칙
② SIMO 차트
③ memo motion study
④ 서블릭 분석

해설 동시동작 사이클 분석표(Simo chart)는 미세동작분석(micro motion study)에 의한 상세한 기록을 행할 경우 서블릭의 소요시간과 함께 분석용지에 기록한 분석도표이다.

58. 공급사슬이론에서 채찍효과를 발생시키는 주원인은 수요나 공급의 불확실성에 있다. 이러한 채찍효과 원인을 내부원인과 외부원인으로 구분했을 때, 내부원인에 해당되지 않는 것은?
① 설계변경
② 정보오류
③ 주문수량변경
④ 서비스 / 제품 판매촉진

해설 공급사슬이론에서 고객으로부터 생산자로 갈수록 주문량의 변동폭이 증가되는 주원인은 수요나 공급의 불확실성 증가에 있으며, 이를 채찍효과(bullwhip effect)라고 한다. 주문수량변경은 외부원인에 해당한다.

59. 손익분기점 분석을 이용한 제품조합의 방법 중 다른 품종의 제품 중에서 대표적인 품종을 기준품종으로 선택하고, 그 품종의 한계이익률로 손익분기점을 계산하는 방법은?
① 절충법   ② 평균법
③ 개별법   ④ 기준법

해설 손익분기점 분석방법

㉠ 기준법 – 다른 품종의 제품 중에서 대표적인 품종을 기준품종으로 선택하고, 그 품종의 한계이익률로 손익분기점을 계산하는 방법이다.

㉡ 개별법 – 품종별 한계이익을 산출하고, 이를 고정비와 대비하여 손익분기점을 구하는 방식이다.

㉢ 평균법 – 한계이익률이 서로 다른 경우 평균 한계이익률로 BEP를 산출하는 방식이다.

㉣ 절충법 – 개별법에 평균법과 기준법을 절충한 방법. Product mix와 Process mix를 검토하는 데 유용한 방법이다.

60. 어떤 제품의 판매가격은 1000원, 생산량은 20000개이다. 이 제품의 고정비는 1200000원, 변동비는 4000000원일 때, 이 제품의 손익분기점 매출액은 얼마인가?

① 1000000원　② 1500000원
③ 2000000원　④ 2500000원

해설 손익분기점(Break-even point, BEP)

$$= \frac{F}{1 - V/S}$$

$$= \frac{1,200,000}{1 - 4,000,000/(20,000 \times 1,000)} = 1,500,000$$

제4과목 : 신뢰성 관리

61. 어떤 시스템의 고장률이 시간당 0.045, 수리율은 시간당 0.85일 때, 이 시스템의 가용도는 약 얼마인가?

① 0.0503　② 0.5037
③ 0.9249　④ 0.9497

해설 가용도 $A = \frac{MTBF}{MTBF + MTTR}$

$$= \frac{1/\lambda}{1/\lambda + 1/\mu} = \frac{\mu}{\lambda + \mu}$$

$$= \frac{0.85}{0.045 + 0.85} = 0.9497$$

62. 설계단계에서 신뢰성을 높이기 위한 신뢰성 설계방법이 아닌 것은?

① 리던던시 설계
② 디레이팅 설계
③ 사용부품의 표준화
④ 예방보전과 사후보전 체계확립

해설 병렬 및 리던던시 설계, 디레이팅 설계, 사용부품의 표준화, 신뢰성시험의 자동화, 제품의 단순화 등은 설계단계에서의 고유신뢰성을 높이는 방법인 반면 예방보전과 사후보전 체계확립, 사용자 매뉴얼작성 배포는 사용신뢰성을 높이는 방법이다.

63. 고장평점법에서 고장평점을 산정하는 데 사용되는 인자에 대한 설명이 틀린 것은?

① C_1 : 기능적 고장의 영향의 중요도
② C_2 : 영향을 미치는 시스템의 범위
③ C_3 : 고장발생 빈도
④ C_5 : 기존 설계의 정확도

해설 C_1 : 기능적 고장의 영향의 중요도
C_2 : 영향을 미치는 시스템의 범위
C_3 : 고장발생의 빈도
C_4 : 고장방지의 가능성
C_5 : 신규설계의 정도

64. 평균순위법을 이용하여 소시료 시험 결과 2번째 랭크에서의 누적고장확률밀도함수 $f(t_2) = 0.02$/시간 이었다. 이때 실험한 시료수가 4개이고, 3번째 고장난 시료의 고장시간이 20시간 경과 후 이었다면 2번째 시료가 고장난 시간은 얼마인가?

① 7.5시간　② 10시간

부록

③ 12시간　　　　　④ 15시간

해설 $f(t) = \dfrac{1}{(n+1)(t_{i+1}-t_i)}$ →

$0.02 = \dfrac{1}{(4+1)(20-t_i)}$ → $(20-t_i)=10$ →

$t_i = 10$시간

65. 샘플 200개에 대한 수명시험 데이터이다. 500~1000 관측시간에서의 경험적 (empirical) 고장률($\lambda(t)$)은 얼마인가?

구간별 관측시간	구간별 고장개수
0~200	5
200~500	10
500~1000	30
1000~2000	40
2000~5000	50

① 1.50×10^{-4}/h

② 1.62×10^{-4}/h

③ 3.24×10^{-4}/h

④ 4.44×10^{-4}/h

해설 $\lambda(t)$

$= \dfrac{\text{시간 } t \text{와 } (t+\triangle t)\text{사이의 고장개수}}{t\text{시점에서의 생존수}} \cdot \dfrac{1}{\triangle t}$

$= \dfrac{n(t)-n(t+\triangle t)}{n(t)} \cdot \dfrac{1}{\triangle t} = \dfrac{30}{185} \times \dfrac{1}{500}$

$= 3.24 \times 10^{-4}$/h

66. 10000시간당 고장률이 각각 25, 38, 15, 50, 102인 지수분포를 따르는 부품 5개로 구성된 직렬시스템의 평균수명은 약 몇 시간인가?

① 36.29시간　　　② 40.12시간

③ 43.48시간　　　④ 50.05시간

해설 $\lambda_S = \lambda_1 + \lambda_2 + \cdots + \lambda_n$

$= \dfrac{25}{10,000} + \dfrac{38}{10,000} + \dfrac{15}{10,000} + \dfrac{50}{10,000}$

$+ \dfrac{102}{10,000} = 0.023$ →

$MTBF_S = \dfrac{1}{\lambda_S} = \dfrac{1}{0.023} = 43.478$시간

67. 고장률 곡선의 설명으로 옳은 것은?

① 고장률 감소기간(DFR) : 마모고장기간

② 고장률 일정기간(CFR) : 우발고장기간

③ 고장률 증가기간(IFR) : 초기고장기간

④ 고장률 증가기간(IFR) : 우발고장기간

해설 욕조형 고장률함수

㉠ 초기고장기간(DFR : Decreasing Failure Rate)은 시간이 경과함에 따라 고장률이 감소하는 경우로서, 형상모수 $m < 1$, 와이블분포에 대응된다.

㉡ 우발고장기간(CFR : Constant Failure Rate)은 고장률이 비교적 낮으며, 시간에 관계없이 일정한 경우로서 형상모수 $m = 1$, 지수분포에 대응된다.

㉢ 마모고장기간(IFR : Increasing Failure Rate)은 고장률은 시간에 따라 증가하는 경우로서 형상모수 $m > 1$, 정규분포에 대응된다.

68. 예방보전과 사후보전을 모두 실시할 때 보전성의 척도는?

① 수리율

② 보전도 함수

③ 평균정지시간(MDT)

④ 평균수리시간(MTTR)

해설 평균정지시간(MDT)는 예방보전과 사후보전을 모두 실시할 때 보전성의 척도이며, 평균수리시간(MTTR)은 사후보전을 실시할 때 보전성의 척도이다.

69. 다음 중 가장 높은 신뢰도 값을 가지는 것은?

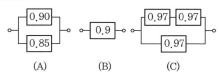

① (A)   ② (B)
③ (C)   ④ (A), (C)

해설 · $R_A = 1 - (1 - 0.90)(1 - 0.85) = 0.985$
     · $R_B = 0.90$
     · $R_C = 1 - (1 - 0.97 \times 0.97)(1 - 0.97)$
        $= 0.9983$

70. Y부품에 가해지는 부하(stress)는 평균 3000kg/mm², 표준편차 300kg/mm²이며, 강도는 평균 4000kg/mm², 표준편차 400kg/mm²인 정규분포를 따른다. 부품의 신뢰도는 약 얼마인가? (단, $u_{0.90} = 1.282$, $u_{0.95} = 1.645$, $u_{0.9772} = 2$, $\mu_{0.9987} = 3$이다.)

① 90.00%   ② 95.46%
③ 97.72%   ④ 99.87%

해설 $P_r \left(u < \dfrac{4,000 - 3,000}{\sqrt{300^2 + 400^2}} \right) = P(u < 2)$
     $= 0.9772(97.72\%)$

71. 와이블 확률지를 사용하여 μ와 σ를 추정하는 방법에 관한 설명으로 틀린 것은?

① 고장시간 데이터 t_i를 적은 것부터 크기 순으로 나열한다.

② $\ln t_0 = 1.0$과 $\ln \ln \dfrac{1}{1 - F(t)} = 1.0$과의 교점을 m 추정점이라 한다.

③ 타점의 직선과 $F(t) = 63\%$와 만나는 점의 아래 측 t 눈금을 특성수명 η의 추정치로 한다.

④ m 추정점에서 타점의 직선과 평행선을 그을 때, 그 평행선이 $\ln t = 0.0$과 만나는 점을 우측으로 연장하여 $\dfrac{\mu}{\eta}$와 $\dfrac{\sigma}{\eta}$의 값을 읽는다.

해설 $\ln t_0 = 1.0$과 $\ln \ln \dfrac{1}{1 - F(t)} = 0$과의 교점을 m 추정점이라 한다.

72. 그림과 같은 고장률을 갖는 부품이 400 시간 이상 작동할 확률은 약 얼마인가?

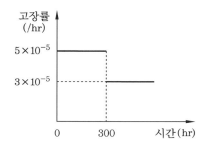

① 0.9761   ② 0.9822
③ 0.9887   ④ 0.9915

해설 직렬시스템 신뢰도
$R(t = 400) = e^{-(5 \times 10^{-5}) \times 300} \times e^{-(3 \times 10^{-5}) \times 100}$
     $= 0.98216$

73. 그림과 같은 FT도에서 정상사상(Top Event)의 고장확률은 약 얼마인가? (단, 기본사상 a, b, c의 고장확률은 각각 0.2, 0.3, 0.4이다.)

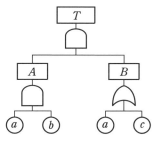

① 0.0312   ② 0.0600

③ 0.4400   ④ 0.4848

해설 기본사상에 중복이 있으므로(a) Boolean 대수법칙에 의해 반드시 단순화시켜야 한다.

$$F_T = A \cdot B = (a \cdot b) \cdot (a + c) = a \cdot a \cdot b + a \cdot b \cdot c$$
$$= a \cdot b + a \cdot b \cdot c = ab \cdot (1 + c)$$
$$= a \cdot b = 0.2 \times 0.3 = 0.06$$

여기서, $a \cdot a = a$, $(1 + c) = 1$ 이다.

74. 고장률이 0.001/시간으로 일정한 장치를 100시간 사용하면 신뢰도는 0.9가 된다. 이 장치 2개를 병렬결합 모델로 결합하여 시스템을 만들었다면 이 장치 1개를 사용한 시스템과 비교하면 평균수명은 몇 배로 되는가?

① 0.5   ② 1.0   ③ 1.5   ④ 2.0

해설 • 1개 사용 : $MTBF = \dfrac{1}{\lambda_0} = \dfrac{1}{0.001}$

• 2개 사용 : $MTBF_S = \dfrac{1}{\lambda_0}\left(1 + \dfrac{1}{2}\right)$

$$= \dfrac{1}{0.001} \times 1.5$$

75. 고장률에 관한 설명으로 틀린 것은?(단, $f(t)$는 고장확률밀도 함수, $\lambda(t)$는 고장률 함수이다.)

① $f(t)$가 지수분포이면, $\lambda(t)$는 항상 CFR의 형상을 한다.

② $f(t)$가 정규분포이면, $\lambda(t)$는 항상 IFR의 형상을 한다.

③ 우발 고장기간에는 항상 CFR의 형상을 한다.

④ $f(t)$가 와이블분포이면, $\lambda(t)$는 항상 DFR의 형상을 한다.

해설 $f(t)$가 와이블분포이면, 형상모수 $m < 1$이면 DFR, $m = 1$이면 CFR, $m > 1$이면 IFR의 형상을 한다.

76. 정시중단시험에서 평균수명의 $100(1-\alpha)\%$ 한쪽 신뢰구간 추정 시 하한으로 맞는 것은? (단, $\widehat{MTBF}$는 평균수명의 점추정치, r은 고장개수이다.)

① $\dfrac{2r\widehat{MTBF}}{\chi_{1-\alpha}^2(2r)}$ ② $\dfrac{2r\widehat{MTBF}}{\chi_{1-\alpha}^2(2r+2)}$

③ $\dfrac{2r\widehat{MTBF}}{\chi_{1-\alpha/2}^2(2r)}$ ④ $\dfrac{2r\widehat{MTBF}}{\chi_{1-\alpha/2}^2(2r+2)}$

해설 정시중단시험의 경우 한쪽 구간추정

$$\theta_L = \dfrac{2T}{\chi_{1-\alpha}^2\{2(r+1)\}} = \dfrac{2r \cdot \hat{\theta}}{\chi_{1-\alpha}^2\{2(r+1)\}}$$

$$= \dfrac{2r\hat{\theta}}{\chi_{1-\alpha}^2(2r+2)}$$

77. A전자부품의 수명은 전압에 대하여 α승 법칙에 따른다. 전압을 정상치보다 10% 증가시킨 경우의 가속계수는 약 얼마인가? (단, $\alpha = 5$ 이다.)

① 1.25   ② 1.61

③ 2.04   ④ 2.59

해설 $\theta_n = AF \cdot \theta_S \rightarrow \theta_n = \left(\dfrac{1.1}{1}\right)^5 \times \theta_S \rightarrow$

$$\theta_n = 1.61\theta_S$$

78. 신뢰성 시험을 실시하는 적합한 이유를 다음에서 모두 나열한 것은?

┤ 다음 ├

㉠ MTBF 추정을 위하여

㉡ 설정된 신뢰성을 요구조건을 만족하는지 확인하기 위하여

㉢ 설계의 약점을 밝히기 위하여

㉣ 제조품의 수입이나 보증을 위하여

① ㉠, ㉡
② ㉠, ㉡, ㉢
③ ㉡, ㉢
④ ㉠, ㉡, ㉢, ㉣

해설 신뢰성 시험은 아이템(item)의 신뢰성을 평가하고 향상시키기 위하여 수행하는 모든 시험을 말한다.

79. 신뢰성 샘플링검사에서 $MTBF$와 같은 수명데이터를 기초로 로트의 합부판정을 결정하는 것은?
① 계수형 샘플링검사
② 계량형 샘플링검사
③ 층별형 샘플링검사
④ 선별형 샘플링검사

해설 신뢰성 샘플링검사에서 $MTBF$와 같은 수명데이터를 기초로 로트의 합부판정을 결정하는 것은 계량형 샘플링검사이다.

80. 와이블분포에 관한 설명 중 맞는 것은?
① 고장률함수의 분포에 따라 적절하게 고장확률밀도함수를 표현할 수 있다.
② 고장률이 상수인 분포이다.
③ 평균과 분산이 동일한 분포이다.
④ 고장률과 평균잔여수명이 역의 관계에 있다.

해설 와이블분포
㉠ 스웨덴의 Waloddi Weibull이 고안한 분포이다.
㉡ 고장확률밀도함수에 따라 고장률함수의 분포가 달라진다. 즉, 고장률이 어떤 패턴을 따르는지 모르는 경우에 사용한다.
㉢ 형상모수(Shape Parameter : m)에 따라 다양한 고장특성을 갖는다.
　㉮ $m < 1$이면 고장률함수 $\lambda(t)$는 감소형(DFR)이 된다.

　㉯ $m = 1$이면 고장률함수 $\lambda(t)$는 일정형(CFR)이 되고 지수분포에 대응한다.
　㉰ $m > 1$이면 고장률함수 $\lambda(t)$는 증가형(IFR)이 되고 정규분포에 대응한다.
㉣ 증가, 감소, 일정한 형태의 고장률을 모두 표현할 수 있다.
㉤ 고장률함수가 멱함수(power function) 형태를 갖는다.

제5과목 : 품질경영

81. 품질교육을 효과적으로 추진하기 위한 준수사항으로 옳지 않은 것은?
① 모든 계층에서 높은 수준의 통계적 기법을 교육시킬 것
② 품질교육을 전사 교육프로그램의 중심에 위치시킬 것
③ 모든 계층에 품질교육을 실시함을 원칙으로 할 것
④ 품질교육 후에는 사후관리를 원칙으로 할 것

해설 각 계층에 맞는 통계적 기법을 교육시킬 것

82. 품질전략의 계획 수립 시 경영환경과 기업역량의 관계를 연결하여 무엇이 핵심역량이고 무엇을 보완해야 하는지를 결정하는 것이 필요하다. 이때 내부환경적 측면의 기준으로 거리가 먼 것은?
① 경영자의 리더십
② 조직의 신제품개발 능력
③ 경쟁사 또는 경쟁공장의 동향
④ 조직의 표준화 수준 및 실행정도

해설 경쟁사 또는 경쟁공장의 동향은 외부환경적 측면이다.

부록

83. 품질보증(QA)에 대한 설명으로 거리가 먼 것은?

① 품질보증은 고객의 잠재요구뿐 아니라, 제품의 안전성과 신뢰성에 대한 확신을 주는 것이다.

② 품질보증이란 소비자의 요구 품질이 충분히 갖추어져 있다는 것을 보증하기 위해 생산자가 행하는 체계적인 활동이다.

③ 품질보증(Quality Assurance) 활동은 제품 설계단계보다는 판매 후의 중점적인 활동이다.

④ 품질보증은 영어로 assure, warrant, guarantee 등의 단어가 사용되지만, 품질경영에서는 단어의 차이를 중시하지 않고, 목적은 모두 같은 것으로 본다.

해설 품질보증활동은 제품의 기획, 사용 및 A/S에 이르는 제품 Life Cycle 전반에 걸쳐 행해진다.

84. 규정 공차가 똑같은 16개의 부품을 조립할 때 조립품의 규정 공차가 10/300이 된다면 개개 부품의 규정 공차는?

① 1/60 ② 1/120
③ 1/600 ④ 1/1200

해설 조립품의 공차

$$= \sqrt{(A공차)^2 + (B공차)^2 + (C공차)^2 + \cdots + (N공차)^2}$$

조립품의 공차 $= \sqrt{16 \times 공차^2} \rightarrow$

$\dfrac{10}{300} = \sqrt{16 \times 공차^2} \rightarrow$ 공차 $= \dfrac{1}{120}$

85. 공정능력지수(C_p)로 공정능력을 평가할 경우의 판단 기준으로 맞는 것은?

① C_p가 1.67 이상 : 공정능력이 매우 우수

② C_p가 1.00~1.33 : 공정능력이 우수

③ C_p가 0.67~1.00 : 공정능력이 보통 수준

④ C_p가 0.5 이하 : 공정능력이 나쁨

해설 공정능력평가 및 조치

공정능력지수와 판정

C_p 범위	등급	판정	조치
$1.67 \leq C_p$	0 등급	매우 우수	관리의 간소화 및 비용절감 방안 등을 검토한다.
$1.33 \leq C_p$ < 1.67	1 등급	우수	이상적인 상태이므로 유지한다.
$1.00 \leq C_p$ < 1.33	2 등급	보통	공정능력이 있지만 현공정의 향상을 위해 연구해야 한다.
$0.67 \leq C_p$ < 1.00	3 등급	나쁨	전수선별, 공정의 관리·개선을 필요로 한다.
$C_p < 0.67$	4 등급	매우 나쁨	품질의 개선, 원인을 추구하여 긴급대책을 필요로 한다.

86. 목표를 달성하기 위해 필요한 수단과 방책을 계통적으로 작성함으로써 목표달성을 위한 최적수단을 추구해 나가는 방법은?

① PDPC법 ② 계통도법
③ 친화도법 ④ 연관도법

해설 계통도법은 목적·목표를 달성하기 위한 수단과 방책을 계통적으로 작성함으로써 문제의 핵심을 명확히 하여 목적·목표를 달성하기 위한 최적의 수단을 탐구하는 방법이다.

87. 제조공정에 관한 사내표준의 요건이 아닌 것은?

① 필요 시 신속하게 개정, 향상시킬 것
② 직관적으로 보기 쉬운 표현을 할 것

③ 기록내용은 구체적이고 객관적일 것
④ 미래에 추진해야 할 사항을 포함할 것

해설 미래(향후) 추진업무보다는 현재 진행 중인 업무를 중심으로 할 것

88. 측정시스템이 통계적 특성을 적절히 유지하고 있는지를 평가하는 방법인 측정시스템(MSA)에 관한 설명으로 틀린 것은?

① 선형성(linearity)은 특정 계측기로 동일 제품을 측정하였을 때 측정범위 내에서 측정된 평균값을 의미한다.
② 재현성(reproducibility)은 동일 계측기로 동일 제품을 여러 작업자가 측정하였을 때 나타나는 결과의 차이를 의미한다.
③ 편의(bias)는 특정 계측기로 동일 제품을 측정했을 때 얻어지는 측정값의 평균과 이 특성의 참값과의 차이를 의미한다.
④ 반복성(repeatability)은 동일 작업자가 동일 측정기를 가지고 동일 제품을 측정하였을 때 파생되는 측정의 변동을 의미한다.

해설 측정시스템의 변동
㉠ 정확성(치우침, 편의, bias) : 특정 계측기로 동일 제품을 무한히 반복 측정했을 때 얻어지는 측정값의 평균과 이 특성의 참값(기준값)과의 차이를 의미한다.
㉡ 안정성(stability) : 안정성은 측정장비가 마모나 기온, 온도 등과 같은 환경변화에 의하여 시간 경과에 따라 동일 제품의 계측 결과가 다른 경우 안정성이 결여된 것이다. 안정성(stability)은 시간별 측정결과의 차이와 관련 있는 성질로서 산포를 관리하는 관리도로 관리할 수 있다.
㉢ 직선성(선형성, linearity) : 계측기의 작동범위 내에서 발생하는 편기값들의 차이로 관측치가 작은 영영에서는 작고 관측치가 큰 영역에서는 편의가 큰 것을 의미

한다.
㉣ 반복성(정밀도, repeatability) : 동일한 측정자가 동일한 측정기를 이용하여 동일한 제품을 여러 번 측정하였을 때 파생되는 측정변동을 의미한다.
㉤ 재현성(reproducibility) 다수의 측정자가 동일한 측정기를 이용하여 동일한 제품을 여러 번 측정하였을 때 파생되는 개인 간의 측정변동을 의미한다.
※ ①은 안정성에 대한 의미이다.

89. 문제가 되고 있는 사상 중 대응되는 요소를 찾아내어 행과 열로 배치하고, 그 교점에 각 요소 간의 연관 유무나 관련 정도를 표시함으로써 문제의 소재나 형태를 탐색하는 데 이용되는 기법은?

① 계통도법　　② 특성요인도
③ 친화도법　　④ 매트릭스법

해설 매트릭스도법(matrix diagram)
㉠ 문제가 되고 있는 사상 중 대응되는 요소를 찾아내어 행과 열로 배치하고, 그 교점에 각 요소 간의 연관 유무나 관련 정도를 표시함으로써 문제의 소재나 형태를 탐색하는 데 이용되는 기법
㉡ 품질기능전개(QFD)로 품질하우스 작성 시 무엇(what)과 어떻게(how)의 관계를 나타낼 때 사용하는 기법

90. 품질코스트의 집계단계에서 수행하는 업무가 아닌 것은?

① 책임부문별로 할당
② 품질코스트를 총괄
③ 보조품목부품별로 할당
④ 프로젝트(project)해석을 위한 집계

해설 품질코스트의 집계대상은 주력업종, 주력부서, 주력품목으로 한다.

91. QC 7가지 도구 중 결과에 원인이 어떻게 관계하고 있는가를 한 눈에 알아볼 수 있도록 작성된 그림은?

① 체크시트   ② 층별
③ 관리도   ④ 특성요인도

해설 특성요인도는 어떤 문제에 대한 특성(결과)과 그 요인(원인)을 파악하기 위한 것으로 브레인스토밍이 많이 사용되는 개선활동 기법이다.

92. 다음 표에 대한 수입검사비용은 얼마인가? (단, 이때 비용은 검사관리비 및 간접비인 사무비를 포함한다.)

검사준비시간	10분
검사작업시간	30분
검사종결시간	5분
합계	45분

직접임금 및 부품비 합계	900원/시간

① 675원 ② 450원 ③ 600원 ④ 225원

해설 수입검사비용 = $\frac{45}{60} \times 900 = 675$ 원

93. 다음 중 품질보증부문의 임무를 가장 적절하게 표현한 것은?

① 부적합품 출하방지를 위한 최종검사
② 부적합품의 발생억제를 위한 공정관리
③ 고객요구를 최대로 만족시키는 품질설계
④ 각 부서의 품질보증활동의 종합조정통제

해설 품질보증부문의 임무는 각 부서의 품질보증활동의 종합조정통제이다.

94. 다음 중 6시그마의 본질로 가장 거리가 먼 것은?

① 기업경영의 새로운 패러다임

② 프로세스 평가·개선을 위한 과학적·통계적 방법
③ 검사를 강화하여 제품 품질수준을 6시그마에 맞춤
④ 고객만족 품질문화를 조성하기 위한 기업경영 철학이자 기업전략

해설 6시그마는 최고경영자의 리더십 아래 모든 프로세스의 품질수준을 정량적으로 평가하여 품질을 혁신하고, 문제해결과정 및 전문가 양성 등의 효율적인 품질문화를 조성하여 가며, 고객만족을 달성하기 위하여 프로세스의 질을 6시그마 수준으로 높여 기업경영성과를 획기적으로 향상시키고자 하는 종합적인 기업의 경영전략이다.

95. 품질경영시스템-요구사항(KS Q ISO 9001)은 품질경영원칙을 중심으로 구성되었다. 품질경영원칙은 몇 가지로 구성되었는가?

① 7가지   ② 9가지
③ 10가지   ④ 8가지

해설 품질경영 7원칙(KS Q ISO 9001:2015)은 고객중시, 리더십, 인원의 적극참여, 프로세스 접근법, 개선, 증거기반 의사결정, 관계관리/관계경영이다.

96. ISO표준화 원리 위원회에서 규정한 표준화의 정의의 내용 중 틀린 것은?

① 생산·교역에 있어 인력, 자재, 동력 등에 대한 전체적인 경제성을 확립
② 재화의 행위가 타당하고 일관성 있는 품질에 의한 소비자의 이익을 보호
③ 안전, 건강 및 환경의 보호
④ 관계되는 사람들 사이에서 표현과 전달 수단을 제공

해설 안전, 건강 및 생명의 보호이다.

97. 제조물 책임에서 사용방법, 사용환경, 제품안전기술과 재료·부품에 관한 사항은 어떤 것에 해당하는가?

① 제품안전기술
② 제품책임예방(PLP)
③ 제품책임방어(PLD)
④ 품질보증활동

해설 제조물책임 대책

㉠ 제품책임예방(PLP : Product Liability Prevention) : 제품의 사고가 발생하기 전 사전에 사고를 방지하는 대책을 의미하며, 제품개발에서 판매 및 서비스에 이르기까지 모든 제품의 안전성을 확보하고 적정 사용방법을 보급하는 것이다.

㉮ 고도의 QA체제확립, 사용방법의 보급, 안전 기준치보다 더 엄격한 설계, 신뢰성 검증을 위한 안전시험, 기술지도 및 관리점검의 강화, 재료·부품 등의 안전확보, 사용환경 대응 등

㉡ 제품책임방어(PLD : Product Liability Defence) : 제품의 결함으로 인하여 손해가 발생한 후의 방어 대책을 의미한다.

㉮ 사전대책 : 책임의 한정(계약서·보증서·취급설명서에 책임을 명확하게 명시), 손실의 분산(PL보험가입), 응급체계구축(정보전달, 책임창구마련, 초기에 대처할 수 있게 전 종업원들을 훈련)

㉯ 사후대책 : 초동대책(사실의 파악, 피해자 및 매스컴 대응 등), 소송대리인의 선임, 손실확대방지(수리, 리콜 등)

98. 다음 중 SI 기본단위에 해당하는 것은?

① mol ② Hz ③ ℃ ④ bar

해설 기본단위

길이(m), 질량(kg), 시간(sec), 온도(캘빈도 : T), 광도(칸델라 : cd), 전류(A), 물질량(몰 : mol)

99. 품질특성에 대한 설명으로 맞는 것은?

① 품질특성은 수명, 색상, 재질 등과 같이 고객이 요구하는 것을 제품의 특성으로 나타내는 것이다.
② 품질특성은 일반적으로 추상적으로 표현되므로 측정할 수 없다.
③ 품질특성은 제품마다 하나씩만 정의하는 것이 개선 효과가 높다.
④ 품질특성은 학문적 영역에서 다루어지며, 가장 정확하게 알고 있는 사람은 품질학자들이다.

해설 품질특성은 수명, 색상, 재질 등과 같이 고객이 요구하는 것을 제품의 특성으로 나타내는 것이며, 제품의 성질을 규정하는 요소 또는 그 품질을 평가할 때 지표가 되는 요소이다. 소비자가 요구하는 참특성과 이를 해석하여 그 대용으로 사용하는 대용특성이 있다.

100. 측정시스템에서 안정성(stability)에 대한 설명으로 틀린 것은?

① 안정성의 분석 방법으로 계량치 관리도를 이용하는 방법이 대표적이다.
② 안정성 분석 방법에서 산포관리도는 측정 과정의 변동을 반영하는 관리도이다.
③ 안정성은 계측기의 측정 범위 내에서 오차, 재현과 반복성을 회귀식을 이용하여 평가하는 것이다.
④ 안정성 분석 방법에서 산포관리도가 이상상태일 경우 특정시스템의 반복성이 불안정함을 나타낸다.

해설 측정시스템에서 시간에 지남에 따라 동일 시료의 계측결과가 영향을 받으면, 그 계측기는 안정성이 떨어진다고 한다. 안정성(stability)은 시간별 측정결과의 차이와 관련 있는 성질로서 산포를 관리하는 관리도로 관리할 수 있다.

부록

3회 CBT 대비 실전문제

제1과목 : 실험계획법

1. 분할법에서 2차 요인과 3차 요인의 교호작용은 몇 차 단위의 요인이 되는가?

① 1차 단위　　　② 2차 단위
③ 3차 단위　　　④ 4차 단위

(해설) $n \le m$일 때 n차 단위 요인과 m차 단위 요인의 교호작용은 m차 요인이 된다.

2. 3^2형 요인실험을 동일한 환경에서 실험하기 곤란하여 3개의 블록으로 나누어 실험을 한 결과 다음과 같은 데이터를 얻었다. 요인 A의 제곱합(S_A)은 얼마인가?

블록 Ⅰ	블록 Ⅱ	블록 Ⅲ
$A_1B_1 = 3$	$A_2B_1 = 0$	$A_3B_1 = -2$
$A_2B_2 = 3$	$A_3B_2 = 1$	$A_1B_2 = 1$
$A_3B_3 = 3$	$A_1B_3 = 4$	$A_2B_3 = 2$

① 6　　　　　　② 7
③ 8　　　　　　④ 9

(해설) $S_A = \sum \dfrac{T_i^2.}{m} - CT$

$= \dfrac{(3+4+1)^2 + (3+0+2)^2 + (3+1+(-2))^2}{3}$

$\qquad - \dfrac{15^2}{3 \times 3} = 6$

3. 반복 없는 2요인실험을 행했을 때, A_3B_2 수준조합에서 결측치가 발생하였다. 결측치 ⓨ의 값을 점추정하면?

요인	A_1	A_2	A_3	A_4	A_5	$T_{.j}$
B_1	13	1	3	-19	-3	-5
B_2	18	13	ⓨ	-11	-1	$19+$ⓨ
B_3	28	22	2	8	-5	55
B_4	13	12	0	-10	5	20
$T_i.$	72	48	$5+$ⓨ	-32	-4	$89+$ⓨ

① $\dfrac{3}{12}$　　　　② $\dfrac{1}{3}$

③ 1.0　　　　　④ 2.17

(해설) 반복 없는 2요인실험인 경우 Yates의 방법으로 결측치를 추정한다.

$\hat{y} = \dfrac{l\,T_i.' + m\,T_{.j}' - T'}{(l-1)(m-1)}$

$= \dfrac{l\,T_3.' + m\,T_{.2}' - T'}{(l-1)(m-1)}$

$= \dfrac{(5 \times 5) + (4 \times 19) - (89)}{(5-1)(4-1)} = 1$

4. 라틴방격법에 해당하는 것은?(단, 문자 1, 2, 3은 세 가지 처리의 각각을 나타낸다.)

①
```
1 2 2
3 2 1
1 2 3
```

②
```
3 2 1
1 3 2
1 2 3
```

③
```
1 1 1
2 1 2
3 3 1
```

④
```
1 2 3
3 1 2
2 3 1
```

정답 ● 1. ③　2. ①　3. ③　4. ④

해설 라틴방격법은 k개의 숫자 또는 글자를 어느 열, 어느 행에도 하나씩만 있게끔 나열하여 종횡 k개씩의 사각형이 되도록 하는 실험계획이다.

5. 완전 확률화 계획법(completely rando mized design)의 장점이 아닌 것은?
① 처리별 반복수가 다를 경우에도 통계분석이 용이하다.
② 처리(treatment)수나 반복(replication)수에 제한이 없어 적용범위가 넓다.
③ 실험재료(experimental material)가 이질적(nonhomogeneous)인 경우에도 효과적이다.
④ 일반적으로 다른 실험계획보다 오차 제곱합(error sum of square)에 대응하는 자유도가 크다.

해설 실험재료가 동질적인 경우에 효과적이다.

6. 직교분해(orthogonal decomposition)에 대한 설명으로 가장 관계가 먼 내용은?
① 어떤 변동을 직교분해하면 어떤 대비의 변동이 큰 부분을 차지하고 있는가를 알 수 있다.
② 두 개 대비의 계수 곱의 합, 즉 $c_1c_1' + c_2c_2' + \cdots c_lc_l' = 0$이면, 두 개의 대비는 서로 직교한다.
③ 직교 분해된 변동은 어느 것이나 자유도가 1이 된다.
④ 어떤 요인의 수준수가 l인 경우 이 요인의 변동을 직교 분해하면 l개의 직교하는 대비의 변동을 구해 낼 수 있다.

해설 어떤 요인의 수준수가 l인 경우 이 요인의 변동을 직교분해하면, $l-1$개의 직교하는 대비의 변동을 구할 수 있다.

7. 요인 A가 변량요인일 때, 수준수가 4, 반복수가 6인 1요인실험을 하였더니 $S_T = 2.148$, $S_A = 1.979$였다. 이때, $\widehat{\sigma_A^2}$의 값은 약 얼마인가?
① 0.109
② 0.126
③ 0.163
④ 0.241

해설

요인	SS	DF	MS
A	1.979	$l-1=3$	0.65967
e	$2.148-1.979$ $=0.169$	$\nu_T - \nu_A = 20$	0.00845
T	2.148	$lr-1=23$	

$$V_A = \frac{S_A}{\nu_A} = \frac{1.979}{3} = 0.65967$$

$$V_e = \frac{S_e}{\nu_e} = \frac{0.169}{20} = 0.00845$$

$$\widehat{\sigma_A^2} = \frac{V_A - V_e}{r} = \frac{0.65967 - 0.00845}{6} = 0.109$$

8. 3^3형의 1/3 반복에서 $I = ABC^2$을 정의대비로 9회 실험을 하였다. 이에 대한 설명으로 틀린 것은?
① C의 별명 중 하나는 AB이다.
② A의 별명 중 하나는 AB^2C이다.
③ AB^2의 별명 중 하나는 AB이다.
④ ABC의 별명 중 하나는 AB이다.

해설 AB^2의 별명은
- $AB^2 \times I = AB^2 \times ABC^2$
  $= A^2B^3C^2 = A^2C^2 = (A^2C^2)^2$
  $= A^4C^4 = AC$
- $AB^2 \times I^2 = AB^2 \times (ABC^2)^2$
  $= A^3B^4C^4 = BC$

(단, 3수준계이므로 $A^3 = B^3 = C^3 = 1$이다.)

정답 ● **5.** ③ **6.** ④ **7.** ① **8.** ③

부록

9. 다음은 A, B, C 3요인에 관한 반복 2회인 지분실험법의 분산분석표이다. $\hat{\sigma}^2_{C(AB)}$의 값은? (단, A, B, C는 변량요인이고, $\hat{\sigma}^2_{C(AB)}$는 A, B 수준 내의 요인 C에 의한 모분산의 추정치이다.)

요인	SS	DF	MS
A	91	1	91
$B(A)$	60	6	10
$C(AB)$	32	8	4
e	8	16	0.5
T	191	31	

① 1.32   ② 1.63
③ 1.75   ④ 3.00

해설 $\hat{\sigma}^2_{C(AB)} = \dfrac{V_{C(AB)} - V_e}{r} = \dfrac{4 - 0.5}{2} = 1.75$

A의 수준수 $l = 2$이며, B의 수준수 m은 $l(m-1) = 6$으로부터 $m = 4$이며, C의 수준수 n은 $lm(n-1) = 8$로부터 $n = 2$이며, 반복수 r은 $lmnr - 1 = 31$로부터 $r = 2$이다.

10. 단순회귀식 $\hat{y}_i = \hat{\beta}_0 + \hat{\beta}_1 x_i$를 다음 데이터에 의해 구할 경우 $\hat{\beta}_0$는 약 얼마인가?

x	y	x	y
29	29	51	44
33	31	54	47
38	34	60	51
42	38	68	55
45	40	80	61

① 6.45   ② 7.55
③ 9.28   ④ 10.14

해설 $\bar{x} = \dfrac{\sum x}{n} = \dfrac{500}{10} = 50$

$\bar{y} = \dfrac{\sum y}{n} = \dfrac{430}{10} = 43$

$S_{xx} = \sum x_i^2 - \dfrac{(\sum x_i)^2}{n} = 2{,}304$

$S_{xy} = \sum x_i y_i - \dfrac{(\sum x_i)(\sum y_i)}{n} = 1{,}514$

$\hat{\beta}_1 = \dfrac{S_{xy}}{S_{xx}} = \dfrac{1{,}514}{2{,}304} = 0.6571181$

$\hat{\beta}_0 = \bar{y} - \hat{\beta}_1 \bar{x} = 43 - 0.6571181 \times 50 = 10.14$

11. 1요인실험에 대한 설명 중 틀린 것은?
① 교호작용의 유·무를 알 수 있다.
② 결측치가 있어도 그대로 해석할 수 있다.
③ 특성치는 랜덤한 순서에 의해 구해야 한다.
④ 반복의 수가 모든 수준에 대하여 같지 않아도 된다.

해설 1요인실험이나 반복없는 2요인실험에서는 교호작용은 검출할 수 없다.

12. 다음과 같은 모수모형 3요인실험의 분산분석에서 유의하지 않은 교호작용을 오차항에 풀링시켜 분산분석표를 새로 작성하면, 요인 C의 분산비(F_0)는 약 얼마인가? (단, $A \times B \times C$는 오차와 교락되어 있다.)

요인	SS	DF	MS	F_0
A	1267	2	633.5	182.46**
B	10.889	1	10.889	3.14
C	169	2	84.5	24.34**
$A \times B$	5.444	2	2.772	0.78
$A \times C$	89.04	4	22.26	6.41*
$B \times C$	18.778	2	9.389	2.70
e	13.889	4	3.472	
T	1574.040	17		

① 13.64　　② 17.74

③ 24.34　　④ 31.04

해설 유의하지 않은 교호작용 $A \times B$와 $B \times C$을 오차항에 풀링(pooling)

$$V_e' = \frac{S_e'}{\nu_e'} = \frac{S_{A\times B} + S_{B\times C} + S_e}{\nu_{A\times B} + \nu_{B\times C} + \nu_e}$$

$$= \frac{5.444 + 18.778 + 13.889}{2+2+4} = 4.764$$

$$F_C = \frac{V_C}{V_e'} = \frac{84.5}{4.764} = 17.74$$

13. 동일한 제품을 생산하는 5대의 기계에서 적합 여부의 동일성에 관한 실험을 하였다. 적합품이면 0, 부적합품이면 1의 값을 주기로 하고, 5대의 기계에서 나오는 100개씩의 제품을 만들어 적합 여부를 실험하여 다음과 같은 결과를 얻었다. 총제곱합(S_T)은 약 얼마인가?

기계	A_1	A_2	A_3	A_4	A_5
적합품	78	85	88	92	90
부적합품	22	15	12	8	10
합계	100	100	100	100	100

① 47.04　　② 52.43

③ 58.02　　④ 62.13

해설
$$S_T = \sum\sum x_{ij}^2 - \frac{T^2}{lr}$$
$$= \sum\sum x_{ij} - \frac{T^2}{lr} = T - \frac{T^2}{lr}$$
$$= (22+15+12+8+10) -$$
$$\frac{(22+15+12+8+10)^2}{5\times100} = 58.022$$

14. 반복 없는 2^2형 요인실험에서 주효과 A를 구하는 식은?

① $A = \frac{1}{2}(ab + (1) - a - b)$

② $A = \frac{1}{2}(ab - a + b - (1))$

③ $A = \frac{1}{2}(a + b - ab - (1))$

④ $A = \frac{1}{2}(a + ab - b - (1))$

해설 주효과 $A = \frac{1}{2}(a-1)(b+1)$
$$= \frac{1}{2}(ab + a - b - (1))$$

15. 다음은 $L_8(2^7)$형 직교배열표의 일부이다. 1열에 배치된 A의 V_A는 얼마인가?

열번호	1	
수준	0	1
데이터	8	15
	11	19
	7	12
	14	12
배치	A	

① 10.5　　② 20.5

③ 30.5　　④ 40.5

해설 $S_A = \frac{1}{8}(T_1 . - T_0 .)^2$

$$= \frac{1}{8}[(15+19+12+12) - (8+11+7+14)]^2$$
$$= 40.5$$

$$V_A = \frac{S_A}{\nu_A} = \frac{40.5}{2-1} = 40.5$$

16. 1요인실험에서 데이터의 구조가 $x_{ij} = \mu + a_i + e_{ij}$로 주어질 때, $\bar{x}_i.$의 구조는? (단, $i = 1, 2, \cdots, l$ 이며, $j = 1, 2, \cdots, m$ 이다.)

① $\bar{x}_i. = \mu$

② $\bar{x}_i. = \mu + e$

부록

③ $\overline{x}_{i\,.} = \mu + a_i + \overline{e}_{i\,.}$

④ $\overline{x}_{i\,.} = \mu + a_i$

해설 1요인실험 데이터 구조식

㉠ $x_{ij} = \mu + a_i + e_{ij}$

㉡ $\overline{x}_{i\,.} = \mu + a_i + \overline{e}_{i\,.}$

㉢ $\overline{\overline{x}} = \mu + \overline{e}$ (A 모수)

㉣ $\overline{\overline{x}} = \mu + \overline{a} + \overline{e}$ (A 변량)

17. 모수모형 2요인실험의 분산분석을 실시한 결과 교호작용이 무시되었다. 오차항에 풀링한 후 요인 B의 분산비를 구하면 약 얼마인가?

요인	SS	DF	MS
A	30	2	15.0
B	55	5	11.0
$A \times B$	12	10	1.2
e	72	18	4.0
T	169	35	

① 2.75   ② 3.67

③ 5.50   ④ 9.17

해설 교호작용을 오차항에 풀링(pooling)

$$V_e' = \frac{S_e'}{\nu_e'} = \frac{S_{A \times B} + S_e}{\nu_{A \times B} + \nu_e} = \frac{12 + 72}{10 + 18} = 3 \rightarrow$$

$$F_0(B) = \frac{V_B}{V_e'} = \frac{11}{3} = 3.67$$

18. $L_9(3^4)$형 직교배열표를 사용해 다음과 같은 결과를 얻었다. 오차항의 자유도는 얼마인가?

실험번호	1	2	3	4
기본표시	a	b	a b	a b^2
배치	B	A	e	C

① 1   ② 2

③ 3   ④ 4

해설 3수준계 직교배열표(한 열의 자유도는 2)에서 오차항으로 1개의 열이 배정되었으므로 오차항의 자유도는 2이다.

19. 망목특성을 갖는 제품에 대한 손실함수는? (단, $L(y)$는 손실함수, k는 상수, y는 품질특성치, m은 목표값이다.)

① $L(y) = k(y - m)^2$

② $L(y) = ky^2$

③ $L(y) = \dfrac{k}{(y - m)^2}$

④ $L(y) = \dfrac{k}{y^2}$

해설 망목특성 손실함수 $L(y) = k(y - m)^2$

20. 1요인실험에서 단순한 반복의 실험을 행하는 것보다는 반복을 블록으로 나누어 2요인실험으로 하는 편이 정보량이 많게 된다. 이때, 층별이 잘 되었다면 검출력과 오차항의 자유도는 어떻게 되겠는가?

① 검출력은 나빠지나 오차항의 자유도는 크게 된다.

② 검출력은 나빠지나 오차항의 자유도는 작게 된다.

③ 검출력은 좋아지며 오차항의 자유도는 크게 된다.

④ 검출력은 좋아지며 오차항의 자유도는 작게 된다.

해설 층별이 잘 되었다면 오차항의 자유도는 1요인실험($\nu_e = l(m-1)$)보다 블록반복의 2요인실험($\nu_e = (l-1)(m-1)$)이 $m-1$ 작게 되고 검출력은 좋아진다.

제2과목 : 통계적 품질관리

21. 관리도를 구성하는 관리한계선의 의의로 맞는 것은?
① 공정능력을 비교·평가하기 위해
② 작업자의 숙련도를 비교·평가하기 위해
③ 공정과 설비로 인한 품질변동을 비교하기 위해
④ 공정이 관리상태인지 이상상태인지를 판정하기 위해

해설 관리도에서 관리한계선은 공정이 관리상태인지 이상상태인지를 판정하기 위한 선이다. 타점하는 통계량이 관리한계선을 벗어날 경우 이상상태로서 그 원인을 조사하고 이상원인을 제거한다.

22. $\sum c = 80$, $k = 20$일 때 c관리도(count control chart)의 관리 하한(lower control limit)은?
① −3 　　　　② 2
③ 10 　　　　④ 고려하지 않는다.

해설 중심선(Center Line)
$C_L = \bar{c} = \dfrac{\sum c}{k} = \dfrac{80}{20} = 4$이고 관리한계는
$\bar{c} \pm 3\sqrt{\bar{c}} = 4 \pm 3 \times \sqrt{4}$ 이므로
관리상한 $U_{CL} = 4 + 3\sqrt{4} = 10$,
관리하한 $L_{CL} = 4 - 3\sqrt{4} = -2$
(음수이므로 고려하지 않음)

23. Y제조공정에서 제조되는 부품의 특성치를 장기간에 걸쳐 통계적으로 해석하여 본 결과 $\mu = 15.02$mm, $\sigma = 0.03$mm인 것을 알았다. 이 공정에서 오늘 제조한 부품 9개에 대하여 특성치를 측정한 결과 $\bar{x} = 15.08$mm 가 되었다. 유의수준을 5%로 잡고 평균에 변화가 있는가를 검정하면

어떻게 되는가?
① $u_0 \leq u_{1-\alpha/2}$로서 평균치가 변했다.
② $u_0 > u_{1-\alpha/2}$로서 평균치가 변했다.
③ $u_0 \leq u_{1-\alpha/2}$로서 평균치가 변하지 않았다.
④ $u_0 > u_{1-\alpha/2}$로서 평균치가 변하지 않았다.

해설 1. 가설 : $H_0 : \mu = 15.02$, $H_1 : \mu \neq 15.02$
2. 유의수준 : $\alpha = 0.05$
3. 검정통계량
$u_0 = \dfrac{\bar{X} - \mu}{\sigma/\sqrt{n}} = \dfrac{15.08 - 15.02}{0.03/\sqrt{9}} = 6$
4. 기각치 : $|u_0| > u_{1-\alpha/2} = u_{0.975} = 1.96$이면 귀무가설($H_0$)을 기각한다.
5. 판정 : $u_0(=6) > 1.96$이므로 H_0 기각한다. 즉, 유의수준 5%에서 평균치가 변했다.

24. p 관리도와 $\bar{X} - R$ 관리도에 대한 설명으로 틀린 것은?
① 일반적으로 p 관리도가 $\bar{X} - R$ 관리도보다 시료 수가 많다.
② 일반적으로 p 관리도가 $\bar{X} - R$ 관리도보다 얻을 수 있는 정보량이 많다.
③ 파괴검사의 경우 p 관리도보다 $\bar{X} - R$ 관리도를 적용하는 것이 유리하다.
④ $\bar{X} - R$ 관리도를 적용하기 위한 예비적인 조사 분석을 할 때 p 관리도를 적용할 수 있다.

해설 일반적으로 $\bar{X} - R$ 관리도가 p 관리도보다 얻을 수 있는 정보량이 많다.

25. 모분산(σ^2)을 추정할 때 자유도가 커짐에 따라 신뢰구간의 폭은 일반적으로 어떻게 변하는가?
① 일정하다.

정답 　**21.** ④　**22.** ④　**23.** ②　**24.** ②　**25.** ③

② 점점 커진다.
③ 점점 작아진다.
④ 영향을 받지 않는다.

해설 $\dfrac{S}{\chi_{1-\alpha/2}^2(\nu)} \leq \hat{\sigma}^2 \leq \dfrac{S}{\chi_{\alpha/2}^2(\nu)}$ 에서 자유도가 커지면, $\chi_{1-\alpha/2}^2(\nu)$ 및 $\chi_{\alpha/2}^2(\nu)$ 가 커지므로 신뢰구간의 폭은 감소한다.

26. 계량 규준형 1회 샘플링 검사(KS Q 0001 : 2013)에 있어서 로트의 표준편차 σ 를 알고 하한규격치 S_L이 주어진 로트의 부적합품률을 보증하고자 할 때 다음 중 어느 경우에 로트를 합격으로 하는가?

① $\overline{x} < S_L + k\sigma$ 이면 합격
② $\overline{x} \geq S_L + k\sigma$ 이면 합격
③ $\overline{x} < m_0 + G_0\sigma$ 이면 합격
④ $\overline{x} \geq m_0 + G_0\sigma$ 이면 합격

해설 하한규격치 S_L이 주어진 경우 품질특성치가 클수록 좋다. 따라서, 시료평균 $\overline{x}$ 가 하한합격판정치($\overline{X}_L = S_L + k\sigma$) 이상이면 로트를 합격으로 한다.

27. $\overline{X} - R$ 관리도에 있어서 완전관리상태 ($\sigma_b = 0$)인 경우의 관계식 중 맞는 것은? (단, σ_w^2은 군내변동, σ_b^2은 군간변동, σ_H^2은 개개의 데이터산포이다.)

① $\sigma_{\overline{x}}^2 = \sigma_w^2 - \sigma_H^2$ ② $n\sigma_{\overline{x}}^2 \leq \sigma_H^2 \leq \sigma_w^2$
③ $n\sigma_{\overline{x}}^2 = \sigma_H^2 = \sigma_w^2$ ④ $\sigma_{\overline{x}}^2 = \dfrac{\sum(\overline{x} - \overline{\overline{x}})^2}{k}$

해설 개개 데이터의 변동
$\sigma_x^2(=\sigma_H^2) = \sigma_w^2 + \sigma_b^2$, $\overline{x}$ 의 변동 $\sigma_{\overline{x}}^2 = \dfrac{\sigma_w^2}{n} + \sigma_b^2$ 이다.

완전한 관리상태일 때, $\sigma_b^2 = 0$ 이므로 $n\sigma_{\overline{x}}^2 = \sigma_H^2 = \sigma_w^2$이 된다.

28. 제조공정의 관리, 공정검사의 조정 및 검사를 점검하기 위해 시행하는 검사방법은 무엇인가?

① 순회검사   ② 관리 샘플링검사
③ 비파괴검사   ④ 로트별 샘플링검사

해설 관리 샘플링검사는 제조공정의 관리, 공정검사의 조정 및 검사를 점검하기 위해 시행하는 검사방법이다.

29. 2개의 변량 x, y의 기대치는 각각 μ_x, μ_y이며, 분산은 모두 σ^2이다. 이때, $\dfrac{x^2 + y^2}{2}$ 의 기대치는?

① $\mu_x{}^2 + \mu_y{}^2 + \dfrac{\sigma^2}{2}$
② $\dfrac{1}{2}(\mu_x + \mu_y) + \sigma^2$
③ $\dfrac{1}{2}(\mu_x{}^2 + \mu_y{}^2) + \sigma^2$
④ $\dfrac{1}{2}(\mu_x{}^2 + \mu_y{}^2) + \dfrac{\sigma^2}{4}$

해설 $V(x) = \sigma_x^2 = E(x^2) - \mu_x^2$,
$V(y) = \sigma_y^2 = E(y^2) - \mu_y^2$이다.
$E\left(\dfrac{x^2 + y^2}{2}\right) = \dfrac{1}{2}[E(x^2) + E(y^2)]$
$= \dfrac{1}{2}(\sigma_x^2 + \mu_x^2 + \sigma_y^2 + \mu_y^2) = \dfrac{1}{2}(\mu_x^2 + \mu_y^2) + \sigma^2$

30. OC 곡선에서 소비자 위험을 가능한 한 작게 하는 샘플링 방식은?

① 샘플의 크기를 크게 하고, 합격판정개수를 크게 한다.

② 샘플의 크기를 크게 하고, 합격판정개수를 작게 한다.

③ 샘플의 크기를 작게 하고, 합격판정개수를 크게 한다.

④ 샘플의 크기를 작게 하고, 합격판정개수를 작게 한다.

해설 OC 곡선에서 샘플의 크기 n을 증가시키거나 또는 합격판정개수 c를 감소시키면, OC 곡선의 기울기는 급하게 되고, 생산자위험 α는 증가, 소비자위험 β는 감소하게 된다.

31. 다음의 설명 중 가장 올바른 것은?

① 범위 R을 사용하여 모표준편차를 추정하는 경우의 공식으로 $\overline{R} = d_3 \sigma$를 사용할 수 있다.

② 분산 V의 기대치는 모분산 σ^2과 같다.

③ 분산에 관한 검정은 어느 경우이든 카이제곱(χ^2) 검정에 의하지 않으면 안 된다.

④ 상호독립된 분산 V_A와 V_B의 분산비 $\dfrac{V_B}{V_A}$는 자유도 ν_A와 ν_B을 가진 카이제곱 분포를 한다.

해설 ① 범위 R을 사용하여 모표준편차를 추정하는 경우의 공식으로 $\overline{R} = d_2 \sigma$를 사용할 수 있다.

③ 한 개의 모집단의 모분산 검정은 χ^2검정, 두 집단의 모분산비의 검정은 F검정에 의한다.

④ 상호독립된 분산 V_A와 V_B의 분산비 $\dfrac{V_B}{V_A}$는 자유도 ν_B와 ν_A를 가진 F 분포를 한다.

32. 적합도 검정에 대해 설명 중 틀린 것은?

① 관측도수는 실제 조사하여 얻은 것이다.

② 일반적으로 기대도수는 관측도수보다 적다.

③ 기대도수는 귀무가설을 이용하여 구한 것이다.

④ 모집단의 확률분포가 어떤 특정한 분포라고 보아도 좋은가를 조사하고 싶을 때 이용한다.

해설 기대도수는 관측도수보다 클 수도 있고 작을 수도 있다. 기대도수의 전체의 합과 관측도수의 전체의 합은 같다.

33. 두 변량 사이의 직선관계 정도를 재는 측도를 무엇이라 하는가?

① 결정계수   ② 회귀계수
③ 변이계수   ④ 상관계수

해설 상관계수(r)는 x와 y사이의 직선관계를 나타내는 척도이다.

① 결정계수는 상관계수의 제곱(r^2)과 같다.

② 회귀계수 $b = \dfrac{S_{xy}}{S_{xx}}$

③ 변이계수 또는 변동계수는 표준편차를 평균으로 나눈 값이다($CV = \dfrac{s}{x} \times 100\%$).

34. $|\overline{\overline{x}}_A - \overline{\overline{x}}_B| \geq A_2 \overline{R} \sqrt{\dfrac{1}{k_A} + \dfrac{1}{k_B}}$ 는

2개의 층 A, B 간 평균치의 차를 검정할 때 사용한다. 이 식의 전제조건으로 틀린 것은?(단, k는 시료군의 수, n은 시료군의 크기이다.)

① $k_A = k_B$일 것

② $n_A = n_B$일 것

③ $\overline{R}_A$, $\overline{R}_B$는 유의 차이가 없을 것

④ 두 개의 관리도는 관리상태에 있을 것

해설 전제조건

㉠ $\overline{R}_A$, $\overline{R}_B$ 사이에 유의차가 없을 것(두 관리도의 분산은 같아야 한다.)

㉡ 두 관리도의 군의 수 k_A, k_B가 충분히 클 것

㉢ 두 관리도의 시료군의 크기 n이 같을 것 ($n_A = n_B$)

㉣ 두 개의 관리도는 관리상태에 있을 것

㉤ 본래의 분포상태가 대략적인 정규분포를 하고 있을 것

35. Y 회사로부터 납품되는 약품의 유황 함유율 산포는 표준편차가 0.1%였다. 이번에 납품된 로트의 평균치를 신뢰율 95%, 정도(精度) 0.05%로 추정할 경우 샘플은 몇 개로 해야 하는가?

① 2   ② 4
③ 8   ④ 16

해설 $\beta_{\overline{x}} = \pm u_{1-\alpha/2} \dfrac{\sigma}{\sqrt{n}}$ →

$$0.05 = u_{0.975} \dfrac{0.1}{\sqrt{n}} \rightarrow$$

$$n = \left(1.96 \times \dfrac{0.1}{0.05}\right)^2 = 15.37 = 16$$

36. 1회, 2회, 다회의 샘플링 형식에 대한 설명 중 틀린 것은?

① 검사단위의 검사비용이 비싼 경우에는 1회의 경우가 제일 유리하다.

② 검사의 효율적인 측면에 있어서 2회의 경우가 1회의 경우보다 유리하다.

③ 실시 및 기록의 번잡도에 있어서는 1회 샘플링 형식의 경우에 제일 간단하다.

④ 검사로트당 평균샘플크기는 일반적으로 다회 샘플링 형식의 경우에 제일 적다.

해설 평균검사갯수가 1회 > 2회 > 다회의 순

이므로 검사비용이 비싼 경우 다회의 경우가 제일 유리하다.

37. 계수형 축차 샘플링검사 방식(KS Q ISO 28591 : 2017)에서 누적 샘플크기(n_{cum})가 중지 시 누적 샘플크기(중지값)(n_t)보다 작을 때 합격판정개수를 구하는 식으로 맞는 것은?

① 합격판정개수 $A = h_A + g n_{cum}$ 소수점 이하는 올린다.

② 합격판정개수 $A = h_A + g n_{cum}$ 소수점 이하는 버린다.

③ 합격판정개수 $A = -h_A + g n_{cum}$ 소수점 이하는 올린다.

④ 합격판정개수 $A = -h_A + g n_{cum}$ 소수점 이하는 버린다.

해설 $n_{cum} < n_t$인 경우

• 합격판정치 $A = -h_A + g n_{cum}$(소수점 이하 버림)

• 불합격판정치 $R = h_R + g n_{cum}$(소수점 이하 올림)

38. Me 관리도의 성능에 관한 설명으로 가장 적절한 것은?

① $\overline{x}$ 관리도보다 1종 과오가 크다.

② $\overline{x}$ 관리도보다 검출력이 좋지 않다.

③ 극단적인 이상치에 민감하게 반응한다.

④ 시료의 크기는 계산 편의상 짝수개가 좋다.

해설 ① $\overline{x}$ 관리도보다 1종 과오가 작다.

③ 데이터의 중앙값만 취하고 이상치를 제외하게 되므로 극단적인 이상치에 둔감하게 반응한다.

④ 시료의 크기는 계산 편의상 홀수개가 좋다.

39. $n = 5$이고, 관리상한(U_{CL})은 43.44, 관리하한(L_{CL})은 16.56인 $\overline{X}$ 관리도가 있다. 공정의 분포가 $N(30, 10^2)$일 때, 이 관리도에서 점 X_i가 관리한계 밖으로 나올 확률은 얼마인가?

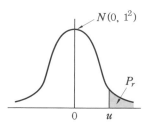

μ	P_r
1.00	0.1587
1.34	0.0901
2.00	0.0228
3.00	0.0013

① 0.0228 ② 0.0456
③ 0.0901 ④ 0.1802

해설 $P(x < L_{CL}) + P(U_{CL} < x)$

$= P\left(u < \dfrac{16.56 - 30}{10}\right) + P\left(u > \dfrac{43.44 - 30}{10}\right)$

$= P(u \leftarrow 1.34) + P(u > 1.34)$

$= 2 \times 0.0901 = 0.1802$

40. 어떤 제품의 품질 특성치는 평균 μ, 분산 σ^2인 정규분포를 따른다. 20개의 제품을 표본으로 취하여 품질 특성치를 측정한 결과 평균 10, 표준편차 3을 얻었다. 분산 σ^2에 대한 95% 신뢰구간은 약 얼마인가? (단, $\chi^2_{0.975}(19) = 32.852$, $\chi^2_{0.025}(19) = 8.907$이다.)

① 5.21~19.20 ② 5.21~20.21
③ 5.48~19.20 ④ 5.48~20.21

해설 한 개의 모분산의 추정

$\dfrac{S}{\chi^2_{1-\alpha/2}(\nu)} \leq \sigma^2 \leq \dfrac{S}{\chi^2_{\alpha/2}(\nu)} \rightarrow$

$\dfrac{(n-1)s^2}{\chi^2_{0.975}(19)} \leq \sigma^2 \leq \dfrac{(n-1)s^2}{\chi^2_{0.025}(19)} \rightarrow$

$\dfrac{19 \times 3^2}{32.852} \leq \sigma^2 \leq \dfrac{19 \times 3^2}{8.907} \rightarrow$

$5.21 \leq \sigma^2 \leq 19.20$

제3과목 : 생산시스템

41. PERT에서 어떤 요소작업을 정상작업으로 수행하면 5일에 2500만원이 소요되고 특급작업으로 수행하면 3일에 3000만원이 소요된다. 비용구배(Cost Slope)는 얼마인가?

① 100만원/일 ② 167만원/일
③ 250만원/일 ④ 500만원/일

해설

구분	정상작업	특급작업
시간(일)	5일	3일
비용(원)	2,500만원	3,000만원

비용구배$= \dfrac{특급비용 - 정상비용}{정상시간 - 특급시간}$

$= \dfrac{3,000 - 2,500}{5 - 3} = 250$만원/일

42. 테일러시스템의 과업관리의 원칙에 해당되지 않는 것은?

① 작업에 대한 표준
② 이동조립법의 개발
③ 공정한 1일 과업량의 결정
④ 과업미달성 시 작업자의 손실

해설 • 테일러시스템의 특징은 과학적 관리법, 과업관리(1일 공정한 작업량), 직능식

부록

(기능식)조직, 차별적 성과급제(성공에 대한 우대), 고임금저노무비, 작업자 중심 등이다.
- 포드시스템의 특징은 이동조립법(컨베이어시스템), 동시관리, 고임금저가격, 기계설비중심(고정비 부담이 크다), 대량생산 등이다.

43. 작업의 우선순위 결정기준에 대한 설명으로 틀린 것은?
① 여유시간법은 여유시간이 최소인 작업을 먼저 수행한다.
② 긴급률법은 긴급률이 가장 큰 작업을 먼저 수행한다.
③ 납기우선법은 납기가 가장 빠른 작업을 먼저 수행한다.
④ 최단처리시간법은 작업시간이 가장 짧은 작업을 먼저 수행한다.

해설 긴급률(CR : Critical Ratio)은 작업의 납기를 명시적으로 고려하고 있으며, 긴급률

$$CR = \frac{잔여납기일}{잔여작업일수} = \frac{납기일 - 오늘 날짜}{잔여작업일수}$$

이다. 긴급률의 값이 작은 작업부터 먼저 처리한다.

44. MRP 시스템의 출력결과가 아닌 것은?
① 계획납기일
② 계획주문의 양과 시기
③ 안전재고 및 안전조달기간
④ 발령된 주문의 독촉 또는 지연 여부

해설 MRP 시스템은 종속수요품의 재고관리에 사용된다. 안전재고 및 안전조달기간은 독립수요가 있는 경우에 고려한다.

45. 다중활동분석의 목적이 아닌 것은?
① 유휴시간의 단축
② 경제적인 작업조 편성
③ 작업자의 피로 경감 분석
④ 경제적인 담당기계 대수의 산정

해설 다중활동분석표는 작업자와 작업자 상호관계 또는 작업자와 기계 사이의 상호관계에 대하여 분석함으로써 경제적인 작업조 편성이나 경제적인 담당기계 대수를 산정하여 유휴시간을 단축하기 위해 사용되는 분석표이다.
㉠ 작업자-기계작업분석표(Man-Machine Chart)
㉡ 작업자-복수기계작업분석표(Man-Multi Machine Chart)
㉢ 복수작업자 분석표(Multi Man Chart, Gang Process Chart) : Aldridge가 고안
㉣ 복수작업자 기계작업분석표(Multi Man-Machine Chart)
㉤ 복수작업자-복수기계작업분석표(Multi Man-Multi Machine Chart)

46. MRP 시스템의 특징으로 맞는 것은?
① 독립수요
② 종속품목수요
③ 재발주점을 이용한 발주
④ 자재흐름은 끌어당기기 시스템

해설 ① 독립수요품의 재고관리시스템은 정량발주형 재고관리시스템(Q시스템)이나 정기발주형 재고관리시스템(P시스템)이다.
② 최상위에 있는 품목인 완제품이 독립수요품목이며, MRP는 이런 독립수요 품목의 종속수요품(부품, 원료, 반제품 등)의 재고관리시스템이다.
③ 정량발주형 재고관리시스템에서 재발주점을 결정한다.
④ JIT시스템은 끌어당기기(pull) 방식이다.

47. 표준화된 자재 또는 구성 부분품의 단순화로 다양한 제품을 만드는 것으로 다품종 생산을 통해 다양한 수요를 흡수하고 표준화된 자재에 의해서 표준화의 이익, 즉 경제적 생산을 달성하려는 생산시스템은?

① JIT 생산시스템
② MRP 생산시스템
③ Modular 생산시스템
④ 프로젝트 생산시스템

해설 모듈러 생산(Modular Production) : 소품종다량생산 시스템에서 다양한 수요와 수요변동에 신축성 있게 대응하기 위해서 보다 적은 부분품으로 보다 많은 종류의 제품을 생산하는 방식이다.

48. 공급사슬관리에서 자재 공급업체에서 파견된 직원이 구매기업에 상주하면서 적정 재고량이 유지되도록 관리하는 기법은?

① Cross-docking
② Quick Response
③ Vendor Managed Inventory
④ Total Productive Maintenance

해설 JIT-Ⅱ시스템은 공급업체로부터 파견된 직원이 구매기업의 공장에 상주하면서 적정 재고량이 유지되고 있는지를 관리(Vendor Managed Inventory)하는 시스템이다.

49. M기업은 매년 10000 단위의 부품 A를 필요로 한다. 부품 A의 주문비용은 회당 20000원, 단가는 5000원, 연간 단위당 재고유지비가 단가의 2%라면 1회 경제적 주문량은 약 얼마인가?

① 500단위　　② 1000단위
③ 1500단위　　④ 2000단위

해설 $Q_0 = \sqrt{\dfrac{2DC_p}{C_H}} = \sqrt{\dfrac{2DC_p}{Pi}}$

$= \sqrt{\dfrac{2 \times 10,000 \times 20,000}{5,000 \times 0.02}} = 2,000$단위

50. 고장을 예방하거나 조기 조치를 하기 위하여 행해지는 급유, 청소, 조정, 부품교환 등을 하는 것은?

① 설비검사　　② 보전예방
③ 개량보전　　④ 일상보전

해설 • 일상보전 : 고장을 예방하거나 조기 조치를 하기 위하여 행해지는 급유, 청소, 조정, 부품교환 등을 하는 것
• 보전예방(MP) : 처음부터 보전이 불필요한 설비를 설계하는 것으로 보전을 근본적으로 방지하는 방식으로 신뢰성과 보전성을 동시에 높일 수 있는 보전방식
• 개량보전(CM) : 고장이 일어났을 때 그 원인을 분석, 같은 고장이 반복되지 않도록 설비의 열화를 적게 하면서 수명을 연장할 수 있고 경제적으로 설비 자체의 체질개선을 하여야 한다는 보전방식

51. GT(Group Technology)에 관한 설명으로 가장 거리가 먼 것은?

① 배치시에는 혼합형 배치를 주로 사용한다.
② 생산설비를 기계군이나 셀로 분류, 정돈한다.
③ 설계상, 제조상 유사성으로 구분하여 부품군으로 집단화한다.
④ 소품종 대량생산시스템에서 생산능률을 향상시키기 위한 방법이다.

해설 GT(Group Technology)는 부품 및 제품을 설계하고 제조하는 데 있어서 설계상, 가공상 또는 공정경로상 비슷한 부품을 그룹화하여 유사한 부품들을 하나의 부품군으로 만들어 설계·생산하는 방식으로 다품종 소량생산시스템에서 생산능률을 향상시키기 위한 방법이다.

부록

52. 위크샘플링에서 상대오차를 S, 관측항목의 발생비율을 P, 관측횟수를 N이라고 하면 절대오차는 어떻게 표현되는가?

① SP ② SN ③ PN ④ S^2P

해설 절대오차(SP)
= (상대오차 S)×(발생비율 P)

53. 총괄생산계획(Aggregate Planning) 기법 중 탐색결정규칙(Search Decision Rule)에 대한 설명으로 틀린 것은?

① Taubert에 의해 개발된 휴리스틱기법이다.
② 과거의 의사결정들을 다중회귀분석하여 의사결정규칙을 추정한다.
③ 총 비용함수의 값을 더 이상 감소시킬 수 없을 때 탐색을 중단한다.
④ 하나의 가능한 해를 구한 후 패턴탐색법을 이용하여 해를 개선해 나간다.

해설 총괄생산계획은 변동하는 수요에 대응하여 생산율·재고수준·고용수준·하청 등의 관리가능변수를 최적으로 결합하기 위한 용도로 수립되는 계획이다.
㉠ 도시법(시행착오법)
㉡ 수리적 최적화기법-선형계획법, 수송계획법, 선형결정기법
㉢ 휴리스틱기법(경험적·탐색적 방법)-경영계수기법(다중회귀분석), 탐색결정기법, 매개변수법

54. 1일 부하시간은 460분, 작업준비 및 고장 등으로 인한 정지시간은 30분, 1일 총생산량은 600개, 설비작업의 이론 사이클 타임은 0.3분/개이며, 실제 사이클 타임은 0.5분/개이다. 적합품률이 95%일 경우, 설비종합효율은 약 몇 %인가?

① 37.2%   ② 39.1%
③ 39.8%   ④ 41.9%

해설 설비종합효율 = 시간가동률 × 성능가동률 × 양(적합)품률

$$= \frac{\text{부하시간} - \text{정지시간}}{\text{부하시간}}$$

$$\times \frac{\text{이론사이클타임} \times \text{생산량}}{\text{가동시간}}$$

$$\times \frac{\text{총생산량} - \text{불량수량}}{\text{총생산량}}$$

$$= \frac{460 - 30}{460} \times \frac{0.3 \times 600}{430} \times 0.95$$

$$= 0.372(37.2\%)$$

55. 동시동작 사이클 차트(Simo chart)를 이용하는 기법은?

① Strobo 사진분석
② Cycle Graph 분석
③ Micro Motion Study
④ Memo Motion Study

해설 동시동작 사이클 분석표(Simo chart)는 미세동작분석(micro motion study)에 의한 상세한 기록을 행할 경우 서블릭의 소요시간과 함께 분석용지에 기록한 분석도표이다.

56. 다음 중 생산시스템에 관한 설명으로 틀린 것은?

① 교량, 댐, 고속도로 건설 등을 프로젝트 생산이라 할 수 있으며, 시간과 비용이 많이 든다.
② 선박, 토목, 특수기계 제조, 맞춤의류, 자동차수리업 등에서 볼 수 있는 개별생산은 수요변화에 대한 유연성이 높으며 생산성 향상과 관리가 용이하다.
③ 로트 크기가 작은 소로트생산은 개별생산에 가깝고 로트 크기가 큰 대로트생산은 연속생산에 가까워서 로트생산시스템은 개별생산과 연속생산의 중간 형태라고 볼 수 있다.

④ 시멘트, 비료 등의 장치산업이나 TV, 자동차 등을 대량으로 생산하는 조립업체에서 볼 수 있는 연속생산은 품질유지 및 생산성 향상이 용이한 반면에 수요에 대한 적응력이 떨어진다.

해설 선박, 토목, 특수기계 제조, 맞춤의류, 자동차수리업 등에서 볼 수 있는 개별생산은 수요변화에 대한 유연성이 높지만 생산성 향상과 관리가 용이하지 않다.

57. 도요타 생산방식의 특징에 관한 설명으로 틀린 것은?
① 자재흐름은 밀어내기 방식이다.
② 공정의 낭비를 철저히 제거한다.
③ 자재의 흐름 시점과 수량은 간판으로 통제한다.
④ 재고를 최소화하고 조달기간은 짧게 유지한다.

해설 도요타 방식의 적시생산시스템(Just In Time : JIT)은 필요한 양을 필요한 시기에 필요한 만큼 생산하는 무재고 생산시스템으로 끌어당기기(pull) 방식이다.

58. 여유시간의 분류에서 특수여유에 해당하지 않는 것은?
① 조여유 ② 기계간섭여유
③ 소로트여유 ④ 불가피지연여유

해설 여유시간의 분류
• 일반여유 : 인적여유, 불가피지연여유, 피로여유
• 특수여유 : 기계간섭여유, 조여유, 소로트여유, 기타(장사이클여유, 기계여유)

59. 손익분기점 분석을 이용한 제품조합의 방법 중 다른 품종의 제품 중에서 대표적인 품종을 기준품종으로 선택하고, 그 품종의

한계이익률로 손익분기점을 계산하는 방법은?
① 절충법 ② 평균법
③ 개별법 ④ 기준법

해설 기준법은 다른 품종의 제품 중에서 대표적인 품종을 기준품종으로 선택하고, 그 품종의 한계이익률로 손익분기점을 계산하는 방법이다.

60. 기업이 ERP시스템 구축을 추진할 때 외부전문위탁개발(Outsourcing) 방식을 택하는 경우가 많다. 이 방식의 특징과 가장 거리가 먼 것은?
① 외부전문 개발인력을 활용한다.
② ERP시스템을 확장하거나 변경하기 어렵다.
③ 개발비용은 낮으나 유지비용이 높게 소요된다.
④ 자사의 여건을 최대한 반영한 시스템 설계가 가능하다.

해설 ERP는 기업 자원계획 또는 전사적 자원계획이라 하며, 협의의 의미로 통합형 업무패키지 소프트웨어로써 효율적 업무개선이 이루어진다. ERP 시스템의 구축 시 자체 개발의 경우 자사의 여건을 최대한 반영한 시스템 설계가 가능하다.

제4과목 : 신뢰성 관리

61. 형상모수 3, 척도모수 1000시간, 위치모수 1000시간인 와이블분포에 따르는 기계를 1500시간 사용하였을 때의 신뢰도는 약 얼마인가?
① 0.368 ② 0.779
③ 0.882 ④ 0.939

해설 $R(t) = e^{-\left(\frac{t-r}{\eta}\right)^m} = e^{-\left(\frac{1,500-1,000}{1,000}\right)^3}$
$= 0.882$

62. 가속수명시험 설계 시 고장 메커니즘을 추론할 때 가장 효과적인 도구는?

① 산점도　　　　② 회귀분석
③ 검·추정　　　　④ FMEA/FTA

해설 FMEA/FTA는 메커니즘을 추론할 때 가장 효과적인 도구이다.

FMEA[Failure Mode and Effect Analysis, 고장모드(유형, 형태) 및 영향분석]는 설계에 대한 신뢰성 평가의 한 방법으로서, 설계된 시스템이나 기기의 잠재적인 고장모드를 찾아내고 가동 중인 시스템 등에 고장이 발생하였을 경우의 영향을 조사, 평가하여 영향이 큰 고장모드에 대하여는 적절한 대책을 세워 고장의 발생을 미연에 방지하고자 하는 정성적 신뢰성 분석방법이며, FTA는 시스템의 고장을 발생시키는 사상과 그 원인과의 관계를 관문이나 사상기호를 사용하여 나뭇가지 모양의 그림으로 설명한다.

63. 정시중단시험에서 평균수명의 $100(1-\alpha)\%$ 한쪽 신뢰구간 추정 시 하한으로 맞는 것은?(단, $\widehat{MTBF}$는 평균수명의 점추정치, r은 고장개수이다.)

① $\dfrac{2r\widehat{MTBF}}{\chi^2_{1-\alpha}(2r)}$　　② $\dfrac{2r\widehat{MTBF}}{\chi^2_{1-\alpha}(2r+2)}$

③ $\dfrac{2r\widehat{MTBF}}{\chi^2_{1-\alpha/2}(2r)}$　　④ $\dfrac{2r\widehat{MTBF}}{\chi^2_{1-\alpha/2}(2r+2)}$

해설 정시중단시험의 경우 한쪽 구간추정

$$\theta_L = \frac{2T}{\chi^2_{1-\alpha}\{2(r+1)\}} = \frac{2r\cdot\hat{\theta}}{\chi^2_{1-\alpha}\{2(r+1)\}}$$
$$= \frac{2r\hat{\theta}}{\chi^2_{1-\alpha}(2r+2)}$$

64. 와이블분포에서 형상모수값이 2일 때 고장률에 대한 설명 중 맞는 것은?

① 일정하다.

② 증가한다.
③ 감소한다.
④ 증가하다 감소한다.

해설 와이블분포에서 형상모수 $m > 1$이면 고장률이 증가하는 IFR이다.

65. 어떤 시스템의 $MTBF$가 500시간, $MTTR$이 40시간이라고 할 때, 이 시스템의 가용도(Availability)는 약 얼마인가?

① 91.4%　　　　② 92.6%
③ 97.2%　　　　④ 98.2%

해설 가용도

$$A = \frac{MTBF}{MTBF+MTTR} = \frac{500}{500+40}$$
$$= 0.9259\,(92.6\%)$$

66. 초기고장 기간에 발생하는 고장의 원인이 아닌 것은?

① 설계 결함
② 불충분한 보전
③ 조립상의 결함
④ 불충분한 번인(Burn-in)

해설 불충분한 보전(정비), 부식 또는 산화, 마모 또는 피로는 마모고장기간에 발생하는 고장원인이다.

67. 지수수명분포를 갖는 동일한 컴포넌트를 병렬로 연결하여 시스템 평균수명을 개별 컴포넌트의 평균수명보다 2배 이상으로 하려면 최소 몇 개의 컴포넌트가 필요한가?

① 2개　② 3개　③ 4개　④ 5개

해설 $MTBF_S = \dfrac{1}{\lambda_0}\left(1 + \dfrac{1}{2} + \dfrac{1}{3} + \cdots + \dfrac{1}{n}\right)$이므로 $1 + \dfrac{1}{2} + \cdots + \dfrac{1}{n} \geq 2$이 되는 가장 작은 n은 4이다.

68. 신뢰성 샘플링 검사의 특징에 관한 설명으로 틀린 것은?

① 위험률 α와 β의 값을 작게 취한다.
② 정시중단방식과 정수중단방식을 채용하고 있다.
③ 품질의 척도로 MTBF, 고장률 등을 사용한다.
④ 지수분포와 와이블 분포를 가정한 방식이 주류를 이루고 있다.

(해설) 위험률 α와 β의 값을 크게 취한다. $\lambda_0 = ARL$, $\lambda_1 = LTFR$이다.

69. 부하–강도 모형(stress–strength model)에서 고장이 발생할 경우에 관한 설명으로 틀린 것은?

① 고장의 발생 확률은 불신뢰도와 같다.
② 안전계수가 작을수록 고장이 증가한다.
③ 부하보다 강도가 크면 고장이 증가한다.
④ 불신뢰도는 부하가 강도보다 클 확률이다.

(해설) 강도보다 부하가 크면 고장이 증가한다.

70. 그림에서 A, B, C의 고장확률이 각각 0.02, 0.1, 0.05인 경우 정상사상의 고장확률은?

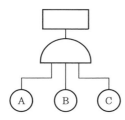

① 0.0001 　　② 0.1621
③ 0.8379 　　④ 0.9999

(해설) $F_T = F_A \times F_B \times F_C = 0.02 \times 0.1 \times 0.05$
$= 0.0001$

71. 와이블 확률지를 사용하여 μ와 σ를 추정하는 방법에 관한 설명으로 틀린 것은?

① 고장시간 데이터 t_i를 적은 것부터 크기 순으로 나열한다.
② $\ln t_0 = 1.0$과 $\ln \ln \dfrac{1}{1-F(t)} = 1.0$과의 교점을 m 추정점이라 한다.
③ 타점의 직선과 $F(t) = 63\%$와 만나는 점의 아래 측 t 눈금을 특성수명 η의 추정치로 한다.
④ m 추정점에서 타점의 직선과 평행선을 그을 때, 그 평행선이 $\ln t = 0.0$과 만나는 점을 우측으로 연장하여 $\dfrac{\mu}{\eta}$와 $\dfrac{\sigma}{\eta}$의 값을 읽는다.

(해설) $\ln t_0 = 1.0$과 $\ln \ln \dfrac{1}{1-F(t)} = 0$과의 교점을 m 추정점이라 한다.

72. 신뢰성 시험 중 파괴시험에 관한 사항이다. 이 중 가속시험으로 볼 수 없는 것은?

① 방치시험
② 한계시험
③ 강제노화시험
④ 단계스트레스시험

(해설) 방치시험은 외부환경에 그대로 두는 정상수명시험이다.

73. 지수분포 $f(t) = \lambda e^{-\lambda t}$의 분산으로 맞는 것은?

① $\dfrac{1}{\lambda^2}$ 　　② $\dfrac{1}{\lambda}$
③ $\dfrac{2}{\lambda}$ 　　④ $\dfrac{1}{2\lambda}$

(해설) $E(t) = \dfrac{1}{\lambda}$, $D(t) = \dfrac{1}{\lambda}$, $V(t) = \dfrac{1}{\lambda^2}$

부록

74. Y기기에 미치는 충격(shock)은 발생률 0.0003/h인 HPP(Homogeneous Poisson Process)를 따라 발생한다. 이 기기는 1번의 충격을 받으면 0.4의 확률로 고장이 발생한다. 5000시간에서의 신뢰도는 약 얼마인가?

① 0.2233
② 0.5488
③ 0.5588
④ 0.6234

해설 $\lambda = 0.0003 \times 0.4 = 0.00012$
$R(t) = e^{-\lambda t} = e^{-0.00012 \times 5,000} = 0.5488$

75. 지수분포를 따르는 어떤 부품을 n개 택하여 t_0시점까지 수명시험한 결과 r개의 고장시간이 $t_1, t_2, \cdots, t_r$에서 일어났다고 한다면, 고장률 λ의 추정식으로 맞는 것은?

① $\hat{\lambda} = \dfrac{nt_0}{r}$

② $\hat{\lambda} = \dfrac{r}{\sum\limits_{i=1}^{r} t_i + (n-r)t_0}$

③ $\hat{\lambda} = \dfrac{\sum\limits_{i-1}^{r} t_i}{r}$

④ $\hat{\lambda} = \dfrac{\sum\limits_{i=1}^{r} t_i + (n-r)t_0}{r}$

해설 • 정시중단방식(교체하는 경우)

$\hat{\lambda} = \dfrac{총고장수}{총관측시간} = \dfrac{r}{T} = \dfrac{r}{nt_0}$

• 정시중단방식(교체하지 않는 경우)

$\hat{\lambda} = \dfrac{총고장수}{총관측시간} = \dfrac{r}{T} = \dfrac{r}{\sum\limits_{i=1}^{r} t_i + (n-r)t_o}$

76. 신뢰성을 향상시키는 설계의 요점에 포함되지 않는 것은?

① 스트레스를 집중시킨다.
② 사용하는 부품의 종류를 줄인다.
③ 스트레스에 대한 내성을 갖게 한다.
④ 부품에 걸리는 스트레스를 경감시킨다.

해설 스트레스를 분산시킨다.

77. ESS(Environmental Stress Screening)에서 스트레스에 의하여 확인될 수 있는 고장모드에는 온도사이클과 임의진동이 있다. 이 중 온도사이클에 의한 스트레스로 발생할 수 있는 고장의 형태는?

① 끊어진 와이어
② 인접보드와의 마찰
③ 부품 파라미터 변화
④ 부적절하게 고정된 부품

해설 ③은 온도사이클(temperature cycling)로 나타나는 고장형태이며, ①, ②, ④는 임의진동(random vibration)으로 나타나는 고장형태이다.

78. 신뢰도가 동일한 10개의 부품으로 구성된 시스템이 정상 작동하기 위해서는 10개 부품 모두가 정상 작동해야 한다. 만약 시스템 신뢰도가 0.95 이상이 되려면, 부품 신뢰도는 최소 얼마 이상이어야 하는가?

① 0.950
② 0.975
③ 0.995
④ 0.999

해설 $R_S = R_i^{10} \rightarrow 0.95 = R_i^{10} \rightarrow R_i = 0.95^{\frac{1}{10}}$
$\rightarrow R_i = 0.9949$

79. 10개의 샘플에 대한 수명시험을 50시간 동안 실시하였더니, 다음 표와 같은 고장시간 자료를 얻었다. 그리고 고장난 샘플은 새 것으로 교체하지 않았다. 평균수명의 점 추정치는 얼마인가?

i	1	2	3	4
t_i	15	20	25	40

① 10시간
② 25시간
③ 50시간
④ 100시간

해설 $T = 15 + 20 + 25 + 40 + (10 - 4) \times 50$
$= 400$

$\widehat{MTTF} = \dfrac{총시험시간(T)}{총고장수(r)} = \dfrac{400}{4} = 100$ 시간

80. 와이블분포의 확률밀도함수가 다음과 같을 때 설명 중 틀린 것은? (단, m은 형상모수, η는 척도모수이다.)

$$f(t) = \frac{m}{\eta} \left(\frac{t}{\eta} \right)^{m-1} \cdot e^{-\left(\frac{t}{\eta} \right)^m}$$

① 와이블분포에서 $t = \eta$일 때를 특성수명이라 한다.
② 와이블분포는 지수분포에 비해 모수추정이 간단하다.
③ 와이블분포는 수명자료 분석에 많이 사용되는 수명분포이다.
④ 와이블분포에서는 고장률 함수가 형상모수 m의 변화에 따라 증가형, 감소형, 일정형으로 나타난다.

해설 지수분포는 와이블분포에서 형상모수 $m = 1$인 특별한 경우이다. 따라서 와이블분포가 지수분포에 비해 모수추정이 더 복잡하다.

---

81. 산업표준화 유형 중 국면에 따른 표준화 분류의 내용으로 틀린 것은?
① 기본규격 : 표준의 제정, 운용, 개폐절차 등에 대한 규격
② 제품규격 : 제품의 형태, 치수, 재질 등 완제품에 사용되는 규격
③ 방법규격 : 성분분석 및 시험방법, 제품의 검사방법, 사용방법에 대한 규격
④ 전달규격 : 계량단위, 제품의 용어, 기호 및 단위 등 물질과 행위에 대한 규격

해설 **국면(기능)에 따른 표준화 분류**
㉠ 전달규격(기본규격) : 계량단위, 제품의 용어, 기호 및 단위
㉡ 제품규격 : 제품의 치수·형태·재질 등 완제품에 대한 규격
㉢ 방법규격 : 성분분석 및 시험방법, 제품 검사방법, 사용방법

82. 다음은 제조물책임법 제1조에 관한 사항이다. ㉠과 ㉡에 해당하는 용어로 맞는 것은 어느 것인가?

이 법은 제조물의 결함으로 인하여 발생한 손해에 대한 (㉠) 등의 손해배상책임을 규정함으로써 피해자의 보호를 도모하고 국민생활의 (㉡) 향상과 국민경제의 건전한 발전에 기여함을 목적으로 한다.

① ㉠ : 소비자, ㉡ : 복지
② ㉠ : 소비자, ㉡ : 안전
③ ㉠ : 제조업자, ㉡ : 복지
④ ㉠ : 제조업자, ㉡ : 안전

해설 제조물책임법은 제조물의 결함으로 인하여 발생한 손해에 대한 제조업자 등의 손해배상책임을 규정함으로써 피해자의 보호

부록

를 도모하고 국민생활의 안전 향상과 국민
경제의 건전한 발전에 기여함을 목적으로
한다.

83. 제조부서의 품질비용 중 예방비용에 해
당하는 것은?
① 품질교육 훈련비용
② 공정검사비용
③ 결함제품에 대한 재설계 비용
④ 부적합품에 대한 수정작업 비용

해설 ② 공정검사비용 : 평가비용(A-cost)
③ 결함제품에 대한 재설계 비용 : 실패비용
(F-cost)
④ 부적합품에 대한 수정작업 비용 : 실패비
용(F-cost)

84. 공차가 똑같은 부품 16개를 조립하였을
때, 공차가 $\frac{10}{300}$이었다면 각 부품의 공차
는 얼마인가?
① $\frac{1}{1200}$　　② $\frac{1}{120}$
③ $\frac{1}{600}$　　④ $\frac{1}{60}$

해설 조립품 공차 $= \sqrt{16 \times \sigma^2}$ →
$\frac{10}{300} = \sqrt{16 \times \sigma^2}$ → $\sigma = \frac{1}{120}$

85. 사내표준화의 요건이 아닌 것은?
① 실행 가능한 내용일 것
② 기록내용이 구체적·객관적일 것
③ 직관적으로 보기 쉬운 표현을 할 것
④ 장기적인 관점보다 단기적인 관점에서 추
진할 것

해설 단기적인 관점보다 장기적인 관점에서
추진할 것

86. $C_p = 1.33$이고, 치우침이 없다면, 평균
μ에서 규격한계(U 또는 L)까지의 거리는
약 몇 σ인가?
① 2σ　② 3σ　③ 4σ　④ 6σ

해설 $C_p = \frac{U-L}{6\sigma} = 1.33$ →
$U - L = 7.98\sigma \approx 8\sigma$
→ 평균 μ에서 규격한계(U 또는 L)까지의
거리는 약 4σ이다.

87. 분임조 활동 시 주제를 선정하는 원칙으
로 옳지 않은 것은?
① 개선의 필요성을 느끼고 있는 문제를 선
정한다.
② 장기간에 걸쳐 해결해야 할 중요한 문제
를 선정한다.
③ 분임조원들의 공통적인 문제를 선정한다.
④ 구체적인 문제를 선정한다.

해설 단기간에 해결 가능한 중요한 문제를
선정한다.

88. 품질이 기업경영에서 전략변수로 중시
되는 이유가 아닌 것은?
① 소비자들의 제품의 안전 또는 고신뢰성에
대한 요구가 높아지고 있다.
② 기술혁신으로 제품이 복잡해짐에 따라 제
품의 신뢰성이 관리문제가 어려워지고
있다.
③ 제품 생산이 분업일 경우 부분적으로 책
임을 지는 것이 제품의 신뢰성을 높인다.
④ 원가 경쟁보다는 비가격경쟁, 즉 제품의
신뢰성, 품질 등이 주요 경쟁요인이기 때
문이다.

해설 제품 생산이 분업일 경우라도 전체적
으로 책임을 지는 것이 제품의 신뢰성을 높
인다.

89. 품질관리 담당자의 역할이 아닌 것은?

① 경쟁사 상품 및 부품과의 품질 비교

② 사내 표준화와 품질경영에 대한 계획수립 및 추진

③ 품질경영 시스템 하의 내부감사 수행 총괄, 승인

④ 공정이상 등의 처리, 에로공정, 불만처리 등의 조치 및 대책의 지원

해설 품질경영 시스템 하의 내부감사 수행 총괄, 승인은 경영자의 역할이다.

90. 게하니(Ray Gehani) 교수가 구상한 품질가치사슬에서 TQM의 전략목표인 고객만족품질을 얻기 위하여 융합되어야 할 3가지 품질에 해당되지 않는 것은?

① 검사품질   ② 경영종합품질

③ 제품품질   ④ 전략종합품질

해설 게하니가 제창한 고객만족을 위해 융합되어야 할 3가지 품질

㉠ 품질가치사슬의 상층부(전략종합품질) : 시장창조 종합품질과 시장경쟁 종합품질

㉡ 품질가치사슬의 중심부(경영종합품질)

㉢ 품질가치사슬의 하층부(제품품질) : 테일러의 검사품질, 데밍의 공정관리 종합품질, 이시가와의 예방종합품질

91. 길이, 무게, 강도 등과 같은 계량치의 데이터가 어떠한 분포를 하고 있는지를 보기 위하여 작성하는 QC 수법은?

① 층별   ② 히스토그램

③ 산점도   ④ 파레토그림

해설 히스토그램은 데이터가 존재하는 범위를 몇 개의 구간으로 나누어 각 구간에 들어가는 데이터의 출현도수를 세어서 도수표를 만든 다음 그것을 도형화한 것으로 계량치의 데이터가 어떠한 분포를 하고 있는지를 보기 위하여 작성한다.

92. 품질시스템이 잘 갖추어진 회사는 끊임없는 개선이 이루어지는 것을 보장해야 한다. 다음 중 끊임없는 개선에 대한 설명으로 틀린 것은?

① 기업에서 개선할 점은 언제든지 있다.

② 품질개선은 종업원의 창의성을 필요로 한다.

③ P-D-C-A의 개선과정을 feed-back 시키는 것이다.

④ 품질개선은 반드시 표준화된 기법을 적용하여야 한다.

해설 품질개선은 반드시 표준화된 기법만으로 이루어지지는 않는다.

93. 생산활동이나 관리활동과 관련하여 일상적 또는 정기적으로 실시하는 계측과 가장 거리가 먼 것은?

① 생산설비에 관한 계측

② 자재·에너지에 관한 계측

③ 작업결과나 성적에 관한 계측

④ 연구·실험실에서의 시험연구 계측

해설 연구·실험실에서의 시험연구 계측은 특정문제를 조사하거나 시험·연구를 위해 이용하는 계측이다.

94. 품질계획에서 많이 활용되는 품질기능전개(QFD)로 품질하우스 작성 시 무엇(what)과 어떻게(how)의 관계를 나타낼 때 사용하는 기법은?

① PDPC법

② 연관도법

③ 매트릭스도법

④ 친화도법

해설 매트릭스도법(matrix diagram)

㉠ 문제가 되고 있는 사상 중 대응되는 요소

정답   **89.** ③   **90.** ①   **91.** ②   **92.** ④   **93.** ④   **94.** ③

부록

를 찾아내어 행과 열로 배치하고, 그 교점에 각 요소 간의 연관 유무나 관련정도를 표시함으로써 문제의 소재나 형태를 탐색하는 데 이용되는 기법
ⓒ 품질기능전개(QFD)로 품질하우스 작성 시 무엇(what)과 어떻게(how)의 관계를 나타낼 때 사용하는 기법

95. 품질경영시스템 – 요구사항(KS Q ISO 9001 : 2015)의 특성이 아닌 것은?
① 목표달성을 위한 리스크 경영에 초점
② 제조중심의 검사, 시험, 감시 능력 제고
③ ISO 9001에 기반한 품질경영시스템에 대한 고객의 확신 제고
④ 제품 및 서비스에 대한 적합성을 제공할 수 있는 조직의 능력을 제고

해설 품질경영시스템 – 요구사항(KS Q ISO 9001 : 2015)의 특성
㉠ 제품 및 서비스에 대한 적합성을 제공할 수 있는 조직의 능력 제고
㉡ 고객을 만족시키는 조직의 능력 제고
㉢ ISO 9001에 기반한 품질경영시스템에 대한 고객의 확신 제고
㉣ 고객과 조직의 가치달성 측면에 초점
㉤ 문서화(Documentation)에 대한 감소화에 초점(Output에 초점)
㉥ 목표달성을 위한 리스크 경영에 초점 (RBT : Risk Based Thinking)

96. 품질전략을 수립할 때 계획단계(전략의 형성단계)에서 SWOT 분석을 많이 활용하고 있다. 여기서 'W'는 무엇인가?
① 약점   ② 위협
③ 강점   ④ 성장기회

해설 SWOT는 Strength(강점), Weakness(약점), Opportunity(성장기회), Threats(위협)이다.

97. 다음은 커크패트릭(Kirk Patrick)의 품질비용에 관한 그래프이다. 각 비용곡선의 명칭으로 맞는 것은?

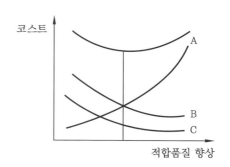

① A : 예방비용, B : 실패비용, C : 평가비용
② A : 예방비용, B : 평가비용, C : 준비비용
③ A : 평가비용, B : 실패비용, C : 예방비용
④ A : 평가비용, B : 예방비용, C : 준비비용

해설 품질비용에는 예방비용(P-cost), 평가비용(A-cost), 실패비용(F-cost)이 있으며, 제품의 품질이 좋아지면 실패비용과 평가비용은 감소하지만 예방비용은 증가한다.

98. 제품 또는 서비스가 품질요건을 만족시킬 것이라는 적절한 신뢰감을 주는 데 필요한 모든 계획적이고, 체계적인 활동을 무엇이라 하는가?
① 품질보증   ② 제품책임
③ 품질해석   ④ 품질방침

해설 품질보증은 제품 또는 서비스가 품질요건을 만족시킬 것이라는 적절한 신뢰감을 주는 데 필요한 모든 계획적이고, 체계적인 활동을 말하며 품질이 고객의 요구수준에 있음을 보증하는 것이다.

99. 어떤 제품의 품질특성 조사결과 표준편차는 0.02, 공정능력지수(C_p)는 1.20이었다. 규격하한이 15.50이라면 규격상한은 약 얼마인가?

① 15.57　　　② 15.64
③ 16.10　　　④ 16.55

해설 $C_p = \dfrac{U-L}{6\sigma} \rightarrow$

$1.2 = \dfrac{U-15.50}{6 \times 0.02} \rightarrow$

$U = 15.64$

100. 표준의 서식과 작성방법(KS A 0001 : 2021)에 관한 사항 중 틀린 것은?

① 본문은 조문의 구성 부분의 주체가 되는 문장이다.
② 본체는 표준의 요소를 서술한 부분이다.
③ 추록은 본문, 각주, 비고, 그림, 표 등에 나타내는 사항의 이해를 돕기 위한 예시이다.
④ 조문은 본체 및 부속서의 구성 부분인 개개의 독립된 규정으로서 문장, 그림, 표, 식 등으로 구성되며, 각각 하나의 정리된 요구사항 등을 나타내는 것이다.

해설 보기/예 : 본문·각주·비고·그림·표 등에 나타내는 사항의 이해를 돕기 위한 예시

부록

4회 CBT 대비 실전문제

1. 2^3형 요인배치실험 시 교락법을 사용하여 다음과 같이 2개의 블록으로 나누어 실험하려고 한다. 다음 중 블록과 교락되어 있는 교호작용은?

블록 1	블록 2
b	bc
c	(1)
ac	a
ab	abc

① $A \times B$ ② $A \times C$
③ $A \times B \times C$ ④ $B \times C$

[해설] $B \times C = \dfrac{1}{2^{3-1}}(a+1)(b-1)(c-1)$

$= \dfrac{1}{4}[(abc+a+bc+1)-(b+c+ab+ca)]$

2. 독립변수 1개, 종속변수 1개일 때, 2차 이상의 고차함수를 사용하는 회귀 분석은?
① 행렬회귀분석
② 곡선회귀분석
③ 중회귀분석
④ 단순회귀분석

[해설] ㉠ 단순회귀분석은 독립변수 1개, 종속변수 1개로 이들 사이를 1차 함수로 가정하는 경우
㉡ 중회귀분석은 독립변수 2개 이상, 종속변수 1개로 이들 사이를 1차 함수로 가정하는 경우

㉢ 곡선회귀분석은 독립변수 1개, 종속변수 1개일 때 2차 이상의 고차함수를 가정하는 경우

3. 어떤 분광석의 샘플링 방법을 결정하기 위하여 열차로부터 랜덤으로 3대의 화차를 택하고, 각 화차로부터 200g의 인크리먼트를 4개씩 샘플링하였다. 이 인크리먼트를 다시 축분하여 각각 2개씩의 분석시료를 얻어 3×4×2 = 24회의 실험을 랜덤화하여 지분실험계획을 실시하였다. 이때 화차 수준 내의 인크리먼트 간 편차 제곱합의 자유도는?
① 8 ② 6
③ 23 ④ 9

[해설] $\nu_{B(A)} = l(m-1) = 3 \times (4-1) = 9$

4. 실험분석결과의 해석과 조치에 대한 설명으로 틀린 것은?
① 실험결과의 해석은 실험에서 주어진 조건 내에서만 결론을 지어야 한다.
② 취급한 요인에 대한 결론은 그 요인수준의 범위 내에서만 얻어지는 결론이다.
③ 실험결과의 해석이 끝나면 작업표준을 개정하는 등 적절한 조치를 취해야 한다.
④ 실험결과로부터 최적조건이 얻어지면 확인실험을 실시할 필요가 없다.

[해설] 실험결과로부터 최적조건이 얻어지면 확인실험을 실시할 필요가 있다.

5. $L_8(2^7)$형 직교배열표에서 $B \times C$를 고려한 상태에서 다음과 같이 배치했다면 어떤 일이 발생하는가?

열	1	2	3	4	5	6	7
성분	a	b	a b	c	a c	b c	a b c
배치	G	F	D	B			C

① D가 $B \times C$와 교락된 상태이다.
② 오차항이 $B \times C$와 교락된 상태이다.
③ F가 $B \times C$와 교락된 상태이다.
④ G가 $B \times C$와 교락된 상태이다.

[해설] $B \times C = c \times abc = abc^2 = ab$이므로 3열 (D)은 $B \times C$와 교락된 상태이다.

6. 요인 A가 4수준, 3회 반복인 1요인실험으로 분산분석한 결과, S_A가 2.96, S_T가 4.29일 때 요인 A의 순제곱합은 약 얼마인가?

① 2.461   ② 3.791
③ 2.295   ④ 3.625

[해설]

요인	SS	DF	MS
A	2.96	$l-1=3$	$2.96/3$ $=0.9867$
e	$4.29-2.96$ $=1.33$	$l(r-1)=8$	$1.33/8$ $=0.16625$
T	4.29	$lr-1=11$	

A의 순제곱합(순변동)
$S_A' = S_A - \nu_A V_e = 2.96 - 3 \times 0.16625 = 2.461$

7. 다음 중 k^n형 요인배치법에 대한 설명으로 틀린 것은?

① 요인배치법에 의한 실험에서는 교호작용을 추정할 수는 없다.

② 요인의 수가 n이고, 각 요인의 수준수가 k인 실험계획법이다.

③ 실험이 반복되지 않아도 k^n개의 실험횟수가 실시되어야 한다.

④ 모든 요인 간의 수준의 조합에서 실험이 이루어지는 실험이다.

[해설] k^n형 요인배치법
요인배치법에 의한 실험에서는 교호작용을 추정할 수 있다.

8. 반복이 5회인 1요인실험에서 A의 수준수는 2, 총제곱합 $S_T = 925$, 요인 A의 제곱합 $S_A = 604$일 때, 오차평균제곱(V_e)의 값은?

① 34.556   ② 40.125
③ 61.425   ④ 37.625

[해설] $V_e = \dfrac{S_e}{\nu_e} = \dfrac{S_T - S_A}{l(r-1)} = \dfrac{925 - 604}{2 \times (5-1)}$
$= 40.125$

9. 다음 분산분석표로부터 요인 A에 대한 가설 검정에 필요한 F분포표 값은?(단, 유의수준 $\alpha = 0.05$이고, 요인 A, B는 모수요인이다.)

요인	SS	DF	MS	F_0
A	185	3	61.7	3.63
B	54	2	27.0	1.59
e	102	6	17.0	
T	341	11		

① F분포 표에서 $F_{0.95}(2, 3) = 9.552$
② F분포 표에서 $F_{0.95}(6, 11) = 3.090$
③ F분포 표에서 $F_{0.95}(3, 6) = 4.760$
④ F분포 표에서 $F_{0.95}(3, 2) = 19.167$

[해설] $F_{1-\alpha}(\nu_A, \nu_e) = F_{0.95}(3, 6)$

정답 ▶ **5.** ① **6.** ① **7.** ① **8.** ② **9.** ③

10. 실험의 관리상태를 알아보는 방법으로 오차의 등분산 가정에 관한 검토방법에 속하지 않는 것은?

① Hartley의 방법

② R 관리도에 의한 방법

③ Bartlett의 방법

④ Satterthwaite의 방법

해설 오차의 등분산성 여부를 보는 방법에는 Hartley의 방법, Bartlett의 방법, R 관리도에 의한 방법(σ관리도), Cochran의 방법 등이 있다.

11. 3가지의 공정라인(A)에서 나오는 제품의 부적합품률이 같은가를 알아보기 위하여 샘플링검사를 실시하였다. 작업시간별(B)로 차이가 있는가도 알아보기 위하여 오전, 오후, 야간 근무조에서 공정 라인별로 각각 100개씩 조사하여 다음과 같은 데이터가 얻어졌다. 이 자료를 이용하여 $\hat{p}(A_2)$의 95% 신뢰구간을 구하면 약 얼마인가? (단, $V_e = 0.0732$이다.)

단위 : 100개 중 부적합품 개수

공정라인 작업시간	A_1	A_2	A_3
B_1(오전)	5	3	8
B_2(오후)	8	5	13
B_3(야간)	10	6	15

① 1.61~7.73% ② 3.11~9.23%

③ 4.12~10.33% ④ 2.72~8.62%

해설 $\hat{p}(A_2) = \dfrac{T_2..}{mr} \pm t_{1-\alpha/2}(\nu_e) \sqrt{\dfrac{V_e}{mr}}$

이다.

그러나 $\nu_e = lm(r-1) = 3 \times 3 \times (100-1) = 891$로 매우 크므로 t분포 대신 정규분포를 사용한다.

$$\hat{p}(A_2) = \frac{T_2..}{mr} \pm u_{1-\alpha/2} \sqrt{\frac{V_e}{mr}}$$

$$= \frac{14}{3 \times 100} \pm u_{0.975} \times \sqrt{\frac{0.0732}{300}}$$

$$= (1.61\%, \ 7.73\%)$$

12. 측정치가 y이고, 목표치가 m이며, 특정한 목표치가 주어져 있을 때 손실함수식은?

① $L(y) = A \triangle^2 (y-m)^2$

② $L(y) = \dfrac{A}{\triangle^2}(y-m)^2$

③ $L(y) = A \triangle^2 (y+m)^2$

④ $L(y) = \dfrac{A}{\triangle^2}(y+m)^2$

해설 손실함수

특성치	손실함수 $L(y)$	비례상수 k
망목 특성	$L(y) = k(y-m)^2$	$k = \dfrac{A_0}{\triangle^2}$
망소 특성	$L(y) = ky^2$	$k = \dfrac{A_0}{\triangle^2}$
망대 특성	$L(y) = k\left(\dfrac{1}{y^2}\right)$	$k = A_0 \triangle^2$

13. A가 l수준이고, B가 m수준, 그리고 r회 반복인 2요인실험에 있어서 수준조합 $A_i B_j$의 모평균 μ_{ij}의 $100(1-\alpha)$% 신뢰구간 추정식은? (단, A, B는 모수이며, 교호작용이 무시되지 않는 경우이다.)

① $\overline{x}_{ij}. \pm t_{1-\frac{\alpha}{2}}(\nu_e) \sqrt{\dfrac{2V_e}{r}}$

② $\overline{x}_{ij}. \pm t_{1-\frac{\alpha}{2}}(\nu_e) \sqrt{\dfrac{V_e}{r}}$

③ $(\overline{x}_{i..} + \overline{x}_{.j.} - \overline{\overline{x}})$

$$\pm t_{1-\frac{\alpha}{2}}(\nu_e)\sqrt{\frac{V_e}{r}}$$

④ $(\overline{x}_{i..} + \overline{x}_{.j.} - \overline{\overline{x}})$

$$\pm t_{1-\frac{\alpha}{2}}(\nu_e)\sqrt{\frac{2V_e}{r}}$$

해설 • 반복있는 2요인실험에서 교호작용이 무시되지 않는 경우는

$$\overline{x}_{ij}. \pm t_{1-\frac{\alpha}{2}}(\nu_e)\sqrt{\frac{V_e}{r}}$$ 이며,

• 교호작용이 무시되는 경우는
$(\overline{x}_{i..} + \overline{x}_{.j.} - \overline{\overline{x}}) \pm t_{1-\alpha/2}(\nu_e')\sqrt{V_e'/n_e}$ 이다.

14. 반복이 없는 3요인실험에서 주효과만 유의한 경우 $A_iB_jC_k$의 모평균을 점추정을 하고자 한다. $\overline{x}_{212}$의 점추정을 하고자 데이터를 검토한 결과가 다음과 같다면 $\hat{\mu}(A_2B_1C_2)$의 값은 얼마인가?

$\overline{x}_{2..} = 160$, $\qquad$ $\overline{x}_{.1.} = 145$,
$\overline{x}_{..2} = 154$, $\qquad$ $\overline{\overline{x}} = 152.8$

① 153.4   ② 306.2

③ 140.2   ④ 148.2

해설 3요인실험

$$\hat{\mu}(A_2B_1C_2) = \overline{x}_{2..} + \overline{x}_{.1.} + \overline{x}_{..2} - 2\overline{\overline{x}}$$
$$= 160 + 145 + 154 - 2 \times 152.8$$
$$= 153.4$$

15. $L_{27}(3^{13})$ 직교배열표에서 기본표시가 ac인 곳에 P, bc인 곳에 Q를 배치하면 $P \times Q$가 나타나는 열의 기본 표시는?

① abc^2과 ab^2인 두 열

② ab^2과 c인 두 열

③ abc과 bc^2인 두 열

④ ab^2과 bc^2인 두 열

해설 교호작용은 성분이 PQ인 열과 PQ^2인 열에 나타난다.

• $P \times Q = ac \times bc = abc^2$
• $P \times Q^2 = ac \times (bc)^2 = ab^2c^3 = ab^2$

16. 2^3형 요인배치법에서 abc, a, b, c의 4개 처리 조합을 일부실시법에 의해 실험하려고 한다. 요인 B와 별명(Alias)관계에 있는 요인은?

① BC ② ABC

③ AC ④ AB

해설 $ABC = \frac{1}{4}(a-1)(b-1)(c-1)$
$= [(abc+a+b+c) - (a+bc+ab+1)]$이 므로 정의대비 $I = ABC$ 이다. 따라서 B의 별명은 $B \times I = B \times ABC = AB^2C = AC$ 이다.

17. 요인 A를 4수준의 처리로 랜덤하게 3일을 택하여 난괴법으로 실험을 하고, 그 결과를 분석하기 위하여 일간 제곱합 S_B를 계산하였더니 132.4, 오차 제곱합 S_e를 구하였더니 105.4이었다. 일간 분산의 추정치 $(\widehat{\sigma_B^2})$ 값은 약 얼마인가?

① 10.54   ② 15.38

③ 17.29   ④ 12.16

해설 • $\widehat{\sigma_B^2} = \dfrac{V_B - V_e}{l} = \dfrac{S_B/\nu_B - S_e/\nu_e}{l}$

$$= \frac{132.4/2 - 105.4/6}{4} = 12.158$$

• $\nu_B = m - 1 = 2$
$\nu_e = (l-1)(m-1) = 3 \times 2 = 6$

부록

18. A, B, C는 수준이 각각 3인 모수요인이며 A, B를 1차 요인으로, C를 2차 요인으로 하여 1차단위가 2요인실험인 단일분할법 실험을 실시하였다. 이때 자유도의 계산이 틀린 것은?

① $\nu_{A \times C} = 4$　　② $\nu_A = 2$
③ $\nu_{E_1} = 4$　　　　④ $\nu_{E_2} = 12$

해설

	요인	SS	DF
1차단위	A	S_A	$l-1 = 3-1 = 2$
	B	S_B	$m-1 = 3-1 = 2$
	e_1 ($A \times B$)	S_{e_1}	$(l-1)(m-1) = 2 \times 2 = 4$
2차단위	C	S_C	$(n-1) = 3-1 = 2$
	$A \times C$	$S_{A\times}$	$(l-1)(n-1) = 2 \times 2 = 4$
	$B \times C$	$S_{B\times}$	$(m-1)(n-1) = 2 \times 2 = 4$
	e_2	S_{e_2}	$(l-1)(m-1)(n-1)$ $= 2 \times 2 \times 2 = 8$
	T	S_T	$lmn-1 = 3 \times 3 \times 3 - 1$ $= 26$

19. 4×4 라틴방격법에서 오차의 자유도는 얼마인가?

① 6　　　　② 4
③ 10　　　④ 8

해설 라틴방격
$\nu_e = (k-1)(k-2) = 3 \times 2 = 6$

20. 다음의 두 선형식이 대비의 조건을 만족하고, $c_1 c_1' + c_2 c_2' + \cdots + c_l c_l' = 0$이 성립될 때 L_1, L_2는 서로 무엇을 하고 있다고 할 수 있는가?

- $L_1 = c_1 T_1. + c_2 T_2. + \cdots + c_l T_l.$
- $L_2 = c_1' T_1. + c_2' T_2. + \cdots + c_l' T_l.$

① 직교　　　　② 종속
③ 교락　　　　④ 교호작용

해설 $L_1 = c_1 T_1. + c_2 T_2. + \cdots + c_l T_l.$, $L_2 = c_1' T_1. + c_2' T_2. + \cdots + c_l' T_l.$ 가 있을 때 두 개 대비의 계수 곱의 합, 즉 $c_1 c_1' + c_2 c_2' + \cdots + c_l c_l' = 0$이면, 두 개의 대비는 서로 직교한다.

제2과목 : 통계적 품질관리

21. 샘플링검사 시, 모집단을 서브로트로 나누어 서브로트 중 몇 로트를 랜덤으로 샘플링하고 뽑힌 서브로트의 제품을 모두 조사하는 방법은?

① 랜덤 샘플링(random sampling)
② 집락 샘플링(cluster sampling)
③ 2단계 샘플링(two stage sampling)
④ 층별 샘플링(stratified sampling)

해설 집락(취락)샘플링은 모집단을 여러 개의 층(層)으로 나누고, 그중에서 일부를 랜덤샘플링(random sampling)한 후 샘플링된 층에 속해 있는 모든 제품을 조사하는 샘플링 방법이다.

22. X의 분포가 $N(64,\ 16)$일 때, $P(X \geq X_0) = 0.95$이다. X_0의 값은 얼마인가? (단, $u_{0.95} = 1.645$, $u_{0.975} = 1.96$이다.)

① 70.58　　　② 56.16
③ 71.84　　　④ 57.42

해설 $P_r(X \geq X_0) = P_r\left(u \geq \dfrac{X_0 - \mu}{\sigma}\right) = 0.95$

$\rightarrow \dfrac{X_0 - \mu}{\sigma} = -1.645$ 이므로

$X_0 = 64 - 4 \times 1.645 = 57.42$

23. 표본평균($\overline{x}$)의 표준오차를 원래 값의 $\dfrac{1}{8}$로 줄이기 위해서는 표본의 크기를 원래보다 몇 배 늘려야 하는가?

① 64배 ② 16배
③ 8배 ④ 256배

해설 $\overline{x}$의 표준편차 $\sigma_{\overline{x}} = \dfrac{\sigma}{\sqrt{n}}$이다. 이를 $\dfrac{1}{8}$로 줄이려면 $\sigma_{\overline{x}} = \left(\dfrac{\sigma}{\sqrt{n}}\right) \times \dfrac{1}{8} = \dfrac{\sigma}{\sqrt{n \times 8^2}}$ 이므로 n을 8^2배 늘려야 한다.

24. Y제조공정에서 제조되는 부품의 특성치를 장기간에 걸쳐 통계적으로 해석하여 본 결과 $\mu = 15.02\text{mm}$, $\sigma = 0.030\text{mm}$인 것을 알았다. 이 공정에서 오늘 제조한 부품 9개에 대하여 특성치를 측정한 결과 $\overline{x} = 15.08\text{mm}$가 되었다. 유의수준을 5%로 잡고 평균에 변화가 있는가를 검정하면?

① $u_0 \leq u_{1-\alpha/2}$로서 평균치가 변했다.
② $u_0 > u_{1-\alpha/2}$로서 평균치가 변했다.
③ $u_0 \leq u_{1-\alpha/2}$로서 평균치가 변하지 않았다.
④ $u_0 > u_{1-\alpha/2}$로서 평균치가 변하지 않았다.

해설 ㉠ 가설 : $H_0 : \mu = 15.02$, $H_1 : \mu \neq 15.02$
㉡ 유의수준 : $\alpha = 0.05$
㉢ 검정통계량 $u_0 = \dfrac{\overline{X} - \mu}{\sigma/\sqrt{n}}$
$= \dfrac{15.08 - 15.02}{0.03/\sqrt{9}} = 6$

㉣ 기각치 : $|u_0| > u_{1-\alpha/2} = u_{0.975} = 1.96$이면 귀무가설($H_0$)을 기각한다.
㉤ 판정 : $u_0(=6) > 1.96$이므로 H_0 기각한다. 즉, 유의수준 5%에서 평균치가 변했다.

25. 관리도의 OC 곡선(Operating Characteristic Curve)에 대한 설명으로 거리가 가장 먼 것은?

① OC 곡선은 공정의 품질수준과 그 수준에서 채취된 통계량이 관리한계선 내에 타점될 확률과의 관계를 알 수 있다.
② OC 곡선은 공정품질수준이 변화한 경우에도 관리도상의 한 점이 관리한계선 내에 들어감으로써 공정에 변화가 없다고 잘못 판단할 위험(소비자 위험)을 나타낸다.
③ 관리도가 공정변화를 얼마나 잘 탐지하는지를 나타내는 것이 관리도의 OC 곡선이다.
④ OC 곡선은 공정품질수준이 변한 후 관리도상의 첫 번째 점에서 이러한 변화를 탐지할 확률을 말한다.

해설 엄밀히 말하면 OC 곡선은 공정품질수준이 변한 후 관리도상의 첫 번째 점에서 이러한 변화를 탐지못할 확률(β)을 말한다. 즉, 공정이 이상상태일 때 OC 곡선의 값은 제2종의 오류인 β이다.

26. 관리도에 대한 설명으로 틀린 것은?

① 관리도의 목적은 공정에 대한 이상원인을 탐지하는 데 있다.
② $\overline{x}$ 관리도에서 3σ 관리한계선을 사용할 경우 제1종의 과오 α는 0.05이다.
③ 타점하는 통계량이 관리한계선을 벗어날 경우 이상상태라고 판단한다.

④ $\bar{x} - R$ 관리도는 중심선에서 관리한계선까지의 폭을 통계량의 표준편차의 3배수로 주로 사용한다.

해설 $\bar{x}$ 관리도에서 3σ 관리한계선을 사용할 경우, 제1종의 과오 α는 0.0027이다.

27. 다음 중 검정에 관한 설명으로 틀린 것은 어느 것인가?

① χ^2 검정은 적합도 검정에 자주 이용된다.

② 2×2 분할표의 경우는 비율의 차에 관한 검정에 이용할 수 있다.

③ 2×2 분할표에 대한 χ^2 검정의 경우 자유도는 2이다.

④ χ^2 검정의 대부분은 근사적인 검정방법이다.

해설 2×2 분할표에 대한 χ^2 검정의 경우 자유도는 $(2-1)(2-1) = 1$이다.

28. c 관리도에서 평균 부적합수 $\bar{c} = 9$일 때, 3σ 관리한계 L_{CL} 및 U_{CL}은 각각 얼마인가?

① $L_{CL} = 3$, $U_{CL} = 15$

② $L_{CL} =$ 고려하지 않음, $U_{CL} = 21$

③ $L_{CL} = 0$, $U_{CL} = 18$

④ $L_{CL} = 6$, $U_{CL} = 12$

해설 • $U_{CL} = \bar{c} + 3\sqrt{\bar{c}} = 9 + 3 \times \sqrt{9} = 18$

• $L_{CL} = \bar{c} - 3\sqrt{\bar{c}} = 9 - 3 \times \sqrt{9} = 0$

29. 모수 θ의 추정량 X에 대한 설명으로 가장 거리가 먼 것은?

① X의 기대치가 $E(X) = \theta$ 이면, X는 불편추정량이다.

② X의 분산이 작을수록 추정량이 좋다.

③ 추정량 X는 확률변수이다.

④ X의 분포는 θ를 중심으로 반드시 좌우대칭이다.

해설 확률변수의 분포는 θ를 중심으로 반드시 좌우대칭인 것은 아니다.

30. 갑, 을 2개의 주사위를 굴렸을 때, 적어도 한쪽에 홀수의 눈이 나타날 확률은?

① $\dfrac{1}{4}$ ② $\dfrac{3}{4}$

③ $\dfrac{2}{3}$ ④ $\dfrac{1}{2}$

해설 $P_r(x) = 1 - ($둘 다 짝수일 확률$)$

$$= 1 - P_r(x = 0) = 1 - \frac{3}{6} \times \frac{3}{6} = \frac{3}{4}$$

31. A, B 두 개의 천칭으로 같은 물건을 측정하여 얻은 데이터로부터 편차 제곱합을 구하였더니 $S_A = 0.04$, $S_B = 0.42$로 나타났다. 천칭 A는 5회, 천칭 B는 7회 측정한 결과였다면 유의수준 5%로 두 천칭 A, B 간의 정밀도에 차이가 있는가? (단, $F_{0.975}(6, 4) = 9.20$, $F_{0.975}(4, 6) = 6.23$이다.)

① 차이가 있다고 할 수 없다.

② 차이가 있지만 어느 것이 좋은지 알 수 없다.

③ A의 정밀도가 좋다.

④ B의 정밀도가 좋다.

해설 ㉠ 가설 : $H_0 : \sigma_A^2 = \sigma_B^2$, $H_1 : \sigma_A^2 \neq \sigma_B^2$

㉡ 유의수준 : $\alpha = 0.05$

㉢ 검정통계량 : $F_0 = \dfrac{V_B}{V_A} = \dfrac{S_B/(n_B - 1)}{S_A/(n_A - 1)}$

$$= \frac{0.42/6}{0.04/4} = 7$$

㉣ 기각치 : $F_0 > F_{1-\alpha/2}(\nu_B, \nu_A)$
$= F_{0.975}(6, 4) = 9.20$이면 귀무가설(H_0)을 기각한다.

㉤ 판정 : $F_0 < 9.20$이므로 H_0를 채택한다. 즉, 유의수준 5%에서 정밀도에 차이가 있다고 할 수 없다.

32. 다음 자료로서 $X - R_m$ 관리도를 작성할 때, X관리도의 U_{CL}을 구하면?

$$\overline{x} = 5.0, \qquad \overline{R}_m = 1.5,$$
$$A_2 = 1.880(단, \ n = 2)$$

① 6.10 ② 8.99
③ 7.46 ④ 5.05

해설 $U_{CL} = \overline{x} + 2.66\overline{R}_m = 5 + 2.66 \times 1.5 = 8.99$

33. 검사단위의 품질표시방법으로 맞는 것은 어느 것인가?
① 특성치에 의한 표시방법
② 엄격도검사에 의한 표시방법
③ 검사성적서에 의한 표시방법
④ 샘플링검사에 의한 표시방법

해설 검사단위의 품질표시방법은 특성치에 의한 표시방법, 부적합수에 의한 표시방법, 적합품·부적합품에 의한 표시방법 등이 있다.

34. 규격이 12~14cm인 제품을 매일 5개씩 취하여 16일간 조사하여 $\overline{X} - R$ 관리도를 작성하였더니 $\overline{X}$ 및 R 관리도는 안정상태였으며, $\overline{\overline{X}} = 13$cm, $\overline{R} = 0.38$cm 이었다. 이 공정에 관한 해석으로 맞는 것은? (단, $n = 5$일 때 $d_2 = 2.326$ 이다.)

① 공정능력이 1.5보다 작으므로 6시그마 수준으로 위해 더 노력해야 한다.
② 공정능력이 1보다 작으므로 선별로 대응하며 빨리 공정을 개선하여야 한다.
③ 공정능력이 약 2정도로 매우 우수하므로 현재의 품질수준을 유지하도록 한다.
④ 공정능력이 약 2정도로 매우 우수하나 치우침이 발생하고 있으므로 중앙으로 평균을 조정한다.

해설 $C_P = \dfrac{U - L}{6\sigma} = \dfrac{U - S}{6 \times (\overline{R}/d_2)}$
$= \dfrac{14 - 12}{6 \times (0.38/2.326)} = 2.04$

$C_P = 2.04 \geq 1.67$이므로 매우 우수하다.

공정평균 $\overline{\overline{X}} = 13$과 규격의 중심 $M = \dfrac{U + L}{2}$
$= \dfrac{14 + 12}{2} = 13$이 같으므로 치우침이 없다.

35. 두 변량 사이의 직선관계 정도를 재는 측도를 무엇이라 하는가?
① 결정계수 ② 회귀계수
③ 상관계수 ④ 변이계수

해설 상관계수(r)는 x와 y사이의 직선관계를 나타내는 척도이다.
① 결정계수는 상관계수의 제곱(r^2)과 같다.
② 회귀계수 $b = \dfrac{S_{xy}}{S_{xx}}$
④ 변이계수 또는 변동계수는 표준편차를 평균으로 나눈 값이다($CV = \dfrac{s}{x} \times 100\%$).

36. 로트의 표준편차가 미지이고 p_0, p_1, α, β가 주어진 계량 1회 샘플링 검사 방식에서 시료의 크기(n)를 결정하는 식으로 맞는 것은? (단, K는 합격판정계수이다.)

부록

① $\left(1+\dfrac{k^2}{2}\right)\left(\dfrac{K_\alpha + K_\beta}{K_{p_0} - K_{p_1}}\right)^2$

② $\left(1+\dfrac{k}{2}\right)\left(\dfrac{K_\alpha + K_\beta}{K_{p_0} - K_{p_1}}\right)^2$

③ $\left(\dfrac{K_\alpha + K_\beta}{K_{p_0} - K_{p_1}}\right)^2 \times \sigma^2$

④ $\left(\dfrac{K_\alpha + K_\beta}{K_{p_0} - K_{p_1}}\right)^2$

해설 ㉠ 표준편차 기지인 경우

$$n = \left(\dfrac{k_\alpha + k_\beta}{k_{p_0} - k_{p_1}}\right)^2$$

㉡ 표준편차 미지인 경우

$$n' = \left(1+\dfrac{k^2}{2}\right)\left(\dfrac{k_\alpha + k_\beta}{k_{p_0} - k_{p_1}}\right)^2$$

37. OC 곡선에서 n, c를 일정하게 하고 N이 충분히 클 때 N을 변화시키면 OC 곡선의 변화로 가장 올바른 것은? (단, N은 로트의 크기, n은 시료 수, c는 합격판정개수이다.)

① 무한대로 커진다.
② 경사가 급해진다.
③ 거의 변하지 않는다.
④ 일정하지 않다.

해설 n, c를 일정하게 하고 N이 충분히 클 때 N을 변화시키면 OC 곡선은 거의 변하지 않는다.

38. 샘플링 방식에서 같은 조건일 때 평균 샘플크기가 가장 작은 샘플링은?

① 1회 샘플링
② 2회 샘플링
③ 다회 샘플링
④ 축차 샘플링

해설 평균샘플크기(Average Sample Size, ASS)는 1회 샘플링>2회 샘플링>다회 샘플링>축차 샘플링이다. 따라서, 단위당 검사 비용이 너무 비싸서 평균 검사수를 최대로 감소시킬 필요가 있을 때는 축차샘플링검사가 가장 유리하다.

39. 500개가 1로트로 취급되고 있는 어떤 제품이 있다. 그중 490개는 적합품, 10개는 부적합품이다. 부적합품 중 5개는 각각 1개씩의 부적합을 지니고 있으며, 4개는 각각 2개씩의 부적합, 그리고 1개는 3개의 부적합을 지니고 있다. 이 로트의 100아이템당 부적합수는?

① 1.6
② 4.9
③ 3.2
④ 10.0

해설 100아이템당 부적합수
$$= \dfrac{5\times1 + 4\times2 + 1\times3}{500} \times 100 = 3.2$$

40. 모부적합수(m)에 대한 신뢰상한값만을 추정하는 식으로 맞는 것은?

① $m_U = x - u_{1-\alpha/2}\sqrt{x}$

② $m_U = x - u_{1-\alpha}\sqrt{x}$

③ $m_U = x + u_{1-\alpha/2}\sqrt{x}$

④ $m_U = x + u_{1-\alpha}\sqrt{x}$

해설 모부적합수(m)에 대한 신뢰상한값만을 추정하는 식은 $m_U = x + u_{1-\alpha}\sqrt{x}$ 이다.

제3과목 : 생산시스템

41. 어떤 라인 조립작업에서 다음과 같이 공정별 조립작업 시간이 설정 되었다. 이때 라인 밸런싱 효율은 얼마인가? (단, 1공정은 작업인원 1인당 34초이다.)

공정	1	2	3	4	5
소요시간 (초)	34	32	28	40	33
직업인원	2	1	1	1	1

① 63.75% ② 93.75%

③ 73.75% ④ 83.75%

해설 $E_b = \dfrac{\sum t_i}{m \, t_{\max}} = \dfrac{201}{6 \times 40} = 0.8375\,(83.75\%)$

$\sum t_i = 34 \times 2 + 32 + 28 + 40 + 33 = 201$

42. 동작경제의 원칙 중 작업장 배치 (Arrangement of Work Place)에 관한 원칙에 해당하는 것은?

① 타자를 칠 때와 같이 각 손가락의 부하를 고려한다.

② 양손 동작은 동시에 시작하고 동시에 완료한다.

③ 모든 공구나 재료는 지정된 위치에 있도록 한다.

④ 가능하다면 쉽고도 자연스러운 리듬이 작업동작에 생기도록 작업을 배치한다.

해설 ②, ④는 신체의 사용에 관한 원칙이며, ①은 공구 및 설비디자인에 관한 원칙이다.

43. 작업 우선순위 결정기법 중 긴급률 (Critical Ratio : CR)규칙에 대한 설명으로 틀린 것은?

① CR = $\dfrac{\text{잔여납기일수}}{\text{잔여작업일수}}$

② CR값이 작을수록 작업의 우선순위를 빠르게 한다.

③ 긴급률 규칙은 설비이용률에 초점을 두고 개발한 방법이다.

④ 긴급률 규칙은 주문생산시스템에서 주로 활용된다.

해설 긴급률(critical ratio) 규칙은 작업일수와 납기일수를 고려하여 작업지연이나 납기지연을 최소화하기 위해 개발되었다.

44. 고객서비스 수준을 만족시키면서 시스템의 전체 비용을 최소화하기 위해 공급자, 제조업자, 창고업자, 소매업자들을 효율적으로 통합하는 데 이용되는 일련의 접근방법은?

① POP ② MRP

③ SCM ④ EOQ

해설 공급망관리(SCM)란 고객서비스 수준을 만족시키면서 전반적인 시스템 비용을 최소화하기 위해 제품이 적당한 수량으로, 적당한 장소에, 적당한 시간에 생산되고 유통되도록 공급자, 제조업자, 창고업자, 소매업자 들을 효율적으로 통합하는 데 이용되는 일련의 접근방법이다.

45. 포드(Ford)시스템의 특징에 관한 설명으로 가장 거리가 먼 것은?

① 차별성과급제

② 동시관리

③ 이동조립법

④ 생산의 표준화

해설 ㉠ 포드시스템의 특징은 이동조립법(컨베이어시스템), 동시관리, 고임금저가격, 기계설비중심(고정비 부담이 크다), 대량생산 등이다.

㉡ 테일러시스템의 특징은 과학적 관리법, 과업관리(공정한 1일작업량), 직능식(기능식)조직, 차별적 성과급제(성공에 대한 우대), 고임금저노무비, 작업자 중심 등이다.

부록

46. PERT/CPM 기법에서 여유시간에 관한 설명으로 맞는 것은?

① 독립여유시간 : 후속활동을 가장 빠른 시간에 착수함으로써 얻게 되는 여유시간

② 총여유시간 : 모든 후속작업이 가능한 빨리 시작될 때 어떤 작업의 이용 가능한 여유시간

③ 자유여유시간 : 어떤 작업이 그 전체 공사의 최종완료일에 영향을 주지 않고 지연될 수 있는 최대한의 여유시간

④ 간섭여유시간 : 선행작업이 가장 빠른 개시시간에 착수되고, 후속작업이 가장 늦은 개시시간에 착수된다고 하더라도 그 작업기일을 수행한 후에 발생되는 여유시간

해설 ② 총여유시간(total float or total activity slack) : 어떤 작업이 그 전체 공사의 최종완료일에 영향을 주지 않고 지연될 수 있는 최대한의 여유시간

③ 자유여유시간(free float or activity free slack) : 모든 후속작업이 가능한 빨리 시작될 때 어떤 작업의 이용 가능한 여유시간

④ 간섭여유시간(interfering float) : 활동의 완료단계가 주공정과 연결되어 있지 않을 때 발생하는 여유시간

47. JIT 시스템에서 간판의 기능과 사용수칙에 대한 설명이 아닌 것은?

① 간판은 Push 시스템을 활용한 경영개선 도구이다.

② 간판의 사용수칙으로 부적합품을 후속공정에 보내지 않는다.

③ 간판은 작업지시 기능을 가지고 있다.

④ 간판의 사용수칙으로 후속공정에서 필요한 부품을 전공정에서 가져온다.

해설 도요타 방식의 적시생산시스템(Just In Time : JIT)은 Pull 시스템을 활용한 경영개선 도구이다.

48. 각 공정에 1명씩 작업하는 5개 공정의 작업시간이 다음과 같을 때, 전체 공정의 불균형률은 약 얼마인가?

17분,	12분,	15분,	13분,	10분

① 21.2% ② 30.2%
③ 35.1% ④ 20.4%

해설 라인불균형률

$$L_s = \frac{m \cdot t_{\max} - \sum t_i}{m \cdot t_{\max}} = 1 - E_b$$

$$= 1 - \frac{\sum t_i}{m \cdot t_{\max}}$$

$$= 1 - \frac{17 + 12 + 15 + 13 + 10}{5 \times 17} = 0.212 (21.2\%)$$

49. 설비의 체질 개선책으로써 설비의 수명 연장이나 설비의 보전효과를 향상시키기 위한 설비보전 방법은?

① 예방보전 ② 수리보전
③ 개량보전 ④ 보전예방

해설 개량보전은 고장이 일어났을 때 그 원인을 분석, 같은 고장이 반복되지 않도록 설비의 열화를 적게 하면서 수명을 연장할 수 있고 경제적으로 설비 자체의 체질개선을 하여야 한다는 보전방식이다.

50. ERP 시스템의 구축 시 자체개발의 경우 장단점에 관한 설명으로 틀린 것은?

① 개발기간이 장기화된다.

② Best Practice의 수용으로 효율적 업무개선이 이루어진다.

③ 사용자의 요구사항을 충실히 반영한다.

④ 비정형화된 예외업무의 수용이 용이하다.

(해설) Best Practice의 수용으로 효율적 업무개선은 ERP시스템의 구축 시 ERP패키지를 활용하는 경우의 장점이다.

51. 다중활동분석표(Multiple Activity Chart)를 사용하는 경우에 해당하지 않는 것은?

① 복수의 작업자가 1대 또는 2대 이상의 기계를 조작할 경우

② 사이클(cycle) 시간이 길고 비반복적인 작업을 개인이 수행하는 경우

③ 한 명의 작업자가 1대 또는 2대 이상의 기계를 조작할 경우

④ 복수의 작업자가 조작업을 할 경우

(해설) 다중활동분석표는 작업자와 작업자 상호관계 또는 작업자와 기계 사이의 상호관계에 대하여 분석함으로써 경제적인 작업조 편성이나 경제적인 담당기계 대수를 산정하여 유휴시간을 단축하기 위해 사용되는 분석표이다.

㉠ 작업자-기계작업분석표(Man-Machine Chart)

㉡ 작업자-복수기계작업분석표(Man-Multi Machine Chart)

㉢ 복수작업자 분석표(Multi Man Chart, Gang Process Chart) : Aldridge가 고안

㉣ 복수작업자 기계작업분석표(Multi Man-Machine Chart)

㉤ 복수작업자-복수기계작업분석표(Multi Man-Multi Machine Chart)

※ 다중활동분석표는 개인이 반복적인 작업을 수행할 때 사용한다.

52. 단순이동평균법에 대한 설명으로 틀린 것은?

① 과거 n기간에 해당하는 실적치를 시간의 흐름에 따라 이동하면서 평균을 구하여

예측치로 활용한다.

② 과거 n기간의 실적치가 상승추세일 때, 일반적으로 예측치는 가장 최근의 실적치보다 낮게 설정된다.

③ n기간의 크기를 증가시키면, 실적치의 실질적인 변화를 민감하게 반영한다.

④ 이동평균의 대상 실적치들은 동일한 비중으로 예측치에 영향을 준다.

(해설) n기간의 크기를 증가시키면, 실적치의 실질적인 변화를 민감하게 반영하지 못한다.

53. 스톱워치법에서의 관측법 중 장점으로는 작업연구 중에 발생되는 모든 사항을 기록할 수 있어 표준시간 설정과정을 설명하기 쉬운 점이 있으나, 단점으로는 요소작업의 시간을 구하기 위하여 뺄셈을 많이 해야만 하는 기법은?

① 계속법　　　　② 누적법

③ 순환법　　　　④ 반복법

(해설) 계속법은 최초 요소작업이 시작되는 순간에 시계를 작동시켜 관측이 끝날 때까지 시계를 멈추지 않고 측정한다. 이는 작업연구 중에 발생되는 모든 사항을 기록할 수 있어 표준시간 설정 과정을 설명하기 쉬운 점이 있으나, 단점으로는 요소작업의 시간을 구하기 위하여 뺄셈을 많이 해야만 한다.

54. 불확실성하의 의사결정기법에 대한 설명으로 틀린 것은?

① 라플라스(Laplace)기준은 동일확률기준이라고도 한다.

② 기대화폐가치(EMV)기준은 낙관계수를 사용한다.

③ 최대후회최소화(Minimax regret)기준은 기회손실의 최댓값이 최소화되는 대안을 선택한다.

부록

④ 최소성과최대화(Maximin)기준은 비관주의적 기준이다.

해설 기대화폐가치(EMV) 기준은 대안별 기대화폐가치를 계산하여 최적의 대안을 선택하는 방법이다.

55. 설비의 설계 사양과 실제 생산능력의 차이에 의해 발생하는 손실은?
① 일시정지손실   ② 속도저하손실
③ 고장손실   ④ 초기손실

해설 속도저하손실은 설계시점의 속도(또는 품종별 기준속도)에 대한 실제속도에 의한 손실, 설계시점의 속도가 현상의 기술수준 또는 바람직한 수준에 비해 낮은 경우의 손실이다.

56. 어떤 품목의 경제적 주문량은 250개이고 연간사용량은 4000개이다. 개당 가격은 1만원, 연간 단위당 유지비용은 단가의 25%이다. 이 품목의 조달기간이 2주이고 1년이 52주라면 재주문점은 약 몇 개인가?
① 65개 ② 154개 ③ 163개 ④ 110개

해설 재주문점

$$OP = d \times L = \frac{4,000}{52} \times 2 = 153.8(154개)$$

57. 총괄생산계획(APP) 기법 중 시행착오의 방법으로 이해하기 쉽고, 사용이 간편한 것은 어느 것인가?
① 선형계획법   ② 탐색결정기법
③ 도시법   ④ 휴리스틱기법

해설 총괄생산계획은 변동하는 수요에 대응하여 생산율·재고수준·고용수준·하청 등의 관리가능변수를 최적으로 결합하기 위한 용도로 수립되는 계획이다.
㉠ 도시법(시행착오법)

㉡ 수리적 최적화기법-선형계획법, 수송계획법, 선형결정기법
㉢ 휴리스틱기법(경험적·탐색적 방법)-경영계수기법(다중회귀분석), 탐색결정기법, 매개변수법

58. 원재료의 공급능력, 가용 노동력 그리고 기계설비의 능력 등을 고려하여 이익을 최대화하기 위한 제품별 생산비율을 결정하는 것을 무엇이라 하는가?
① 공수계획   ② 제품조합
③ 일정계획   ④ 생산계획

해설 제품조합은 원재료의 공급능력, 가용 노동력 그리고 기계설비의 능력 등을 고려하여 총 이익을 최대화하는 제품별 생산비율을 결정하는 것이다.

59. MRP 시스템의 출력결과가 아닌 것은?
① 계획납기일
② 계획주문의 양과 시기
③ 발령된 주문의 독촉 또는 지연 여부
④ 안전재고 및 안전조달기간

해설 MRP 시스템은 종속수요품의 재고관리에 사용된다. 안전재고 및 안전조달기간은 독립수요가 있는 경우에 고려한다.

60. 일반적으로 기존의 공급자를 평가할 때의 주요한 평가기준과 거리가 가장 먼 것은 어느 것인가?
① 납기이행률   ② 납품단가
③ 공장과의 거리   ④ 품질수준

해설 기존 공급자의 평가시에는 납품가격, 납기이행률, 품질수준 등을 주로 적용하며, 신규 공급자의 선정평가시에는 기존 공급자 선정조건 외에 기술능력, 제조능력, 재무능력, 관리능력, 공장과의 거리 등을 적용한다.

제4과목 : 신뢰성 관리

61. 부품에 가해지는 부하(y)는 평균이 25000, 표준편차가 4272인 정규분포를 따르며, 부품의 강도(x)는 평균이 50000이다. 신뢰도 0.999가 요구될 때 부품강도의 표준편차는 약 얼마인가? (단, $P(Z \geq -3.1) = 0.999$이다.)

① 7840   ② 6840

③ 9850   ④ 13680

해설 $\dfrac{\mu_x - \mu_y}{\sqrt{\sigma_x^2 + \sigma_y^2}} = 3.1 \;\rightarrow\;$

$\dfrac{50,000 - 25,000}{\sqrt{\sigma_x^2 + 4,272^2}} = 3.1 \;\rightarrow\; \sigma_x = 6,840.06$

62. 그림에서 기간 B의 신뢰도 함수의 표현으로 가장 올바른 것은?

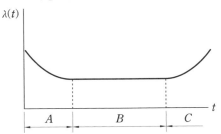

① $R(t) = e^{\lambda t}$ ② $R(t) = e^{\lambda t^m} k$

③ $R(t) = e^{\lambda t^m}$ ④ $R(t) = e^{-\lambda t}$

해설 기간 B는 고장률이 일정한 CFR구간이며, 지수분포이므로 신뢰도 $R(t) = e^{-\lambda t}$이다.

63. 제품의 개발로부터 설계, 제조 및 사용에 이르기까지 제품의 전 라이프사이클(life cycle)에 걸쳐서 성능과 신뢰성은 물론 보전성과 가동성이 높은 제품을 경제적으로 제조 및 유지하기 위한 종합적인 관리활동을 무엇이라 하는가?

① 가용성 관리   ② 설비관리

③ 신뢰성 관리   ④ 보전성 관리

해설 신뢰성 관리란 제품의 개발로부터 설계, 제조 및 사용에 이르기까지 제품의 전 라이프사이클(life cycle)에 걸쳐서 성능과 신뢰성은 물론 보전성과 가동성이 높은 제품을 경제적으로 제조 및 유지하기 위한 종합적인 관리활동이다.

64. 여러 부품으로 이루어진 직렬체계의 경우, 체계 신뢰도를 증가시키기 위하여 어떤 부품의 신뢰도를 우선 높여야 하는가?

① 고(高)집적 부품

② 신뢰도가 제일 낮은 부품

③ 신뢰도가 제일 높은 부품

④ 중심에 위치한 부품

해설 직렬체계의 경우 신뢰도가 가장 낮은 부품이 시스템의 신뢰도에 가장 민감한 부품이다.

65. 기계의 고장시간 분포가 평균이 110시간, 표준편차가 20시간인 정규분포를 따른다. 기계를 149.2시간 사용하였을 때의 신뢰도는? (단, $Z_{0.025} = -1.96$, $Z_{0.05} = -1.645$, $Z_{0.1} = -1.282$이다.)

① 0.950   ② 0.050

③ 0.975   ④ 0.025

해설 $P_r(x > 149.2) = P_r\left(Z > \dfrac{149.2 - 110}{20}\right)$

$\qquad = P_r(Z > 1.96) = 0.025$

66. 시험 중에 연속적으로 총 시험시간 대비 고장발생 개수를 평가하여 합격영역, 불합격영역, 시험계속영역으로 구분하여 시험종료시점이 미리 정해져 있지 않은 시험방법은 무엇인가?

부록

① 일정기간시험 ② 신뢰성 축차시험
③ 신뢰성 수락시험 ④ 신뢰성 보증시험

해설 축차시험(sequential test)은 시험 중에 연속적으로 총 시험시간 대비 고장발생 개수를 평가하여 합격영역, 불합격영역, 시험계속영역으로 구분하여 시험종료시점이 미리 정해져 있지 않은 시험법이다.

67. 수명분포가 지수분포인 부품 n개를 t_o 시간에서 중단시험을 실시하였다. 그 동안 r개가 t_1, t_2, $\cdots$, t_r 시간에서 고장이 났을 때, 고장률을 표현한 식으로 옳은 것은? (단, 정시중단시험에서 고장품을 교체하지 않는 경우에 해당한다.)

① $\dfrac{r}{\sum_{i=1}^{r} t_i}$

② $\dfrac{\sum_{i=1}^{r} t_i + (n-r)t_o}{r}$

③ $\dfrac{n}{\sum_{i=1}^{r} t_i + (n-r)t_o}$

④ $\dfrac{r}{\sum_{i=1}^{r} t_i + (n-r)t_o}$

해설 정시중단방식(교체하는 경우)
$$\hat{\lambda} = \frac{총고장수}{총관측시간} = \frac{r}{T} = \frac{r}{nt_0}$$
정시중단방식(교체하지 않는 경우)
$$\hat{\lambda} = \frac{총고장수}{총관측시간} = \frac{r}{T} = \frac{r}{\sum_{i=1}^{r} t_i + (n-r)t_o}$$

68. M 기기 10대에 대하여 30일간 교체 없이 수명시험을 하였더니 이 중 5대가 고장

이 났으며, 이들의 고장발생이 16, 27, 14, 12, 18일이었다. 이 기기의 평균수명은?

① 50일 ② 87일
③ 47.4일 ④ 17.4일

해설 $T = 16+27+14+12+18+(10-5)\times 30$
$= 237$
$$MTTF = \frac{T}{r} = \frac{237}{5} = 47.4일$$

69. 4개의 브레이크 라이닝을 마모실험을 하여 수명을 측정하였더니, 200, 270, 310, 440시간으로 나타났다. 270시간에서의 평균순위법의 $F(t)$는 얼마인가?

① 0.3333 ② 0.3667
③ 0.4000 ④ 0.6667

해설 평균순위법에 의한 불신뢰도 추정치
$$F(t) = \frac{i}{n+1} = \frac{2}{4+1} = 0.4000 이다.$$

70. FMEA 용지에 반드시 들어가야 할 사항이 아닌 것은?

① 고장원인/메커니즘
② 고장모드
③ 부품의 기능
④ 고장률

해설 FTA에서 고장률을 구한다.

71. 다음 시스템의 고장목(fault tree)을 신뢰성 블록도로 가장 적절하게 표현한 것은?

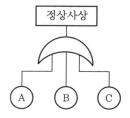

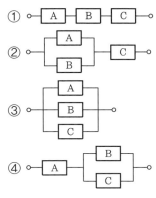

① A — B — C

② A B ㅡ C

③ A B C

④ A — B C

해설 OR게이트이므로 신뢰성 블록도는 직렬이다.

72. 두 개의 부품 A와 B로 구성된 대기 (stand-by) 시스템이 있다. 두 부품은 독립적으로 작동하며, 고장률은 $\lambda_A = 0.02$, $\lambda_B = 0.03$ 이다. 50시간까지 시스템이 작동할 확률은 약 얼마인가?

① 0.3679 ② 0.9802
③ 0.6574 ④ 0.7334

해설 $R_S = \dfrac{1}{\lambda_1 - \lambda_2} \left(\lambda_1 e^{-\lambda_2 T} - \lambda_2 e^{-\lambda_1 T} \right)$

$= \dfrac{1}{-0.01} \left(0.02 \times e^{-(0.03 \times 50)} - 0.03 \times e^{-(0.02 \times 50)} \right)$

$= 0.6574$

73. 제품의 신뢰성을 증대시키는 방법으로 맞는 것은?

① 병렬 및 대기 리던던시의 활용
② 제품의 연속작동시간의 증가
③ 제품의 고장률 증가
④ 평균수리시간의 증가

해설 신뢰성을 증대시키는 5가지 기본
㉠ 병렬 및 대기 리던던시 설계방법의 활용
㉡ 제품의 연속작동시간의 감소
㉢ 제품의 안전성 제고
㉣ 제품의 고장률 감소
㉤ 평균수리시간의 감소

74. 직렬결합시스템의 설명으로 맞는 것은?

① 모든 부품이 고장 나면 시스템도 고장 나는 경우를 의미한다.
② 어느 부품이 고장 나면 대기 중인 다른 부품으로 교체되는 경우를 의미한다.
③ 부품들 중 특정개수 이상이 작동하면 시스템이 작동하는 경우를 의미한다.
④ 어느 부품 하나라도 고장 나면 시스템이 고장 나는 경우를 의미한다.

해설 ① 병렬시스템
② 대기결합구조
③ n 중 k시스템

75. Y 제품에 수명시험 결과 얻은 데이터를 와이블 확률지를 사용하여 모수를 추정하였더니 형상모수 $m = 1.0$, 척도모수 $\eta = 3500$시간, 위치모수 $r = 0$이 되었다. 이 제품의 $MTBF$는 얼마인가? (단, $\Gamma(1.5) = 0.88623$, $\Gamma(2) = 1.00000$, $\Gamma(2.5) = 1.32934$이다.)

① 3500시간 ② 2205시간
③ 4653시간 ④ 3102시간

해설
$$MTBF = \eta \times \Gamma\left(1 + \dfrac{1}{m}\right) = 3,500 \times \Gamma(2)$$
$$= 3,500\text{시간}$$

76. 지수분포를 따르는 수리계 시스템의 고장률은 0.01/시간이고, 이 시스템의 평균수리시간($MTTR$)이 30시간이라면, 이 시스템의 가용도(Availability)는?

① 37.5% ② 76.9%
③ 84.2% ④ 48.8%

해설 가동률
$$A = \dfrac{MTBF}{MTBF + MTTR} = \dfrac{\dfrac{1}{\lambda}}{\dfrac{1}{\lambda} + MTTR}$$

정답 ▶ **72.** ③ **73.** ① **74.** ④ **75.** ① **76.** ②

$$= \frac{\dfrac{1}{0.01}}{\dfrac{1}{0.01}+30}=0.769\,(76.9\%)$$

77. 어떤 데이터를 와이블분포로 분석한 결과 형상모수(shape parameter)의 값이 1로 추정되었을 때의 설명으로 맞는 것은?

① 고장률이 욕조형이다.
② 고장률이 감소하는 DFR이다.
③ 고장률이 증가하는 IFR이다.
④ 고장률이 일정한 CFR이다.

해설 욕조형 고장률함수

㉠ 초기고장기간(DFR : Decreasing Failure Rate)은 시간이 경과함에 따라 고장률이 감소하는 경우로서, 형상모수 $m<1$, 와이블분포에 대응된다.
㉡ 우발고장기간(CFR : Constant Failure Rate)은 고장률이 비교적 낮으며, 시간에 관계없이 일정한 경우로서 형상모수 $m=1$, 지수분포에 대응된다.
㉢ 마모고장기간(IFR : Increasing Failure Rate)은 고장률은 시간에 따라 증가하는 경우로서 형상모수 $m>1$, 정규분포에 대응된다.

78. 수명 데이터를 분석하기 위해서는 먼저 그 데이터가 가정된 분포에 적합한지를 검정하여야 한다. 이 경우 적용되는 기법이 아닌 것은?

① Kolmogorov-Smirnov 검정
② Bartlett 검정
③ Pareto 검정
④ χ^2검정

해설 분포도의 적합성 검정에는 χ^2 적합도 검정, 고르모고로프-스미르노프(Kolmogorov-Smirnov) 검정, Bartlett의 적합도 검정, 확률지 타점이 사용된다.

79. 정상 사용 온도(30℃)에서의 수명이 10000시간이라면 10℃ 법칙에 의거 가속 수명 시험 온도(130℃)에서의 수명을 구하면 약 몇 시간인가?

① 12시간 ② 10시간
③ 14시간 ④ 16시간

해설 분포도의 적합성 검정에는 χ^2 적합도 검정, 고르모고로프-스미르노프(Kolmogorov-Smirnov) 검정, Bartlett의 적합도 검정, 확률지 타점이 사용된다.

80. 2개의 부품이 병렬구조로 구성된 시스템이 있다. 각 부품의 고장률이 각각 $\lambda_1=0.02/hr$, $\lambda_2=0.04/hr$일 때, 이 시스템의 MTBF는 약 몇 시간인가?

① 58.3시간 ② 63.3시간
③ 70.5시간 ④ 75.0시간

해설 $MTBF_S=\dfrac{1}{\lambda_1}+\dfrac{1}{\lambda_2}-\dfrac{1}{\lambda_1+\lambda_2}$
$=\dfrac{1}{0.02}+\dfrac{1}{0.04}-\dfrac{1}{0.02+0.04}=58.33$시간

제5과목 : 품질경영

81. 현재의 문제를 해결하기 위하여 기업이 수행할 품질목표와 가장 거리가 먼 것은?

① 품질코스트를 5%로 줄인다.
② 제품의 로스율을 1%로 줄인다.
③ 부적합품률을 현재의 0.5% 수준으로 유지한다.
④ 재작업률 0(zero)에 도전한다.

해설 품질관리에서 중요시하는 관리의 2가지 측면으로는 현상유지와 개선이며, 부적합품률을 현재의 0.5% 수준으로 유지하는 것은 현상유지에 해당한다.

82. 사내표준화 활동시 치수의 단계를 결정
할 때 사용하는 표준수 중 증가율이 가장
큰 기본 수열은?

① R80　　　② R10
③ R40　　　④ R5

해설 표준수의 사용법에서 선택할 표준수는
기본수열 중에서 증가율이 큰 수열(R5)부터
선택한다(수열증가율 : R5 > R10 > R20 >
R40).

83. 고객만족을 위한 품질계획 활동으로 볼
수 없는 것은?

① 시장조사, 설문조사, 전화 인터뷰 등을 통
하여 고객의 요구를 확인한다.
② 과거의 수행성과를 분석하여 품질목표를
설정한다.
③ 실패를 분석하고 대책을 세울 전문분석팀
을 구축한다.
④ 고객에 대한 파레토 분석을 이용하여 핵
심고객을 확인한다.

해설 실패를 분석하고 대책을 세울 전문분
석팀을 구축하는 것은 계획활동이라 볼 수
없다.

84. 6시그마 품질혁신운동에서 사용하는 시
그마 수준 측정과 공정능력지수(C_P)의 관
계를 맞게 설명한 것은?

① 시그마 수준은 공정능력지수에 3을 곱하
여 계산할 수 있다. 즉, C_P값이 1 이면 3
시그마 수준이 된다.
② 시그마 수준과 공정능력지수는 차원이 다
르기 때문에 상호 간에 관련성이 없다.
③ 시그마 수준은 부적합품률에 대한 관계를
나타내고, 공정능력지수는 적합품률을 나

타내는 능력이므로 시그마 수준과 공정
능력지수는 반비례 관계이다.
④ 시그마 수준에서 사용하는 표준편차는 장
기표준편차로 계산되고 공정능력지수의
표준편차는 군내변동에 대한 단기표준편
차로 계산되므로 공정능력지수는 기술적
능력을, 시그마 수준은 생산수준을 나타
내는 지표가 된다.

해설 ② 6σ 품질수준은 공정능력지수 $C_P = \dfrac{U-L}{6\sigma}$ 가 2가 되는 품질수준으로 상호
간에 관련성이 있다.
③ 시그마 수준과 공정능력지수는 모두 부적
합품률 및 적합품률과 관련이 있으며, 시
그마 수준과 공정능력지수는 비례 관계
이다.
④ 시그마 수준에서 사용하는 표준편차와 공
정능력지수의 표준편차는 모두 군내변동
에 대한 단기표준편차로 계산되며, 일반
적으로 공정능력지수는 기술적 능력을,
시그마 수준은 생산수준을 나타내는 지표
가 된다.

85. 인간이 TQM을 통해 인간이 원하는 목
표를 달성하게 함으로써 최대의 만족감을
획득하고, 최대의 동기를 부여받게 하고자
한다. 이러한 욕구는 Maslow의 5가지 이론
에서 어디에 해당되는가?

① 존경에 대한 욕구
② 자아실현의 욕구
③ 사회적 욕구
④ 생리적 욕구

해설 **Maslow의 욕구 5단계** : 생리적 욕구 →
안전의 욕구 → 사회적(소속 및 사랑) 욕구
→ 존중(존경)에 대한 욕구 → 자기실현의
욕구

부록

86. 파이겐바움의 품질관리 업무 중에 해당되지 않는 것은?

① 제품관리(product control)
② 품질보증시스템 관리(quality assurance system control)
③ 신설계 품질의 관리(new-design control)
④ 특별공정조사(special process studies)

해설 품질관리 부문의 업무 : Feigenbaum의 품질관리시스템

㉠ 신제품관리(new-design control) : 제품에 대한 바람직한 코스트, 기능 및 신뢰성에 대한 품질표준확립하여 규정하고 본격적인 생산을 시작하기 전에 품질상의 문제가 될 만한 근원을 제거하거나 그 소재를 확인하는 업무

㉡ 수입자재관리(incoming material control) : 시방의 요구에 알맞은 부품을 경제적인 품질수준으로 수입 및 보관관리하는 업무

㉢ 제품관리(product control) : 불량품이 만들어지기 전에 품질시방으로부터 벗어나는 것을 시정하고 시장에서 제품 서비스를 원활히 하기 위해 생산현장이나 시장의 서비스를 통해 제품을 관리하는 업무

㉣ 특별공정조사(special process studies) : 불량품의 원인을 규명, 품질특성의 개량 가능성을 결정하기 위한 조사 및 시험을 하여 보다 효과적인 품질을 개선 및 발전시키는 업무

87. 부적합품이 나왔을 때 데이터가 가지고 있는 특징에 따라 두 개 이상의 부분집단(재료별, 시간별 등)으로 구분하여 데이터를 선정하면 부적합품의 원인을 파악하는 데 도움이 되는 수법은?

① 산점도   ② 층별
③ 관리도   ④ 파레토도

해설 층별은 집단을 구성하고 있는 많은 데이터를 데이터가 가지고 있는 특징에 따라 두 개 이상의 부분집단(재료별, 시간별, 원재료별, 작업방법별 등)으로 구분하여 나누는 것을 말한다.

88. 3개의 부품을 조립하려고 한다. 각각의 부품의 허용차가 ±0.03, ±0.02, ±0.05일 때 조립품의 허용차는 약 얼마인가?

① ±0.0038   ② ±0.0616
③ ±0.0062   ④ ±0.0019

해설 조립품의 허용차
$$= \pm \sqrt{0.03^2 + 0.02^2 + 0.05^2} = \pm 0.0616$$

89. 표준화에 의한 일반적인 효과에 해당하지 않는 것은?

① 사용이나 소비의 합리화
② 다양한 제품의 개발이 용이
③ 생산능률을 증가시키고 생산비용의 저하
④ 품질의 향상

해설 표준화란 본질적으로 단순화의 행위를 위한 사회의 의식적 노력의 결과이다. 따라서 표준화를 하면 제품의 종류가 줄어든다 (소품종 다량생산).

90. 제조물책임법에 명시된 결함의 종류에 해당되지 않는 것은?

① 제조상의 결함   ② 설계상의 결함
③ 표시상의 결함   ④ 유지보수상의 결함

해설 제조물책임(PL : Product Liability)법상 결함의 종류

㉠ 설계상의 결함 : 대체설계를 채용하지 아니하여 해당 제조물이 안전하지 못하게 된 경우

㉡ 제조상의 결함 : 제조물이 원래 의도한 설계와 다르게 제조·가공됨으로써 안전하지 못하게 된 경우

ⓒ 표시상의 결함 : 합리적인 설명·지시·경고 기타의 표시를 하였더라면 당해 제조물에 의하여 발생될 수 있는 피해나 위험을 줄이거나 피할 수 있었음에도 이를 하지 아니한 경우

91. 제조공정에 관한 사내표준화의 요건을 설명한 것으로 가장 적절하지 않은 것은?

① 실행가능성이 있는 것일 것
② 내용이 구체적이고 객관적일 것
③ 내용이 신기술이나 특수한 것일 것
④ 이해관계자들의 합의에 의해 결정되어야 할 것

해설 특허, 기호품, 연구개발 단계의 상품, 신기술 등은 사내표준화의 대상이 될 수 없다.

92. $n=5$인 $\overline{X}-R$ 관리도에서 $\overline{\overline{X}}=0.790$, $\overline{R}=0.008$을 얻었다. 규격이 $0.785 \sim 0.795$인 경우의 공정능력비(process capability ratio)는 약 얼마인가? (단, $n=5$일 때, $d_2=2.326$이다.)

① 0.003
② 2.064
③ 0.484
④ 1.064

해설 공정능력비 $D_P = \dfrac{6\sigma}{T} = \dfrac{6\sigma}{U-L}$

$= \dfrac{6\overline{R}/d_2}{U-L} = \dfrac{6 \times 0.008/2.326}{0.795-0.785} = 2.064$

93. 품질과 관련된 비용의 항목에 따른 품질 코스트의 분류가 잘못된 것은?

① 품질관리 계획비용 : 예방코스트
② 품질관리 기술비용 : 예방코스트
③ 완성품 검사비용 : 실패코스트
④ 수입 검사비용 : 평가코스트

해설 품질비용에는 예방비용(P-cost), 평가비용(A-cost), 실패비용(F-cost)이 있으며, 완성품 검사비용은 평가비용이다.

94. 다음 커크패트릭(Kirkpatrick)의 품질비용에 관한 모형에서 B는 어떤 비용을 의미하는 것인가?

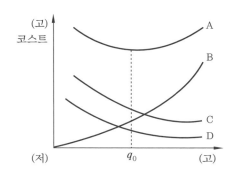

① 적합비용
② 평가비용
③ 예방비용
④ 관리비용

해설 A : 총 품질비용(Q-cost), B : 예방비용(P-cost), C : 실패비용(F-cost), D : 평가비용(A-cost)

95. TQC의 3가지 기능별 관리에 해당되지 않는 것은?

① 원가관리
② 일정관리
③ 품질보증
④ 자재관리

해설 TQC의 3가지 기능별관리는 품질보증, 원가관리, 일정관리(생산량관리)이다.

96. 기업에서 측정 목적에 의한 분류 중 관리를 목적으로 분석·평가하는 측정활동으로 보기에 가장 거리가 먼 것은?

① 시험·연구의 측정
② 제품·공정품의 측정
③ 환경조건의 측정
④ 제조설비의 측정

정답 **91.** ③ **92.** ② **93.** ③ **94.** ③ **95.** ④ **96.** ①

해설 계측목적에 의한 분류

㉠ 운전(작업) 계측 : 작업자가 스스로 작업(조정, 운전)의 지침으로 이용하는 계측
　㉮ 작업자가 작업을 준비하기 위해 계측 작업 중인 계측
　㉯ 작업결과나 성적에 관한 계측
㉡ 관리계측 : 관리하는 사람이 관리를 목적으로 측정·평가하기 위한 계측
　㉮ 자재·에너지에 관한 계측
　㉯ 제품·중간제품에 관한 계측
　㉰ 생산설비에 관한 계측
　㉱ 생산능률에 관한 계측
　㉲ 환경조건에 관한 계측
㉢ 시험·연구계측 : 특정문제를 조사하거나 시험·연구를 위해 이용하는 계측
　㉮ 연구·실험실에서의 시험·연구계측
　㉯ 작업장에서의 시험·연구계측

97. 규정된 요구사항이 충족되었음을 객관적 증거의 제시를 통하여 확인하는 것에 대한 용어는?
① 검토(review)
② 검사(inspection)
③ 검증(verification)
④ 모니터링(monitoring)

해설 검증(verification)는 규정된 요구사항이 충족되었음을 객관적 증거의 제시를 통하여 확인하는 것이다.

98. 경쟁기준의 강화로서 높은 수준의 성과를 달성한 기업과 자사를 비교 평가하는 기법은?
① TQM
② 벤치마킹
③ PDPC기법
④ 계통도법

해설 벤치마킹은 경쟁우위를 쟁취하기 위하여 산업의 최고수준의 기술 또는 업무방식을 배워서 경영성과를 향상하려는 과정으로 완제품이나 서비스보다는 프로세스에 초점이 집중된다.

99. 문제가 되고 있는 사상 가운데서 대응되는 요소를 찾아내어 이것을 행과 열로 배치하고, 그 교점에 각 요소간의 연관유무나 관련정도를 표시함으로써 문제의 소재나 문제의 형태를 탐색하데 이용되는 기법은?
① 계통도법
② 매트릭스도법
③ 특성요인도
④ 친화도법

해설 매트릭스도법(matrix diagram)은 문제가 되고있는 사상 중 대응되는 요소를 찾아내어 행과 열로 배치하고, 그 교점에 각 요소 간의 연관 유무나 관련정도를 표시함으로써 문제의 소재나 형태를 탐색하는 데 이용되는 기법이다.

100. 다음 중 품질경영시스템-요구사항(KS Q ISO 9001 : 2015)에서 정의한 품질경영원칙이 아닌 것은?
① 고객중시
② 리스크기반 사고
③ 인원의 적극참여
④ 증거기반 의사결정

해설 품질경영 7원칙(KS Q ISO 9001 : 2015) : 고객중시, 리더십, 인원의 적극참여, 프로세스 접근법, 개선, 증거기반 의사결정, 관계관리/관계경영

5회 CBT 대비 실전문제

제1과목 : 실험계획법

1. 2^3형 실험계획에서 $A \times B \times C$를 정의대비(defining contrast)로 정해 1/2 일부실시법을 행했을 때, 요인 A와 별명(alias) 관계가 되는 요인은?

① B ② $A \times B$
③ $A \times C$ ④ $B \times C$

해설 정의대비 $I = ABC \rightarrow$
$A \times I = A \times ABC = A^2BC = BC$

2. 다음 [표]는 요인 A를 4수준, 요인 B를 3수준으로 하여 반복 2회의 2요인실험한 결과이다. 이에 대한 설명으로 틀린 것은? (단, 요인 A, B는 모두 모수요인이다.)

요인	SS	DF	MS	F_0	$F_{0.95}$
A	3.3	3	1.1	5.5	3.49
B	1.8	2	0.9	4.5	3.89
$A \times B$	0.6	6	0.1	0.5	3.00
e	2.4	12	0.2		
T	8.1	23			

① 유의수준 5%로 요인 A와 B는 의미가 있다.
② 모평균의 점추정치는 요인 A, B가 유의하므로 $\hat{\mu}(A_iB_j) = \overline{x}_i.. + \overline{x}_{.j.} - \overline{\overline{x}}$로 추정된다.
③ 교호작용 $A \times B$는 유의수준 5%에서 유의하지 않으며, 1보다 작으므로 기술적 풀링을 검토할 수 있다.

④ 교호작용을 오차항과 풀링할 경우 오차분산은 교호작용 $A \times B$와 오차항 e의 분산의 평균, 즉 0.15가 된다.

해설 $V'_e = \dfrac{S'_e}{\nu'_e} = \dfrac{S_e + S_{A \times B}}{\nu_e + \nu_{A \times B}} = \dfrac{2.4 + 0.6}{12 + 6}$
$= 0.1667$

3. $L_8(2^7)$형 직교배열표에 관한 설명 중 틀린 것은?

① 8은 행의 수 또는 실험횟수를 나타낸다.
② 각 열의 자유도는 1이고, 총자유도는 8이다.
③ 2수준의 직교표이므로 일반적으로 3수준을 배치시킬 수 없다.
④ 교호작용을 무시하고 전부 요인으로 배치하면 7개의 요인까지 배치가 가능하다.

해설 총실험횟수가 8이므로 총자유도는 $8-1=7$이다.

4. 다음 중 난괴법(randomized complete block designs)의 특징을 나타낸 것으로 맞는 것은?

① 처리별 반복수는 똑같을 필요는 없다.
② 처리수, 블록수에 제한을 많이 받는다.
③ 랜덤화와 블록화의 두 가지 원리에 따른 것이다.
④ 실험구 배치는 난해하나 통계적 분석이 간단하다.

해설 ① 처리별 반복수는 같아야 한다.
② 처리수, 블록수에 제한받지 않는다.

④ 실험은 한 블록씩 블록내에서 랜덤으로 실시하므로 실험구 배치가 간단하고 통계적 분석이 용이하다.

5. 표본자료를 회귀직선에 적합시킨 경우, 적합성의 정도를 판단하는 방법이 아닌 것은?

① 분산분석을 하여 판단한다.
② 결정계수(r^2)를 구하여 판단한다.
③ 추정 회귀식의 절편을 구하여 판단한다.
④ 오차의 추정치(MS_e)를 구하여 판단한다.

해설 추정 회귀식의 절편은 적합성의 정도와 관련이 없다.

6. 로트 간 또는 로트 내의 산포, 기계 간의 산포, 작업자 간의 산포, 측정의 산포 등 여러 가지 샘플링 및 측정의 정도를 추정하여 샘플링 방식을 설계하거나 측정방법을 검토하기 위한 변량요인들에 대한 실험설계 방법으로 가장 적합한 것은?

① 교락법   ② 라틴방격법
③ 요인배치법   ④ 지분실험법

해설 지분실험법은 로트 간 또는 로트 내의 산포, 기계간의 산포, 작업자간의 산포, 측정의 산포 등 여러 가지 샘플링 및 측정의 정도를 추정하여 샘플링 방식을 설계하거나 측정방법을 검토하기 위한 변량요인들에 대한 실험설계 방법으로 사용된다.

7. 다음은 Y펌프축의 마모실험을 한 데이터이다. 망소특성에 대한 SN비는 약 얼마인가?

┌───── 데이터 ─────┐
| 11.13   8.63   4.50   6.25 |
| 9.13   11.88   12.13 |
└──────────────────┘

① −19.538dB   ② −9.920dB

③ 9.920dB   ④ 19.538dB

해설 망소특성의 경우

$$SN비 = -10\log\left[\frac{1}{n}\sum_{i=1}^{n} y_i^2\right]$$

$$= -10\log\left(\frac{1}{7}(11.13^2 + 8.63^2 + \ldots + 12.13^2)\right)$$

$$= -19.538\text{dB}$$

8. 2^5형의 1/4 실시 실험에서 이중교락을 시켜 블록과 $ABCDE$, ABC, DE를 교락시켰다. AD와 별명관계가 아닌 것은?

① AB ② AE
③ BCE ④ BCD

해설 • $ABCDE \times AD = A^2BCD^2E = BCE$
• $ABC \times AD = A^2BCD = BCD$
• $DE \times AD = AD^2E = AE$

9. 다음 분산분석표로부터 모수요인 A, B에 대한 유의수준 10%에서의 가설 검정 결과로 맞는 것은? (단, $F_{0.90}(2, 6) = 3.46$, $F_{0.90}(3, 2) = 9.16$, $F_{0.90}(3, 6) = 3.29$, $F_{0.90}(6, 11) = 2.39$ 이다.)

요인	SS	DF	MS	F_0
A	185	3	61.7	3.63
B	54	2	27.0	1.59
e	102	6	17.0	
T	341	11		

① $F_{0.90}(3, 6) = 3.29$이므로 귀무가설 ($\sigma_A^2 = 0$)을 기각한다.
② $F_{0.90}(3, 2) = 9.16$이므로 귀무가설 ($\sigma_B^2 = 0$)을 기각한다.
③ $F_{0.90}(6, 11) = 2.39$이므로 귀무가설 ($\sigma_B^2 = 0$)을 기각한다.

④ $F_{0.90}(2,\ 6)=3.46$이므로 귀무가설
$(\sigma_A^2=0)$을 기각할 수 없다.

해설 • $F_A=3.63>F_{0.9}(3,\ 6)=3.29$이므로 귀무가설 기각한다.
• $F_B=1.59<F_{0.9}(2,\ 6)=3.46$이므로 귀무가설 채택한다.

10. y_i . 은 i번째 처리수준에서 측정값의 합을 나타낸다. 다음 중 대비(contrast)가 아닌 것은?

① $c=y_1\ .\ +y_3\ .\ -y_4\ .\ -y_5\ .$
② $c=4y_1\ .\ -3y_3\ .\ +y_4\ .\ -y_5\ .$
③ $c=3y_1\ .\ +y_2\ .\ -2y_3\ .\ -2y_4\ .$
④ $c=-y_1\ .\ +4y_2\ .\ -y_3\ .\ -y_4\ .\ -y_5\ .$

해설 선형식 $L=c_1x_1+c_2x_2+\cdots+c_nx_n$일 때 $c_1+c_2+\cdots+c_n=0$이 만족될 때 이 선형식은 대비(contrast)이다. ②는 정수계수의 합(4-3+1-1=1)이 0이 되지 않으므로 대비가 아니다.

11. 데이터 구조식이 다음과 같고 $S_A=238.5$, $S_{AR}=249.6$, $S_R=5.4$일 때 1차 단위 오차의 제곱합(S_{e_1})은?

구조식
$$x_{ijk}=\mu+a_i+r_k+e_{(1)ik}+b_j+(ab)_{ij}+e_{(2)ijk}$$

① 3.4　　② 4.8
③ 5.7　　④ 6.9

해설 $S_{e_1}=S_{A\times R}=S_{AR}-S_A-S_R$
$=249.6-238.5-5.4=5.7$

12. 다음 중 변량요인에 대한 설명으로 틀린 것은 어느 것인가?

① 주효과의 기댓값은 0이다.
② 주효과는 고정된 상수이다.
③ 수준이 기술적인 의미를 갖지 못한다.
④ 주효과들의 합은 일반적으로 0이 아니다.

해설 a_i는 랜덤으로 변하는 확률변수이다.

13. 4요인 A, B, C, D를 각각 4수준으로 잡고, 4×4 그레코 라틴방격으로 실험을 행했다. 분산분석표를 작성하고, 최적조건으로 $A_3B_1D_1$을 구했다. $A_3B_1D_1$에서 모평균의 점추정값은 얼마인가?
(단, $\overline{x}_3\ .\ .\ .=12.50$, $\overline{x}\ .\ _1\ .\ .=11.50$, $\overline{x}\ .\ .\ .\ _1=10.00$, $\overline{\overline{x}}=15.94$ 이다.)

① 2.12　　② 3.12
③ 3.14　　④ 5.14

해설 $\hat{\mu}(A_3B_1D_1)$
$=\overline{x}_3\ .\ .\ .+\overline{x}\ .\ _1\ .\ .+\overline{x}\ .\ .\ .\ _1-2\overline{\overline{x}}$
$=12.5+11.50+10.00-2\times15.94=2.12$

14. K제품의 중합반응에서 흡수속도가 제조시간에 영향을 미치고 있다. 흡수속도에 대한 큰 요인이라고 생각되는 촉매량(A_i)을 2수준, 반응속도(B_j)를 2수준으로 하고, 반복 3회인 2^2형 실험을 한 [데이터]가 다음과 같을 때, B의 주효과는 얼마인가? (단, T_{ij} . 은 A의 i번째, B의 j번째에서 측정된 특성치의 합이다.)

데이터
$T_{11}\ .=274$	$T_{12}\ .=292$
$T_{21}\ .=307$	$T_{22}\ .=331$

① 7　　② 14
③ 21　　④ 147

해설 $B = \dfrac{1}{2^{n-1}r}$ (B 요인의 높은수준 데이터의 합 − B 요인의 낮은수준 데이터의 합)

$= \dfrac{1}{2 \times 3}[(T_{12 \cdot} + T_{22 \cdot}) - (T_{11 \cdot} + T_{21 \cdot})]$

$= \dfrac{1}{6}(292 + 331 - 274 - 307) = 7$

15. 수준수 $l = 4$, 반복수 $m = 5$인 1요인실험에서 분산분석 결과 요인 A가 1%로 유의적이었다. $S_T = 2.478$, $S_A = 1.690$이고, $\overline{x}_{1 \cdot} = 7.72$ 일 때, $\mu(A_1)$를 $\alpha = 0.01$로 구간추정하면 약 얼마인가? (단, $t_{0.99}(16) = 2.583$, $t_{0.995}(16) = 2.921$이다.)

① $7.396 \leq \mu(A_1) \leq 8.044$

② $7.430 \leq \mu(A_1) \leq 8.010$

③ $7.433 \leq \mu(A_1) \leq 8.007$

④ $7.464 \leq \mu(A_1) \leq 7.976$

해설

요인	SS	DF	MS
A	1.690	$l-1=3$	$1.690/3$ $=0.56333$
E	$2.478-1.690$ $=0.788$	$19-3=16$	$0.788/16$ $=0.04925$
T	2.478	$lr-1=19$	

$\overline{x}_{1 \cdot} \pm t_{1-\alpha/2}(\nu_e)\sqrt{\dfrac{V_e}{m}}$

$= 7.72 \pm t_{0.995}(16) \times \sqrt{\dfrac{0.04925}{5}}$

$= (7.430, 8.010)$

16. 3대의 기계를 사용하여 각각 200개씩의 제품을 만든다고 했을 때 제품의 적합 여부를 실험한 결과가 다음 표와 같다. 적합품이면 0, 부적합품이면 1의 값을 주기로 하

고, 위의 실험을 1요인실험과 똑같이 바꾸어 보면 요인 A는 수준수가 3인 기계이고, 각 수준에서의 반복은 200이 된다. 이와 같은 1요인실험을 실시했을 때의 기계 간의 변동(S_A)은 얼마인가?

기계	A_1	A_2	A_3
적합품	190	180	192
부적합품	10	20	8
합계	200	200	200

① 0.06 ② 0.41

③ 2.41 ④ 2.82

해설 $S_A = \dfrac{\sum T_{i \cdot}^2}{r} - CT$

$= \dfrac{(10^2 + 20^2 + 8^2)}{200} - \dfrac{38^2}{3 \times 200} = 0.4133$

17. $L_{27}(3^{13})$형 직교배열표에서 A, B 요인이 4열과 9열에 배치되어 있다. $A \times B$는 어느 열에 배치해야 하는가?

열번호	1	2	3	4	5	6	7
기본 표시	a	b	ab	ab^2	c	ac	ac^2
배치				A			

열번호	8	9	10	11	12	13
기본 표시	bc	abc	ab^2c^2	bc^2	ab^2c	abc^2
배치		B				

① 7열 ② 7열, 11열

③ 11열 ④ 10열, 13열

해설 $A \times B$의 교호작용

$A \times B = ab^2 \times abc = a^2b^3c = a^2c = (a^2c)^2$
$\qquad = ac^2 (7열)$

$A \times B^2 = ab^2 \times (abc)^2 = a^3b^4c^2 = bc^2 (11열)$

18. 반복이 있는 2요인실험에서 요인 A, B의 수준수와 반복이 각각 $l = 4$, $m = 3$, $r = 2$일 경우 교호작용의 자유도($\nu_{A \times B}$)는 얼마인가?

① 6   ② 12

③ 15   ④ 17

<mark>해설</mark> $\nu_{A \times B} = \nu_A \times \nu_B = (l-1)(m-1)$

$= (4-1)(3-1) = 6$

19. 다음의 1요인실험에서 요인 A의 제곱합 S_A의 값은?

n \ A	A_1	A_2	A_3	A_4	
1	−1	5	2	6	
2	2	−	3	−	
3	5	6	3	10	
4	4	4	1	−	
계	10	15	9	16	50

① 39.95   ② 46.66

③ 55.94   ④ 92.00

<mark>해설</mark> $S_A = \sum_{i=1}^{4} \dfrac{T_{i \cdot}^2}{r_i} - \dfrac{T^2}{N}$

$= \left(\dfrac{10^2}{4} + \dfrac{15^2}{3} + \dfrac{9^2}{4} + \dfrac{16^2}{2} \right) - \dfrac{50^2}{13} = 55.94$

20. 반복이 없는 3요인실험에서 A, B, C가 모두 모수이고, 주효과와 교호작용 $A \times B$, $A \times C$, $B \times C$가 모두 유의할 때 $\hat{\mu}(A_i B_j C_k)$의 값은?

① $\bar{x}_{ij \cdot} + \bar{x}_{i \cdot k} + \bar{x}_{\cdot jk} - \bar{x}_{i \cdot \cdot} - \bar{x}_{\cdot j \cdot} - \bar{\bar{x}}$

② $\bar{x}_{ij \cdot} + \bar{x}_{i \cdot k} + \bar{x}_{\cdot jk} - \bar{x}_{i \cdot \cdot} - \bar{x}_{\cdot \cdot k} - \bar{\bar{x}}$

③ $\bar{x}_{ij \cdot} + \bar{x}_{i \cdot k} + \bar{x}_{\cdot jk} - \bar{x}_{\cdot j \cdot} - \bar{x}_{\cdot \cdot k} + \bar{\bar{x}}$

④ $\bar{x}_{ij \cdot} + \bar{x}_{i \cdot k} + \bar{x}_{\cdot jk} - \bar{x}_{i \cdot \cdot} - \bar{x}_{\cdot j \cdot}$
   $- \bar{x}_{\cdot \cdot k} + \bar{\bar{x}}$

<mark>해설</mark> $\hat{\mu}(A_i B_j C_k) = \mu + a_i + b_j + c_k + (ab)_{ij}$
$+ (bc)_{jk} + (ac)_{ik} + e_{ijk}$

$= \overline{\mu + a_i + b_j + (ab)_{ij}} + \overline{\mu + b_j + c_k + (bc)_{jk}}$
$+ \overline{\mu + a_i + c_k + (ac)_{ik}}$

$- \overline{\mu + a_i} - \overline{\mu + b_j} - \overline{\mu + c_k} + \hat{\mu}$

$= \bar{x}_{ij \cdot} + \bar{x}_{i \cdot k} + \bar{x}_{\cdot jk} - \bar{x}_{i \cdot \cdot} - \bar{x}_{\cdot j \cdot}$
$- \bar{x}_{\cdot \cdot k} + \bar{\bar{x}}$

제2과목 : 통계적 품질관리

21. A약품 순도의 모표준편차 $\sigma = 0.3\%$인 공정으로부터 $n = 4$의 샘플링을 하여 측정한 결과 다음의 [데이터]가 나왔다. 이 공정의 순도(%)의 모평균에 대한 신뢰구간은 약 얼마인가? (단, 신뢰율은 95%이다.)

⊢ 데이터 ⊣			
16.1	15.5	15.3	15.5

① 15.01~15.19%   ② 15.31~15.89%

③ 15.35~15.92%   ④ 15.25~15.65%

<mark>해설</mark> $\bar{x} \pm u_{1-\alpha/2} \dfrac{\sigma}{\sqrt{n}}$

$= 15.6 \pm 1.96 \times \dfrac{0.3}{\sqrt{4}} = 15.306 \sim 15.894\%$

22. 계수형 샘플링검사 절차–제1부 : 로트별 합격품질한계(AQL) 지표형 샘플링검사 방식(KS Q ISO 2859–1)에서 검사수준에 관한 설명 중 틀린 것은?

① 검사수준은 소관권자가 결정한다.

② 상대적인 검사량을 결정하는 것이다.

③ 통상적으로 검사수준은 Ⅱ를 사용한다.

④ 수준 Ⅰ은 큰 판별력이 필요한 경우에 사용한다.

부록

해설 검사수준은 상대적인 검사량을 나타내는 것으로 검사수준 Ⅰ, Ⅱ, Ⅲ에서 시료의 크기의 배율은 0.4 : 1 : 1.6으로 수준 Ⅲ이 큰 판단력을 필요로 하는 경우 사용한다.

23. $\sum c = 80$, $k = 20$일 때 c 관리도 (count control chart)의 관리 하한(lower control limit)은?

① −3   ② 2
③ 10   ④ 고려하지 않는다.

해설 중심선(Center Line)

$C_L = \bar{c} = \dfrac{\sum c}{k} = \dfrac{80}{20} = 4$이고, 관리한계는

$\bar{c} \pm 3\sqrt{\bar{c}} = 4 \pm 3 \times \sqrt{4}$이므로

관리상한 $U_{CL} = 4 + 3\sqrt{4} = 10$,

관리하한 $L_{CL} = 4 - 3\sqrt{4} = -2$(음수이므로 고려하지 않음)

24. A사에서 생산하는 강철봉의 길이는 평균 2.8m, 표준편차 0.20m인 정규분포를 따르는 것으로 알려져 있다. 25개의 강철봉의 길이를 측정하여 구한 평균이 2.72m라면 평균이 작아졌다고 할 수 있는가를 유의수준 5%로 검정할 때, 기각역(R)과 검정통계량(u_0)의 값은?

① $R = \{u_0 \leftarrow 1.645\}$, $u_0 = -2.0$
② $R = \{u_0 < -1.96\}$, $u_0 = -2.0$
③ $R = \{u_0 > 1.645\}$, $u_0 = 2.0$
④ $R = \{u_0 > 1.96\}$, $u_0 = 2.0$

해설 한 개의 모평균에 관한 검정(σ기지)
㉠ 가설 설정 : $H_0 : \mu \geq 2.80$, $H_1 : \mu < 2.80$
㉡ 유의수준 : $\alpha = 0.05$
㉢ 검정통계량 :

$u_0 = \dfrac{\bar{x} - \mu}{\sigma / \sqrt{n}} = \dfrac{2.72 - 2.8}{0.2 / \sqrt{25}} = -2.0$

㉣ H_0 의 기각역 :
$u_0 < -u_{1-\alpha} = -u_{0.95} = -1.645$이면 귀무가설($H_0$)을 기각한다.
㉤ 판정 : $u_0 < -u_{0.95} = -1.645$ 이므로 H_0 기각, 모평균 μ가 2.80보다 작아졌다고 할 수 있다.

25. 계수형 및 계량형 샘플링검사에 대한 설명으로 적합하지 않은 것은?
① 일반적으로 계수형 검사와 계량형 검사에서 시료의 크기는 비슷하다.
② 일반적으로 계량형 검사는 계수형 검사보다 정밀한 측정기가 요구된다.
③ 검사의 설계, 방법 및 기록은 계량형 검사가 계수형 검사보다 일반적으로 더 복잡하다.
④ 단위 물품의 검사에 소요되는 시간은 계수형 검사가 계량형 검사보다 일반적으로 더 작다.

해설 일반적으로 계수형 검사와 계량형 검사에서 시료의 크기는 계수형이 크다.

26. 로트의 형성에 있어 원료별·기계별로 특징이 확실한 모수적 원인으로 로트를 구분하는 것은?
① 층별   ② 군별
③ 해석   ④ 군구분

해설 층별은 데이터가 가지고 있는 특징에 따라 두 개 이상의 부분집단(재료별, 시간별 등)으로 구분하는 것이다.

27. 군의 크기 $n = 4$의 $\bar{X} - R$ 관리도에서 $\bar{\bar{X}} = 18.50$, $\bar{R} = 3.09$인 관리 상태이다. 지금 공정평균이 15.50으로 변경되었다면, 본래의 3σ 한계로부터 벗어날 확률은? (단, $n = 4$일 때 $d_2 = 2.059$이다.)

u	P_r
1.00	0.1587
1.12	0.1335
1.50	0.0668
2.00	0.0228

① 0.1587   ② 0.1335

③ 0.8665   ④ 0.8413

해설 $\left.\begin{matrix} U_{CL} \\ L_{CL} \end{matrix}\right\} = \overline{\overline{x}} \pm 3\dfrac{\overline{R}}{\sqrt{n}\,d_2}$

$= 18.5 \pm 3\dfrac{3.09}{\sqrt{4}\times 2.059} = (16.2489,\ 20.7511)$

따라서, 점이 관리한계를 확률은

$P(\overline{x} < L_{CL}) + P(\overline{x} > U_{CL})$ 이며, $P(\overline{x} > U_{CL})$ 은

0이므로 $P(\overline{x} < L_{CL}) = P\left(u < \dfrac{L_{CL} - 15.5}{\dfrac{\overline{R}}{\sqrt{n}\,d_2}}\right)$

$= P\left(u < \dfrac{16.2489 - 15.5}{\dfrac{3.09}{\sqrt{4}\times 2.059}}\right)$

$= P(u < 1.0) = 1 - 0.1587 = 0.8413$ 이다.

---

28. A와 B는 독립사상이며, $P(A) = 0.3$, $P(B) = 0.6$ 이라고 할 때, $P(A^c \cap B^c)$ 는 얼마인가?

① 0.22   ② 0.24

③ 0.28   ④ 0.36

해설 $P(A^c \cap B^c) = P(A^c) \times P(B^c)$
$\qquad = (1-0.3) \times (1-0.6) = 0.28$

---

29. $\sigma_1 = 2.0$, $\sigma_2 = 3.0$인 모집단에서 각각 $n_1 = 5$, $n_2 = 6$개를 추출하여 어떤 특성치를 측정한 결과 $\sum x_1 = 22.0$, $\sum x_2 = 25.1$ 이었다. 두 모평균 차의 검정을 위한 검정통계량 (u_0)의 값은 약 얼마인가?

① 0.143   ② 0.341

③ 2.982   ④ 3.535

해설 두 모평균 차의 검정(σ기지)

$U_0 = \dfrac{\overline{x}_1 - \overline{x}_2}{\sqrt{\dfrac{\sigma_1^2}{n_1} + \dfrac{\sigma_2^2}{n_2}}} = \dfrac{22.0/5 - 25.1/6}{\sqrt{\dfrac{2.0^2}{5} + \dfrac{3.0^2}{6}}} = 0.143$

---

30. OC 곡선에서 n, c를 일정하게 하고 N이 충분히 클 때 N을 변화시키면 OC 곡선의 변화로 가장 올바른 것은?(단, N은 로트의 크기, n은 시료의 수, c는 합격판정개수이다.)

① 무한대로 커진다.

② 거의 변하지 않는다.

③ 경사가 급해진다.

④ 일정하지 않다.

해설 n, c를 일정하게 하고 N이 충분히 클 때 N을 변화시키면 OC 곡선은 거의 변하지 않는다.

---

31. 빨간 공이 3개, 하얀 공이 5개 들어 있는 주머니에서 임의로 2개의 공을 꺼냈을 때, 2개 모두 하얀 공일 확률은 얼마인가?

① $\dfrac{3}{14}$ ② $\dfrac{9}{28}$ ③ $\dfrac{5}{14}$ ④ $\dfrac{11}{28}$

해설 초기하분포

$p(x=2) = \dfrac{\dbinom{NP}{x}\dbinom{N-Np}{n-x}}{\dbinom{N}{n}} = \dfrac{\dbinom{5}{2}\dbinom{3}{0}}{\dbinom{8}{2}} = \dfrac{5}{14}$

부록

32. '통계적으로 유의하다'라는 표현에 관한 설명으로 가장 적절한 것은?

① 통계량이 모수와 같은 값임을 의미한다.

② 통계적 해석을 하는 데 있어서 귀무가설이 옳음을 의미한다.

③ 검정에 이용되는 통계량이 기각역에 들어간다는 것을 의미한다.

④ 검정이나 추정을 하는 데 있어서 기초가되는 데이터의 측정시스템이 매우 신뢰할 수 있음을 의미한다.

해설 검정에 이용되는 통계량이 기각역에 들어간다는 것을 의미한다. 즉, 대립가설(H_1)이 채택된다는 것을 의미한다.

33. 계수형 축차 샘플링검사 방식(KS Q ISO 28591)에서 누계 샘플 사이즈(n_{cum})가 누계 샘플 사이즈의 중지값(n_t)보다 작을 때, 합격판정치를 구하는 식으로 옳은 것은?

① 합격판정치 $A = h_A + gn_{cum}$ 소수점 이하는 버린다.

② 합격판정치 $A = h_A + gn_{cum}$ 소수점 이하는 올린다.

③ 합격판정치 $A = -h_A + gn_{cum}$ 소수점 이하는 버린다.

④ 합격판정치 $A = -h_A + gn_{cum}$ 소수점 이하는 올린다.

해설 $n_{cum} < n_t$ 인 경우

• 합격판정치 $A = -h_A + gn_{cum}$(소수점 이하 버림)

• 불합격판정치 $R = h_R + gn_{cum}$(소수점 이하 올림)

34. 샘플링검사에서 $n = 40$, $c = 0$ 인 검사 방식을 적용할 때 $P^o = 2\%$ 인 로트가 합격

할 확률은? (단, $L(p)$는 이항분포로 근사시켜 구한다.)

① 42.57% ② 44.57%

③ 46.57% ④ 48.57%

해설 $\binom{n}{x} p^x (1-p)^{n-x} \rightarrow$

$_{40}C_0\, 0.02^0\, (1-0.02)^{40} = 0.4457\,(44.57\%)$

35. 만성적으로 존재하는 것이 아니고, 산발적으로 발생하여 품질변동을 일으키는 원인으로 현재의 기술수준으로 통제 가능한 원인을 뜻하는 용어는?

① 우연원인

② 이상원인

③ 불가피원인

④ 억제할 수 없는 원인

해설 제조공정에서의 품질변동은 이상원인과 우연원인에 의해서 발생한다. 이상원인은 작업자의 부주의나 태만, 생산설비의 이상등 산발적으로 발생하며 현재의 기술수준으로 통제 가능한 원인을 뜻한다. 우연원인만이 제품의 품질변동에 영향을 미치면 관리상태이다.

36. 합리적인 군으로 나눌 수 있는 경우, X 관리도의 관리한계(U_{CL}, L_{CL})의 표현으로 맞는 것은?

① $\overline{\overline{X}} \pm E_1 \overline{R}$ ② $\overline{\overline{X}} \pm E_2 \overline{R}$

③ $\overline{\overline{X}} \pm E_3 \overline{R}$ ④ $\overline{\overline{X}} \pm E_4 \overline{R}$

해설 • 합리적인 군으로 나눌 수 있는 경우

$$\overline{\overline{x}} \pm 3\frac{\overline{R}}{d_2} = \overline{\overline{x}} \pm E_2\overline{R} = \overline{\overline{x}} + \sqrt{n}\, A_2\overline{R}$$

• 합리적인 군으로 나눌 수 없는 경우

$$\overline{x} \pm 3\frac{\overline{R_m}}{d_2} = \overline{x} \pm E_2\overline{R_m}$$

37. 한국인과 일본인의 스포츠(축구, 농구, 야구) 선호도가 같은지 조사하였다. 각각 100명씩 랜덤 추출하여 가장 좋아하는 한 가지 운동을 선택하여 분류하였더니 다음 [표]와 같을 때, 설명 중 틀린 것은? (단, $\alpha = 0.05$, $\chi^2_{0.95}(2) = 5.991$ 이다.)

구분	축구	농구	야구
한국인	40	20	40
일본인	30	20	50

① 검정결과는 귀무가설 채택이다.
② 검정통계량(χ^2_0)은 약 2.5397이다.
③ 검정에 사용되는 자유도는 4이다.
④ 기대도수는 각 스포츠별로 선호도가 같다고 가정하여 평균을 사용한다.

해설 동일성 검정

㉠ 가설

　H_0 : 한국인과 일본인의 스포츠(축구, 농구, 야구) 선호도가 같다.

　H_1 : 한국인과 일본인의 스포츠(축구, 농구, 야구) 선호도가 같지 않다.

㉡ 유의수준 : $\alpha = 0.05$

㉢ 검정통계량

구분		축구	농구	야구	계
한국인	관측치 (O_{ij})	40	20	40	100
	기대치 (E_{ij})	E_{11}	E_{21}	E_{31}	
일본인	관측치 (O_{ij})	30	20	50	100
	기대치 (E_{ij})	E_{12}	E_{22}	E_{33}	
합		70	40	90	200

$$E_{11} = \frac{70}{200} \times 100 = 35$$

$$E_{21} = \frac{40}{200} \times 100 = 20$$

$$E_{31} = \frac{90}{200} \times 100 = 45$$

$$E_{12} = \frac{70}{200} \times 100 = 35$$

$$E_{22} = \frac{40}{200} \times 100 = 20$$

$$E_{32} = \frac{90}{200} \times 100 = 45$$

$$\chi^2_0 = \sum_i \sum_j \frac{(O_{ij} - E_{ij})^2}{E_{ij}}$$

$$= \frac{(40-35)^2}{35} + \frac{(30-35)^2}{35} + \frac{(20-20)^2}{20}$$

$$+ \frac{(20-20)^2}{20} + \frac{(40-45)^2}{45}$$

$$+ \frac{(50-45)^2}{45} = 2.5397$$

㉣ 기각역 : $\chi^2_0 > \chi^2_{1-\alpha}((r-1)(c-1))$
　　$= \chi^2_{0.95}((2-1)(3-1)) = \chi^2_{0.95}(2) = 5.991$
　이면 귀무가설(H_0)를 기각한다.

㉤ 판정 : $\chi^2_0(=2.5397) < \chi^2_{0.95}(2)$이므로 귀무가설($H_0$)채택한다.

※ 검정에 사용되는 자유도는 2이다.

38. 다음 중 확률변수의 확률분포에 관한 설명으로 틀린 것은?

① t분포를 하는 확률변수를 제곱한 확률변수는 F분포를 한다.
② 정규분포를 하는 확률변수를 제곱한 확률변수는 F분포를 한다.
③ 정규분포를 하는 서로 독립된 n개의 확률변수의 합은 정규분포를 한다.
④ 푸아송분포를 하는 서로 독립된 n개의 확률변수의 합은 푸아송분포를 한다.

해설 $u^2_{1-\alpha/2} = \chi^2_{1-\alpha}(1)$

정답 ▶ **37.** ③ **38.** ②

39. 100개의 표본에서 구한 데이터로부터 두 변수의 상관계수를 구하였더니 0.8이었다. 모상관계수가 0이 아니라면, 모상관계수와 기준치와의 상이검정을 위하여 z변환할 경우 z의 값은 약 얼마인가?(단, 두 변수 x, y는 모두 정규분포에 따른다.)

① −1.099
② −0.8
③ 0.8
④ 1.099

해설 $z_r = \dfrac{1}{2} \ln \dfrac{1+r}{1-r} = \tanh^{-1} 0.8 = 1.099$

40. 슈하트 관리도에 소개된 Western electric rule을 활용한 관리도의 이상상태 판정규칙과 관계가 없는 것은?

① 14점이 연속적으로 오르내리고 있음
② 6개의 점이 연속적으로 증가하거나 감소하고 있음
③ 9개의 점이 중심선의 한쪽으로 연속적으로 나타남
④ 연속된 5개의 점 중 2개의 점이 중심선의 한쪽에서 연속적으로 2σ와 3σ 사이에 있음

해설 연속하는 3개의 점 중 2개의 점이 2σ와 3σ의 사이에 있다.

제3과목 : 생산시스템

41. 총괄생산계획에서 재고수준 변수와 직접적인 관련성이 가장 높은 비용항목은?

① 퇴직수당
② 교육훈련비
③ 설비확장비용
④ 납기지연으로 인한 손실비용

해설 재고수준에 따라 발생될 수 있는 비용은 재고유지비용, 납기지연으로 인한 손실비용이다.

42. 단일기계로 n개의 작업을 처리할 경우의 일정계획에 관한 설명으로 틀린 것은?

① 평균납기지체일을 최소화하기 위해서는 존슨의 규칙을 사용한다.
② 긴급률(critical ratio)이 작은 순으로 배정하면 대체로 평균납기지체일을 줄일 수 있다.
③ 최대납기지체일을 최소화하기 위해서는 납기일이 빠른 순으로 작업순서를 결정한다.
④ 평균흐름시간(average flow time)을 최소화하기 위해서는 최단작업시간 우선법칙을 사용한다.

해설 Johnson's Rule은 n개의 가공물을 2대의 기계로 가공하는 경우 총 작업시간을 최소화하고 기계의 이용도를 최대화하는 기법이다.

43. $P - Q$ 곡선 분석에서 A영역에 해당하는 설비배치로 가장 적절한 것은?

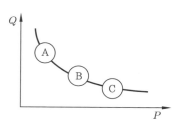

① 제품별 배치
② GT Cell 배치
③ 공정별 배치
④ 위치고정형 배치

해설 A는 소품종대량생산에 적합한 제품별 배치, C는 다품종소량생산에 적합한 공정별 배치, B는 중품종중량생산에 적합한 GT (Group Technology)가 적합하다.

44. 공급업체로부터 파견된 직원이 구매기업의 공장에 상주하면서 적정 재고량이 유지되고 있는지를 관리하는 시스템은?

① ERP 시스템　② MPR 시스템
③ JIT 시스템　④ JIT-II 시스템

해설 JIT-II시스템은 공급업체로부터 파견된 직원이 구매기업의 공장에 상주하면서 적정 재고량이 유지되고 있는지를 관리(Vendor Managed Inventory)하는 시스템이다.

45. PTS(Predetermined Time Standard system)의 특징으로 옳지 않은 것은?

① 작업방법과 작업시간을 분리하여 동시에 연구할 수 있다.
② 작업방법만 알고 있으면 관측을 행하지 않고도 표준시간을 알 수 있다.
③ 작업자의 능력이나 노력에 관계없이 객관적으로 시간을 결정할 수 있다.
④ 작업자의 인종·성별·연령 등을 고려하여야 하며, 작업측정 시 스톱워치 등과 같은 기구가 필요하다.

해설 작업자의 인종·성별·연령 등을 고려할 필요가 없으며, 작업측정 시 스톱워치 등과 같은 기구가 필요하지 않다.

46. 노동력, 설비, 물자, 공간 등의 생산자원을 누가, 언제, 어디서, 무엇을, 얼마나 사용할 것인가를 결정하는 작업계획으로 주·일·시간 단위별 계획을 수립하는 것은?

① 공정계획　② 생산계획
③ 작업계획　④ 일정계획

해설 일정계획은 생산계획 내지는 제조명령을 구체화하는 과정으로, 부분품 가공이나 제품조립에 필요한 자재가 적기에 조달되고 이들 생산에 지정된 시간까지 완성될 수 있도록 기계 내지 작업을 시간적으로 배정하

고, 일시를 결정하여 생산일정을 계획·관리하는 것이다.

47. 고정주문량 모형의 특징을 설명한 것으로 맞는 것은?

① 주문량은 물론 주문과 주문 사이의 주기도 일정하다.
② 최대재고수준은 조달기간 동안의 수요량의 변동 때문에 언제나 일정한 것은 아니다.
③ 재고수준이 재주문점에 도달하면 주문하기 때문에 재고수준을 계속 실사할 필요는 없다.
④ 하나의 공급자로부터 상이한 수많은 품목을 구입하는 경우에 수량 할인을 받기 위해 적용하면 유리하다.

해설 ① 주문과 주문 사이의 주기가 일정하지 않다.
③ 재고수준이 재주문점에 도달하면 주문하기 때문에 재고수준을 계속 실사해야 한다.
④ 고정주문주기모형(정기실사방식)에 대한 설명이다.

48. 설비보전활동 중의 하나인 소집단활동의 목적과 거리가 가장 먼 것은?

① 일선 감독자 및 리더십을 배양하고 관리능력을 향상시킨다.
② 기업의 이익증가에 힘쓴다.
③ 전원참가, 전원협력으로 직장의 일체감을 조성한다.
④ 표준을 자발적으로 준수한다.

해설 TPM분임조는 품질분임조와 달리 직제와 일체로 편성되는 중복 소집단활동으로 리더는 현장 또는 조직의 책임자가 된다. 전원참가, 전원협력으로 직장의 일체감을 조성하며, 자주보전 스텝활동 중심으로 진행된다.

49. 3월의 수요예측값이 500개이고, 실제 판매량이 540개일 때, 4월의 수요예측값은?(단, 지수평활계수 $\alpha = 0.2$로 한다.)

① 484개   ② 496개
③ 508개   ④ 520개

해설 $F_t = \alpha \cdot A_{t-1} + (1-\alpha)F_{t-1}$
$= 0.2 \times 540 + (1-0.2) \times 500$
$= 508$개

50. 설비종합효율의 계산식으로 맞는 것은?

① 시간가동률 × 속도가동률 × 양품률
② 시간가동률 × 실질가동률 × 양품률
③ 시간가동률 × 성능가동률 × 양품률
④ 시간가동률 × 속도가동률 × 실질가동률

해설 설비종합효율 = 시간가동률×성능가동률×양(적합)품률

$= \dfrac{부하시간 - 정지시간}{부하시간}$

$\times \dfrac{이론사이클타임 \times 생산량}{가동시간}$

$\times \dfrac{총생산량 - 불량수량}{총생산량}$

51. 공정별(기능별)배치의 내용으로 맞는 것은 어느 것인가?

① 흐름생산방식이다.
② 범용 설비를 이용한다.
③ 제품 중심의 설비배치이다.
④ 소품종 대량생산방식에 적합하다.

해설 ① 단속생산방식이다.
③ 공정 중심의 설비배치이다.
④ 다품종 소량생산방식에 적합하다.

52. 다음은 생산관리에서 휠 라이트에 의해 제시된 생산과업의 우선순위 평가기준이다. 단계별 순서로 맞는 것은?

> ㉠ 전략사업 단위 인식
> ㉡ 전략사업 우선순위 결정
> ㉢ 전략사업 우선순위 평가
> ㉣ 과업기준 및 측정의 정의

① ㉠ → ㉣ → ㉡ → ㉢
② ㉡ → ㉢ → ㉠ → ㉣
③ ㉢ → ㉠ → ㉣ → ㉡
④ ㉣ → ㉠ → ㉡ → ㉢

해설 휠 라이트에 의해 제시된 생산과업의 우선 순위 평가기준은 전략사업 단위인식－과업기준 및 측정의 정의－전략사업 우선순위 결정－전략사업 우선순위 평가이다.

53. 시스템(system)의 개념과 관련되는 주요 내용들은 시스템의 특성 내지 속성으로 나타내는데, 시스템의 기본속성이 아닌 것은 어느 것인가?

① 관련성
② 목적추구성
③ 기능성
④ 환경적응성

해설 시스템의 기본 속성은 집합성, 관련성, 목적추구성, 환경적응성이다.

54. 어느 작업자의 시간연구 결과 평균작업 시간이 단위당 20분이 소요되었다. 작업자의 레이팅계수는 95%이고, 여유율은 정미시간의 10%일 때, 외경법에 의한 표준시간은 얼마인가?

① 14.5분   ② 16.4분
③ 18.1분   ④ 20.9분

해설 표준시간(외경법)=정미시간×(1+여유율)
$ST = NT(1+A)$
$= (20 \times 0.95) \times (1+0.1) = 20.9$분

55. 공정도에 사용되는 기호와 이에 대한 설명으로 맞는 것은?

① ○ : 정보를 주고받을 때나 계산을 하거나 계획을 수립할 때에는 제외된다.

② □ : 완성단계로 한 단계 접근시킨 것으로 작업을 위한 사전준비작업도 포함된다.

③ ▽ : 공식적인 어떤 형태에 의해서만 저장된 물건을 움직이게 할 수 있을 때를 의미한다.

④ ⇨ : 작업대상물의 이동으로 검사 또는 가공 도중에 작업자에 의해서 작업장소에서 발생되는 경우는 사용하지 않는다.

해설 ① ○(가공) : 정보를 주고받을 때나 계산을 하거나 계획을 수립할 때에도 포함된다.

② □(검사) : 완성단계로 한 단계 접근시킨 것으로 단지 작업이 올바르게 시행되었는지 품질 혹은 수량면에서 조사하는 것이다.

③ ▽(저장) : 공식적인 어떤 형태에 의해서만 저장된 물건을 움직이게 할 수 있을 때를 의미한다.

※ ▷(정체) : 다음 순서의 작업을 즉각 수행할 수 없을 때

56. 단속생산의 특징에 해당하는 것은?

① 계획생산

② 다품종 소량생산

③ 특수목적용 전용 설비

④ 수요예측에 따른 마케팅활동 전개

해설 • 단속생산-주문생산-다품종소량생산-다목적 범용설비

• 연속생산-예측생산-소품종대량생산-특수목적 전용설비

57. 품종별 한계이익을 산출하고, 이를 고정

비와 대비하여 손익분기점을 구하는 방식을 무엇이라고 하는가?

① 개별법　　　② 기준법

③ 절충법　　　④ 평균법

해설 손익분기점 분석방법

㉠ 기준법 : 다른 품종의 제품 중에서 대표적인 품종을 기준품종으로 선택하고, 그 품종의 한계이익률로 손익분기점을 계산하는 방법이다.

㉡ 개별법 : 품종별 한계이익을 산출하고, 이를 고정비와 대비하여 손익분기점을 구하는 방식이다.

㉢ 평균법 : 한계이익률이 서로 다른 경우 평균 한계이익률로 BEP를 산출하는 방식이다.

㉣ 절충법 : 개별법에 평균법과 기준법을 절충한 방법. Product mix와 Process mix를 검토하는 데 유용한 방법이다.

58. MRP의 주요 기능으로 볼 수 없는 것은 어느 것인가?

① 재고수준 통제　② 우선순위 통제

③ 생산능력 통제　④ 작업순위 통제

해설 MRP는 소요량 개념에 입각한 종속수요품의 재고관리 방식이다. MRP의 입력요소는 자재명세서(BOM), 주생산일정계획(대일정계획 : MPS), 재고기록철(IRF)이다. 생산통제와 재고관리 기능의 통합이며 작업순위 통제는 일정계획의 주요 기능이다.

59. 어느 프레스공장에서 프레스 10대의 가동상태가 정지율 25%로 추정되고 있다. 이때 워크샘플링법에 의해서 신뢰도 95%, 상대오차 ±10%로 조사하고자 할 때 샘플의 크기는 약 몇 회인가?

① 72회　　　　② 96회

③ 1152회　　　④ 1536회

부록

해설 $n = \dfrac{u_{1-\alpha/2}^2(1-p)}{S^2 p} = \dfrac{1.96^2(1-0.25)}{0.1^2 \times 0.25}$
$= 1,152.48$회

60. 기업의 목적을 효율적으로 달성하기 위하여 자신의 능력으로 핵심부분에 집중하고 조직 내부 활동이나 기능의 일부를 외부 조직 또는 외부 기업체에 전문용역을 활용하여 처리하는 경영기법을 의미하는 용어는?

① Loading　　　　② Outsourcing
③ Debugging　　　④ Cross docking

해설 아웃소싱(Outsourcing)은 자신의 핵심 역량이 아닌 사업 부문을 외주에 의존하여 자사가 핵심 역량을 가진 활동에 좀 더 집중 투자하는 것이다.

제4과목 : 신뢰성 관리

61. 커패시터의 평균수명은 온도에 의하여 가속되며 10℃ 법칙을 따른다고 한다. 65℃에서의 평균수명이 1000시간으로 추정되었다면 25℃에서의 평균수명은 약 얼마인가?

① 2000시간　　　② 4000시간
③ 8000시간　　　④ 16000시간

해설 $\alpha = \dfrac{(\text{가속온도} - \text{정상온도})}{10} = \dfrac{65 - 25}{10}$
$= 4 \rightarrow \theta_n = 2^\alpha \cdot \theta_S = 2^4 \times 1,000 = 16,000$시간

62. 아이템의 모든 서브 아이템에 존재할 수 있는 결함모드에 대한 조사와 다른 서브 아이템 및 아이템의 요구기능에 대한 각 결함모드의 영향을 확인하는 정성적 신뢰성 분석 방법은?

① FTA　　　　　② FMEA

③ FMECA　　　　④ Fail safe

해설 ① FTA : 시스템의 고장을 발생시키는 사상과 그 원인과의 관계를 관문이나 사상기호를 사용하여 나뭇가지 모양의 그림으로정량적 분석 방법
② FMEA[Failure Mode and Effect Analysis, 고장모드(유형, 형태) 및 영향분석]: 설계에 대한 신뢰성 평가의 한 방법으로서 설계된 시스템이나 기기의 잠재적인 고장모드를 찾아내고 가동 중인 시스템 등에 고장이 발생하였을 경우의 영향을 조사, 평가하여 영향이 큰 고장모드에 대하여는 적절한 대책을 세워 고장의 발생을 미연에 방지하고자 하는 정성적 신뢰성 분석 방법
③ FMECA(Failure Mode, Effect and Criticality Analysis, 고장모드영향 및 치명도분석) : FMEA로 식별한 치명적 품목에 발생확률을 고려하여 치명도 지수를 구한 다음에 고장 등급을 결정하는 해석
④ Fail safe : 조작상의 과오로 기기의 일부가 고장이 발생하는 경우 이 부분의 고장으로 인하여 다른 부분의 고장이 발생하는 것을 방지하는 설계 방법

63. 두 개의 부품 A와 B로 구성된 대기 시스템이 있다. 두 부품의 평균고장률이 $\lambda_A = 0.02$, $\lambda_B = 0.03$인 지수분포를 따른다면, 50시간까지 시스템이 작동할 확률은 약 얼마인가? (단, 스위치의 작동확률은 1.00으로 가정한다.)

① 0.264　　　　② 0.343
③ 0.657　　　　④ 0.736

해설 $R_S = \dfrac{1}{\lambda_1 - \lambda_2}\left(\lambda_1 e^{-\lambda_2 T} - \lambda_2 e^{-\lambda_1 T}\right)$
$= \dfrac{1}{-0.01}\left(0.02 \times e^{-(0.03 \times 50)} - 0.03 \times e^{-(0.02 \times 50)}\right)$
$= 0.6574$

64. 어떤 제품의 수명이 평균 450시간, 표준편차 50시간의 정규분포에 따른다고 한다. 이 제품 200개를 새로 사용하기 시작하였다면 지금부터 500~600시간 사이에서는 평균 약 몇 개가 고장 나는가?

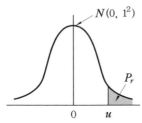

u	P_r
0.5	0.3085
1	0.1587
2	0.0228
3	0.0013

① 30개   ② 32개
③ 91개   ④ 100개

해설 $P(500 \leq T \leq 600)$
$= P\left(\dfrac{500-\mu}{\sigma} \leq u \leq \dfrac{600-\mu}{\sigma}\right)$
$= P\left(\dfrac{500-450}{50} \leq u \leq \dfrac{600-450}{50}\right)$
$= P(1 \leq u \leq 3) = 0.1587 - 0.0013 = 0.1574$
따라서, 평균고장 수량
$= 200 \times 0.1574 = 31.48 = 32$개

65. 어떤 시스템이 6개의 서브시스템을 병렬로 결합되어 구성되었다. $t = 100$시간에서 각 서브시스템의 신뢰도는 0.90이라 한다. $t = 100$시간에서 시스템의 신뢰도는?

① $(1-0.9)^6$ ② $1-(1-0.9)^6$
③ $1-0.9^6$ ④ 0.9^6

해설 $R_S = 1 - \prod(1-R_i) = 1 - (1-R_i)^6$
$= 1 - (1-0.9)^6$

66. 신뢰성 샘플링검사에서 $MTBF$와 같은 수명데이터를 기초로 로트의 합부판정을 결정하는 것은?

① 계수형 샘플링검사
② 계량형 샘플링검사
③ 층별형 샘플링검사
④ 선별형 샘플링검사

해설 신뢰성 샘플링검사에서 $MTBF$와 같은 수명데이터를 기초로 로트의 합부판정을 결정하는 것은 계량형 샘플링검사이다.

67. 시스템의 FT도가 그림과 같을 때, 이 시스템의 블록도로 옳은 것은?

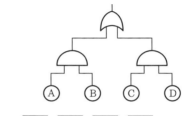

①

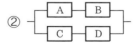

②

③

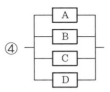

④

해설 FT도에서 기본사상 A와 B가 AND gate이므로 신뢰성블록도에서 병렬이고, 기본사상 C와 D가 AND gate이므로 신뢰성블록도에서 병렬이다. (A, B)와 (C, D)가 OR gate이므로 신뢰성블록도에서 직렬이다.

부록

68. 고장시간 데이터가 와이블분포를 따르는지 알아보기 위해 사용하는 와이블 확률지에 대한 설명 중 틀린 것은?

① 관측 중단된 데이터는 사용할 수 없다.
② 고장분포가 지수분포일 때도 사용할 수 있다.
③ 분포의 모수들을 확률지로부터 구할 수 있다.
④ t를 고장시간, $F(t)$를 누적분포함수라고 할 때, $\ln t$와 $\ln \ln \dfrac{1}{1-F(t)}$ 과의 직선관계를 이용한 것이다.

해설 관측중단 데이터는 고장시점이 파악되지 않아 확률지에 타점할 수 없다. 그러나 $F(t)$ 계산 시, 시료수 n에는 관측 중단된 데이터도 포함되므로 관측 중단된 데이터는 사용할 수 있다.

69. A 제품의 파괴강도는 50kg/cm² 이상이다. 파괴강도의 크기가 평균 40kg/cm² 이고, 표준편차가 10kg/cm²의 정규분포를 따른다면 이 제품이 파괴될 확률은?(단, z는 표준정규분포의 확률변수이다.)

① $P_r(z > 1)$ ② $P_r(z > 2)$
③ $P_r(z \le 1)$ ④ $P_r(z \le 2)$

해설 $P\left(z > \dfrac{X-40}{10}\right) = P\left(z > \dfrac{50-40}{10}\right)$
$= P(z > 1)$

70. 부품의 신뢰도가 각각 0.85, 0.90, 0.95인 3개의 부품으로 구성된 직렬시스템이 있다. 이 시스템의 신뢰도를 향상시키고자 할 때, 특별한 제한조건이 없는 경우 시스템의 신뢰도에 가장 민감한 부품은?

① 신뢰도가 0.85인 부품
② 신뢰도가 0.90인 부품
③ 신뢰도가 0.95인 부품
④ 3개 부품 모두 동일하다.

해설 신뢰도가 가장 낮은 부품이 시스템의 신뢰도에 가장 민감한 부품이다.

71. 제품이 고장 나기 전까지 제품의 평균수명을 의미하는 용어는?

① MDT ② MTBF
③ MTTR ④ MTTF

해설 ① MDT(Mean Down Time) : 예방보전과 사후보전을 모두 실시할 때 평균정지시간
② MTBF(Mean Time Between Failures) : 수리가능한 아이템의 고장간 동작시간의 평균치
③ MTTR(Mean Time To Repair) : 평균수리시간
④ MTTF(Mean Time To Failure) : 수리불가능한 아이템의 고장수명 평균치

72. 샘플 500개에 대한 수명시험 결과 50시간과 60시간 사이에서 50개가 고장이 났다. 그리고 이 구간 초의 생존개수는 350개이다. 이 구간에서 고장률의 값은 약 얼마인가?

① 0.0143/시간 ② 0.0285/시간
③ 0.1429/시간 ④ 0.2856/시간

해설 $\lambda(t) = \dfrac{n(t) - n(t+\Delta t)}{n(t)} \times \dfrac{1}{\Delta t}$

$= \dfrac{50}{350} \times \dfrac{1}{10} = 0.01429 / 시간$

73. 고장밀도함수가 지수분포를 따를 때, $MTBF$ 시점에서 신뢰도의 값은?

① e^{-1} ② e^{-2t}
③ e^{-3t} ④ $e^{-\lambda t}$

해설 $R(t) = e^{-\lambda t} = e^{-\frac{1}{MTBF} \times t} \rightarrow$

$R(MTBF) = e^{-\frac{1}{MTBF} \times MTBF} = e^{-1} = 0.368$

74. 주어진 조건에서 규정된 기간에 보전을 완료할 수 있는 성질을 보전성이라 하고, 그 확률을 보전도라 정의한다. 이때 주어진 조건에 포함되지 않아도 되는 사항은?

① 보전성의 설계
② 보전자의 자질
③ 보전예방과 사후보전
④ 설비 및 예비품의 정비

해설 예방보전, 사후보전, 개량보전, 보전예방은 보전의 종류이다.

75. 신뢰성 설계에 대한 설명으로 틀린 것은?

① 설계품질을 목표품질이라고 부른다.
② 시스템의 품질은 설계에 의해 많이 좌우된다.
③ 설계품질에는 설계 및 기능, 신뢰성 및 보전성, 안전성이 포함된다.
④ 설계단계에서 설계품질이 떨어지더라도 제조단계에서 약간만 노력하면 좋은 품질시스템을 만들 수 있다.

해설 설계단계에서 설계품질이 떨어지면 제조단계에서 아무리 노력해도 좋은 품질시스템을 만들 수 없다.

76. Y시스템의 고장률이 시간당 0.005라고 한다. 가용도가 0.990 이상이 되기 위해서는 평균수리시간이 약 얼마인가?

① 0.4957시간   ② 0.9954시간
③ 2.0202시간   ④ 2.5252시간

해설 $MTBF = \frac{1}{\lambda} = \frac{1}{0.005} = 200$ 이다.

가용도 $A = \dfrac{MTBF}{MTBF + MTTR} \geq 0.99$

$\rightarrow \dfrac{200}{200 + MTTR} \geq 0.99$

$\rightarrow MTTR \leq 2.0202$ 시간

77. 8개의 테니스 라켓에 대한 신뢰성 시험에서 모두 고장이 발생했다. 6번째 고장에 대한 중앙순위(Median Rank)법을 사용했을 때, 신뢰성의 누적고장확률값은?

① 60%   ② 64%   ③ 68%   ④ 75%

해설 $F_n(t) = \dfrac{i - 0.3}{n + 0.4} = \dfrac{6 - 0.3}{8 + 0.4}$

$= 0.679 (67.9\%)$

78. 신뢰성을 개선하기 위해서 계획적으로 부하를 정격치에서 경감하는 것은?

① 총 생산보전(TPM)
② 디레이팅(Derating)
③ 디버깅(Debugging)
④ 리던던시(Redundancy)

해설 부하경감(derating)은 신뢰성을 개선하기 위해서 계획적으로 부하를 정격치에서 경감하는 것, 즉 각 부품에 걸리는 부하에 여유를 두고 설계하는 기법이다.

79. 수명분포가 지수분포인 부품 n개를 t_0 시간에서 정시중단시험을 하였다. t_0시간 동안 고장수는 r개이고, 고장품을 교체하지 않는 경우 각각의 고장시간이 $t_1, \cdots, t_r$ 이라면, 고장률 λ에 대한 추정치는?

① $\dfrac{r}{\displaystyle\sum_{i=1}^{r} t_i}$

② $\dfrac{\displaystyle\sum_{i=1}^{r} t_i + (n-r)t_o}{r}$

③ $\dfrac{n}{\displaystyle\sum_{i=1}^{r} t_i + (n-r)t_o}$

④ $\dfrac{r}{\displaystyle\sum_{i=1}^{r} t_i + (n-r)t_o}$

해설 정시중단방식(교체하는 경우)

$$\hat{\lambda} = \frac{\text{총고장수}}{\text{총관측시간}} = \frac{r}{T} = \frac{r}{nt_o}$$

정시중단방식(교체하지 않는 경우)

$$\hat{\lambda} = \frac{\text{총고장수}}{\text{총관측시간}} = \frac{r}{T} = \frac{r}{\displaystyle\sum_{i=1}^{r} t_i + (n-r)t_o}$$

80. 고장률이 λ인 지수분포를 따르는 N개의 부품을 T시간 사용할 때 C건의 고장이 발생하는 확률은 어떤 분포로 구할 수 있는가? (단, N은 굉장히 크다고 한다.)
① 지수분포   ② 푸아송분포
③ 베르누이분포   ④ 와이블분포

해설 계수형 신뢰성 샘플링검사방식(지수분포가정)인 경우 푸아송분포로 구할 수 있다.

제5과목 : 품질경영

81. 품질관련 소집단활동 유형이 아닌 것은?
① 자율경영팀   ② 품질프로젝트팀
③ 품질위원회   ④ 품질분임조활동

해설 품질(경영)위원회는 조직의 임원들로 구성되어 있으며, 품질을 향상시키기 위해 구성원들을 지휘하고 각 부서간의 업무를 조정하는 협의체이다.

82. 다음 중 서비스의 개념과 특징에 대한 설명으로 틀린 것은?

① 물리적 기능은 서비스도 사전에 검사되고 시험되어야 한다는 측면에서 측정 가능하고 재현성이 있는 사항에 대한 형이상학적 기능을 의미한다.
② 물리적 기능과 정서적 기능은 서비스산업에서 서비스를 구성하는 2대 기능으로 대개는 서비스산업의 업종에 따라 두 기능의 비중이 다르다.
③ 전기, 가스, 수도, 운수, 통신 등의 업종은 물리적 기능의 비중이 높고, 음식점과 호텔 등의 업종은 물리적 기능과 정서적 기능의 비율이 분산되어 있다.
④ 정서적 기능은 물리적 기능에 부가해서 고객에게 정서, 안심감, 신뢰감 등 정신적 기쁨의 감정을 불러일으키는 기분이나 분위기를 주는 움직임을 의미한다.

해설 물리적 기능은 서비스도 사전에 검사되고 시험되어야 한다는 측면에서 측정 가능하고 재현성이 있는 사항에 대한 형이하학적 기능을 말한다.

83. 외부업체 관리 비용, 신뢰성 시험비용, 품질기술 비용, 품질관리 교육비용 등과 관련된 품질비용은?
① 예방코스트   ② 평가코스트
③ 내부실패코스트   ④ 외부실패코스트

해설 외부업체 관리 비용, 품질기술 비용, 품질관리 교육비용은 예방비용(P-cost)이다.

84. 히스토그램의 작성 목적으로 가장 관계가 먼 것을 고르면?
① 공정능력을 파악하기 위해
② 데이터의 흩어진 모양을 알기 위해
③ 불량대책 및 개선효과를 확인하기 위해
④ 규격치와 비교하여 공정의 현황을 파악하기 위해

해설 개선효과를 확인하기 위해 파레토그림을 사용한다.

85. 품질경영시스템-기본사항과 용어(KS Q ISO 9000 : 2015)에서 명시한 용어 중 "요구사항을 명시한 문서"를 무엇이라 하는가?
① 정보
② 시방서
③ 품질매뉴얼
④ 객관적 증거

해설 ① 정보(information) : 의미 있는 데이터
③ 품질매뉴얼(quality manual) : 조직의 품질경영시스템에 대한 문서
④ 객관적 증거(objective evidence) : 사물의 존재 또는 사실을 입증하는 데이터

86. 게하니(Gehani) 교수가 구상한 품질가치사슬 구조로 볼 때 최고 정점에 있다고 본 전략종합품질에 대한 품질선구자의 사상에 해당하는 것은?
① 고객만족품질과 시장품질
② 설계종합품질과 원가종합품질
③ 전사적 종합품질과 예방종합품질
④ 시장창조 종합품질과 시장경쟁 종합품질

해설 게하니가 제창한 고객만족을 위해 융합되어야 할 3가지 품질
㉠ 품질가치사슬의 상층부(전략종합품질) : 시장창조 종합품질과 시장경쟁 종합품질
㉡ 품질가치사슬의 중심부(경영종합품질)
㉢ 품질가치사슬의 하층부(제품품질) : 테일러의 검사품질, 데밍의 공정관리 종합품질, 이시가와의 예방종합품질

87. 신 QC 7가지 기법 중 장래의 문제나 미지의 문제에 대해 수집한 정보를 상호 친화성에 의해 정리하고 해결해야 할 문제를 명확히 하는 방법은?

① KJ법
② 계통도법
③ PDPC법
④ 연관도법

해설 친화도법(KJ법)은 미지·미경험의 분야 등 혼돈된 상태 가운데서 사실, 의견, 발상 등을 언어 데이터에 의해 유도하여 이들 데이터를 정리함으로써 문제의 본질을 파악하고 문제의 해결과 새로운 발상을 이끌어내는 방법으로 많은 언어정보들을 서로 관련이 있는 그룹별로 나누어 자료를 정리하는 방법이다.

88. Y 제품의 치수의 규격이 150±1.5mm라고 한다면 규격허용차는 얼마인가?
① $\sqrt{1.5}$ mm
② $\sqrt{3.0}$ mm
③ 1.5mm
④ 3.0mm

해설 규격이 150±1.5mm이면 허용차는 1.5mm, 공차는 3mm이다. 규격상한은 151.5mm, 규격하한은 148.5mm이다.

89. 품질경영시스템-요구사항(KS Q ISO 9001)에서 경영검토 입력사항에서 품질경영시스템의 성과 및 효과성에 포함되어야 할 정보가 아닌 것은?
① 경영검토에 따른 결과 분석
② 품질목표의 달성 정도
③ 심사결과
④ 프로세스 성과 및 제품 적합성

해설 경영검토 입력사항
㉠ 이전 경영검토에 따른 조치의 상태
㉡ 품질경영시스템과 관련된 외부 및 내부 이슈의 변경
㉢ 다음의 경향을 포함한 품질경영시스템의 성과 및 효과성에 대한 정보
　㉮ 고객만족 및 관련 이해관계자로부터의 피드백
　㉯ 품질목표의 달성 정도
　㉰ 프로세스 성과 그리고 제품 및 서비스의 적합성

부록

㉺ 부적합 및 시정조치
㉻ 모니터링 및 측정 결과
㉼ 심사결과
㉽ 외부 공급자의 성과
㉐ 자원의 충족성
㉑ 리스크와 기회를 다루기 위하여 취해진 조치의 효과성(6.1 참조)
㉒ 개선 기회

90. 4개의 PCB 제품에서 각 제품마다 10개를 측정했을 때 부적합수가 각각 2개, 1개, 3개, 2개가 나왔다. 이때, 6시그마 척도인 DPMO(Defects Per Million Opportunities)는 얼마인가?

① 0.2　　　　　② 2.0
③ 200000　　　④ 800000

해설 $DPMO = \dfrac{총결함수}{총기회수} \times 1,000,000$

$= \dfrac{2+1+3+2}{4 \times 10} \times 1,000,000 = 200,000$

91. 제조물책임(PL)에 대한 설명으로 틀린 것은?

① 기업의 경우 PL법 시행으로 제조원가가 올라갈 수 있다.
② 제품에 결함이 있을 때 소비자는 제품을 만든 공정을 검사할 필요가 없다.
③ 제조물책임법(PL법)의 적용으로 소비자는 모든 제품의 품질을 신뢰할 수 있다.
④ 제품엔 결함이 없어야 하지만, 만약 제품에 결함이 있으면 생산, 유통, 판매 등의 일련의 과정에 관여한 자가 변상해야 한다.

해설 제조물책임법(PL법)의 적용으로 소비자는 제품의 안전성을 신뢰할 수 있다.

92. 다음 중 샌더스(T.R.B. Sanders)가 제시한 현대적인 표준화의 목적으로 가장 거

리가 먼 것은?

① 무역의 벽 제거
② 안전, 건강 및 생명의 보호
③ 다품종 소량생산체계의 구축
④ 소비자 및 공동사회의 이익보호

해설 표준화란 본질적으로 단순화의 행위를 위한 사회의 의식적 노력의 결과이다. 따라서, 표준화를 하면 제품의 종류가 줄어든다(소품종 다량생산).

93. 시험장소의 표준상태(KS A 0006 : 2014)에서 규정된 표준상태의 온도에 해당하지 않는 것은?

① 18℃　② 20℃　③ 23℃　④ 25℃

해설 표준상태의 온도는 $20℃$, $23℃$, $25℃$이다.

94. 어떤 제품의 규격이 $0.785 \sim 0.795$이고, $n = 5$인 데이터를 취하여 $\bar{x} - R$ 관리도를 작성하였다. 치우침을 고려한 공정능력지수(C_{pk})는 약 얼마인가? (단, 관리도는 관리상태이며 $\bar{\bar{x}} = 0.788$, $\bar{R} = 0.002$, $n = 5$일 때, $d_2 = 2.326$이다.)

① 1.16　　　　　② 1.34
③ 1.66　　　　　④ 1.94

해설 $C_{pk} = (1-k)\dfrac{U-L}{6\sigma} = (1-0.4)$

$\dfrac{0.795-0.785}{6 \times \dfrac{0.002}{2.326}} = 1.163$

$k = \dfrac{|M - \bar{x}|}{(U-L)/2} = \dfrac{|0.790 - 0.788|}{(0.795-0.785)/2} = 0.4$

95. 허츠버그(Frederrick Herberg)의 동기부여-위생이론에서 만족(동기)요인에 해당하지 않는 것은?

① 인정　　② 임금, 지위
③ 직무상의 성취　　④ 성장, 자기실현

해설 허츠버그(F.I.Herzberg)의 2요인
㉠ 위생요인(불만족요인)으로 임금(급여), 승진, 지위, 작업조건, 대인관계, 조직의 정책과 방침, 감독 등
㉡ 동기요인(만족요인)으로 성취감, 인정, 성장가능성, 향상, 책임감, 자아실현 등

96. 품질코스트의 종류에 들지 않는 것은?
① 예방코스트　　② 평가코스트
③ 실패코스트　　④ 구입코스트

해설 품질비용은 예방비용(P-cost), 평가비용(A-cost), 실패비용(F-cost)이다.

97. TQC의 3가지 기능별 관리에 해당되지 않는 것은?
① 자재관리　　② 일정관리
③ 품질보증　　④ 원가관리

해설 TQC의 3가지 기능별관리는 품질보증, 원가관리, 일정관리(생산량관리)이다.

98. 품질보증의 의미를 설명한 것 중 틀린 것은?
① 소비자의 요구품질이 갖추어져 있다는 것을 보증하기 위해 생산자가 행하는 체계적 활동
② 품질기능이 적절하게 행해지고 있다는 확신을 주기 위해 필요한 증거에 관계되는 활동
③ 소비자의 요구에 맞는 품질의 제품과 서비스를 경제적으로 생산하고 통제하는 활동
④ 제품 또는 서비스가 소정의 품질요구를 갖추고 있다는 신뢰감을 주기 위해 필요

한 계획적, 체계적 활동

해설 ③은 품질관리에 대한 설명이다.

99. 다음 중 제조공정에 관한 사내표준화의 요건이 아닌 것은?
① 사내표준은 실행 가능한 것이어야 한다.
② 장기적인 방침 및 체계하에 추진되어야 한다.
③ 사내표준의 내용은 구체적이고 객관적으로 규정되어야 한다.
④ 사내표준 대상은 공정변화에 대해 기여비율이 작은 것부터 시도한다.

해설 사내표준 대상은 공정변화에 대해 기여비율이 큰 것부터 시도한다.

100. 기업에서 측정 목적에 의한 분류 중 관리를 목적으로 분석·평가하는 측정활동으로 보기에 가장 거리가 먼 것은?
① 환경조건의 측정
② 제조설비의 측정
③ 시험·연구의 측정
④ 자재·에너지의 측정

해설 계측의 목적에 따른 분류
㉠ 운전(작업)계측
　㉮ 작업자가 작업을 준비하기 위해 계측 작업중인 계측
　㉯ 작업결과나 성적에 대한 계측
㉡ 관리계측
　㉮ 자재·에너지에 관한 계측
　㉯ 제품·중간제품에 관한 계측
　㉰ 생산설비에 관한 계측
　㉱ 생산능률에 관한 계측
　㉲ 환경조건에 관한 계측
㉢ 시험·연구계측
　㉮ 연구·실험실에서의 시험연구계측
　㉯ 작업장에서의 시험연구계측

부록

품질경영기사 필기
과년도 출제문제

2024년 4월 10일 1판1쇄
2025년 1월 10일 2판1쇄

저   자 : 정헌석
펴낸이 : 이정일

펴낸곳 : 도서출판 일진사
www.iljinsa.com
(우) 04317 서울시 용산구 효창원로 64길 6
전   화 : 704-1616 / 팩스 : 715-3536
이메일 : webmaster@iljinsa.com
등   록 : 제1979-000009호 (1979.4.2)

값 26,000 원

ISBN : 978-89-429-1981-9